水体污染控制与治理科技重大专项“十一五”成果系列丛书

⊙ 水污染控制战略与政策示范研究主题

水污染控制费用函数实用技术指南

Technical Manual of Wastewater Treatment Cost Model

曹　东　牛坤玉　赵泽斌　胡向东　等著

中国环境出版社・北京

图书在版编目（CIP）数据

水污染控制费用函数实用技术指南 / 曹东等著. —北京：中国环境出版社，2016.12
（水体污染控制与治理科技重大专项“十一五”成果系列丛书）
ISBN 978-7-5111-2968-0

Ⅰ.①水… Ⅱ.①曹… Ⅲ. ①废水处理—环保投资—指南
Ⅳ.①X703-62②X196-62

中国版本图书馆 CIP 数据核字（2016）第 296171 号

出 版 人 王新程
责任编辑 陈金华 宾银平
责任校对 尹 芳
封面设计 陈 莹

出版发行 中国环境出版社
（100062 北京市东城区广渠门内大街 16 号）
网 址：http://www.cesp.com.cn
电子邮箱：bjgl@cesp.com.cn
联系电话：010-67112765（编辑管理部）
010-67113412（教材图书出版中心）
发行热线：010-67125803，010-67113405（传真）
印 刷 北京中科印刷有限公司
经 销 各地新华书店
版 次 2016 年 12 月第 1 版
印 次 2016 年 12 月第 1 次印刷
开 本 787×1092 1/16
印 张 19.75
字 数 380 千字
定 价 65.00 元

水专项“十一五”成果系列丛书

指导委员会成员名单

主　任：周生贤

副主任：仇保兴　吴晓青

成　员：（按姓氏笔画排序）

王伟中　王衍亮　王善成　田保国　旭日干　刘　昆
刘志全　阮宝君　阴和俊　苏荣辉　杜占元　吴宏伟
张　悦　张桃林　陈宜明　赵英民　胡四一　柯　凤
雷朝滋　解振华

环境保护部水专项“十一五”成果系列丛书

编著委员会成员名单

环境保护部水专项“十一五”成果系列丛书

《战略与政策主题》编著委员会成员名单

本书编写委员会成员名单

主　编：曹　东

副主编：於　方　牛坤玉

编　委：

子课题1“水污染控制技术经济决策支持方法学研究”编写成员：

孙　宁　孙钰茹　程　亮

子课题2“水污染控制技术经济基础数据调查分析”编写成员：

赵学涛　彭　菲　谢光轩　刘兰翠

子课题3“工业水污染控制投资和运行费用函数研究”编写成员：

於　方　牛坤玉　齐　霁　彭　菲　雷　蕾　谢光轩

子课题4“农业水污染控制投资和运行费用函数研究”编写成员：

黄　仁　王济民　王明利　胡向东　吕　品

子课题5“城镇污水污染控制投资和运行费用函数研究”编写成员：

安　实　赵泽斌　马　放　田　禹　徐照宇　孟宪林

樊庆锌　王　立

子课题6“松花江流域水污染控制技术经济决策试点研究”编写成员：

马　放　赵泽斌　安　实　田　禹　杜　崇　樊庆锌

孟宪林　王　立　杜大仲

总 序

我国作为一个发展中的人口大国，资源环境问题是长期制约经济社会可持续发展的重大问题。在经济快速增长、资源能源消耗大幅度增加的情况下，我国污染排放强度大、负荷高，主要污染物排放量超过受纳水体的环境容量。同时，我国人均拥有水资源量远低于国际平均水平，水资源短缺导致水污染加重，水污染又进一步加剧水资源供需矛盾。长期严重的水污染问题影响着水资源利用和水生态系统的完整性，影响着人民群众身体健康，已经成为制约我国经济社会可持续发展的重大瓶颈。

水体污染控制与治理科技重大专项（以下简称“水专项”）是《国家中长期科学和技术发展规划纲要（2006—2020 年）》确定的 16 个重大专项之一，旨在集中攻克一批节能减排迫切需要解决的水污染防治关键技术、构建我国流域水污染治理技术体系和水环境管理技术体系，为重点流域污染物减排、水质改善和饮用水安全保障提供强有力的科技支撑，是新中国成立以来投资最大的水污染治理科技项目。

“十一五”期间，在国务院的统一领导下，在科技部、国家发展改革委和财政部的精心指导下，在领导小组各成员单位、各有关地方政府的积极支持和有力配合下，水专项领导小组围绕主题主线新要求，动员和组织全国数百家科研单位、上万名科技工作者，启动了 34 个项目、241 个课题，按照“一河一策”“一湖一策”的战略部署，在重点流域开展大攻关、大示范，突破 1 000 余项关键技术，完成 229 项技术标准规范，申请 1 733 项专利，初步构建了水污染治理和管理技术体系，基本实现了“控源减排”阶段目标，取得了阶段性成果。

一是突破了化工、轻工、冶金、纺织印染、制药等重点行业“控源减排”关键技术 200 余项，有力地支撑了主要污染物减排任务的完成；突破了城市污水处理厂提标改造和深度脱氮除磷关键技术，为城市水环境质量改善提供了支撑；研发了受污染原水净化处理、管网安全输配等 40 多项饮用水安全保障关键技术，为城市实现从源头到水龙头的供水安全保障奠定科技基础。

二是紧密结合重点流域污染防治规划的实施，选择太湖、辽河、松花江等重点流域开展大兵团联合攻关，综合集成示范多项流域水质改善和生态修复关键技术，为重点流域水质改善提供了技术支持，环境监测结果显示，辽河、淮河干流化学需氧量消除劣Ⅴ类；松花江流域水生态逐步恢复，重现大马哈鱼；太湖富营养状态由中度变为轻度，劣Ⅴ类入湖河流由 8 条减少为 1 条；洱海水质连续稳定并保持良好状态，2012 年有 7 个月维持在Ⅱ类水质。

三是针对水污染治理设备及装备国产化率低等问题，研发了 60 余类关键设备和成套装备，扶持一批环保企业成功上市，建立一批号召力和公信力强的水专项产业技术创新战略联盟，培育环保产业产值近百亿元，带动节能环保战略性新兴产业加快发展，其中杭州聚光研发的重金属在线监测产品被评为 2012 年度国家战略产品。

四是逐步形成了国家重点实验室、工程中心—流域地方重点实验室和工程中心—流域野外观测台站—企业试验基地平台等为一体的水专项创新平台与基地系统，逐步构建了以科研为龙头，以野外观测为手段，以综合管理为最终目标的公共共享平台。目前，通过水专项的技术支持，我国第一个大型河流保护机构——辽河保护区管理局已正式成立。

五是加强队伍建设，培养了一大批科技攻关团队和领军人才，采用地方推荐、部门筛选、公开择优等多种方式遴选出近 300 个水专项科技攻关团队，引进多名海外高层次人才，培养上百名学科带头人、中青年科技骨干和 5 000 多名博士、硕士，建立人才凝聚、使用、培养的良性机制，形成大联合、大攻关、大创新的良好格局。

在 2011 年“十一五”国家重大科技成就展、“十一五”环保成就展、全国科技成果巡回展等一系列展览中以及 2012 年全国科技工作会议和 2013 年初的国务院重大专项实施推进会上，党和国家领导人对水专项取得的积极进展都给予了充分肯定。这些成果为重点流域水质改善、地方治污规划、水环境管理等提供了技术和决策支持。

在看到成绩的同时，我们也清醒地看到存在的突出问题和矛盾。水专项离国务院的要求和广大人民群众的期待还有较大差距，仍存在一些不足和薄弱环节。2011 年专项审计中指出水专项“十一五”在课题立项、成果转化和资金使用等方面不够规范。“十二五”我们需要进一步完善立项机制，提高立项质量；进一步提高项目管理水平，确保专项实施进度；进一步严格成果和经费管理，发挥专项最大效益；在调结构、转方式、惠民生、促发展中发挥更大的科技支撑和引领作用。

我们也要科学认识解决我国水环境问题的复杂性、艰巨性和长期性，水专项亦是如此。刘延东副总理指出，水专项因素特别复杂、实施难度很大、周期很长、反复也比较多，要探索符合中国特色的水污染治理成套技术和科学管理模式。水专项不是包打天下，解决所有的水环境问题，不可能一天出现一个惊人的大成果。与其他重大专项相比，水专项也不会通过单一关键技术的重大突破，实现整体的技术水平提升。在水专项实施过程中，妥善处理好当前与长远、手段与目标、中央与地方等各个方面的关系，既要通过技术研发实现核心关键技术的突破，探索出符合国情、成本低、效果好、易推广的整装成套技术，又要综合运用法律、经济、技术和必要的行政手段来实现水环境质量的改善，积极探索符合代价小、效益好、排放低、可持续的中国水污染治理新路。

党的十八大报告强调，要实施国家科技重大专项，大力推进生态文明建设，努力建设美丽中国，实现中华民族永续发展。水专项作为一项重大的科技工程和民生工程，具有很强的社会公益性，将水专项的研究成果及时推广并为社会经济发展服务是贯彻创新驱动发展战略的具体表现，是推进生态文明建设的有力措施。为广泛共享水专项“十一五”取得的研究成果，水专项管理办公室组织出版水专项“十一五”成果系列丛书。该丛书汇集了一批专项研究的代表性成果，具有较强的学术性和实用性，可以说是水环境领域不可多得的资料文献。丛书的组织出版，有利于坚定水专项科技工作者专项攻关的信心和决心；有利于增强社会各界对水专项的了解和认同；有利于促进环保公众参与，树立水专项的良好社会形象；有利于促进专项成果的转化与应用，为探索中国水污染治理新路提供有力的科技支撑。

最后，我坚信在国务院的正确领导和有关部门的大力支持下，水专项一定能够百尺竿头，更进一步。我们一定要以党的十八大精神为指导，高擎生态文明建设的大旗，团结协作、协同创新、强化管理，扎实推进水专项，务求取得更大的成效，把建设美丽中国的伟大事业持续向前推进，走向社会主义生态文明新时代！

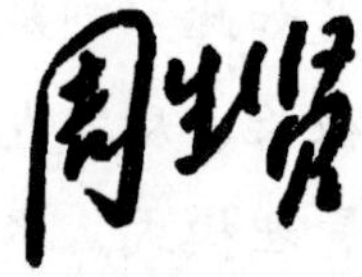

2013 年 7 月 25 日

序 言

“水体污染控制战略与政策示范研究”是国家科技重大专项“水体污染控制与治理”第六主题（以下简称主题六），主题六“十一五”阶段总体目标为：以提高水环境管理效能和示范区域水质改善目标为导向，围绕构建水环境战略决策技术平台、理顺水环境管理体制、提高水环境政策效果三大支撑，明确国家中长期水污染控制路线图，提出水环境管理体制创新、制度创新、政策创新主要方向，改进和完善水污染控制管理机制，增强市场经济手段在水污染控制中的作用和效果，为实现国家水污染防治目标和水环境质量改善提供长效机制。

为此，主题六“十一五”阶段设立了“水污染控制战略与决策支持平台研究”“水环境管理体制机制创新与示范研究”和“水污染控制政策创新与示范研究”3个项目，包含11个课题，总经费4 366万元。经过50余家科研单位近700位科研人员6年的共同努力，目前所有项目和课题均已经完成了验收，实现了主题六的“十一五”预期研究目标，突破了30余项关键技术，产出了近30项技术导则、标准及规范，向有关部门提交人大建议、政协提案、重要信息专报等70余份，取得了丰硕的科研成果，为国家水污染防治战略和政策制定提供了科学依据和技术支持。

主题六在“十一五”阶段取得的主要成果表现在三个方面：一是在国家战略与决策层面，提出了国家中长期水环境保护战略框架和“十二五”水环境保护指标体系，建立了水污染控制技术经济决策支持系统；二是在水环境管理体制机制创新层面，提出了国家水环境保护体制改革路线图，提出了农村水环境与饮用水安全监管机制；三是在水污染控制政策创新层面，建立了基于跨界断面水质的流域生态补偿与污染赔偿技术体系、不同用途差别水价和阶梯水价制度，构建了水环境保护投资预测和投融资框架、水污染物排放许可证管理技术体系，以及水环境信息公开和公众参与制度，集成了流域水环境绩效与政策评估技术体系。

上述研究成果得到了国家有关部委的高度评价和重视，而且许多建议和政策方案已经被相关政府部门采纳和应用。为了进一步总结和推广应用上述研究成果，推动我国水污染控制战略与政策研究，让更多的政府机构、环境决策者、环境管理人员、环境科技工作者分享这些研究成果，主题六将以课题为基本单位，出版《水体污染控制战略与政策示范研究主题》成果系列丛书，并分批次陆续出版。同时，也热忱欢迎大家积极参与“十二五”和“十三五”阶段的水污染防治战略和政策主题研究，共同推动中国水环境保护事业的发展。

主题六专家组组长 王金南

2014 年 1 月 25 日

前　言

本指南是科技部国家水体污染控制与治理科技重大专项“水体污染控制战略与政策研究”主题“水污染控制战略与决策支持平台研究”项目“水污染控制技术经济决策支持系统研究”课题的研究成果，是在各子课题成果基础上整理汇编而成的。

本指南利用 2007 年全国第一次污染源普查数据拟合得到工业、城镇以及农业水污染治理投资与运行费用函数的形式和系数。利用给出的函数和系数可以计算不同治理规模、不同区域、不同处理技术以及不同污染物去除效率的废水治理成本（附件 1 ~ 附件 3）。本指南可为废水处理设备投资和运行成本的多情景预测、废水处理市场的规模测算、环境税费政策的制定、绿色国民经济核算、环境损害评估中的废水治理成本测算提供计算或决策依据。

本指南分为 3 章。第 1 章为“工业废水治理投资与运行费用函数应用指南”，其中第一部分介绍了指南中涉及的基本概念、适用对象和范围。第二部分主要通过具体示例来说明如何通过查阅列表获得相关费用数据，给出具体查询和使用方法。第三部分给出了工业各行业单位废水治理费用的参考值，分为含固定资产折旧与不含固定资产折旧两部分。其中 1.3.1 节给出了工业各行业在相同的处理规模下，以及在各自行业的废水处理规模的 1/4 分位数、中位数以及 3/4 分位数下，若污染物去除效率达到 90%的单位废水平均治理费用的综合值；1.3.2 节给出了按照各行业废水处理规模的中位数计，若污染物去除效率达到 90%时的不同性质的企业废水治理设施单位废水平均治理费用系数；1.3.3 节提供了考虑区域差异的各行业废水治理设施单位废水平均治理费用系数；1.3.4 节提供了同时考虑地区、企业性质以及废水处理技术等因素差异的更为详细的单位废水平均治理费用。第四部分提供了工业各行业边际废水和污染物治理费用的参考值。其中 1.4.1 节给出了在不同污染物排放标准下各行业综合的边际废水治理费用以及边际污染物治理费用；1.4.2 节提供了考虑地区、企业性质、废水处理技术等不同因素差异的详细的边际废水治理费用以及边际污染物治理费用。第五部分给出了工业各行业单位废水治理投资费用的参考值。

第 2 章为“城镇污水污染控制投资与运行费用函数实用指南”，其中第一部分介绍了指南中涉及的基本概念和指标、适用对象、适用地区和工艺划分、应用条件等内容。第二部分主要通过具体示例来说明如何通过查阅列表获得相关费用数据，给出具体查询和使用方法，包括城镇污水污染控制运行费用查询示例、投资费用查询示例、结合污染物排放标准和污染物进口浓度查询费用示例。第三部分按照地区和处理工艺不同，分别给出相应城镇污水处理工艺运行和投资费用，其中同类地区和处理工艺下的运行费用表分别给出不同污水实际处理规模下，污水处理厂的年运行费用、吨水处理费用和吨水边际处理费用；同类地区和处理工艺下的投资费用表分别给出污水处理厂的设计处理能力、总投资、吨水处理能力投资费用和吨水处理能力边际投资费用。为了便于结合污染物排放标准和污染物进口浓度查询相关费用，最后给出了污染物排放标准与污染物去除效率对照表。

第 3 章为“农业废水治理投资与运行费用函数指南”，其中第一部分介绍了农业废弃物处理沼气工程投资及运行费用表查询使用方法，分别从存栏规模、处理量、南方和北方差异化方面进行研究，3.1.4 节中介绍具体的查询方法，并在 3.1.5 节中给出基本概算实例。第二部分介绍了农业废弃物处理有机肥投资及运行费用表查询使用方法，3.2.1 节中从投资部分、运行部分、不同畜种费用查询表三个部分来说明有机肥费用的估算，3.2.2 节演示有机肥查询表的运用实例。第三部分介绍了该手册的注意事项，包括投资和运行费用的含义、不同规模的应用、费用的浮动区间三部分内容。第四部分介绍了该估算方法的应用原理以及基于投资、运营、不同畜种费用查询表三部分的沼气费用估算。

本指南由环境保护部环境规划院、哈尔滨工业大学管理学院、中国农业科学院农业经济与发展研究所编制。本书第 1 章“工业废水治理投资与运行费用函数应用指南”由牛坤玉负责编写，第 2 章“城镇污水污染控制投资与运行费用函数实用指南”由赵泽斌负责编写，第 3 章“农业废水治理投资与运行费用函数指南”由胡向东和黄仁负责编写。全书由牛坤玉、曹东、於方负责统稿、修改和定稿。感谢环境保护部环境规划院谢光轩、赵学涛为指南提供的数据清理工作的支持，感谢本主题负责人环境保护部环境规划院王金南研究员对本项研究工作的悉心指导。此外，感谢中国环境出版社陈金华、宾银平女士对本书出版工作的精心组织和编辑。

真诚希望读者对本指南的不足之处提出宝贵意见。

目 录

表目录

第 1 章 工业废水治理投资与运行费用函数应用指南

1.1 基本概念和适用范围

1.1.1 主要定义

总投资额：建成废水处理设施并正式投产所需的全部资金，不包括运行费用。单位：万元。

设计处理能力：设计建设的废水处理设施正常运行时每天能处理的废水量。单位：t/d。

运行费用：全年维持污水处理厂正常运行所发生的费用。包括能源消耗、设备维修、人员工资、管理费、药剂费及污水处理厂运行有关的其他费用，不包括设备折旧费。单位：万元/a。

废水实际处理量：污水处理厂在一年内实际处理的废水量，单位：万 t/a。

单位废水治理费用：指在既定的污染物去除效率下，废水处理设施处理单位废水所要花费的费用。单位：元/t。

边际废水治理费用：在既定的污染物去除效率下，废水处理设施再多处理一单位废水所需要花费的费用。单位：元/t。

边际污染物治理费用：在既定的废水处理规模下，废水处理设施再多处理 1 t 污染物所需要花费的费用。单位：元/t。

污染物去除效率：污染物去除量与处理前的污染物总量的比值。

1/4 分位数：样本中所有数值由小到大排列后第 25%的数字，采用废水处理量和设计处理能力的 1/4 分位数得到的结果表示样本中废水平均治理费用的较低水平。

中位数：样本中所有数值由小到大排列后第 50%的数字，取废水处理量中位数或设计处理能力中位数计算得到的结果表示样本中废水治理费用的平均水平。

3/4 分位数：样本中所有数值由小到大排列后第 75%的数字，采用废水处理量和设计处理能力的 3/4 分位数得到的结果表示样本中废水平均治理费用的较高水平。

1.1.2 适用对象和范围

“工业废水治理投资与运行费用函数应用指南”［以下简称指南（1）］适用于《国民经济行业分类》（GB/T 4754—2011）中采矿业，制造业，电力、燃气及水的生产和供应业 3 个门类和除其他采矿业外的 38 个行业的所有产业活动单位。由于其他采矿业数据样本量仅有两个，无法对其进行技术经济分析，故指南（1）没有将其包含在内。

地区分类：指南（1）按照东、中、西部地区的分类考虑了工业废水处理投资和运行费用的地区差异。其中，东部地区包括北京、天津、河北、辽宁、上海、江苏、浙江、福建、山东、广东和海南 11 个省（市）；中部地区包括山西、内蒙古、吉林、黑龙江、安徽、江西、河南、湖北、湖南、广西 10 个省（区）；西部地区包括四川、贵州、云南、西藏、陕西、甘肃、青海、宁夏、新疆 9 个省（区）。

处理方法：指南（1）中废水处理投资和运行费用的计算也考虑了处理方法的因素，主要将其分为五大类：物理处理法、化学处理法、物理化学处理法、生物处理法以及组合工艺处理法。具体分类见表 1-1。

表 1-1 废水处理方法名称及代码

代码	处理方法名称	代码	处理方法名称	代码	处理方法名称
1000	物理处理法	3600	其他	4330	A^2/O 工艺
1100	过滤	4000	生物处理法	4340	A/O^2 工艺
1200	离心	4100	好氧生物处理	4400	其他
1300	沉淀分离	4110	活性污泥法	5000	组合工艺处理法
1400	上浮分离	4111	普通活性污泥法	5100	物理＋化学
1500	其他	4112	高浓度活性污泥法	5200	物理＋生物
2000	化学处理法	4113	接触稳定法	5210	物理＋好氧生物处理
2100	化学混凝法	4114	氧化沟	5220	物理＋厌氧生物处理
2110	化学混凝沉淀法	4115	SBR	5230	物理＋组合生物处理
2120	化学混凝气浮法	4120	生物膜法	5300	化学＋物化
2200	中和法	4121	普通生物滤池	5400	化学＋生物
2300	化学沉淀法	4122	生物转盘	5410	化学＋好氧生物处理
2400	氧化还原法	4123	生物接触氧化法	5420	化学＋厌氧生物处理
2500	其他	4200	厌氧生物处理法	5430	化学＋组合生物处理
3000	物理化学处理法	4210	厌氧滤器工艺	5500	物化＋生物
3100	吸附	4220	上流式厌氧污泥床工艺	5510	物化＋好氧生物处理
3200	离子交换	4230	厌氧折流板反应器工艺	5520	物化＋厌氧生物处理
3300	电渗析	4300	厌氧/好氧生物组合工艺	5530	物化＋组合生物处理
3400	反渗透	4310	两段好氧生物处理工艺	5600	其他
3500	超过滤	4320	A/O 工艺	—	—

子行业类别：本指南考虑了 10 个重点行业下的子行业由于生产工艺过程以及特征污染物的差异导致的废水处理投资和运行费用的差异因素。包括 6 个轻工业和 4 个重化工业，轻工业有造纸、纺织、食品加工、食品制造、饮料制造以及皮革、毛皮、羽毛（绒）及其制品业；重工业包括化工、钢铁、有色延压以及石油加工和炼焦行业 4 个行业。其余 27 个行业没有考虑子行业的因素。

污染物去除效率：由于其他污染物去除效率缺失率高，指南（1）主要选择了污染物 COD 的去除效率来表征废水的处理程度。分别选择 30%、50%、70%以及 90%的去除效率作为污染物不同处理程度的表征。

1.2　工业废水治理费用查询和计算示例

以下通过具体示例来说明如何通过查阅指南（1）的列表获得相关费用数据，即给出指南（1）列表的具体查询和使用方法。

假设查询当污染物去除效率为 0.7 时，东部地区造纸行业民营企业纸浆制造子行业采用生物处理工艺运行费用。

首先根据目录查找表 1-20、表 1-21、表 1-22，可以查询到当废水处理量是该行业中位数（150 000 t/a）、1/4 分位数（25 000 t/a）以及 3/4 分位数（578 042 t/a）时的民营企业纸浆制造子行业采用生物处理工艺的单位废水治理成本，分别为 1.9 元/t、4.3 元/t、1.08 元/t（当污染物去除效率为 0.7 时），相应地估算其年运行费用分别为 28.5 万元/a、10.75 万元/a、62.43 万元/a。

为了达到排放标准的要求，一般情况下工业企业需要采取多种治理方法组合的方式进行废水治理，可以通过几种不同工艺废水治理成本的加和得到整个废水处理链的废水处理成本。如纸浆企业，一般采用物理+生物+化学工艺进行废水治理，物理工艺的污染物去除效率一般为 30%，生物工艺的污染物去除效率一般为 70%，化学工艺的污染物去除效率一般为 50%。根据表 1-20、表 1-21、表 1-22，可以得到各自相应的废水治理成本，三者的加和即为物理+生物+化学工艺的治理费用。例如，通过查询和计算可以得到当废水处理量是该行业中位数（150 000 t/a）、1/4 分位数（25 000 t/a）以及 3/4 分位数（578 042 t/a）时的民营企业纸浆制造子行业采用物理+生物+化学工艺的单位废水治理成本，分别为 3.7 元/t、8.34 元/t、2.09 元/t。

进一步可以推出，如果废水实际处理量介于 2.5 万 t/a 和 58 万 t/a，一般情况下，其废水处理年运行费用为 20.5 万～168.2 万元，每吨废水处理费用为 2.09～8.34 元/t，并且废水实际处理量越接近表中给定的废水实际处理量，相关费用越接近表中估算的费用值。

单位废水治理投资费用和边际治理费用的查询方法同上。本列表主要提供了废水治理规模是行业中位数、1/4 分位数以及 3/4 分位数时的废水治理成本，取废水处理量中位数或设计处理能力中位数计算得到的结果表示该行业单位废水治理费用的平均水平，采用废水处理量和设计处理能力的 1/4 分位数以及 3/4 分位数得到的结果分别表示该行业废水平均治理费用的较高水平和较低水平。利用本指南提供的数据进行查询适用于了解或预测各工业行业废水治理费用的情形。

如果要计算的废水治理规模与表中给定的废水治理规模差距较大，可以直接采用附件 1 中的函数和系数来计算。

1.3 单位废水治理费用

单位废水治理费用包括两部分：第一部分是不考虑设备折旧费处理单位废水所要花费的平均运行费用；第二部分是污染物处理设施建设投资的折旧费用，这部分费用我们按净残值率 5%、10 年直线折旧计算。本指南分别计算了不含固定资产折旧以及包含固定资产折旧两种费用。并针对不同的用户对象以及应用需求，提供了各行业单位废水和污染物平均治理费用以及不同地区、不同企业性质的企业废水治理设施单位废水和污染物治理费用。

1.3.1 综合单位废水治理费用

表 1-2 综合了不同的处理工艺、地区差异、企业性质以及子行业类别等因素，列出了 38 个行业在相同的处理规模下（设计处理能力均为 200 t/d，年处理量均为 2 万 t），以及在各自行业的废水处理规模的 1/4 分位数、中位数以及 3/4 分位数下，若污染物去除效率达到 90%的单位废水平均治理费用，分为含固定资产折旧与不含固定资产折旧两种费用。

应用范围：用于了解和掌握工业各行业废水治理成本的现状和大致范围。其中，采用各行业废水处理能力 1/4 分位数得到的处理费用系数代表了该行业单位废水治理费用的较高值，采用各行业废水处理能力 3/4 分位数得到的处理费用系数代表了该行业单位废水治理费用的较低值，采用各行业废水处理能力中位数得到的处理费用系数代表了该行业单位废水治理费用的平均水平。

表 1-2　各行业不同的处理规模下单位废水平均治理成本　　单位：元/t

行业	不含固定资产投资折旧				含固定资产投资折旧			
	年处理 2 万 t，设计处理能力 200 t/d	1/4 分位数	中位数	3/4 分位数	年处理 2 万 t，设计处理能力 200 t/d	1/4 分位数	中位数	3/4 分位数
纺织业	3.94	5.10	2.92	1.72	5.40	7.03	4.03	2.41
食品制造业	2.87	7.87	4.02	1.93	4.05	10.49	5.46	2.76
饮料制造业	3.12	5.13	2.44	1.33	5.57	8.84	4.37	2.44
造纸及纸制品业（纸浆制造）	4.02	3.65	1.65	0.91	5.13	4.65	2.14	1.18
农副食品加工业	1.78	4.96	2.67	1.45	2.44	6.55	3.56	1.94
皮革	3.24	4.59	2.92	1.84	4.75	6.59	4.33	2.71
黑色金属冶炼及压延加工业	3.52	7.35	2.65	0.78	4.12	8.58	3.14	0.92
有色金属冶炼及压延加工业	2.70	7.25	3.53	1.71	3.21	8.44	4.13	2.04
石油加工及炼焦行业	4.08	5.33	3.41	2.22	5.20	6.79	4.20	2.69
化学原料及化学制品制造业	3.53	11.65	4.92	1.95	4.64	15.12	6.49	2.61
通用设备制造业	3.60	21.95	10.59	4.98	4.48	25.69	12.72	6.20
专用设备制造业	2.85	13.31	6.55	2.99	3.91	17.61	8.61	4.20
交通运输设备制造业	2.13	7.78	3.84	1.89	3.28	11.63	6.03	2.96
电气机械及器材制造业	2.43	11.66	5.28	2.70	3.41	15.63	7.36	3.81
通信设备、计算机及其他制造业	2.85	6.59	3.19	1.54	4.00	9.38	4.50	2.28
仪器仪表及文化办公用机械制造业	2.85	10.04	5.46	2.91	4.00	13.89	7.65	4.18
电力	3.17	3.14	1.41	0.63	3.76	3.68	1.67	0.76
纺织服装、鞋帽制造业	1.87	3.33	1.48	0.76	2.26	4.05	1.82	0.96
非金属矿采洗选业	1.76	4.99	1.91	0.96	2.01	5.50	2.16	1.09
非金属矿物制品业	1.15	4.02	2.02	1.19	1.32	4.58	2.35	1.40
废弃资源回收加工业	1.15	11.62	5.65	2.50	1.31	12.69	6.26	2.83
工艺品及其他制造业	1.82	15.62	5.47	2.26	2.11	17.56	6.24	2.68
黑色金属矿采洗选业	2.29	1.80	0.94	0.54	2.65	2.05	1.11	0.65
家具制造业	1.84	15.73	6.71	3.04	2.22	17.97	7.96	3.75
金属制品业	2.52	11.83	5.18	2.54	2.98	13.55	6.11	3.07
煤炭开采与洗选业	1.80	3.08	1.64	0.89	2.10	3.46	1.86	1.02
木材加工业	1.41	13.41	5.51	2.10	1.65	14.71	6.17	2.46
燃气生产与供应业	3.62	15.66	2.89	0.96	4.33	17.55	3.34	1.21
水的生产与供应业	1.50	1.66	0.47	0.23	1.90	2.06	0.62	0.31

行业	不含固定资产投资折旧				含固定资产投资折旧			
	年处理2万t，设计处理能力200 t/d	1/4分位数	中位数	3/4分位数	年处理2万t，设计处理能力200 t/d	1/4分位数	中位数	3/4分位数
石油和天然气开采洗选业	8.68	6.58	2.88	0.69	10.65	8.41	3.74	0.95
塑料制品业	1.72	14.72	5.86	2.41	2.03	16.20	6.70	2.82
橡胶制品业	1.39	5.78	2.16	0.98	1.64	6.60	2.52	1.18
医药制造业	2.14	6.15	2.83	1.36	2.70	7.43	3.56	1.81
烟草	2.08	1.48	0.77	0.54	2.64	1.90	1.05	0.72
有色金属矿采洗选业	2.65	2.99	1.55	0.85	3.19	4.45	2.33	1.23
化学纤维	3.44	3.71	1.68	0.66	4.09	4.41	2.08	0.81
文教	1.85	9.84	4.74	2.16	2.22	11.61	5.74	2.65
印刷	1.34	12.71	6.77	3.07	1.66	14.88	8.28	3.75

1.3.2 不同企业性质的单位废水平均治理费用

表1-3列出了各行业在不同的企业性质下，按照各行业废水处理规模的中位数计，在污染物去除效率达到90%时，废水治理设施的单位废水平均治理费用。

应用范围：用于了解和掌握工业各行业不同性质的企业废水治理成本的差异情况，为制定相应的管理政策提供依据。

表1-3 各行业不同的企业性质下单位废水平均治理成本 单位：元/t

行业	不含固定资产投资折旧				含固定资产投资折旧			
	国有	民营	外资	其他	国有	民营	外资	其他
纺织业	—	2.7	3.4	3.0	—	3.7	4.8	4.2
食品制造业	—	3.3	4.7	4.7	—	4.4	6.8	6.2
饮料制造业	—	2.4	2.4	2.4	—	3.9	5.0	4.5
造纸及纸制品业（纸浆制造）	—	1.4	3.1	2.0	—	1.8	4.1	2.6
农副食品加工业	—	2.4	3.7	2.9	—	3.1	4.9	3.9
皮革	—	2.4	4.1	3.1	—	3.5	6.2	4.8
黑色金属冶炼及压延加工业	6.3	2.2	3.1	3.1	7.3	2.6	3.9	3.7
有色金属冶炼及压延加工业	5.4	3.1	4.1	4.1	6.4	3.5	5.1	4.8
石油加工及炼焦行业	5.5	3.0	5.1	3.5	7.0	3.6	6.5	4.3
化学原料及化学制品制造业	—	4.0	6.4	5.3	—	5.1	8.8	7.0
通用设备制造业	—	7.8	15.5	10.4	—	9.2	18.9	12.5
专用设备制造业	—	4.8	10.1	6.2	—	6.2	13.4	8.3
交通运输设备制造业	—	2.8	5.9	3.6	—	4.3	9.5	5.8

行业	不含固定资产投资折旧				含固定资产投资折旧			
	国有	民营	外资	其他	国有	民营	外资	其他
电气机械及器材制造业	—	3.9	8.1	5.0	—	5.2	11.5	7.1
通信设备、计算机及其他电子设备制造业	—	2.3	4.9	3.0	—	3.2	7.0	4.3
仪器仪表及文化办公用机械制造业	—	4.0	8.4	5.2	—	5.5	12.0	7.4
电力	2.3	1.2	2.4	1.9	2.7	1.4	2.9	2.2
纺织服装、鞋帽制造业	2.4	1.2	2.5	1.9	3.0	1.5	3.2	2.4
非金属矿采洗选业	3.1	1.6	3.2	2.5	3.5	1.8	3.7	2.9
非金属矿物制品业	3.2	1.7	3.4	2.7	3.8	1.9	4.1	3.1
废弃资源回收加工业	9.1	4.7	9.6	7.5	10.2	5.1	10.8	8.3
工艺品及其他制造业	8.8	4.5	9.3	7.2	10.1	5.1	10.8	8.3
黑色金属矿采洗选业	1.5	0.8	1.6	1.2	1.8	0.9	1.9	1.5
家具制造业	10.8	5.5	11.3	8.9	13.0	6.5	13.9	10.7
金属制品业	8.3	4.3	8.8	6.8	9.9	5.0	10.6	8.2
煤炭开采与洗选业	2.6	1.3	2.8	2.2	3.0	1.5	3.2	2.5
木材加工业	8.9	4.5	9.3	7.3	10.0	5.1	10.6	8.2
燃气生产与供应业	4.6	2.4	4.9	3.8	5.4	2.7	5.8	4.5
水的生产与供应业	0.8	0.4	0.8	0.6	1.0	0.5	1.1	0.8
石油和天然气开采洗选业	4.6	2.4	4.9	3.8	6.1	3.0	6.6	5.0
塑料制品业	9.4	4.8	9.9	7.7	10.9	5.5	11.6	8.9
橡胶制品业	3.5	1.8	3.7	2.9	4.1	2.1	4.4	3.4
医药制造业	4.6	2.3	4.8	3.7	5.8	2.9	6.2	4.8
烟草	1.2	0.6	1.3	1.0	1.7	0.9	1.9	1.4
有色金属矿采洗选业	2.5	1.3	2.6	2.0	3.8	1.9	4.2	3.2
化学纤维	2.7	1.4	2.8	2.2	3.4	1.7	3.6	2.8
文教	7.6	3.9	8.0	6.3	9.4	4.7	10.0	7.7
印刷	10.9	5.6	11.4	8.9	13.5	6.8	14.5	11.1

1.3.3　不同地区的单位废水平均治理费用

表1-4列出了按照各行业废水处理规模中位数计，若污染物去除效率达到90%时，不同地区的企业废水治理设施单位废水平均治理费用结果。

应用范围：用于了解和掌握工业各行业不同地区的废水治理成本水平的差异情况，计算各地区总的废水治理费用，为制定相应的管理政策提供依据。

表 1-4 各行业废水在东中西部地区的单位废水平均治理成本 单位：元/t

行业	不含固定资产投资折旧			含固定资产投资折旧		
	东部	中部	西部	东部	中部	西部
纺织业	3.06	1.85	1.85	4.19	2.74	2.97
食品制造业	4.72	3.57	2.71	6.23	4.99	3.99
饮料制造业	2.87	2.47	1.79	4.80	4.40	3.72
造纸及纸制品业	1.94	1.34	1.34	2.46	1.75	1.82
农副食品加工业	3.02	2.88	2.10	3.97	3.96	2.82
皮革、毛皮、羽毛（绒）及其制品业	3.75	2.16	2.16	5.16	3.56	3.56
黑色金属冶炼及压延加工业	3.73	1.89	1.89	4.32	2.31	2.31
有色金属冶炼及压延加工业	4.88	2.89	2.89	5.67	3.34	3.51
石油加工及炼焦行业	4.58	3.61	2.64	5.52	4.72	3.18
化学原料及化学制品制造业	5.69	4.71	3.20	7.46	6.05	4.43
通用设备制造业	11.61	10.59	6.64	13.92	12.61	8.11
专用设备制造业	6.55	6.55	6.55	8.79	8.50	7.98
交通运输设备制造业	3.84	3.84	3.84	6.22	5.92	5.36
电气机械及器材制造业	5.28	5.28	5.28	7.53	7.25	6.71
通信设备、计算机及其他电子设备制造业	3.19	3.19	3.19	4.61	4.43	4.10
仪器仪表及文化办公用机械制造业	5.46	5.46	5.46	7.84	7.54	6.98
电力	1.55	1.25	1.10	1.82	1.52	1.35
纺织服装、鞋帽制造业	1.63	1.31	1.16	1.98	1.67	1.48
非金属矿采洗选业	2.11	1.70	1.50	2.36	1.96	1.73
非金属矿物制品业	2.22	1.79	1.58	2.56	2.14	1.90
废弃资源回收加工业	6.23	5.03	4.44	6.85	5.66	5.01
工艺品及其他制造业	6.04	4.87	4.30	6.82	5.66	5.01
黑色金属矿采洗选业	1.04	0.84	0.74	1.21	1.01	0.89
家具制造业	7.39	5.96	5.26	8.66	7.26	6.43
金属制品业	5.71	4.61	4.06	6.65	5.56	4.93
煤炭开采与洗选业	1.81	1.46	1.29	2.03	1.69	1.49
木材加工业	6.08	4.90	4.33	6.74	5.58	4.94
燃气生产与供应业	3.19	2.57	2.27	3.64	3.03	2.69
水的生产与供应业	0.52	0.42	0.37	0.67	0.57	0.51
石油和天然气开采洗选业	3.18	2.56	2.26	4.05	3.45	3.06
塑料制品业	6.46	5.21	4.60	7.31	6.08	5.38
橡胶制品业	2.38	1.92	1.70	2.74	2.29	2.03
医药制造业	3.12	2.52	2.22	3.86	3.27	2.90
烟草	0.85	0.68	0.60	1.13	0.97	0.86
有色金属矿采洗选业	1.70	1.37	1.21	2.49	2.18	1.94
化学纤维	1.85	1.49	1.32	2.26	1.91	1.69
文教	5.22	4.21	3.72	6.24	5.25	4.65
印刷	7.46	6.02	5.31	8.99	7.58	6.72

1.3.4　不同治理水平下的单位废水平均治理费用

表 1-5～表 1-70 给出了各行业在不同地区、不同子行业以及不同企业性质下的单位废水平均治理费用。对于纺织、造纸等行业，分别取 COD 去除效率 30%、50%、70%以及 90%来代表不同的污染处理程度。

适用对象和范围：在信息量较充足的条件下，可用于进行更精确的环境治理费用的估算和分析。

（1）纺织业

表 1-5 处理能力为中位数时纺织业单位废水治理费用（不含固定资产折旧费）

单位：元/t

企业性质	处理方法	地区	棉化纤纺织及印染精加工				毛纺织和染整精加工				麻纺织				丝绢纺织及精加工				纺织制成品制造				针织品、编织品及制品制造			
			30%	50%	70%	90%	30%	50%	70%	90%	30%	50%	70%	90%	30%	50%	70%	90%	30%	50%	70%	90%	30%	50%	70%	90%
民营	物理	东部	1.47	1.53	1.63	1.85	1.42	1.47	1.56	1.78	2.07	2.15	2.28	2.60	0.89	0.92	0.98	1.12	1.56	1.63	1.73	1.96	1.28	1.33	1.41	1.60
		中部	0.89	0.92	0.98	1.12	0.85	0.89	0.94	1.07	1.25	1.30	1.38	1.57	0.54	0.56	0.59	0.67	0.94	0.98	1.04	1.18	0.77	0.80	0.85	0.97
		西部	0.89	0.92	0.98	1.12	0.85	0.89	0.94	1.07	1.25	1.30	1.38	1.57	0.54	0.56	0.59	0.67	0.94	0.98	1.04	1.18	0.77	0.80	0.85	0.97
	化学	东部	1.99	2.07	2.20	2.50	1.92	1.99	2.12	2.41	2.80	2.91	3.09	3.51	1.20	1.25	1.33	1.51	2.12	2.20	2.34	2.66	1.73	1.80	1.91	2.17
		中部	1.20	1.25	1.33	1.51	1.16	1.20	1.28	1.45	1.69	1.76	1.87	2.12	0.73	0.75	0.80	0.91	1.28	1.33	1.41	1.60	1.04	1.09	1.15	1.31
		西部	1.20	1.25	1.33	1.51	1.16	1.20	1.28	1.45	1.69	1.76	1.87	2.12	0.73	0.75	0.80	0.91	1.28	1.33	1.41	1.60	1.04	1.09	1.15	1.31
	生物	东部	2.57	2.67	2.84	3.23	2.47	2.57	2.73	3.10	3.61	3.75	3.98	4.53	1.55	1.61	1.71	1.95	2.73	2.84	3.01	3.42	2.23	2.32	2.46	2.80
		中部	1.55	1.61	1.71	1.95	1.49	1.55	1.65	1.87	2.18	2.27	2.40	2.73	0.94	0.97	1.03	1.17	1.65	1.71	1.82	2.07	1.35	1.40	1.49	1.69
		西部	1.55	1.61	1.71	1.95	1.49	1.55	1.65	1.87	2.18	2.27	2.40	2.73	0.94	0.97	1.03	1.17	1.65	1.71	1.82	2.07	1.35	1.40	1.49	1.69
	物化	东部	1.40	1.46	1.55	1.76	1.35	1.40	1.49	1.69	1.97	2.05	2.18	2.47	0.85	0.88	0.93	1.06	1.49	1.55	1.64	1.87	1.22	1.27	1.35	1.53
		中部	0.85	0.88	0.94	1.06	0.81	0.85	0.90	1.02	1.19	1.24	1.31	1.49	0.51	0.53	0.56	0.64	0.90	0.93	0.99	1.13	0.74	0.76	0.81	0.92
		西部	0.85	0.88	0.94	1.06	0.81	0.85	0.90	1.02	1.19	1.24	1.31	1.49	0.51	0.53	0.56	0.64	0.90	0.93	0.99	1.13	0.74	0.76	0.81	0.92
	组合	东部	2.57	2.67	2.84	3.23	2.47	2.57	2.73	3.10	3.61	3.75	3.98	4.53	1.55	1.61	1.71	1.95	2.73	2.84	3.01	3.42	2.23	2.32	2.46	2.80
		中部	1.55	1.61	1.71	1.95	1.49	1.55	1.65	1.87	2.18	2.27	2.40	2.73	0.94	0.97	1.03	1.17	1.65	1.71	1.82	2.07	1.35	1.40	1.49	1.69
		西部	1.55	1.61	1.71	1.95	1.49	1.55	1.65	1.87	2.18	2.27	2.40	2.73	0.94	0.97	1.03	1.17	1.65	1.71	1.82	2.07	1.35	1.40	1.49	1.69
其他	物理	东部	1.65	1.71	1.82	2.07	1.58	1.65	1.75	1.99	2.31	2.41	2.55	2.90	0.99	1.03	1.10	1.25	1.75	1.82	1.93	2.19	1.43	1.49	1.58	1.79
		中部	0.99	1.03	1.10	1.25	0.96	0.99	1.05	1.20	1.40	1.45	1.54	1.75	0.60	0.62	0.66	0.75	1.05	1.10	1.16	1.32	0.86	0.90	0.95	1.08
		西部	0.99	1.03	1.10	1.25	0.96	0.99	1.05	1.20	1.40	1.45	1.54	1.75	0.60	0.62	0.66	0.75	1.05	1.10	1.16	1.32	0.86	0.90	0.95	1.08
	化学	东部	2.23	2.32	2.46	2.80	2.14	2.23	2.37	2.69	3.13	3.26	3.46	3.93	1.34	1.40	1.49	1.69	2.37	2.46	2.61	2.97	1.94	2.01	2.14	2.43
		中部	1.35	1.40	1.49	1.69	1.29	1.35	1.43	1.62	1.89	1.97	2.09	2.37	0.81	0.84	0.90	1.02	1.43	1.49	1.58	1.79	1.17	1.21	1.29	1.47
		西部	1.35	1.40	1.49	1.69	1.29	1.35	1.43	1.62	1.89	1.97	2.09	2.37	0.81	0.84	0.90	1.02	1.43	1.49	1.58	1.79	1.17	1.21	1.29	1.47

企业性质	处理方法	地区	棉化纤纺织及印染精加工				毛纺织和染整精加工				麻纺织				丝绢纺织及精加工				纺织制成品制造				针织品、编织品及制品制造			
			30%	50%	70%	90%	30%	50%	70%	90%	30%	50%	70%	90%	30%	50%	70%	90%	30%	50%	70%	90%	30%	50%	70%	90%
其他	生物	东部	2.88	2.99	3.18	3.61	2.76	2.87	3.05	3.47	4.04	4.20	4.46	5.07	1.73	1.80	1.91	2.18	3.05	3.17	3.37	3.83	2.50	2.60	2.76	3.13
		中部	1.74	1.81	1.92	2.18	1.67	1.73	1.84	2.09	2.44	2.53	2.69	3.06	1.05	1.09	1.16	1.31	1.84	1.91	2.03	2.31	1.51	1.57	1.66	1.89
		西部	1.74	1.81	1.92	2.18	1.67	1.73	1.84	2.09	2.44	2.53	2.69	3.06	1.05	1.09	1.16	1.31	1.84	1.91	2.03	2.31	1.51	1.57	1.66	1.89
	物化	东部	1.57	1.63	1.73	1.97	1.51	1.57	1.67	1.89	2.20	2.29	2.43	2.77	0.95	0.98	1.05	1.19	1.67	1.73	1.84	2.09	1.36	1.42	1.50	1.71
		中部	0.95	0.99	1.05	1.19	0.91	0.95	1.01	1.14	1.33	1.38	1.47	1.67	0.57	0.59	0.63	0.72	1.01	1.05	1.11	1.26	0.82	0.86	0.91	1.03
		西部	0.95	0.99	1.05	1.19	0.91	0.95	1.01	1.14	1.33	1.38	1.47	1.67	0.57	0.59	0.63	0.72	1.01	1.05	1.11	1.26	0.82	0.86	0.91	1.03
	组合	东部	2.88	2.99	3.18	3.61	2.76	2.87	3.05	3.47	4.04	4.20	4.46	5.07	1.73	1.80	1.91	2.18	3.05	3.17	3.37	3.83	2.50	2.60	2.76	3.13
		中部	1.74	1.81	1.92	2.18	1.67	1.73	1.84	2.09	2.44	2.53	2.69	3.06	1.05	1.09	1.16	1.31	1.84	1.91	2.03	2.31	1.51	1.57	1.66	1.89
		西部	1.74	1.81	1.92	2.18	1.67	1.73	1.84	2.09	2.44	2.53	2.69	3.06	1.05	1.09	1.16	1.31	1.84	1.91	2.03	2.31	1.51	1.57	1.66	1.89
外资	物理	东部	1.86	1.93	2.05	2.33	1.78	1.85	1.97	2.24	2.60	2.71	2.88	3.27	1.12	1.16	1.24	1.40	1.97	2.05	2.17	2.47	1.61	1.67	1.78	2.02
		中部	1.12	1.16	1.24	1.41	1.08	1.12	1.19	1.35	1.57	1.64	1.74	1.97	0.68	0.70	0.75	0.85	1.19	1.24	1.31	1.49	0.97	1.01	1.07	1.22
		西部	1.12	1.16	1.24	1.41	1.08	1.12	1.19	1.35	1.57	1.64	1.74	1.97	0.68	0.70	0.75	0.85	1.19	1.24	1.31	1.49	0.97	1.01	1.07	1.22
	化学	东部	2.51	2.61	2.77	3.15	2.41	2.51	2.67	3.03	3.53	3.67	3.89	4.43	1.51	1.58	1.67	1.90	2.67	2.77	2.94	3.35	2.18	2.27	2.41	2.74
		中部	1.52	1.58	1.67	1.90	1.46	1.52	1.61	1.83	2.13	2.21	2.35	2.67	0.91	0.95	1.01	1.15	1.61	1.67	1.78	2.02	1.32	1.37	1.45	1.65
		西部	1.52	1.58	1.67	1.90	1.46	1.52	1.61	1.83	2.13	2.21	2.35	2.67	0.91	0.95	1.01	1.15	1.61	1.67	1.78	2.02	1.32	1.37	1.45	1.65
	生物	东部	3.24	3.37	3.58	4.07	3.11	3.24	3.44	3.91	4.55	4.73	5.02	5.71	1.95	2.03	2.16	2.45	3.44	3.57	3.79	4.31	2.81	2.92	3.10	3.53
		中部	1.95	2.03	2.16	2.45	1.88	1.95	2.07	2.36	2.74	2.85	3.03	3.45	1.18	1.23	1.30	1.48	2.07	2.16	2.29	2.60	1.70	1.76	1.87	2.13
		西部	1.95	2.03	2.16	2.45	1.88	1.95	2.07	2.36	2.74	2.85	3.03	3.45	1.18	1.23	1.30	1.48	2.07	2.16	2.29	2.60	1.70	1.76	1.87	2.13
	物化	东部	1.77	1.84	1.95	2.22	1.70	1.77	1.88	2.13	2.48	2.58	2.74	3.12	1.07	1.11	1.18	1.34	1.88	1.95	2.07	2.36	1.53	1.60	1.69	1.93
		中部	1.07	1.11	1.18	1.34	1.03	1.07	1.13	1.29	1.50	1.56	1.65	1.88	0.64	0.67	0.71	0.81	1.13	1.18	1.25	1.42	0.93	0.96	1.02	1.16
		西部	1.07	1.11	1.18	1.34	1.03	1.07	1.13	1.29	1.50	1.56	1.65	1.88	0.64	0.67	0.71	0.81	1.13	1.18	1.25	1.42	0.93	0.96	1.02	1.16
	组合	东部	3.24	3.37	3.58	4.07	3.11	3.24	3.44	3.91	4.55	4.73	5.02	5.71	1.95	2.03	2.16	2.45	3.44	3.57	3.79	4.31	2.81	2.92	3.10	3.53
		中部	1.95	2.03	2.16	2.45	1.88	1.95	2.07	2.36	2.74	2.85	3.03	3.45	1.18	1.23	1.30	1.48	2.07	2.16	2.29	2.60	1.70	1.76	1.87	2.13
		西部	1.95	2.03	2.16	2.45	1.88	1.95	2.07	2.36	2.74	2.85	3.03	3.45	1.18	1.23	1.30	1.48	2.07	2.16	2.29	2.60	1.70	1.76	1.87	2.13

注：处理量与设计处理能力为该行业的中位数，纺织业设计处理能力的中位数为 393.7 t/d，处理量的中位数为 4.5 万 t/a。

表 1-6 处理能力为中位数时纺织业单位废水治理费用（含固定资产折旧费）

单位：元/t

企业性质	处理方法	地区	棉化纤纺织及印染精加工				毛纺织和染整精加工				麻纺织				丝绢纺织及精加工				纺织制成品制造				针织品、编织品及制品制造			
			30%	50%	70%	90%	30%	50%	70%	90%	30%	50%	70%	90%	30%	50%	70%	90%	30%	50%	70%	90%	30%	50%	70%	90%
民营	物理	东部	1.63	1.70	1.81	2.08	1.57	1.64	1.75	2.01	2.23	2.32	2.47	2.83	0.95	0.99	1.06	1.21	1.72	1.80	1.91	2.20	1.44	1.50	1.60	1.84
		中部	1.02	1.06	1.13	1.30	0.98	1.02	1.09	1.26	1.37	1.43	1.53	1.75	0.59	0.61	0.65	0.75	1.07	1.12	1.19	1.37	0.90	0.94	1.00	1.15
		西部	1.05	1.09	1.17	1.35	1.01	1.06	1.13	1.31	1.41	1.47	1.57	1.80	0.60	0.63	0.67	0.77	1.10	1.15	1.23	1.42	0.93	0.97	1.04	1.20
	化学	东部	2.20	2.30	2.45	2.81	2.13	2.22	2.36	2.71	3.01	3.14	3.34	3.82	1.29	1.34	1.43	1.63	2.33	2.43	2.58	2.97	1.94	2.02	2.16	2.48
		中部	1.37	1.43	1.53	1.76	1.32	1.38	1.47	1.70	1.86	1.94	2.06	2.37	0.79	0.83	0.88	1.01	1.44	1.51	1.61	1.85	1.21	1.26	1.35	1.56
		西部	1.41	1.48	1.58	1.82	1.37	1.43	1.53	1.76	1.90	1.98	2.11	2.43	0.81	0.85	0.90	1.04	1.49	1.55	1.66	1.91	1.25	1.31	1.40	1.62
	生物	东部	3.00	3.14	3.35	3.86	2.90	3.03	3.24	3.74	4.04	4.22	4.50	5.17	1.72	1.80	1.92	2.20	3.16	3.30	3.52	4.06	2.66	2.78	2.98	3.44
		中部	1.90	1.98	2.12	2.45	1.84	1.92	2.05	2.38	2.52	2.63	2.81	3.24	1.07	1.12	1.20	1.38	1.99	2.08	2.23	2.57	1.69	1.77	1.89	2.20
		西部	1.99	2.08	2.23	2.58	1.92	2.01	2.16	2.51	2.61	2.73	2.92	3.37	1.11	1.16	1.24	1.43	2.08	2.18	2.33	2.70	1.78	1.86	2.00	2.33
	物化	东部	1.59	1.66	1.77	2.04	1.54	1.60	1.71	1.97	2.16	2.25	2.40	2.75	0.92	0.96	1.02	1.17	1.68	1.75	1.87	2.14	1.41	1.47	1.57	1.80
		中部	1.00	1.04	1.11	1.28	0.96	1.01	1.07	1.24	1.34	1.40	1.49	1.71	0.57	0.60	0.63	0.73	1.05	1.09	1.17	1.35	0.88	0.92	0.99	1.14
		西部	1.03	1.08	1.16	1.34	1.00	1.05	1.12	1.30	1.38	1.44	1.53	1.77	0.59	0.61	0.65	0.75	1.09	1.14	1.21	1.40	0.92	0.96	1.03	1.20
	组合	东部	2.96	3.09	3.30	3.80	2.86	2.99	3.19	3.68	4.00	4.17	4.45	5.11	1.71	1.78	1.90	2.18	3.12	3.26	3.47	4.00	2.62	2.74	2.93	3.38
		中部	1.86	1.95	2.08	2.41	1.80	1.88	2.01	2.33	2.49	2.60	2.77	3.19	1.06	1.11	1.18	1.36	1.96	2.04	2.19	2.52	1.66	1.73	1.85	2.15
		西部	1.94	2.03	2.18	2.52	1.88	1.97	2.11	2.45	2.57	2.68	2.87	3.31	1.09	1.14	1.22	1.41	2.04	2.13	2.28	2.64	1.74	1.82	1.95	2.26
其他	物理	东部	1.84	1.91	2.04	2.34	1.77	1.85	1.97	2.26	2.50	2.61	2.78	3.18	1.07	1.11	1.19	1.36	1.94	2.02	2.15	2.47	1.62	1.69	1.80	2.07
		中部	1.14	1.19	1.27	1.47	1.10	1.15	1.23	1.42	1.54	1.61	1.72	1.97	0.66	0.69	0.73	0.84	1.20	1.26	1.34	1.54	1.01	1.06	1.13	1.30
		西部	1.18	1.23	1.32	1.52	1.14	1.19	1.28	1.47	1.58	1.65	1.76	2.03	0.68	0.70	0.75	0.86	1.24	1.30	1.39	1.60	1.05	1.10	1.17	1.36
	化学	东部	2.48	2.59	2.76	3.17	2.39	2.49	2.66	3.06	3.38	3.52	3.75	4.30	1.44	1.51	1.60	1.84	2.61	2.73	2.91	3.34	2.18	2.28	2.43	2.79
		中部	1.54	1.61	1.72	1.98	1.49	1.56	1.66	1.91	2.09	2.18	2.32	2.66	0.89	0.93	0.99	1.14	1.63	1.70	1.81	2.08	1.37	1.43	1.52	1.76
		西部	1.59	1.67	1.78	2.05	1.54	1.61	1.72	1.99	2.14	2.23	2.38	2.74	0.91	0.95	1.01	1.17	1.68	1.75	1.87	2.16	1.42	1.48	1.58	1.83
	生物	东部	3.39	3.54	3.78	4.36	3.27	3.42	3.66	4.22	4.55	4.75	5.06	5.82	1.94	2.02	2.16	2.48	3.56	3.72	3.97	4.58	3.01	3.14	3.36	3.88
		中部	2.14	2.24	2.40	2.78	2.07	2.17	2.32	2.69	2.84	2.97	3.17	3.66	1.21	1.26	1.35	1.55	2.25	2.35	2.51	2.91	1.91	2.00	2.14	2.49
		西部	2.25	2.35	2.52	2.93	2.18	2.28	2.45	2.84	2.95	3.08	3.29	3.81	1.25	1.31	1.40	1.62	2.35	2.46	2.64	3.06	2.02	2.11	2.27	2.64

企业性质	处理方法	地区	棉化纤纺织及印染精加工				毛纺织和染整精加工				麻纺织				丝绢纺织及精加工				纺织制成品制造				针织品、编织品及制品制造			
			30%	50%	70%	90%	30%	50%	70%	90%	30%	50%	70%	90%	30%	50%	70%	90%	30%	50%	70%	90%	30%	50%	70%	90%
其他	物化	东部	1.79	1.87	2.00	2.30	1.73	1.81	1.93	2.22	2.42	2.53	2.69	3.09	1.04	1.08	1.15	1.32	1.89	1.97	2.10	2.42	1.58	1.65	1.77	2.03
		中部	1.12	1.17	1.25	1.45	1.09	1.13	1.21	1.40	1.51	1.57	1.68	1.93	0.64	0.67	0.71	0.82	1.18	1.23	1.32	1.52	1.00	1.04	1.12	1.29
		西部	1.17	1.22	1.31	1.51	1.13	1.18	1.27	1.47	1.55	1.62	1.73	1.99	0.66	0.69	0.74	0.85	1.23	1.28	1.37	1.59	1.04	1.09	1.17	1.36
	组合	东部	3.34	3.48	3.72	4.29	3.22	3.37	3.60	4.15	4.50	4.69	5.00	5.75	1.92	2.00	2.13	2.45	3.51	3.67	3.91	4.51	2.96	3.09	3.30	3.81
		中部	2.10	2.20	2.35	2.72	2.03	2.13	2.28	2.63	2.80	2.93	3.12	3.60	1.19	1.25	1.33	1.53	2.21	2.31	2.47	2.85	1.87	1.96	2.10	2.43
		西部	2.20	2.30	2.46	2.86	2.13	2.23	2.39	2.77	2.90	3.03	3.24	3.74	1.23	1.29	1.37	1.59	2.30	2.41	2.58	2.99	1.97	2.06	2.21	2.57
外资	物理	东部	2.08	2.17	2.31	2.65	2.00	2.09	2.23	2.56	2.82	2.94	3.14	3.59	1.21	1.26	1.34	1.53	2.19	2.28	2.43	2.79	1.83	1.91	2.04	2.34
		中部	1.29	1.35	1.44	1.66	1.25	1.31	1.39	1.61	1.75	1.82	1.94	2.23	0.75	0.78	0.83	0.95	1.36	1.42	1.52	1.75	1.15	1.20	1.28	1.48
		西部	1.34	1.40	1.50	1.73	1.30	1.35	1.45	1.67	1.79	1.87	2.00	2.30	0.76	0.80	0.85	0.98	1.41	1.47	1.57	1.81	1.19	1.25	1.33	1.54
	化学	东部	2.80	2.92	3.12	3.58	2.70	2.82	3.01	3.46	3.82	3.98	4.24	4.85	1.63	1.70	1.81	2.07	2.96	3.08	3.29	3.77	2.47	2.58	2.75	3.16
		中部	1.75	1.82	1.95	2.24	1.69	1.76	1.88	2.17	2.36	2.46	2.62	3.01	1.01	1.05	1.12	1.28	1.84	1.92	2.05	2.36	1.55	1.62	1.73	1.99
		西部	1.81	1.89	2.02	2.33	1.75	1.83	1.95	2.26	2.42	2.52	2.69	3.10	1.03	1.08	1.15	1.32	1.90	1.98	2.12	2.45	1.61	1.68	1.80	2.08
	生物	东部	3.84	4.01	4.29	4.95	3.71	3.88	4.15	4.79	5.15	5.37	5.73	6.59	2.19	2.29	2.44	2.81	4.04	4.22	4.50	5.19	3.41	3.56	3.81	4.41
		中部	2.43	2.54	2.72	3.15	2.36	2.46	2.64	3.06	3.22	3.36	3.59	4.15	1.37	1.43	1.53	1.76	2.55	2.67	2.85	3.30	2.17	2.27	2.44	2.83
		西部	2.55	2.67	2.87	3.33	2.48	2.59	2.78	3.24	3.34	3.49	3.74	4.33	1.42	1.48	1.59	1.83	2.67	2.80	3.00	3.48	2.30	2.41	2.58	3.01
	物化	东部	2.03	2.12	2.26	2.60	1.96	2.04	2.18	2.51	2.74	2.86	3.05	3.50	1.17	1.22	1.30	1.49	2.14	2.23	2.38	2.74	1.79	1.87	2.00	2.31
		中部	1.27	1.33	1.42	1.64	1.23	1.29	1.38	1.59	1.70	1.78	1.90	2.18	0.73	0.76	0.81	0.93	1.34	1.40	1.49	1.72	1.13	1.18	1.27	1.47
		西部	1.33	1.39	1.48	1.72	1.28	1.34	1.44	1.67	1.76	1.84	1.96	2.26	0.75	0.78	0.83	0.96	1.39	1.45	1.56	1.80	1.19	1.24	1.33	1.54
	组合	东部	3.78	3.95	4.22	4.86	3.65	3.82	4.08	4.70	5.09	5.31	5.66	6.50	2.17	2.26	2.41	2.77	3.98	4.15	4.43	5.11	3.35	3.50	3.74	4.32
		中部	2.39	2.49	2.67	3.09	2.31	2.41	2.58	2.99	3.17	3.31	3.54	4.08	1.35	1.41	1.51	1.73	2.50	2.62	2.80	3.24	2.13	2.22	2.38	2.76
		西部	2.50	2.61	2.80	3.25	2.42	2.53	2.71	3.15	3.28	3.43	3.67	4.24	1.40	1.46	1.56	1.80	2.61	2.74	2.93	3.40	2.24	2.34	2.51	2.92

注：设计处理能力与处理量为该行业的中位数，纺织业设计处理能力的中位数为 393.7 t/d，处理量的中位数为 4.5 万 t/a。

表 1-7 处理能力为 1/4 分位数时纺织业单位废水治理费用（不含固定资产折旧费）

单位：元/t

企业性质	处理方法	地区	棉化纤纺织及印染精加工				毛纺织和染整精加工				麻纺织				丝绢纺织及精加工				纺织制成品制造				针织品、编织品及制品制造			
			30%	50%	70%	90%	30%	50%	70%	90%	30%	50%	70%	90%	30%	50%	70%	90%	30%	50%	70%	90%	30%	50%	70%	90%
民营	物理	东部	2.58	2.68	2.85	3.24	2.48	2.58	2.73	3.11	3.62	3.76	3.99	4.54	1.55	1.62	1.72	1.95	2.73	2.84	3.02	3.43	2.24	2.33	2.47	2.81
		中部	1.56	1.62	1.72	1.95	1.49	1.55	1.65	1.88	2.18	2.27	2.41	2.74	0.94	0.98	1.04	1.18	1.65	1.72	1.82	2.07	1.35	1.40	1.49	1.69
		西部	1.56	1.62	1.72	1.95	1.49	1.55	1.65	1.88	2.18	2.27	2.41	2.74	0.94	0.98	1.04	1.18	1.65	1.72	1.82	2.07	1.35	1.40	1.49	1.69
	化学	东部	3.49	3.63	3.85	4.38	3.35	3.49	3.70	4.21	4.90	5.09	5.41	6.15	2.10	2.19	2.32	2.64	3.70	3.85	4.09	4.65	3.03	3.15	3.34	3.80
		中部	2.11	2.19	2.33	2.64	2.02	2.10	2.23	2.54	2.96	3.07	3.26	3.71	1.27	1.32	1.40	1.59	2.23	2.32	2.47	2.81	1.83	1.90	2.02	2.29
		西部	2.11	2.19	2.33	2.64	2.02	2.10	2.23	2.54	2.96	3.07	3.26	3.71	1.27	1.32	1.40	1.59	2.23	2.32	2.47	2.81	1.83	1.90	2.02	2.29
	生物	东部	4.50	4.68	4.97	5.65	4.32	4.50	4.77	5.43	6.31	6.57	6.97	7.93	2.71	2.82	3.00	3.41	4.77	4.96	5.27	5.99	3.90	4.06	4.31	4.90
		中部	2.72	2.82	3.00	3.41	2.61	2.71	2.88	3.28	3.81	3.96	4.21	4.79	1.64	1.70	1.81	2.06	2.88	3.00	3.18	3.62	2.36	2.45	2.60	2.96
		西部	2.72	2.82	3.00	3.41	2.61	2.71	2.88	3.28	3.81	3.96	4.21	4.79	1.64	1.70	1.81	2.06	2.88	3.00	3.18	3.62	2.36	2.45	2.60	2.96
	物化	东部	2.46	2.56	2.71	3.08	2.36	2.46	2.61	2.96	3.45	3.59	3.81	4.33	1.48	1.54	1.64	1.86	2.61	2.71	2.88	3.27	2.13	2.22	2.35	2.68
		中部	1.48	1.54	1.64	1.86	1.42	1.48	1.57	1.79	2.08	2.16	2.30	2.61	0.89	0.93	0.99	1.12	1.57	1.64	1.74	1.97	1.29	1.34	1.42	1.62
		西部	1.48	1.54	1.64	1.86	1.42	1.48	1.57	1.79	2.08	2.16	2.30	2.61	0.89	0.93	0.99	1.12	1.57	1.64	1.74	1.97	1.29	1.34	1.42	1.62
	组合	东部	4.50	4.68	4.97	5.65	4.32	4.50	4.77	5.43	6.31	6.57	6.97	7.93	2.71	2.82	3.00	3.41	4.77	4.96	5.27	5.99	3.90	4.06	4.31	4.90
		中部	2.72	2.82	3.00	3.41	2.61	2.71	2.88	3.28	3.81	3.96	4.21	4.79	1.64	1.70	1.81	2.06	2.88	3.00	3.18	3.62	2.36	2.45	2.60	2.96
		西部	2.72	2.82	3.00	3.41	2.61	2.71	2.88	3.28	3.81	3.96	4.21	4.79	1.64	1.70	1.81	2.06	2.88	3.00	3.18	3.62	2.36	2.45	2.60	2.96
其他	物理	东部	2.88	3.00	3.18	3.62	2.77	2.88	3.06	3.48	4.05	4.21	4.47	5.08	1.74	1.81	1.92	2.18	3.06	3.18	3.38	3.84	2.50	2.60	2.76	3.14
		中部	1.74	1.81	1.92	2.18	1.67	1.74	1.85	2.10	2.44	2.54	2.70	3.07	1.05	1.09	1.16	1.32	1.85	1.92	2.04	2.32	1.51	1.57	1.67	1.90
		西部	1.74	1.81	1.92	2.18	1.67	1.74	1.85	2.10	2.44	2.54	2.70	3.07	1.05	1.09	1.16	1.32	1.85	1.92	2.04	2.32	1.51	1.57	1.67	1.90
	化学	东部	3.90	4.06	4.31	4.90	3.75	3.90	4.14	4.71	5.48	5.70	6.05	6.88	2.35	2.45	2.60	2.95	4.14	4.31	4.57	5.20	3.39	3.52	3.74	4.25
		中部	2.36	2.45	2.60	2.96	2.26	2.35	2.50	2.84	3.31	3.44	3.65	4.15	1.42	1.48	1.57	1.78	2.50	2.60	2.76	3.14	2.04	2.13	2.26	2.57
		西部	2.36	2.45	2.60	2.96	2.26	2.35	2.50	2.84	3.31	3.44	3.65	4.15	1.42	1.48	1.57	1.78	2.50	2.60	2.76	3.14	2.04	2.13	2.26	2.57
	生物	东部	5.03	5.23	5.56	6.32	4.83	5.03	5.34	6.07	7.06	7.35	7.80	8.87	3.03	3.16	3.35	3.81	5.34	5.55	5.89	6.70	4.37	4.54	4.82	5.48
		中部	3.04	3.16	3.35	3.81	2.92	3.03	3.22	3.66	4.26	4.43	4.71	5.35	1.83	1.90	2.02	2.30	3.22	3.35	3.56	4.05	2.63	2.74	2.91	3.31
		西部	3.04	3.16	3.35	3.81	2.92	3.03	3.22	3.66	4.26	4.43	4.71	5.35	1.83	1.90	2.02	2.30	3.22	3.35	3.56	4.05	2.63	2.74	2.91	3.31

企业性质	处理方法	地区	棉化纤纺织及印染精加工				毛纺织和染整精加工				麻纺织				丝绢纺织及精加工				纺织制成品制造				针织品、编织品及制品制造			
			30%	50%	70%	90%	30%	50%	70%	90%	30%	50%	70%	90%	30%	50%	70%	90%	30%	50%	70%	90%	30%	50%	70%	90%
其他	物化	东部	2.75	2.86	3.03	3.45	2.64	2.75	2.92	3.32	3.86	4.01	4.26	4.84	1.66	1.72	1.83	2.08	2.91	3.03	3.22	3.66	2.38	2.48	2.63	2.99
		中部	1.66	1.72	1.83	2.08	1.59	1.66	1.76	2.00	2.33	2.42	2.57	2.92	1.00	1.04	1.10	1.26	1.76	1.83	1.94	2.21	1.44	1.50	1.59	1.81
		西部	1.66	1.72	1.83	2.08	1.59	1.66	1.76	2.00	2.33	2.42	2.57	2.92	1.00	1.04	1.10	1.26	1.76	1.83	1.94	2.21	1.44	1.50	1.59	1.81
	组合	东部	5.03	5.23	5.56	6.32	4.83	5.03	5.34	6.07	7.06	7.35	7.80	8.87	3.03	3.16	3.35	3.81	5.34	5.55	5.89	6.70	4.37	4.54	4.82	5.48
		中部	3.04	3.16	3.35	3.81	2.92	3.03	3.22	3.66	4.26	4.43	4.71	5.35	1.83	1.90	2.02	2.30	3.22	3.35	3.56	4.05	2.63	2.74	2.91	3.31
		西部	3.04	3.16	3.35	3.81	2.92	3.03	3.22	3.66	4.26	4.43	4.71	5.35	1.83	1.90	2.02	2.30	3.22	3.35	3.56	4.05	2.63	2.74	2.91	3.31
外资	物理	东部	3.25	3.38	3.59	4.08	3.12	3.25	3.45	3.92	4.56	4.74	5.03	5.72	1.96	2.04	2.16	2.46	3.44	3.58	3.80	4.33	2.82	2.93	3.11	3.54
		中部	1.96	2.04	2.16	2.46	1.88	1.96	2.08	2.36	2.75	2.86	3.04	3.45	1.18	1.23	1.30	1.48	2.08	2.16	2.30	2.61	1.70	1.77	1.88	2.14
		西部	1.96	2.04	2.16	2.46	1.88	1.96	2.08	2.36	2.75	2.86	3.04	3.45	1.18	1.23	1.30	1.48	2.08	2.16	2.30	2.61	1.70	1.77	1.88	2.14
	化学	东部	4.40	4.57	4.85	5.52	4.22	4.39	4.66	5.30	6.17	6.42	6.81	7.75	2.65	2.76	2.93	3.33	4.66	4.85	5.15	5.86	3.81	3.97	4.21	4.79
		中部	2.65	2.76	2.93	3.33	2.55	2.65	2.81	3.20	3.72	3.87	4.11	4.68	1.60	1.66	1.77	2.01	2.81	2.93	3.11	3.53	2.30	2.39	2.54	2.89
		西部	2.65	2.76	2.93	3.33	2.55	2.65	2.81	3.20	3.72	3.87	4.11	4.68	1.60	1.66	1.77	2.01	2.81	2.93	3.11	3.53	2.30	2.39	2.54	2.89
	生物	东部	5.67	5.90	6.26	7.12	5.45	5.66	6.01	6.84	7.96	8.27	8.78	9.99	3.42	3.55	3.77	4.29	6.01	6.25	6.64	7.55	4.92	5.12	5.43	6.17
		中部	3.42	3.56	3.78	4.30	3.29	3.42	3.63	4.13	4.80	4.99	5.30	6.03	2.06	2.15	2.28	2.59	3.63	3.77	4.01	4.56	2.97	3.09	3.28	3.73
		西部	3.42	3.56	3.78	4.30	3.29	3.42	3.63	4.13	4.80	4.99	5.30	6.03	2.06	2.15	2.28	2.59	3.63	3.77	4.01	4.56	2.97	3.09	3.28	3.73
	物化	东部	3.10	3.22	3.42	3.89	2.97	3.09	3.28	3.73	4.34	4.52	4.80	5.45	1.87	1.94	2.06	2.34	3.28	3.42	3.63	4.12	2.69	2.79	2.97	3.37
		中部	1.87	1.94	2.06	2.35	1.79	1.87	1.98	2.25	2.62	2.73	2.89	3.29	1.13	1.17	1.24	1.41	1.98	2.06	2.19	2.49	1.62	1.69	1.79	2.04
		西部	1.87	1.94	2.06	2.35	1.79	1.87	1.98	2.25	2.62	2.73	2.89	3.29	1.13	1.17	1.24	1.41	1.98	2.06	2.19	2.49	1.62	1.69	1.79	2.04
	组合	东部	5.67	5.90	6.26	7.12	5.45	5.66	6.01	6.84	7.96	8.27	8.78	9.99	3.42	3.55	3.77	4.29	6.01	6.25	6.64	7.55	4.92	5.12	5.43	6.17
		中部	3.42	3.56	3.78	4.30	3.29	3.42	3.63	4.13	4.80	4.99	5.30	6.03	2.06	2.15	2.28	2.59	3.63	3.77	4.01	4.56	2.97	3.09	3.28	3.73
		西部	3.42	3.56	3.78	4.30	3.29	3.42	3.63	4.13	4.80	4.99	5.30	6.03	2.06	2.15	2.28	2.59	3.63	3.77	4.01	4.56	2.97	3.09	3.28	3.73

注：设计处理能力与处理量为该行业的1/4分位数，纺织业设计处理能力的1/4分位数为100 t/d，处理量的1/4分位数为1万t/a。

表 1-8　处理能力为 1/4 分位数时纺织业单位废水治理费用（含固定资产折旧费）

单位：元/t

企业性质	处理方法	地区	棉化纤纺织及印染精加工				毛纺织和染整精加工				麻纺织				丝绢纺织及精加工				纺织制成品制造				针织品、编织品及制品制造			
			30%	50%	70%	90%	30%	50%	70%	90%	30%	50%	70%	90%	30%	50%	70%	90%	30%	50%	70%	90%	30%	50%	70%	90%
民营	物理	东部	2.85	2.98	3.17	3.64	2.75	2.87	3.06	3.51	3.89	4.06	4.32	4.95	1.62	1.68	1.79	2.05	3.01	3.14	3.34	3.84	2.51	2.62	2.79	3.21
		中部	1.77	1.85	1.98	2.27	1.71	1.79	1.91	2.20	2.40	2.50	2.67	3.06	0.99	1.03	1.10	1.25	1.87	1.95	2.08	2.39	1.57	1.64	1.75	2.02
		西部	1.83	1.91	2.04	2.36	1.77	1.85	1.98	2.28	2.46	2.57	2.74	3.15	1.00	1.04	1.11	1.27	1.93	2.01	2.15	2.48	1.62	1.70	1.82	2.10
	化学	东部	3.85	4.02	4.28	4.92	3.72	3.88	4.13	4.74	5.26	5.48	5.84	6.68	2.19	2.28	2.42	2.77	4.07	4.24	4.52	5.18	3.39	3.54	3.77	4.34
		中部	2.40	2.50	2.67	3.07	2.31	2.41	2.58	2.97	3.25	3.38	3.61	4.14	1.34	1.39	1.48	1.69	2.52	2.63	2.81	3.23	2.12	2.21	2.36	2.72
		西部	2.47	2.58	2.76	3.18	2.39	2.49	2.66	3.07	3.32	3.46	3.69	4.25	1.35	1.41	1.50	1.72	2.60	2.71	2.90	3.34	2.19	2.29	2.45	2.83
	生物	东部	5.25	5.48	5.85	6.75	5.07	5.30	5.66	6.53	7.07	7.37	7.86	9.03	2.89	3.01	3.20	3.66	5.52	5.77	6.16	7.09	4.65	4.86	5.20	6.00
		中部	3.31	3.46	3.70	4.29	3.21	3.35	3.59	4.15	4.41	4.60	4.91	5.66	1.78	1.85	1.97	2.26	3.48	3.63	3.89	4.49	2.95	3.09	3.31	3.83
		西部	3.47	3.63	3.89	4.51	3.36	3.52	3.77	4.38	4.56	4.77	5.09	5.89	1.81	1.89	2.01	2.31	3.63	3.80	4.07	4.72	3.11	3.25	3.49	4.06
	物化	东部	2.78	2.90	3.10	3.56	2.68	2.80	2.99	3.44	3.77	3.93	4.19	4.81	1.56	1.62	1.72	1.97	2.93	3.06	3.26	3.75	2.46	2.56	2.74	3.15
		中部	1.74	1.82	1.94	2.24	1.68	1.76	1.88	2.17	2.34	2.44	2.60	2.99	0.95	0.99	1.06	1.21	1.83	1.91	2.04	2.35	1.54	1.61	1.72	1.99
		西部	1.81	1.89	2.02	2.34	1.75	1.83	1.96	2.26	2.41	2.51	2.68	3.09	0.97	1.01	1.08	1.23	1.90	1.98	2.12	2.45	1.61	1.68	1.80	2.09
	组合	东部	5.18	5.40	5.77	6.64	5.00	5.22	5.57	6.42	6.99	7.29	7.77	8.92	2.87	2.99	3.18	3.64	5.45	5.69	6.07	6.99	4.58	4.78	5.11	5.89
		中部	3.25	3.40	3.63	4.20	3.15	3.29	3.52	4.07	4.35	4.54	4.84	5.58	1.76	1.84	1.96	2.24	3.42	3.57	3.82	4.41	2.89	3.03	3.24	3.75
		西部	3.39	3.55	3.80	4.40	3.29	3.44	3.68	4.27	4.49	4.69	5.01	5.78	1.79	1.87	1.99	2.29	3.56	3.72	3.98	4.61	3.03	3.17	3.40	3.95
其他	物理	东部	3.21	3.35	3.57	4.10	3.09	3.23	3.44	3.95	4.37	4.56	4.85	5.56	1.81	1.89	2.01	2.29	3.38	3.53	3.76	4.32	2.83	2.95	3.15	3.62
		中部	2.00	2.09	2.23	2.56	1.93	2.01	2.15	2.48	2.70	2.82	3.00	3.45	1.11	1.16	1.23	1.41	2.10	2.20	2.34	2.70	1.77	1.85	1.97	2.27
		西部	2.06	2.16	2.30	2.66	2.00	2.09	2.23	2.58	2.77	2.89	3.08	3.54	1.12	1.17	1.25	1.43	2.17	2.27	2.42	2.79	1.83	1.92	2.05	2.37
	化学	东部	4.33	4.52	4.82	5.53	4.18	4.36	4.65	5.34	5.91	6.16	6.56	7.51	2.45	2.55	2.72	3.10	4.57	4.77	5.08	5.83	3.82	3.98	4.25	4.88
		中部	2.70	2.82	3.00	3.46	2.60	2.72	2.90	3.34	3.65	3.80	4.05	4.65	1.50	1.56	1.66	1.90	2.84	2.96	3.16	3.64	2.39	2.49	2.66	3.07
		西部	2.78	2.91	3.11	3.59	2.69	2.81	3.01	3.47	3.74	3.90	4.16	4.78	1.52	1.58	1.69	1.93	2.93	3.06	3.27	3.77	2.47	2.58	2.76	3.20
	生物	东部	5.92	6.18	6.60	7.62	5.72	5.97	6.38	7.37	7.95	8.29	8.84	10.17	3.24	3.38	3.59	4.11	6.22	6.50	6.94	8.00	5.25	5.49	5.87	6.78
		中部	3.74	3.91	4.19	4.85	3.62	3.79	4.05	4.70	4.97	5.19	5.54	6.39	1.99	2.08	2.22	2.54	3.93	4.10	4.39	5.08	3.34	3.49	3.74	4.34
		西部	3.92	4.10	4.40	5.11	3.80	3.98	4.27	4.96	5.15	5.38	5.75	6.65	2.04	2.12	2.27	2.60	4.11	4.30	4.60	5.34	3.52	3.69	3.96	4.61

企业性质	处理方法	地区	棉化纤纺织及印染精加工				毛纺织和染整精加工				麻纺织				丝绢纺织及精加工				纺织制成品制造				针织品、编织品及制品制造			
			30%	50%	70%	90%	30%	50%	70%	90%	30%	50%	70%	90%	30%	50%	70%	90%	30%	50%	70%	90%	30%	50%	70%	90%
其他	物化	东部	3.13	3.27	3.49	4.01	3.02	3.15	3.37	3.88	4.24	4.42	4.71	5.40	1.75	1.82	1.93	2.21	3.30	3.44	3.67	4.22	2.77	2.89	3.08	3.55
		中部	1.96	2.05	2.19	2.53	1.90	1.98	2.12	2.45	2.63	2.75	2.93	3.37	1.07	1.12	1.19	1.36	2.06	2.15	2.30	2.65	1.74	1.82	1.95	2.25
		西部	2.04	2.13	2.28	2.64	1.98	2.07	2.21	2.56	2.71	2.83	3.02	3.48	1.09	1.13	1.21	1.39	2.14	2.24	2.39	2.77	1.82	1.91	2.04	2.37
	组合	东部	5.83	6.09	6.50	7.49	5.63	5.88	6.28	7.24	7.86	8.20	8.74	10.04	3.22	3.35	3.57	4.08	6.14	6.41	6.84	7.87	5.16	5.39	5.76	6.65
		中部	3.67	3.84	4.10	4.75	3.55	3.71	3.97	4.60	4.90	5.11	5.46	6.28	1.98	2.06	2.20	2.52	3.86	4.03	4.31	4.98	3.27	3.42	3.66	4.24
		西部	3.84	4.01	4.30	4.99	3.72	3.89	4.17	4.84	5.06	5.29	5.65	6.52	2.02	2.10	2.24	2.57	4.02	4.20	4.50	5.22	3.43	3.59	3.85	4.48
外资	物理	东部	3.63	3.78	4.04	4.64	3.50	3.65	3.89	4.48	4.94	5.15	5.48	6.28	2.05	2.13	2.27	2.59	3.83	3.99	4.25	4.88	3.20	3.34	3.56	4.10
		中部	2.26	2.36	2.52	2.91	2.19	2.28	2.44	2.81	3.05	3.18	3.40	3.90	1.25	1.30	1.39	1.59	2.38	2.49	2.65	3.05	2.00	2.09	2.24	2.58
		西部	2.34	2.45	2.61	3.02	2.26	2.37	2.53	2.92	3.13	3.27	3.49	4.01	1.27	1.32	1.41	1.61	2.46	2.57	2.75	3.17	2.08	2.18	2.33	2.69
	化学	东部	4.90	5.11	5.45	6.26	4.73	4.93	5.26	6.04	6.67	6.96	7.41	8.49	2.77	2.88	3.07	3.50	5.17	5.39	5.74	6.59	4.32	4.51	4.81	5.53
		中部	3.05	3.19	3.40	3.92	2.95	3.08	3.29	3.79	4.12	4.30	4.59	5.26	1.69	1.76	1.88	2.15	3.21	3.36	3.58	4.12	2.70	2.82	3.01	3.48
		西部	3.16	3.30	3.52	4.07	3.05	3.19	3.41	3.94	4.23	4.41	4.71	5.41	1.72	1.79	1.90	2.18	3.32	3.47	3.70	4.27	2.81	2.93	3.14	3.63
	生物	东部	6.71	7.00	7.49	8.64	6.48	6.77	7.24	8.36	8.99	9.38	10.01	11.51	3.66	3.81	4.06	4.65	7.05	7.36	7.87	9.07	5.96	6.22	6.66	7.70
		中部	4.25	4.44	4.75	5.51	4.11	4.30	4.60	5.34	5.63	5.88	6.28	7.24	2.25	2.35	2.50	2.87	4.45	4.66	4.98	5.77	3.79	3.97	4.25	4.94
		西部	4.46	4.67	5.00	5.82	4.32	4.53	4.86	5.65	5.84	6.10	6.53	7.55	2.30	2.40	2.56	2.94	4.67	4.88	5.23	6.08	4.01	4.20	4.50	5.25
	物化	东部	3.54	3.70	3.95	4.54	3.42	3.57	3.81	4.39	4.79	5.00	5.33	6.11	1.97	2.05	2.18	2.50	3.73	3.89	4.15	4.78	3.13	3.27	3.49	4.03
		中部	2.22	2.32	2.48	2.87	2.15	2.25	2.40	2.78	2.98	3.11	3.32	3.81	1.21	1.26	1.34	1.54	2.34	2.44	2.61	3.01	1.98	2.07	2.21	2.56
		西部	2.32	2.42	2.59	3.00	2.24	2.35	2.51	2.91	3.07	3.21	3.42	3.95	1.23	1.28	1.37	1.57	2.43	2.54	2.72	3.15	2.07	2.16	2.32	2.69
	组合	东部	6.60	6.90	7.37	8.49	6.38	6.66	7.12	8.21	8.89	9.28	9.89	11.36	3.64	3.79	4.03	4.61	6.95	7.25	7.75	8.92	5.85	6.12	6.54	7.55
		中部	4.17	4.35	4.66	5.39	4.03	4.21	4.51	5.22	5.55	5.79	6.18	7.12	2.24	2.33	2.48	2.84	4.37	4.57	4.89	5.65	3.71	3.88	4.16	4.82
		西部	4.36	4.56	4.88	5.67	4.22	4.42	4.74	5.50	5.74	5.99	6.41	7.40	2.28	2.38	2.53	2.91	4.56	4.77	5.11	5.93	3.90	4.09	4.38	5.10

注：设计处理能力与处理量为该行业的 1/4 分位数，纺织业设计处理能力的 1/4 分位数为 100 t/d，处理量的中位数为 1 万 t/a。

表 1-9 处理能力为 3/4 分位数时纺织业单位废水治理费用（不含固定资产折旧费）

单位：元/t

企业性质	处理方法	地区	棉化纤纺织及印染精加工				毛纺织和染整精加工				麻纺织				丝绢纺织及精加工				纺织制成品制造				针织品、编织品及制品制造			
			30%	50%	70%	90%	30%	50%	70%	90%	30%	50%	70%	90%	30%	50%	70%	90%	30%	50%	70%	90%	30%	50%	70%	90%
民营	物理	东部	0.87	0.90	0.96	1.09	0.83	0.87	0.92	1.05	1.22	1.27	1.34	1.53	0.52	0.54	0.58	0.66	0.92	0.96	1.02	1.15	0.75	0.78	0.83	0.94
		中部	0.52	0.54	0.58	0.66	0.50	0.52	0.55	0.63	0.73	0.76	0.81	0.92	0.32	0.33	0.35	0.40	0.55	0.58	0.61	0.70	0.45	0.47	0.50	0.57
		西部	0.52	0.54	0.58	0.66	0.50	0.52	0.55	0.63	0.73	0.76	0.81	0.92	0.32	0.33	0.35	0.40	0.55	0.58	0.61	0.70	0.45	0.47	0.50	0.57
	化学	东部	1.17	1.22	1.30	1.47	1.13	1.17	1.24	1.42	1.65	1.71	1.82	2.07	0.71	0.74	0.78	0.89	1.24	1.29	1.37	1.56	1.02	1.06	1.12	1.28
		中部	0.71	0.74	0.78	0.89	0.68	0.71	0.75	0.85	0.99	1.03	1.10	1.25	0.43	0.44	0.47	0.54	0.75	0.78	0.83	0.94	0.61	0.64	0.68	0.77
		西部	0.71	0.74	0.78	0.89	0.68	0.71	0.75	0.85	0.99	1.03	1.10	1.25	0.43	0.44	0.47	0.54	0.75	0.78	0.83	0.94	0.61	0.64	0.68	0.77
	生物	东部	1.51	1.57	1.67	1.90	1.45	1.51	1.60	1.82	2.12	2.21	2.34	2.67	0.91	0.95	1.01	1.15	1.60	1.67	1.77	2.01	1.31	1.37	1.45	1.65
		中部	0.91	0.95	1.01	1.15	0.88	0.91	0.97	1.10	1.28	1.33	1.41	1.61	0.55	0.57	0.61	0.69	0.97	1.01	1.07	1.22	0.79	0.82	0.87	0.99
		西部	0.91	0.95	1.01	1.15	0.88	0.91	0.97	1.10	1.28	1.33	1.41	1.61	0.55	0.57	0.61	0.69	0.97	1.01	1.07	1.22	0.79	0.82	0.87	0.99
	物化	东部	0.83	0.86	0.91	1.04	0.79	0.83	0.88	1.00	1.16	1.21	1.28	1.46	0.50	0.52	0.55	0.63	0.88	0.91	0.97	1.10	0.72	0.75	0.79	0.90
		中部	0.50	0.52	0.55	0.63	0.48	0.50	0.53	0.60	0.70	0.73	0.77	0.88	0.30	0.31	0.33	0.38	0.53	0.55	0.58	0.66	0.43	0.45	0.48	0.54
		西部	0.50	0.52	0.55	0.63	0.48	0.50	0.53	0.60	0.70	0.73	0.77	0.88	0.30	0.31	0.33	0.38	0.53	0.55	0.58	0.66	0.43	0.45	0.48	0.54
	组合	东部	1.51	1.57	1.67	1.90	1.45	1.51	1.60	1.82	2.12	2.21	2.34	2.67	0.91	0.95	1.01	1.15	1.60	1.67	1.77	2.01	1.31	1.37	1.45	1.65
		中部	0.91	0.95	1.01	1.15	0.88	0.91	0.97	1.10	1.28	1.33	1.41	1.61	0.55	0.57	0.61	0.69	0.97	1.01	1.07	1.22	0.79	0.82	0.87	0.99
		西部	0.91	0.95	1.01	1.15	0.88	0.91	0.97	1.10	1.28	1.33	1.41	1.61	0.55	0.57	0.61	0.69	0.97	1.01	1.07	1.22	0.79	0.82	0.87	0.99
其他	物理	东部	0.87	0.90	0.96	1.09	0.93	0.97	1.03	1.17	1.36	1.42	1.50	1.71	0.58	0.61	0.65	0.73	1.03	1.07	1.14	1.29	0.84	0.87	0.93	1.06
		中部	0.52	0.54	0.58	0.66	0.56	0.58	0.62	0.71	0.82	0.85	0.91	1.03	0.35	0.37	0.39	0.44	0.62	0.65	0.69	0.78	0.51	0.53	0.56	0.64
		西部	0.52	0.54	0.58	0.66	0.56	0.58	0.62	0.71	0.82	0.85	0.91	1.03	0.35	0.37	0.39	0.44	0.62	0.65	0.69	0.78	0.51	0.53	0.56	0.64
	化学	东部	1.17	1.22	1.30	1.47	1.26	1.31	1.39	1.58	1.84	1.92	2.03	2.31	0.79	0.82	0.87	0.99	1.39	1.45	1.54	1.75	1.14	1.18	1.26	1.43
		中部	0.71	0.74	0.78	0.89	0.76	0.79	0.84	0.96	1.11	1.16	1.23	1.40	0.48	0.50	0.53	0.60	0.84	0.87	0.93	1.05	0.69	0.71	0.76	0.86
		西部	0.71	0.74	0.78	0.89	0.76	0.79	0.84	0.96	1.11	1.16	1.23	1.40	0.48	0.50	0.53	0.60	0.84	0.87	0.93	1.05	0.69	0.71	0.76	0.86
	生物	东部	1.51	1.57	1.67	1.90	1.63	1.69	1.79	2.04	2.37	2.47	2.62	2.98	1.02	1.06	1.13	1.28	1.79	1.87	1.98	2.25	1.47	1.53	1.62	1.84
		中部	0.91	0.95	1.01	1.15	0.98	1.02	1.08	1.23	1.43	1.49	1.58	1.80	0.62	0.64	0.68	0.77	1.08	1.13	1.20	1.36	0.89	0.92	0.98	1.11
		西部	0.91	0.95	1.01	1.15	0.98	1.02	1.08	1.23	1.43	1.49	1.58	1.80	0.62	0.64	0.68	0.77	1.08	1.13	1.20	1.36	0.89	0.92	0.98	1.11

企业性质	处理方法	地区	棉化纤纺织及印染精加工				毛纺织和染整精加工				麻纺织				丝绢纺织及精加工				纺织制成品制造				针织品、编织品及制品制造			
			30%	50%	70%	90%	30%	50%	70%	90%	30%	50%	70%	90%	30%	50%	70%	90%	30%	50%	70%	90%	30%	50%	70%	90%
其他	物化	东部	0.83	0.86	0.91	1.04	0.89	0.92	0.98	1.11	1.30	1.35	1.43	1.63	0.56	0.58	0.62	0.70	0.98	1.02	1.08	1.23	0.80	0.83	0.89	1.01
		中部	0.50	0.52	0.55	0.63	0.54	0.56	0.59	0.67	0.78	0.81	0.86	0.98	0.34	0.35	0.37	0.42	0.59	0.62	0.65	0.74	0.48	0.50	0.53	0.61
		西部	0.50	0.52	0.55	0.63	0.54	0.56	0.59	0.67	0.78	0.81	0.86	0.98	0.34	0.35	0.37	0.42	0.59	0.62	0.65	0.74	0.48	0.50	0.53	0.61
	组合	东部	1.51	1.57	1.67	1.90	1.63	1.69	1.79	2.04	2.37	2.47	2.62	2.98	1.02	1.06	1.13	1.28	1.79	1.87	1.98	2.25	1.47	1.53	1.62	1.84
		中部	0.91	0.95	1.01	1.15	0.98	1.02	1.08	1.23	1.43	1.49	1.58	1.80	0.62	0.64	0.68	0.77	1.08	1.13	1.20	1.36	0.89	0.92	0.98	1.11
		西部	0.91	0.95	1.01	1.15	0.98	1.02	1.08	1.23	1.43	1.49	1.58	1.80	0.62	0.64	0.68	0.77	1.08	1.13	1.20	1.36	0.89	0.92	0.98	1.11
外资	物理	东部	0.87	0.90	0.96	1.09	1.05	1.09	1.16	1.32	1.53	1.59	1.69	1.92	0.66	0.68	0.73	0.83	1.16	1.20	1.28	1.45	0.95	0.99	1.05	1.19
		中部	0.52	0.54	0.58	0.66	0.63	0.66	0.70	0.79	0.92	0.96	1.02	1.16	0.40	0.41	0.44	0.50	0.70	0.73	0.77	0.88	0.57	0.59	0.63	0.72
		西部	0.52	0.54	0.58	0.66	0.63	0.66	0.70	0.79	0.92	0.96	1.02	1.16	0.40	0.41	0.44	0.50	0.70	0.73	0.77	0.88	0.57	0.59	0.63	0.72
	化学	东部	1.17	1.22	1.30	1.47	1.42	1.48	1.57	1.78	2.07	2.16	2.29	2.61	0.89	0.93	0.98	1.12	1.57	1.63	1.73	1.97	1.28	1.33	1.42	1.61
		中部	0.71	0.74	0.78	0.89	0.86	0.89	0.95	1.08	1.25	1.30	1.38	1.57	0.54	0.56	0.59	0.68	0.95	0.98	1.04	1.19	0.77	0.81	0.85	0.97
		西部	0.71	0.74	0.78	0.89	0.86	0.89	0.95	1.08	1.25	1.30	1.38	1.57	0.54	0.56	0.59	0.68	0.95	0.98	1.04	1.19	0.77	0.81	0.85	0.97
	生物	东部	1.51	1.57	1.67	1.90	1.83	1.90	2.02	2.30	2.67	2.78	2.95	3.36	1.15	1.20	1.27	1.44	2.02	2.10	2.23	2.54	1.65	1.72	1.83	2.08
		中部	0.91	0.95	1.01	1.15	1.10	1.15	1.22	1.39	1.61	1.68	1.78	2.03	0.69	0.72	0.77	0.87	1.22	1.27	1.35	1.53	1.00	1.04	1.10	1.25
		西部	0.91	0.95	1.01	1.15	1.10	1.15	1.22	1.39	1.61	1.68	1.78	2.03	0.69	0.72	0.77	0.87	1.22	1.27	1.35	1.53	1.00	1.04	1.10	1.25
	物化	东部	0.83	0.86	0.91	1.04	1.00	1.04	1.10	1.26	1.46	1.52	1.61	1.83	0.63	0.65	0.69	0.79	1.10	1.15	1.22	1.39	0.90	0.94	1.00	1.13
		中部	0.50	0.52	0.55	0.63	0.60	0.63	0.67	0.76	0.88	0.92	0.97	1.11	0.38	0.39	0.42	0.48	0.67	0.69	0.74	0.84	0.54	0.57	0.60	0.68
		西部	0.50	0.52	0.55	0.63	0.60	0.63	0.67	0.76	0.88	0.92	0.97	1.11	0.38	0.39	0.42	0.48	0.67	0.69	0.74	0.84	0.54	0.57	0.60	0.68
	组合	东部	1.51	1.57	1.67	1.90	1.83	1.90	2.02	2.30	2.67	2.78	2.95	3.36	1.15	1.20	1.27	1.44	2.02	2.10	2.23	2.54	1.65	1.72	1.83	2.08
		中部	0.91	0.95	1.01	1.15	1.10	1.15	1.22	1.39	1.61	1.68	1.78	2.03	0.69	0.72	0.77	0.87	1.22	1.27	1.35	1.53	1.00	1.04	1.10	1.25
		西部	0.91	0.95	1.01	1.15	1.10	1.15	1.22	1.39	1.61	1.68	1.78	2.03	0.69	0.72	0.77	0.87	1.22	1.27	1.35	1.53	1.00	1.04	1.10	1.25

注：设计处理能力与处理量为该行业的 3/4 分位数，纺织业设计处理能力的 3/4 分位数为 1 263 t/d，处理量的 3/4 分位数为 187 287.5 t/a。

表 1-10　处理能力为 3/4 分位数时纺织业单位废水治理费用（含固定资产折旧费）

单位：元/t

企业性质	处理方法	地区	棉化纤纺织及印染精加工				毛纺织和染整精加工				麻纺织				丝绢纺织及精加工				纺织制成品制造				针织品、编织品及制品制造			
			30%	50%	70%	90%	30%	50%	70%	90%	30%	50%	70%	90%	30%	50%	70%	90%	30%	50%	70%	90%	30%	50%	70%	90%
民营	物理	东部	0.97	1.01	1.07	1.23	0.93	0.97	1.04	1.19	1.32	1.37	1.46	1.67	0.59	0.61	0.65	0.75	1.02	1.06	1.13	1.30	0.85	0.89	0.95	1.09
		中部	0.60	0.63	0.67	0.77	0.58	0.61	0.65	0.75	0.81	0.85	0.90	1.04	0.37	0.38	0.41	0.47	0.63	0.66	0.71	0.81	0.53	0.56	0.59	0.69
		西部	0.62	0.65	0.70	0.80	0.60	0.63	0.67	0.78	0.83	0.87	0.93	1.07	0.38	0.40	0.42	0.49	0.65	0.68	0.73	0.84	0.55	0.58	0.62	0.72
	化学	东部	1.31	1.36	1.45	1.67	1.26	1.31	1.40	1.61	1.78	1.85	1.97	2.26	0.79	0.83	0.88	1.01	1.38	1.44	1.53	1.76	1.15	1.20	1.28	1.47
		中部	0.81	0.85	0.91	1.04	0.79	0.82	0.88	1.01	1.10	1.15	1.22	1.40	0.49	0.52	0.55	0.63	0.86	0.89	0.95	1.10	0.72	0.75	0.80	0.93
		西部	0.84	0.88	0.94	1.08	0.81	0.85	0.91	1.05	1.13	1.17	1.25	1.44	0.51	0.53	0.57	0.66	0.88	0.92	0.99	1.14	0.75	0.78	0.83	0.97
	生物	东部	1.78	1.86	1.99	2.30	1.73	1.80	1.93	2.22	2.40	2.50	2.67	3.07	1.09	1.14	1.21	1.40	1.88	1.96	2.09	2.41	1.58	1.66	1.77	2.05
		中部	1.13	1.18	1.26	1.46	1.09	1.14	1.22	1.42	1.50	1.56	1.67	1.93	0.69	0.72	0.77	0.89	1.18	1.24	1.33	1.53	1.01	1.06	1.13	1.31
		西部	1.19	1.24	1.33	1.55	1.15	1.20	1.29	1.50	1.55	1.62	1.74	2.01	0.73	0.76	0.81	0.95	1.24	1.30	1.39	1.62	1.06	1.11	1.20	1.39
	物化	东部	0.94	0.98	1.05	1.21	0.91	0.95	1.02	1.17	1.28	1.33	1.42	1.63	0.57	0.60	0.64	0.74	0.99	1.04	1.11	1.27	0.83	0.87	0.93	1.07
		中部	0.59	0.62	0.66	0.76	0.57	0.60	0.64	0.74	0.79	0.83	0.88	1.02	0.36	0.38	0.40	0.47	0.62	0.65	0.69	0.80	0.53	0.55	0.59	0.68
		西部	0.62	0.64	0.69	0.80	0.60	0.62	0.67	0.77	0.82	0.85	0.91	1.05	0.38	0.39	0.42	0.49	0.65	0.68	0.72	0.84	0.55	0.58	0.62	0.72
	组合	东部	1.76	1.84	1.96	2.26	1.70	1.77	1.89	2.19	2.37	2.47	2.63	3.03	1.07	1.12	1.19	1.38	1.85	1.93	2.06	2.38	1.56	1.63	1.74	2.01
		中部	1.11	1.16	1.24	1.43	1.07	1.12	1.20	1.39	1.48	1.54	1.65	1.90	0.68	0.71	0.76	0.87	1.16	1.22	1.30	1.50	0.99	1.03	1.11	1.28
		西部	1.16	1.21	1.30	1.51	1.12	1.17	1.26	1.46	1.53	1.60	1.70	1.97	0.71	0.74	0.79	0.92	1.21	1.27	1.36	1.58	1.04	1.09	1.16	1.35
其他	物理	东部	1.09	1.13	1.21	1.39	1.05	1.09	1.17	1.34	1.48	1.54	1.64	1.88	0.66	0.69	0.73	0.84	1.15	1.20	1.27	1.46	0.96	1.00	1.07	1.23
		中部	0.68	0.71	0.76	0.87	0.66	0.68	0.73	0.84	0.91	0.95	1.02	1.17	0.41	0.43	0.46	0.53	0.71	0.75	0.80	0.92	0.60	0.63	0.67	0.77
		西部	0.70	0.73	0.79	0.91	0.68	0.71	0.76	0.88	0.94	0.98	1.05	1.20	0.43	0.45	0.48	0.55	0.74	0.77	0.82	0.95	0.63	0.65	0.70	0.81
	化学	东部	1.47	1.53	1.63	1.88	1.42	1.48	1.58	1.81	2.00	2.08	2.22	2.54	0.89	0.93	0.99	1.14	1.55	1.61	1.72	1.98	1.29	1.35	1.44	1.66
		中部	0.92	0.96	1.02	1.18	0.88	0.92	0.99	1.14	1.24	1.29	1.37	1.58	0.56	0.58	0.62	0.72	0.96	1.01	1.07	1.24	0.81	0.85	0.91	1.04
		西部	0.95	0.99	1.06	1.22	0.92	0.96	1.02	1.18	1.27	1.32	1.41	1.62	0.58	0.60	0.65	0.75	1.00	1.04	1.11	1.28	0.84	0.88	0.94	1.09
	生物	东部	2.01	2.10	2.25	2.60	1.95	2.03	2.17	2.51	2.70	2.81	3.00	3.45	1.23	1.28	1.37	1.58	2.12	2.21	2.36	2.72	1.79	1.87	2.00	2.31
		中部	1.28	1.33	1.43	1.66	1.24	1.29	1.38	1.61	1.69	1.76	1.88	2.17	0.78	0.82	0.87	1.01	1.34	1.40	1.50	1.73	1.14	1.19	1.28	1.49
		西部	1.34	1.41	1.51	1.75	1.30	1.36	1.46	1.70	1.75	1.83	1.96	2.27	0.82	0.86	0.92	1.08	1.40	1.47	1.58	1.83	1.21	1.26	1.36	1.58

企业性质	处理方法	地区	棉化纤纺织及印染精加工				毛纺织和染整精加工				麻纺织				丝绢纺织及精加工				纺织制成品制造				针织品、编织品及制品制造			
			30%	50%	70%	90%	30%	50%	70%	90%	30%	50%	70%	90%	30%	50%	70%	90%	30%	50%	70%	90%	30%	50%	70%	90%
其他	物化	东部	1.06	1.11	1.18	1.36	1.03	1.07	1.14	1.32	1.44	1.50	1.60	1.83	0.65	0.67	0.72	0.83	1.12	1.17	1.25	1.43	0.94	0.98	1.05	1.21
		中部	0.67	0.70	0.75	0.86	0.65	0.68	0.72	0.83	0.89	0.93	0.99	1.14	0.41	0.43	0.45	0.53	0.70	0.73	0.78	0.90	0.59	0.62	0.66	0.77
		西部	0.70	0.73	0.78	0.90	0.67	0.71	0.76	0.88	0.92	0.96	1.03	1.19	0.43	0.44	0.48	0.55	0.73	0.76	0.82	0.95	0.62	0.65	0.70	0.81
	组合	东部	1.98	2.07	2.21	2.55	1.92	2.00	2.14	2.47	2.66	2.78	2.96	3.41	1.21	1.26	1.35	1.55	2.08	2.18	2.32	2.68	1.76	1.84	1.96	2.27
		中部	1.25	1.31	1.40	1.62	1.21	1.27	1.36	1.57	1.66	1.74	1.85	2.14	0.76	0.80	0.85	0.99	1.31	1.37	1.47	1.70	1.12	1.17	1.25	1.45
		西部	1.31	1.37	1.47	1.71	1.27	1.33	1.43	1.66	1.72	1.80	1.92	2.22	0.80	0.84	0.90	1.05	1.37	1.44	1.54	1.78	1.18	1.23	1.32	1.54
外资	物理	东部	1.23	1.28	1.37	1.57	1.19	1.24	1.32	1.52	1.67	1.74	1.86	2.13	0.75	0.78	0.83	0.96	1.30	1.35	1.44	1.66	1.09	1.13	1.21	1.39
		中部	0.77	0.80	0.86	0.99	0.74	0.78	0.83	0.96	1.03	1.08	1.15	1.32	0.47	0.49	0.52	0.60	0.81	0.84	0.90	1.04	0.68	0.71	0.76	0.88
		西部	0.80	0.83	0.89	1.03	0.77	0.81	0.86	1.00	1.06	1.11	1.18	1.36	0.49	0.51	0.54	0.63	0.84	0.87	0.93	1.08	0.71	0.74	0.79	0.92
	化学	东部	1.66	1.73	1.85	2.12	1.60	1.67	1.78	2.05	2.26	2.35	2.51	2.87	1.01	1.05	1.12	1.29	1.75	1.83	1.95	2.24	1.47	1.53	1.63	1.88
		中部	1.04	1.08	1.16	1.33	1.00	1.05	1.12	1.29	1.40	1.46	1.55	1.79	0.63	0.66	0.70	0.81	1.09	1.14	1.22	1.40	0.92	0.96	1.03	1.18
		西部	1.07	1.12	1.20	1.39	1.04	1.09	1.16	1.34	1.43	1.50	1.60	1.84	0.65	0.68	0.73	0.85	1.13	1.18	1.26	1.46	0.96	1.00	1.07	1.24
	生物	东部	2.28	2.38	2.55	2.95	2.21	2.31	2.47	2.85	3.05	3.18	3.40	3.91	1.39	1.45	1.55	1.80	2.40	2.50	2.68	3.09	2.03	2.12	2.27	2.63
		中部	1.45	1.52	1.62	1.88	1.40	1.47	1.57	1.83	1.91	2.00	2.14	2.47	0.89	0.93	0.99	1.15	1.52	1.59	1.70	1.97	1.30	1.36	1.46	1.69
		西部	1.53	1.60	1.71	2.00	1.48	1.55	1.66	1.94	1.99	2.08	2.23	2.58	0.93	0.98	1.05	1.22	1.60	1.67	1.79	2.08	1.37	1.44	1.55	1.81
	物化	东部	1.20	1.26	1.34	1.55	1.16	1.21	1.30	1.49	1.62	1.69	1.80	2.07	0.73	0.76	0.82	0.94	1.27	1.32	1.41	1.62	1.07	1.11	1.19	1.37
		中部	0.76	0.79	0.85	0.98	0.73	0.77	0.82	0.95	1.01	1.05	1.13	1.30	0.46	0.48	0.52	0.60	0.80	0.83	0.89	1.03	0.67	0.70	0.75	0.87
		西部	0.79	0.83	0.89	1.03	0.77	0.80	0.86	1.00	1.04	1.09	1.17	1.35	0.48	0.51	0.54	0.63	0.83	0.87	0.93	1.07	0.71	0.74	0.79	0.92
	组合	东部	2.25	2.35	2.51	2.89	2.17	2.27	2.42	2.80	3.01	3.14	3.35	3.86	1.37	1.43	1.53	1.76	2.36	2.47	2.63	3.04	1.99	2.08	2.23	2.57
		中部	1.42	1.48	1.59	1.84	1.38	1.44	1.54	1.78	1.88	1.97	2.10	2.42	0.87	0.91	0.97	1.12	1.49	1.56	1.67	1.93	1.27	1.33	1.42	1.65
		西部	1.49	1.56	1.67	1.94	1.44	1.51	1.62	1.89	1.95	2.04	2.18	2.53	0.91	0.95	1.02	1.19	1.56	1.63	1.75	2.03	1.34	1.40	1.50	1.75

注：设计处理能力与处理量为该行业的 3/4 分位数，纺织业设计处理能力的 3/4 分位数为 1 263 t/d，处理量的 3/4 分位数为 187 287.5 t/a。

（2）食品制造业

表 1-11 处理能力为中位数时食品制造业单位废水治理费用（不含固定资产折旧费） 单位：元/t

企业性质	处理方法	地区	焙烤食品制造				方便食品制造				罐头制造				糖果巧克力及蜜饯制造				乳制品制造				其他			
			30%	50%	70%	90%	30%	50%	70%	90%	30%	50%	70%	90%	30%	50%	70%	90%	30%	50%	70%	90%	30%	50%	70%	90%
民营	物理	东部	1.52	1.59	1.69	1.93	1.60	1.66	1.77	2.01	1.16	1.21	1.29	1.47	1.94	2.02	2.15	2.45	1.37	1.43	1.52	1.73	1.94	2.02	2.15	2.45
		中部	1.15	1.20	1.28	1.46	1.21	1.26	1.33	1.52	0.88	0.91	0.97	1.11	1.47	1.53	1.63	1.85	1.04	1.08	1.15	1.31	1.47	1.53	1.63	1.85
		西部	0.88	0.91	0.97	1.11	0.92	0.95	1.01	1.16	0.67	0.69	0.74	0.84	1.12	1.16	1.23	1.41	0.79	0.82	0.87	1.00	1.12	1.16	1.23	1.41
	化学	东部	2.92	3.04	3.23	3.69	3.05	3.18	3.38	3.86	2.22	2.31	2.46	2.81	3.72	3.87	4.11	4.69	2.63	2.74	2.91	3.32	3.72	3.87	4.11	4.69
		中部	2.21	2.30	2.44	2.79	2.31	2.40	2.55	2.91	1.68	1.75	1.86	2.12	2.81	2.92	3.11	3.55	1.99	2.07	2.20	2.51	2.81	2.92	3.11	3.55
		西部	1.68	1.74	1.85	2.12	1.75	1.82	1.94	2.21	1.28	1.33	1.41	1.61	2.13	2.22	2.36	2.69	1.51	1.57	1.67	1.90	2.13	2.22	2.36	2.69
	生物	东部	3.19	3.32	3.53	4.03	3.34	3.47	3.69	4.21	2.43	2.53	2.69	3.07	4.06	4.23	4.50	5.13	2.87	2.99	3.18	3.63	4.06	4.23	4.50	5.13
		中部	2.41	2.51	2.67	3.04	2.52	2.63	2.79	3.18	1.84	1.91	2.03	2.32	3.07	3.20	3.40	3.88	2.17	2.26	2.40	2.74	3.07	3.20	3.40	3.88
		西部	1.83	1.91	2.03	2.31	1.92	1.99	2.12	2.42	1.39	1.45	1.54	1.76	2.33	2.43	2.58	2.95	1.65	1.72	1.82	2.08	2.33	2.43	2.58	2.95
	物化	东部	3.07	3.20	3.40	3.88	3.21	3.34	3.56	4.06	2.34	2.44	2.59	2.95	3.91	4.07	4.33	4.94	2.76	2.88	3.06	3.49	3.91	4.07	4.33	4.94
		中部	2.32	2.42	2.57	2.93	2.43	2.53	2.69	3.07	1.77	1.84	1.96	2.23	2.96	3.08	3.27	3.73	2.09	2.18	2.31	2.64	2.96	3.08	3.27	3.73
		西部	1.76	1.84	1.95	2.23	1.84	1.92	2.04	2.33	1.34	1.40	1.49	1.70	2.25	2.34	2.49	2.84	1.59	1.65	1.76	2.00	2.25	2.34	2.49	2.84
	组合	东部	5.07	5.28	5.61	6.40	5.30	5.52	5.87	6.70	3.86	4.02	4.27	4.88	6.46	6.72	7.15	8.15	4.56	4.75	5.05	5.76	6.46	6.72	7.15	8.15
		中部	3.83	3.99	4.24	4.84	4.01	4.17	4.44	5.06	2.92	3.04	3.23	3.69	4.88	5.08	5.40	6.16	3.45	3.59	3.82	4.36	4.88	5.08	5.40	6.16
		西部	2.91	3.03	3.22	3.67	3.04	3.17	3.37	3.84	2.22	2.31	2.45	2.80	3.71	3.86	4.10	4.68	2.62	2.73	2.90	3.31	3.71	3.86	4.10	4.68
其他	物理	东部	2.16	2.24	2.39	2.72	2.25	2.35	2.50	2.85	1.64	1.71	1.82	2.07	2.75	2.86	3.04	3.47	1.94	2.02	2.15	2.45	2.75	2.86	3.04	3.47
		中部	1.63	1.70	1.80	2.06	1.70	1.77	1.89	2.15	1.24	1.29	1.37	1.57	2.07	2.16	2.30	2.62	1.47	1.53	1.62	1.85	2.07	2.16	2.30	2.62
		西部	1.24	1.29	1.37	1.56	1.29	1.35	1.43	1.63	0.94	0.98	1.04	1.19	1.58	1.64	1.74	1.99	1.11	1.16	1.23	1.41	1.58	1.64	1.74	1.99
	化学	东部	4.12	4.29	4.57	5.21	4.31	4.49	4.78	5.45	3.14	3.27	3.48	3.97	5.25	5.47	5.82	6.64	3.71	3.87	4.11	4.69	5.25	5.47	5.82	6.64
		中部	3.12	3.25	3.45	3.94	3.26	3.39	3.61	4.12	2.37	2.47	2.63	3.00	3.97	4.13	4.40	5.01	2.81	2.92	3.11	3.54	3.97	4.13	4.40	5.01
		西部	2.37	2.47	2.62	2.99	2.48	2.58	2.74	3.13	1.80	1.88	2.00	2.28	3.02	3.14	3.34	3.81	2.13	2.22	2.36	2.69	3.02	3.14	3.34	3.81

企业性质	处理方法	地区	焙烤食品制造				方便食品制造				罐头制造				糖果巧克力及蜜饯制造				乳制品制造				其他			
			30%	50%	70%	90%	30%	50%	70%	90%	30%	50%	70%	90%	30%	50%	70%	90%	30%	50%	70%	90%	30%	50%	70%	90%
其他	生物	东部	4.51	4.69	4.99	5.69	4.72	4.91	5.22	5.96	3.43	3.58	3.80	4.34	5.74	5.98	6.36	7.25	4.06	4.23	4.49	5.13	5.74	5.98	6.36	7.25
		中部	3.41	3.55	3.77	4.30	3.56	3.71	3.95	4.50	2.60	2.70	2.87	3.28	4.34	4.52	4.80	5.48	3.07	3.19	3.40	3.87	4.34	4.52	4.80	5.48
		西部	2.59	2.69	2.86	3.27	2.71	2.82	3.00	3.42	1.97	2.05	2.18	2.49	3.30	3.43	3.65	4.16	2.33	2.43	2.58	2.94	3.30	3.43	3.65	4.16
	物化	东部	2.17	2.26	2.41	2.74	2.27	2.37	2.52	2.87	1.66	1.72	1.83	2.09	2.77	2.88	3.06	3.50	1.96	2.04	2.17	2.47	2.77	2.88	3.06	3.50
		中部	1.64	1.71	1.82	2.07	1.72	1.79	1.90	2.17	1.25	1.30	1.38	1.58	2.09	2.18	2.32	2.64	1.48	1.54	1.64	1.87	2.09	2.18	2.32	2.64
		西部	1.25	1.30	1.38	1.58	1.30	1.36	1.44	1.65	0.95	0.99	1.05	1.20	1.59	1.65	1.76	2.01	1.12	1.17	1.24	1.42	1.59	1.65	1.76	2.01
	组合	东部	3.59	3.73	3.97	4.53	3.75	3.90	4.15	4.74	2.73	2.84	3.02	3.45	4.57	4.76	5.06	5.77	3.23	3.36	3.57	4.08	4.57	4.76	5.06	5.77
		中部	2.71	2.82	3.00	3.42	2.83	2.95	3.14	3.58	2.06	2.15	2.29	2.61	3.45	3.59	3.82	4.36	2.44	2.54	2.70	3.08	3.45	3.59	3.82	4.36
		西部	2.06	2.14	2.28	2.60	2.15	2.24	2.38	2.72	1.57	1.63	1.74	1.98	2.62	2.73	2.90	3.31	1.85	1.93	2.05	2.34	2.62	2.73	2.90	3.31
外资	物理	东部	2.16	2.24	2.39	2.72	2.25	2.35	2.50	2.85	1.64	1.71	1.82	2.07	2.75	2.86	3.04	3.47	1.94	2.02	2.15	2.45	2.75	2.86	3.04	3.47
		中部	1.63	1.70	1.80	2.06	1.70	1.77	1.89	2.15	1.24	1.29	1.37	1.57	2.07	2.16	2.30	2.62	1.47	1.53	1.62	1.85	2.07	2.16	2.30	2.62
		西部	1.24	1.29	1.37	1.56	1.29	1.35	1.43	1.63	0.94	0.98	1.04	1.19	1.58	1.64	1.74	1.99	1.11	1.16	1.23	1.41	1.58	1.64	1.74	1.99
	化学	东部	4.12	4.29	4.57	5.21	4.31	4.49	4.78	5.45	3.14	3.27	3.48	3.97	5.25	5.47	5.82	6.64	3.71	3.87	4.11	4.69	5.25	5.47	5.82	6.64
		中部	3.12	3.25	3.45	3.94	3.26	3.39	3.61	4.12	2.37	2.47	2.63	3.00	3.97	4.13	4.40	5.01	2.81	2.92	3.11	3.54	3.97	4.13	4.40	5.01
		西部	2.37	2.47	2.62	2.99	2.48	2.58	2.74	3.13	1.80	1.88	2.00	2.28	3.02	3.14	3.34	3.81	2.13	2.22	2.36	2.69	3.02	3.14	3.34	3.81
	生物	东部	4.51	4.69	4.99	5.69	4.72	4.91	5.22	5.96	3.43	3.58	3.80	4.34	5.74	5.98	6.36	7.25	4.06	4.23	4.49	5.13	5.74	5.98	6.36	7.25
		中部	3.41	3.55	3.77	4.30	3.56	3.71	3.95	4.50	2.60	2.70	2.87	3.28	4.34	4.52	4.80	5.48	3.07	3.19	3.40	3.87	4.34	4.52	4.80	5.48
		西部	2.59	2.69	2.86	3.27	2.71	2.82	3.00	3.42	1.97	2.05	2.18	2.49	3.30	3.43	3.65	4.16	2.33	2.43	2.58	2.94	3.30	3.43	3.65	4.16
	物化	东部	3.07	3.20	3.40	3.88	3.21	3.34	3.56	4.06	2.34	2.44	2.59	2.95	3.91	4.07	4.33	4.94	2.76	2.88	3.06	3.49	3.91	4.07	4.33	4.94
		中部	2.32	2.42	2.57	2.93	2.43	2.53	2.69	3.07	1.77	1.84	1.96	2.23	2.96	3.08	3.27	3.73	2.09	2.18	2.31	2.64	2.96	3.08	3.27	3.73
		西部	1.76	1.84	1.95	2.23	1.84	1.92	2.04	2.33	1.34	1.40	1.49	1.70	2.25	2.34	2.49	2.84	1.59	1.65	1.76	2.00	2.25	2.34	2.49	2.84
	组合	东部	5.07	5.28	5.61	6.40	5.30	5.52	5.87	6.70	3.86	4.02	4.27	4.88	6.46	6.72	7.15	8.15	4.56	4.75	5.05	5.76	6.46	6.72	7.15	8.15
		中部	3.83	3.99	4.24	4.84	4.01	4.17	4.44	5.06	2.92	3.04	3.23	3.69	4.88	5.08	5.40	6.16	3.45	3.59	3.82	4.36	4.88	5.08	5.40	6.16
		西部	2.91	3.03	3.22	3.67	3.04	3.17	3.37	3.84	2.22	2.31	2.45	2.80	3.71	3.86	4.10	4.68	2.62	2.73	2.90	3.31	3.71	3.86	4.10	4.68

注：设计处理能力与处理量为该行业的中位数，食品制造业设计处理能力的中位数为 120 t/d，处理量的中位数为 8 843 t/a。

表 1-12 处理能力为中位数时食品制造业单位废水治理费用（含固定资产折旧费）

单位：元/t

企业性质	处理方法	地区	焙烤食品制造				方便食品制造				罐头制造				糖果巧克力及蜜饯制造				乳制品制造				其他			
			30%	50%	70%	90%	30%	50%	70%	90%	30%	50%	70%	90%	30%	50%	70%	90%	30%	50%	70%	90%	30%	50%	70%	90%
民营	物理	东部	1.70	1.77	1.89	2.17	1.74	1.81	1.93	2.21	1.25	1.30	1.39	1.59	2.11	2.20	2.34	2.69	1.58	1.65	1.76	2.02	2.15	2.24	2.39	2.74
		中部	1.31	1.37	1.46	1.68	1.34	1.40	1.49	1.71	0.96	1.00	1.07	1.22	1.63	1.70	1.81	2.08	1.23	1.28	1.37	1.58	1.66	1.73	1.85	2.13
		西部	1.02	1.06	1.14	1.31	1.04	1.08	1.15	1.33	0.74	0.77	0.82	0.94	1.26	1.31	1.40	1.61	0.96	1.00	1.07	1.24	1.29	1.34	1.44	1.65
	化学	东部	3.22	3.36	3.58	4.11	3.30	3.44	3.67	4.21	2.37	2.48	2.64	3.02	4.01	4.18	4.46	5.11	2.99	3.12	3.33	3.83	4.08	4.25	4.53	5.20
		中部	2.49	2.60	2.77	3.19	2.54	2.65	2.83	3.25	1.82	1.90	2.03	2.32	3.09	3.22	3.43	3.94	2.33	2.43	2.59	2.99	3.15	3.29	3.51	4.03
		西部	1.93	2.02	2.15	2.48	1.96	2.05	2.19	2.51	1.40	1.46	1.56	1.79	2.38	2.49	2.65	3.05	1.81	1.90	2.03	2.34	2.44	2.55	2.72	3.13
	生物	东部	3.82	3.99	4.26	4.91	3.86	4.03	4.30	4.95	2.75	2.86	3.06	3.51	4.68	4.88	5.21	6.00	3.63	3.79	4.05	4.69	4.82	5.03	5.37	6.19
		中部	3.00	3.14	3.36	3.88	3.01	3.15	3.36	3.88	2.13	2.23	2.38	2.74	3.65	3.81	4.07	4.69	2.88	3.01	3.23	3.74	3.78	3.95	4.22	4.88
		西部	2.36	2.47	2.64	3.06	2.36	2.46	2.63	3.04	1.66	1.74	1.85	2.14	2.85	2.98	3.19	3.68	2.29	2.39	2.57	2.98	2.97	3.11	3.32	3.84
	物化	东部	3.58	3.74	3.99	4.60	3.64	3.79	4.05	4.65	2.60	2.71	2.89	3.31	4.41	4.60	4.91	5.64	3.38	3.53	3.77	4.35	4.52	4.72	5.04	5.80
		中部	2.80	2.93	3.13	3.61	2.83	2.95	3.15	3.63	2.01	2.10	2.24	2.57	3.43	3.58	3.82	4.39	2.67	2.79	2.98	3.45	3.53	3.69	3.94	4.54
		西部	2.19	2.29	2.45	2.83	2.20	2.30	2.46	2.83	1.56	1.63	1.74	2.00	2.67	2.79	2.98	3.43	2.11	2.20	2.36	2.73	2.76	2.89	3.09	3.56
	组合	东部	5.69	5.94	6.33	7.28	5.82	6.07	6.47	7.42	4.17	4.35	4.64	5.32	7.06	7.37	7.85	9.01	5.31	5.54	5.92	6.81	7.20	7.51	8.01	9.20
		中部	4.42	4.61	4.92	5.66	4.49	4.69	5.00	5.74	3.21	3.35	3.57	4.10	5.45	5.69	6.07	6.97	4.15	4.34	4.63	5.34	5.58	5.83	6.22	7.15
		西部	3.44	3.59	3.83	4.42	3.48	3.63	3.88	4.46	2.48	2.59	2.76	3.17	4.22	4.41	4.70	5.41	3.25	3.40	3.63	4.20	4.34	4.53	4.84	5.57
其他	物理	东部	2.40	2.50	2.67	3.06	2.45	2.56	2.73	3.13	1.76	1.84	1.96	2.24	2.98	3.11	3.31	3.80	2.23	2.33	2.48	2.86	3.03	3.17	3.37	3.87
		中部	1.86	1.94	2.07	2.38	1.89	1.97	2.11	2.42	1.36	1.41	1.51	1.73	2.30	2.40	2.55	2.93	1.74	1.82	1.94	2.24	2.35	2.45	2.61	3.00
		西部	1.44	1.51	1.61	1.85	1.46	1.53	1.63	1.87	1.05	1.09	1.16	1.33	1.78	1.85	1.98	2.27	1.36	1.42	1.52	1.75	1.82	1.90	2.03	2.34
	化学	东部	4.55	4.75	5.06	5.81	4.67	4.87	5.19	5.95	3.36	3.50	3.73	4.27	5.67	5.91	6.30	7.22	4.22	4.41	4.70	5.41	5.77	6.01	6.41	7.35
		中部	3.52	3.67	3.92	4.50	3.59	3.75	4.00	4.59	2.58	2.69	2.86	3.28	4.36	4.55	4.85	5.57	3.29	3.43	3.67	4.22	4.45	4.65	4.95	5.69
		西部	2.73	2.85	3.04	3.50	2.78	2.90	3.09	3.55	1.99	2.07	2.21	2.53	3.37	3.52	3.75	4.31	2.57	2.68	2.86	3.30	3.45	3.60	3.84	4.42
	生物	东部	5.40	5.64	6.02	6.94	5.45	5.69	6.08	6.99	3.88	4.05	4.32	4.96	6.61	6.90	7.37	8.48	5.12	5.36	5.73	6.62	6.81	7.11	7.59	8.75
		中部	4.24	4.44	4.74	5.48	4.26	4.45	4.75	5.48	3.02	3.15	3.36	3.87	5.16	5.39	5.75	6.63	4.07	4.26	4.56	5.28	5.34	5.58	5.97	6.89
		西部	3.34	3.49	3.74	4.33	3.33	3.48	3.72	4.30	2.35	2.45	2.62	3.02	4.03	4.21	4.50	5.20	3.23	3.38	3.63	4.21	4.20	4.39	4.70	5.43

企业性质	处理方法	地区	焙烤食品制造				方便食品制造				罐头制造				糖果巧克力及蜜饯制造				乳制品制造				其他			
			30%	50%	70%	90%	30%	50%	70%	90%	30%	50%	70%	90%	30%	50%	70%	90%	30%	50%	70%	90%	30%	50%	70%	90%
其他	物化	东部	2.89	3.03	3.24	3.76	2.87	3.00	3.21	3.71	2.02	2.11	2.25	2.60	3.47	3.63	3.88	4.49	2.82	2.95	3.17	3.69	3.63	3.80	4.07	4.71
		中部	2.32	2.43	2.61	3.03	2.28	2.39	2.55	2.96	1.59	1.66	1.78	2.06	2.76	2.88	3.09	3.58	2.29	2.40	2.58	3.01	2.91	3.04	3.26	3.79
		西部	1.86	1.95	2.09	2.43	1.81	1.90	2.03	2.36	1.26	1.31	1.41	1.63	2.19	2.29	2.45	2.85	1.86	1.95	2.09	2.45	2.32	2.43	2.61	3.04
	组合	东部	4.47	4.67	4.99	5.77	4.48	4.68	5.00	5.76	3.17	3.31	3.54	4.07	5.43	5.67	6.06	6.98	4.28	4.48	4.80	5.56	5.62	5.88	6.28	7.25
		中部	3.54	3.70	3.96	4.59	3.52	3.68	3.94	4.55	2.48	2.59	2.77	3.19	4.26	4.45	4.76	5.50	3.43	3.59	3.85	4.48	4.45	4.65	4.97	5.76
		西部	2.80	2.93	3.14	3.65	2.77	2.90	3.10	3.59	1.94	2.03	2.17	2.51	3.35	3.50	3.75	4.34	2.75	2.88	3.09	3.60	3.52	3.68	3.94	4.57
外资	物理	东部	2.48	2.59	2.76	3.18	2.53	2.63	2.81	3.23	1.81	1.88	2.01	2.30	3.06	3.20	3.41	3.92	2.33	2.44	2.60	3.00	3.14	3.27	3.49	4.02
		中部	1.94	2.02	2.16	2.49	1.96	2.04	2.18	2.51	1.40	1.46	1.55	1.78	2.38	2.48	2.65	3.04	1.84	1.92	2.05	2.37	2.44	2.55	2.72	3.14
		西部	1.51	1.58	1.69	1.95	1.52	1.59	1.70	1.96	1.08	1.13	1.20	1.39	1.85	1.93	2.06	2.37	1.45	1.51	1.62	1.87	1.91	1.99	2.13	2.46
	化学	东部	4.70	4.91	5.24	6.02	4.79	5.00	5.33	6.12	3.43	3.58	3.81	4.38	5.82	6.07	6.47	7.43	4.41	4.60	4.91	5.66	5.95	6.20	6.62	7.61
		中部	3.66	3.82	4.08	4.70	3.71	3.87	4.13	4.75	2.65	2.76	2.95	3.38	4.50	4.70	5.01	5.76	3.46	3.61	3.86	4.46	4.62	4.83	5.15	5.93
		西部	2.86	2.98	3.19	3.68	2.88	3.01	3.21	3.70	2.05	2.14	2.28	2.62	3.49	3.65	3.89	4.48	2.72	2.84	3.04	3.52	3.60	3.76	4.02	4.63
	生物	东部	5.71	5.97	6.39	7.38	5.71	5.97	6.38	7.36	4.04	4.22	4.50	5.19	6.92	7.23	7.72	8.91	5.50	5.75	6.16	7.15	7.18	7.51	8.03	9.28
		中部	4.54	4.75	5.09	5.89	4.50	4.71	5.03	5.82	3.16	3.31	3.53	4.08	5.45	5.69	6.09	7.04	4.42	4.63	4.97	5.78	5.70	5.96	6.38	7.39
		西部	3.61	3.77	4.05	4.70	3.55	3.71	3.98	4.61	2.48	2.59	2.78	3.21	4.29	4.49	4.80	5.56	3.55	3.72	3.99	4.66	4.52	4.73	5.06	5.88
	物化	东部	4.05	4.23	4.53	5.25	4.02	4.20	4.49	5.19	2.83	2.95	3.16	3.64	4.87	5.08	5.44	6.28	3.93	4.12	4.42	5.14	5.08	5.31	5.69	6.58
		中部	3.24	3.39	3.63	4.22	3.19	3.34	3.57	4.14	2.23	2.33	2.49	2.88	3.85	4.03	4.31	5.00	3.19	3.34	3.59	4.19	4.06	4.25	4.55	5.28
		西部	2.59	2.71	2.91	3.39	2.53	2.65	2.84	3.29	1.76	1.84	1.97	2.28	3.05	3.20	3.42	3.97	2.58	2.70	2.91	3.40	3.24	3.39	3.63	4.23
	组合	东部	6.26	6.54	6.99	8.08	6.29	6.57	7.01	8.08	4.46	4.65	4.97	5.72	7.62	7.96	8.50	9.79	5.99	6.27	6.71	7.77	7.88	8.24	8.80	10.16
		中部	4.95	5.18	5.54	6.41	4.94	5.16	5.51	6.37	3.48	3.64	3.88	4.48	5.98	6.24	6.67	7.70	4.79	5.02	5.38	6.25	6.22	6.51	6.96	8.05
		西部	3.92	4.10	4.39	5.09	3.88	4.06	4.34	5.02	2.72	2.84	3.04	3.51	4.69	4.91	5.25	6.07	3.83	4.01	4.30	5.01	4.92	5.14	5.51	6.38

注：设计处理能力与处理量为该行业的中位数，食品制造业设计处理能力中位数为 120 t/d，处理量的中位数为 8 843 t/a。

表 1-13 处理能力为 1/4 分位数时食品制造业单位废水治理费用（不含固定资产折旧费） 单位：元/t

企业性质	处理方法	地区	焙烤食品制造				方便食品制造				罐头制造				糖果巧克力及蜜饯制造				乳制品制造				其他			
			30%	50%	70%	90%	30%	50%	70%	90%	30%	50%	70%	90%	30%	50%	70%	90%	30%	50%	70%	90%	30%	50%	70%	90%
民营	物理	东部	3.0	3.1	3.3	3.8	3.1	3.2	3.5	3.9	2.3	2.4	2.5	2.9	3.8	4.0	4.2	4.8	2.7	2.8	3.0	3.4	3.8	4.0	4.2	4.8
		中部	2.3	2.3	2.5	2.8	2.4	2.5	2.6	3.0	1.7	1.8	1.9	2.2	2.9	3.0	3.2	3.6	2.0	2.1	2.2	2.6	2.9	3.0	3.2	3.6
		西部	1.7	1.8	1.9	2.2	1.8	1.9	2.0	2.3	1.3	1.4	1.4	1.6	2.2	2.3	2.4	2.8	1.5	1.6	1.7	1.9	2.2	2.3	2.4	2.8
	化学	东部	5.7	5.9	6.3	7.2	6.0	6.2	6.6	7.5	4.3	4.5	4.8	5.5	7.3	7.6	8.1	9.2	5.1	5.4	5.7	6.5	7.3	7.6	8.1	9.2
		中部	4.3	4.5	4.8	5.4	4.5	4.7	5.0	5.7	3.3	3.4	3.6	4.2	5.5	5.7	6.1	6.9	3.9	4.0	4.3	4.9	5.5	5.7	6.1	6.9
		西部	3.3	3.4	3.6	4.1	3.4	3.6	3.8	4.3	2.5	2.6	2.8	3.2	4.2	4.3	4.6	5.3	3.0	3.1	3.3	3.7	4.2	4.3	4.6	5.3
	生物	东部	6.2	6.5	6.9	7.9	6.5	6.8	7.2	8.2	4.8	4.9	5.3	6.0	7.9	8.3	8.8	10.0	5.6	5.8	6.2	7.1	7.9	8.3	8.8	10.0
		中部	4.7	4.9	5.2	6.0	4.9	5.1	5.5	6.2	3.6	3.7	4.0	4.5	6.0	6.3	6.7	7.6	4.2	4.4	4.7	5.4	6.0	6.3	6.7	7.6
		西部	3.6	3.7	4.0	4.5	3.7	3.9	4.1	4.7	2.7	2.8	3.0	3.4	4.6	4.8	5.1	5.8	3.2	3.4	3.6	4.1	4.6	4.8	5.1	5.8
	物化	东部	6.0	6.3	6.7	7.6	6.3	6.5	7.0	7.9	4.6	4.8	5.1	5.8	7.7	8.0	8.5	9.7	5.4	5.6	6.0	6.8	7.7	8.0	8.5	9.7
		中部	4.5	4.7	5.0	5.7	4.7	4.9	5.3	6.0	3.5	3.6	3.8	4.4	5.8	6.0	6.4	7.3	4.1	4.3	4.5	5.2	5.8	6.0	6.4	7.3
		西部	3.4	3.6	3.8	4.4	3.6	3.8	4.0	4.6	2.6	2.7	2.9	3.3	4.4	4.6	4.9	5.5	3.1	3.2	3.4	3.9	4.4	4.6	4.9	5.5
	组合	东部	9.9	10.3	11.0	12.5	10.4	10.8	11.5	13.1	7.6	7.9	8.4	9.5	12.6	13.1	14.0	16.0	8.9	9.3	9.9	11.3	12.6	13.1	14.0	16.0
		中部	7.5	7.8	8.3	9.5	7.8	8.2	8.7	9.9	5.7	5.9	6.3	7.2	9.5	9.9	10.6	12.1	6.7	7.0	7.5	8.5	9.5	9.9	10.6	12.1
		西部	5.7	5.9	6.3	7.2	6.0	6.2	6.6	7.5	4.3	4.5	4.8	5.5	7.2	7.5	8.0	9.2	5.1	5.3	5.7	6.5	7.2	7.5	8.0	9.2
其他	物理	东部	4.2	4.4	4.7	5.3	4.4	4.6	4.9	5.6	3.2	3.3	3.6	4.1	5.4	5.6	5.9	6.8	3.8	4.0	4.2	4.8	5.4	5.6	5.9	6.8
		中部	3.2	3.3	3.5	4.0	3.3	3.5	3.7	4.2	2.4	2.5	2.7	3.1	4.1	4.2	4.5	5.1	2.9	3.0	3.2	3.6	4.1	4.2	4.5	5.1
		西部	2.4	2.5	2.7	3.1	2.5	2.6	2.8	3.2	1.8	1.9	2.0	2.3	3.1	3.2	3.4	3.9	2.2	2.3	2.4	2.8	3.1	3.2	3.4	3.9
	化学	东部	8.1	8.4	8.9	10.2	8.4	8.8	9.3	10.7	6.1	6.4	6.8	7.8	10.3	10.7	11.4	13.0	7.3	7.6	8.0	9.2	10.3	10.7	11.4	13.0
		中部	6.1	6.3	6.8	7.7	6.4	6.6	7.1	8.1	4.6	4.8	5.1	5.9	7.8	8.1	8.6	9.8	5.5	5.7	6.1	6.9	7.8	8.1	8.6	9.8
		西部	4.6	4.8	5.1	5.9	4.8	5.0	5.4	6.1	3.5	3.7	3.9	4.5	5.9	6.1	6.5	7.5	4.2	4.3	4.6	5.3	5.9	6.1	6.5	7.5
	生物	东部	8.8	9.2	9.8	11.1	9.2	9.6	10.2	11.7	6.7	7.0	7.4	8.5	11.2	11.7	12.4	14.2	7.9	8.3	8.8	10.0	11.2	11.7	12.4	14.2
		中部	6.7	6.9	7.4	8.4	7.0	7.3	7.7	8.8	5.1	5.3	5.6	6.4	8.5	8.8	9.4	10.7	6.0	6.2	6.6	7.6	8.5	8.8	9.4	10.7
		西部	5.1	5.3	5.6	6.4	5.3	5.5	5.9	6.7	3.9	4.0	4.3	4.9	6.4	6.7	7.1	8.1	4.6	4.7	5.0	5.8	6.4	6.7	7.1	8.1

企业性质	处理方法	地区	焙烤食品制造				方便食品制造				罐头制造				糖果巧克力及蜜饯制造				乳制品制造				其他			
			30%	50%	70%	90%	30%	50%	70%	90%	30%	50%	70%	90%	30%	50%	70%	90%	30%	50%	70%	90%	30%	50%	70%	90%
其他	物化	东部	4.3	4.4	4.7	5.4	4.4	4.6	4.9	5.6	3.2	3.4	3.6	4.1	5.4	5.6	6.0	6.8	3.8	4.0	4.2	4.8	5.4	5.6	6.0	6.8
		中部	3.2	3.3	3.6	4.1	3.4	3.5	3.7	4.2	2.4	2.5	2.7	3.1	4.1	4.3	4.5	5.2	2.9	3.0	3.2	3.7	4.1	4.3	4.5	5.2
		西部	2.4	2.5	2.7	3.1	2.6	2.7	2.8	3.2	1.9	1.9	2.1	2.3	3.1	3.2	3.4	3.9	2.2	2.3	2.4	2.8	3.1	3.2	3.4	3.9
	组合	东部	7.0	7.3	7.8	8.9	7.3	7.6	8.1	9.3	5.3	5.6	5.9	6.7	8.9	9.3	9.9	11.3	6.3	6.6	7.0	8.0	8.9	9.3	9.9	11.3
		中部	5.3	5.5	5.9	6.7	5.5	5.8	6.1	7.0	4.0	4.2	4.5	5.1	6.8	7.0	7.5	8.5	4.8	5.0	5.3	6.0	6.8	7.0	7.5	8.5
		西部	4.0	4.2	4.5	5.1	4.2	4.4	4.7	5.3	3.1	3.2	3.4	3.9	5.1	5.3	5.7	6.5	3.6	3.8	4.0	4.6	5.1	5.3	5.7	6.5
外资	物理	东部	4.2	4.4	4.7	5.3	4.4	4.6	4.9	5.6	3.2	3.3	3.6	4.1	5.4	5.6	5.9	6.8	3.8	4.0	4.2	4.8	5.4	5.6	5.9	6.8
		中部	3.2	3.3	3.5	4.0	3.3	3.5	3.7	4.2	2.4	2.5	2.7	3.1	4.1	4.2	4.5	5.1	2.9	3.0	3.2	3.6	4.1	4.2	4.5	5.1
		西部	2.4	2.5	2.7	3.1	2.5	2.6	2.8	3.2	1.8	1.9	2.0	2.3	3.1	3.2	3.4	3.9	2.2	2.3	2.4	2.8	3.1	3.2	3.4	3.9
	化学	东部	8.1	8.4	8.9	10.2	8.4	8.8	9.3	10.7	6.1	6.4	6.8	7.8	10.3	10.7	11.4	13.0	7.3	7.6	8.0	9.2	10.3	10.7	11.4	13.0
		中部	6.1	6.3	6.8	7.7	6.4	6.6	7.1	8.1	4.6	4.8	5.1	5.9	7.8	8.1	8.6	9.8	5.5	5.7	6.1	6.9	7.8	8.1	8.6	9.8
		西部	4.6	4.8	5.1	5.9	4.8	5.0	5.4	6.1	3.5	3.7	3.9	4.5	5.9	6.1	6.5	7.5	4.2	4.3	4.6	5.3	5.9	6.1	6.5	7.5
	生物	东部	8.8	9.2	9.8	11.1	9.2	9.6	10.2	11.7	6.7	7.0	7.4	8.5	11.2	11.7	12.4	14.2	7.9	8.3	8.8	10.0	11.2	11.7	12.4	14.2
		中部	6.7	6.9	7.4	8.4	7.0	7.3	7.7	8.8	5.1	5.3	5.6	6.4	8.5	8.8	9.4	10.7	6.0	6.2	6.6	7.6	8.5	8.8	9.4	10.7
		西部	5.1	5.3	5.6	6.4	5.3	5.5	5.9	6.7	3.9	4.0	4.3	4.9	6.4	6.7	7.1	8.1	4.6	4.7	5.0	5.8	6.4	6.7	7.1	8.1
	物化	东部	6.0	6.3	6.7	7.6	6.3	6.5	7.0	7.9	4.6	4.8	5.1	5.8	7.7	8.0	8.5	9.7	5.4	5.6	6.0	6.8	7.7	8.0	8.5	9.7
		中部	4.5	4.7	5.0	5.7	4.7	4.9	5.3	6.0	3.5	3.6	3.8	4.4	5.8	6.0	6.4	7.3	4.1	4.3	4.5	5.2	5.8	6.0	6.4	7.3
		西部	3.4	3.6	3.8	4.4	3.6	3.8	4.0	4.6	2.6	2.7	2.9	3.3	4.4	4.6	4.9	5.5	3.1	3.2	3.4	3.9	4.4	4.6	4.9	5.5
	组合	东部	9.9	10.3	11.0	12.5	10.4	10.8	11.5	13.1	7.6	7.9	8.4	9.5	12.6	13.1	14.0	16.0	8.9	9.3	9.9	11.3	12.6	13.1	14.0	16.0
		中部	7.5	7.8	8.3	9.5	7.8	8.2	8.7	9.9	5.7	5.9	6.3	7.2	9.5	9.9	10.6	12.1	6.7	7.0	7.5	8.5	9.5	9.9	10.6	12.1
		西部	5.7	5.9	6.3	7.2	6.0	6.2	6.6	7.5	4.3	4.5	4.8	5.5	7.2	7.5	8.0	9.2	5.1	5.3	5.7	6.5	7.2	7.5	8.0	9.2

注：设计处理能力与处理量为该行业 1/4 分位数，食品制造业设计处理能力的 1/4 分位数为 25.6 t/d，处理量的中位数为 1 755 t/a。

表 1-14 处理能力为 1/4 分位数时食品制造业单位废水治理费用（含固定资产折旧费）

单位：元/t

企业性质	处理方法	地区	焙烤食品制造				方便食品制造				罐头制造				糖果巧克力及蜜饯制造				乳制品制造				其他			
			30%	50%	70%	90%	30%	50%	70%	90%	30%	50%	70%	90%	30%	50%	70%	90%	30%	50%	70%	90%	30%	50%	70%	90%
民营	物理	东部	3.3	3.4	3.7	4.2	3.4	3.5	3.8	4.3	2.4	2.5	2.7	3.1	4.1	4.3	4.6	5.2	3.1	3.2	3.4	3.9	4.2	4.4	4.6	5.3
		中部	2.5	2.7	2.8	3.3	2.6	2.7	2.9	3.3	1.9	1.9	2.1	2.4	3.2	3.3	3.5	4.0	2.4	2.5	2.7	3.1	3.2	3.4	3.6	4.1
		西部	2.0	2.1	2.2	2.5	2.0	2.1	2.2	2.6	1.4	1.5	1.6	1.8	2.4	2.5	2.7	3.1	1.9	1.9	2.1	2.4	2.5	2.6	2.8	3.2
	化学	东部	6.3	6.5	7.0	8.0	6.4	6.7	7.1	8.2	4.6	4.8	5.1	5.9	7.8	8.1	8.7	9.9	5.8	6.0	6.5	7.4	7.9	8.3	8.8	10.1
		中部	4.8	5.0	5.4	6.2	4.9	5.2	5.5	6.3	3.5	3.7	3.9	4.5	6.0	6.3	6.7	7.7	4.5	4.7	5.0	5.8	6.1	6.4	6.8	7.8
		西部	3.7	3.9	4.2	4.8	3.8	4.0	4.2	4.9	2.7	2.8	3.0	3.5	4.6	4.8	5.1	5.9	3.5	3.7	3.9	4.5	4.7	4.9	5.3	6.1
	生物	东部	7.4	7.7	8.2	9.5	7.5	7.8	8.3	9.6	5.3	5.6	5.9	6.8	9.1	9.5	10.1	11.6	7.0	7.3	7.8	9.0	9.3	9.7	10.4	12.0
		中部	5.8	6.1	6.5	7.5	5.8	6.1	6.5	7.5	4.1	4.3	4.6	5.3	7.1	7.4	7.9	9.1	5.5	5.8	6.2	7.2	7.3	7.6	8.1	9.4
		西部	4.6	4.8	5.1	5.9	4.6	4.8	5.1	5.9	3.2	3.4	3.6	4.1	5.5	5.8	6.2	7.1	4.4	4.6	4.9	5.7	5.7	6.0	6.4	7.4
	物化	东部	6.9	7.2	7.7	8.9	7.1	7.4	7.8	9.0	5.0	5.3	5.6	6.4	8.6	8.9	9.5	10.9	6.5	6.8	7.3	8.4	8.8	9.1	9.8	11.2
		中部	5.4	5.7	6.0	7.0	5.5	5.7	6.1	7.0	3.9	4.1	4.3	5.0	6.6	6.9	7.4	8.5	5.1	5.4	5.7	6.6	6.8	7.1	7.6	8.8
		西部	4.2	4.4	4.7	5.5	4.3	4.4	4.7	5.5	3.0	3.2	3.4	3.9	5.2	5.4	5.8	6.6	4.0	4.2	4.5	5.2	5.3	5.6	6.0	6.9
	组合	东部	11.0	11.5	12.3	14.1	11.3	11.8	12.6	14.4	8.1	8.5	9.0	10.3	13.7	14.3	15.3	17.5	10.3	10.7	11.5	13.2	14.0	14.6	15.6	17.9
		中部	8.6	8.9	9.5	11.0	8.7	9.1	9.7	11.1	6.2	6.5	6.9	8.0	10.6	11.0	11.8	13.5	8.0	8.4	9.0	10.3	10.8	11.3	12.0	13.9
		西部	6.7	6.9	7.4	8.5	6.7	7.0	7.5	8.6	4.8	5.0	5.4	6.2	8.2	8.5	9.1	10.5	6.3	6.6	7.0	8.1	8.4	8.8	9.4	10.8
其他	物理	东部	4.7	4.9	5.2	5.9	4.8	5.0	5.3	6.1	3.4	3.6	3.8	4.4	5.8	6.0	6.4	7.4	4.3	4.5	4.8	5.5	5.9	6.2	6.6	7.5
		中部	3.6	3.8	4.0	4.6	3.7	3.8	4.1	4.7	2.6	2.7	2.9	3.4	4.5	4.7	5.0	5.7	3.4	3.5	3.8	4.3	4.6	4.8	5.1	5.8
		西部	2.8	2.9	3.1	3.6	2.8	3.0	3.2	3.6	2.0	2.1	2.3	2.6	3.4	3.6	3.8	4.4	2.6	2.7	2.9	3.4	3.5	3.7	3.9	4.5
	化学	东部	8.8	9.2	9.8	11.3	9.1	9.5	10.1	11.6	6.5	6.8	7.3	8.3	11.0	11.5	12.3	14.0	8.2	8.6	9.1	10.5	11.2	11.7	12.5	14.3
		中部	6.8	7.1	7.6	8.7	7.0	7.3	7.8	8.9	5.0	5.2	5.6	6.4	8.5	8.8	9.4	10.8	6.4	6.6	7.1	8.2	8.6	9.0	9.6	11.0
		西部	5.3	5.5	5.9	6.8	5.4	5.6	6.0	6.9	3.9	4.0	4.3	4.9	6.5	6.8	7.3	8.4	5.0	5.2	5.5	6.4	6.7	7.0	7.4	8.6
	生物	东部	10.4	10.9	11.6	13.4	10.6	11.0	11.8	13.5	7.5	7.9	8.4	9.6	12.8	13.4	14.3	16.4	9.9	10.3	11.0	12.8	13.2	13.8	14.7	16.9
		中部	8.2	8.6	9.1	10.6	8.2	8.6	9.2	10.6	5.8	6.1	6.5	7.5	10.0	10.4	11.1	12.8	7.8	8.2	8.8	10.1	10.3	10.8	11.5	13.3
		西部	6.4	6.7	7.2	8.3	6.4	6.7	7.2	8.3	4.5	4.7	5.1	5.8	7.8	8.1	8.7	10.0	6.2	6.5	6.9	8.1	8.1	8.5	9.0	10.5

企业性质	处理方法	地区	焙烤食品制造				方便食品制造				罐头制造				糖果巧克力及蜜饯制造				乳制品制造				其他			
			30%	50%	70%	90%	30%	50%	70%	90%	30%	50%	70%	90%	30%	50%	70%	90%	30%	50%	70%	90%	30%	50%	70%	90%
其他	物化	东部	5.6	5.8	6.2	7.2	5.5	5.8	6.2	7.1	3.9	4.1	4.3	5.0	6.7	7.0	7.5	8.6	5.4	5.7	6.1	7.0	7.0	7.3	7.8	9.0
		中部	4.4	4.7	5.0	5.8	4.4	4.6	4.9	5.7	3.1	3.2	3.4	4.0	5.3	5.5	5.9	6.9	4.4	4.6	4.9	5.7	5.6	5.8	6.2	7.2
		西部	3.6	3.7	4.0	4.6	3.5	3.6	3.9	4.5	2.4	2.5	2.7	3.1	4.2	4.4	4.7	5.5	3.5	3.7	4.0	4.6	4.4	4.6	5.0	5.8
	组合	东部	8.6	9.0	9.6	11.1	8.7	9.0	9.7	11.1	6.1	6.4	6.8	7.9	10.5	11.0	11.7	13.5	8.2	8.6	9.2	10.7	10.9	11.3	12.1	14.0
		中部	6.8	7.1	7.6	8.8	6.8	7.1	7.6	8.8	4.8	5.0	5.3	6.2	8.2	8.6	9.2	10.6	6.6	6.9	7.4	8.6	8.6	8.9	9.6	11.1
		西部	5.4	5.6	6.0	7.0	5.3	5.6	6.0	6.9	3.7	3.9	4.2	4.8	6.5	6.7	7.2	8.3	5.3	5.5	5.9	6.9	6.8	7.1	7.6	8.8
外资	物理	东部	4.8	5.0	5.4	6.2	4.9	5.1	5.5	6.3	3.5	3.7	3.9	4.5	6.0	6.2	6.6	7.6	4.5	4.7	5.0	5.8	6.1	6.3	6.8	7.8
		中部	3.7	3.9	4.2	4.8	3.8	4.0	4.2	4.9	2.7	2.8	3.0	3.5	4.6	4.8	5.1	5.9	3.5	3.7	4.0	4.6	4.7	4.9	5.3	6.1
		西部	2.9	3.1	3.3	3.8	2.9	3.1	3.3	3.8	2.1	2.2	2.3	2.7	3.6	3.7	4.0	4.6	2.8	2.9	3.1	3.6	3.7	3.8	4.1	4.7
	化学	东部	9.1	9.5	10.2	11.7	9.3	9.7	10.4	11.9	6.7	7.0	7.4	8.5	11.3	11.8	12.6	14.4	8.5	8.9	9.5	10.9	11.5	12.0	12.8	14.8
		中部	7.1	7.4	7.9	9.1	7.2	7.5	8.0	9.2	5.1	5.4	5.7	6.6	8.7	9.1	9.7	11.2	6.7	7.0	7.5	8.6	9.0	9.3	10.0	11.5
		西部	5.5	5.8	6.2	7.1	5.6	5.8	6.2	7.2	4.0	4.1	4.4	5.1	6.8	7.1	7.5	8.7	5.2	5.5	5.9	6.8	7.0	7.3	7.8	9.0
	生物	东部	11.0	11.5	12.3	14.2	11.0	11.5	12.3	14.2	7.8	8.2	8.7	10.0	13.4	14.0	14.9	17.2	10.6	11.0	11.8	13.7	13.9	14.5	15.5	17.9
		中部	8.7	9.1	9.8	11.3	8.7	9.1	9.7	11.2	6.1	6.4	6.8	7.9	10.5	11.0	11.7	13.6	8.5	8.9	9.5	11.0	11.0	11.5	12.3	14.2
		西部	6.9	7.2	7.8	9.0	6.8	7.1	7.6	8.8	4.8	5.0	5.3	6.2	8.3	8.6	9.2	10.7	6.8	7.1	7.6	8.9	8.7	9.1	9.7	11.3
	物化	东部	7.8	8.1	8.7	10.1	7.8	8.1	8.7	10.0	5.5	5.7	6.1	7.0	9.4	9.8	10.5	12.1	7.5	7.9	8.5	9.8	9.8	10.2	10.9	12.7
		中部	6.2	6.5	7.0	8.1	6.1	6.4	6.9	7.9	4.3	4.5	4.8	5.5	7.4	7.8	8.3	9.6	6.1	6.4	6.8	8.0	7.8	8.1	8.7	10.1
		西部	5.0	5.2	5.6	6.5	4.9	5.1	5.4	6.3	3.4	3.5	3.8	4.4	5.9	6.1	6.6	7.6	4.9	5.1	5.5	6.5	6.2	6.5	7.0	8.1
	组合	东部	12.1	12.6	13.5	15.6	12.2	12.7	13.6	15.6	8.6	9.0	9.6	11.1	14.7	15.4	16.4	18.9	11.5	12.0	12.9	14.9	15.2	15.9	17.0	19.6
		中部	9.5	10.0	10.7	12.3	9.5	10.0	10.6	12.3	6.7	7.0	7.5	8.6	11.5	12.1	12.9	14.9	9.2	9.6	10.3	12.0	12.0	12.5	13.4	15.5
		西部	7.5	7.9	8.4	9.8	7.5	7.8	8.4	9.7	5.3	5.5	5.9	6.8	9.0	9.5	10.1	11.7	7.3	7.7	8.2	9.6	9.4	9.9	10.6	12.2

注：设计处理能力与处理量为该行业的 1/4 分位数，食品制造业设计处理能力的 1/4 分位数为 25.6 t/d，处理量的中位数为 1 755 t/a。

表 1-15 处理能力为 3/4 分位数时食品制造业废水平均处理费用（不含固定资产折旧费）

单位：元/t

企业性质	处理方法	地区	焙烤食品制造				方便食品制造				罐头制造				糖果巧克力及蜜饯制造				乳制品制造				其他			
			30%	50%	70%	90%	30%	50%	70%	90%	30%	50%	70%	90%	30%	50%	70%	90%	30%	50%	70%	90%	30%	50%	70%	90%
民营	物理	东部	0.7	0.8	0.8	0.9	0.8	0.8	0.8	1.0	0.6	0.6	0.6	0.7	0.9	1.0	1.0	1.2	0.7	0.7	0.7	0.8	0.9	1.0	1.0	1.2
		中部	0.6	0.6	0.6	0.7	0.6	0.6	0.6	0.7	0.4	0.4	0.5	0.5	0.7	0.7	0.8	0.9	0.5	0.5	0.5	0.6	0.7	0.7	0.8	0.9
		西部	0.4	0.4	0.5	0.5	0.4	0.5	0.5	0.6	0.3	0.3	0.4	0.4	0.5	0.6	0.6	0.7	0.4	0.4	0.4	0.5	0.5	0.6	0.6	0.7
	化学	东部	1.4	1.5	1.5	1.8	1.5	1.5	1.6	1.8	1.1	1.1	1.2	1.3	1.8	1.8	2.0	2.2	1.3	1.3	1.4	1.6	1.8	1.8	2.0	2.2
		中部	1.1	1.1	1.2	1.3	1.1	1.1	1.2	1.4	0.8	0.8	0.9	1.0	1.3	1.4	1.5	1.7	0.9	1.0	1.1	1.2	1.3	1.4	1.5	1.7
		西部	0.8	0.8	0.9	1.0	0.8	0.9	0.9	1.1	0.6	0.6	0.7	0.8	1.0	1.1	1.1	1.3	0.7	0.8	0.8	0.9	1.0	1.1	1.1	1.3
	生物	东部	1.5	1.6	1.7	1.9	1.6	1.7	1.8	2.0	1.2	1.2	1.3	1.5	1.9	2.0	2.1	2.5	1.4	1.4	1.5	1.7	1.9	2.0	2.1	2.5
		中部	1.2	1.2	1.3	1.5	1.2	1.3	1.3	1.5	0.9	0.9	1.0	1.1	1.5	1.5	1.6	1.9	1.0	1.1	1.1	1.3	1.5	1.5	1.6	1.9
		西部	0.9	0.9	1.0	1.1	0.9	1.0	1.0	1.2	0.7	0.7	0.7	0.8	1.1	1.2	1.2	1.4	0.8	0.8	0.9	1.0	1.1	1.2	1.2	1.4
	物化	东部	1.5	1.5	1.6	1.9	1.5	1.6	1.7	1.9	1.1	1.2	1.2	1.4	1.9	1.9	2.1	2.4	1.3	1.4	1.5	1.7	1.9	1.9	2.1	2.4
		中部	1.1	1.2	1.2	1.4	1.2	1.2	1.3	1.5	0.8	0.9	0.9	1.1	1.4	1.5	1.6	1.8	1.0	1.0	1.1	1.3	1.4	1.5	1.6	1.8
		西部	0.8	0.9	0.9	1.1	0.9	0.9	1.0	1.1	0.6	0.7	0.7	0.8	1.1	1.1	1.2	1.4	0.8	0.8	0.8	1.0	1.1	1.1	1.2	1.4
	组合	东部	2.4	2.5	2.7	3.1	2.5	2.6	2.8	3.2	1.8	1.9	2.0	2.3	3.1	3.2	3.4	3.9	2.2	2.3	2.4	2.8	3.1	3.2	3.4	3.9
		中部	1.8	1.9	2.0	2.3	1.9	2.0	2.1	2.4	1.4	1.5	1.5	1.8	2.3	2.4	2.6	2.9	1.6	1.7	1.8	2.1	2.3	2.4	2.6	2.9
		西部	1.4	1.4	1.5	1.8	1.5	1.5	1.6	1.8	1.1	1.1	1.2	1.3	1.8	1.8	2.0	2.2	1.3	1.3	1.4	1.6	1.8	1.8	2.0	2.2
其他	物理	东部	1.0	1.1	1.1	1.3	1.1	1.1	1.2	1.4	0.8	0.8	0.9	1.0	1.3	1.4	1.5	1.7	0.9	1.0	1.0	1.2	1.3	1.4	1.5	1.7
		中部	0.8	0.8	0.9	1.0	0.8	0.8	0.9	1.0	0.6	0.6	0.7	0.7	1.0	1.0	1.1	1.3	0.7	0.7	0.8	0.9	1.0	1.0	1.1	1.3
		西部	0.6	0.6	0.7	0.7	0.6	0.6	0.7	0.8	0.5	0.5	0.5	0.6	0.8	0.8	0.8	1.0	0.5	0.6	0.6	0.7	0.8	0.8	0.8	1.0
	化学	东部	2.0	2.1	2.2	2.5	2.1	2.1	2.3	2.6	1.5	1.6	1.7	1.9	2.5	2.6	2.8	3.2	1.8	1.8	2.0	2.2	2.5	2.6	2.8	3.2
		中部	1.5	1.6	1.6	1.9	1.6	1.6	1.7	2.0	1.1	1.2	1.3	1.4	1.9	2.0	2.1	2.4	1.3	1.4	1.5	1.7	1.9	2.0	2.1	2.4
		西部	1.1	1.2	1.3	1.4	1.2	1.2	1.3	1.5	0.9	0.9	1.0	1.1	1.4	1.5	1.6	1.8	1.0	1.1	1.1	1.3	1.4	1.5	1.6	1.8
	生物	东部	2.2	2.2	2.4	2.7	2.3	2.3	2.5	2.8	1.6	1.7	1.8	2.1	2.7	2.9	3.0	3.5	1.9	2.0	2.1	2.4	2.7	2.9	3.0	3.5
		中部	1.6	1.7	1.8	2.1	1.7	1.8	1.9	2.2	1.2	1.3	1.4	1.6	2.1	2.2	2.3	2.6	1.5	1.5	1.6	1.9	2.1	2.2	2.3	2.6
		西部	1.2	1.3	1.4	1.6	1.3	1.3	1.4	1.6	0.9	1.0	1.0	1.2	1.6	1.6	1.7	2.0	1.1	1.2	1.2	1.4	1.6	1.6	1.7	2.0

企业性质	处理方法	地区	焙烤食品制造				方便食品制造				罐头制造				糖果巧克力及蜜饯制造				乳制品制造				其他			
			30%	50%	70%	90%	30%	50%	70%	90%	30%	50%	70%	90%	30%	50%	70%	90%	30%	50%	70%	90%	30%	50%	70%	90%
其他	物化	东部	1.0	1.1	1.1	1.3	1.1	1.1	1.2	1.4	0.8	0.8	0.9	1.0	1.3	1.4	1.5	1.7	0.9	1.0	1.0	1.2	1.3	1.4	1.5	1.7
		中部	0.8	0.8	0.9	1.0	0.8	0.9	0.9	1.0	0.6	0.6	0.7	0.8	1.0	1.0	1.1	1.3	0.7	0.7	0.8	0.9	1.0	1.0	1.1	1.3
		西部	0.6	0.6	0.7	0.8	0.6	0.6	0.7	0.8	0.5	0.5	0.5	0.6	0.8	0.8	0.8	1.0	0.5	0.6	0.6	0.7	0.8	0.8	0.8	1.0
	组合	东部	1.7	1.8	1.9	2.2	1.8	1.9	2.0	2.3	1.3	1.4	1.4	1.6	2.2	2.3	2.4	2.8	1.5	1.6	1.7	1.9	2.2	2.3	2.4	2.8
		中部	1.3	1.3	1.4	1.6	1.4	1.4	1.5	1.7	1.0	1.0	1.1	1.2	1.6	1.7	1.8	2.1	1.2	1.2	1.3	1.5	1.6	1.7	1.8	2.1
		西部	1.0	1.0	1.1	1.2	1.0	1.1	1.1	1.3	0.7	0.8	0.8	0.9	1.3	1.3	1.4	1.6	0.9	0.9	1.0	1.1	1.3	1.3	1.4	1.6
外资	物理	东部	1.0	1.1	1.1	1.3	1.1	1.1	1.2	1.4	0.8	0.8	0.9	1.0	1.3	1.4	1.5	1.7	0.9	1.0	1.0	1.2	1.3	1.4	1.5	1.7
		中部	0.8	0.8	0.9	1.0	0.8	0.8	0.9	1.0	0.6	0.6	0.7	0.7	1.0	1.0	1.1	1.3	0.7	0.7	0.8	0.9	1.0	1.0	1.1	1.3
		西部	0.6	0.6	0.7	0.7	0.6	0.6	0.7	0.8	0.5	0.5	0.5	0.6	0.8	0.8	0.8	1.0	0.5	0.6	0.6	0.7	0.8	0.8	0.8	1.0
	化学	东部	2.0	2.1	2.2	2.5	2.1	2.1	2.3	2.6	1.5	1.6	1.7	1.9	2.5	2.6	2.8	3.2	1.8	1.8	2.0	2.2	2.5	2.6	2.8	3.2
		中部	1.5	1.6	1.6	1.9	1.6	1.6	1.7	2.0	1.1	1.2	1.3	1.4	1.9	2.0	2.1	2.4	1.3	1.4	1.5	1.7	1.9	2.0	2.1	2.4
		西部	1.1	1.2	1.3	1.4	1.2	1.2	1.3	1.5	0.9	0.9	1.0	1.1	1.4	1.5	1.6	1.8	1.0	1.1	1.1	1.3	1.4	1.5	1.6	1.8
	生物	东部	2.2	2.2	2.4	2.7	2.3	2.3	2.5	2.8	1.6	1.7	1.8	2.1	2.7	2.9	3.0	3.5	1.9	2.0	2.1	2.4	2.7	2.9	3.0	3.5
		中部	1.6	1.7	1.8	2.1	1.7	1.8	1.9	2.2	1.2	1.3	1.4	1.6	2.1	2.2	2.3	2.6	1.5	1.5	1.6	1.9	2.1	2.2	2.3	2.6
		西部	1.2	1.3	1.4	1.6	1.3	1.3	1.4	1.6	0.9	1.0	1.0	1.2	1.6	1.6	1.7	2.0	1.1	1.2	1.2	1.4	1.6	1.6	1.7	2.0
	物化	东部	1.5	1.5	1.6	1.9	1.5	1.6	1.7	1.9	1.1	1.2	1.2	1.4	1.9	1.9	2.1	2.4	1.3	1.4	1.5	1.7	1.9	1.9	2.1	2.4
		中部	1.1	1.2	1.2	1.4	1.2	1.2	1.3	1.5	0.8	0.9	0.9	1.1	1.4	1.5	1.6	1.8	1.0	1.0	1.1	1.3	1.4	1.5	1.6	1.8
		西部	0.8	0.9	0.9	1.1	0.9	0.9	1.0	1.1	0.6	0.7	0.7	0.8	1.1	1.1	1.2	1.4	0.8	0.8	0.8	1.0	1.1	1.1	1.2	1.4
	组合	东部	2.4	2.5	2.7	3.1	2.5	2.6	2.8	3.2	1.8	1.9	2.0	2.3	3.1	3.2	3.4	3.9	2.2	2.3	2.4	2.8	3.1	3.2	3.4	3.9
		中部	1.8	1.9	2.0	2.3	1.9	2.0	2.1	2.4	1.4	1.5	1.5	1.8	2.3	2.4	2.6	2.9	1.6	1.7	1.8	2.1	2.3	2.4	2.6	2.9
		西部	1.4	1.4	1.5	1.8	1.5	1.5	1.6	1.8	1.1	1.1	1.2	1.3	1.8	1.8	2.0	2.2	1.3	1.3	1.4	1.6	1.8	1.8	2.0	2.2

注：设计处理能力与处理量为该行业的3/4分位数，食品制造业设计处理能力的3/4分位数为497.3 t/d，处理量的3/4分位数为5.2万t/a。

表 1-16 处理能力为 3/4 分位数时食品制造业单位废水治理费用（含固定资产折旧费）

单位：元/t

企业性质	处理方法	地区	焙烤食品制造				方便食品制造				罐头制造				糖果巧克力及蜜饯制造				乳制品制造				其他			
			30%	50%	70%	90%	30%	50%	70%	90%	30%	50%	70%	90%	30%	50%	70%	90%	30%	50%	70%	90%	30%	50%	70%	90%
民营	物理	东部	0.8	0.9	0.9	1.1	0.8	0.9	0.9	1.1	0.6	0.6	0.7	0.8	1.0	1.1	1.1	1.3	0.8	0.8	0.9	1.0	1.0	1.1	1.2	1.3
		中部	0.6	0.7	0.7	0.8	0.7	0.7	0.7	0.8	0.5	0.5	0.5	0.6	0.8	0.8	0.9	1.0	0.6	0.6	0.7	0.8	0.8	0.8	0.9	1.0
		西部	0.5	0.5	0.6	0.6	0.5	0.5	0.6	0.7	0.4	0.4	0.4	0.5	0.6	0.6	0.7	0.8	0.5	0.5	0.5	0.6	0.6	0.7	0.7	0.8
	化学	东部	1.6	1.6	1.7	2.0	1.6	1.7	1.8	2.0	1.1	1.2	1.3	1.5	1.9	2.0	2.2	2.5	1.5	1.5	1.6	1.9	2.0	2.1	2.2	2.5
		中部	1.2	1.3	1.4	1.6	1.2	1.3	1.4	1.6	0.9	0.9	1.0	1.1	1.5	1.6	1.7	1.9	1.1	1.2	1.3	1.5	1.5	1.6	1.7	2.0
		西部	0.9	1.0	1.1	1.2	1.0	1.0	1.1	1.2	0.7	0.7	0.8	0.9	1.2	1.2	1.3	1.5	0.9	0.9	1.0	1.2	1.2	1.2	1.3	1.5
	生物	东部	1.9	2.0	2.1	2.4	1.9	2.0	2.1	2.4	1.3	1.4	1.5	1.7	2.3	2.4	2.6	3.0	1.8	1.9	2.0	2.3	2.4	2.5	2.7	3.1
		中部	1.5	1.6	1.7	1.9	1.5	1.6	1.7	1.9	1.0	1.1	1.2	1.3	1.8	1.9	2.0	2.3	1.4	1.5	1.6	1.9	1.9	2.0	2.1	2.4
		西部	1.2	1.2	1.3	1.5	1.2	1.2	1.3	1.5	0.8	0.9	0.9	1.1	1.4	1.5	1.6	1.8	1.2	1.2	1.3	1.5	1.5	1.6	1.7	1.9
	物化	东部	1.8	1.8	2.0	2.3	1.8	1.9	2.0	2.3	1.3	1.3	1.4	1.6	2.2	2.3	2.4	2.8	1.7	1.7	1.9	2.2	2.2	2.3	2.5	2.9
		中部	1.4	1.4	1.5	1.8	1.4	1.5	1.6	1.8	1.0	1.0	1.1	1.3	1.7	1.8	1.9	2.2	1.3	1.4	1.5	1.7	1.7	1.8	1.9	2.3
		西部	1.1	1.1	1.2	1.4	1.1	1.1	1.2	1.4	0.8	0.8	0.9	1.0	1.3	1.4	1.5	1.7	1.1	1.1	1.2	1.4	1.4	1.4	1.5	1.8
	组合	东部	2.8	2.9	3.1	3.6	2.8	3.0	3.2	3.6	2.0	2.1	2.3	2.6	3.4	3.6	3.8	4.4	2.6	2.7	2.9	3.4	3.5	3.7	3.9	4.5
		中部	2.2	2.3	2.4	2.8	2.2	2.3	2.4	2.8	1.6	1.6	1.7	2.0	2.7	2.8	3.0	3.4	2.1	2.1	2.3	2.7	2.7	2.9	3.1	3.5
		西部	1.7	1.8	1.9	2.2	1.7	1.8	1.9	2.2	1.2	1.3	1.3	1.6	2.1	2.2	2.3	2.7	1.6	1.7	1.8	2.1	2.1	2.2	2.4	2.7
其他	物理	东部	1.2	1.2	1.3	1.5	1.2	1.2	1.3	1.5	0.9	0.9	0.9	1.1	1.4	1.5	1.6	1.8	1.1	1.1	1.2	1.4	1.5	1.5	1.6	1.9
		中部	0.9	0.9	1.0	1.2	0.9	1.0	1.0	1.2	0.7	0.7	0.7	0.8	1.1	1.2	1.2	1.4	0.9	0.9	1.0	1.1	1.1	1.2	1.3	1.5
		西部	0.7	0.7	0.8	0.9	0.7	0.7	0.8	0.9	0.5	0.5	0.6	0.7	0.9	0.9	1.0	1.1	0.7	0.7	0.8	0.9	0.9	0.9	1.0	1.2
	化学	东部	2.2	2.3	2.5	2.8	2.3	2.4	2.5	2.9	1.6	1.7	1.8	2.1	2.8	2.9	3.1	3.5	2.1	2.2	2.3	2.7	2.8	2.9	3.1	3.6
		中部	1.7	1.8	1.9	2.2	1.8	1.8	1.9	2.2	1.3	1.3	1.4	1.6	2.1	2.2	2.4	2.7	1.6	1.7	1.8	2.1	2.2	2.3	2.4	2.8
		西部	1.3	1.4	1.5	1.7	1.4	1.4	1.5	1.7	1.0	1.0	1.1	1.2	1.6	1.7	1.8	2.1	1.3	1.3	1.4	1.6	1.7	1.8	1.9	2.2
	生物	东部	2.7	2.8	3.0	3.4	2.7	2.8	3.0	3.4	1.9	2.0	2.1	2.4	3.2	3.4	3.6	4.2	2.6	2.7	2.9	3.3	3.4	3.5	3.8	4.3
		中部	2.1	2.2	2.4	2.7	2.1	2.2	2.3	2.7	1.5	1.5	1.7	1.9	2.5	2.7	2.8	3.3	2.0	2.1	2.3	2.7	2.7	2.8	3.0	3.4
		西部	1.7	1.7	1.9	2.2	1.7	1.7	1.8	2.1	1.2	1.2	1.3	1.5	2.0	2.1	2.2	2.6	1.6	1.7	1.8	2.1	2.1	2.2	2.3	2.7

企业性质	处理方法	地区	焙烤食品制造				方便食品制造				罐头制造				糖果巧克力及蜜饯制造				乳制品制造				其他			
			30%	50%	70%	90%	30%	50%	70%	90%	30%	50%	70%	90%	30%	50%	70%	90%	30%	50%	70%	90%	30%	50%	70%	90%
其他	物化	东部	1.5	1.5	1.6	1.9	1.4	1.5	1.6	1.9	1.0	1.0	1.1	1.3	1.7	1.8	1.9	2.2	1.4	1.5	1.6	1.9	1.8	1.9	2.0	2.4
		中部	1.2	1.2	1.3	1.5	1.1	1.2	1.3	1.5	0.8	0.8	0.9	1.0	1.4	1.4	1.6	1.8	1.2	1.2	1.3	1.6	1.5	1.5	1.7	1.9
		西部	0.9	1.0	1.1	1.2	0.9	1.0	1.0	1.2	0.6	0.7	0.7	0.8	1.1	1.2	1.2	1.4	1.0	1.0	1.1	1.3	1.2	1.2	1.3	1.6
	组合	东部	2.2	2.3	2.5	2.9	2.2	2.3	2.5	2.9	1.6	1.6	1.7	2.0	2.7	2.8	3.0	3.5	2.2	2.3	2.4	2.8	2.8	2.9	3.1	3.6
		中部	1.8	1.9	2.0	2.3	1.8	1.8	2.0	2.3	1.2	1.3	1.4	1.6	2.1	2.2	2.4	2.7	1.7	1.8	2.0	2.3	2.2	2.3	2.5	2.9
		西部	1.4	1.5	1.6	1.8	1.4	1.4	1.6	1.8	1.0	1.0	1.1	1.2	1.7	1.8	1.9	2.2	1.4	1.5	1.6	1.8	1.8	1.9	2.0	2.3
外资	物理	东部	1.2	1.3	1.4	1.6	1.2	1.3	1.4	1.6	0.9	0.9	1.0	1.1	1.5	1.6	1.7	1.9	1.2	1.2	1.3	1.5	1.5	1.6	1.7	2.0
		中部	1.0	1.0	1.1	1.2	1.0	1.0	1.1	1.2	0.7	0.7	0.8	0.9	1.2	1.2	1.3	1.5	0.9	1.0	1.0	1.2	1.2	1.3	1.3	1.6
		西部	0.8	0.8	0.8	1.0	0.8	0.8	0.8	1.0	0.5	0.6	0.6	0.7	0.9	0.9	1.0	1.2	0.7	0.8	0.8	0.9	0.9	1.0	1.1	1.2
	化学	东部	2.3	2.4	2.6	3.0	2.3	2.4	2.6	3.0	1.7	1.7	1.9	2.1	2.8	3.0	3.2	3.6	2.2	2.3	2.4	2.8	2.9	3.0	3.2	3.7
		中部	1.8	1.9	2.0	2.3	1.8	1.9	2.0	2.3	1.3	1.3	1.4	1.7	2.2	2.3	2.5	2.8	1.7	1.8	1.9	2.2	2.3	2.4	2.5	2.9
		西部	1.4	1.5	1.6	1.8	1.4	1.5	1.6	1.8	1.0	1.0	1.1	1.3	1.7	1.8	1.9	2.2	1.4	1.4	1.5	1.8	1.8	1.9	2.0	2.3
	生物	东部	2.8	3.0	3.2	3.7	2.8	3.0	3.2	3.7	2.0	2.1	2.2	2.6	3.4	3.6	3.8	4.4	2.8	2.9	3.1	3.6	3.6	3.7	4.0	4.6
		中部	2.3	2.4	2.6	3.0	2.2	2.3	2.5	2.9	1.6	1.6	1.8	2.0	2.7	2.8	3.0	3.5	2.2	2.4	2.5	3.0	2.9	3.0	3.2	3.7
		西部	1.8	1.9	2.1	2.4	1.8	1.9	2.0	2.3	1.2	1.3	1.4	1.6	2.2	2.2	2.4	2.8	1.8	1.9	2.0	2.4	2.3	2.4	2.6	3.0
	物化	东部	2.0	2.1	2.3	2.6	2.0	2.1	2.2	2.6	1.4	1.5	1.6	1.8	2.4	2.5	2.7	3.1	2.0	2.1	2.2	2.6	2.5	2.7	2.9	3.3
		中部	1.6	1.7	1.8	2.1	1.6	1.7	1.8	2.1	1.1	1.2	1.2	1.4	1.9	2.0	2.2	2.5	1.6	1.7	1.8	2.2	2.0	2.1	2.3	2.7
		西部	1.3	1.4	1.5	1.7	1.3	1.3	1.4	1.7	0.9	0.9	1.0	1.1	1.5	1.6	1.7	2.0	1.3	1.4	1.5	1.8	1.6	1.7	1.9	2.2
	组合	东部	3.1	3.3	3.5	4.0	3.1	3.2	3.5	4.0	2.2	2.3	2.4	2.8	3.8	3.9	4.2	4.8	3.0	3.1	3.4	3.9	3.9	4.1	4.4	5.1
		中部	2.5	2.6	2.8	3.2	2.5	2.6	2.7	3.2	1.7	1.8	1.9	2.2	3.0	3.1	3.3	3.8	2.4	2.5	2.7	3.2	3.1	3.3	3.5	4.0
		西部	2.0	2.1	2.2	2.6	1.9	2.0	2.2	2.5	1.4	1.4	1.5	1.7	2.3	2.4	2.6	3.0	1.9	2.0	2.2	2.6	2.5	2.6	2.8	3.2

注：设计处理能力与处理量为该行业的 3/4 分位数，食品制造业设计处理能力的 3/4 分位数为 497.3 t/d，处理量的 3/4 分位数为 5.2 万 t/a。

（3）饮料制造业

表 1-17　处理能力为中位数时饮料制造业单位废水治理费用

单位：元/t

企业性质	处理方法	地区	不含固定资产折旧								含固定资产折旧							
			精制茶加工				其他				精制茶加工				其他			
			30%	50%	70%	90%	30%	50%	70%	90%	30%	50%	70%	90%	30%	50%	70%	90%
外资	物理	东部	0.79	0.83	0.91	1.09	1.35	1.43	1.56	1.86	0.96	1.02	1.12	1.37	1.53	1.62	1.77	2.15
		中部	0.68	0.72	0.78	0.94	1.17	1.23	1.34	1.61	0.85	0.91	1.00	1.22	1.34	1.42	1.55	1.89
		西部	0.49	0.52	0.57	0.68	0.85	0.89	0.97	1.16	0.67	0.71	0.78	0.96	1.02	1.08	1.19	1.45
	化学	东部	0.88	0.92	1.01	1.20	1.50	1.59	1.73	2.07	1.28	1.36	1.51	1.87	1.91	2.03	2.23	2.73
		中部	0.75	0.80	0.87	1.04	1.29	1.37	1.49	1.78	1.16	1.24	1.37	1.70	1.70	1.81	1.99	2.44
		西部	0.55	0.58	0.63	0.75	0.94	0.99	1.08	1.29	0.95	1.02	1.13	1.41	1.34	1.43	1.58	1.95
	生物	东部	1.15	1.22	1.33	1.59	1.98	2.09	2.27	2.72	1.80	1.92	2.13	2.65	2.62	2.79	3.08	3.78
		中部	0.99	1.05	1.14	1.37	1.71	1.80	1.96	2.35	1.64	1.75	1.94	2.43	2.35	2.50	2.76	3.41
		西部	0.72	0.76	0.83	0.99	1.24	1.31	1.42	1.70	1.37	1.46	1.63	2.05	1.88	2.01	2.22	2.76
	物化	东部	1.34	1.41	1.54	1.84	2.29	2.42	2.63	3.15	1.76	1.87	2.06	2.53	2.71	2.88	3.15	3.84
		中部	1.15	1.22	1.32	1.58	1.98	2.09	2.27	2.72	1.57	1.67	1.84	2.27	2.39	2.54	2.79	3.41
		西部	0.83	0.88	0.96	1.15	1.43	1.51	1.64	1.97	1.25	1.34	1.48	1.84	1.85	1.97	2.17	2.66
	组合	东部	1.34	1.41	1.54	1.84	2.29	2.42	2.63	3.15	1.98	2.11	2.34	2.90	2.94	3.13	3.44	4.21
		中部	1.15	1.22	1.32	1.58	1.98	2.09	2.27	2.72	1.80	1.92	2.12	2.64	2.62	2.79	3.07	3.78
		西部	0.83	0.88	0.96	1.15	1.43	1.51	1.64	1.97	1.48	1.58	1.76	2.21	2.08	2.22	2.45	3.03

企业性质	处理方法	地区	不含固定资产折旧								含固定资产折旧							
			精制茶加工				其他				精制茶加工				其他			
			30%	50%	70%	90%	30%	50%	70%	90%	30%	50%	70%	90%	30%	50%	70%	90%
其他	物理	东部	0.79	0.83	0.91	1.09	1.35	1.43	1.56	1.86	0.93	0.99	1.08	1.32	1.50	1.59	1.73	2.10
		中部	0.68	0.72	0.78	0.94	1.17	1.23	1.34	1.61	0.82	0.87	0.96	1.17	1.31	1.39	1.52	1.84
		西部	0.49	0.52	0.57	0.68	0.85	0.89	0.97	1.16	0.64	0.68	0.74	0.91	0.99	1.05	1.15	1.40
	化学	东部	0.88	0.92	1.01	1.20	1.50	1.59	1.73	2.07	1.21	1.29	1.42	1.75	1.83	1.95	2.14	2.61
		中部	0.75	0.80	0.87	1.04	1.29	1.37	1.49	1.78	1.09	1.16	1.28	1.58	1.63	1.73	1.90	2.33
		西部	0.55	0.58	0.63	0.75	0.94	0.99	1.08	1.29	0.88	0.94	1.04	1.30	1.27	1.35	1.49	1.84
	生物	东部	1.15	1.22	1.33	1.59	1.98	2.09	2.27	2.72	1.69	1.80	1.99	2.46	2.51	2.67	2.94	3.60
		中部	0.99	1.05	1.14	1.37	1.71	1.80	1.96	2.35	1.53	1.63	1.80	2.24	2.24	2.38	2.62	3.22
		西部	0.72	0.76	0.83	0.99	1.24	1.31	1.42	1.70	1.25	1.34	1.49	1.87	1.77	1.89	2.08	2.58
	物化	东部	1.34	1.41	1.54	1.84	2.29	2.42	2.63	3.15	1.68	1.79	1.97	2.41	2.64	2.80	3.06	3.72
		中部	1.15	1.22	1.32	1.58	1.98	2.09	2.27	2.72	1.50	1.59	1.75	2.15	2.32	2.46	2.70	3.29
		西部	0.83	0.88	0.96	1.15	1.43	1.51	1.64	1.97	1.18	1.26	1.39	1.72	1.78	1.89	2.07	2.54
	组合	东部	1.34	1.41	1.54	1.84	2.29	2.42	2.63	3.15	1.87	1.99	2.20	2.71	2.83	3.00	3.30	4.03
		中部	1.15	1.22	1.32	1.58	1.98	2.09	2.27	2.72	1.68	1.80	1.98	2.46	2.51	2.67	2.93	3.59
		西部	0.83	0.88	0.96	1.15	1.43	1.51	1.64	1.97	1.37	1.46	1.62	2.02	1.96	2.09	2.31	2.85

注：设计处理能力与处理量为该行业的中位数，饮料制造业废水处理设施设计处理能力的中位数为 400 t/d，处理量的中位数为 4 万 t/a。

表 1-18 处理能力为 1/4 分位数时饮料制造业单位废水治理费用

单位：元/t

企业性质	处理方法	地区	不含固定资产折旧								含固定资产折旧							
			精制茶加工				其他				精制茶加工				其他			
			30%	50%	70%	90%	30%	50%	70%	90%	30%	50%	70%	90%	30%	50%	70%	90%
外资	物理	东部	1.66	1.76	1.91	2.29	2.85	3.01	3.28	3.92	1.99	2.12	2.32	2.83	3.18	3.37	3.69	4.47
		中部	1.43	1.51	1.65	1.97	2.46	2.60	2.82	3.38	1.76	1.87	2.06	2.51	2.79	2.96	3.23	3.92
		西部	1.04	1.10	1.19	1.43	1.78	1.88	2.05	2.45	1.37	1.46	1.60	1.97	2.11	2.24	2.46	2.99
	化学	东部	1.84	1.95	2.12	2.53	3.16	3.34	3.63	4.35	2.62	2.79	3.08	3.81	3.94	4.19	4.60	5.62
		中部	1.59	1.68	1.82	2.18	2.72	2.88	3.13	3.75	2.36	2.52	2.79	3.46	3.50	3.72	4.09	5.02
		西部	1.15	1.22	1.32	1.58	1.97	2.09	2.27	2.72	1.93	2.06	2.28	2.86	2.75	2.93	3.23	3.99
	生物	东部	2.43	2.57	2.79	3.34	4.17	4.40	4.79	5.73	3.67	3.92	4.33	5.38	5.41	5.76	6.33	7.77
		中部	2.09	2.21	2.40	2.88	3.59	3.79	4.12	4.94	3.33	3.56	3.94	4.92	4.83	5.15	5.67	6.98
		西部	1.52	1.60	1.74	2.09	2.60	2.75	2.99	3.58	2.76	2.95	3.28	4.12	3.84	4.10	4.53	5.62
	物化	东部	2.81	2.97	3.23	3.87	4.83	5.10	5.54	6.64	3.62	3.85	4.23	5.19	5.63	5.98	6.55	7.96
		中部	2.42	2.56	2.78	3.33	4.16	4.39	4.78	5.72	3.23	3.44	3.79	4.66	4.96	5.27	5.78	7.05
		西部	1.76	1.86	2.02	2.42	3.01	3.18	3.46	4.15	2.56	2.73	3.02	3.74	3.82	4.06	4.46	5.47
	组合	东部	2.81	2.97	3.23	3.87	4.83	5.10	5.54	6.64	4.05	4.32	4.77	5.91	6.07	6.45	7.09	8.68
		中部	2.42	2.56	2.78	3.33	4.16	4.39	4.78	5.72	3.66	3.91	4.33	5.37	5.40	5.75	6.32	7.76
		西部	1.76	1.86	2.02	2.42	3.01	3.18	3.46	4.15	3.00	3.21	3.56	4.46	4.25	4.54	5.00	6.18

企业性质	处理方法	地区	不含固定资产折旧								含固定资产折旧							
			精制茶加工				其他				精制茶加工				其他			
			30%	50%	70%	90%	30%	50%	70%	90%	30%	50%	70%	90%	30%	50%	70%	90%
其他	物理	东部	1.66	1.76	1.91	2.29	2.85	3.01	3.28	3.92	1.94	2.05	2.25	2.74	3.13	3.31	3.62	4.37
		中部	1.43	1.51	1.65	1.97	2.46	2.60	2.82	3.38	1.71	1.81	1.98	2.42	2.73	2.89	3.16	3.83
		西部	1.04	1.10	1.19	1.43	1.78	1.88	2.05	2.45	1.31	1.39	1.53	1.88	2.05	2.18	2.39	2.90
	化学	东部	1.84	1.95	2.12	2.53	3.16	3.34	3.63	4.35	2.48	2.65	2.91	3.59	3.80	4.04	4.43	5.40
		中部	1.59	1.68	1.82	2.18	2.72	2.88	3.13	3.75	2.23	2.38	2.62	3.24	3.36	3.58	3.93	4.80
		西部	1.15	1.22	1.32	1.58	1.97	2.09	2.27	2.72	1.79	1.91	2.12	2.64	2.61	2.78	3.06	3.77
	生物	东部	2.43	2.57	2.79	3.34	4.17	4.40	4.79	5.73	3.45	3.68	4.06	5.03	5.19	5.52	6.06	7.42
		中部	2.09	2.21	2.40	2.88	3.59	3.79	4.12	4.94	3.12	3.33	3.68	4.56	4.61	4.91	5.40	6.62
		西部	1.52	1.60	1.74	2.09	2.60	2.75	2.99	3.58	2.54	2.72	3.01	3.77	3.63	3.87	4.26	5.26
	物化	东部	2.81	2.97	3.23	3.87	4.83	5.10	5.54	6.64	3.48	3.70	4.06	4.96	5.49	5.83	6.37	7.73
		中部	2.42	2.56	2.78	3.33	4.16	4.39	4.78	5.72	3.09	3.29	3.61	4.43	4.82	5.12	5.60	6.82
		西部	1.76	1.86	2.02	2.42	3.01	3.18	3.46	4.15	2.42	2.58	2.84	3.51	3.68	3.91	4.29	5.24
	组合	东部	2.81	2.97	3.23	3.87	4.83	5.10	5.54	6.64	3.84	4.09	4.50	5.55	5.85	6.22	6.82	8.32
		中部	2.42	2.56	2.78	3.33	4.16	4.39	4.78	5.72	3.45	3.68	4.06	5.02	5.18	5.51	6.05	7.41
		西部	1.76	1.86	2.02	2.42	3.01	3.18	3.46	4.15	2.78	2.97	3.29	4.10	4.04	4.30	4.74	5.83

注：设计处理能力与处理量为该行业的 1/4 分位数，饮料制造业废水处理设施设计处理能力的 1/4 分位数为 60 t/d，处理量的 1/4 分位数为 4 886 t/a。

表 1-19　处理能力为 3/4 分位数时饮料制造业单位废水治理费用

单位：元/t

企业性质	处理方法	地区	不含固定资产折旧								含固定资产折旧							
			精制茶加工				其他				精制茶加工				其他			
			30%	50%	70%	90%	30%	50%	70%	90%	30%	50%	70%	90%	30%	50%	70%	90%
外资	物理	东部	0.43	0.46	0.50	0.59	0.74	0.78	0.85	1.02	0.55	0.58	0.64	0.78	0.87	0.92	1.00	1.22
		中部	0.37	0.39	0.43	0.51	0.64	0.67	0.73	0.88	0.48	0.51	0.56	0.69	0.76	0.81	0.88	1.07
		西部	0.27	0.28	0.31	0.37	0.46	0.49	0.53	0.64	0.38	0.40	0.44	0.55	0.58	0.61	0.67	0.82
	化学	东部	0.48	0.51	0.55	0.66	0.82	0.87	0.94	1.13	0.73	0.78	0.86	1.06	1.08	1.15	1.26	1.55
		中部	0.41	0.44	0.47	0.57	0.71	0.75	0.81	0.97	0.66	0.70	0.78	0.97	0.96	1.03	1.13	1.39
		西部	0.30	0.32	0.34	0.41	0.51	0.54	0.59	0.71	0.54	0.58	0.64	0.81	0.76	0.81	0.90	1.11
	生物	东部	0.63	0.67	0.72	0.87	1.08	1.14	1.24	1.49	1.02	1.09	1.21	1.51	1.49	1.59	1.75	2.15
		中部	0.54	0.57	0.62	0.75	0.93	0.99	1.07	1.28	0.93	1.00	1.11	1.38	1.33	1.42	1.57	1.94
		西部	0.39	0.42	0.45	0.54	0.68	0.71	0.78	0.93	0.78	0.83	0.93	1.17	1.07	1.14	1.26	1.57
	物化	东部	0.73	0.77	0.84	1.01	1.25	1.32	1.44	1.73	1.00	1.06	1.17	1.44	1.54	1.63	1.79	2.18
		中部	0.63	0.67	0.72	0.87	1.08	1.14	1.24	1.49	0.89	0.95	1.05	1.29	1.36	1.44	1.58	1.93
		西部	0.46	0.48	0.52	0.63	0.78	0.83	0.90	1.08	0.71	0.76	0.84	1.04	1.05	1.12	1.23	1.51
	组合	东部	0.73	0.77	0.84	1.01	1.25	1.32	1.44	1.73	1.13	1.20	1.33	1.65	1.67	1.77	1.95	2.39
		中部	0.63	0.67	0.72	0.87	1.08	1.14	1.24	1.49	1.02	1.09	1.21	1.50	1.49	1.58	1.74	2.15
		西部	0.46	0.48	0.52	0.63	0.78	0.83	0.90	1.08	0.84	0.90	1.00	1.26	1.18	1.26	1.39	1.72

企业性质	处理方法	地区	不含固定资产折旧								含固定资产折旧							
			精制茶加工				其他				精制茶加工				其他			
			30%	50%	70%	90%	30%	50%	70%	90%	30%	50%	70%	90%	30%	50%	70%	90%
其他	物理	东部	0.43	0.46	0.50	0.59	0.74	0.78	0.85	1.02	0.53	0.56	0.61	0.75	0.85	0.90	0.98	1.19
		中部	0.37	0.39	0.43	0.51	0.64	0.67	0.73	0.88	0.47	0.50	0.54	0.66	0.74	0.79	0.86	1.04
		西部	0.27	0.28	0.31	0.37	0.46	0.49	0.53	0.64	0.36	0.38	0.42	0.52	0.56	0.59	0.65	0.79
	化学	东部	0.48	0.51	0.55	0.66	0.82	0.87	0.94	1.13	0.69	0.73	0.81	1.00	1.04	1.11	1.21	1.48
		中部	0.41	0.44	0.47	0.57	0.71	0.75	0.81	0.97	0.62	0.66	0.73	0.90	0.92	0.98	1.08	1.32
		西部	0.30	0.32	0.34	0.41	0.51	0.54	0.59	0.71	0.50	0.53	0.59	0.74	0.72	0.77	0.85	1.04
	生物	东部	0.63	0.67	0.72	0.87	1.08	1.14	1.24	1.49	0.96	1.02	1.13	1.40	1.43	1.52	1.67	2.04
		中部	0.54	0.57	0.62	0.75	0.93	0.99	1.07	1.28	0.87	0.93	1.03	1.28	1.27	1.35	1.49	1.83
		西部	0.39	0.42	0.45	0.54	0.68	0.71	0.78	0.93	0.71	0.76	0.85	1.06	1.00	1.07	1.18	1.46
	物化	东部	0.73	0.77	0.84	1.01	1.25	1.32	1.44	1.73	0.95	1.02	1.12	1.37	1.50	1.59	1.74	2.11
		中部	0.63	0.67	0.72	0.87	1.08	1.14	1.24	1.49	0.85	0.90	0.99	1.22	1.32	1.40	1.53	1.86
		西部	0.46	0.48	0.52	0.63	0.78	0.83	0.90	1.08	0.67	0.72	0.79	0.98	1.01	1.07	1.18	1.44
	组合	东部	0.73	0.77	0.84	1.01	1.25	1.32	1.44	1.73	1.06	1.13	1.25	1.54	1.60	1.70	1.87	2.29
		中部	0.63	0.67	0.72	0.87	1.08	1.14	1.24	1.49	0.96	1.02	1.13	1.40	1.42	1.51	1.66	2.04
		西部	0.46	0.48	0.52	0.63	0.78	0.83	0.90	1.08	0.78	0.83	0.92	1.15	1.12	1.19	1.31	1.62

注：设计处理能力与处理量为该行业的 3/4 分位数，饮料制造业废水处理设施设计处理能力的 3/4 分位数为 2 000 t/d，处理量的 3/4 分位数为 22 万 t/a。

（4）造纸及纸制品业

表 1-20　处理能力为中位数时造纸及纸制品业单位废水治理费用

单位：元/t

企业性质	处理方法	地区	不含固定资产折旧								含固定资产折旧							
			纸浆制造				其他				纸浆制造				其他			
			30%	50%	70%	90%	30%	50%	70%	90%	30%	50%	70%	90%	30%	50%	70%	90%
民营	物理	东部	0.7	0.8	0.8	0.9	0.4	0.5	0.5	0.6	0.8	0.9	0.9	1.0	0.5	0.5	0.5	0.6
		中部	0.5	0.5	0.6	0.6	0.3	0.3	0.3	0.4	0.6	0.6	0.6	0.7	0.3	0.4	0.4	0.4
		西部	0.5	0.5	0.6	0.6	0.3	0.3	0.3	0.4	0.6	0.6	0.6	0.7	0.4	0.4	0.4	0.4
	化学	东部	1.1	1.1	1.2	1.3	0.7	0.7	0.7	0.8	1.2	1.3	1.3	1.5	0.7	0.8	0.8	0.9
		中部	0.7	0.8	0.8	0.9	0.5	0.5	0.5	0.6	0.8	0.9	0.9	1.1	0.5	0.5	0.6	0.6
		西部	0.7	0.8	0.8	0.9	0.5	0.5	0.5	0.6	0.9	0.9	1.0	1.1	0.5	0.5	0.6	0.7
	生物	东部	1.8	1.8	1.9	2.2	1.1	1.1	1.2	1.4	2.1	2.2	2.3	2.6	1.2	1.3	1.4	1.6
		中部	1.2	1.3	1.3	1.5	0.7	0.8	0.8	0.9	1.5	1.5	1.6	1.8	0.9	0.9	1.0	1.1
		西部	1.2	1.3	1.3	1.5	0.7	0.8	0.8	0.9	1.5	1.6	1.7	1.9	0.9	0.9	1.0	1.1
	物化	东部	1.8	1.8	1.9	2.2	1.1	1.1	1.2	1.4	2.0	2.1	2.2	2.5	1.2	1.3	1.3	1.5
		中部	1.2	1.3	1.3	1.5	0.7	0.8	0.8	0.9	1.4	1.5	1.5	1.8	0.8	0.9	0.9	1.1
		西部	1.2	1.3	1.3	1.5	0.7	0.8	0.8	0.9	1.4	1.5	1.6	1.8	0.9	0.9	1.0	1.1
	组合	东部	1.98	2.06	2.19	2.50	1.21	1.26	1.34	1.52	2.29	2.38	2.53	2.90	1.38	1.43	1.53	1.74
		中部	1.37	1.42	1.51	1.72	0.83	0.87	0.92	1.05	1.60	1.67	1.78	2.03	0.96	1.00	1.07	1.22
		西部	1.37	1.42	1.51	1.72	0.83	0.87	0.92	1.05	1.65	1.72	1.83	2.09	0.99	1.03	1.10	1.26
其他	物理	东部	1.06	1.10	1.17	1.34	0.65	0.67	0.72	0.82	1.20	1.25	1.33	1.52	0.72	0.75	0.80	0.92
		中部	0.73	0.76	0.81	0.92	0.45	0.47	0.49	0.56	0.84	0.87	0.93	1.06	0.51	0.53	0.56	0.64
		西部	0.73	0.76	0.81	0.92	0.45	0.47	0.49	0.56	0.86	0.90	0.95	1.09	0.52	0.54	0.57	0.66
	化学	东部	1.55	1.62	1.72	1.96	0.95	0.99	1.05	1.20	1.78	1.85	1.97	2.25	1.07	1.12	1.19	1.36
		中部	1.07	1.12	1.19	1.35	0.65	0.68	0.72	0.83	1.24	1.30	1.38	1.58	0.75	0.78	0.83	0.95
		西部	1.07	1.12	1.19	1.35	0.65	0.68	0.72	0.83	1.28	1.33	1.42	1.62	0.77	0.80	0.85	0.97

企业性质	处理方法	地区	不含固定资产折旧								含固定资产折旧							
			纸浆制造				其他				纸浆制造				其他			
			30%	50%	70%	90%	30%	50%	70%	90%	30%	50%	70%	90%	30%	50%	70%	90%
其他	生物	东部	2.57	2.68	2.84	3.24	1.57	1.63	1.74	1.98	3.05	3.18	3.38	3.87	1.83	1.91	2.03	2.32
		中部	1.77	1.85	1.96	2.24	1.08	1.13	1.20	1.37	2.14	2.23	2.38	2.72	1.29	1.34	1.43	1.63
		西部	1.77	1.85	1.96	2.24	1.08	1.13	1.20	1.37	2.22	2.31	2.46	2.82	1.33	1.38	1.47	1.68
	物化	东部	2.57	2.68	2.84	3.24	1.57	1.63	1.74	1.98	2.94	3.06	3.26	3.72	1.77	1.85	1.96	2.24
		中部	1.77	1.85	1.96	2.24	1.08	1.13	1.20	1.37	2.06	2.14	2.28	2.61	1.24	1.29	1.37	1.57
		西部	1.77	1.85	1.96	2.24	1.08	1.13	1.20	1.37	2.11	2.20	2.34	2.68	1.27	1.32	1.41	1.61
	组合	东部	2.90	3.02	3.21	3.65	1.77	1.84	1.96	2.23	3.38	3.52	3.75	4.28	2.03	2.12	2.25	2.58
		中部	2.00	2.08	2.21	2.52	1.22	1.27	1.35	1.54	2.37	2.47	2.63	3.01	1.42	1.48	1.58	1.81
		西部	2.00	2.08	2.21	2.52	1.22	1.27	1.35	1.54	2.44	2.55	2.71	3.10	1.46	1.53	1.62	1.86
外资	物理	东部	1.06	1.10	1.17	1.34	0.65	0.67	0.72	0.82	1.29	1.34	1.43	1.64	0.77	0.81	0.86	0.98
		中部	0.73	0.76	0.81	0.92	0.45	0.47	0.49	0.56	0.91	0.95	1.01	1.15	0.54	0.57	0.60	0.69
		西部	0.73	0.76	0.81	0.92	0.45	0.47	0.49	0.56	0.94	0.98	1.05	1.20	0.56	0.59	0.62	0.72
	化学	东部	1.55	1.62	1.72	1.96	0.95	0.99	1.05	1.20	1.93	2.01	2.14	2.45	1.15	1.20	1.28	1.46
		中部	1.07	1.12	1.19	1.35	0.65	0.68	0.72	0.83	1.36	1.42	1.51	1.73	0.81	0.85	0.90	1.03
		西部	1.07	1.12	1.19	1.35	0.65	0.68	0.72	0.83	1.42	1.48	1.57	1.80	0.84	0.88	0.94	1.07
	生物	东部	2.57	2.68	2.84	3.24	1.57	1.63	1.74	1.98	3.36	3.51	3.74	4.28	2.00	2.09	2.23	2.55
		中部	1.77	1.85	1.96	2.24	1.08	1.13	1.20	1.37	2.39	2.49	2.65	3.04	1.42	1.48	1.58	1.81
		西部	1.77	1.85	1.96	2.24	1.08	1.13	1.20	1.37	2.51	2.62	2.79	3.20	1.49	1.55	1.65	1.89
	物化	东部	2.57	2.68	2.84	3.24	1.57	1.63	1.74	1.98	3.18	3.31	3.53	4.04	1.90	1.98	2.11	2.42
		中部	1.77	1.85	1.96	2.24	1.08	1.13	1.20	1.37	2.24	2.34	2.49	2.85	1.34	1.40	1.49	1.70
		西部	1.77	1.85	1.96	2.24	1.08	1.13	1.20	1.37	2.34	2.44	2.60	2.98	1.39	1.45	1.55	1.77
	组合	东部	2.90	3.02	3.21	3.65	1.77	1.84	1.96	2.23	3.69	3.85	4.10	4.70	2.21	2.30	2.45	2.80
		中部	2.00	2.08	2.21	2.52	1.22	1.27	1.35	1.54	2.61	2.72	2.90	3.33	1.56	1.62	1.73	1.98
		西部	2.00	2.08	2.21	2.52	1.22	1.27	1.35	1.54	2.74	2.85	3.04	3.49	1.62	1.69	1.80	2.07

注：设计处理能力与处理量为该行业的中位数，造纸及纸制品业设计处理能力的中位数为 1 200 t/d，处理量的中位数为 15 万 t/a。

表 1-21 处理能力为 1/4 分位数时造纸及纸制品业单位废水治理费用

单位：元/t

企业性质	处理方法	地区	不含固定资产折旧								含固定资产折旧							
			纸浆制造				其他				纸浆制造				其他			
			30%	50%	70%	90%	30%	50%	70%	90%	30%	50%	70%	90%	30%	50%	70%	90%
民营	物理	东部	1.60	1.67	1.77	2.02	0.98	1.02	1.08	1.23	1.78	1.85	1.97	2.25	1.08	1.12	1.19	1.36
		中部	1.11	1.15	1.22	1.39	0.68	0.70	0.75	0.85	1.24	1.29	1.38	1.57	0.75	0.78	0.83	0.95
		西部	1.11	1.15	1.22	1.39	0.68	0.70	0.75	0.85	1.27	1.32	1.41	1.61	0.76	0.80	0.85	0.97
	化学	东部	2.35	2.44	2.60	2.96	1.43	1.49	1.59	1.81	2.63	2.74	2.92	3.34	1.59	1.66	1.76	2.01
		中部	1.62	1.69	1.79	2.04	0.99	1.03	1.09	1.25	1.84	1.92	2.04	2.33	1.11	1.16	1.23	1.41
		西部	1.62	1.69	1.79	2.04	0.99	1.03	1.09	1.25	1.89	1.97	2.09	2.39	1.13	1.18	1.26	1.44
	生物	东部	3.88	4.04	4.30	4.90	2.37	2.47	2.62	2.99	4.50	4.69	4.99	5.71	2.71	2.82	3.00	3.43
		中部	2.68	2.79	2.96	3.38	1.64	1.70	1.81	2.06	3.16	3.29	3.50	4.00	1.90	1.98	2.10	2.41
		西部	2.68	2.79	2.96	3.38	1.64	1.70	1.81	2.06	3.25	3.39	3.61	4.13	1.95	2.03	2.16	2.47
	物化	东部	3.88	4.04	4.30	4.90	2.37	2.47	2.62	2.99	4.35	4.54	4.83	5.52	2.63	2.74	2.91	3.33
		中部	2.68	2.79	2.96	3.38	1.64	1.70	1.81	2.06	3.04	3.17	3.37	3.86	1.84	1.91	2.03	2.32
		西部	2.68	2.79	2.96	3.38	1.64	1.70	1.81	2.06	3.12	3.25	3.46	3.95	1.88	1.95	2.08	2.38
	组合	东部	4.38	4.56	4.84	5.52	2.67	2.78	2.96	3.37	4.99	5.20	5.54	6.33	3.01	3.14	3.34	3.81
		中部	3.02	3.15	3.34	3.81	1.85	1.92	2.04	2.33	3.50	3.64	3.88	4.43	2.11	2.19	2.33	2.67
		西部	3.02	3.15	3.34	3.81	1.85	1.92	2.04	2.33	3.59	3.74	3.99	4.56	2.16	2.25	2.39	2.74
其他	物理	东部	2.35	2.44	2.60	2.96	1.43	1.49	1.59	1.81	2.62	2.73	2.91	3.32	1.58	1.65	1.75	2.00
		中部	1.62	1.69	1.79	2.04	0.99	1.03	1.09	1.25	1.83	1.91	2.03	2.32	1.11	1.15	1.22	1.40
		西部	1.62	1.69	1.79	2.04	0.99	1.03	1.09	1.25	1.88	1.95	2.08	2.38	1.13	1.18	1.25	1.43
	化学	东部	3.43	3.58	3.80	4.33	2.10	2.18	2.32	2.64	3.89	4.05	4.31	4.92	2.34	2.44	2.60	2.97
		中部	2.37	2.47	2.62	2.99	1.45	1.51	1.60	1.82	2.72	2.83	3.01	3.45	1.64	1.71	1.82	2.08
		西部	2.37	2.47	2.62	2.99	1.45	1.51	1.60	1.82	2.79	2.91	3.09	3.54	1.68	1.75	1.86	2.13
	生物	东部	5.69	5.92	6.29	7.17	3.47	3.61	3.84	4.38	6.65	6.93	7.38	8.44	4.00	4.17	4.43	5.07
		中部	3.92	4.08	4.34	4.95	2.40	2.49	2.65	3.02	4.67	4.87	5.18	5.93	2.80	2.92	3.11	3.56
		西部	3.92	4.08	4.34	4.95	2.40	2.49	2.65	3.02	4.82	5.02	5.35	6.12	2.89	3.01	3.20	3.66

企业性质	处理方法	地区	不含固定资产折旧								含固定资产折旧							
			纸浆制造				其他				纸浆制造				其他			
			30%	50%	70%	90%	30%	50%	70%	90%	30%	50%	70%	90%	30%	50%	70%	90%
其他	物化	东部	5.69	5.92	6.29	7.17	3.47	3.61	3.84	4.38	6.42	6.69	7.12	8.14	3.88	4.04	4.30	4.91
		中部	3.92	4.08	4.34	4.95	2.40	2.49	2.65	3.02	4.49	4.68	4.98	5.70	2.71	2.82	3.00	3.43
		西部	3.92	4.08	4.34	4.95	2.40	2.49	2.65	3.02	4.61	4.80	5.11	5.85	2.77	2.89	3.07	3.51
	组合	东部	6.41	6.67	7.09	8.08	3.92	4.08	4.33	4.94	7.38	7.68	8.18	9.35	4.44	4.63	4.92	5.63
		中部	4.42	4.60	4.89	5.58	2.70	2.81	2.99	3.41	5.17	5.39	5.73	6.56	3.11	3.24	3.45	3.94
		西部	4.42	4.60	4.89	5.58	2.70	2.81	2.99	3.41	5.32	5.54	5.90	6.75	3.19	3.33	3.54	4.05
外资	物理	东部	2.35	2.44	2.60	2.96	1.43	1.49	1.59	1.81	2.81	2.93	3.12	3.56	1.69	1.76	1.87	2.14
		中部	1.62	1.69	1.79	2.04	0.99	1.03	1.09	1.25	1.98	2.06	2.19	2.51	1.18	1.23	1.31	1.50
		西部	1.62	1.69	1.79	2.04	0.99	1.03	1.09	1.25	2.05	2.13	2.27	2.60	1.22	1.27	1.36	1.55
	化学	东部	3.43	3.58	3.80	4.33	2.10	2.18	2.32	2.64	4.19	4.37	4.65	5.32	2.51	2.62	2.78	3.19
		中部	2.37	2.47	2.62	2.99	1.45	1.51	1.60	1.82	2.95	3.08	3.28	3.75	1.77	1.84	1.96	2.24
		西部	2.37	2.47	2.62	2.99	1.45	1.51	1.60	1.82	3.07	3.20	3.41	3.91	1.83	1.91	2.03	2.33
	生物	东部	5.69	5.92	6.29	7.17	3.47	3.61	3.84	4.38	7.30	7.61	8.11	9.29	4.35	4.54	4.83	5.54
		中部	3.92	4.08	4.34	4.95	2.40	2.49	2.65	3.02	5.17	5.39	5.75	6.59	3.08	3.21	3.42	3.92
		西部	3.92	4.08	4.34	4.95	2.40	2.49	2.65	3.02	5.42	5.66	6.03	6.92	3.22	3.35	3.57	4.10
	物化	东部	5.69	5.92	6.29	7.17	3.47	3.61	3.84	4.38	6.92	7.21	7.68	8.79	4.15	4.32	4.60	5.26
		中部	3.92	4.08	4.34	4.95	2.40	2.49	2.65	3.02	4.88	5.08	5.41	6.20	2.92	3.04	3.24	3.71
		西部	3.92	4.08	4.34	4.95	2.40	2.49	2.65	3.02	5.07	5.29	5.63	6.45	3.02	3.15	3.36	3.84
	组合	东部	6.41	6.67	7.09	8.08	3.92	4.08	4.33	4.94	8.02	8.37	8.91	10.21	4.80	5.00	5.32	6.10
		中部	4.42	4.60	4.89	5.58	2.70	2.81	2.99	3.41	5.67	5.91	6.30	7.22	3.38	3.53	3.76	4.30
		西部	4.42	4.60	4.89	5.58	2.70	2.81	2.99	3.41	5.92	6.18	6.58	7.55	3.52	3.67	3.91	4.48

注：设计处理能力与处理量为该行业的 1/4 分位数，造纸及纸制品业设计处理能力的 1/4 分位数为 250 t/d，处理量的 1/4 分位数为 2.5 万 t/a。

表 1-22 废水处理能力为 3/4 分位数时造纸及纸制品业单位废水治理费用

单位：元/t

企业性质	处理方法	地区	不含固定资产折旧								含固定资产折旧							
			纸浆制造				其他				纸浆制造				其他			
			30%	50%	70%	90%	30%	50%	70%	90%	30%	50%	70%	90%	30%	50%	70%	90%
民营	物理	东部	0.40	0.42	0.44	0.51	0.25	0.26	0.27	0.31	0.45	0.47	0.50	0.57	0.27	0.28	0.30	0.34
		中部	0.28	0.29	0.31	0.35	0.17	0.18	0.19	0.21	0.31	0.33	0.35	0.40	0.19	0.20	0.21	0.24
		西部	0.28	0.29	0.31	0.35	0.17	0.18	0.19	0.21	0.32	0.33	0.36	0.41	0.19	0.20	0.21	0.24
	化学	东部	0.59	0.61	0.65	0.74	0.36	0.37	0.40	0.45	0.66	0.69	0.74	0.84	0.40	0.42	0.44	0.51
		中部	0.41	0.42	0.45	0.51	0.25	0.26	0.27	0.31	0.47	0.48	0.52	0.59	0.28	0.29	0.31	0.36
		西部	0.41	0.42	0.45	0.51	0.25	0.26	0.27	0.31	0.48	0.50	0.53	0.61	0.29	0.30	0.32	0.36
	生物	东部	0.97	1.01	1.08	1.23	0.59	0.62	0.66	0.75	1.14	1.19	1.26	1.44	0.68	0.71	0.76	0.87
		中部	0.67	0.70	0.74	0.85	0.41	0.43	0.45	0.52	0.80	0.83	0.89	1.01	0.48	0.50	0.53	0.61
		西部	0.67	0.70	0.74	0.85	0.41	0.43	0.45	0.52	0.83	0.86	0.92	1.05	0.49	0.51	0.55	0.63
	物化	东部	0.97	1.01	1.08	1.23	0.59	0.62	0.66	0.75	1.10	1.15	1.22	1.39	0.66	0.69	0.74	0.84
		中部	0.67	0.70	0.74	0.85	0.41	0.43	0.45	0.52	0.77	0.80	0.85	0.97	0.46	0.48	0.51	0.59
		西部	0.67	0.70	0.74	0.85	0.41	0.43	0.45	0.52	0.79	0.82	0.88	1.00	0.47	0.49	0.53	0.60
	组合	东部	1.10	1.14	1.21	1.38	0.67	0.70	0.74	0.84	1.26	1.32	1.40	1.60	0.76	0.79	0.84	0.96
		中部	0.76	0.79	0.84	0.95	0.46	0.48	0.51	0.58	0.88	0.92	0.98	1.12	0.53	0.55	0.59	0.67
		西部	0.76	0.79	0.84	0.95	0.46	0.48	0.51	0.58	0.91	0.95	1.01	1.16	0.55	0.57	0.61	0.69
其他	物理	东部	0.59	0.61	0.65	0.74	0.36	0.37	0.40	0.45	0.66	0.69	0.73	0.84	0.40	0.42	0.44	0.51
		中部	0.41	0.42	0.45	0.51	0.25	0.26	0.27	0.31	0.46	0.48	0.51	0.59	0.28	0.29	0.31	0.35
		西部	0.41	0.42	0.45	0.51	0.25	0.26	0.27	0.31	0.47	0.49	0.53	0.60	0.29	0.30	0.32	0.36
	化学	东部	0.86	0.89	0.95	1.08	0.53	0.55	0.58	0.66	0.98	1.02	1.09	1.24	0.59	0.62	0.66	0.75
		中部	0.59	0.62	0.66	0.75	0.36	0.38	0.40	0.46	0.69	0.72	0.76	0.87	0.41	0.43	0.46	0.52
		西部	0.59	0.62	0.66	0.75	0.36	0.38	0.40	0.46	0.71	0.74	0.78	0.90	0.42	0.44	0.47	0.54
	生物	东部	1.42	1.48	1.57	1.79	0.87	0.90	0.96	1.10	1.68	1.75	1.87	2.14	1.01	1.05	1.12	1.28
		中部	0.98	1.02	1.09	1.24	0.60	0.62	0.66	0.76	1.18	1.23	1.31	1.50	0.71	0.74	0.79	0.90
		西部	0.98	1.02	1.09	1.24	0.60	0.62	0.66	0.76	1.22	1.28	1.36	1.56	0.73	0.76	0.81	0.93

企业性质	处理方法	地区	不含固定资产折旧								含固定资产折旧							
			纸浆制造				其他				纸浆制造				其他			
			30%	50%	70%	90%	30%	50%	70%	90%	30%	50%	70%	90%	30%	50%	70%	90%
其他	物化	东部	1.42	1.48	1.57	1.79	0.87	0.90	0.96	1.10	1.62	1.69	1.80	2.06	0.98	1.02	1.08	1.24
		中部	0.98	1.02	1.09	1.24	0.60	0.62	0.66	0.76	1.14	1.18	1.26	1.44	0.68	0.71	0.76	0.87
		西部	0.98	1.02	1.09	1.24	0.60	0.62	0.66	0.76	1.17	1.22	1.29	1.48	0.70	0.73	0.78	0.89
	组合	东部	1.60	1.67	1.77	2.02	0.98	1.02	1.08	1.24	1.87	1.94	2.07	2.37	1.12	1.17	1.24	1.42
		中部	1.11	1.15	1.22	1.40	0.68	0.70	0.75	0.85	1.31	1.36	1.45	1.66	0.79	0.82	0.87	1.00
		西部	1.11	1.15	1.22	1.40	0.68	0.70	0.75	0.85	1.35	1.41	1.50	1.71	0.81	0.84	0.90	1.03
外资	物理	东部	0.59	0.61	0.65	0.74	0.36	0.37	0.40	0.45	0.66	0.69	0.73	0.84	0.40	0.42	0.44	0.51
		中部	0.41	0.42	0.45	0.51	0.25	0.26	0.27	0.31	0.46	0.48	0.51	0.59	0.28	0.29	0.31	0.35
		西部	0.41	0.42	0.45	0.51	0.25	0.26	0.27	0.31	0.47	0.49	0.53	0.60	0.29	0.30	0.32	0.36
	化学	东部	0.86	0.89	0.95	1.08	0.53	0.55	0.58	0.66	0.98	1.02	1.09	1.24	0.59	0.62	0.66	0.75
		中部	0.59	0.62	0.66	0.75	0.36	0.38	0.40	0.46	0.69	0.72	0.76	0.87	0.41	0.43	0.46	0.52
		西部	0.59	0.62	0.66	0.75	0.36	0.38	0.40	0.46	0.71	0.74	0.78	0.90	0.42	0.44	0.47	0.54
	生物	东部	1.42	1.48	1.57	1.79	0.87	0.90	0.96	1.10	1.68	1.75	1.87	2.14	1.01	1.05	1.12	1.28
		中部	0.98	1.02	1.09	1.24	0.60	0.62	0.66	0.76	1.18	1.23	1.31	1.50	0.71	0.74	0.79	0.90
		西部	0.98	1.02	1.09	1.24	0.60	0.62	0.66	0.76	1.22	1.28	1.36	1.56	0.73	0.76	0.81	0.93
	物化	东部	1.42	1.48	1.57	1.79	0.87	0.90	0.96	1.10	1.62	1.69	1.80	2.06	0.98	1.02	1.08	1.24
		中部	0.98	1.02	1.09	1.24	0.60	0.62	0.66	0.76	1.14	1.18	1.26	1.44	0.68	0.71	0.76	0.87
		西部	0.98	1.02	1.09	1.24	0.60	0.62	0.66	0.76	1.17	1.22	1.29	1.48	0.70	0.73	0.78	0.89
	组合	东部	1.60	1.67	1.77	2.02	0.98	1.02	1.08	1.24	1.87	1.94	2.07	2.37	1.12	1.17	1.24	1.42
		中部	1.11	1.15	1.22	1.40	0.68	0.70	0.75	0.85	1.31	1.36	1.45	1.66	0.79	0.82	0.87	1.00
		西部	1.11	1.15	1.22	1.40	0.68	0.70	0.75	0.85	1.35	1.41	1.50	1.71	0.81	0.84	0.90	1.03

注：设计处理能力与处理量为该行业的 3/4 分位数，造纸及纸制品业设计处理能力的 3/4 分位数为 4 300 t/d，处理量的 3/4 分位数为 578 042 t/a。

（5）**农副食品加工业**

表 1-23 处理能力为中位数时农副食品加工业单位废水治理费用（不含固定资产折旧费）

单位：元/t

企业性质	处理方法	地区	水产品加工				制糖				植物油				屠宰及肉类加工				其他			
			30%	50%	70%	90%	30%	50%	70%	90%	30%	50%	70%	90%	30%	50%	70%	90%	30%	50%	70%	90%
民营	物理	东部	1.29	1.33	1.39	1.54	1.56	1.61	1.69	1.87	2.16	2.23	2.33	2.58	1.12	1.15	1.21	1.34	1.29	1.33	1.39	1.54
		中部	1.23	1.27	1.33	1.47	1.49	1.53	1.61	1.78	2.06	2.12	2.22	2.46	1.07	1.10	1.15	1.27	1.23	1.27	1.33	1.47
		西部	0.90	0.92	0.97	1.07	1.08	1.12	1.17	1.29	1.50	1.55	1.62	1.79	0.78	0.80	0.84	0.93	0.90	0.92	0.97	1.07
	化学	东部	3.32	3.43	3.59	3.97	4.02	4.15	4.34	4.80	5.56	5.73	6.01	6.64	2.88	2.97	3.11	3.44	3.32	3.43	3.59	3.97
		中部	3.16	3.26	3.42	3.78	3.83	3.95	4.14	4.57	5.29	5.46	5.72	6.32	2.74	2.83	2.96	3.27	3.16	3.26	3.42	3.78
		西部	2.30	2.38	2.49	2.75	2.79	2.88	3.01	3.33	3.86	3.98	4.16	4.60	2.00	2.06	2.16	2.38	2.30	2.38	2.49	2.75
	生物	东部	2.94	3.03	3.18	3.51	3.56	3.67	3.84	4.25	4.92	5.07	5.32	5.87	2.55	2.63	2.75	3.04	2.94	3.03	3.18	3.51
		中部	2.80	2.89	3.02	3.34	3.39	3.49	3.66	4.05	4.69	4.83	5.06	5.59	2.43	2.50	2.62	2.90	2.80	2.89	3.02	3.34
		西部	2.04	2.10	2.20	2.43	2.47	2.55	2.67	2.95	3.41	3.52	3.69	4.07	1.77	1.82	1.91	2.11	2.04	2.10	2.20	2.43
	物化	东部	3.32	3.43	3.59	3.97	4.02	4.15	4.34	4.80	5.56	5.73	6.01	6.64	2.88	2.97	3.11	3.44	3.32	3.43	3.59	3.97
		中部	3.16	3.26	3.42	3.78	3.83	3.95	4.14	4.57	5.29	5.46	5.72	6.32	2.74	2.83	2.96	3.27	3.16	3.26	3.42	3.78
		西部	2.30	2.38	2.49	2.75	2.79	2.88	3.01	3.33	3.86	3.98	4.16	4.60	2.00	2.06	2.16	2.38	2.30	2.38	2.49	2.75
	组合	东部	3.32	3.43	3.59	3.97	4.02	4.15	4.34	4.80	5.56	5.73	6.01	6.64	2.88	2.97	3.11	3.44	3.32	3.43	3.59	3.97
		中部	3.16	3.26	3.42	3.78	3.83	3.95	4.14	4.57	5.29	5.46	5.72	6.32	2.74	2.83	2.96	3.27	3.16	3.26	3.42	3.78
		西部	2.30	2.38	2.49	2.75	2.79	2.88	3.01	3.33	3.86	3.98	4.16	4.60	2.00	2.06	2.16	2.38	2.30	2.38	2.49	2.75
其他	物理	东部	1.58	1.63	1.71	1.89	1.92	1.98	2.07	2.29	2.65	2.73	2.86	3.16	1.37	1.42	1.48	1.64	1.58	1.63	1.71	1.89
		中部	1.51	1.55	1.63	1.80	1.82	1.88	1.97	2.18	2.52	2.60	2.73	3.01	1.31	1.35	1.41	1.56	1.51	1.55	1.63	1.80
		西部	1.10	1.13	1.19	1.31	1.33	1.37	1.44	1.59	1.84	1.89	1.99	2.19	0.95	0.98	1.03	1.14	1.10	1.13	1.19	1.31
	化学	东部	4.07	4.20	4.40	4.86	4.93	5.08	5.33	5.89	6.82	7.03	7.36	8.14	3.53	3.64	3.81	4.21	4.07	4.20	4.40	4.86
		中部	3.88	4.00	4.19	4.63	4.70	4.84	5.07	5.60	6.49	6.69	7.01	7.75	3.36	3.47	3.63	4.01	3.88	4.00	4.19	4.63
		西部	2.83	2.91	3.05	3.37	3.42	3.53	3.69	4.08	4.73	4.88	5.11	5.64	2.45	2.52	2.64	2.92	2.83	2.91	3.05	3.37

企业性质	处理方法	地区	水产品加工				制糖				植物油				屠宰及肉类加工				其他			
			30%	50%	70%	90%	30%	50%	70%	90%	30%	50%	70%	90%	30%	50%	70%	90%	30%	50%	70%	90%
其他	生物	东部	3.61	3.72	3.89	4.30	4.36	4.50	4.71	5.21	6.03	6.22	6.52	7.20	3.13	3.22	3.38	3.73	3.61	3.72	3.89	4.30
		中部	3.43	3.54	3.71	4.10	4.16	4.29	4.49	4.96	5.75	5.92	6.21	6.86	2.98	3.07	3.21	3.55	3.43	3.54	3.71	4.10
		西部	2.50	2.58	2.70	2.99	3.03	3.12	3.27	3.61	4.19	4.32	4.52	5.00	2.17	2.23	2.34	2.59	2.50	2.58	2.70	2.99
	物化	东部	4.07	4.20	4.40	4.86	4.93	5.08	5.33	5.89	6.82	7.03	7.36	8.14	3.53	3.64	3.81	4.21	4.07	4.20	4.40	4.86
		中部	3.88	4.00	4.19	4.63	4.70	4.84	5.07	5.60	6.49	6.69	7.01	7.75	3.36	3.47	3.63	4.01	3.88	4.00	4.19	4.63
		西部	2.83	2.91	3.05	3.37	3.42	3.53	3.69	4.08	4.73	4.88	5.11	5.64	2.45	2.52	2.64	2.92	2.83	2.91	3.05	3.37
	组合	东部	4.07	4.20	4.40	4.86	4.93	5.08	5.33	5.89	6.82	7.03	7.36	8.14	3.53	3.64	3.81	4.21	4.07	4.20	4.40	4.86
		中部	3.88	4.00	4.19	4.63	4.70	4.84	5.07	5.60	6.49	6.69	7.01	7.75	3.36	3.47	3.63	4.01	3.88	4.00	4.19	4.63
		西部	2.83	2.91	3.05	3.37	3.42	3.53	3.69	4.08	4.73	4.88	5.11	5.64	2.45	2.52	2.64	2.92	2.83	2.91	3.05	3.37
外资	物理	东部	2.03	2.09	2.19	2.42	2.45	2.53	2.65	2.93	3.39	3.50	3.66	4.05	1.76	1.81	1.90	2.10	2.03	2.09	2.19	2.42
		中部	1.93	1.99	2.08	2.30	2.34	2.41	2.52	2.79	3.23	3.33	3.49	3.86	1.67	1.72	1.81	2.00	1.93	1.99	2.08	2.30
		西部	1.41	1.45	1.52	1.68	1.70	1.75	1.84	2.03	2.35	2.43	2.54	2.81	1.22	1.26	1.32	1.45	1.41	1.45	1.52	1.68
	化学	东部	5.22	5.38	5.63	6.23	6.31	6.51	6.82	7.54	8.73	9.00	9.43	10.42	4.52	4.66	4.88	5.40	5.22	5.38	5.63	6.23
		中部	4.97	5.12	5.36	5.93	6.01	6.20	6.49	7.18	8.31	8.57	8.98	9.92	4.30	4.44	4.65	5.14	4.97	5.12	5.36	5.93
		西部	3.62	3.73	3.91	4.32	4.38	4.51	4.73	5.23	6.05	6.24	6.54	7.23	3.13	3.23	3.39	3.74	3.62	3.73	3.91	4.32
	生物	东部	4.62	4.76	4.99	5.51	5.59	5.76	6.04	6.67	7.73	7.97	8.34	9.22	4.00	4.13	4.32	4.78	4.62	4.76	4.99	5.51
		中部	4.40	4.53	4.75	5.25	5.32	5.49	5.75	6.35	7.36	7.58	7.95	8.78	3.81	3.93	4.12	4.55	4.40	4.53	4.75	5.25
		西部	3.20	3.30	3.46	3.82	3.88	4.00	4.19	4.63	5.36	5.52	5.79	6.40	2.77	2.86	3.00	3.31	3.20	3.30	3.46	3.82
	物化	东部	5.22	5.38	5.63	6.23	6.31	6.51	6.82	7.54	8.73	9.00	9.43	10.42	4.52	4.66	4.88	5.40	5.22	5.38	5.63	6.23
		中部	4.97	5.12	5.36	5.93	6.01	6.20	6.49	7.18	8.31	8.57	8.98	9.92	4.30	4.44	4.65	5.14	4.97	5.12	5.36	5.93
		西部	3.62	3.73	3.91	4.32	4.38	4.51	4.73	5.23	6.05	6.24	6.54	7.23	3.13	3.23	3.39	3.74	3.62	3.73	3.91	4.32
	组合	东部	5.22	5.38	5.63	6.23	6.31	6.51	6.82	7.54	8.73	9.00	9.43	10.42	4.52	4.66	4.88	5.40	5.22	5.38	5.63	6.23
		中部	4.97	5.12	5.36	5.93	6.01	6.20	6.49	7.18	8.31	8.57	8.98	9.92	4.30	4.44	4.65	5.14	4.97	5.12	5.36	5.93
		西部	3.62	3.73	3.91	4.32	4.38	4.51	4.73	5.23	6.05	6.24	6.54	7.23	3.13	3.23	3.39	3.74	3.62	3.73	3.91	4.32

注：设计处理能力与处理量为该行业的中位数，农副食品加工工业设计处理能力的中位数为 100 t/d，处理量的中位数为 7 870 t/a。

表 1-24 处理能力为中位数时农副食品行业单位废水治理费用（含固定资产折旧费）

单位：元/t

企业性质	处理方法	地区	水产品加工				制糖				植物油				屠宰及肉类加工				其他			
			30%	50%	70%	90%	30%	50%	70%	90%	30%	50%	70%	90%	30%	50%	70%	90%	30%	50%	70%	90%
民营	物理	东部	1.42	1.47	1.54	1.71	1.72	1.77	1.86	2.07	2.40	2.48	2.61	2.90	1.26	1.30	1.37	1.52	1.45	1.49	1.57	1.74
		中部	1.38	1.42	1.49	1.66	1.66	1.72	1.80	2.00	2.33	2.41	2.53	2.81	1.23	1.27	1.33	1.48	1.41	1.45	1.52	1.70
		西部	0.99	1.03	1.08	1.20	1.20	1.24	1.30	1.45	1.68	1.74	1.83	2.03	0.88	0.91	0.96	1.07	1.01	1.05	1.10	1.22
	化学	东部	3.72	3.84	4.03	4.48	4.49	4.64	4.87	5.41	6.30	6.51	6.83	7.59	3.31	3.41	3.59	3.99	3.79	3.92	4.11	4.57
		中部	3.61	3.73	3.92	4.36	4.36	4.50	4.73	5.26	6.13	6.34	6.66	7.41	3.22	3.33	3.50	3.90	3.70	3.82	4.01	4.47
		西部	2.61	2.69	2.83	3.14	3.15	3.25	3.41	3.79	4.42	4.56	4.80	5.33	2.32	2.40	2.52	2.80	2.66	2.75	2.89	3.21
	生物	东部	3.51	3.63	3.81	4.25	4.23	4.38	4.60	5.12	5.98	6.19	6.51	7.25	3.16	3.27	3.44	3.84	3.62	3.74	3.93	4.39
		中部	3.45	3.56	3.75	4.18	4.16	4.30	4.52	5.04	5.89	6.09	6.41	7.16	3.12	3.23	3.40	3.80	3.57	3.69	3.88	4.33
		西部	2.47	2.56	2.69	3.00	2.98	3.08	3.24	3.61	4.22	4.37	4.59	5.12	2.23	2.31	2.43	2.71	2.55	2.64	2.78	3.10
	物化	东部	3.89	4.02	4.23	4.70	4.70	4.85	5.10	5.68	6.62	6.85	7.20	8.01	3.49	3.61	3.80	4.23	4.00	4.13	4.34	4.84
		中部	3.81	3.94	4.14	4.61	4.60	4.75	4.99	5.56	6.50	6.72	7.07	7.88	3.44	3.55	3.74	4.17	3.93	4.06	4.27	4.77
		西部	2.74	2.83	2.97	3.31	3.30	3.41	3.59	4.00	4.67	4.82	5.07	5.65	2.46	2.55	2.68	2.99	2.82	2.91	3.06	3.42
	组合	东部	3.89	4.02	4.23	4.70	4.70	4.85	5.10	5.68	6.62	6.85	7.20	8.01	3.49	3.61	3.80	4.23	4.00	4.13	4.34	4.84
		中部	3.81	3.94	4.14	4.61	4.60	4.75	4.99	5.56	6.50	6.72	7.07	7.88	3.44	3.55	3.74	4.17	3.93	4.06	4.27	4.77
		西部	2.74	2.83	2.97	3.31	3.30	3.41	3.59	4.00	4.67	4.82	5.07	5.65	2.46	2.55	2.68	2.99	2.82	2.91	3.06	3.42
其他	物理	东部	1.75	1.81	1.90	2.11	2.11	2.18	2.29	2.54	2.96	3.06	3.21	3.57	1.55	1.60	1.68	1.87	1.78	1.84	1.93	2.15
		中部	1.70	1.75	1.84	2.04	2.05	2.12	2.22	2.47	2.88	2.97	3.12	3.47	1.51	1.56	1.64	1.82	1.73	1.79	1.88	2.09
		西部	1.22	1.26	1.33	1.48	1.48	1.53	1.60	1.78	2.07	2.14	2.25	2.50	1.09	1.12	1.18	1.31	1.25	1.29	1.35	1.51
	化学	东部	4.58	4.73	4.96	5.52	5.53	5.71	6.00	6.66	7.76	8.02	8.42	9.36	4.07	4.21	4.42	4.92	4.67	4.83	5.07	5.64
		中部	4.45	4.60	4.83	5.37	5.37	5.55	5.83	6.48	7.56	7.81	8.21	9.13	3.98	4.11	4.32	4.81	4.56	4.71	4.95	5.51
		西部	3.21	3.31	3.48	3.87	3.88	4.00	4.20	4.67	5.45	5.63	5.91	6.57	2.86	2.96	3.11	3.46	3.28	3.39	3.56	3.96
	生物	东部	4.33	4.48	4.71	5.24	5.23	5.40	5.68	6.33	7.39	7.64	8.04	8.96	3.91	4.04	4.25	4.74	4.47	4.62	4.86	5.42
		中部	4.26	4.40	4.63	5.17	5.13	5.31	5.58	6.23	7.28	7.53	7.93	8.85	3.86	4.00	4.21	4.70	4.41	4.56	4.80	5.36
		西部	3.05	3.16	3.32	3.70	3.68	3.81	4.00	4.46	5.22	5.40	5.68	6.33	2.76	2.86	3.01	3.36	3.16	3.26	3.44	3.84

企业性质	处理方法	地区	水产品加工				制糖				植物油				屠宰及肉类加工				其他			
			30%	50%	70%	90%	30%	50%	70%	90%	30%	50%	70%	90%	30%	50%	70%	90%	30%	50%	70%	90%
其他	物化	东部	4.80	4.96	5.21	5.80	5.79	5.99	6.29	7.00	8.17	8.45	8.88	9.90	4.31	4.46	4.69	5.23	4.94	5.10	5.36	5.98
		中部	4.70	4.86	5.11	5.70	5.67	5.86	6.17	6.87	8.03	8.30	8.73	9.74	4.25	4.39	4.62	5.16	4.86	5.02	5.28	5.90
		西部	3.38	3.49	3.67	4.09	4.08	4.21	4.43	4.93	5.76	5.96	6.26	6.98	3.04	3.15	3.31	3.69	3.48	3.60	3.79	4.22
	组合	东部	4.80	4.96	5.21	5.80	5.79	5.99	6.29	7.00	8.17	8.45	8.88	9.90	4.31	4.46	4.69	5.23	4.94	5.10	5.36	5.98
		中部	4.70	4.86	5.11	5.70	5.67	5.86	6.17	6.87	8.03	8.30	8.73	9.74	4.25	4.39	4.62	5.16	4.86	5.02	5.28	5.90
		西部	3.38	3.49	3.67	4.09	4.08	4.21	4.43	4.93	5.76	5.96	6.26	6.98	3.04	3.15	3.31	3.69	3.48	3.60	3.79	4.22
外资	物理	东部	2.24	2.31	2.42	2.69	2.70	2.79	2.93	3.25	3.78	3.91	4.10	4.56	1.98	2.05	2.15	2.39	2.28	2.35	2.47	2.74
		中部	2.17	2.24	2.35	2.61	2.62	2.70	2.84	3.15	3.67	3.79	3.99	4.43	1.93	1.99	2.09	2.33	2.21	2.28	2.40	2.67
		西部	1.57	1.62	1.70	1.88	1.89	1.95	2.05	2.28	2.65	2.74	2.87	3.19	1.39	1.44	1.51	1.68	1.59	1.65	1.73	1.92
	化学	东部	5.85	6.04	6.34	7.05	7.07	7.30	7.66	8.51	9.91	10.24	10.75	11.95	5.20	5.38	5.65	6.28	5.97	6.16	6.48	7.20
		中部	5.69	5.87	6.17	6.86	6.86	7.09	7.45	8.28	9.65	9.97	10.48	11.66	5.08	5.25	5.52	6.14	5.82	6.01	6.32	7.03
		西部	4.10	4.23	4.45	4.94	4.95	5.11	5.37	5.97	6.96	7.19	7.55	8.40	3.66	3.78	3.97	4.42	4.19	4.33	4.55	5.06
	生物	东部	5.53	5.71	6.01	6.69	6.67	6.89	7.25	8.07	9.43	9.75	10.25	11.43	4.98	5.15	5.42	6.05	5.70	5.89	6.20	6.91
		中部	5.43	5.61	5.91	6.59	6.55	6.77	7.12	7.94	9.29	9.61	10.11	11.29	4.92	5.09	5.36	5.99	5.62	5.82	6.12	6.84
		西部	3.90	4.03	4.24	4.72	4.70	4.86	5.11	5.69	6.66	6.88	7.24	8.08	3.52	3.64	3.84	4.28	4.03	4.16	4.38	4.89
	物化	东部	6.13	6.33	6.65	7.41	7.40	7.64	8.03	8.94	10.43	10.78	11.34	12.63	5.50	5.69	5.98	6.67	6.30	6.51	6.85	7.63
		中部	6.00	6.20	6.52	7.27	7.24	7.48	7.87	8.77	10.25	10.59	11.14	12.43	5.42	5.60	5.90	6.58	6.19	6.40	6.74	7.52
		西部	4.31	4.46	4.68	5.22	5.20	5.38	5.65	6.29	7.35	7.60	7.99	8.91	3.88	4.02	4.22	4.71	4.44	4.59	4.83	5.39
	组合	东部	6.13	6.33	6.65	7.41	7.40	7.64	8.03	8.94	10.43	10.78	11.34	12.63	5.50	5.69	5.98	6.67	6.30	6.51	6.85	7.63
		中部	6.00	6.20	6.52	7.27	7.24	7.48	7.87	8.77	10.25	10.59	11.14	12.43	5.42	5.60	5.90	6.58	6.19	6.40	6.74	7.52
		西部	4.31	4.46	4.68	5.22	5.20	5.38	5.65	6.29	7.35	7.60	7.99	8.91	3.88	4.02	4.22	4.71	4.44	4.59	4.83	5.39

注：设计处理能力与处理量为该行业的中位数，农副食品加工业设计处理能力的中位数为 100 t/d，处理量的中位数为 7 870 t/a。

表 1-25　处理能力为 1/4 分位数时农副食品业单位废水治理费用（不含固定资产折旧费）

单位：元/t

企业性质	处理方法	地区	水产品加工				制糖				植物油				屠宰及肉类加工				其他			
			30%	50%	70%	90%	30%	50%	70%	90%	30%	50%	70%	90%	30%	50%	70%	90%	30%	50%	70%	90%
民营	物理	东部	2.39	2.47	2.58	2.86	2.90	2.99	3.13	3.46	4.00	4.13	4.33	4.78	2.07	2.14	2.24	2.48	2.39	2.47	2.58	2.86
		中部	2.28	2.35	2.46	2.72	2.76	2.84	2.98	3.29	3.81	3.93	4.12	4.55	1.97	2.04	2.13	2.36	2.28	2.35	2.46	2.72
		西部	1.66	1.71	1.79	1.98	2.01	2.07	2.17	2.40	2.78	2.86	3.00	3.32	1.44	1.48	1.55	1.72	1.66	1.71	1.79	1.98
	化学	东部	6.16	6.35	6.65	7.35	7.45	7.68	8.05	8.90	10.30	10.62	11.13	12.30	5.34	5.50	5.76	6.37	6.16	6.35	6.65	7.35
		中部	5.86	6.04	6.33	7.00	7.10	7.32	7.66	8.47	9.81	10.12	10.60	11.71	5.08	5.24	5.49	6.07	5.86	6.04	6.33	7.00
		西部	4.27	4.40	4.61	5.10	5.17	5.33	5.58	6.17	7.15	7.37	7.72	8.53	3.70	3.82	4.00	4.42	4.27	4.40	4.61	5.10
	生物	东部	5.45	5.62	5.89	6.51	6.60	6.80	7.12	7.87	9.12	9.40	9.85	10.89	4.72	4.87	5.10	5.64	5.45	5.62	5.89	6.51
		中部	5.19	5.35	5.60	6.19	6.28	6.48	6.78	7.50	8.68	8.95	9.38	10.37	4.50	4.64	4.86	5.37	5.19	5.35	5.60	6.19
		西部	3.78	3.90	4.08	4.51	4.57	4.72	4.94	5.46	6.32	6.52	6.83	7.55	3.28	3.38	3.54	3.91	3.78	3.90	4.08	4.51
	物化	东部	6.16	6.35	6.65	7.35	7.45	7.68	8.05	8.90	10.30	10.62	11.13	12.30	5.34	5.50	5.76	6.37	6.16	6.35	6.65	7.35
		中部	5.86	6.04	6.33	7.00	7.10	7.32	7.66	8.47	9.81	10.12	10.60	11.71	5.08	5.24	5.49	6.07	5.86	6.04	6.33	7.00
		西部	4.27	4.40	4.61	5.10	5.17	5.33	5.58	6.17	7.15	7.37	7.72	8.53	3.70	3.82	4.00	4.42	4.27	4.40	4.61	5.10
	组合	东部	6.16	6.35	6.65	7.35	7.45	7.68	8.05	8.90	10.30	10.62	11.13	12.30	5.34	5.50	5.76	6.37	6.16	6.35	6.65	7.35
		中部	5.86	6.04	6.33	7.00	7.10	7.32	7.66	8.47	9.81	10.12	10.60	11.71	5.08	5.24	5.49	6.07	5.86	6.04	6.33	7.00
		西部	4.27	4.40	4.61	5.10	5.17	5.33	5.58	6.17	7.15	7.37	7.72	8.53	3.70	3.82	4.00	4.42	4.27	4.40	4.61	5.10
其他	物理	东部	2.93	3.03	3.17	3.50	3.55	3.66	3.84	4.24	4.91	5.06	5.30	5.86	2.54	2.62	2.75	3.04	2.93	3.03	3.17	3.50
		中部	2.79	2.88	3.02	3.34	3.38	3.49	3.65	4.04	4.68	4.82	5.05	5.58	2.42	2.50	2.62	2.89	2.79	2.88	3.02	3.34
		西部	2.04	2.10	2.20	2.43	2.46	2.54	2.66	2.94	3.41	3.51	3.68	4.07	1.76	1.82	1.91	2.11	2.04	2.10	2.20	2.43
	化学	东部	7.55	7.78	8.15	9.01	9.14	9.42	9.87	10.91	12.64	13.03	13.65	15.08	6.54	6.75	7.07	7.81	7.55	7.78	8.15	9.01
		中部	7.19	7.41	7.76	8.58	8.70	8.97	9.40	10.39	12.03	12.41	13.00	14.36	6.23	6.42	6.73	7.44	7.19	7.41	7.76	8.58
		西部	5.24	5.40	5.66	6.25	6.34	6.53	6.85	7.57	8.76	9.04	9.47	10.46	4.54	4.68	4.90	5.42	5.24	5.40	5.66	6.25
	生物	东部	6.68	6.89	7.22	7.98	8.09	8.34	8.74	9.66	11.18	11.53	12.08	13.35	5.79	5.97	6.26	6.91	6.68	6.89	7.22	7.98
		中部	6.36	6.56	6.87	7.60	7.70	7.94	8.32	9.19	10.65	10.98	11.50	12.71	5.52	5.69	5.96	6.58	6.36	6.56	6.87	7.60
		西部	4.63	4.78	5.01	5.53	5.61	5.78	6.06	6.70	7.76	8.00	8.38	9.26	4.02	4.14	4.34	4.80	4.63	4.78	5.01	5.53

企业性质	处理方法	地区	水产品加工				制糖				植物油				屠宰及肉类加工				其他			
			30%	50%	70%	90%	30%	50%	70%	90%	30%	50%	70%	90%	30%	50%	70%	90%	30%	50%	70%	90%
其他	物化	东部	7.55	7.78	8.15	9.01	9.14	9.42	9.87	10.91	12.64	13.03	13.65	15.08	6.54	6.75	7.07	7.81	7.55	7.78	8.15	9.01
		中部	7.19	7.41	7.76	8.58	8.70	8.97	9.40	10.39	12.03	12.41	13.00	14.36	6.23	6.42	6.73	7.44	7.19	7.41	7.76	8.58
		西部	5.24	5.40	5.66	6.25	6.34	6.53	6.85	7.57	8.76	9.04	9.47	10.46	4.54	4.68	4.90	5.42	5.24	5.40	5.66	6.25
	组合	东部	7.55	7.78	8.15	9.01	9.14	9.42	9.87	10.91	12.64	13.03	13.65	15.08	6.54	6.75	7.07	7.81	7.55	7.78	8.15	9.01
		中部	7.19	7.41	7.76	8.58	8.70	8.97	9.40	10.39	12.03	12.41	13.00	14.36	6.23	6.42	6.73	7.44	7.19	7.41	7.76	8.58
		西部	5.24	5.40	5.66	6.25	6.34	6.53	6.85	7.57	8.76	9.04	9.47	10.46	4.54	4.68	4.90	5.42	5.24	5.40	5.66	6.25
外资	物理	东部	3.76	3.87	4.06	4.48	4.55	4.69	4.91	5.43	6.29	6.48	6.79	7.51	3.26	3.36	3.52	3.89	3.76	3.87	4.06	4.48
		中部	3.58	3.69	3.86	4.27	4.33	4.46	4.68	5.17	5.99	6.17	6.47	7.15	3.10	3.20	3.35	3.70	3.58	3.69	3.86	4.27
		西部	2.61	2.69	2.81	3.11	3.15	3.25	3.41	3.76	4.36	4.50	4.71	5.20	2.26	2.33	2.44	2.70	2.61	2.69	2.81	3.11
	化学	东部	9.66	9.97	10.44	11.54	11.70	12.06	12.64	13.97	16.18	16.68	17.47	19.31	8.38	8.64	9.05	10.00	9.66	9.97	10.44	11.54
		中部	9.20	9.49	9.94	10.99	11.14	11.49	12.03	13.30	15.40	15.88	16.64	18.39	7.98	8.22	8.62	9.52	9.20	9.49	9.94	10.99
		西部	6.70	6.91	7.24	8.00	8.11	8.37	8.76	9.68	11.22	11.57	12.12	13.39	5.81	5.99	6.28	6.93	6.70	6.91	7.24	8.00
	生物	东部	8.55	8.82	9.24	10.21	10.36	10.68	11.19	12.36	14.32	14.76	15.47	17.09	7.41	7.65	8.01	8.85	8.55	8.82	9.24	10.21
		中部	8.15	8.40	8.80	9.72	9.86	10.17	10.65	11.77	13.63	14.06	14.73	16.27	7.06	7.28	7.63	8.43	8.15	8.40	8.80	9.72
		西部	5.93	6.12	6.41	7.08	7.18	7.40	7.76	8.57	9.93	10.24	10.73	11.85	5.14	5.30	5.55	6.14	5.93	6.12	6.41	7.08
	物化	东部	9.66	9.97	10.44	11.54	11.70	12.06	12.64	13.97	16.18	16.68	17.47	19.31	8.38	8.64	9.05	10.00	9.66	9.97	10.44	11.54
		中部	9.20	9.49	9.94	10.99	11.14	11.49	12.03	13.30	15.40	15.88	16.64	18.39	7.98	8.22	8.62	9.52	9.20	9.49	9.94	10.99
		西部	6.70	6.91	7.24	8.00	8.11	8.37	8.76	9.68	11.22	11.57	12.12	13.39	5.81	5.99	6.28	6.93	6.70	6.91	7.24	8.00
	组合	东部	9.66	9.97	10.44	11.54	11.70	12.06	12.64	13.97	16.18	16.68	17.47	19.31	8.38	8.64	9.05	10.00	9.66	9.97	10.44	11.54
		中部	9.20	9.49	9.94	10.99	11.14	11.49	12.03	13.30	15.40	15.88	16.64	18.39	7.98	8.22	8.62	9.52	9.20	9.49	9.94	10.99
		西部	6.70	6.91	7.24	8.00	8.11	8.37	8.76	9.68	11.22	11.57	12.12	13.39	5.81	5.99	6.28	6.93	6.70	6.91	7.24	8.00

注：设计处理能力与处理量为该行业的 1/4 分位数，农副食品加工业设计处理能力的 1/4 分位数为 25 t/d，处理量的 1/4 分位数为 1 918 t/a。

表 1-26　处理能力为 1/4 分位数时农副食品业单位废水治理费用（含固定资产折旧费）

单位：元/t

企业性质	处理方法	地区	水产品加工				制糖				植物油				屠宰及肉类加工				其他			
			30%	50%	70%	90%	30%	50%	70%	90%	30%	50%	70%	90%	30%	50%	70%	90%	30%	50%	70%	90%
民营	物理	东部	2.63	2.71	2.85	3.16	3.18	3.28	3.44	3.82	4.44	4.59	4.82	5.35	2.33	2.40	2.52	2.80	2.67	2.76	2.90	3.22
		中部	2.55	2.63	2.76	3.07	3.07	3.17	3.33	3.70	4.31	4.45	4.68	5.20	2.26	2.34	2.45	2.73	2.60	2.68	2.82	3.13
		西部	1.84	1.90	1.99	2.21	2.22	2.29	2.41	2.67	3.11	3.21	3.37	3.75	1.63	1.68	1.77	1.97	1.87	1.93	2.03	2.26
	化学	东部	6.87	7.09	7.45	8.27	8.30	8.57	9.00	9.99	11.64	12.02	12.62	14.03	6.10	6.31	6.62	7.36	7.00	7.23	7.60	8.45
		中部	6.67	6.89	7.24	8.05	8.06	8.32	8.74	9.71	11.32	11.70	12.29	13.67	5.95	6.15	6.46	7.19	6.82	7.05	7.41	8.24
		西部	4.81	4.97	5.22	5.80	5.81	6.00	6.30	7.00	8.16	8.43	8.85	9.84	4.29	4.43	4.65	5.18	4.91	5.08	5.33	5.93
	生物	东部	6.48	6.69	7.03	7.83	7.81	8.07	8.49	9.45	11.04	11.41	12.00	13.37	5.83	6.03	6.34	7.07	6.67	6.89	7.25	8.08
		中部	6.35	6.57	6.91	7.70	7.66	7.92	8.33	9.29	10.86	11.23	11.81	13.18	5.75	5.95	6.26	6.99	6.57	6.79	7.15	7.98
		西部	4.56	4.71	4.96	5.52	5.50	5.69	5.98	6.66	7.79	8.05	8.47	9.44	4.12	4.26	4.48	5.00	4.71	4.87	5.12	5.71
	物化	东部	7.18	7.42	7.80	8.68	8.67	8.96	9.41	10.47	12.22	12.63	13.28	14.78	6.44	6.66	7.00	7.80	7.37	7.62	8.01	8.93
		中部	7.03	7.26	7.63	8.51	8.48	8.76	9.21	10.26	11.99	12.39	13.03	14.53	6.33	6.55	6.89	7.69	7.24	7.49	7.88	8.79
		西部	5.05	5.22	5.49	6.11	6.10	6.30	6.62	7.37	8.61	8.90	9.35	10.42	4.54	4.70	4.94	5.51	5.20	5.37	5.65	6.30
	组合	东部	7.18	7.42	7.80	8.68	8.67	8.96	9.41	10.47	12.22	12.63	13.28	14.78	6.44	6.66	7.00	7.80	7.37	7.62	8.01	8.93
		中部	7.03	7.26	7.63	8.51	8.48	8.76	9.21	10.26	11.99	12.39	13.03	14.53	6.33	6.55	6.89	7.69	7.24	7.49	7.88	8.79
		西部	5.05	5.22	5.49	6.11	6.10	6.30	6.62	7.37	8.61	8.90	9.35	10.42	4.54	4.70	4.94	5.51	5.20	5.37	5.65	6.30
其他	物理	东部	3.23	3.34	3.51	3.89	3.91	4.03	4.24	4.70	5.47	5.65	5.93	6.59	2.87	2.96	3.11	3.45	3.29	3.40	3.57	3.96
		中部	3.13	3.24	3.40	3.78	3.79	3.91	4.11	4.56	5.31	5.49	5.76	6.41	2.79	2.88	3.03	3.37	3.20	3.30	3.47	3.86
		西部	2.26	2.34	2.45	2.73	2.73	2.82	2.96	3.29	3.83	3.96	4.16	4.62	2.01	2.08	2.18	2.42	2.31	2.38	2.50	2.78
	化学	东部	8.46	8.74	9.17	10.19	10.22	10.55	11.08	12.31	14.33	14.80	15.55	17.28	7.52	7.77	8.16	9.08	8.63	8.91	9.36	10.41
		中部	8.22	8.49	8.92	9.92	9.93	10.25	10.77	11.97	13.96	14.42	15.15	16.86	7.34	7.59	7.97	8.88	8.41	8.69	9.13	10.17
		西部	5.93	6.12	6.43	7.15	7.16	7.39	7.77	8.63	10.06	10.39	10.91	12.14	5.28	5.46	5.74	6.38	6.06	6.26	6.58	7.31
	生物	东部	7.99	8.26	8.68	9.67	9.64	9.96	10.48	11.67	13.63	14.09	14.82	16.52	7.20	7.45	7.83	8.74	8.24	8.51	8.96	9.99
		中部	7.85	8.11	8.53	9.52	9.46	9.78	10.29	11.48	13.42	13.88	14.61	16.30	7.11	7.36	7.75	8.65	8.12	8.40	8.84	9.88
		西部	5.63	5.82	6.12	6.82	6.79	7.02	7.38	8.23	9.62	9.95	10.46	11.67	5.09	5.26	5.54	6.19	5.82	6.02	6.33	7.06

企业性质	处理方法	地区	水产品加工				制糖				植物油				屠宰及肉类加工				其他			
			30%	50%	70%	90%	30%	50%	70%	90%	30%	50%	70%	90%	30%	50%	70%	90%	30%	50%	70%	90%
其他	物化	东部	8.86	9.15	9.62	10.71	10.69	11.05	11.61	12.92	15.08	15.58	16.38	18.25	7.95	8.22	8.65	9.64	9.10	9.41	9.89	11.02
		中部	8.67	8.96	9.43	10.50	10.46	10.81	11.37	12.67	14.80	15.31	16.10	17.95	7.83	8.10	8.52	9.51	8.95	9.25	9.74	10.86
		西部	6.23	6.44	6.77	7.54	7.52	7.77	8.17	9.10	10.63	10.98	11.55	12.87	5.61	5.80	6.10	6.81	6.42	6.64	6.98	7.78
	组合	东部	8.86	9.15	9.62	10.71	10.69	11.05	11.61	12.92	15.08	15.58	16.38	18.25	7.95	8.22	8.65	9.64	9.10	9.41	9.89	11.02
		中部	8.67	8.96	9.43	10.50	10.46	10.81	11.37	12.67	14.80	15.31	16.10	17.95	7.83	8.10	8.52	9.51	8.95	9.25	9.74	10.86
		西部	6.23	6.44	6.77	7.54	7.52	7.77	8.17	9.10	10.63	10.98	11.55	12.87	5.61	5.80	6.10	6.81	6.42	6.64	6.98	7.78
外资	物理	东部	4.13	4.27	4.48	4.97	4.99	5.16	5.41	6.01	6.99	7.22	7.58	8.42	3.66	3.78	3.97	4.41	4.20	4.34	4.56	5.06
		中部	4.00	4.14	4.34	4.82	4.84	5.00	5.24	5.83	6.79	7.01	7.36	8.18	3.56	3.68	3.86	4.30	4.08	4.22	4.43	4.93
		西部	2.89	2.99	3.14	3.48	3.49	3.61	3.79	4.21	4.90	5.06	5.31	5.90	2.57	2.65	2.79	3.10	2.95	3.04	3.20	3.55
	化学	东部	10.81	11.16	11.72	13.02	13.06	13.48	14.16	15.72	18.31	18.91	19.86	22.08	9.61	9.93	10.43	11.59	11.02	11.38	11.96	13.29
		中部	10.50	10.85	11.39	12.67	12.68	13.10	13.75	15.29	17.82	18.41	19.35	21.52	9.37	9.68	10.18	11.33	10.74	11.10	11.66	12.98
		西部	7.57	7.82	8.21	9.13	9.15	9.45	9.92	11.02	12.85	13.27	13.94	15.50	6.75	6.97	7.33	8.15	7.74	7.99	8.40	9.34
	生物	东部	10.20	10.54	11.08	12.34	12.31	12.72	13.37	14.89	17.39	17.98	18.91	21.07	9.19	9.50	9.99	11.15	10.51	10.86	11.43	12.74
		中部	10.01	10.35	10.89	12.14	12.07	12.48	13.13	14.64	17.12	17.70	18.63	20.79	9.07	9.38	9.88	11.03	10.36	10.71	11.28	12.59
		西部	7.19	7.43	7.81	8.71	8.67	8.96	9.42	10.50	12.27	12.69	13.35	14.89	6.49	6.71	7.07	7.89	7.42	7.67	8.07	9.01
	物化	东部	11.31	11.69	12.28	13.67	13.65	14.10	14.82	16.49	19.25	19.89	20.91	23.29	10.15	10.49	11.03	12.30	11.62	12.01	12.62	14.07
		中部	11.07	11.44	12.03	13.40	13.35	13.80	14.51	16.17	18.89	19.53	20.54	22.90	9.99	10.33	10.87	12.13	11.42	11.80	12.42	13.85
		西部	7.96	8.22	8.64	9.62	9.60	9.92	10.43	11.61	13.56	14.02	14.74	16.42	7.16	7.40	7.79	8.68	8.19	8.47	8.90	9.93
	组合	东部	11.31	11.69	12.28	13.67	13.65	14.10	14.82	16.49	19.25	19.89	20.91	23.29	10.15	10.49	11.03	12.30	11.62	12.01	12.62	14.07
		中部	11.07	11.44	12.03	13.40	13.35	13.80	14.51	16.17	18.89	19.53	20.54	22.90	9.99	10.33	10.87	12.13	11.42	11.80	12.42	13.85
		西部	7.96	8.22	8.64	9.62	9.60	9.92	10.43	11.61	13.56	14.02	14.74	16.42	7.16	7.40	7.79	8.68	8.19	8.47	8.90	9.93

注：设计处理能力与处理量为该行业的 1/4 分位数，农副食品加工业设计处理能力的 1/4 分位数为 25 t/d，处理量的 1/4 分位数为 1 918 t/a。

表 1-27　处理能力为 3/4 分位数时农副食品业单位废水治理费用（不含固定资产折旧费）

单位：元/t

企业性质	处理方法	地区	水产品加工				制糖				植物油				屠宰及肉类加工				其他			
			30%	50%	70%	90%	30%	50%	70%	90%	30%	50%	70%	90%	30%	50%	70%	90%	30%	50%	70%	90%
民营	物理	东部	0.70	0.72	0.76	0.84	0.85	0.87	0.92	1.01	1.17	1.21	1.27	1.40	0.61	0.63	0.65	0.72	0.70	0.72	0.76	0.84
		中部	0.67	0.69	0.72	0.80	0.81	0.83	0.87	0.96	1.12	1.15	1.20	1.33	0.58	0.60	0.62	0.69	0.67	0.69	0.72	0.80
		西部	0.49	0.50	0.52	0.58	0.59	0.61	0.63	0.70	0.81	0.84	0.88	0.97	0.42	0.43	0.45	0.50	0.49	0.50	0.52	0.58
	化学	东部	1.80	1.86	1.95	2.15	2.18	2.25	2.35	2.60	3.01	3.11	3.26	3.60	1.56	1.61	1.68	1.86	1.80	1.86	1.95	2.15
		中部	1.71	1.77	1.85	2.05	2.08	2.14	2.24	2.48	2.87	2.96	3.10	3.43	1.49	1.53	1.60	1.77	1.71	1.77	1.85	2.05
		西部	1.25	1.29	1.35	1.49	1.51	1.56	1.63	1.80	2.09	2.16	2.26	2.49	1.08	1.12	1.17	1.29	1.25	1.29	1.35	1.49
	生物	东部	1.59	1.64	1.72	1.90	1.93	1.99	2.08	2.30	2.67	2.75	2.88	3.18	1.38	1.42	1.49	1.65	1.59	1.64	1.72	1.90
		中部	1.52	1.56	1.64	1.81	1.84	1.89	1.98	2.19	2.54	2.62	2.74	3.03	1.32	1.36	1.42	1.57	1.52	1.56	1.64	1.81
		西部	1.11	1.14	1.19	1.32	1.34	1.38	1.45	1.60	1.85	1.91	2.00	2.21	0.96	0.99	1.03	1.14	1.11	1.14	1.19	1.32
	物化	东部	1.80	1.86	1.95	2.15	2.18	2.25	2.35	2.60	3.01	3.11	3.26	3.60	1.56	1.61	1.68	1.86	1.80	1.86	1.95	2.15
		中部	1.71	1.77	1.85	2.05	2.08	2.14	2.24	2.48	2.87	2.96	3.10	3.43	1.49	1.53	1.60	1.77	1.71	1.77	1.85	2.05
		西部	1.25	1.29	1.35	1.49	1.51	1.56	1.63	1.80	2.09	2.16	2.26	2.49	1.08	1.12	1.17	1.29	1.25	1.29	1.35	1.49
	组合	东部	1.80	1.86	1.95	2.15	2.18	2.25	2.35	2.60	3.01	3.11	3.26	3.60	1.56	1.61	1.68	1.86	1.80	1.86	1.95	2.15
		中部	1.71	1.77	1.85	2.05	2.08	2.14	2.24	2.48	2.87	2.96	3.10	3.43	1.49	1.53	1.60	1.77	1.71	1.77	1.85	2.05
		西部	1.25	1.29	1.35	1.49	1.51	1.56	1.63	1.80	2.09	2.16	2.26	2.49	1.08	1.12	1.17	1.29	1.25	1.29	1.35	1.49
其他	物理	东部	0.86	0.88	0.93	1.02	1.04	1.07	1.12	1.24	1.44	1.48	1.55	1.71	0.74	0.77	0.80	0.89	0.86	0.88	0.93	1.02
		中部	0.82	0.84	0.88	0.98	0.99	1.02	1.07	1.18	1.37	1.41	1.48	1.63	0.71	0.73	0.76	0.85	0.82	0.84	0.88	0.98
		西部	0.60	0.61	0.64	0.71	0.72	0.74	0.78	0.86	1.00	1.03	1.08	1.19	0.52	0.53	0.56	0.62	0.60	0.61	0.64	0.71
	化学	东部	2.21	2.28	2.39	2.64	2.67	2.76	2.89	3.19	3.70	3.81	3.99	4.41	1.91	1.97	2.07	2.28	2.21	2.28	2.39	2.64
		中部	2.10	2.17	2.27	2.51	2.55	2.62	2.75	3.04	3.52	3.63	3.80	4.20	1.82	1.88	1.97	2.17	2.10	2.17	2.27	2.51
		西部	1.53	1.58	1.65	1.83	1.85	1.91	2.00	2.21	2.56	2.64	2.77	3.06	1.33	1.37	1.43	1.58	1.53	1.58	1.65	1.83
	生物	东部	1.95	2.02	2.11	2.33	2.37	2.44	2.56	2.82	3.27	3.37	3.53	3.91	1.69	1.75	1.83	2.02	1.95	2.02	2.11	2.33
		中部	1.86	1.92	2.01	2.22	2.25	2.32	2.43	2.69	3.11	3.21	3.36	3.72	1.61	1.66	1.74	1.92	1.86	1.92	2.01	2.22
		西部	1.36	1.40	1.46	1.62	1.64	1.69	1.77	1.96	2.27	2.34	2.45	2.71	1.17	1.21	1.27	1.40	1.36	1.40	1.46	1.62

企业性质	处理方法	地区	水产品加工				制糖				植物油				屠宰及肉类加工				其他			
			30%	50%	70%	90%	30%	50%	70%	90%	30%	50%	70%	90%	30%	50%	70%	90%	30%	50%	70%	90%
其他	物化	东部	2.21	2.28	2.39	2.64	2.67	2.76	2.89	3.19	3.70	3.81	3.99	4.41	1.91	1.97	2.07	2.28	2.21	2.28	2.39	2.64
		中部	2.10	2.17	2.27	2.51	2.55	2.62	2.75	3.04	3.52	3.63	3.80	4.20	1.82	1.88	1.97	2.17	2.10	2.17	2.27	2.51
		西部	1.53	1.58	1.65	1.83	1.85	1.91	2.00	2.21	2.56	2.64	2.77	3.06	1.33	1.37	1.43	1.58	1.53	1.58	1.65	1.83
	组合	东部	2.21	2.28	2.39	2.64	2.67	2.76	2.89	3.19	3.70	3.81	3.99	4.41	1.91	1.97	2.07	2.28	2.21	2.28	2.39	2.64
		中部	2.10	2.17	2.27	2.51	2.55	2.62	2.75	3.04	3.52	3.63	3.80	4.20	1.82	1.88	1.97	2.17	2.10	2.17	2.27	2.51
		西部	1.53	1.58	1.65	1.83	1.85	1.91	2.00	2.21	2.56	2.64	2.77	3.06	1.33	1.37	1.43	1.58	1.53	1.58	1.65	1.83
外资	物理	东部	1.10	1.13	1.19	1.31	1.33	1.37	1.44	1.59	1.84	1.90	1.99	2.20	0.95	0.98	1.03	1.14	1.10	1.13	1.19	1.31
		中部	1.05	1.08	1.13	1.25	1.27	1.31	1.37	1.51	1.75	1.81	1.89	2.09	0.91	0.93	0.98	1.08	1.05	1.08	1.13	1.25
		西部	0.76	0.79	0.82	0.91	0.92	0.95	1.00	1.10	1.28	1.31	1.38	1.52	0.66	0.68	0.71	0.79	0.76	0.79	0.82	0.91
	化学	东部	2.83	2.91	3.05	3.37	3.42	3.53	3.70	4.08	4.73	4.88	5.11	5.65	2.45	2.52	2.65	2.92	2.83	2.91	3.05	3.37
		中部	2.69	2.78	2.91	3.21	3.26	3.36	3.52	3.89	4.50	4.65	4.87	5.38	2.33	2.40	2.52	2.78	2.69	2.78	2.91	3.21
		西部	1.96	2.02	2.12	2.34	2.37	2.45	2.56	2.83	3.28	3.38	3.54	3.92	1.70	1.75	1.83	2.03	1.96	2.02	2.12	2.34
	生物	东部	2.50	2.58	2.70	2.99	3.03	3.12	3.27	3.62	4.19	4.32	4.52	5.00	2.17	2.23	2.34	2.59	2.50	2.58	2.70	2.99
		中部	2.38	2.46	2.57	2.84	2.88	2.97	3.12	3.44	3.99	4.11	4.31	4.76	2.07	2.13	2.23	2.46	2.38	2.46	2.57	2.84
		西部	1.74	1.79	1.87	2.07	2.10	2.17	2.27	2.51	2.90	2.99	3.14	3.47	1.50	1.55	1.62	1.79	1.74	1.79	1.87	2.07
	物化	东部	2.83	2.91	3.05	3.37	3.42	3.53	3.70	4.08	4.73	4.88	5.11	5.65	2.45	2.52	2.65	2.92	2.83	2.91	3.05	3.37
		中部	2.69	2.78	2.91	3.21	3.26	3.36	3.52	3.89	4.50	4.65	4.87	5.38	2.33	2.40	2.52	2.78	2.69	2.78	2.91	3.21
		西部	1.96	2.02	2.12	2.34	2.37	2.45	2.56	2.83	3.28	3.38	3.54	3.92	1.70	1.75	1.83	2.03	1.96	2.02	2.12	2.34
	组合	东部	2.83	2.91	3.05	3.37	3.42	3.53	3.70	4.08	4.73	4.88	5.11	5.65	2.45	2.52	2.65	2.92	2.83	2.91	3.05	3.37
		中部	2.69	2.78	2.91	3.21	3.26	3.36	3.52	3.89	4.50	4.65	4.87	5.38	2.33	2.40	2.52	2.78	2.69	2.78	2.91	3.21
		西部	1.96	2.02	2.12	2.34	2.37	2.45	2.56	2.83	3.28	3.38	3.54	3.92	1.70	1.75	1.83	2.03	1.96	2.02	2.12	2.34

注：设计处理能力与处理量为该行业的 3/4 分位数，农副食品加工业设计处理能力的 3/4 分位数为 400 t/d，处理量的 3/4 分位数为 3.2 万 t/a。

表 1-28 处理能力为 3/4 分位数时农副食品业单位废水治理费用（含固定资产折旧费）

单位：元/t

企业性质	处理方法	地区	水产品加工				制糖				植物油				屠宰及肉类加工				其他			
			30%	50%	70%	90%	30%	50%	70%	90%	30%	50%	70%	90%	30%	50%	70%	90%	30%	50%	70%	90%
民营	物理	东部	0.77	0.80	0.84	0.93	0.93	0.96	1.01	1.12	1.31	1.35	1.42	1.57	0.68	3.21	3.42	3.92	0.79	0.81	0.85	0.95
		中部	0.75	0.77	0.81	0.90	0.90	0.93	0.98	1.09	1.27	1.31	1.38	1.53	0.67	0.71	0.74	0.82	0.76	0.79	0.83	0.92
		西部	0.54	0.56	0.59	0.65	0.65	0.67	0.71	0.79	0.92	0.95	0.99	1.10	0.48	0.69	0.72	0.80	0.55	0.57	0.60	0.66
	化学	东部	2.02	2.09	2.19	2.43	2.44	2.52	2.65	2.94	3.42	3.54	3.71	4.13	1.80	0.50	0.52	0.58	2.06	2.13	2.24	2.49
		中部	1.96	2.03	2.13	2.37	2.37	2.45	2.57	2.86	3.33	3.45	3.62	4.03	1.75	1.86	1.95	2.17	2.01	2.08	2.18	2.43
		西部	1.42	1.46	1.54	1.71	1.71	1.77	1.85	2.06	2.40	2.48	2.61	2.90	1.26	1.81	1.90	2.12	1.45	1.50	1.57	1.75
	生物	东部	1.91	1.97	2.08	2.31	2.30	2.38	2.50	2.79	3.26	3.37	3.54	3.95	1.72	1.30	1.37	1.52	1.97	2.04	2.14	2.39
		中部	1.88	1.94	2.04	2.28	2.26	2.34	2.46	2.74	3.21	3.32	3.49	3.90	1.70	1.78	1.87	2.09	1.94	2.01	2.12	2.36
		西部	1.35	1.39	1.46	1.63	1.62	1.68	1.76	1.97	2.30	2.38	2.50	2.79	1.22	1.76	1.85	2.07	1.39	1.44	1.51	1.69
	物化	东部	2.12	2.19	2.30	2.56	2.55	2.64	2.77	3.09	3.60	3.72	3.92	4.36	1.90	1.26	1.32	1.48	2.18	2.25	2.36	2.64
		中部	2.07	2.14	2.25	2.51	2.50	2.58	2.72	3.03	3.54	3.66	3.85	4.29	1.87	1.96	2.07	2.30	2.14	2.21	2.33	2.60
		西部	1.49	1.54	1.62	1.80	1.80	1.86	1.95	2.17	2.54	2.63	2.76	3.08	1.34	1.93	2.04	2.27	1.53	1.59	1.67	1.86
	组合	东部	2.12	2.19	2.30	2.56	2.55	2.64	2.77	3.09	3.60	3.72	3.92	4.36	1.90	1.39	1.46	1.63	2.18	2.25	2.36	2.64
		中部	2.07	2.14	2.25	2.51	2.50	2.58	2.72	3.03	3.54	3.66	3.85	4.29	1.87	1.96	2.07	2.30	2.14	2.21	2.33	2.60
		西部	1.49	1.54	1.62	1.80	1.80	1.86	1.95	2.17	2.54	2.63	2.76	3.08	1.34	1.93	2.04	2.27	1.53	1.59	1.67	1.86
其他	物理	东部	0.95	0.98	1.03	1.14	1.15	1.19	1.24	1.38	1.61	1.66	1.74	1.94	0.84	1.39	1.46	1.63	0.97	1.00	1.05	1.17
		中部	0.92	0.95	1.00	1.11	1.11	1.15	1.21	1.34	1.56	1.61	1.70	1.89	0.82	0.87	0.91	1.02	0.94	0.97	1.02	1.14
		西部	0.67	0.69	0.72	0.80	0.80	0.83	0.87	0.97	1.13	1.16	1.22	1.36	0.59	0.85	0.89	0.99	0.68	0.70	0.74	0.82
	化学	东部	2.49	2.57	2.70	3.00	3.01	3.10	3.26	3.62	4.22	4.36	4.58	5.09	2.22	0.61	0.64	0.71	2.54	2.62	2.76	3.07
		中部	2.42	2.50	2.63	2.92	2.92	3.02	3.17	3.53	4.11	4.25	4.46	4.97	2.16	2.29	2.40	2.67	2.48	2.56	2.69	3.00
		西部	1.74	1.80	1.89	2.10	2.11	2.18	2.29	2.54	2.96	3.06	3.21	3.58	1.56	2.24	2.35	2.62	1.78	1.84	1.94	2.16
	生物	东部	2.36	2.44	2.56	2.85	2.84	2.94	3.09	3.44	4.02	4.16	4.38	4.88	2.13	1.61	1.69	1.88	2.43	2.52	2.65	2.95
		中部	2.32	2.40	2.52	2.81	2.79	2.89	3.04	3.39	3.97	4.10	4.32	4.82	2.11	2.20	2.31	2.58	2.40	2.49	2.62	2.92
		西部	1.66	1.72	1.81	2.02	2.00	2.07	2.18	2.43	2.84	2.94	3.09	3.45	1.51	2.18	2.29	2.56	1.72	1.78	1.87	2.09

企业性质	处理方法	地区	水产品加工				制糖				植物油				屠宰及肉类加工				其他			
			30%	50%	70%	90%	30%	50%	70%	90%	30%	50%	70%	90%	30%	50%	70%	90%	30%	50%	70%	90%
其他	物化	东部	2.61	2.70	2.84	3.16	3.15	3.26	3.42	3.81	4.45	4.60	4.83	5.39	2.35	1.56	1.64	1.83	2.69	2.78	2.92	3.26
		中部	2.56	2.65	2.78	3.10	3.09	3.19	3.36	3.74	4.37	4.52	4.76	5.31	2.31	2.43	2.55	2.85	2.64	2.73	2.88	3.21
		西部	1.84	1.90	2.00	2.23	2.22	2.29	2.41	2.68	3.14	3.24	3.41	3.80	1.66	2.39	2.52	2.81	1.90	1.96	2.06	2.30
	组合	东部	2.61	2.70	2.84	3.16	3.15	3.26	3.42	3.81	4.45	4.60	4.83	5.39	2.35	1.71	1.80	2.01	2.69	2.78	2.92	3.26
		中部	2.56	2.65	2.78	3.10	3.09	3.19	3.36	3.74	4.37	4.52	4.76	5.31	2.31	2.43	2.55	2.85	2.64	2.73	2.88	3.21
		西部	1.84	1.90	2.00	2.23	2.22	2.29	2.41	2.68	3.14	3.24	3.41	3.80	1.66	2.39	2.52	2.81	1.90	1.96	2.06	2.30
外资	物理	东部	1.21	1.25	1.32	1.46	1.47	1.52	1.59	1.77	2.06	2.12	2.23	2.48	1.08	1.71	1.80	2.01	1.24	1.28	1.34	1.49
		中部	1.18	1.22	1.28	1.42	1.42	1.47	1.54	1.71	2.00	2.06	2.17	2.41	1.05	1.11	1.17	1.30	1.20	1.24	1.30	1.45
		西部	0.85	0.88	0.92	1.02	1.03	1.06	1.11	1.24	1.44	1.49	1.56	1.74	0.76	1.08	1.14	1.27	0.87	0.90	0.94	1.05
	化学	东部	3.18	3.28	3.45	3.83	3.84	3.96	4.16	4.63	5.39	5.57	5.85	6.50	2.83	0.78	0.82	0.91	3.24	3.35	3.52	3.92
		中部	3.09	3.19	3.35	3.73	3.73	3.85	4.05	4.50	5.25	5.42	5.70	6.34	2.76	2.92	3.07	3.41	3.17	3.27	3.44	3.83
		西部	2.23	2.30	2.42	2.69	2.69	2.78	2.92	3.24	3.78	3.91	4.10	4.57	1.99	2.85	3.00	3.34	2.28	2.35	2.47	2.75
	生物	东部	3.01	3.11	3.27	3.64	3.63	3.75	3.94	4.39	5.13	5.31	5.58	6.22	2.71	2.05	2.16	2.40	3.10	3.21	3.38	3.77
		中部	2.96	3.06	3.22	3.59	3.57	3.69	3.88	4.33	5.06	5.23	5.51	6.15	2.68	2.81	2.95	3.29	3.06	3.17	3.34	3.73
		西部	2.12	2.19	2.31	2.57	2.56	2.64	2.78	3.10	3.63	3.75	3.94	4.40	1.92	2.77	2.92	3.26	2.19	2.27	2.39	2.66
	物化	东部	3.33	3.44	3.62	4.03	4.02	4.16	4.37	4.86	5.68	5.87	6.17	6.87	3.00	1.98	2.09	2.33	3.43	3.54	3.73	4.15
		中部	3.27	3.38	3.55	3.96	3.94	4.07	4.28	4.77	5.58	5.77	6.07	6.77	2.95	3.10	3.26	3.63	3.37	3.49	3.67	4.10
		西部	2.35	2.42	2.55	2.84	2.83	2.93	3.08	3.43	4.00	4.14	4.35	4.85	2.11	3.05	3.21	3.58	2.42	2.50	2.63	2.93
	组合	东部	3.33	3.44	3.62	4.03	4.02	4.16	4.37	4.86	5.68	5.87	6.17	6.87	3.00	2.19	2.30	2.57	3.43	3.54	3.73	4.15
		中部	3.27	3.38	3.55	3.96	3.94	4.07	4.28	4.77	5.58	5.77	6.07	6.77	2.95	3.10	3.26	3.63	3.37	3.49	3.67	4.10
		西部	2.35	2.42	2.55	2.84	2.83	2.93	3.08	3.43	4.00	4.14	4.35	4.85	2.11	3.05	3.21	3.58	2.42	2.50	2.63	2.93

注：设计处理能力与处理量为该行业的 3/4 分位数，农副食品加工业设计处理能力的 3/4 分位数为 400 t/d，处理量的 3/4 分位数为 3.2 万 t/a。

（6）皮革、毛皮、羽毛（绒）及其制品业

表 1-29　处理能力为中位数时皮革、毛皮、羽毛（绒）及其制品业单位废水治理费用（不含固定资产折旧费）　单位：元/t

企业性质	处理方法	地区	皮革鞣质加工				毛皮鞣质及制品加工				皮革制品制造				羽毛（绒）加工及制品制造			
			30%	50%	70%	90%	30%	50%	70%	90%	30%	50%	70%	90%	30%	50%	70%	90%
民营	物理	东部	2.88	3.00	3.20	3.65	2.68	2.79	2.97	3.40	2.98	3.10	3.30	3.77	1.71	1.78	1.89	2.17
		中部	2.29	2.38	2.53	2.90	2.13	2.22	2.36	2.70	2.36	2.46	2.62	2.99	1.35	1.41	1.50	1.72
		西部	1.31	1.37	1.45	1.66	1.22	1.27	1.35	1.55	1.35	1.41	1.50	1.72	0.78	0.81	0.86	0.99
	化学	东部	1.31	1.37	1.45	1.66	1.22	1.27	1.35	1.55	1.35	1.41	1.50	1.72	0.78	0.81	0.86	0.99
		中部	2.77	2.88	3.07	3.51	2.57	2.68	2.85	3.26	2.86	2.98	3.17	3.62	1.64	1.71	1.82	2.08
		西部	1.59	1.65	1.76	2.01	1.48	1.54	1.64	1.87	1.64	1.71	1.82	2.08	0.94	0.98	1.04	1.19
	生物	东部	1.59	1.65	1.76	2.01	1.48	1.54	1.64	1.87	1.64	1.71	1.82	2.08	0.94	0.98	1.04	1.19
		中部	3.06	3.19	3.39	3.88	2.85	2.96	3.15	3.61	3.16	3.29	3.50	4.00	1.81	1.89	2.01	2.30
		西部	1.76	1.83	1.95	2.23	1.63	1.70	1.81	2.07	1.81	1.89	2.01	2.30	1.04	1.08	1.15	1.32
	物化	东部	1.76	1.83	1.95	2.23	1.63	1.70	1.81	2.07	1.81	1.89	2.01	2.30	1.04	1.08	1.15	1.32
		中部	2.29	2.38	2.53	2.90	2.13	2.22	2.36	2.70	2.36	2.46	2.62	2.99	1.35	1.41	1.50	1.72
		西部	1.31	1.37	1.45	1.66	1.22	1.27	1.35	1.55	1.35	1.41	1.50	1.72	0.78	0.81	0.86	0.99
	组合	东部	1.31	1.37	1.45	1.66	1.22	1.27	1.35	1.55	1.35	1.41	1.50	1.72	0.78	0.81	0.86	0.99
		中部	2.29	2.38	2.53	2.90	2.13	2.22	2.36	2.70	2.36	2.46	2.62	2.99	1.35	1.41	1.50	1.72
		西部	1.31	1.37	1.45	1.66	1.22	1.27	1.35	1.55	1.35	1.41	1.50	1.72	0.78	0.81	0.86	0.99
其他	物理	东部	1.31	1.37	1.45	1.66	1.22	1.27	1.35	1.55	1.35	1.41	1.50	1.72	0.78	0.81	0.86	0.99
		中部	2.88	3.00	3.20	3.65	2.68	2.79	2.97	3.40	2.98	3.10	3.30	3.77	1.71	1.78	1.89	2.17
		西部	1.65	1.72	1.83	2.10	1.54	1.60	1.71	1.95	1.71	1.78	1.89	2.17	0.98	1.02	1.09	1.24
	化学	东部	1.65	1.72	1.83	2.10	1.54	1.60	1.71	1.95	1.71	1.78	1.89	2.17	0.98	1.02	1.09	1.24
		中部	3.49	3.64	3.87	4.42	3.25	3.38	3.60	4.12	3.60	3.75	3.99	4.57	2.07	2.15	2.29	2.62
		西部	2.00	2.09	2.22	2.54	1.86	1.94	2.07	2.36	2.07	2.15	2.29	2.62	1.19	1.24	1.32	1.51

企业性质	处理方法	地区	皮革鞣质加工				毛皮鞣质及制品加工				皮革制品制造				羽毛（绒）加工及制品制造			
			30%	50%	70%	90%	30%	50%	70%	90%	30%	50%	70%	90%	30%	50%	70%	90%
其他	生物	东部	2.00	2.09	2.22	2.54	1.86	1.94	2.07	2.36	2.07	2.15	2.29	2.62	1.19	1.24	1.32	1.51
		中部	3.86	4.02	4.28	4.89	3.59	3.74	3.98	4.55	3.98	4.15	4.41	5.05	2.29	2.38	2.53	2.90
		西部	2.21	2.31	2.45	2.81	2.06	2.15	2.28	2.61	2.29	2.38	2.53	2.90	1.31	1.37	1.45	1.66
	物化	东部	2.21	2.31	2.45	2.81	2.06	2.15	2.28	2.61	2.29	2.38	2.53	2.90	1.31	1.37	1.45	1.66
		中部	2.88	3.00	3.20	3.65	2.68	2.79	2.97	3.40	2.98	3.10	3.30	3.77	1.71	1.78	1.89	2.17
		西部	1.65	1.72	1.83	2.10	1.54	1.60	1.71	1.95	1.71	1.78	1.89	2.17	0.98	1.02	1.09	1.24
	组合	东部	1.65	1.72	1.83	2.10	1.54	1.60	1.71	1.95	1.71	1.78	1.89	2.17	0.98	1.02	1.09	1.24
		中部	2.88	3.00	3.20	3.65	2.68	2.79	2.97	3.40	2.98	3.10	3.30	3.77	1.71	1.78	1.89	2.17
		西部	1.65	1.72	1.83	2.10	1.54	1.60	1.71	1.95	1.71	1.78	1.89	2.17	0.98	1.02	1.09	1.24
外资	物理	东部	1.65	1.72	1.83	2.10	1.54	1.60	1.71	1.95	1.71	1.78	1.89	2.17	0.98	1.02	1.09	1.24
		中部	3.85	4.01	4.27	4.88	3.58	3.73	3.97	4.54	3.97	4.14	4.41	5.04	2.28	2.38	2.53	2.89
		西部	2.21	2.30	2.45	2.80	2.06	2.14	2.28	2.61	2.28	2.38	2.53	2.89	1.31	1.36	1.45	1.66
	化学	东部	2.21	2.30	2.45	2.80	2.06	2.14	2.28	2.61	2.28	2.38	2.53	2.89	1.31	1.36	1.45	1.66
		中部	4.66	4.85	5.17	5.91	4.33	4.52	4.81	5.50	4.81	5.01	5.33	6.10	2.76	2.88	3.06	3.50
		西部	2.67	2.79	2.97	3.39	2.49	2.59	2.76	3.16	2.76	2.88	3.06	3.50	1.59	1.65	1.76	2.01
	生物	东部	2.67	2.79	2.97	3.39	2.49	2.59	2.76	3.16	2.76	2.88	3.06	3.50	1.59	1.65	1.76	2.01
		中部	5.15	5.36	5.71	6.53	4.79	4.99	5.31	6.07	5.32	5.54	5.89	6.74	3.05	3.18	3.38	3.87
		西部	2.96	3.08	3.28	3.75	2.75	2.87	3.05	3.49	3.05	3.18	3.38	3.87	1.75	1.83	1.94	2.22
	物化	东部	2.96	3.08	3.28	3.75	2.75	2.87	3.05	3.49	3.05	3.18	3.38	3.87	1.75	1.83	1.94	2.22
		中部	3.85	4.01	4.27	4.88	3.58	3.73	3.97	4.54	3.97	4.14	4.41	5.04	2.28	2.38	2.53	2.89
		西部	2.21	2.30	2.45	2.80	2.06	2.14	2.28	2.61	2.28	2.38	2.53	2.89	1.31	1.36	1.45	1.66
	组合	东部	2.21	2.30	2.45	2.80	2.06	2.14	2.28	2.61	2.28	2.38	2.53	2.89	1.31	1.36	1.45	1.66
		中部	3.85	4.01	4.27	4.88	3.58	3.73	3.97	4.54	3.97	4.14	4.41	5.04	2.28	2.38	2.53	2.89
		西部	2.21	2.30	2.45	2.80	2.06	2.14	2.28	2.61	2.28	2.38	2.53	2.89	1.31	1.36	1.45	1.66

注：设计处理能力与处理量为该行业的中位数，皮革行业设计处理能力的中位数为 240 t/d，处理量的中位数为 2.7 万 t/a。

表 1-30 处理能力为中位数时皮革、毛皮、羽毛（绒）及其制品业单位废水治理费用（含固定资产折旧费） 单位：元/t

企业性质	处理方法	地区	皮革鞣质加工				毛皮鞣质及制品加工				皮革制品制造				羽毛（绒）加工及制品制造			
			30%	50%	70%	90%	30%	50%	70%	90%	30%	50%	70%	90%	30%	50%	70%	90%
民营	物理	东部	2.54	2.65	2.83	3.25	2.35	2.45	2.61	3.00	2.60	2.72	2.90	3.33	1.51	1.57	1.68	1.93
		中部	1.57	1.64	1.75	2.02	1.44	1.50	1.61	1.85	1.60	1.67	1.78	2.05	0.93	0.97	1.04	1.20
		西部	1.57	1.64	1.75	2.02	1.44	1.50	1.61	1.85	1.60	1.67	1.78	2.05	0.93	0.97	1.04	1.20
	化学	东部	3.07	3.20	3.42	3.93	2.84	2.96	3.15	3.62	3.15	3.28	3.50	4.02	1.82	1.90	2.03	2.33
		中部	1.89	1.98	2.11	2.43	1.74	1.82	1.94	2.23	1.93	2.01	2.15	2.48	1.12	1.17	1.25	1.44
		西部	1.89	1.98	2.11	2.43	1.74	1.82	1.94	2.23	1.93	2.01	2.15	2.48	1.12	1.17	1.25	1.44
	生物	东部	3.60	3.76	4.01	4.62	3.31	3.45	3.69	4.25	3.67	3.83	4.09	4.71	2.13	2.23	2.38	2.74
		中部	2.30	2.40	2.57	2.97	2.10	2.19	2.34	2.71	2.33	2.43	2.60	3.01	1.36	1.42	1.52	1.76
		西部	2.30	2.40	2.57	2.97	2.10	2.19	2.34	2.71	2.33	2.43	2.60	3.01	1.36	1.42	1.52	1.76
	物化	东部	2.68	2.80	2.99	3.45	2.47	2.58	2.75	3.17	2.74	2.86	3.05	3.52	1.59	1.66	1.78	2.05
		中部	1.71	1.79	1.91	2.21	1.56	1.63	1.75	2.02	1.73	1.81	1.94	2.24	1.01	1.06	1.14	1.31
		西部	1.71	1.79	1.91	2.21	1.56	1.63	1.75	2.02	1.73	1.81	1.94	2.24	1.01	1.06	1.14	1.31
	组合	东部	2.68	2.80	2.99	3.45	2.47	2.58	2.75	3.17	2.74	2.86	3.05	3.52	1.59	1.66	1.78	2.05
		中部	1.71	1.79	1.91	2.21	1.56	1.63	1.75	2.02	1.73	1.81	1.94	2.24	1.01	1.06	1.14	1.31
		西部	1.71	1.79	1.91	2.21	1.56	1.63	1.75	2.02	1.73	1.81	1.94	2.24	1.01	1.06	1.14	1.31
其他	物理	东部	3.29	3.44	3.67	4.22	3.04	3.17	3.38	3.89	3.37	3.52	3.75	4.32	1.95	2.04	2.18	2.51
		中部	2.07	2.16	2.31	2.67	1.89	1.98	2.11	2.44	2.10	2.20	2.35	2.71	1.23	1.28	1.37	1.58
		西部	2.07	2.16	2.31	2.67	1.89	1.98	2.11	2.44	2.10	2.20	2.35	2.71	1.23	1.28	1.37	1.58
	化学	东部	3.98	4.15	4.43	5.10	3.67	3.83	4.08	4.70	4.07	4.25	4.53	5.21	2.36	2.46	2.63	3.03
		中部	2.49	2.60	2.79	3.22	2.28	2.39	2.55	2.94	2.54	2.65	2.83	3.27	1.48	1.55	1.65	1.91
		西部	2.49	2.60	2.79	3.22	2.28	2.39	2.55	2.94	2.54	2.65	2.83	3.27	1.48	1.55	1.65	1.91
	生物	东部	4.73	4.94	5.28	6.09	4.34	4.53	4.84	5.58	4.81	5.03	5.37	6.20	2.80	2.93	3.13	3.62
		中部	3.09	3.23	3.46	4.01	2.81	2.94	3.15	3.64	3.12	3.26	3.49	4.05	1.83	1.92	2.05	2.38
		西部	3.09	3.23	3.46	4.01	2.81	2.94	3.15	3.64	3.12	3.26	3.49	4.05	1.83	1.92	2.05	2.38

企业性质	处理方法	地区	皮革鞣质加工				毛皮鞣质及制品加工				皮革制品制造				羽毛（绒）加工及制品制造			
			30%	50%	70%	90%	30%	50%	70%	90%	30%	50%	70%	90%	30%	50%	70%	90%
其他	物化	东部	3.52	3.68	3.94	4.54	3.23	3.38	3.61	4.16	3.59	3.75	4.00	4.62	2.09	2.18	2.33	2.69
		中部	2.30	2.40	2.57	2.98	2.09	2.19	2.34	2.71	2.32	2.43	2.60	3.01	1.36	1.43	1.53	1.77
		西部	2.30	2.40	2.57	2.98	2.09	2.19	2.34	2.71	2.32	2.43	2.60	3.01	1.36	1.43	1.53	1.77
	组合	东部	3.52	3.68	3.94	4.54	3.23	3.38	3.61	4.16	3.59	3.75	4.00	4.62	2.09	2.18	2.33	2.69
		中部	2.30	2.40	2.57	2.98	2.09	2.19	2.34	2.71	2.32	2.43	2.60	3.01	1.36	1.43	1.53	1.77
		西部	2.30	2.40	2.57	2.98	2.09	2.19	2.34	2.71	2.32	2.43	2.60	3.01	1.36	1.43	1.53	1.77
外资	物理	东部	4.34	4.53	4.84	5.56	4.00	4.18	4.46	5.13	4.44	4.64	4.95	5.69	2.58	2.69	2.87	3.30
		中部	2.70	2.82	3.02	3.48	2.48	2.59	2.77	3.19	2.75	2.87	3.07	3.54	1.60	1.68	1.79	2.07
		西部	2.70	2.82	3.02	3.48	2.48	2.59	2.77	3.19	2.75	2.87	3.07	3.54	1.60	1.68	1.79	2.07
	化学	东部	5.25	5.47	5.84	6.72	4.84	5.05	5.39	6.19	5.37	5.60	5.98	6.87	3.11	3.25	3.46	3.98
		中部	3.26	3.41	3.64	4.20	2.99	3.13	3.34	3.85	3.32	3.47	3.71	4.27	1.93	2.02	2.16	2.49
		西部	3.26	3.41	3.64	4.20	2.99	3.13	3.34	3.85	3.32	3.47	3.71	4.27	1.93	2.02	2.16	2.49
	生物	东部	6.19	6.47	6.91	7.97	5.69	5.94	6.34	7.31	6.31	6.59	7.04	8.11	3.67	3.84	4.10	4.73
		中部	4.00	4.18	4.48	5.19	3.65	3.81	4.08	4.73	4.05	4.23	4.53	5.24	2.37	2.48	2.66	3.08
		西部	4.00	4.18	4.48	5.19	3.65	3.81	4.08	4.73	4.05	4.23	4.53	5.24	2.37	2.48	2.66	3.08
	物化	东部	4.62	4.82	5.15	5.94	4.24	4.43	4.73	5.45	4.71	4.92	5.25	6.05	2.74	2.86	3.06	3.53
		中部	2.98	3.12	3.34	3.86	2.72	2.84	3.04	3.52	3.01	3.15	3.37	3.90	1.77	1.85	1.98	2.29
		西部	2.98	3.12	3.34	3.86	2.72	2.84	3.04	3.52	3.01	3.15	3.37	3.90	1.77	1.85	1.98	2.29
	组合	东部	4.62	4.82	5.15	5.94	4.24	4.43	4.73	5.45	4.71	4.92	5.25	6.05	2.74	2.86	3.06	3.53
		中部	2.98	3.12	3.34	3.86	2.72	2.84	3.04	3.52	3.01	3.15	3.37	3.90	1.77	1.85	1.98	2.29
		西部	2.98	3.12	3.34	3.86	2.72	2.84	3.04	3.52	3.01	3.15	3.37	3.90	1.77	1.85	1.98	2.29

注：设计处理能力与处理量为该行业的中位数，皮革行业设计处理能力的中位数为 240 t/d，处理量的中位数为 2.7 万 t/a。

表 1-31　处理能力为 1/4 分位数时皮革、毛皮、羽毛（绒）及其制品业单位废水治理费用（不含固定资产折旧费）　单位：元/t

企业性质	处理方法	地区	皮革鞣质加工				毛皮鞣质及制品加工				皮革制品制造				羽毛（绒）加工及制品制造			
			30%	50%	70%	90%	30%	50%	70%	90%	30%	50%	70%	90%	30%	50%	70%	90%
民营	物理	东部	4.53	4.72	5.02	5.74	4.21	4.39	4.67	5.34	4.67	4.87	5.18	5.93	2.68	2.80	2.97	3.40
		中部	3.59	3.74	3.98	4.55	3.34	3.48	3.70	4.23	3.71	3.86	4.11	4.70	2.13	2.22	2.36	2.70
		西部	2.06	2.15	2.28	2.61	1.92	2.00	2.13	2.43	2.13	2.22	2.36	2.70	1.22	1.27	1.35	1.55
	化学	东部	2.06	2.15	2.28	2.61	1.92	2.00	2.13	2.43	2.13	2.22	2.36	2.70	1.22	1.27	1.35	1.55
		中部	4.34	4.53	4.82	5.51	4.04	4.21	4.48	5.13	4.49	4.67	4.97	5.69	2.58	2.68	2.86	3.27
		西部	2.49	2.60	2.77	3.16	2.32	2.42	2.57	2.94	2.58	2.68	2.86	3.27	1.48	1.54	1.64	1.87
	生物	东部	2.49	2.60	2.77	3.16	2.32	2.42	2.57	2.94	2.58	2.68	2.86	3.27	1.48	1.54	1.64	1.87
		中部	4.80	5.00	5.32	6.09	4.47	4.65	4.95	5.66	4.96	5.17	5.50	6.29	2.85	2.97	3.16	3.61
		西部	2.76	2.87	3.06	3.49	2.56	2.67	2.84	3.25	2.85	2.97	3.16	3.61	1.63	1.70	1.81	2.07
	物化	东部	2.76	2.87	3.06	3.49	2.56	2.67	2.84	3.25	2.85	2.97	3.16	3.61	1.63	1.70	1.81	2.07
		中部	3.59	3.74	3.98	4.55	3.34	3.48	3.70	4.23	3.71	3.86	4.11	4.70	2.13	2.22	2.36	2.70
		西部	2.06	2.15	2.28	2.61	1.92	2.00	2.13	2.43	2.13	2.22	2.36	2.70	1.22	1.27	1.35	1.55
	组合	东部	2.06	2.15	2.28	2.61	1.92	2.00	2.13	2.43	2.13	2.22	2.36	2.70	1.22	1.27	1.35	1.55
		中部	3.59	3.74	3.98	4.55	3.34	3.48	3.70	4.23	3.71	3.86	4.11	4.70	2.13	2.22	2.36	2.70
		西部	2.06	2.15	2.28	2.61	1.92	2.00	2.13	2.43	2.13	2.22	2.36	2.70	1.22	1.27	1.35	1.55
其他	物理	东部	2.06	2.15	2.28	2.61	1.92	2.00	2.13	2.43	2.13	2.22	2.36	2.70	1.22	1.27	1.35	1.55
		中部	4.53	4.72	5.02	5.74	4.21	4.39	4.67	5.34	4.67	4.87	5.18	5.93	2.68	2.80	2.97	3.40
		西部	2.60	2.71	2.88	3.29	2.42	2.52	2.68	3.07	2.68	2.80	2.97	3.40	1.54	1.60	1.71	1.95
	化学	东部	2.60	2.71	2.88	3.29	2.42	2.52	2.68	3.07	2.68	2.80	2.97	3.40	1.54	1.60	1.71	1.95
		中部	5.48	5.71	6.08	6.95	5.10	5.31	5.65	6.46	5.66	5.89	6.27	7.17	3.25	3.38	3.60	4.12
		西部	3.15	3.28	3.49	3.99	2.93	3.05	3.25	3.71	3.25	3.38	3.60	4.12	1.86	1.94	2.07	2.36
	生物	东部	3.15	3.28	3.49	3.99	2.93	3.05	3.25	3.71	3.25	3.38	3.60	4.12	1.86	1.94	2.07	2.36
		中部	6.05	6.31	6.71	7.68	5.63	5.87	6.25	7.14	6.25	6.51	6.93	7.93	3.59	3.74	3.98	4.55
		西部	3.48	3.62	3.85	4.41	3.23	3.37	3.59	4.10	3.59	3.74	3.98	4.55	2.06	2.15	2.28	2.61

企业性质	处理方法	地区	皮革鞣质加工				毛皮鞣质及制品加工				皮革制品制造				羽毛（绒）加工及制品制造			
			30%	50%	70%	90%	30%	50%	70%	90%	30%	50%	70%	90%	30%	50%	70%	90%
其他	物化	东部	3.48	3.62	3.85	4.41	3.23	3.37	3.59	4.10	3.59	3.74	3.98	4.55	2.06	2.15	2.28	2.61
		中部	4.53	4.72	5.02	5.74	4.21	4.39	4.67	5.34	4.67	4.87	5.18	5.93	2.68	2.80	2.97	3.40
		西部	2.60	2.71	2.88	3.29	2.42	2.52	2.68	3.07	2.68	2.80	2.97	3.40	1.54	1.60	1.71	1.95
	组合	东部	2.60	2.71	2.88	3.29	2.42	2.52	2.68	3.07	2.68	2.80	2.97	3.40	1.54	1.60	1.71	1.95
		中部	4.53	4.72	5.02	5.74	4.21	4.39	4.67	5.34	4.67	4.87	5.18	5.93	2.68	2.80	2.97	3.40
		西部	2.60	2.71	2.88	3.29	2.42	2.52	2.68	3.07	2.68	2.80	2.97	3.40	1.54	1.60	1.71	1.95
外资	物理	东部	2.60	2.71	2.88	3.29	2.42	2.52	2.68	3.07	2.68	2.80	2.97	3.40	1.54	1.60	1.71	1.95
		中部	6.04	6.30	6.70	7.66	5.62	5.86	6.24	7.13	6.24	6.50	6.92	7.91	3.58	3.73	3.97	4.54
		西部	3.47	3.61	3.85	4.40	3.23	3.36	3.58	4.09	3.58	3.73	3.97	4.54	2.06	2.14	2.28	2.61
	化学	东部	3.47	3.61	3.85	4.40	3.23	3.36	3.58	4.09	3.58	3.73	3.97	4.54	2.06	2.14	2.28	2.61
		中部	7.31	7.62	8.11	9.27	6.81	7.09	7.55	8.63	7.55	7.87	8.37	9.58	4.34	4.52	4.81	5.50
		西部	4.20	4.38	4.66	5.32	3.91	4.07	4.33	4.95	4.34	4.52	4.81	5.50	2.49	2.59	2.76	3.16
	生物	东部	4.20	4.38	4.66	5.32	3.91	4.07	4.33	4.95	4.34	4.52	4.81	5.50	2.49	2.59	2.76	3.16
		中部	8.08	8.42	8.96	10.25	7.52	7.84	8.34	9.54	8.35	8.70	9.26	10.58	4.79	4.99	5.31	6.08
		西部	4.64	4.84	5.15	5.88	4.32	4.50	4.79	5.48	4.79	4.99	5.31	6.08	2.75	2.87	3.05	3.49
	物化	东部	4.64	4.84	5.15	5.88	4.32	4.50	4.79	5.48	4.79	4.99	5.31	6.08	2.75	2.87	3.05	3.49
		中部	6.04	6.30	6.70	7.66	5.62	5.86	6.24	7.13	6.24	6.50	6.92	7.91	3.58	3.73	3.97	4.54
		西部	3.47	3.61	3.85	4.40	3.23	3.36	3.58	4.09	3.58	3.73	3.97	4.54	2.06	2.14	2.28	2.61
	组合	东部	3.47	3.61	3.85	4.40	3.23	3.36	3.58	4.09	3.58	3.73	3.97	4.54	2.06	2.14	2.28	2.61
		中部	6.04	6.30	6.70	7.66	5.62	5.86	6.24	7.13	6.24	6.50	6.92	7.91	3.58	3.73	3.97	4.54
		西部	3.47	3.61	3.85	4.40	3.23	3.36	3.58	4.09	3.58	3.73	3.97	4.54	2.06	2.14	2.28	2.61

注：设计处理能力与处理量为该行业的 1/4 分位数，皮革行业设计处理能力的 1/4 分位数为 100 t/d，处理量的 1/4 分位数为 7 300 t/a。

表 1-32 处理能力为 1/4 分位数时皮革、毛皮、羽毛（绒）及其制品业单位废水治理费用（含固定资产折旧费） 单位：元/t

企业性质	处理方法	地区	皮革鞣质加工				毛皮鞣质及制品加工				皮革制品制造				羽毛（绒）加工及制品制造			
			30%	50%	70%	90%	30%	50%	70%	90%	30%	50%	70%	90%	30%	50%	70%	90%
民营	物理	东部	5.11	5.34	5.69	6.55	4.71	4.92	5.25	6.03	5.23	5.46	5.83	6.70	3.03	3.16	3.38	3.88
		中部	3.95	4.12	4.40	5.05	3.65	3.81	4.06	4.67	4.05	4.23	4.51	5.18	2.34	2.45	2.61	3.00
		西部	2.42	2.53	2.70	3.11	2.23	2.33	2.48	2.86	2.47	2.58	2.76	3.18	1.44	1.50	1.60	1.85
	化学	东部	2.42	2.53	2.70	3.11	2.23	2.33	2.48	2.86	2.47	2.58	2.76	3.18	1.44	1.50	1.60	1.85
		中部	4.78	4.98	5.31	6.10	4.41	4.60	4.91	5.64	4.90	5.11	5.45	6.26	2.83	2.96	3.15	3.62
		西部	2.93	3.06	3.26	3.76	2.69	2.81	3.00	3.45	2.99	3.12	3.33	3.83	1.74	1.81	1.94	2.23
	生物	东部	2.93	3.06	3.26	3.76	2.69	2.81	3.00	3.45	2.99	3.12	3.33	3.83	1.74	1.81	1.94	2.23
		中部	5.57	5.81	6.21	7.15	5.13	5.35	5.71	6.58	5.69	5.94	6.34	7.30	3.30	3.45	3.68	4.24
		西部	3.52	3.68	3.94	4.56	3.22	3.37	3.60	4.16	3.58	3.74	4.00	4.62	2.09	2.19	2.34	2.70
	物化	东部	3.52	3.68	3.94	4.56	3.22	3.37	3.60	4.16	3.58	3.74	4.00	4.62	2.09	2.19	2.34	2.70
		中部	4.15	4.34	4.63	5.33	3.83	3.99	4.26	4.91	4.24	4.43	4.73	5.44	2.46	2.57	2.75	3.16
		西部	2.63	2.74	2.94	3.39	2.40	2.51	2.68	3.10	2.67	2.79	2.98	3.44	1.56	1.63	1.74	2.01
	组合	东部	2.63	2.74	2.94	3.39	2.40	2.51	2.68	3.10	2.67	2.79	2.98	3.44	1.56	1.63	1.74	2.01
		中部	4.15	4.34	4.63	5.33	3.83	3.99	4.26	4.91	4.24	4.43	4.73	5.44	2.46	2.57	2.75	3.16
		西部	2.63	2.74	2.94	3.39	2.40	2.51	2.68	3.10	2.67	2.79	2.98	3.44	1.56	1.63	1.74	2.01
其他	物理	东部	2.63	2.74	2.94	3.39	2.40	2.51	2.68	3.10	2.67	2.79	2.98	3.44	1.56	1.63	1.74	2.01
		中部	5.11	5.34	5.69	6.55	4.71	4.92	5.25	6.03	5.23	5.46	5.83	6.70	3.03	3.16	3.38	3.88
		西部	3.18	3.33	3.56	4.10	2.92	3.05	3.26	3.76	3.24	3.39	3.62	4.17	1.89	1.97	2.11	2.43
	化学	东部	3.18	3.33	3.56	4.10	2.92	3.05	3.26	3.76	3.24	3.39	3.62	4.17	1.89	1.97	2.11	2.43
		中部	6.18	6.44	6.88	7.91	5.70	5.94	6.34	7.29	6.32	6.60	7.04	8.09	3.66	3.82	4.08	4.69
		西部	3.84	4.01	4.29	4.95	3.52	3.68	3.93	4.54	3.91	4.09	4.37	5.03	2.28	2.38	2.54	2.94
	生物	东部	3.84	4.01	4.29	4.95	3.52	3.68	3.93	4.54	3.91	4.09	4.37	5.03	2.28	2.38	2.54	2.94
		中部	7.29	7.62	8.14	9.39	6.70	6.99	7.47	8.61	7.43	7.76	8.29	9.56	4.33	4.52	4.83	5.57
		西部	4.72	4.93	5.28	6.12	4.30	4.49	4.81	5.57	4.77	4.99	5.34	6.18	2.80	2.93	3.13	3.63

企业性质	处理方法	地区	皮革鞣质加工				毛皮鞣质及制品加工				皮革制品制造				羽毛（绒）加工及制品制造			
			30%	50%	70%	90%	30%	50%	70%	90%	30%	50%	70%	90%	30%	50%	70%	90%
其他	物化	东部	4.72	4.93	5.28	6.12	4.30	4.49	4.81	5.57	4.77	4.99	5.34	6.18	2.80	2.93	3.13	3.63
		中部	5.44	5.68	6.07	7.00	4.99	5.22	5.57	6.42	5.54	5.79	6.18	7.13	3.23	3.37	3.60	4.15
		西部	3.51	3.67	3.93	4.56	3.20	3.35	3.58	4.15	3.55	3.71	3.98	4.60	2.08	2.18	2.33	2.70
	组合	东部	3.51	3.67	3.93	4.56	3.20	3.35	3.58	4.15	3.55	3.71	3.98	4.60	2.08	2.18	2.33	2.70
		中部	5.44	5.68	6.07	7.00	4.99	5.22	5.57	6.42	5.54	5.79	6.18	7.13	3.23	3.37	3.60	4.15
		西部	3.51	3.67	3.93	4.56	3.20	3.35	3.58	4.15	3.55	3.71	3.98	4.60	2.08	2.18	2.33	2.70
外资	物理	东部	3.51	3.67	3.93	4.56	3.20	3.35	3.58	4.15	3.55	3.71	3.98	4.60	2.08	2.18	2.33	2.70
		中部	6.74	7.04	7.51	8.63	6.23	6.50	6.93	7.96	6.91	7.21	7.69	8.84	4.00	4.17	4.45	5.12
		西部	4.17	4.36	4.66	5.37	3.83	4.00	4.27	4.93	4.25	4.44	4.74	5.47	2.47	2.58	2.76	3.18
	化学	东部	4.17	4.36	4.66	5.37	3.83	4.00	4.27	4.93	4.25	4.44	4.74	5.47	2.47	2.58	2.76	3.18
		中部	8.15	8.50	9.07	10.43	7.52	7.85	8.37	9.62	8.35	8.71	9.29	10.68	4.83	5.04	5.38	6.18
		西部	5.03	5.26	5.62	6.48	4.62	4.83	5.16	5.94	5.13	5.36	5.72	6.60	2.99	3.12	3.33	3.84
	生物	东部	5.03	5.26	5.62	6.48	4.62	4.83	5.16	5.94	5.13	5.36	5.72	6.60	2.99	3.12	3.33	3.84
		中部	9.57	9.99	10.67	12.30	8.80	9.19	9.81	11.30	9.76	10.19	10.88	12.54	5.68	5.93	6.33	7.30
		西部	6.13	6.41	6.86	7.94	5.59	5.85	6.26	7.24	6.21	6.49	6.94	8.03	3.64	3.80	4.07	4.71
	物化	东部	6.13	6.41	6.86	7.94	5.59	5.85	6.26	7.24	6.21	6.49	6.94	8.03	3.64	3.80	4.07	4.71
		中部	7.14	7.45	7.96	9.17	6.56	6.85	7.32	8.43	7.28	7.60	8.12	9.35	4.23	4.42	4.72	5.44
		西部	4.56	4.77	5.11	5.91	4.17	4.36	4.66	5.39	4.62	4.83	5.17	5.98	2.71	2.83	3.03	3.51
	组合	东部	4.56	4.77	5.11	5.91	4.17	4.36	4.66	5.39	4.62	4.83	5.17	5.98	2.71	2.83	3.03	3.51
		中部	7.14	7.45	7.96	9.17	6.56	6.85	7.32	8.43	7.28	7.60	8.12	9.35	4.23	4.42	4.72	5.44
		西部	4.56	4.77	5.11	5.91	4.17	4.36	4.66	5.39	4.62	4.83	5.17	5.98	2.71	2.83	3.03	3.51

注：设计处理能力与处理量为该行业的 1/4 分位数，皮革行业设计处理能力的 1/4 分位数为 100 t/d，处理量的 1/4 分位数为 7 300 t/a。

表 1-33 处理能力为 3/4 分位数时皮革、毛皮、羽毛（绒）及其制品业单位废水治理费用（不含固定资产折旧费） 单位：元/t

企业性质	处理方法	地区	皮革鞣质加工				毛皮鞣质及制品加工				皮革制品制造				羽毛（绒）加工及制品制造			
			30%	50%	70%	90%	30%	50%	70%	90%	30%	50%	70%	90%	30%	50%	70%	90%
民营	物理	东部	1.82	1.89	2.01	2.30	1.69	1.76	1.87	2.14	1.88	1.95	2.08	2.38	1.08	1.12	1.19	1.37
		中部	1.44	1.50	1.60	1.83	1.34	1.40	1.49	1.70	1.49	1.55	1.65	1.89	0.85	0.89	0.95	1.08
		西部	0.83	0.86	0.92	1.05	0.77	0.80	0.85	0.98	0.85	0.89	0.95	1.08	0.49	0.51	0.54	0.62
	化学	东部	0.83	0.86	0.92	1.05	0.77	0.80	0.85	0.98	0.85	0.89	0.95	1.08	0.49	0.51	0.54	0.62
		中部	1.74	1.82	1.93	2.21	1.62	1.69	1.80	2.06	1.80	1.88	2.00	2.28	1.03	1.08	1.15	1.31
		西部	1.00	1.04	1.11	1.27	0.93	0.97	1.03	1.18	1.03	1.08	1.15	1.31	0.59	0.62	0.66	0.75
	生物	东部	1.00	1.04	1.11	1.27	0.93	0.97	1.03	1.18	1.03	1.08	1.15	1.31	0.59	0.62	0.66	0.75
		中部	1.93	2.01	2.14	2.44	1.79	1.87	1.99	2.27	1.99	2.07	2.21	2.52	1.14	1.19	1.27	1.45
		西部	1.11	1.15	1.23	1.40	1.03	1.07	1.14	1.31	1.14	1.19	1.27	1.45	0.66	0.68	0.73	0.83
	物化	东部	1.11	1.15	1.23	1.40	1.03	1.07	1.14	1.31	1.14	1.19	1.27	1.45	0.66	0.68	0.73	0.83
		中部	1.44	1.50	1.60	1.83	1.34	1.40	1.49	1.70	1.49	1.55	1.65	1.89	0.85	0.89	0.95	1.08
		西部	0.83	0.86	0.92	1.05	0.77	0.80	0.85	0.98	0.85	0.89	0.95	1.08	0.49	0.51	0.54	0.62
	组合	东部	0.83	0.86	0.92	1.05	0.77	0.80	0.85	0.98	0.85	0.89	0.95	1.08	0.49	0.51	0.54	0.62
		中部	1.44	1.50	1.60	1.83	1.34	1.40	1.49	1.70	1.49	1.55	1.65	1.89	0.85	0.89	0.95	1.08
		西部	0.83	0.86	0.92	1.05	0.77	0.80	0.85	0.98	0.85	0.89	0.95	1.08	0.49	0.51	0.54	0.62
其他	物理	东部	0.83	0.86	0.92	1.05	0.77	0.80	0.85	0.98	0.85	0.89	0.95	1.08	0.49	0.51	0.54	0.62
		中部	1.82	1.89	2.01	2.30	1.69	1.76	1.87	2.14	1.88	1.95	2.08	2.38	1.08	1.12	1.19	1.37
		西部	1.04	1.09	1.16	1.32	0.97	1.01	1.08	1.23	1.08	1.12	1.19	1.37	0.62	0.64	0.69	0.78
	化学	东部	1.04	1.09	1.16	1.32	0.97	1.01	1.08	1.23	1.08	1.12	1.19	1.37	0.62	0.64	0.69	0.78
		中部	2.20	2.29	2.44	2.79	2.05	2.13	2.27	2.59	2.27	2.37	2.52	2.88	1.30	1.36	1.45	1.65
		西部	1.26	1.32	1.40	1.60	1.17	1.22	1.30	1.49	1.30	1.36	1.45	1.65	0.75	0.78	0.83	0.95
	生物	东部	1.26	1.32	1.40	1.60	1.17	1.22	1.30	1.49	1.30	1.36	1.45	1.65	0.75	0.78	0.83	0.95
		中部	2.43	2.53	2.70	3.08	2.26	2.36	2.51	2.87	2.51	2.61	2.78	3.18	1.44	1.50	1.60	1.83
		西部	1.40	1.45	1.55	1.77	1.30	1.35	1.44	1.65	1.44	1.50	1.60	1.83	0.83	0.86	0.92	1.05

企业性质	处理方法	地区	皮革鞣质加工				毛皮鞣质及制品加工				皮革制品制造				羽毛（绒）加工及制品制造			
			30%	50%	70%	90%	30%	50%	70%	90%	30%	50%	70%	90%	30%	50%	70%	90%
其他	物化	东部	1.40	1.45	1.55	1.77	1.30	1.35	1.44	1.65	1.44	1.50	1.60	1.83	0.83	0.86	0.92	1.05
		中部	1.82	1.89	2.01	2.30	1.69	1.76	1.87	2.14	1.88	1.95	2.08	2.38	1.08	1.12	1.19	1.37
		西部	1.04	1.09	1.16	1.32	0.97	1.01	1.08	1.23	1.08	1.12	1.19	1.37	0.62	0.64	0.69	0.78
	组合	东部	1.04	1.09	1.16	1.32	0.97	1.01	1.08	1.23	1.08	1.12	1.19	1.37	0.62	0.64	0.69	0.78
		中部	1.82	1.89	2.01	2.30	1.69	1.76	1.87	2.14	1.88	1.95	2.08	2.38	1.08	1.12	1.19	1.37
		西部	1.04	1.09	1.16	1.32	0.97	1.01	1.08	1.23	1.08	1.12	1.19	1.37	0.62	0.64	0.69	0.78
外资	物理	东部	1.04	1.09	1.16	1.32	0.97	1.01	1.08	1.23	1.08	1.12	1.19	1.37	0.62	0.64	0.69	0.78
		中部	2.43	2.53	2.69	3.08	2.26	2.35	2.50	2.86	2.50	2.61	2.78	3.18	1.44	1.50	1.59	1.82
		西部	1.39	1.45	1.54	1.77	1.30	1.35	1.44	1.64	1.44	1.50	1.59	1.82	0.83	0.86	0.92	1.05
	化学	东部	1.39	1.45	1.54	1.77	1.30	1.35	1.44	1.64	1.44	1.50	1.59	1.82	0.83	0.86	0.92	1.05
		中部	2.94	3.06	3.26	3.72	2.73	2.85	3.03	3.46	3.03	3.16	3.36	3.84	1.74	1.81	1.93	2.21
		西部	1.69	1.76	1.87	2.14	1.57	1.63	1.74	1.99	1.74	1.81	1.93	2.21	1.00	1.04	1.11	1.27
	生物	东部	1.69	1.76	1.87	2.14	1.57	1.63	1.74	1.99	1.74	1.81	1.93	2.21	1.00	1.04	1.11	1.27
		中部	3.25	3.38	3.60	4.11	3.02	3.15	3.35	3.83	3.35	3.49	3.72	4.25	1.92	2.00	2.13	2.44
		西部	1.86	1.94	2.07	2.36	1.73	1.81	1.92	2.20	1.92	2.00	2.13	2.44	1.10	1.15	1.22	1.40
	物化	东部	1.86	1.94	2.07	2.36	1.73	1.81	1.92	2.20	1.92	2.00	2.13	2.44	1.10	1.15	1.22	1.40
		中部	2.43	2.53	2.69	3.08	2.26	2.35	2.50	2.86	2.50	2.61	2.78	3.18	1.44	1.50	1.59	1.82
		西部	1.39	1.45	1.54	1.77	1.30	1.35	1.44	1.64	1.44	1.50	1.59	1.82	0.83	0.86	0.92	1.05
	组合	东部	1.39	1.45	1.54	1.77	1.30	1.35	1.44	1.64	1.44	1.50	1.59	1.82	0.83	0.86	0.92	1.05
		中部	2.43	2.53	2.69	3.08	2.26	2.35	2.50	2.86	2.50	2.61	2.78	3.18	1.44	1.50	1.59	1.82
		西部	1.39	1.45	1.54	1.77	1.30	1.35	1.44	1.64	1.44	1.50	1.59	1.82	0.83	0.86	0.92	1.05

注：设计处理能力与处理量为该行业的 3/4 分位数，皮革行业设计处理能力的 3/4 分位数为 800 t/d，处理量的 3/4 分位数为 102 865 t/a。

表 1-34　处理能力为 3/4 分位数时皮革、毛皮、羽毛（绒）及其制品业单位废水治理费用（含固定资产折旧费）　单位：元/t

企业性质	处理方法	地区	皮革鞣质加工				毛皮鞣质及制品加工				皮革制品制造				羽毛（绒）加工及制品制造			
			30%	50%	70%	90%	30%	50%	70%	90%	30%	50%	70%	90%	30%	50%	70%	90%
民营	物理	东部	2.07	2.16	2.31	2.65	1.91	1.99	2.13	2.44	2.12	2.21	2.36	2.71	1.23	1.28	1.37	1.57
		中部	1.60	1.67	1.78	2.04	1.48	1.54	1.64	1.89	1.64	1.71	1.82	2.09	0.95	0.99	1.05	1.21
		西部	0.98	1.03	1.10	1.27	0.90	0.94	1.01	1.16	1.00	1.05	1.12	1.29	0.58	0.61	0.65	0.75
	化学	东部	0.98	1.03	1.10	1.27	0.90	0.94	1.01	1.16	1.00	1.05	1.12	1.29	0.58	0.61	0.65	0.75
		中部	1.93	2.02	2.15	2.47	1.78	1.86	1.98	2.28	1.98	2.06	2.20	2.53	1.15	1.19	1.27	1.46
		西部	1.19	1.24	1.33	1.53	1.09	1.14	1.22	1.40	1.21	1.27	1.35	1.56	0.70	0.74	0.79	0.91
	生物	东部	1.19	1.24	1.33	1.53	1.09	1.14	1.22	1.40	1.21	1.27	1.35	1.56	0.70	0.74	0.79	0.91
		中部	2.26	2.36	2.52	2.90	2.08	2.17	2.32	2.67	2.31	2.41	2.57	2.96	1.34	1.40	1.50	1.72
		西部	1.44	1.50	1.61	1.86	1.32	1.37	1.47	1.70	1.46	1.53	1.63	1.89	0.85	0.89	0.96	1.11
	物化	东部	1.44	1.50	1.61	1.86	1.32	1.37	1.47	1.70	1.46	1.53	1.63	1.89	0.85	0.89	0.96	1.11
		中部	1.69	1.76	1.88	2.17	1.55	1.62	1.73	1.99	1.72	1.80	1.92	2.21	1.00	1.04	1.12	1.28
		西部	1.07	1.12	1.20	1.39	0.98	1.02	1.10	1.27	1.09	1.14	1.22	1.41	0.64	0.67	0.71	0.82
	组合	东部	1.07	1.12	1.20	1.39	0.98	1.02	1.10	1.27	1.09	1.14	1.22	1.41	0.64	0.67	0.71	0.82
		中部	1.69	1.76	1.88	2.17	1.55	1.62	1.73	1.99	1.72	1.80	1.92	2.21	1.00	1.04	1.12	1.28
		西部	1.07	1.12	1.20	1.39	0.98	1.02	1.10	1.27	1.09	1.14	1.22	1.41	0.64	0.67	0.71	0.82
其他	物理	东部	1.07	1.12	1.20	1.39	0.98	1.02	1.10	1.27	1.09	1.14	1.22	1.41	0.64	0.67	0.71	0.82
		中部	2.07	2.16	2.31	2.65	1.91	1.99	2.13	2.44	2.12	2.21	2.36	2.71	1.23	1.28	1.37	1.57
		西部	1.30	1.36	1.45	1.67	1.19	1.24	1.33	1.53	1.32	1.38	1.47	1.70	0.77	0.80	0.86	0.99
	化学	东部	1.30	1.36	1.45	1.67	1.19	1.24	1.33	1.53	1.32	1.38	1.47	1.70	0.77	0.80	0.86	0.99
		中部	2.50	2.61	2.79	3.21	2.31	2.41	2.57	2.95	2.56	2.67	2.85	3.28	1.48	1.55	1.65	1.90
		西部	1.56	1.63	1.75	2.02	1.43	1.50	1.60	1.85	1.59	1.66	1.78	2.05	0.93	0.97	1.04	1.20
	生物	东部	1.56	1.63	1.75	2.02	1.43	1.50	1.60	1.85	1.59	1.66	1.78	2.05	0.93	0.97	1.04	1.20
		中部	2.97	3.10	3.31	3.82	2.72	2.84	3.04	3.50	3.02	3.16	3.37	3.89	1.76	1.84	1.97	2.27
		西部	1.93	2.02	2.17	2.51	1.76	1.84	1.97	2.28	1.95	2.04	2.19	2.53	1.15	1.20	1.29	1.49

企业性质	处理方法	地区	皮革鞣质加工				毛皮鞣质及制品加工				皮革制品制造				羽毛（绒）加工及制品制造			
			30%	50%	70%	90%	30%	50%	70%	90%	30%	50%	70%	90%	30%	50%	70%	90%
其他	物化	东部	1.93	2.02	2.17	2.51	1.76	1.84	1.97	2.28	1.95	2.04	2.19	2.53	1.15	1.20	1.29	1.49
		中部	2.21	2.31	2.47	2.85	2.03	2.12	2.27	2.61	2.25	2.35	2.51	2.90	1.31	1.37	1.47	1.69
		西部	1.44	1.51	1.61	1.87	1.31	1.37	1.47	1.70	1.45	1.52	1.63	1.89	0.85	0.89	0.96	1.11
	组合	东部	1.44	1.51	1.61	1.87	1.31	1.37	1.47	1.70	1.45	1.52	1.63	1.89	0.85	0.89	0.96	1.11
		中部	2.21	2.31	2.47	2.85	2.03	2.12	2.27	2.61	2.25	2.35	2.51	2.90	1.31	1.37	1.47	1.69
		西部	1.44	1.51	1.61	1.87	1.31	1.37	1.47	1.70	1.45	1.52	1.63	1.89	0.85	0.89	0.96	1.11
外资	物理	东部	1.44	1.51	1.61	1.87	1.31	1.37	1.47	1.70	1.45	1.52	1.63	1.89	0.85	0.89	0.96	1.11
		中部	2.73	2.85	3.04	3.50	2.52	2.63	2.80	3.22	2.79	2.92	3.11	3.58	1.62	1.69	1.80	2.07
		西部	1.70	1.77	1.89	2.19	1.56	1.63	1.74	2.00	1.73	1.80	1.93	2.22	1.01	1.05	1.12	1.30
	化学	东部	1.70	1.77	1.89	2.19	1.56	1.63	1.74	2.00	1.73	1.80	1.93	2.22	1.01	1.05	1.12	1.30
		中部	3.30	3.44	3.67	4.22	3.04	3.18	3.39	3.89	3.38	3.52	3.76	4.32	1.96	2.04	2.18	2.50
		西部	2.05	2.14	2.29	2.64	1.88	1.96	2.10	2.42	2.09	2.18	2.33	2.68	1.21	1.27	1.36	1.56
	生物	东部	2.05	2.14	2.29	2.64	1.88	1.96	2.10	2.42	2.09	2.18	2.33	2.68	1.21	1.27	1.36	1.56
		中部	3.89	4.06	4.34	5.00	3.57	3.73	3.98	4.59	3.96	4.14	4.42	5.10	2.31	2.41	2.57	2.97
		西部	2.51	2.62	2.81	3.25	2.29	2.39	2.56	2.96	2.54	2.65	2.84	3.29	1.49	1.56	1.67	1.93
	物化	东部	2.51	2.62	2.81	3.25	2.29	2.39	2.56	2.96	2.54	2.65	2.84	3.29	1.49	1.56	1.67	1.93
		中部	2.90	3.03	3.24	3.73	2.66	2.78	2.97	3.42	2.96	3.09	3.30	3.80	1.72	1.80	1.92	2.21
		西部	1.87	1.95	2.09	2.42	1.70	1.78	1.91	2.20	1.89	1.98	2.11	2.45	1.11	1.16	1.24	1.44
	组合	东部	1.87	1.95	2.09	2.42	1.70	1.78	1.91	2.20	1.89	1.98	2.11	2.45	1.11	1.16	1.24	1.44
		中部	2.90	3.03	3.24	3.73	2.66	2.78	2.97	3.42	2.96	3.09	3.30	3.80	1.72	1.80	1.92	2.21
		西部	1.87	1.95	2.09	2.42	1.70	1.78	1.91	2.20	1.89	1.98	2.11	2.45	1.11	1.16	1.24	1.44

注：设计处理能力与处理量为该行业的 3/4 分位数，皮革行业设计处理能力的 3/4 分位数为 800 t/d，处理量的 3/4 分位数为 102 865 t/a。

（7）黑色金属冶炼及压延加工业

表 1-35 处理能力为中位数时黑色金属冶炼及压延加工业单位废水治理费用（不含固定资产折旧费） 单位：元/t

企业性质	处理方法	地区	锰冶炼				铁合金冶炼				钢压延加工				炼钢				炼铁			
			30%	50%	70%	90%	30%	50%	70%	90%	30%	50%	70%	90%	30%	50%	70%	90%	30%	50%	70%	90%
国有	物理	东部	6.34	6.59	7.00	7.97	1.73	1.80	1.92	2.18	3.59	3.73	3.96	4.51	5.77	6.01	6.38	7.26	2.30	2.39	2.54	2.89
		中部	3.21	3.34	3.55	4.04	0.88	0.91	0.97	1.10	1.82	1.89	2.01	2.29	2.92	3.04	3.23	3.68	1.16	1.21	1.29	1.46
		西部	3.21	3.34	3.55	4.04	0.88	0.91	0.97	1.10	1.82	1.89	2.01	2.29	2.92	3.04	3.23	3.68	1.16	1.21	1.29	1.46
	化学	东部	37.01	38.51	40.90	46.56	10.13	10.54	11.19	12.74	20.95	21.80	23.15	26.36	33.72	35.09	37.27	42.43	13.43	13.97	14.84	16.89
		中部	18.75	19.51	20.72	23.59	5.13	5.34	5.67	6.45	10.61	11.04	11.73	13.35	17.08	17.78	18.88	21.49	6.80	7.08	7.52	8.56
		西部	18.75	19.51	20.72	23.59	5.13	5.34	5.67	6.45	10.61	11.04	11.73	13.35	17.08	17.78	18.88	21.49	6.80	7.08	7.52	8.56
	生物	东部	8.57	8.92	9.47	10.78	2.34	2.44	2.59	2.95	4.85	5.05	5.36	6.10	7.81	8.12	8.63	9.82	3.11	3.23	3.44	3.91
		中部	4.34	4.52	4.80	5.46	1.19	1.24	1.31	1.49	2.46	2.56	2.72	3.09	3.96	4.12	4.37	4.98	1.57	1.64	1.74	1.98
		西部	4.34	4.52	4.80	5.46	1.19	1.24	1.31	1.49	2.46	2.56	2.72	3.09	3.96	4.12	4.37	4.98	1.57	1.64	1.74	1.98
	物化	东部	6.77	7.04	7.48	8.51	1.85	1.93	2.05	2.33	3.83	3.99	4.23	4.82	6.17	6.42	6.81	7.76	2.46	2.55	2.71	3.09
		中部	3.43	3.57	3.79	4.31	0.94	0.98	1.04	1.18	1.94	2.02	2.14	2.44	3.12	3.25	3.45	3.93	1.24	1.29	1.37	1.56
		西部	3.43	3.57	3.79	4.31	0.94	0.98	1.04	1.18	1.94	2.02	2.14	2.44	3.12	3.25	3.45	3.93	1.24	1.29	1.37	1.56
	组合	东部	15.80	16.44	17.46	19.88	4.32	4.50	4.78	5.44	8.95	9.31	9.89	11.25	14.40	14.98	15.91	18.12	5.73	5.96	6.34	7.21
		中部	8.01	8.33	8.85	10.07	2.19	2.28	2.42	2.76	4.53	4.72	5.01	5.70	7.29	7.59	8.06	9.18	2.90	3.02	3.21	3.65
		西部	8.01	8.33	8.85	10.07	2.19	2.28	2.42	2.76	4.53	4.72	5.01	5.70	7.29	7.59	8.06	9.18	2.90	3.02	3.21	3.65
其他	物理	东部	3.13	3.26	3.46	3.94	0.86	0.89	0.95	1.08	1.77	1.85	1.96	2.23	2.86	2.97	3.16	3.59	1.14	1.18	1.26	1.43
		中部	1.59	1.65	1.75	2.00	0.43	0.45	0.48	0.55	0.90	0.94	0.99	1.13	1.45	1.51	1.60	1.82	0.58	0.60	0.64	0.72
		西部	1.59	1.65	1.75	2.00	0.43	0.45	0.48	0.55	0.90	0.94	0.99	1.13	1.45	1.51	1.60	1.82	0.58	0.60	0.64	0.72

企业性质	处理方法	地区	锰冶炼				铁合金冶炼				钢压延加工				炼钢				炼铁			
			30%	50%	70%	90%	30%	50%	70%	90%	30%	50%	70%	90%	30%	50%	70%	90%	30%	50%	70%	90%
其他	化学	东部	18.30	19.05	20.23	23.03	5.01	5.21	5.54	6.30	10.36	10.78	11.45	13.04	16.68	17.35	18.43	20.98	6.64	6.91	7.34	8.35
		中部	9.27	9.65	10.25	11.67	2.54	2.64	2.80	3.19	5.25	5.46	5.80	6.60	8.45	8.79	9.34	10.63	3.36	3.50	3.72	4.23
		西部	9.27	9.65	10.25	11.67	2.54	2.64	2.80	3.19	5.25	5.46	5.80	6.60	8.45	8.79	9.34	10.63	3.36	3.50	3.72	4.23
	生物	东部	4.24	4.41	4.68	5.33	1.16	1.21	1.28	1.46	2.40	2.50	2.65	3.02	3.86	4.02	4.27	4.86	1.54	1.60	1.70	1.93
		中部	2.15	2.23	2.37	2.70	0.59	0.61	0.65	0.74	1.22	1.26	1.34	1.53	1.96	2.04	2.16	2.46	0.78	0.81	0.86	0.98
		西部	2.15	2.23	2.37	2.70	0.59	0.61	0.65	0.74	1.22	1.26	1.34	1.53	1.96	2.04	2.16	2.46	0.78	0.81	0.86	0.98
	物化	东部	3.35	3.48	3.70	4.21	0.92	0.95	1.01	1.15	1.89	1.97	2.09	2.38	3.05	3.17	3.37	3.84	1.21	1.26	1.34	1.53
		中部	1.70	1.76	1.87	2.13	0.46	0.48	0.51	0.58	0.96	1.00	1.06	1.21	1.55	1.61	1.71	1.94	0.62	0.64	0.68	0.77
		西部	1.70	1.76	1.87	2.13	0.46	0.48	0.51	0.58	0.96	1.00	1.06	1.21	1.55	1.61	1.71	1.94	0.62	0.64	0.68	0.77
	组合	东部	7.82	8.13	8.64	9.83	2.14	2.23	2.36	2.69	4.42	4.60	4.89	5.57	7.12	7.41	7.87	8.96	2.84	2.95	3.13	3.57
		中部	3.96	4.12	4.38	4.98	1.08	1.13	1.20	1.36	2.24	2.33	2.48	2.82	3.61	3.75	3.99	4.54	1.44	1.49	1.59	1.81
		西部	3.96	4.12	4.38	4.98	1.08	1.13	1.20	1.36	2.24	2.33	2.48	2.82	3.61	3.75	3.99	4.54	1.44	1.49	1.59	1.81
私营	物理	东部	2.18	2.27	2.41	2.74	0.60	0.62	0.66	0.75	1.23	1.28	1.36	1.55	1.98	2.06	2.19	2.50	0.79	0.82	0.87	0.99
		中部	1.10	1.15	1.22	1.39	0.30	0.31	0.33	0.38	0.62	0.65	0.69	0.79	1.01	1.05	1.11	1.26	0.40	0.42	0.44	0.50
		西部	1.10	1.15	1.22	1.39	0.30	0.31	0.33	0.38	0.62	0.65	0.69	0.79	1.01	1.05	1.11	1.26	0.40	0.42	0.44	0.50
	化学	东部	12.72	13.23	14.06	16.00	3.48	3.62	3.85	4.38	7.20	7.49	7.96	9.06	11.59	12.06	12.81	14.58	4.61	4.80	5.10	5.81
		中部	6.44	6.70	7.12	8.11	1.76	1.83	1.95	2.22	3.65	3.80	4.03	4.59	5.87	6.11	6.49	7.39	2.34	2.43	2.58	2.94
		西部	6.44	6.70	7.12	8.11	1.76	1.83	1.95	2.22	3.65	3.80	4.03	4.59	5.87	6.11	6.49	7.39	2.34	2.43	2.58	2.94
	生物	东部	2.95	3.06	3.25	3.71	0.81	0.84	0.89	1.01	1.67	1.73	1.84	2.10	2.68	2.79	2.97	3.38	1.07	1.11	1.18	1.34
		中部	1.49	1.55	1.65	1.88	0.41	0.42	0.45	0.51	0.84	0.88	0.93	1.06	1.36	1.41	1.50	1.71	0.54	0.56	0.60	0.68
		西部	1.49	1.55	1.65	1.88	0.41	0.42	0.45	0.51	0.84	0.88	0.93	1.06	1.36	1.41	1.50	1.71	0.54	0.56	0.60	0.68

企业性质	处理方法	地区	锰冶炼				铁合金冶炼				钢压延加工				炼钢				炼铁			
			30%	50%	70%	90%	30%	50%	70%	90%	30%	50%	70%	90%	30%	50%	70%	90%	30%	50%	70%	90%
私营	物化	东部	2.33	2.42	2.57	2.93	0.64	0.66	0.70	0.80	1.32	1.37	1.46	1.66	2.12	2.21	2.34	2.67	0.84	0.88	0.93	1.06
		中部	1.18	1.23	1.30	1.48	0.32	0.34	0.36	0.41	0.67	0.69	0.74	0.84	1.07	1.12	1.19	1.35	0.43	0.44	0.47	0.54
		西部	1.18	1.23	1.30	1.48	0.32	0.34	0.36	0.41	0.67	0.69	0.74	0.84	1.07	1.12	1.19	1.35	0.43	0.44	0.47	0.54
	组合	东部	5.43	5.65	6.00	6.83	1.49	1.55	1.64	1.87	3.07	3.20	3.40	3.87	4.95	5.15	5.47	6.23	1.97	2.05	2.18	2.48
		中部	2.75	2.86	3.04	3.46	0.75	0.78	0.83	0.95	1.56	1.62	1.72	1.96	2.51	2.61	2.77	3.15	1.00	1.04	1.10	1.26
		西部	2.75	2.86	3.04	3.46	0.75	0.78	0.83	0.95	1.56	1.62	1.72	1.96	2.51	2.61	2.77	3.15	1.00	1.04	1.10	1.26
外资	物理	东部	3.13	3.26	3.46	3.94	0.86	0.89	0.95	1.08	1.77	1.85	1.96	2.23	2.86	2.97	3.16	3.59	1.14	1.18	1.26	1.43
		中部	1.59	1.65	1.75	2.00	0.43	0.45	0.48	0.55	0.90	0.94	0.99	1.13	1.45	1.51	1.60	1.82	0.58	0.60	0.64	0.72
		西部	1.59	1.65	1.75	2.00	0.43	0.45	0.48	0.55	0.90	0.94	0.99	1.13	1.45	1.51	1.60	1.82	0.58	0.60	0.64	0.72
	化学	东部	18.30	19.05	20.23	23.03	5.01	5.21	5.54	6.30	10.36	10.78	11.45	13.04	16.68	17.35	18.43	20.98	6.64	6.91	7.34	8.35
		中部	9.27	9.65	10.25	11.67	2.54	2.64	2.80	3.19	5.25	5.46	5.80	6.60	8.45	8.79	9.34	10.63	3.36	3.50	3.72	4.23
		西部	9.27	9.65	10.25	11.67	2.54	2.64	2.80	3.19	5.25	5.46	5.80	6.60	8.45	8.79	9.34	10.63	3.36	3.50	3.72	4.23
	生物	东部	4.24	4.41	4.68	5.33	1.16	1.21	1.28	1.46	2.40	2.50	2.65	3.02	3.86	4.02	4.27	4.86	1.54	1.60	1.70	1.93
		中部	2.15	2.23	2.37	2.70	0.59	0.61	0.65	0.74	1.22	1.26	1.34	1.53	1.96	2.04	2.16	2.46	0.78	0.81	0.86	0.98
		西部	2.15	2.23	2.37	2.70	0.59	0.61	0.65	0.74	1.22	1.26	1.34	1.53	1.96	2.04	2.16	2.46	0.78	0.81	0.86	0.98
	物化	东部	3.35	3.48	3.70	4.21	0.92	0.95	1.01	1.15	1.89	1.97	2.09	2.38	3.05	3.17	3.37	3.84	1.21	1.26	1.34	1.53
		中部	1.70	1.76	1.87	2.13	0.46	0.48	0.51	0.58	0.96	1.00	1.06	1.21	1.55	1.61	1.71	1.94	0.62	0.64	0.68	0.77
		西部	1.70	1.76	1.87	2.13	0.46	0.48	0.51	0.58	0.96	1.00	1.06	1.21	1.55	1.61	1.71	1.94	0.62	0.64	0.68	0.77
	组合	东部	7.82	8.13	8.64	9.83	2.14	2.23	2.36	2.69	4.42	4.60	4.89	5.57	7.12	7.41	7.87	8.96	2.84	2.95	3.13	3.57
		中部	3.96	4.12	4.38	4.98	1.08	1.13	1.20	1.36	2.24	2.33	2.48	2.82	3.61	3.75	3.99	4.54	1.44	1.49	1.59	1.81
		西部	3.96	4.12	4.38	4.98	1.08	1.13	1.20	1.36	2.24	2.33	2.48	2.82	3.61	3.75	3.99	4.54	1.44	1.49	1.59	1.81

注：设计处理能力与处理量为该行业的中位数，黑色金属冶炼及压延加工业设计处理能力的中位数为 300 t/d，处理量的中位数为 3.6 万 t/a。

表 1-36　处理能力为中位数时黑色金属冶炼及压延加工业单位废水治理费用（含固定资产折旧费）　单位：元/t

企业性质	处理方法	地区	锰冶炼				铁合金冶炼				钢压延加工				炼钢				炼铁			
			30%	50%	70%	90%	30%	50%	70%	90%	30%	50%	70%	90%	30%	50%	70%	90%	30%	50%	70%	90%
国有	物理	东部	6.92	7.19	7.63	8.66	2.06	2.14	2.27	2.57	4.03	4.18	4.44	5.04	6.30	6.55	6.95	7.71	2.68	2.78	2.95	3.34
		中部	3.62	3.76	3.99	4.53	1.11	1.15	1.22	1.38	2.13	2.21	2.34	2.66	3.30	3.43	3.64	4.00	1.43	1.49	1.58	1.78
		西部	3.62	3.76	3.99	4.53	1.11	1.15	1.22	1.38	2.13	2.21	2.34	2.66	3.30	3.43	3.64	4.00	1.43	1.49	1.58	1.78
	化学	东部	38.42	39.97	42.43	48.24	10.92	11.36	12.05	13.69	22.02	22.90	24.31	27.63	35.02	36.42	38.66	43.52	14.35	14.92	15.83	17.99
		中部	19.75	20.54	21.80	24.78	5.70	5.92	6.28	7.13	11.38	11.83	12.55	14.26	18.00	18.72	19.87	22.27	7.45	7.75	8.22	9.33
		西部	19.75	20.54	21.80	24.78	5.70	5.92	6.28	7.13	11.38	11.83	12.55	14.26	18.00	18.72	19.87	22.27	7.45	7.75	8.22	9.33
	生物	东部	10.88	11.29	11.96	13.52	3.64	3.78	3.99	4.50	6.60	6.85	7.25	8.18	9.92	10.30	10.90	11.61	4.61	4.78	5.05	5.70
		中部	5.98	6.20	6.56	7.41	2.11	2.19	2.31	2.59	3.70	3.84	4.06	4.57	5.45	5.66	5.99	6.24	2.64	2.74	2.89	3.25
		西部	5.98	6.20	6.56	7.41	2.11	2.19	2.31	2.59	3.70	3.84	4.06	4.57	5.45	5.66	5.99	6.24	2.64	2.74	2.89	3.25
	物化	东部	8.10	8.41	8.92	10.10	2.60	2.70	2.86	3.22	4.84	5.03	5.32	6.02	7.39	7.67	8.13	8.79	3.32	3.45	3.65	4.12
		中部	4.37	4.54	4.81	5.44	1.47	1.53	1.61	1.81	2.66	2.76	2.92	3.30	3.99	4.14	4.39	4.66	1.86	1.93	2.04	2.30
		西部	4.37	4.54	4.81	5.44	1.47	1.53	1.61	1.81	2.66	2.76	2.92	3.30	3.99	4.14	4.39	4.66	1.86	1.93	2.04	2.30
	组合	东部	17.59	18.29	19.40	22.01	5.33	5.54	5.87	6.64	10.30	10.71	11.35	12.87	16.04	16.67	17.68	19.50	6.90	7.16	7.59	8.60
		中部	9.28	9.64	10.22	11.58	2.91	3.02	3.19	3.61	5.50	5.71	6.05	6.85	8.46	8.79	9.32	10.16	3.73	3.87	4.10	4.64
		西部	9.28	9.64	10.22	11.58	2.91	3.02	3.19	3.61	5.50	5.71	6.05	6.85	8.46	8.79	9.32	10.16	3.73	3.87	4.10	4.64
其他	物理	东部	3.44	3.57	3.79	4.30	1.03	1.07	1.13	1.28	2.00	2.08	2.21	2.50	3.13	3.26	3.45	3.83	1.33	1.39	1.47	1.66
		中部	1.80	1.87	1.99	2.25	0.56	0.58	0.61	0.69	1.06	1.10	1.17	1.32	1.64	1.71	1.81	1.99	0.72	0.74	0.79	0.89
		西部	1.80	1.87	1.99	2.25	0.56	0.58	0.61	0.69	1.06	1.10	1.17	1.32	1.64	1.71	1.81	1.99	0.72	0.74	0.79	0.89
	化学	东部	19.04	19.81	21.02	23.91	5.42	5.64	5.98	6.80	10.92	11.36	12.05	13.70	17.35	18.05	19.16	21.55	7.12	7.40	7.86	8.92
		中部	9.80	10.19	10.81	12.29	2.83	2.94	3.12	3.54	5.65	5.87	6.23	7.08	8.93	9.29	9.85	11.04	3.70	3.85	4.08	4.64
		西部	9.80	10.19	10.81	12.29	2.83	2.94	3.12	3.54	5.65	5.87	6.23	7.08	8.93	9.29	9.85	11.04	3.70	3.85	4.08	4.64

企业性质	处理方法	地区	锰冶炼				铁合金冶炼				钢压延加工				炼钢				炼铁			
			30%	50%	70%	90%	30%	50%	70%	90%	30%	50%	70%	90%	30%	50%	70%	90%	30%	50%	70%	90%
其他	生物	东部	5.44	5.65	5.98	6.76	1.84	1.90	2.01	2.26	3.31	3.44	3.63	4.10	4.96	5.15	5.45	5.79	2.32	2.40	2.54	2.86
		中部	3.00	3.11	3.29	3.72	1.07	1.11	1.17	1.31	1.86	1.93	2.04	2.30	2.74	2.84	3.00	3.12	1.33	1.38	1.46	1.64
		西部	3.00	3.11	3.29	3.72	1.07	1.11	1.17	1.31	1.86	1.93	2.04	2.30	2.74	2.84	3.00	3.12	1.33	1.38	1.46	1.64
	物化	东部	4.04	4.20	4.45	5.04	1.31	1.36	1.43	1.62	2.42	2.51	2.66	3.01	3.68	3.83	4.06	4.37	1.67	1.73	1.83	2.06
		中部	2.19	2.27	2.41	2.72	0.74	0.77	0.81	0.91	1.33	1.38	1.46	1.65	2.00	2.07	2.19	2.33	0.94	0.97	1.03	1.16
		西部	2.19	2.27	2.41	2.72	0.74	0.77	0.81	0.91	1.33	1.38	1.46	1.65	2.00	2.07	2.19	2.33	0.94	0.97	1.03	1.16
	组合	东部	8.75	9.09	9.64	10.94	2.66	2.77	2.93	3.32	5.13	5.33	5.65	6.41	7.98	8.29	8.79	9.68	3.44	3.58	3.79	4.29
		中部	4.62	4.80	5.09	5.77	1.46	1.51	1.60	1.81	2.74	2.85	3.02	3.42	4.21	4.38	4.64	5.05	1.87	1.94	2.05	2.32
		西部	4.62	4.80	5.09	5.77	1.46	1.51	1.60	1.81	2.74	2.85	3.02	3.42	4.21	4.38	4.64	5.05	1.87	1.94	2.05	2.32
私营	物理	东部	2.40	2.50	2.65	3.01	0.72	0.75	0.79	0.90	1.40	1.46	1.55	1.75	2.19	2.28	2.41	2.67	0.94	0.97	1.03	1.17
		中部	1.26	1.31	1.39	1.58	0.39	0.41	0.43	0.49	0.75	0.77	0.82	0.93	1.15	1.20	1.27	1.39	0.50	0.52	0.55	0.63
		西部	1.26	1.31	1.39	1.58	0.39	0.41	0.43	0.49	0.75	0.77	0.82	0.93	1.15	1.20	1.27	1.39	0.50	0.52	0.55	0.63
	化学	东部	13.27	13.80	14.65	16.65	3.79	3.94	4.18	4.75	7.62	7.92	8.41	9.55	12.09	12.58	13.35	15.01	4.97	5.17	5.48	6.23
		中部	6.83	7.11	7.54	8.57	1.98	2.06	2.18	2.48	3.94	4.10	4.35	4.94	6.23	6.48	6.87	7.69	2.59	2.69	2.86	3.24
		西部	6.83	7.11	7.54	8.57	1.98	2.06	2.18	2.48	3.94	4.10	4.35	4.94	6.23	6.48	6.87	7.69	2.59	2.69	2.86	3.24
	生物	东部	3.84	3.98	4.22	4.77	1.31	1.36	1.43	1.61	2.34	2.43	2.57	2.90	3.50	3.63	3.85	4.07	1.65	1.71	1.81	2.03
		中部	2.13	2.21	2.33	2.63	0.77	0.79	0.84	0.94	1.33	1.37	1.45	1.63	1.94	2.01	2.13	2.20	0.95	0.99	1.04	1.17
		西部	2.13	2.21	2.33	2.63	0.77	0.79	0.84	0.94	1.33	1.37	1.45	1.63	1.94	2.01	2.13	2.20	0.95	0.99	1.04	1.17
	物化	东部	2.84	2.95	3.13	3.54	0.93	0.96	1.02	1.15	1.71	1.77	1.88	2.12	2.59	2.69	2.85	3.07	1.18	1.22	1.29	1.46
		中部	1.54	1.60	1.70	1.92	0.53	0.55	0.58	0.65	0.94	0.98	1.04	1.17	1.41	1.46	1.55	1.63	0.67	0.69	0.73	0.82
		西部	1.54	1.60	1.70	1.92	0.53	0.55	0.58	0.65	0.94	0.98	1.04	1.17	1.41	1.46	1.55	1.63	0.67	0.69	0.73	0.82

企业性质	处理方法	地区	锰冶炼				铁合金冶炼				钢压延加工				炼钢				炼铁			
			30%	50%	70%	90%	30%	50%	70%	90%	30%	50%	70%	90%	30%	50%	70%	90%	30%	50%	70%	90%
私营	组合	东部	6.12	6.37	6.75	7.66	1.88	1.95	2.06	2.33	3.60	3.74	3.96	4.49	5.58	5.80	6.15	6.76	2.42	2.51	2.66	3.02
		中部	3.24	3.37	3.57	4.05	1.03	1.07	1.13	1.28	1.93	2.01	2.12	2.40	2.96	3.07	3.26	3.53	1.32	1.37	1.45	1.64
		西部	3.24	3.37	3.57	4.05	1.03	1.07	1.13	1.28	1.93	2.01	2.12	2.40	2.96	3.07	3.26	3.53	1.32	1.37	1.45	1.64
外资	物理	东部	3.56	3.70	3.92	4.45	1.10	1.14	1.21	1.37	2.10	2.18	2.31	2.62	3.25	3.37	3.58	3.92	1.41	1.47	1.56	1.76
		中部	1.89	1.96	2.08	2.36	0.61	0.63	0.66	0.75	1.13	1.17	1.24	1.40	1.72	1.79	1.90	2.05	0.77	0.80	0.85	0.96
		西部	1.89	1.96	2.08	2.36	0.61	0.63	0.66	0.75	1.13	1.17	1.24	1.40	1.72	1.79	1.90	2.05	0.77	0.80	0.85	0.96
	化学	东部	19.35	20.12	21.35	24.27	5.60	5.82	6.17	7.00	11.15	11.60	12.30	13.98	17.63	18.34	19.46	21.79	7.32	7.61	8.07	9.16
		中部	10.01	10.41	11.05	12.55	2.95	3.07	3.25	3.69	5.81	6.04	6.41	7.27	9.13	9.49	10.07	11.20	3.85	4.00	4.24	4.81
		西部	10.01	10.41	11.05	12.55	2.95	3.07	3.25	3.69	5.81	6.04	6.41	7.27	9.13	9.49	10.07	11.20	3.85	4.00	4.24	4.81
	生物	东部	5.94	6.16	6.52	7.36	2.12	2.19	2.31	2.60	3.69	3.83	4.04	4.55	5.42	5.62	5.95	6.17	2.64	2.74	2.89	3.25
		中部	3.35	3.48	3.68	4.14	1.27	1.31	1.38	1.55	2.13	2.21	2.33	2.62	3.06	3.17	3.35	3.40	1.56	1.62	1.71	1.91
		西部	3.35	3.48	3.68	4.14	1.27	1.31	1.38	1.55	2.13	2.21	2.33	2.62	3.06	3.17	3.35	3.40	1.56	1.62	1.71	1.91
	物化	东部	4.33	4.50	4.76	5.38	1.47	1.52	1.61	1.81	2.64	2.74	2.90	3.27	3.95	4.10	4.34	4.60	1.85	1.92	2.03	2.29
		中部	2.39	2.48	2.63	2.96	0.86	0.89	0.94	1.05	1.49	1.54	1.63	1.84	2.18	2.27	2.40	2.48	1.07	1.11	1.17	1.31
		西部	2.39	2.48	2.63	2.96	0.86	0.89	0.94	1.05	1.49	1.54	1.63	1.84	2.18	2.27	2.40	2.48	1.07	1.11	1.17	1.31
	组合	东部	9.14	9.49	10.06	11.40	2.88	2.99	3.17	3.58	5.43	5.64	5.97	6.76	8.33	8.66	9.17	9.98	3.69	3.84	4.06	4.59
		中部	4.90	5.09	5.39	6.10	1.61	1.67	1.77	1.99	2.95	3.07	3.24	3.67	4.47	4.64	4.91	5.26	2.05	2.12	2.25	2.53
		西部	4.90	5.09	5.39	6.10	1.61	1.67	1.77	1.99	2.95	3.07	3.24	3.67	4.47	4.64	4.91	5.26	2.05	2.12	2.25	2.53

注：设计处理能力与处理量为该行业的中位数，黑色金属冶炼及压延加工业设计处理能力的中位数为 300 t/d，处理量的中位数为 3.6 万 t/a。

表 1-37 处理能力为 1/4 分位数时黑色金属冶炼及压延加工业单位废水治理费用（不含固定资产折旧费） 单位：元/t

企业性质	处理方法	地区	锰冶炼				铁合金冶炼				钢压延加工				炼钢				炼铁			
			30%	50%	70%	90%	30%	50%	70%	90%	30%	50%	70%	90%	30%	50%	70%	90%	30%	50%	70%	90%
国有	物理	东部	17.58	18.29	19.43	22.12	4.81	5.01	5.32	6.05	9.95	10.36	11.00	12.52	16.02	16.67	17.70	20.15	6.38	6.64	7.05	8.02
		中部	8.91	9.27	9.84	11.21	2.44	2.54	2.69	3.07	5.04	5.25	5.57	6.34	8.12	8.44	8.97	10.21	3.23	3.36	3.57	4.06
		西部	8.91	9.27	9.84	11.21	2.44	2.54	2.69	3.07	5.04	5.25	5.57	6.34	8.12	8.44	8.97	10.21	3.23	3.36	3.57	4.06
	化学	东部	102.70	106.86	113.49	129.20	28.10	29.24	31.05	35.35	58.14	60.49	64.25	73.14	93.58	97.37	103.42	117.73	37.25	38.76	41.17	46.87
		中部	52.03	54.13	57.50	65.46	14.24	14.81	15.73	17.91	29.45	30.65	32.55	37.05	47.41	49.33	52.39	59.64	18.87	19.64	20.86	23.75
		西部	52.03	54.13	57.50	65.46	14.24	14.81	15.73	17.91	29.45	30.65	32.55	37.05	47.41	49.33	52.39	59.64	18.87	19.64	20.86	23.75
	生物	东部	23.78	24.74	26.28	29.92	6.51	6.77	7.19	8.19	13.46	14.01	14.88	16.94	21.67	22.54	23.94	27.26	8.63	8.98	9.53	10.85
		中部	12.05	12.53	13.31	15.16	3.30	3.43	3.64	4.15	6.82	7.10	7.54	8.58	10.98	11.42	12.13	13.81	4.37	4.55	4.83	5.50
		西部	12.05	12.53	13.31	15.16	3.30	3.43	3.64	4.15	6.82	7.10	7.54	8.58	10.98	11.42	12.13	13.81	4.37	4.55	4.83	5.50
	物化	东部	18.78	19.54	20.75	23.63	5.14	5.35	5.68	6.46	10.63	11.06	11.75	13.38	17.11	17.81	18.91	21.53	6.81	7.09	7.53	8.57
		中部	9.51	9.90	10.51	11.97	2.60	2.71	2.88	3.28	5.39	5.60	5.95	6.78	8.67	9.02	9.58	10.91	3.45	3.59	3.81	4.34
		西部	9.51	9.90	10.51	11.97	2.60	2.71	2.88	3.28	5.39	5.60	5.95	6.78	8.67	9.02	9.58	10.91	3.45	3.59	3.81	4.34
	组合	东部	43.85	45.63	48.46	55.17	12.00	12.48	13.26	15.10	24.82	25.83	27.43	31.23	39.96	41.57	44.16	50.27	15.91	16.55	17.58	20.01
		中部	22.22	23.11	24.55	27.95	6.08	6.32	6.72	7.65	12.58	13.09	13.90	15.82	20.24	21.06	22.37	25.47	8.06	8.39	8.91	10.14
		西部	22.22	23.11	24.55	27.95	6.08	6.32	6.72	7.65	12.58	13.09	13.90	15.82	20.24	21.06	22.37	25.47	8.06	8.39	8.91	10.14
其他	物理	东部	8.70	9.05	9.61	10.94	2.38	2.48	2.63	2.99	4.92	5.12	5.44	6.19	7.92	8.24	8.76	9.97	3.15	3.28	3.49	3.97
		中部	4.41	4.58	4.87	5.54	1.21	1.25	1.33	1.52	2.49	2.59	2.76	3.14	4.01	4.18	4.44	5.05	1.60	1.66	1.77	2.01
		西部	4.41	4.58	4.87	5.54	1.21	1.25	1.33	1.52	2.49	2.59	2.76	3.14	4.01	4.18	4.44	5.05	1.60	1.66	1.77	2.01
	化学	东部	50.79	52.85	56.13	63.90	13.90	14.46	15.36	17.49	28.75	29.92	31.78	36.18	46.28	48.16	51.15	58.23	18.43	19.17	20.36	23.18
		中部	25.73	26.78	28.44	32.38	7.04	7.33	7.78	8.86	14.57	15.16	16.10	18.33	23.45	24.40	25.91	29.50	9.34	9.71	10.32	11.74
		西部	25.73	26.78	28.44	32.38	7.04	7.33	7.78	8.86	14.57	15.16	16.10	18.33	23.45	24.40	25.91	29.50	9.34	9.71	10.32	11.74

企业性质	处理方法	地区	锰冶炼				铁合金冶炼				钢压延加工				炼钢				炼铁			
			30%	50%	70%	90%	30%	50%	70%	90%	30%	50%	70%	90%	30%	50%	70%	90%	30%	50%	70%	90%
其他	生物	东部	11.76	12.24	13.00	14.80	3.22	3.35	3.56	4.05	6.66	6.93	7.36	8.38	10.72	11.15	11.84	13.48	4.27	4.44	4.72	5.37
		中部	5.96	6.20	6.58	7.50	1.63	1.70	1.80	2.05	3.37	3.51	3.73	4.24	5.43	5.65	6.00	6.83	2.16	2.25	2.39	2.72
		西部	5.96	6.20	6.58	7.50	1.63	1.70	1.80	2.05	3.37	3.51	3.73	4.24	5.43	5.65	6.00	6.83	2.16	2.25	2.39	2.72
	物化	东部	9.29	9.66	10.27	11.69	2.54	2.64	2.81	3.20	5.26	5.47	5.81	6.62	8.46	8.81	9.35	10.65	3.37	3.51	3.72	4.24
		中部	4.71	4.90	5.20	5.92	1.29	1.34	1.42	1.62	2.66	2.77	2.94	3.35	4.29	4.46	4.74	5.39	1.71	1.78	1.89	2.15
		西部	4.71	4.90	5.20	5.92	1.29	1.34	1.42	1.62	2.66	2.77	2.94	3.35	4.29	4.46	4.74	5.39	1.71	1.78	1.89	2.15
	组合	东部	21.69	22.57	23.97	27.29	5.93	6.17	6.56	7.47	12.28	12.77	13.57	15.45	19.76	20.56	21.84	24.86	7.87	8.19	8.70	9.90
		中部	10.99	11.43	12.14	13.82	3.01	3.13	3.32	3.78	6.22	6.47	6.87	7.83	10.01	10.42	11.06	12.60	3.99	4.15	4.41	5.01
		西部	10.99	11.43	12.14	13.82	3.01	3.13	3.32	3.78	6.22	6.47	6.87	7.83	10.01	10.42	11.06	12.60	3.99	4.15	4.41	5.01
私营	物理	东部	6.04	6.29	6.68	7.60	1.65	1.72	1.83	2.08	3.42	3.56	3.78	4.30	5.51	5.73	6.08	6.93	2.19	2.28	2.42	2.76
		中部	3.06	3.19	3.38	3.85	0.84	0.87	0.93	1.05	1.73	1.80	1.92	2.18	2.79	2.90	3.08	3.51	1.11	1.16	1.23	1.40
		西部	3.06	3.19	3.38	3.85	0.84	0.87	0.93	1.05	1.73	1.80	1.92	2.18	2.79	2.90	3.08	3.51	1.11	1.16	1.23	1.40
	化学	东部	35.30	36.73	39.01	44.41	9.66	10.05	10.67	12.15	19.98	20.79	22.08	25.14	32.16	33.46	35.54	40.46	12.80	13.32	14.15	16.11
		中部	17.88	18.61	19.76	22.50	4.89	5.09	5.41	6.16	10.12	10.53	11.19	12.74	16.29	16.95	18.01	20.50	6.49	6.75	7.17	8.16
		西部	17.88	18.61	19.76	22.50	4.89	5.09	5.41	6.16	10.12	10.53	11.19	12.74	16.29	16.95	18.01	20.50	6.49	6.75	7.17	8.16
	生物	东部	8.17	8.50	9.03	10.28	2.24	2.33	2.47	2.81	4.63	4.81	5.11	5.82	7.45	7.75	8.23	9.37	2.96	3.08	3.28	3.73
		中部	4.14	4.31	4.58	5.21	1.13	1.18	1.25	1.43	2.34	2.44	2.59	2.95	3.77	3.93	4.17	4.75	1.50	1.56	1.66	1.89
		西部	4.14	4.31	4.58	5.21	1.13	1.18	1.25	1.43	2.34	2.44	2.59	2.95	3.77	3.93	4.17	4.75	1.50	1.56	1.66	1.89
	物化	东部	6.45	6.72	7.13	8.12	1.77	1.84	1.95	2.22	3.65	3.80	4.04	4.60	5.88	6.12	6.50	7.40	2.34	2.44	2.59	2.95
		中部	3.27	3.40	3.61	4.11	0.89	0.93	0.99	1.13	1.85	1.93	2.05	2.33	2.98	3.10	3.29	3.75	1.19	1.23	1.31	1.49
		西部	3.27	3.40	3.61	4.11	0.89	0.93	0.99	1.13	1.85	1.93	2.05	2.33	2.98	3.10	3.29	3.75	1.19	1.23	1.31	1.49

企业性质	处理方法	地区	锰冶炼				铁合金冶炼				钢压延加工				炼钢				炼铁			
			30%	50%	70%	90%	30%	50%	70%	90%	30%	50%	70%	90%	30%	50%	70%	90%	30%	50%	70%	90%
私营	组合	东部	15.07	15.68	16.66	18.96	4.12	4.29	4.56	5.19	8.53	8.88	9.43	10.73	13.73	14.29	15.18	17.28	5.47	5.69	6.04	6.88
		中部	7.64	7.94	8.44	9.61	2.09	2.17	2.31	2.63	4.32	4.50	4.78	5.44	6.96	7.24	7.69	8.75	2.77	2.88	3.06	3.48
		西部	7.64	7.94	8.44	9.61	2.09	2.17	2.31	2.63	4.32	4.50	4.78	5.44	6.96	7.24	7.69	8.75	2.77	2.88	3.06	3.48
外资	物理	东部	8.70	9.05	9.61	10.94	2.38	2.48	2.63	2.99	4.92	5.12	5.44	6.19	7.92	8.24	8.76	9.97	3.15	3.28	3.49	3.97
		中部	4.41	4.58	4.87	5.54	1.21	1.25	1.33	1.52	2.49	2.59	2.76	3.14	4.01	4.18	4.44	5.05	1.60	1.66	1.77	2.01
		西部	4.41	4.58	4.87	5.54	1.21	1.25	1.33	1.52	2.49	2.59	2.76	3.14	4.01	4.18	4.44	5.05	1.60	1.66	1.77	2.01
	化学	东部	50.79	52.85	56.13	63.90	13.90	14.46	15.36	17.49	28.75	29.92	31.78	36.18	46.28	48.16	51.15	58.23	18.43	19.17	20.36	23.18
		中部	25.73	26.78	28.44	32.38	7.04	7.33	7.78	8.86	14.57	15.16	16.10	18.33	23.45	24.40	25.91	29.50	9.34	9.71	10.32	11.74
		西部	25.73	26.78	28.44	32.38	7.04	7.33	7.78	8.86	14.57	15.16	16.10	18.33	23.45	24.40	25.91	29.50	9.34	9.71	10.32	11.74
	生物	东部	11.76	12.24	13.00	14.80	3.22	3.35	3.56	4.05	6.66	6.93	7.36	8.38	10.72	11.15	11.84	13.48	4.27	4.44	4.72	5.37
		中部	5.96	6.20	6.58	7.50	1.63	1.70	1.80	2.05	3.37	3.51	3.73	4.24	5.43	5.65	6.00	6.83	2.16	2.25	2.39	2.72
		西部	5.96	6.20	6.58	7.50	1.63	1.70	1.80	2.05	3.37	3.51	3.73	4.24	5.43	5.65	6.00	6.83	2.16	2.25	2.39	2.72
	物化	东部	9.29	9.66	10.27	11.69	2.54	2.64	2.81	3.20	5.26	5.47	5.81	6.62	8.46	8.81	9.35	10.65	3.37	3.51	3.72	4.24
		中部	4.71	4.90	5.20	5.92	1.29	1.34	1.42	1.62	2.66	2.77	2.94	3.35	4.29	4.46	4.74	5.39	1.71	1.78	1.89	2.15
		西部	4.71	4.90	5.20	5.92	1.29	1.34	1.42	1.62	2.66	2.77	2.94	3.35	4.29	4.46	4.74	5.39	1.71	1.78	1.89	2.15
	组合	东部	21.69	22.57	23.97	27.29	5.93	6.17	6.56	7.47	12.28	12.77	13.57	15.45	19.76	20.56	21.84	24.86	7.87	8.19	8.70	9.90
		中部	10.99	11.43	12.14	13.82	3.01	3.13	3.32	3.78	6.22	6.47	6.87	7.83	10.01	10.42	11.06	12.60	3.99	4.15	4.41	5.01
		西部	10.99	11.43	12.14	13.82	3.01	3.13	3.32	3.78	6.22	6.47	6.87	7.83	10.01	10.42	11.06	12.60	3.99	4.15	4.41	5.01

注：设计处理能力与处理量为该行业的 1/4 分位数，黑色金属冶炼及压延加工业设计处理能力的 1/4 分位数为 50 t/d，处理量的 1/4 分位数为 4 351 t/a。

表 1-38　处理能力为 1/4 分位数时黑色金属冶炼及压延加工业单位废水治理费用（含固定资产折旧费）　单位：元/t

企业性质	处理方法	地区	锰冶炼				铁合金冶炼				钢压延加工				炼钢				炼铁			
			30%	50%	70%	90%	30%	50%	70%	90%	30%	50%	70%	90%	30%	50%	70%	90%	30%	50%	70%	90%
国有	物理	东部	19.0	19.8	21.0	23.8	5.6	5.8	6.2	7.0	11.0	11.5	12.2	13.8	17.3	18.0	19.1	21.3	7.3	7.6	8.1	9.1
		中部	9.9	10.3	10.9	12.4	3.0	3.1	3.3	3.8	5.8	6.0	6.4	7.3	9.1	9.4	10.0	11.0	3.9	4.0	4.3	4.9
		西部	9.9	10.3	10.9	12.4	3.0	3.1	3.3	3.8	5.8	6.0	6.4	7.3	9.1	9.4	10.0	11.0	3.9	4.0	4.3	4.9
	化学	东部	106.2	110.5	117.3	133.4	30.1	31.3	33.2	37.7	60.8	63.2	67.1	76.3	96.8	100.7	106.9	120.5	39.5	41.1	43.6	49.6
		中部	54.5	56.7	60.2	68.4	15.6	16.3	17.3	19.6	31.3	32.6	34.6	39.3	49.7	51.7	54.9	61.6	20.5	21.3	22.6	25.7
		西部	54.5	56.7	60.2	68.4	15.6	16.3	17.3	19.6	31.3	32.6	34.6	39.3	49.7	51.7	54.9	61.6	20.5	21.3	22.6	25.7
	生物	东部	29.5	30.7	32.5	36.7	9.7	10.1	10.7	12.0	17.8	18.5	19.6	22.1	26.9	28.0	29.6	31.7	12.4	12.8	13.6	15.3
		中部	16.1	16.7	17.7	20.0	5.6	5.8	6.1	6.9	9.9	10.3	10.9	12.3	14.7	15.3	16.1	17.0	7.0	7.3	7.7	8.6
		西部	16.1	16.7	17.7	20.0	5.6	5.8	6.1	6.9	9.9	10.3	10.9	12.3	14.7	15.3	16.1	17.0	7.0	7.3	7.7	8.6
	物化	东部	22.1	23.0	24.3	27.6	7.0	7.3	7.7	8.7	13.1	13.7	14.5	16.4	20.1	20.9	22.2	24.1	9.0	9.3	9.9	11.1
		中部	11.9	12.3	13.1	14.8	3.9	4.1	4.3	4.9	7.2	7.4	7.9	8.9	10.8	11.2	11.9	12.7	5.0	5.2	5.5	6.2
		西部	11.9	12.3	13.1	14.8	3.9	4.1	4.3	4.9	7.2	7.4	7.9	8.9	10.8	11.2	11.9	12.7	5.0	5.2	5.5	6.2
	组合	东部	48.3	50.2	53.3	60.5	14.5	15.1	16.0	18.1	28.2	29.3	31.1	35.2	44.0	45.8	48.6	53.7	18.8	19.5	20.7	23.5
		中部	25.4	26.4	28.0	31.7	7.9	8.2	8.6	9.8	15.0	15.6	16.5	18.7	23.1	24.0	25.5	27.9	10.1	10.5	11.1	12.6
		西部	25.4	26.4	28.0	31.7	7.9	8.2	8.6	9.8	15.0	15.6	16.5	18.7	23.1	24.0	25.5	27.9	10.1	10.5	11.1	12.6
其他	物理	东部	9.4	9.8	10.4	11.8	2.8	2.9	3.1	3.5	5.5	5.7	6.1	6.9	8.6	9.0	9.5	10.5	3.6	3.8	4.0	4.5
		中部	4.9	5.1	5.4	6.2	1.5	1.6	1.7	1.9	2.9	3.0	3.2	3.6	4.5	4.7	5.0	5.5	1.9	2.0	2.1	2.4
		西部	4.9	5.1	5.4	6.2	1.5	1.6	1.7	1.9	2.9	3.0	3.2	3.6	4.5	4.7	5.0	5.5	1.9	2.0	2.1	2.4
	化学	东部	52.6	54.7	58.1	66.1	14.9	15.5	16.5	18.7	30.1	31.4	33.3	37.8	48.0	49.9	53.0	59.6	19.6	20.4	21.6	24.6
		中部	27.0	28.1	29.8	33.9	7.8	8.1	8.6	9.7	15.6	16.2	17.2	19.5	24.6	25.6	27.2	30.5	10.2	10.6	11.2	12.8
		西部	27.0	28.1	29.8	33.9	7.8	8.1	8.6	9.7	15.6	16.2	17.2	19.5	24.6	25.6	27.2	30.5	10.2	10.6	11.2	12.8

企业性质	处理方法	地区	锰冶炼				铁合金冶炼				钢压延加工				炼钢				炼铁			
			30%	50%	70%	90%	30%	50%	70%	90%	30%	50%	70%	90%	30%	50%	70%	90%	30%	50%	70%	90%
其他	生物	东部	14.7	15.3	16.2	18.4	4.9	5.1	5.4	6.1	8.9	9.3	9.8	11.1	13.4	14.0	14.8	15.8	6.2	6.4	6.8	7.7
		中部	8.1	8.4	8.9	10.0	2.8	2.9	3.1	3.5	5.0	5.2	5.5	6.2	7.4	7.6	8.1	8.5	3.5	3.7	3.9	4.4
		西部	8.1	8.4	8.9	10.0	2.8	2.9	3.1	3.5	5.0	5.2	5.5	6.2	7.4	7.6	8.1	8.5	3.5	3.7	3.9	4.4
	物化	东部	11.0	11.4	12.1	13.7	3.5	3.6	3.9	4.4	6.6	6.8	7.2	8.2	10.0	10.4	11.1	12.0	4.5	4.7	4.9	5.6
		中部	5.9	6.2	6.5	7.4	2.0	2.1	2.2	2.4	3.6	3.7	3.9	4.5	5.4	5.6	5.9	6.3	2.5	2.6	2.7	3.1
		西部	5.9	6.2	6.5	7.4	2.0	2.1	2.2	2.4	3.6	3.7	3.9	4.5	5.4	5.6	5.9	6.3	2.5	2.6	2.7	3.1
	组合	东部	24.0	25.0	26.5	30.0	7.2	7.5	8.0	9.0	14.0	14.6	15.5	17.5	21.9	22.8	24.1	26.7	9.4	9.7	10.3	11.7
		中部	12.6	13.1	13.9	15.8	3.9	4.1	4.3	4.9	7.5	7.8	8.2	9.3	11.5	12.0	12.7	13.9	5.1	5.3	5.6	6.3
		西部	12.6	13.1	13.9	15.8	3.9	4.1	4.3	4.9	7.5	7.8	8.2	9.3	11.5	12.0	12.7	13.9	5.1	5.3	5.6	6.3
私营	物理	东部	6.6	6.9	7.3	8.3	2.0	2.0	2.2	2.5	3.8	4.0	4.2	4.8	6.0	6.3	6.6	7.4	2.6	2.7	2.8	3.2
		中部	3.5	3.6	3.8	4.3	1.1	1.1	1.2	1.3	2.0	2.1	2.2	2.5	3.2	3.3	3.5	3.8	1.4	1.4	1.5	1.7
		西部	3.5	3.6	3.8	4.3	1.1	1.1	1.2	1.3	2.0	2.1	2.2	2.5	3.2	3.3	3.5	3.8	1.4	1.4	1.5	1.7
	化学	东部	36.7	38.1	40.5	46.0	10.4	10.8	11.5	13.1	21.0	21.9	23.2	26.4	33.4	34.7	36.9	41.5	13.7	14.2	15.1	17.2
		中部	18.8	19.6	20.8	23.6	5.4	5.7	6.0	6.8	10.9	11.3	12.0	13.6	17.2	17.9	19.0	21.2	7.1	7.4	7.8	8.9
		西部	18.8	19.6	20.8	23.6	5.4	5.7	6.0	6.8	10.9	11.3	12.0	13.6	17.2	17.9	19.0	21.2	7.1	7.4	7.8	8.9
	生物	东部	10.4	10.8	11.4	12.9	3.5	3.6	3.8	4.3	6.3	6.5	6.9	7.8	9.5	9.8	10.4	11.1	4.4	4.6	4.8	5.4
		中部	5.7	5.9	6.3	7.1	2.0	2.1	2.2	2.5	3.5	3.7	3.9	4.4	5.2	5.4	5.7	6.0	2.5	2.6	2.8	3.1
		西部	5.7	5.9	6.3	7.1	2.0	2.1	2.2	2.5	3.5	3.7	3.9	4.4	5.2	5.4	5.7	6.0	2.5	2.6	2.8	3.1
	物化	东部	7.7	8.0	8.5	9.6	2.5	2.6	2.7	3.1	4.6	4.8	5.1	5.8	7.1	7.3	7.8	8.4	3.2	3.3	3.5	3.9
		中部	4.2	4.3	4.6	5.2	1.4	1.5	1.5	1.7	2.5	2.6	2.8	3.2	3.8	4.0	4.2	4.5	1.8	1.8	1.9	2.2
		西部	4.2	4.3	4.6	5.2	1.4	1.5	1.5	1.7	2.5	2.6	2.8	3.2	3.8	4.0	4.2	4.5	1.8	1.8	1.9	2.2

企业性质	处理方法	地区	锰冶炼				铁合金冶炼				钢压延加工				炼钢				炼铁			
			30%	50%	70%	90%	30%	50%	70%	90%	30%	50%	70%	90%	30%	50%	70%	90%	30%	50%	70%	90%
私营	组合	东部	16.8	17.5	18.5	21.0	5.1	5.3	5.6	6.3	9.8	10.2	10.8	12.3	15.3	15.9	16.9	18.6	6.6	6.8	7.3	8.2
		中部	8.9	9.2	9.8	11.1	2.8	2.9	3.1	3.4	5.3	5.5	5.8	6.5	8.1	8.4	8.9	9.7	3.6	3.7	3.9	4.4
		西部	8.9	9.2	9.8	11.1	2.8	2.9	3.1	3.4	5.3	5.5	5.8	6.5	8.1	8.4	8.9	9.7	3.6	3.7	3.9	4.4
外资	物理	东部	9.8	10.1	10.8	12.2	3.0	3.1	3.3	3.7	5.7	6.0	6.3	7.2	8.9	9.2	9.8	10.8	3.8	4.0	4.2	4.8
		中部	5.2	5.4	5.7	6.4	1.6	1.7	1.8	2.0	3.1	3.2	3.4	3.8	4.7	4.9	5.2	5.6	2.1	2.2	2.3	2.6
		西部	5.2	5.4	5.7	6.4	1.6	1.7	1.8	2.0	3.1	3.2	3.4	3.8	4.7	4.9	5.2	5.6	2.1	2.2	2.3	2.6
	化学	东部	53.4	55.5	58.9	67.0	15.4	16.0	16.9	19.2	30.7	31.9	33.9	38.5	48.7	50.6	53.7	60.2	20.1	20.9	22.2	25.2
		中部	27.6	28.7	30.4	34.6	8.1	8.4	8.9	10.1	16.0	16.6	17.6	20.0	25.1	26.1	27.7	30.9	10.5	10.9	11.6	13.2
		西部	27.6	28.7	30.4	34.6	8.1	8.4	8.9	10.1	16.0	16.6	17.6	20.0	25.1	26.1	27.7	30.9	10.5	10.9	11.6	13.2
	生物	东部	16.0	16.6	17.6	19.8	5.6	5.8	6.1	6.9	9.9	10.2	10.8	12.2	14.6	15.1	16.0	16.8	7.0	7.3	7.7	8.6
		中部	9.0	9.3	9.8	11.1	3.3	3.4	3.6	4.1	5.7	5.9	6.2	7.0	8.2	8.5	9.0	9.2	4.1	4.3	4.5	5.0
		西部	9.0	9.3	9.8	11.1	3.3	3.4	3.6	4.1	5.7	5.9	6.2	7.0	8.2	8.5	9.0	9.2	4.1	4.3	4.5	5.0
	物化	东部	11.7	12.2	12.9	14.6	3.9	4.1	4.3	4.8	7.1	7.4	7.8	8.8	10.7	11.1	11.8	12.5	5.0	5.1	5.4	6.1
		中部	6.4	6.7	7.1	8.0	2.3	2.3	2.5	2.8	4.0	4.1	4.4	4.9	5.9	6.1	6.5	6.7	2.8	2.9	3.1	3.5
		西部	6.4	6.7	7.1	8.0	2.3	2.3	2.5	2.8	4.0	4.1	4.4	4.9	5.9	6.1	6.5	6.7	2.8	2.9	3.1	3.5
	组合	东部	25.0	26.0	27.5	31.2	7.8	8.1	8.6	9.7	14.8	15.3	16.3	18.4	22.8	23.7	25.1	27.4	10.0	10.4	11.0	12.4
		中部	13.3	13.8	14.7	16.6	4.3	4.5	4.7	5.3	8.0	8.3	8.8	9.9	12.1	12.6	13.4	14.4	5.5	5.7	6.0	6.8
		西部	13.3	13.8	14.7	16.6	4.3	4.5	4.7	5.3	8.0	8.3	8.8	9.9	12.1	12.6	13.4	14.4	5.5	5.7	6.0	6.8

注：设计处理能力与处理量为该行业的 1/4 分位数，黑色金属冶炼及压延加工业设计处理能力的 1/4 分位数为 50 t/d，处理量的 1/4 分位数为 4 351 t/a。

表 1-39 处理能力为 3/4 分位数时黑色金属冶炼及压延加工业单位废水治理费用（不含固定资产折旧费） 单位：元/t

企业性质	处理方法	地区	锰冶炼				铁合金冶炼				钢压延加工				炼钢				炼铁			
			30%	50%	70%	90%	30%	50%	70%	90%	30%	50%	70%	90%	30%	50%	70%	90%	30%	50%	70%	90%
国有	物理	东部	1.87	1.94	2.07	2.35	0.51	0.53	0.57	0.64	1.06	1.10	1.17	1.33	1.70	1.77	1.88	2.14	0.68	0.71	0.75	0.85
		中部	0.95	0.99	1.05	1.19	0.26	0.27	0.29	0.33	0.54	0.56	0.59	0.67	0.86	0.90	0.95	1.09	0.34	0.36	0.38	0.43
		西部	0.95	0.99	1.05	1.19	0.26	0.27	0.29	0.33	0.54	0.56	0.59	0.67	0.86	0.90	0.95	1.09	0.34	0.36	0.38	0.43
	化学	东部	10.92	11.36	12.07	13.74	2.99	3.11	3.30	3.76	6.18	6.43	6.83	7.78	9.95	10.35	10.99	12.52	3.96	4.12	4.38	4.98
		中部	5.53	5.76	6.11	6.96	1.51	1.57	1.67	1.90	3.13	3.26	3.46	3.94	5.04	5.24	5.57	6.34	2.01	2.09	2.22	2.52
		西部	5.53	5.76	6.11	6.96	1.51	1.57	1.67	1.90	3.13	3.26	3.46	3.94	5.04	5.24	5.57	6.34	2.01	2.09	2.22	2.52
	生物	东部	2.53	2.63	2.79	3.18	0.69	0.72	0.76	0.87	1.43	1.49	1.58	1.80	2.30	2.40	2.55	2.90	0.92	0.95	1.01	1.15
		中部	1.28	1.33	1.42	1.61	0.35	0.36	0.39	0.44	0.72	0.75	0.80	0.91	1.17	1.21	1.29	1.47	0.46	0.48	0.51	0.58
		西部	1.28	1.33	1.42	1.61	0.35	0.36	0.39	0.44	0.72	0.75	0.80	0.91	1.17	1.21	1.29	1.47	0.46	0.48	0.51	0.58
	物化	东部	2.00	2.08	2.21	2.51	0.55	0.57	0.60	0.69	1.13	1.18	1.25	1.42	1.82	1.89	2.01	2.29	0.72	0.75	0.80	0.91
		中部	1.01	1.05	1.12	1.27	0.28	0.29	0.31	0.35	0.57	0.60	0.63	0.72	0.92	0.96	1.02	1.16	0.37	0.38	0.41	0.46
		西部	1.01	1.05	1.12	1.27	0.28	0.29	0.31	0.35	0.57	0.60	0.63	0.72	0.92	0.96	1.02	1.16	0.37	0.38	0.41	0.46
	组合	东部	4.66	4.85	5.15	5.87	1.28	1.33	1.41	1.60	2.64	2.75	2.92	3.32	4.25	4.42	4.69	5.34	1.69	1.76	1.87	2.13
		中部	2.36	2.46	2.61	2.97	0.65	0.67	0.71	0.81	1.34	1.39	1.48	1.68	2.15	2.24	2.38	2.71	0.86	0.89	0.95	1.08
		西部	2.36	2.46	2.61	2.97	0.65	0.67	0.71	0.81	1.34	1.39	1.48	1.68	2.15	2.24	2.38	2.71	0.86	0.89	0.95	1.08
其他	物理	东部	0.92	0.96	1.02	1.16	0.25	0.26	0.28	0.32	0.52	0.54	0.58	0.66	0.84	0.88	0.93	1.06	0.34	0.35	0.37	0.42
		中部	0.47	0.49	0.52	0.59	0.13	0.13	0.14	0.16	0.27	0.28	0.29	0.33	0.43	0.44	0.47	0.54	0.17	0.18	0.19	0.21
		西部	0.47	0.49	0.52	0.59	0.13	0.13	0.14	0.16	0.27	0.28	0.29	0.33	0.43	0.44	0.47	0.54	0.17	0.18	0.19	0.21
	化学	东部	5.40	5.62	5.97	6.79	1.48	1.54	1.63	1.86	3.06	3.18	3.38	3.85	4.92	5.12	5.44	6.19	1.96	2.04	2.16	2.46
		中部	2.74	2.85	3.02	3.44	0.75	0.78	0.83	0.94	1.55	1.61	1.71	1.95	2.49	2.59	2.75	3.14	0.99	1.03	1.10	1.25
		西部	2.74	2.85	3.02	3.44	0.75	0.78	0.83	0.94	1.55	1.61	1.71	1.95	2.49	2.59	2.75	3.14	0.99	1.03	1.10	1.25

企业性质	处理方法	地区	锰冶炼				铁合金冶炼				钢压延加工				炼钢				炼铁			
			30%	50%	70%	90%	30%	50%	70%	90%	30%	50%	70%	90%	30%	50%	70%	90%	30%	50%	70%	90%
其他	生物	东部	1.25	1.30	1.38	1.57	0.34	0.36	0.38	0.43	0.71	0.74	0.78	0.89	1.14	1.19	1.26	1.43	0.45	0.47	0.50	0.57
		中部	0.63	0.66	0.70	0.80	0.17	0.18	0.19	0.22	0.36	0.37	0.40	0.45	0.58	0.60	0.64	0.73	0.23	0.24	0.25	0.29
		西部	0.63	0.66	0.70	0.80	0.17	0.18	0.19	0.22	0.36	0.37	0.40	0.45	0.58	0.60	0.64	0.73	0.23	0.24	0.25	0.29
	物化	东部	0.99	1.03	1.09	1.24	0.27	0.28	0.30	0.34	0.56	0.58	0.62	0.70	0.90	0.94	0.99	1.13	0.36	0.37	0.40	0.45
		中部	0.50	0.52	0.55	0.63	0.14	0.14	0.15	0.17	0.28	0.29	0.31	0.36	0.46	0.47	0.50	0.57	0.18	0.19	0.20	0.23
		西部	0.50	0.52	0.55	0.63	0.14	0.14	0.15	0.17	0.28	0.29	0.31	0.36	0.46	0.47	0.50	0.57	0.18	0.19	0.20	0.23
	组合	东部	2.31	2.40	2.55	2.90	0.63	0.66	0.70	0.79	1.31	1.36	1.44	1.64	2.10	2.19	2.32	2.64	0.84	0.87	0.92	1.05
		中部	1.17	1.22	1.29	1.47	0.32	0.33	0.35	0.40	0.66	0.69	0.73	0.83	1.06	1.11	1.18	1.34	0.42	0.44	0.47	0.53
		西部	1.17	1.22	1.29	1.47	0.32	0.33	0.35	0.40	0.66	0.69	0.73	0.83	1.06	1.11	1.18	1.34	0.42	0.44	0.47	0.53
私营	物理	东部	0.64	0.67	0.71	0.81	0.18	0.18	0.19	0.22	0.36	0.38	0.40	0.46	0.59	0.61	0.65	0.74	0.23	0.24	0.26	0.29
		中部	0.33	0.34	0.36	0.41	0.09	0.09	0.10	0.11	0.18	0.19	0.20	0.23	0.30	0.31	0.33	0.37	0.12	0.12	0.13	0.15
		西部	0.33	0.34	0.36	0.41	0.09	0.09	0.10	0.11	0.18	0.19	0.20	0.23	0.30	0.31	0.33	0.37	0.12	0.12	0.13	0.15
	化学	东部	3.75	3.90	4.15	4.72	1.03	1.07	1.13	1.29	2.12	2.21	2.35	2.67	3.42	3.56	3.78	4.30	1.36	1.42	1.50	1.71
		中部	1.90	1.98	2.10	2.39	0.52	0.54	0.57	0.65	1.08	1.12	1.19	1.35	1.73	1.80	1.91	2.18	0.69	0.72	0.76	0.87
		西部	1.90	1.98	2.10	2.39	0.52	0.54	0.57	0.65	1.08	1.12	1.19	1.35	1.73	1.80	1.91	2.18	0.69	0.72	0.76	0.87
	生物	东部	0.87	0.90	0.96	1.09	0.24	0.25	0.26	0.30	0.49	0.51	0.54	0.62	0.79	0.82	0.87	1.00	0.32	0.33	0.35	0.40
		中部	0.44	0.46	0.49	0.55	0.12	0.13	0.13	0.15	0.25	0.26	0.28	0.31	0.40	0.42	0.44	0.50	0.16	0.17	0.18	0.20
		西部	0.44	0.46	0.49	0.55	0.12	0.13	0.13	0.15	0.25	0.26	0.28	0.31	0.40	0.42	0.44	0.50	0.16	0.17	0.18	0.20
	物化	东部	0.69	0.71	0.76	0.86	0.19	0.20	0.21	0.24	0.39	0.40	0.43	0.49	0.63	0.65	0.69	0.79	0.25	0.26	0.28	0.31
		中部	0.35	0.36	0.38	0.44	0.10	0.10	0.11	0.12	0.20	0.20	0.22	0.25	0.32	0.33	0.35	0.40	0.13	0.13	0.14	0.16
		西部	0.35	0.36	0.38	0.44	0.10	0.10	0.11	0.12	0.20	0.20	0.22	0.25	0.32	0.33	0.35	0.40	0.13	0.13	0.14	0.16

企业性质	处理方法	地区	锰冶炼				铁合金冶炼				钢压延加工				炼钢				炼铁			
			30%	50%	70%	90%	30%	50%	70%	90%	30%	50%	70%	90%	30%	50%	70%	90%	30%	50%	70%	90%
私营	组合	东部	1.60	1.67	1.77	2.02	0.44	0.46	0.48	0.55	0.91	0.94	1.00	1.14	1.46	1.52	1.61	1.84	0.58	0.60	0.64	0.73
		中部	0.81	0.84	0.90	1.02	0.22	0.23	0.25	0.28	0.46	0.48	0.51	0.58	0.74	0.77	0.82	0.93	0.29	0.31	0.33	0.37
		西部	0.81	0.84	0.90	1.02	0.22	0.23	0.25	0.28	0.46	0.48	0.51	0.58	0.74	0.77	0.82	0.93	0.29	0.31	0.33	0.37
外资	物理	东部	0.92	0.96	1.02	1.16	0.25	0.26	0.28	0.32	0.52	0.54	0.58	0.66	0.84	0.88	0.93	1.06	0.34	0.35	0.37	0.42
		中部	0.47	0.49	0.52	0.59	0.13	0.13	0.14	0.16	0.27	0.28	0.29	0.33	0.43	0.44	0.47	0.54	0.17	0.18	0.19	0.21
		西部	0.47	0.49	0.52	0.59	0.13	0.13	0.14	0.16	0.27	0.28	0.29	0.33	0.43	0.44	0.47	0.54	0.17	0.18	0.19	0.21
	化学	东部	5.40	5.62	5.97	6.79	1.48	1.54	1.63	1.86	3.06	3.18	3.38	3.85	4.92	5.12	5.44	6.19	1.96	2.04	2.16	2.46
		中部	2.74	2.85	3.02	3.44	0.75	0.78	0.83	0.94	1.55	1.61	1.71	1.95	2.49	2.59	2.75	3.14	0.99	1.03	1.10	1.25
		西部	2.74	2.85	3.02	3.44	0.75	0.78	0.83	0.94	1.55	1.61	1.71	1.95	2.49	2.59	2.75	3.14	0.99	1.03	1.10	1.25
	生物	东部	1.25	1.30	1.38	1.57	0.34	0.36	0.38	0.43	0.71	0.74	0.78	0.89	1.14	1.19	1.26	1.43	0.45	0.47	0.50	0.57
		中部	0.63	0.66	0.70	0.80	0.17	0.18	0.19	0.22	0.36	0.37	0.40	0.45	0.58	0.60	0.64	0.73	0.23	0.24	0.25	0.29
		西部	0.63	0.66	0.70	0.80	0.17	0.18	0.19	0.22	0.36	0.37	0.40	0.45	0.58	0.60	0.64	0.73	0.23	0.24	0.25	0.29
	物化	东部	0.99	1.03	1.09	1.24	0.27	0.28	0.30	0.34	0.56	0.58	0.62	0.70	0.90	0.94	0.99	1.13	0.36	0.37	0.40	0.45
		中部	0.50	0.52	0.55	0.63	0.14	0.14	0.15	0.17	0.28	0.29	0.31	0.36	0.46	0.47	0.50	0.57	0.18	0.19	0.20	0.23
		西部	0.50	0.52	0.55	0.63	0.14	0.14	0.15	0.17	0.28	0.29	0.31	0.36	0.46	0.47	0.50	0.57	0.18	0.19	0.20	0.23
	组合	东部	2.31	2.40	2.55	2.90	0.63	0.66	0.70	0.79	1.31	1.36	1.44	1.64	2.10	2.19	2.32	2.64	0.84	0.87	0.92	1.05
		中部	1.17	1.22	1.29	1.47	0.32	0.33	0.35	0.40	0.66	0.69	0.73	0.83	1.06	1.11	1.18	1.34	0.42	0.44	0.47	0.53
		西部	1.17	1.22	1.29	1.47	0.32	0.33	0.35	0.40	0.66	0.69	0.73	0.83	1.06	1.11	1.18	1.34	0.42	0.44	0.47	0.53

注：设计处理能力与处理量为该行业的 3/4 分位数，黑色金属冶炼及压延加工业计处理能力的 3/4 分位数为 3 500 t/d，处理量的 3/4 分位数为 450 750 t/a。

表 1-40　处理能力为 3/4 分位数时黑色金属冶炼及压延加工业单位废水治理费用（含固定资产折旧费）　单位：元/t

企业性质	处理方法	地区	锰冶炼				铁合金冶炼				钢压延加工				炼钢				炼铁			
			30%	50%	70%	90%	30%	50%	70%	90%	30%	50%	70%	90%	30%	50%	70%	90%	30%	50%	70%	90%
国有	物理	东部	2.04	2.12	2.24	2.55	0.61	0.63	0.67	0.75	1.18	1.23	1.31	1.48	1.86	1.93	2.05	2.27	0.79	0.82	0.87	0.98
		中部	1.06	1.11	1.17	1.33	0.33	0.34	0.36	0.41	0.63	0.65	0.69	0.78	0.97	1.01	1.07	1.18	0.42	0.44	0.46	0.52
		西部	1.06	1.11	1.17	1.33	0.33	0.34	0.36	0.41	0.63	0.65	0.69	0.78	0.97	1.01	1.07	1.18	0.42	0.44	0.46	0.52
	化学	东部	11.32	11.78	12.50	14.22	3.22	3.34	3.55	4.03	6.49	6.75	7.16	8.14	10.32	10.73	11.39	12.83	4.22	4.39	4.66	5.30
		中部	5.82	6.05	6.42	7.30	1.68	1.74	1.85	2.10	3.35	3.48	3.70	4.20	5.30	5.52	5.85	6.56	2.19	2.28	2.42	2.75
		西部	5.82	6.05	6.42	7.30	1.68	1.74	1.85	2.10	3.35	3.48	3.70	4.20	5.30	5.52	5.85	6.56	2.19	2.28	2.42	2.75
	生物	东部	3.19	3.31	3.51	3.97	1.06	1.10	1.17	1.31	1.93	2.01	2.12	2.40	2.91	3.02	3.20	3.41	1.35	1.40	1.48	1.67
		中部	1.75	1.82	1.92	2.17	0.61	0.64	0.67	0.76	1.08	1.12	1.19	1.34	1.60	1.66	1.75	1.83	0.77	0.80	0.84	0.95
		西部	1.75	1.82	1.92	2.17	0.61	0.64	0.67	0.76	1.08	1.12	1.19	1.34	1.60	1.66	1.75	1.83	0.77	0.80	0.84	0.95
	物化	东部	2.38	2.47	2.62	2.97	0.76	0.79	0.84	0.94	1.42	1.47	1.56	1.77	2.17	2.25	2.39	2.58	0.97	1.01	1.07	1.21
		中部	1.28	1.33	1.41	1.60	0.43	0.45	0.47	0.53	0.78	0.81	0.85	0.97	1.17	1.21	1.29	1.37	0.54	0.56	0.60	0.67
		西部	1.28	1.33	1.41	1.60	0.43	0.45	0.47	0.53	0.78	0.81	0.85	0.97	1.17	1.21	1.29	1.37	0.54	0.56	0.60	0.67
	组合	东部	5.18	5.38	5.71	6.48	1.56	1.63	1.72	1.95	3.03	3.15	3.34	3.78	4.72	4.90	5.20	5.74	2.03	2.10	2.23	2.52
		中部	2.73	2.83	3.00	3.41	0.85	0.88	0.94	1.06	1.61	1.68	1.78	2.01	2.49	2.58	2.74	2.99	1.09	1.14	1.20	1.36
		西部	2.73	2.83	3.00	3.41	0.85	0.88	0.94	1.06	1.61	1.68	1.78	2.01	2.49	2.58	2.74	2.99	1.09	1.14	1.20	1.36
其他	物理	东部	1.01	1.05	1.12	1.27	0.30	0.31	0.33	0.38	0.59	0.61	0.65	0.74	0.92	0.96	1.02	1.13	0.39	0.41	0.43	0.49
		中部	0.53	0.55	0.58	0.66	0.16	0.17	0.18	0.20	0.31	0.32	0.34	0.39	0.48	0.50	0.53	0.58	0.21	0.22	0.23	0.26
		西部	0.53	0.55	0.58	0.66	0.16	0.17	0.18	0.20	0.31	0.32	0.34	0.39	0.48	0.50	0.53	0.58	0.21	0.22	0.23	0.26
	化学	东部	5.61	5.84	6.20	7.05	1.60	1.66	1.76	2.00	3.22	3.35	3.55	4.04	5.11	5.32	5.65	6.35	2.10	2.18	2.31	2.63
		中部	2.89	3.00	3.19	3.62	0.83	0.87	0.92	1.04	1.66	1.73	1.83	2.08	2.63	2.74	2.90	3.25	1.09	1.13	1.20	1.36
		西部	2.89	3.00	3.19	3.62	0.83	0.87	0.92	1.04	1.66	1.73	1.83	2.08	2.63	2.74	2.90	3.25	1.09	1.13	1.20	1.36

企业性质	处理方法	地区	锰冶炼				铁合金冶炼				钢压延加工				炼钢				炼铁			
			30%	50%	70%	90%	30%	50%	70%	90%	30%	50%	70%	90%	30%	50%	70%	90%	30%	50%	70%	90%
其他	生物	东部	1.59	1.66	1.75	1.98	0.54	0.56	0.59	0.66	0.97	1.01	1.06	1.20	1.45	1.51	1.60	1.70	0.68	0.70	0.74	0.84
		中部	0.88	0.91	0.96	1.09	0.31	0.32	0.34	0.38	0.54	0.56	0.60	0.67	0.80	0.83	0.88	0.92	0.39	0.40	0.43	0.48
		西部	0.88	0.91	0.96	1.09	0.31	0.32	0.34	0.38	0.54	0.56	0.60	0.67	0.80	0.83	0.88	0.92	0.39	0.40	0.43	0.48
	物化	东部	1.19	1.23	1.31	1.48	0.38	0.40	0.42	0.47	0.71	0.74	0.78	0.88	1.08	1.12	1.19	1.29	0.49	0.51	0.54	0.60
		中部	0.64	0.67	0.71	0.80	0.22	0.22	0.24	0.27	0.39	0.41	0.43	0.48	0.59	0.61	0.64	0.68	0.27	0.28	0.30	0.34
		西部	0.64	0.67	0.71	0.80	0.22	0.22	0.24	0.27	0.39	0.41	0.43	0.48	0.59	0.61	0.64	0.68	0.27	0.28	0.30	0.34
	组合	东部	2.57	2.67	2.84	3.22	0.78	0.81	0.86	0.97	1.51	1.57	1.66	1.88	2.35	2.44	2.59	2.85	1.01	1.05	1.11	1.26
		中部	1.36	1.41	1.50	1.70	0.43	0.44	0.47	0.53	0.81	0.84	0.89	1.00	1.24	1.29	1.36	1.49	0.55	0.57	0.60	0.68
		西部	1.36	1.41	1.50	1.70	0.43	0.44	0.47	0.53	0.81	0.84	0.89	1.00	1.24	1.29	1.36	1.49	0.55	0.57	0.60	0.68
私营	物理	东部	0.71	0.73	0.78	0.88	0.21	0.22	0.23	0.26	0.41	0.43	0.45	0.52	0.64	0.67	0.71	0.79	0.27	0.29	0.30	0.34
		中部	0.37	0.39	0.41	0.46	0.11	0.12	0.13	0.14	0.22	0.23	0.24	0.27	0.34	0.35	0.37	0.41	0.15	0.15	0.16	0.18
		西部	0.37	0.39	0.41	0.46	0.11	0.12	0.13	0.14	0.22	0.23	0.24	0.27	0.34	0.35	0.37	0.41	0.15	0.15	0.16	0.18
	化学	东部	3.91	4.07	4.32	4.91	1.12	1.16	1.23	1.40	2.24	2.33	2.48	2.81	3.56	3.71	3.93	4.42	1.46	1.52	1.61	1.83
		中部	2.01	2.09	2.22	2.52	0.58	0.61	0.64	0.73	1.16	1.21	1.28	1.45	1.83	1.91	2.02	2.27	0.76	0.79	0.84	0.95
		西部	2.01	2.09	2.22	2.52	0.58	0.61	0.64	0.73	1.16	1.21	1.28	1.45	1.83	1.91	2.02	2.27	0.76	0.79	0.84	0.95
	生物	东部	1.12	1.17	1.24	1.40	0.38	0.40	0.42	0.47	0.69	0.71	0.75	0.85	1.03	1.06	1.13	1.19	0.48	0.50	0.53	0.59
		中部	0.62	0.65	0.68	0.77	0.22	0.23	0.24	0.27	0.39	0.40	0.42	0.48	0.57	0.59	0.62	0.65	0.28	0.29	0.30	0.34
		西部	0.62	0.65	0.68	0.77	0.22	0.23	0.24	0.27	0.39	0.40	0.42	0.48	0.57	0.59	0.62	0.65	0.28	0.29	0.30	0.34
	物化	东部	0.83	0.87	0.92	1.04	0.27	0.28	0.30	0.34	0.50	0.52	0.55	0.62	0.76	0.79	0.84	0.90	0.35	0.36	0.38	0.43
		中部	0.45	0.47	0.50	0.56	0.15	0.16	0.17	0.19	0.28	0.29	0.30	0.34	0.41	0.43	0.45	0.48	0.19	0.20	0.21	0.24
		西部	0.45	0.47	0.50	0.56	0.15	0.16	0.17	0.19	0.28	0.29	0.30	0.34	0.41	0.43	0.45	0.48	0.19	0.20	0.21	0.24

企业性质	处理方法	地区	锰冶炼				铁合金冶炼				钢压延加工				炼钢				炼铁			
			30%	50%	70%	90%	30%	50%	70%	90%	30%	50%	70%	90%	30%	50%	70%	90%	30%	50%	70%	90%
私营	组合	东部	1.80	1.87	1.99	2.25	0.55	0.57	0.61	0.68	1.06	1.10	1.16	1.32	1.64	1.71	1.81	1.99	0.71	0.74	0.78	0.89
		中部	0.95	0.99	1.05	1.19	0.30	0.31	0.33	0.37	0.57	0.59	0.62	0.71	0.87	0.90	0.96	1.04	0.39	0.40	0.42	0.48
		西部	0.95	0.99	1.05	1.19	0.30	0.31	0.33	0.37	0.57	0.59	0.62	0.71	0.87	0.90	0.96	1.04	0.39	0.40	0.42	0.48
外资	物理	东部	1.05	1.09	1.15	1.31	0.32	0.33	0.35	0.40	0.62	0.64	0.68	0.77	0.95	0.99	1.05	1.15	0.42	0.43	0.46	0.52
		中部	0.56	0.58	0.61	0.69	0.18	0.18	0.19	0.22	0.33	0.34	0.36	0.41	0.51	0.53	0.56	0.60	0.23	0.24	0.25	0.28
		西部	0.56	0.58	0.61	0.69	0.18	0.18	0.19	0.22	0.33	0.34	0.36	0.41	0.51	0.53	0.56	0.60	0.23	0.24	0.25	0.28
	化学	东部	5.70	5.93	6.29	7.15	1.65	1.71	1.81	2.06	3.28	3.41	3.62	4.12	5.19	5.40	5.73	6.42	2.15	2.24	2.37	2.70
		中部	2.95	3.07	3.25	3.69	0.87	0.90	0.96	1.08	1.71	1.78	1.89	2.14	2.69	2.79	2.96	3.30	1.13	1.17	1.25	1.41
		西部	2.95	3.07	3.25	3.69	0.87	0.90	0.96	1.08	1.71	1.78	1.89	2.14	2.69	2.79	2.96	3.30	1.13	1.17	1.25	1.41
	生物	东部	1.74	1.80	1.91	2.15	0.62	0.64	0.67	0.76	1.08	1.12	1.18	1.33	1.59	1.65	1.74	1.81	0.77	0.80	0.84	0.95
		中部	0.98	1.02	1.07	1.21	0.37	0.38	0.40	0.45	0.62	0.64	0.68	0.76	0.89	0.93	0.98	0.99	0.45	0.47	0.50	0.56
		西部	0.98	1.02	1.07	1.21	0.37	0.38	0.40	0.45	0.62	0.64	0.68	0.76	0.89	0.93	0.98	0.99	0.45	0.47	0.50	0.56
	物化	东部	1.27	1.32	1.40	1.58	0.43	0.44	0.47	0.53	0.77	0.80	0.85	0.96	1.16	1.20	1.27	1.35	0.54	0.56	0.59	0.67
		中部	0.70	0.73	0.77	0.87	0.25	0.26	0.27	0.31	0.43	0.45	0.48	0.54	0.64	0.66	0.70	0.73	0.31	0.32	0.34	0.38
		西部	0.70	0.73	0.77	0.87	0.25	0.26	0.27	0.31	0.43	0.45	0.48	0.54	0.64	0.66	0.70	0.73	0.31	0.32	0.34	0.38
	组合	东部	2.68	2.79	2.96	3.35	0.84	0.88	0.93	1.05	1.59	1.65	1.75	1.98	2.45	2.54	2.70	2.94	1.08	1.12	1.19	1.35
		中部	1.44	1.49	1.58	1.79	0.47	0.49	0.52	0.58	0.87	0.90	0.95	1.07	1.31	1.36	1.44	1.55	0.60	0.62	0.66	0.74
		西部	1.44	1.49	1.58	1.79	0.47	0.49	0.52	0.58	0.87	0.90	0.95	1.07	1.31	1.36	1.44	1.55	0.60	0.62	0.66	0.74

注：设计处理能力与处理量为该行业的 3/4 分位数，黑色金属冶炼及压延加工业设计处理能力的 3/4 分位数为 3 500 t/d，处理量的 3/4 分位数为 450 750 t/a。

（8）有色金属冶炼及压延加工业

表 1-41　处理能力为中位数时有色金属冶炼及压延加工业单位废水治理费用（不含固定资产折旧）

单位：元/t

企业性质	处理方法	地区	有色金属压延加工	有色金属合金制造	稀有稀土金属冶炼	贵金属冶炼	常用有色金属冶炼
国有	物理	东部	4.16	5.09	8.68	8.16	5.09
		中部	2.46	3.02	5.14	4.83	3.02
		西部	2.46	3.02	5.14	4.83	3.02
	化学	东部	7.68	9.40	16.04	15.07	9.40
		中部	4.55	5.57	9.51	8.93	5.57
		西部	4.55	5.57	9.51	8.93	5.57
	生物	东部	8.79	10.76	18.35	17.25	10.76
		中部	5.21	6.38	10.88	10.22	6.38
		西部	5.21	6.38	10.88	10.22	6.38
	物化	东部	8.79	10.76	18.35	17.25	10.76
		中部	5.21	6.38	10.88	10.22	6.38
		西部	5.21	6.38	10.88	10.22	6.38
	组合	东部	8.79	10.76	18.35	17.25	10.76
		中部	5.21	6.38	10.88	10.22	6.38
		西部	5.21	6.38	10.88	10.22	6.38
其他	物理	东部	3.16	3.86	6.59	6.19	3.86
		中部	1.87	2.29	3.91	3.67	2.29
		西部	1.87	2.29	3.91	3.67	2.29

企业性质	处理方法	地区	有色金属压延加工	有色金属合金制造	稀有稀土金属冶炼	贵金属冶炼	常用有色金属冶炼
其他	化学	东部	5.83	7.13	12.17	11.44	7.13
		中部	3.46	4.23	7.21	6.78	4.23
		西部	3.46	4.23	7.21	6.78	4.23
	生物	东部	6.67	8.17	13.93	13.09	8.17
		中部	3.96	4.84	8.26	7.76	4.84
		西部	3.96	4.84	8.26	7.76	4.84
	物化	东部	6.67	8.17	13.93	13.09	8.17
		中部	3.96	4.84	8.26	7.76	4.84
		西部	3.96	4.84	8.26	7.76	4.84
	组合	东部	6.67	8.17	13.93	13.09	8.17
		中部	3.96	4.84	8.26	7.76	4.84
		西部	3.96	4.84	8.26	7.76	4.84
私营	物理	东部	2.37	2.90	4.95	4.65	2.90
		中部	1.40	1.72	2.93	2.76	1.72
		西部	1.40	1.72	2.93	2.76	1.72
	化学	东部	4.38	5.36	9.14	8.59	5.36
		中部	2.60	3.18	5.42	5.09	3.18
		西部	2.60	3.18	5.42	5.09	3.18
	生物	东部	5.01	6.13	10.46	9.83	6.13
		中部	2.97	3.64	6.20	5.83	3.64
		西部	2.97	3.64	6.20	5.83	3.64

企业性质	处理方法	地区	有色金属压延加工	有色金属合金制造	稀有稀土金属冶炼	贵金属冶炼	常用有色金属冶炼
私营	物化	东部	5.01	6.13	10.46	9.83	6.13
		中部	2.97	3.64	6.20	5.83	3.64
		西部	2.97	3.64	6.20	5.83	3.64
	组合	东部	5.01	6.13	10.46	9.83	6.13
		中部	2.97	3.64	6.20	5.83	3.64
		西部	2.97	3.64	6.20	5.83	3.64
外资	物理	东部	3.15	3.86	6.59	6.19	3.86
		中部	1.87	2.29	3.90	3.67	2.29
		西部	1.87	2.29	3.90	3.67	2.29
	化学	东部	5.83	7.13	12.17	11.44	7.13
		中部	3.46	4.23	7.21	6.78	4.23
		西部	3.46	4.23	7.21	6.78	4.23
	生物	东部	6.67	8.16	13.93	13.09	8.16
		中部	3.95	4.84	8.26	7.76	4.84
		西部	3.95	4.84	8.26	7.76	4.84
	物化	东部	6.67	8.16	13.93	13.09	8.16
		中部	3.95	4.84	8.26	7.76	4.84
		西部	3.95	4.84	8.26	7.76	4.84
	组合	东部	6.67	8.16	13.93	13.09	8.16
		中部	3.95	4.84	8.26	7.76	4.84
		西部	3.95	4.84	8.26	7.76	4.84

注：设计处理能力与处理量为该行业的中位数，有色金属冶炼与压延加工业设计处理能力的中位数为 150 t/d，处理量的中位数为 1.12 万 t/a。

表 1-42　处理能力为中位数时有色金属冶炼及压延加工业单位废水治理费用（含固定资产折旧）

单位：元/t

企业性质	处理方法	地区	有色金属压延加工				有色金属合金制造				稀有稀土金属冶炼				贵金属冶炼				常用有色金属冶炼			
			30%	50%	70%	90%	30%	50%	70%	90%	30%	50%	70%	90%	30%	50%	70%	90%	30%	50%	70%	90%
国有	物理	东部	4.55	4.57	4.59	4.63	5.48	5.50	5.52	5.56	9.41	9.43	9.47	9.55	9.09	9.12	9.17	9.28	5.67	4.55	4.57	4.59
		中部	2.77	2.78	2.80	2.84	3.33	3.33	3.35	3.39	5.71	5.73	5.76	5.83	5.56	5.59	5.63	5.71	3.47	2.77	2.78	2.80
		西部	2.77	2.78	2.80	2.84	3.33	3.33	3.35	3.39	5.71	5.73	5.76	5.83	5.56	5.59	5.63	5.71	3.47	2.77	2.78	2.80
	化学	东部	8.38	8.41	8.44	8.52	10.10	10.13	10.16	10.24	17.33	17.37	17.44	17.59	16.73	16.78	16.87	17.06	10.43	8.38	8.41	8.44
		中部	5.10	5.12	5.15	5.21	6.12	6.14	6.17	6.23	10.52	10.55	10.60	10.72	10.23	10.27	10.34	10.49	6.38	5.10	5.12	5.15
		西部	5.10	5.12	5.15	5.21	6.12	6.14	6.17	6.23	10.52	10.55	10.60	10.72	10.23	10.27	10.34	10.49	6.38	5.10	5.12	5.15
	生物	东部	9.84	9.88	9.93	10.06	11.81	11.85	11.90	12.02	20.29	20.36	20.45	20.68	19.74	19.82	19.94	20.24	12.31	9.84	9.88	9.93
		中部	6.03	6.06	6.10	6.20	7.20	7.23	7.27	7.37	12.40	12.44	12.52	12.70	12.17	12.23	12.33	12.56	7.59	6.03	6.06	6.10
		西部	6.03	6.06	6.10	6.20	7.20	7.23	7.27	7.37	12.40	12.44	12.52	12.70	12.17	12.23	12.33	12.56	7.59	6.03	6.06	6.10
	物化	东部	9.84	9.88	9.93	10.06	11.81	11.85	11.90	12.02	20.29	20.36	20.45	20.68	19.74	19.82	19.94	20.24	12.31	9.84	9.88	9.93
		中部	6.03	6.06	6.10	6.20	7.20	7.23	7.27	7.37	12.40	12.44	12.52	12.70	12.17	12.23	12.33	12.56	7.59	6.03	6.06	6.10
		西部	6.03	6.06	6.10	6.20	7.20	7.23	7.27	7.37	12.40	12.44	12.52	12.70	12.17	12.23	12.33	12.56	7.59	6.03	6.06	6.10
	组合	东部	9.84	9.88	9.93	10.06	11.81	11.85	11.90	12.02	20.29	20.36	20.45	20.68	19.74	19.82	19.94	20.24	12.31	9.84	9.88	9.93
		中部	6.03	6.06	6.10	6.20	7.20	7.23	7.27	7.37	12.40	12.44	12.52	12.70	12.17	12.23	12.33	12.56	7.59	6.03	6.06	6.10
		西部	6.03	6.06	6.10	6.20	7.20	7.23	7.27	7.37	12.40	12.44	12.52	12.70	12.17	12.23	12.33	12.56	7.59	6.03	6.06	6.10
私营	物理	东部	2.56	2.57	2.58	2.60	3.09	3.10	3.11	3.13	5.30	5.31	5.33	5.37	5.10	5.11	5.14	5.19	3.18	2.56	2.57	2.58
		中部	1.55	1.56	1.57	1.58	1.87	1.87	1.88	1.90	3.21	3.22	3.23	3.26	3.11	3.12	3.14	3.18	1.94	1.55	1.56	1.57
		西部	1.55	1.56	1.57	1.58	1.87	1.87	1.88	1.90	3.21	3.22	3.23	3.26	3.11	3.12	3.14	3.18	1.94	1.55	1.56	1.57
	化学	东部	4.72	4.73	4.74	4.78	5.70	5.71	5.72	5.76	9.76	9.78	9.81	9.89	9.39	9.41	9.45	9.55	5.85	4.72	4.73	4.74
		中部	2.86	2.87	2.88	2.91	3.44	3.45	3.46	3.49	5.90	5.92	5.94	6.00	5.72	5.74	5.77	5.84	3.56	2.86	2.87	2.88
		西部	2.86	2.87	2.88	2.91	3.44	3.45	3.46	3.49	5.90	5.92	5.94	6.00	5.72	5.74	5.77	5.84	3.56	2.86	2.87	2.88
	生物	东部	5.52	5.53	5.56	5.62	6.64	6.66	6.68	6.74	11.40	11.43	11.47	11.58	11.03	11.07	11.13	11.27	6.88	5.52	5.53	5.56
		中部	3.37	3.38	3.40	3.45	4.03	4.04	4.06	4.11	6.93	6.95	6.99	7.08	6.76	6.79	6.84	6.95	4.22	3.37	3.38	3.40
		西部	3.37	3.38	3.40	3.45	4.03	4.04	4.06	4.11	6.93	6.95	6.99	7.08	6.76	6.79	6.84	6.95	4.22	3.37	3.38	3.40

企业性质	处理方法	地区	有色金属压延加工				有色金属合金制造				稀有稀土金属冶炼				贵金属冶炼				常用有色金属冶炼			
			30%	50%	70%	90%	30%	50%	70%	90%	30%	50%	70%	90%	30%	50%	70%	90%	30%	50%	70%	90%
私营	物化	东部	5.52	5.53	5.56	5.62	6.64	6.66	6.68	6.74	11.40	11.43	11.47	11.58	11.03	11.07	11.13	11.27	6.88	5.52	5.53	5.56
		中部	3.37	3.38	3.40	3.45	4.03	4.04	4.06	4.11	6.93	6.95	6.99	7.08	6.76	6.79	6.84	6.95	4.22	3.37	3.38	3.40
		西部	3.37	3.38	3.40	3.45	4.03	4.04	4.06	4.11	6.93	6.95	6.99	7.08	6.76	6.79	6.84	6.95	4.22	3.37	3.38	3.40
	组合	东部	5.52	5.53	5.56	5.62	6.64	6.66	6.68	6.74	11.40	11.43	11.47	11.58	11.03	11.07	11.13	11.27	6.88	5.52	5.53	5.56
		中部	3.37	3.38	3.40	3.45	4.03	4.04	4.06	4.11	6.93	6.95	6.99	7.08	6.76	6.79	6.84	6.95	4.22	3.37	3.38	3.40
		西部	3.37	3.38	3.40	3.45	4.03	4.04	4.06	4.11	6.93	6.95	6.99	7.08	6.76	6.79	6.84	6.95	4.22	3.37	3.38	3.40
其他	物理	东部	3.43	3.44	3.45	3.49	4.14	4.15	4.16	4.19	7.10	7.11	7.14	7.20	6.84	6.86	6.90	6.97	4.27	3.43	3.44	3.45
		中部	2.09	2.09	2.10	2.13	2.51	2.51	2.52	2.55	4.30	4.32	4.34	4.38	4.18	4.20	4.22	4.28	2.61	2.09	2.09	2.10
		西部	2.09	2.09	2.10	2.13	2.51	2.51	2.52	2.55	4.30	4.32	4.34	4.38	4.18	4.20	4.22	4.28	2.61	2.09	2.09	2.10
	化学	东部	6.32	6.34	6.36	6.42	7.63	7.64	7.67	7.72	13.07	13.10	13.15	13.26	12.60	12.63	12.69	12.83	7.86	6.32	6.34	6.36
		中部	3.84	3.85	3.87	3.92	4.61	4.63	4.64	4.69	7.92	7.94	7.98	8.06	7.69	7.72	7.76	7.87	4.79	3.84	3.85	3.87
		西部	3.84	3.85	3.87	3.92	4.61	4.63	4.64	4.69	7.92	7.94	7.98	8.06	7.69	7.72	7.76	7.87	4.79	3.84	3.85	3.87
	生物	东部	7.41	7.43	7.47	7.56	8.90	8.93	8.96	9.05	15.29	15.33	15.40	15.56	14.83	14.89	14.98	15.18	9.25	7.41	7.43	7.47
		中部	4.53	4.55	4.58	4.65	5.42	5.43	5.46	5.53	9.32	9.35	9.41	9.53	9.12	9.16	9.23	9.39	5.69	4.53	4.55	4.58
		西部	4.53	4.55	4.58	4.65	5.42	5.43	5.46	5.53	9.32	9.35	9.41	9.53	9.12	9.16	9.23	9.39	5.69	4.53	4.55	4.58
	物化	东部	7.41	7.43	7.47	7.56	8.90	8.93	8.96	9.05	15.29	15.33	15.40	15.56	14.83	14.89	14.98	15.18	9.25	7.41	7.43	7.47
		中部	4.53	4.55	4.58	4.65	5.42	5.43	5.46	5.53	9.32	9.35	9.41	9.53	9.12	9.16	9.23	9.39	5.69	4.53	4.55	4.58
		西部	4.53	4.55	4.58	4.65	5.42	5.43	5.46	5.53	9.32	9.35	9.41	9.53	9.12	9.16	9.23	9.39	5.69	4.53	4.55	4.58
	组合	东部	7.41	7.43	7.47	7.56	8.90	8.93	8.96	9.05	15.29	15.33	15.40	15.56	14.83	14.89	14.98	15.18	9.25	7.41	7.43	7.47
		中部	4.53	4.55	4.58	4.65	5.42	5.43	5.46	5.53	9.32	9.35	9.41	9.53	9.12	9.16	9.23	9.39	5.69	4.53	4.55	4.58
		西部	4.53	4.55	4.58	4.65	5.42	5.43	5.46	5.53	9.32	9.35	9.41	9.53	9.12	9.16	9.23	9.39	5.69	4.53	4.55	4.58

企业性质	处理方法	地区	有色金属压延加工				有色金属合金制造				稀有稀土金属冶炼				贵金属冶炼				常用有色金属冶炼			
			30%	50%	70%	90%	30%	50%	70%	90%	30%	50%	70%	90%	30%	50%	70%	90%	30%	50%	70%	90%
外资	物理	东部	3.57	3.59	3.61	3.66	4.28	4.29	4.31	4.36	7.36	7.38	7.42	7.51	7.18	7.21	7.26	7.37	4.47	3.57	3.59	3.61
		中部	2.20	2.21	2.22	2.26	2.62	2.63	2.64	2.68	4.51	4.52	4.56	4.63	4.44	4.46	4.50	4.60	2.77	2.20	2.21	2.22
		西部	2.20	2.21	2.22	2.26	2.62	2.63	2.64	2.68	4.51	4.52	4.56	4.63	4.44	4.46	4.50	4.60	2.77	2.20	2.21	2.22
	化学	东部	6.57	6.59	6.63	6.72	7.87	7.90	7.94	8.02	13.53	13.58	13.65	13.81	13.19	13.24	13.33	13.54	8.22	6.57	6.59	6.63
		中部	4.03	4.05	4.08	4.15	4.81	4.83	4.86	4.92	8.28	8.31	8.37	8.49	8.15	8.19	8.26	8.42	5.08	4.03	4.05	4.08
		西部	4.03	4.05	4.08	4.15	4.81	4.83	4.86	4.92	8.28	8.31	8.37	8.49	8.15	8.19	8.26	8.42	5.08	4.03	4.05	4.08
	生物	东部	7.78	7.82	7.88	8.01	9.28	9.31	9.37	9.50	15.98	16.04	16.15	16.39	15.72	15.80	15.93	16.24	9.80	7.78	7.82	7.88
		中部	4.82	4.85	4.90	5.00	5.71	5.74	5.78	5.88	9.86	9.91	9.99	10.18	9.81	9.88	9.98	10.22	6.12	4.82	4.85	4.90
		西部	4.82	4.85	4.90	5.00	5.71	5.74	5.78	5.88	9.86	9.91	9.99	10.18	9.81	9.88	9.98	10.22	6.12	4.82	4.85	4.90
	物化	东部	7.78	7.82	7.88	8.01	9.28	9.31	9.37	9.50	15.98	16.04	16.15	16.39	15.72	15.80	15.93	16.24	9.80	7.78	7.82	7.88
		中部	4.82	4.85	4.90	5.00	5.71	5.74	5.78	5.88	9.86	9.91	9.99	10.18	9.81	9.88	9.98	10.22	6.12	4.82	4.85	4.90
		西部	4.82	4.85	4.90	5.00	5.71	5.74	5.78	5.88	9.86	9.91	9.99	10.18	9.81	9.88	9.98	10.22	6.12	4.82	4.85	4.90
	组合	东部	7.78	7.82	7.88	8.01	9.28	9.31	9.37	9.50	15.98	16.04	16.15	16.39	15.72	15.80	15.93	16.24	9.80	7.78	7.82	7.88
		中部	4.82	4.85	4.90	5.00	5.71	5.74	5.78	5.88	9.86	9.91	9.99	10.18	9.81	9.88	9.98	10.22	6.12	4.82	4.85	4.90
		西部	4.82	4.85	4.90	5.00	5.71	5.74	5.78	5.88	9.86	9.91	9.99	10.18	9.81	9.88	9.98	10.22	6.12	4.82	4.85	4.90

注：设计处理能力与处理量为该行业的中位数，有色金属冶炼与压延加工业设计处理能力的中位数为 150 t/d，处理量的中位数为 1.12 万 t/a。

表 1-43 处理能力为 1/4 分位数时有色金属冶炼及压延加工业单位废水治理费用（不含固定资产折旧） 单位：元/t

企业性质	处理方法	地区	有色金属压延加工	有色金属合金制造	稀有稀土金属冶炼	贵金属冶炼	常用有色金属冶炼
国有	物理	东部	8.55	10.46	17.84	16.77	10.46
		中部	5.07	6.20	10.57	9.94	6.20
		西部	5.07	6.20	10.57	9.94	6.20
	化学	东部	15.79	19.33	32.96	30.98	19.33
		中部	9.36	11.45	19.54	18.36	11.45
		西部	9.36	11.45	19.54	18.36	11.45
	生物	东部	18.07	22.12	37.73	35.46	22.12
		中部	10.71	13.11	22.36	21.02	13.11
		西部	10.71	13.11	22.36	21.02	13.11
	物化	东部	18.07	22.12	37.73	35.46	22.12
		中部	10.71	13.11	22.36	21.02	13.11
		西部	10.71	13.11	22.36	21.02	13.11
	组合	东部	18.07	22.12	37.73	35.46	22.12
		中部	10.71	13.11	22.36	21.02	13.11
		西部	10.71	13.11	22.36	21.02	13.11
其他	物理	东部	6.48	7.94	13.54	12.72	7.94
		中部	3.84	4.70	8.02	7.54	4.70
		西部	3.84	4.70	8.02	7.54	4.70
	化学	东部	11.98	14.66	25.01	23.51	14.66
		中部	7.10	8.69	14.83	13.94	8.69
		西部	7.10	8.69	14.83	13.94	8.69

企业性质	处理方法	地区	有色金属压延加工	有色金属合金制造	稀有稀土金属冶炼	贵金属冶炼	常用有色金属冶炼
其他	生物	东部	13.71	16.78	28.63	26.91	16.78
		中部	8.13	9.95	16.97	15.95	9.95
		西部	8.13	9.95	16.97	15.95	9.95
	物化	东部	13.71	16.78	28.63	26.91	16.78
		中部	8.13	9.95	16.97	15.95	9.95
		西部	8.13	9.95	16.97	15.95	9.95
	组合	东部	13.71	16.78	28.63	26.91	16.78
		中部	8.13	9.95	16.97	15.95	9.95
		西部	8.13	9.95	16.97	15.95	9.95
私营	物理	东部	4.87	5.96	10.17	9.56	5.96
		中部	2.89	3.53	6.03	5.67	3.53
		西部	2.89	3.53	6.03	5.67	3.53
	化学	东部	9.00	11.02	18.79	17.66	11.02
		中部	5.34	6.53	11.14	10.47	6.53
		西部	5.34	6.53	11.14	10.47	6.53
	生物	东部	10.30	12.61	21.51	20.21	12.61
		中部	6.11	7.47	12.75	11.98	7.47
		西部	6.11	7.47	12.75	11.98	7.47
	物化	东部	10.30	12.61	21.51	20.21	12.61
		中部	6.11	7.47	12.75	11.98	7.47
		西部	6.11	7.47	12.75	11.98	7.47

企业性质	处理方法	地区	有色金属压延加工	有色金属合金制造	稀有稀土金属冶炼	贵金属冶炼	常用有色金属冶炼
私营	组合	东部	10.30	12.61	21.51	20.21	12.61
		中部	6.11	7.47	12.75	11.98	7.47
		西部	6.11	7.47	12.75	11.98	7.47
外资	物理	东部	6.48	7.94	13.54	12.72	7.94
		中部	3.84	4.70	8.02	7.54	4.70
		西部	3.84	4.70	8.02	7.54	4.70
	化学	东部	11.98	14.66	25.01	23.51	14.66
		中部	7.10	8.69	14.83	13.94	8.69
		西部	7.10	8.69	14.83	13.94	8.69
	生物	东部	13.71	16.78	28.63	26.91	16.78
		中部	8.13	9.95	16.97	15.95	9.95
		西部	8.13	9.95	16.97	15.95	9.95
	物化	东部	13.71	16.78	28.63	26.91	16.78
		中部	8.13	9.95	16.97	15.95	9.95
		西部	8.13	9.95	16.97	15.95	9.95
	组合	东部	13.71	16.78	28.63	26.91	16.78
		中部	8.13	9.95	16.97	15.95	9.95
		西部	8.13	9.95	16.97	15.95	9.95

注：设计处理能力与处理量为该行业的 1/4 分位数，有色金属冶炼与压延加工业设计处理能力的 1/4 分位数为 40 t/d，处理量的 1/4 分位数为 2 378 t/a。

表 1-44 处理能力为 1/4 分位数时有色金属冶炼及压延加工业单位废水治理费用（含固定资产折旧） 单位：元/t

企业性质	处理方法	地区	有色金属压延加工				有色金属合金制造				稀有稀土金属冶炼				贵金属冶炼				常用有色金属冶炼			
			30%	50%	70%	90%	30%	50%	70%	90%	30%	50%	70%	90%	30%	50%	70%	90%	30%	50%	70%	90%
国有	物理	东部	9.33	9.35	9.39	9.49	11.24	11.27	11.31	11.40	19.28	19.33	19.40	19.57	18.62	18.68	18.77	18.99	11.61	11.65	11.70	11.84
		中部	5.68	5.70	5.73	5.80	6.81	6.83	6.86	6.93	11.70	11.74	11.80	11.93	11.38	11.43	11.50	11.68	7.10	7.13	7.17	7.28
		西部	5.68	5.70	5.73	5.80	6.81	6.83	6.86	6.93	11.70	11.74	11.80	11.93	11.38	11.43	11.50	11.68	7.10	7.13	7.17	7.28
	化学	东部	17.18	17.22	17.30	17.46	20.71	20.76	20.83	20.99	35.52	35.61	35.74	36.04	34.26	34.37	34.53	34.92	21.37	21.43	21.53	21.77
		中部	10.45	10.48	10.54	10.66	12.54	12.58	12.63	12.76	21.54	21.61	21.71	21.94	20.93	21.01	21.14	21.44	13.05	13.10	13.18	13.37
		西部	10.45	10.48	10.54	10.66	12.54	12.58	12.63	12.76	21.54	21.61	21.71	21.94	20.93	21.01	21.14	21.44	13.05	13.10	13.18	13.37
	生物	东部	20.16	20.23	20.33	20.58	24.20	24.27	24.38	24.62	41.57	41.69	41.89	42.34	40.38	40.54	40.79	41.37	25.18	25.28	25.43	25.79
		中部	12.34	12.40	12.48	12.67	14.74	14.79	14.88	15.07	25.37	25.46	25.62	25.97	24.87	24.99	25.19	25.64	15.50	15.58	15.70	15.99
		西部	12.34	12.40	12.48	12.67	14.74	14.79	14.88	15.07	25.37	25.46	25.62	25.97	24.87	24.99	25.19	25.64	15.50	15.58	15.70	15.99
	物化	东部	20.16	20.23	20.33	20.58	24.20	24.27	24.38	24.62	41.57	41.69	41.89	42.34	40.38	40.54	40.79	41.37	25.18	25.28	25.43	25.79
		中部	12.34	12.40	12.48	12.67	14.74	14.79	14.88	15.07	25.37	25.46	25.62	25.97	24.87	24.99	25.19	25.64	15.50	15.58	15.70	15.99
		西部	12.34	12.40	12.48	12.67	14.74	14.79	14.88	15.07	25.37	25.46	25.62	25.97	24.87	24.99	25.19	25.64	15.50	15.58	15.70	15.99
	组合	东部	20.16	20.23	20.33	20.58	24.20	24.27	24.38	24.62	41.57	41.69	41.89	42.34	40.38	40.54	40.79	41.37	25.18	25.28	25.43	25.79
		中部	12.34	12.40	12.48	12.67	14.74	14.79	14.88	15.07	25.37	25.46	25.62	25.97	24.87	24.99	25.19	25.64	15.50	15.58	15.70	15.99
		西部	12.34	12.40	12.48	12.67	14.74	14.79	14.88	15.07	25.37	25.46	25.62	25.97	24.87	24.99	25.19	25.64	15.50	15.58	15.70	15.99
其他	物理	东部	7.03	7.05	7.08	7.14	8.48	8.50	8.53	8.60	14.55	14.58	14.63	14.75	14.02	14.06	14.13	14.28	8.74	8.77	8.81	8.90
		中部	4.27	4.29	4.31	4.36	5.13	5.15	5.17	5.22	8.81	8.84	8.88	8.97	8.55	8.59	8.64	8.76	5.33	5.35	5.39	5.46
		西部	4.27	4.29	4.31	4.36	5.13	5.15	5.17	5.22	8.81	8.84	8.88	8.97	8.55	8.59	8.64	8.76	5.33	5.35	5.39	5.46
	化学	东部	12.96	12.99	13.04	13.15	15.64	15.67	15.72	15.83	26.81	26.86	26.96	27.17	25.81	25.88	26.00	26.27	16.09	16.14	16.21	16.38
		中部	7.86	7.89	7.93	8.02	9.45	9.48	9.52	9.61	16.23	16.27	16.34	16.51	15.73	15.79	15.88	16.09	9.81	9.85	9.90	10.03
		西部	7.86	7.89	7.93	8.02	9.45	9.48	9.52	9.61	16.23	16.27	16.34	16.51	15.73	15.79	15.88	16.09	9.81	9.85	9.90	10.03

企业性质	处理方法	地区	有色金属压延加工				有色金属合金制造				稀有稀土金属冶炼				贵金属冶炼				常用有色金属冶炼			
			30%	50%	70%	90%	30%	50%	70%	90%	30%	50%	70%	90%	30%	50%	70%	90%	30%	50%	70%	90%
其他	生物	东部	15.17	15.22	15.30	15.47	18.24	18.29	18.37	18.54	31.32	31.41	31.54	31.86	30.36	30.47	30.64	31.05	18.93	19.00	19.11	19.36
		中部	9.27	9.31	9.37	9.50	11.09	11.13	11.19	11.32	19.07	19.14	19.25	19.50	18.65	18.73	18.87	19.19	11.63	11.68	11.76	11.96
		西部	9.27	9.31	9.37	9.50	11.09	11.13	11.19	11.32	19.07	19.14	19.25	19.50	18.65	18.73	18.87	19.19	11.63	11.68	11.76	11.96
	物化	东部	15.17	15.22	15.30	15.47	18.24	18.29	18.37	18.54	31.32	31.41	31.54	31.86	30.36	30.47	30.64	31.05	18.93	19.00	19.11	19.36
		中部	9.27	9.31	9.37	9.50	11.09	11.13	11.19	11.32	19.07	19.14	19.25	19.50	18.65	18.73	18.87	19.19	11.63	11.68	11.76	11.96
		西部	.9.27	9.31	9.37	9.50	11.09	11.13	11.19	11.32	19.07	19.14	19.25	19.50	18.65	18.73	18.87	19.19	11.63	11.68	11.76	11.96
	组合	东部	15.17	15.22	15.30	15.47	18.24	18.29	18.37	18.54	31.32	31.41	31.54	31.86	30.36	30.47	30.64	31.05	18.93	19.00	19.11	19.36
		中部	9.27	9.31	9.37	9.50	11.09	11.13	11.19	11.32	19.07	19.14	19.25	19.50	18.65	18.73	18.87	19.19	11.63	11.68	11.76	11.96
		西部	9.27	9.31	9.37	9.50	11.09	11.13	11.19	11.32	19.07	19.14	19.25	19.50	18.65	18.73	18.87	19.19	11.63	11.68	11.76	11.96
私营	物理	东部	5.25	5.26	5.28	5.32	6.34	6.35	6.37	6.41	10.86	10.89	10.92	11.00	10.45	10.48	10.52	10.63	6.52	6.53	6.56	6.63
		中部	3.18	3.19	3.21	3.24	3.83	3.84	3.85	3.89	6.57	6.59	6.62	6.68	6.36	6.38	6.42	6.50	3.97	3.98	4.00	4.05
		西部	3.18	3.19	3.21	3.24	3.83	3.84	3.85	3.89	6.57	6.59	6.62	6.68	6.36	6.38	6.42	6.50	3.97	3.98	4.00	4.05
	化学	东部	9.67	9.69	9.73	9.80	11.69	11.71	11.74	11.82	20.02	20.06	20.13	20.27	19.24	19.29	19.37	19.56	12.00	12.03	12.08	12.19
		中部	5.86	5.88	5.90	5.96	7.05	7.07	7.10	7.16	12.10	12.13	12.18	12.29	11.70	11.74	11.80	11.95	7.30	7.32	7.36	7.45
		西部	5.86	5.88	5.90	5.96	7.05	7.07	7.10	7.16	12.10	12.13	12.18	12.29	11.70	11.74	11.80	11.95	7.30	7.32	7.36	7.45
	生物	东部	11.31	11.34	11.39	11.51	13.61	13.64	13.70	13.81	23.36	23.42	23.51	23.73	22.58	22.66	22.78	23.06	14.08	14.13	14.20	14.38
		中部	6.89	6.92	6.96	7.05	8.26	8.28	8.32	8.42	14.19	14.24	14.31	14.48	13.83	13.89	13.99	14.21	8.63	8.66	8.72	8.86
		西部	6.89	6.92	6.96	7.05	8.26	8.28	8.32	8.42	14.19	14.24	14.31	14.48	13.83	13.89	13.99	14.21	8.63	8.66	8.72	8.86
	物化	东部	11.31	11.34	11.39	11.51	13.61	13.64	13.70	13.81	23.36	23.42	23.51	23.73	22.58	22.66	22.78	23.06	14.08	14.13	14.20	14.38
		中部	6.89	6.92	6.96	7.05	8.26	8.28	8.32	8.42	14.19	14.24	14.31	14.48	13.83	13.89	13.99	14.21	8.63	8.66	8.72	8.86
		西部	6.89	6.92	6.96	7.05	8.26	8.28	8.32	8.42	14.19	14.24	14.31	14.48	13.83	13.89	13.99	14.21	8.63	8.66	8.72	8.86

企业性质	处理方法	地区	有色金属压延加工				有色金属合金制造				稀有稀土金属冶炼				贵金属冶炼				常用有色金属冶炼			
			30%	50%	70%	90%	30%	50%	70%	90%	30%	50%	70%	90%	30%	50%	70%	90%	30%	50%	70%	90%
私营	组合	东部	11.31	11.34	11.39	11.51	13.61	13.64	13.70	13.81	23.36	23.42	23.51	23.73	22.58	22.66	22.78	23.06	14.08	14.13	14.20	14.38
		中部	6.89	6.92	6.96	7.05	8.26	8.28	8.32	8.42	14.19	14.24	14.31	14.48	13.83	13.89	13.99	14.21	8.63	8.66	8.72	8.86
		西部	6.89	6.92	6.96	7.05	8.26	8.28	8.32	8.42	14.19	14.24	14.31	14.48	13.83	13.89	13.99	14.21	8.63	8.66	8.72	8.86
外资	物理	东部	7.31	7.34	7.38	7.48	8.76	8.79	8.83	8.93	15.06	15.11	15.19	15.37	14.68	14.74	14.84	15.07	9.15	9.19	9.25	9.40
		中部	4.49	4.51	4.54	4.62	5.35	5.37	5.40	5.48	9.22	9.25	9.32	9.46	9.07	9.12	9.20	9.38	5.65	5.68	5.73	5.84
		西部	4.49	4.51	4.54	4.62	5.35	5.37	5.40	5.48	9.22	9.25	9.32	9.46	9.07	9.12	9.20	9.38	5.65	5.68	5.73	5.84
	化学	东部	13.45	13.50	13.57	13.74	16.13	16.18	16.25	16.43	27.72	27.81	27.94	28.26	26.98	27.09	27.26	27.67	16.82	16.89	17.00	17.25
		中部	8.25	8.29	8.35	8.48	9.84	9.88	9.94	10.07	16.94	17.01	17.12	17.37	16.65	16.73	16.87	17.19	10.38	10.43	10.52	10.72
		西部	8.25	8.29	8.35	8.48	9.84	9.88	9.94	10.07	16.94	17.01	17.12	17.37	16.65	16.73	16.87	17.19	10.38	10.43	10.52	10.72
	生物	东部	15.92	15.99	16.10	16.36	18.99	19.06	19.17	19.43	32.69	32.82	33.02	33.50	32.11	32.28	32.54	33.15	20.02	20.12	20.29	20.67
		中部	9.85	9.91	9.99	10.20	11.67	11.73	11.81	12.02	20.14	20.25	20.41	20.78	20.02	20.15	20.35	20.83	12.48	12.56	12.69	12.99
		西部	9.85	9.91	9.99	10.20	11.67	11.73	11.81	12.02	20.14	20.25	20.41	20.78	20.02	20.15	20.35	20.83	12.48	12.56	12.69	12.99
	物化	东部	15.92	15.99	16.10	16.36	18.99	19.06	19.17	19.43	32.69	32.82	33.02	33.50	32.11	32.28	32.54	33.15	20.02	20.12	20.29	20.67
		中部	9.85	9.91	9.99	10.20	11.67	11.73	11.81	12.02	20.14	20.25	20.41	20.78	20.02	20.15	20.35	20.83	12.48	12.56	12.69	12.99
		西部	9.85	9.91	9.99	10.20	11.67	11.73	11.81	12.02	20.14	20.25	20.41	20.78	20.02	20.15	20.35	20.83	12.48	12.56	12.69	12.99
	组合	东部	15.92	15.99	16.10	16.36	18.99	19.06	19.17	19.43	32.69	32.82	33.02	33.50	32.11	32.28	32.54	33.15	20.02	20.12	20.29	20.67
		中部	9.85	9.91	9.99	10.20	11.67	11.73	11.81	12.02	20.14	20.25	20.41	20.78	20.02	20.15	20.35	20.83	12.48	12.56	12.69	12.99
		西部	9.85	9.91	9.99	10.20	11.67	11.73	11.81	12.02	20.14	20.25	20.41	20.78	20.02	20.15	20.35	20.83	12.48	12.56	12.69	12.99

注：设计处理能力与处理量为该行业的 1/4 分位数，有色金属冶炼及压延加工业设计处理能力的 1/4 分位数为 40 t/d，处理量的 1/4 分位数为 2 378 t/a。

表 1-45　处理能力为 3/4 分位数时有色金属冶炼及压延加工业单位废水治理费用（不含固定资产折旧）　单位：元/t

企业性质	处理方法	地区	有色金属压延加工	有色金属合金制造	稀有稀土金属冶炼	贵金属冶炼	常用有色金属冶炼
国有	物理	东部	2.01	2.46	4.20	3.94	2.46
		中部	1.19	1.46	2.49	2.34	1.46
		西部	1.19	1.46	2.49	2.34	1.46
	化学	东部	3.71	4.55	7.75	7.29	4.55
		中部	2.20	2.69	4.60	4.32	2.69
		西部	2.20	2.69	4.60	4.32	2.69
	生物	东部	4.25	5.20	8.87	8.34	5.20
		中部	2.52	3.08	5.26	4.94	3.08
		西部	2.52	3.08	5.26	4.94	3.08
	物化	东部	4.25	5.20	8.87	8.34	5.20
		中部	2.52	3.08	5.26	4.94	3.08
		西部	2.52	3.08	5.26	4.94	3.08
	组合	东部	4.25	5.20	8.87	8.34	5.20
		中部	2.52	3.08	5.26	4.94	3.08
		西部	2.52	3.08	5.26	4.94	3.08
私营	物理	东部	1.15	1.40	2.39	2.25	1.40
		中部	0.68	0.83	1.42	1.33	0.83
		西部	0.68	0.83	1.42	1.33	0.83
	化学	东部	1.53	1.87	3.18	2.99	1.87
		中部	0.90	1.11	1.89	1.77	1.11
		西部	0.90	1.11	1.89	1.77	1.11
	生物	东部	2.82	3.45	5.88	5.53	3.45
		中部	1.67	2.04	3.49	3.28	2.04
		西部	1.67	2.04	3.49	3.28	2.04

企业性质	处理方法	地区	有色金属压延加工	有色金属合金制造	稀有稀土金属冶炼	贵金属冶炼	常用有色金属冶炼
私营	物化	东部	3.23	3.95	6.73	6.33	3.95
		中部	1.91	2.34	3.99	3.75	2.34
		西部	1.91	2.34	3.99	3.75	2.34
	组合	东部	3.23	3.95	6.73	6.33	3.95
		中部	1.91	2.34	3.99	3.75	2.34
		西部	1.91	2.34	3.99	3.75	2.34
外资	物理	东部	1.53	1.87	3.18	2.99	1.87
		中部	0.90	1.11	1.89	1.77	1.11
		西部	0.90	1.11	1.89	1.77	1.11
	化学	东部	2.82	3.45	5.88	5.53	3.45
		中部	1.67	2.04	3.49	3.28	2.04
		西部	1.67	2.04	3.49	3.28	2.04
	生物	东部	3.23	3.95	6.73	6.33	3.95
		中部	1.91	2.34	3.99	3.75	2.34
		西部	1.91	2.34	3.99	3.75	2.34
	物化	东部	3.23	3.95	6.73	6.33	3.95
		中部	1.91	2.34	3.99	3.75	2.34
		西部	1.91	2.34	3.99	3.75	2.34
	组合	东部	3.23	3.95	6.73	6.33	3.95
		中部	1.91	2.34	3.99	3.75	2.34
		西部	1.91	2.34	3.99	3.75	2.34

注：设计处理能力与处理量为该行业的 3/4 分位数，有色金属冶炼及压延加工业设计处理能力的 3/4 分位数为 480 t/d，处理量的 3/4 分位数为 53 437 t/a。

表 1-46 处理能力为 3/4 分位数时有色金属冶炼及压延加工业单位废水治理费用（含固定资产折旧） 单位：元/t

企业性质	处理方法	地区	有色金属压延加工				有色金属合金制造				稀有稀土金属冶炼				贵金属冶炼				常用有色金属冶炼			
			30%	50%	70%	90%	30%	50%	70%	90%	30%	50%	70%	90%	30%	50%	70%	90%	30%	50%	70%	90%
国有	物理	东部	2.23	2.23	2.24	2.27	2.68	2.68	2.69	2.72	4.60	4.61	4.63	4.68	4.46	4.47	4.50	4.56	2.78	2.79	2.80	2.84
		中部	1.36	1.37	1.38	1.40	1.63	1.63	1.64	1.66	2.80	2.81	2.83	2.86	2.74	2.75	2.77	2.82	1.71	1.72	1.73	1.76
		西部	1.36	1.37	1.38	1.40	1.63	1.63	1.64	1.66	2.80	2.81	2.83	2.86	2.74	2.75	2.77	2.82	1.71	1.72	1.73	1.76
	化学	东部	4.10	4.11	4.13	4.18	4.93	4.94	4.96	5.01	8.46	8.49	8.52	8.60	8.20	8.22	8.27	8.38	5.11	5.13	5.16	5.22
		中部	2.50	2.51	2.53	2.56	3.00	3.00	3.02	3.06	5.15	5.17	5.20	5.26	5.03	5.05	5.09	5.17	3.14	3.15	3.17	3.22
		西部	2.50	2.51	2.53	2.56	3.00	3.00	3.02	3.06	5.15	5.17	5.20	5.26	5.03	5.05	5.09	5.17	3.14	3.15	3.17	3.22
	生物	东部	4.83	4.85	4.88	4.94	5.78	5.80	5.83	5.90	9.94	9.97	10.03	10.15	9.70	9.75	9.82	9.98	6.05	6.08	6.12	6.22
		中部	2.97	2.99	3.01	3.06	3.54	3.55	3.57	3.63	6.09	6.12	6.16	6.26	6.01	6.04	6.10	6.22	3.75	3.77	3.80	3.88
		西部	2.97	2.99	3.01	3.06	3.54	3.55	3.57	3.63	6.09	6.12	6.16	6.26	6.01	6.04	6.10	6.22	3.75	3.77	3.80	3.88
	物化	东部	4.83	4.85	4.88	4.94	5.78	5.80	5.83	5.90	9.94	9.97	10.03	10.15	9.70	9.75	9.82	9.98	6.05	6.08	6.12	6.22
		中部	2.97	2.99	3.01	3.06	3.54	3.55	3.57	3.63	6.09	6.12	6.16	6.26	6.01	6.04	6.10	6.22	3.75	3.77	3.80	3.88
		西部	2.97	2.99	3.01	3.06	3.54	3.55	3.57	3.63	6.09	6.12	6.16	6.26	6.01	6.04	6.10	6.22	3.75	3.77	3.80	3.88
	组合	东部	4.83	4.85	4.88	4.94	5.78	5.80	5.83	5.90	9.94	9.97	10.03	10.15	9.70	9.75	9.82	9.98	6.05	6.08	6.12	6.22
		中部	2.97	2.99	3.01	3.06	3.54	3.55	3.57	3.63	6.09	6.12	6.16	6.26	6.01	6.04	6.10	6.22	3.75	3.77	3.80	3.88
		西部	2.97	2.99	3.01	3.06	3.54	3.55	3.57	3.63	6.09	6.12	6.16	6.26	6.01	6.04	6.10	6.22	3.75	3.77	3.80	3.88
其他	物理	东部	1.68	1.68	1.69	1.71	2.02	2.02	2.03	2.05	3.46	3.47	3.49	3.52	3.35	3.36	3.38	3.42	2.09	2.10	2.11	2.13
		中部	1.02	1.03	1.03	1.05	1.23	1.23	1.24	1.25	2.11	2.11	2.12	2.15	2.05	2.06	2.08	2.11	1.28	1.29	1.30	1.32
		西部	1.02	1.03	1.03	1.05	1.23	1.23	1.24	1.25	2.11	2.11	2.12	2.15	2.05	2.06	2.08	2.11	1.28	1.29	1.30	1.32
	化学	东部	3.09	3.10	3.11	3.14	3.72	3.73	3.74	3.77	6.38	6.40	6.42	6.48	6.17	6.19	6.22	6.29	3.84	3.86	3.88	3.92
		中部	1.88	1.89	1.90	1.92	2.26	2.26	2.27	2.30	3.88	3.89	3.91	3.95	3.78	3.79	3.82	3.87	2.35	2.36	2.38	2.42
		西部	1.88	1.89	1.90	1.92	2.26	2.26	2.27	2.30	3.88	3.89	3.91	3.95	3.78	3.79	3.82	3.87	2.35	2.36	2.38	2.42

企业性质	处理方法	地区	有色金属压延加工				有色金属合金制造				稀有稀土金属冶炼				贵金属冶炼				常用有色金属冶炼			
			30%	50%	70%	90%	30%	50%	70%	90%	30%	50%	70%	90%	30%	50%	70%	90%	30%	50%	70%	90%
其他	生物	东部	3.63	3.64	3.66	3.71	4.35	4.37	4.39	4.43	7.48	7.50	7.54	7.63	7.28	7.31	7.36	7.48	4.54	4.56	4.59	4.66
		中部	2.23	2.24	2.25	2.29	2.66	2.67	2.68	2.72	4.57	4.59	4.62	4.69	4.50	4.52	4.56	4.65	2.80	2.82	2.84	2.90
		西部	2.23	2.24	2.25	2.29	2.66	2.67	2.68	2.72	4.57	4.59	4.62	4.69	4.50	4.52	4.56	4.65	2.80	2.82	2.84	2.90
	物化	东部	3.63	3.64	3.66	3.71	4.35	4.37	4.39	4.43	7.48	7.50	7.54	7.63	7.28	7.31	7.36	7.48	4.54	4.56	4.59	4.66
		中部	2.23	2.24	2.25	2.29	2.66	2.67	2.68	2.72	4.57	4.59	4.62	4.69	4.50	4.52	4.56	4.65	2.80	2.82	2.84	2.90
		西部	2.23	2.24	2.25	2.29	2.66	2.67	2.68	2.72	4.57	4.59	4.62	4.69	4.50	4.52	4.56	4.65	2.80	2.82	2.84	2.90
	组合	东部	3.63	3.64	3.66	3.71	4.35	4.37	4.39	4.43	7.48	7.50	7.54	7.63	7.28	7.31	7.36	7.48	4.54	4.56	4.59	4.66
		中部	2.23	2.24	2.25	2.29	2.66	2.67	2.68	2.72	4.57	4.59	4.62	4.69	4.50	4.52	4.56	4.65	2.80	2.82	2.84	2.90
		西部	2.23	2.24	2.25	2.29	2.66	2.67	2.68	2.72	4.57	4.59	4.62	4.69	4.50	4.52	4.56	4.65	2.80	2.82	2.84	2.90
私营	物理	东部	1.25	1.25	1.26	1.27	1.51	1.51	1.52	1.53	2.58	2.59	2.60	2.62	2.49	2.50	2.51	2.54	1.56	1.56	1.57	1.59
		中部	0.76	0.76	0.77	0.78	0.91	0.92	0.92	0.93	1.57	1.57	1.58	1.60	1.53	1.53	1.54	1.56	0.95	0.95	0.96	0.98
		西部	0.76	0.76	0.77	0.78	0.91	0.92	0.92	0.93	1.57	1.57	1.58	1.60	1.53	1.53	1.54	1.56	0.95	0.95	0.96	0.98
	化学	东部	2.30	2.31	2.32	2.34	2.78	2.78	2.79	2.81	4.76	4.77	4.79	4.83	4.59	4.61	4.63	4.68	2.86	2.87	2.89	2.92
		中部	1.40	1.40	1.41	1.43	1.68	1.69	1.69	1.71	2.89	2.90	2.91	2.94	2.80	2.81	2.83	2.87	1.75	1.76	1.77	1.79
		西部	1.40	1.40	1.41	1.43	1.68	1.69	1.69	1.71	2.89	2.90	2.91	2.94	2.80	2.81	2.83	2.87	1.75	1.76	1.77	1.79
	生物	东部	2.70	2.71	2.72	2.76	3.24	3.25	3.27	3.30	5.57	5.59	5.61	5.67	5.41	5.43	5.46	5.54	3.37	3.39	3.41	3.46
		中部	1.65	1.66	1.67	1.70	1.98	1.98	1.99	2.02	3.40	3.41	3.43	3.48	3.33	3.35	3.37	3.43	2.08	2.09	2.10	2.14
		西部	1.65	1.66	1.67	1.70	1.98	1.98	1.99	2.02	3.40	3.41	3.43	3.48	3.33	3.35	3.37	3.43	2.08	2.09	2.10	2.14
	物化	东部	2.70	2.71	2.72	2.76	3.24	3.25	3.27	3.30	5.57	5.59	5.61	5.67	5.41	5.43	5.46	5.54	3.37	3.39	3.41	3.46
		中部	1.65	1.66	1.67	1.70	1.98	1.98	1.99	2.02	3.40	3.41	3.43	3.48	3.33	3.35	3.37	3.43	2.08	2.09	2.10	2.14
		西部	1.65	1.66	1.67	1.70	1.98	1.98	1.99	2.02	3.40	3.41	3.43	3.48	3.33	3.35	3.37	3.43	2.08	2.09	2.10	2.14

企业性质	处理方法	地区	有色金属压延加工				有色金属合金制造				稀有稀土金属冶炼				贵金属冶炼				常用有色金属冶炼			
			30%	50%	70%	90%	30%	50%	70%	90%	30%	50%	70%	90%	30%	50%	70%	90%	30%	50%	70%	90%
私营	组合	东部	2.70	2.71	2.72	2.76	3.24	3.25	3.27	3.30	5.57	5.59	5.61	5.67	5.41	5.43	5.46	5.54	3.37	3.39	3.41	3.46
		中部	1.65	1.66	1.67	1.70	1.98	1.98	1.99	2.02	3.40	3.41	3.43	3.48	3.33	3.35	3.37	3.43	2.08	2.09	2.10	2.14
		西部	1.65	1.66	1.67	1.70	1.98	1.98	1.99	2.02	3.40	3.41	3.43	3.48	3.33	3.35	3.37	3.43	2.08	2.09	2.10	2.14
组合	物理	东部	1.75	1.76	1.77	1.80	2.10	2.10	2.11	2.14	3.61	3.62	3.64	3.69	3.53	3.55	3.58	3.64	2.20	2.21	2.23	2.27
		中部	1.08	1.09	1.10	1.12	1.29	1.29	1.30	1.32	2.22	2.23	2.24	2.28	2.20	2.21	2.23	2.28	1.37	1.38	1.39	1.42
		西部	1.08	1.09	1.10	1.12	1.29	1.29	1.30	1.32	2.22	2.23	2.24	2.28	2.20	2.21	2.23	2.28	1.37	1.38	1.39	1.42
	化学	东部	3.22	3.24	3.26	3.31	3.86	3.87	3.89	3.94	6.63	6.66	6.69	6.78	6.49	6.52	6.57	6.68	4.05	4.07	4.10	4.17
		中部	1.99	2.00	2.01	2.05	2.36	2.37	2.39	2.43	4.07	4.09	4.12	4.19	4.03	4.05	4.09	4.18	2.51	2.53	2.55	2.60
		西部	1.99	2.00	2.01	2.05	2.36	2.37	2.39	2.43	4.07	4.09	4.12	4.19	4.03	4.05	4.09	4.18	2.51	2.53	2.55	2.60
	生物	东部	3.84	3.86	3.89	3.96	4.56	4.58	4.61	4.68	7.86	7.89	7.95	8.08	7.77	7.82	7.89	8.06	4.84	4.87	4.92	5.02
		中部	2.39	2.40	2.43	2.48	2.82	2.83	2.86	2.91	4.87	4.90	4.94	5.05	4.88	4.91	4.97	5.10	3.04	3.06	3.10	3.18
		西部	2.39	2.40	2.43	2.48	2.82	2.83	2.86	2.91	4.87	4.90	4.94	5.05	4.88	4.91	4.97	5.10	3.04	3.06	3.10	3.18
	物化	东部	3.84	3.86	3.89	3.96	4.56	4.58	4.61	4.68	7.86	7.89	7.95	8.08	7.77	7.82	7.89	8.06	4.84	4.87	4.92	5.02
		中部	2.39	2.40	2.43	2.48	2.82	2.83	2.86	2.91	4.87	4.90	4.94	5.05	4.88	4.91	4.97	5.10	3.04	3.06	3.10	3.18
		西部	2.39	2.40	2.43	2.48	2.82	2.83	2.86	2.91	4.87	4.90	4.94	5.05	4.88	4.91	4.97	5.10	3.04	3.06	3.10	3.18
		东部	3.84	3.86	3.89	3.96	4.56	4.58	4.61	4.68	7.86	7.89	7.95	8.08	7.77	7.82	7.89	8.06	4.84	4.87	4.92	5.02
		中部	2.39	2.40	2.43	2.48	2.82	2.83	2.86	2.91	4.87	4.90	4.94	5.05	4.88	4.91	4.97	5.10	3.04	3.06	3.10	3.18
		西部	2.39	2.40	2.43	2.48	2.82	2.83	2.86	2.91	4.87	4.90	4.94	5.05	4.88	4.91	4.97	5.10	3.04	3.06	3.10	3.18

注：设计处理能力与处理量为该行业的 3/4 分位数，有色金属冶炼及压延加工业设计处理能力 3/4 分位数为 480 t/d，处理量的 3/4 分位数为 53 437 t/a。

（9）石油加工及炼焦业

表 1-47　处理能力为中位数时石油加工及炼焦业单位废水治理费用（不含固定资产折旧费）　单位：元/t

企业性质	处理方法	地区	活性炭制造				核燃料加工				炼焦				精炼石油产品制造			
			30%	50%	70%	90%	30%	50%	70%	90%	30%	50%	70%	90%	30%	50%	70%	90%
国有	物理	东部	1.33	1.36	1.42	1.56	34.04	35.02	36.55	40.08	2.57	2.64	2.76	3.02	3.38	3.47	3.62	3.97
		中部	1.05	1.08	1.12	1.23	26.86	27.63	28.84	31.63	2.02	2.08	2.17	2.38	2.66	2.74	2.86	3.14
		西部	0.76	0.79	0.82	0.90	19.62	20.18	21.07	23.10	1.48	1.52	1.59	1.74	1.95	2.00	2.09	2.29
	化学	东部	2.50	2.57	2.68	2.94	64.17	66.01	68.90	75.56	4.84	4.98	5.19	5.70	6.36	6.55	6.83	7.49
		中部	1.97	2.03	2.12	2.32	50.63	52.08	54.36	59.62	3.82	3.93	4.10	4.50	5.02	5.16	5.39	5.91
		西部	1.44	1.48	1.55	1.70	36.99	38.05	39.71	43.55	2.79	2.87	2.99	3.28	3.67	3.77	3.94	4.32
	生物	东部	3.87	3.99	4.16	4.56	99.54	102.39	106.88	117.21	7.50	7.72	8.06	8.84	9.87	10.15	10.60	11.62
		中部	3.06	3.14	3.28	3.60	78.53	80.78	84.33	92.48	5.92	6.09	6.36	6.97	7.79	8.01	8.36	9.17
		西部	2.23	2.30	2.40	2.63	57.37	59.01	61.60	67.56	4.33	4.45	4.64	5.09	5.69	5.85	6.11	6.70
	物化	东部	3.87	3.99	4.16	4.56	99.54	102.39	106.88	117.21	7.50	7.72	8.06	8.84	9.87	10.15	10.60	11.62
		中部	3.06	3.14	3.28	3.60	78.53	80.78	84.33	92.48	5.92	6.09	6.36	6.97	7.79	8.01	8.36	9.17
		西部	2.23	2.30	2.40	2.63	57.37	59.01	61.60	67.56	4.33	4.45	4.64	5.09	5.69	5.85	6.11	6.70
	组合	东部	3.87	3.99	4.16	4.56	99.54	102.39	106.88	117.21	7.50	7.72	8.06	8.84	9.87	10.15	10.60	11.62
		中部	3.06	3.14	3.28	3.60	78.53	80.78	84.33	92.48	5.92	6.09	6.36	6.97	7.79	8.01	8.36	9.17
		西部	2.23	2.30	2.40	2.63	57.37	59.01	61.60	67.56	4.33	4.45	4.64	5.09	5.69	5.85	6.11	6.70
外资	物理	东部	1.23	1.27	1.32	1.45	31.61	32.52	33.94	37.22	2.38	2.45	2.56	2.81	3.13	3.22	3.37	3.69
		中部	0.97	1.00	1.04	1.14	24.94	25.66	26.78	29.37	1.88	1.93	2.02	2.21	2.47	2.54	2.66	2.91
		西部	0.71	0.73	0.76	0.84	18.22	18.74	19.56	21.46	1.37	1.41	1.48	1.62	1.81	1.86	1.94	2.13

企业性质	处理方法	地区	活性炭制造				核燃料加工				炼焦				精炼石油产品制造			
			30%	50%	70%	90%	30%	50%	70%	90%	30%	50%	70%	90%	30%	50%	70%	90%
外资	化学	东部	2.32	2.39	2.49	2.73	59.59	61.30	63.99	70.17	4.49	4.62	4.82	5.29	5.91	6.08	6.35	6.96
		中部	1.83	1.88	1.97	2.16	47.02	48.37	50.49	55.37	3.54	3.65	3.81	4.17	4.66	4.80	5.01	5.49
		西部	1.34	1.38	1.44	1.57	34.35	35.33	36.88	40.45	2.59	2.66	2.78	3.05	3.41	3.50	3.66	4.01
	生物	东部	3.60	3.70	3.86	4.24	92.44	95.09	99.25	108.85	6.97	7.17	7.48	8.21	9.17	9.43	9.84	10.79
		中部	2.84	2.92	3.05	3.34	72.93	75.02	78.31	85.88	5.50	5.66	5.90	6.48	7.23	7.44	7.77	8.52
		西部	2.07	2.13	2.23	2.44	53.28	54.80	57.21	62.74	4.02	4.13	4.31	4.73	5.28	5.43	5.67	6.22
	物化	东部	3.60	3.70	3.86	4.24	92.44	95.09	99.25	108.85	6.97	7.17	7.48	8.21	9.17	9.43	9.84	10.79
		中部	2.84	2.92	3.05	3.34	72.93	75.02	78.31	85.88	5.50	5.66	5.90	6.48	7.23	7.44	7.77	8.52
		西部	2.07	2.13	2.23	2.44	53.28	54.80	57.21	62.74	4.02	4.13	4.31	4.73	5.28	5.43	5.67	6.22
	组合	东部	3.60	3.70	3.86	4.24	92.44	95.09	99.25	108.85	6.97	7.17	7.48	8.21	9.17	9.43	9.84	10.79
		中部	2.84	2.92	3.05	3.34	72.93	75.02	78.31	85.88	5.50	5.66	5.90	6.48	7.23	7.44	7.77	8.52
		西部	2.07	2.13	2.23	2.44	53.28	54.80	57.21	62.74	4.02	4.13	4.31	4.73	5.28	5.43	5.67	6.22
民营	物理	东部	0.72	0.74	0.77	0.85	18.51	19.04	19.88	21.80	1.40	1.44	1.50	1.64	1.84	1.89	1.97	2.16
		中部	0.57	0.58	0.61	0.67	14.61	15.03	15.68	17.20	1.10	1.13	1.18	1.30	1.45	1.49	1.56	1.71
		西部	0.42	0.43	0.45	0.49	10.67	10.98	11.46	12.57	0.80	0.83	0.86	0.95	1.06	1.09	1.14	1.25
	化学	东部	1.36	1.40	1.46	1.60	34.90	35.90	37.48	41.10	2.63	2.71	2.83	3.10	3.46	3.56	3.72	4.08
		中部	1.07	1.10	1.15	1.26	27.54	28.33	29.57	32.43	2.08	2.14	2.23	2.44	2.73	2.81	2.93	3.22
		西部	0.78	0.81	0.84	0.92	20.12	20.69	21.60	23.69	1.52	1.56	1.63	1.79	1.99	2.05	2.14	2.35
	生物	东部	2.11	2.17	2.26	2.48	54.14	55.69	58.13	63.75	4.08	4.20	4.38	4.81	5.37	5.52	5.76	6.32
		中部	1.66	1.71	1.79	1.96	42.71	43.94	45.86	50.30	3.22	3.31	3.46	3.79	4.24	4.36	4.55	4.99
		西部	1.21	1.25	1.30	1.43	31.20	32.10	33.50	36.74	2.35	2.42	2.53	2.77	3.09	3.18	3.32	3.64

企业性质	处理方法	地区	活性炭制造				核燃料加工				炼焦				精炼石油产品制造			
			30%	50%	70%	90%	30%	50%	70%	90%	30%	50%	70%	90%	30%	50%	70%	90%
民营	物化	东部	2.11	2.17	2.26	2.48	54.14	55.69	58.13	63.75	4.08	4.20	4.38	4.81	5.37	5.52	5.76	6.32
		中部	1.66	1.71	1.79	1.96	42.71	43.94	45.86	50.30	3.22	3.31	3.46	3.79	4.24	4.36	4.55	4.99
		西部	1.21	1.25	1.30	1.43	31.20	32.10	33.50	36.74	2.35	2.42	2.53	2.77	3.09	3.18	3.32	3.64
	组合	东部	2.11	2.17	2.26	2.48	54.14	55.69	58.13	63.75	4.08	4.20	4.38	4.81	5.37	5.52	5.76	6.32
		中部	1.66	1.71	1.79	1.96	42.71	43.94	45.86	50.30	3.22	3.31	3.46	3.79	4.24	4.36	4.55	4.99
		西部	1.21	1.25	1.30	1.43	31.20	32.10	33.50	36.74	2.35	2.42	2.53	2.77	3.09	3.18	3.32	3.64
其他	物理	东部	0.85	0.87	0.91	1.00	21.81	22.44	23.42	25.69	1.64	1.69	1.77	1.94	2.16	2.23	2.32	2.55
		中部	0.67	0.69	0.72	0.79	17.21	17.70	18.48	20.27	1.30	1.33	1.39	1.53	1.71	1.76	1.83	2.01
		西部	0.49	0.50	0.53	0.58	12.57	12.93	13.50	14.81	0.95	0.98	1.02	1.12	1.25	1.28	1.34	1.47
	化学	东部	1.60	1.65	1.72	1.89	41.12	42.30	44.15	48.42	3.10	3.19	3.33	3.65	4.08	4.19	4.38	4.80
		中部	1.26	1.30	1.36	1.49	32.44	33.37	34.84	38.21	2.45	2.52	2.63	2.88	3.22	3.31	3.45	3.79
		西部	0.92	0.95	0.99	1.09	23.70	24.38	25.45	27.91	1.79	1.84	1.92	2.10	2.35	2.42	2.52	2.77
	生物	东部	2.48	2.55	2.67	2.92	63.78	65.61	68.49	75.11	4.81	4.95	5.16	5.66	6.33	6.51	6.79	7.45
		中部	1.96	2.02	2.10	2.31	50.33	51.77	54.04	59.26	3.79	3.90	4.07	4.47	4.99	5.13	5.36	5.88
		西部	1.43	1.47	1.54	1.69	36.76	37.82	39.48	43.29	2.77	2.85	2.98	3.26	3.65	3.75	3.91	4.29
	物化	东部	2.48	2.55	2.67	2.92	63.78	65.61	68.49	75.11	4.81	4.95	5.16	5.66	6.33	6.51	6.79	7.45
		中部	1.96	2.02	2.10	2.31	50.33	51.77	54.04	59.26	3.79	3.90	4.07	4.47	4.99	5.13	5.36	5.88
		西部	1.43	1.47	1.54	1.69	36.76	37.82	39.48	43.29	2.77	2.85	2.98	3.26	3.65	3.75	3.91	4.29
	组合	东部	2.48	2.55	2.67	2.92	63.78	65.61	68.49	75.11	4.81	4.95	5.16	5.66	6.33	6.51	6.79	7.45
		中部	1.96	2.02	2.10	2.31	50.33	51.77	54.04	59.26	3.79	3.90	4.07	4.47	4.99	5.13	5.36	5.88
		西部	1.43	1.47	1.54	1.69	36.76	37.82	39.48	43.29	2.77	2.85	2.98	3.26	3.65	3.75	3.91	4.29

注：设计处理能力与处理量为该行业的中位数，石油加工及炼焦业设计处理能力的中位数为 500 t/d，处理量的中位数为 3.7 万 t/a。

表 1-48 处理能力为中位数时石油加工及炼焦业单位废水治理费用（含固定资产折旧费） 单位：元/t

企业性质	处理方法	地区	活性炭制造				核燃料加工				炼焦				精炼石油产品制造			
			30%	50%	70%	90%	30%	50%	70%	90%	30%	50%	70%	90%	30%	50%	70%	90%
国有	物理	东部	1.43	1.47	1.54	1.69	42.16	43.45	45.48	50.18	2.95	3.04	3.18	3.50	3.83	3.94	4.12	4.54
		中部	1.17	1.20	1.26	1.39	36.38	37.51	39.30	43.46	2.47	2.55	2.67	2.94	3.19	3.29	3.44	3.79
		西部	0.82	0.85	0.89	0.98	24.30	25.05	26.22	28.93	1.70	1.75	1.83	2.02	2.21	2.27	2.38	2.62
	化学	东部	2.72	2.80	2.92	3.21	80.92	83.40	87.32	96.39	5.63	5.80	6.06	6.68	7.29	7.51	7.86	8.65
		中部	2.23	2.29	2.40	2.64	70.26	72.47	75.95	84.03	4.74	4.89	5.12	5.65	6.11	6.30	6.59	7.27
		西部	1.57	1.61	1.68	1.85	46.65	48.08	50.34	55.57	3.24	3.34	3.50	3.85	4.21	4.33	4.53	4.99
	生物	东部	4.56	4.70	4.92	5.42	152.48	157.37	165.09	183.05	10.00	10.32	10.81	11.95	12.82	13.21	13.84	15.29
		中部	3.86	3.98	4.17	4.60	140.60	145.24	152.57	169.66	8.85	9.13	9.58	10.62	11.24	11.60	12.16	13.46
		西部	2.63	2.71	2.83	3.12	87.92	90.73	95.19	105.54	5.77	5.95	6.23	6.89	7.39	7.62	7.98	8.81
	物化	东部	4.15	4.27	4.46	4.90	120.68	124.34	130.12	143.50	8.50	8.76	9.16	10.08	11.05	11.37	11.89	13.09
		中部	3.38	3.48	3.64	4.00	103.32	106.52	111.58	123.30	7.09	7.31	7.64	8.43	9.17	9.44	9.88	10.88
		西部	2.39	2.46	2.57	2.83	69.57	71.68	75.01	82.72	4.90	5.05	5.28	5.81	6.37	6.56	6.85	7.54
	组合	东部	4.56	4.70	4.92	5.42	152.48	157.37	165.09	183.05	10.00	10.32	10.81	11.95	12.82	13.21	13.84	15.29
		中部	3.86	3.98	4.17	4.60	140.60	145.24	152.57	169.66	8.85	9.13	9.58	10.62	11.24	11.60	12.16	13.46
		西部	2.63	2.71	2.83	3.12	87.92	90.73	95.19	105.54	5.77	5.95	6.23	6.89	7.39	7.62	7.98	8.81
外资	物理	东部	1.33	1.37	1.43	1.58	39.44	40.65	42.56	46.96	2.75	2.84	2.97	3.27	3.57	3.68	3.84	4.23
		中部	1.09	1.12	1.17	1.29	34.12	35.19	36.88	40.79	2.31	2.38	2.50	2.75	2.98	3.07	3.22	3.55
		西部	0.77	0.79	0.83	0.91	22.74	23.43	24.53	27.07	1.59	1.63	1.71	1.88	2.06	2.12	2.22	2.44
	化学	东部	2.53	2.60	2.72	2.99	75.75	78.08	81.75	90.26	5.26	5.41	5.66	6.24	6.81	7.01	7.33	8.08
		中部	2.08	2.14	2.24	2.46	65.96	68.03	71.31	78.92	4.44	4.58	4.79	5.29	5.72	5.89	6.16	6.80
		西部	1.46	1.50	1.57	1.73	43.67	45.01	47.13	52.04	3.03	3.12	3.26	3.60	3.92	4.04	4.23	4.66

企业性质	处理方法	地区	活性炭制造				核燃料加工				炼焦				精炼石油产品制造			
			30%	50%	70%	90%	30%	50%	70%	90%	30%	50%	70%	90%	30%	50%	70%	90%
外资	生物	东部	4.26	4.39	4.59	5.06	143.51	148.12	155.41	172.36	9.38	9.67	10.13	11.21	12.01	12.38	12.97	14.33
		中部	3.62	3.73	3.90	4.31	132.81	137.20	144.15	160.34	8.33	8.59	9.01	9.99	10.56	10.90	11.43	12.66
		西部	2.46	2.53	2.65	2.92	82.74	85.40	89.61	99.38	5.41	5.58	5.84	6.46	6.92	7.14	7.48	8.26
	物化	东部	3.86	3.98	4.16	4.57	112.83	116.26	121.68	134.21	7.93	8.17	8.54	9.40	10.30	10.61	11.09	12.20
		中部	3.15	3.24	3.39	3.73	96.84	99.85	104.60	115.61	6.63	6.83	7.15	7.88	8.56	8.82	9.23	10.17
		西部	2.23	2.29	2.40	2.63	65.04	67.02	70.15	77.37	4.57	4.71	4.92	5.42	5.94	6.11	6.39	7.04
	组合	东部	4.26	4.39	4.59	5.06	143.51	148.12	155.41	172.36	9.38	9.67	10.13	11.21	12.01	12.38	12.97	14.33
		中部	3.62	3.73	3.90	4.31	132.81	137.20	144.15	160.34	8.33	8.59	9.01	9.99	10.56	10.90	11.43	12.66
		西部	2.46	2.53	2.65	2.92	82.74	85.40	89.61	99.38	5.41	5.58	5.84	6.46	6.92	7.14	7.48	8.26
民营	物理	东部	0.76	0.79	0.82	0.90	21.84	22.50	23.53	25.94	1.55	1.60	1.67	1.84	2.02	2.08	2.17	2.39
		中部	0.62	0.64	0.67	0.73	18.50	19.07	19.97	22.05	1.29	1.32	1.38	1.53	1.67	1.72	1.79	1.98
		西部	0.44	0.45	0.47	0.52	12.59	12.97	13.57	14.95	0.90	0.92	0.96	1.06	1.16	1.20	1.25	1.38
	化学	东部	1.45	1.49	1.56	1.71	41.76	43.02	45.01	49.62	2.96	3.04	3.18	3.50	3.84	3.96	4.14	4.55
		中部	1.18	1.21	1.27	1.39	35.58	36.67	38.41	42.42	2.46	2.53	2.65	2.92	3.18	3.27	3.42	3.77
		西部	0.83	0.86	0.90	0.99	24.07	24.80	25.95	28.61	1.70	1.75	1.83	2.02	2.21	2.28	2.38	2.62
	生物	东部	2.39	2.46	2.57	2.83	75.81	78.20	81.96	90.71	5.11	5.26	5.51	6.08	6.57	6.77	7.09	7.82
		中部	1.99	2.05	2.15	2.37	68.13	70.33	73.81	81.90	4.42	4.56	4.78	5.28	5.65	5.83	6.10	6.75
		西部	1.38	1.42	1.48	1.63	43.71	45.08	47.26	52.30	2.94	3.03	3.18	3.50	3.79	3.91	4.09	4.51
	物化	东部	2.22	2.28	2.39	2.62	62.79	64.68	67.65	74.51	4.49	4.62	4.83	5.31	5.85	6.02	6.29	6.92
		中部	1.79	1.85	1.93	2.12	52.86	54.48	57.02	62.92	3.70	3.81	3.98	4.39	4.80	4.94	5.17	5.69
		西部	1.28	1.32	1.38	1.51	36.20	37.28	39.00	42.95	2.59	2.66	2.79	3.06	3.37	3.47	3.63	3.99

企业性质	处理方法	地区	活性炭制造				核燃料加工				炼焦				精炼石油产品制造			
			30%	50%	70%	90%	30%	50%	70%	90%	30%	50%	70%	90%	30%	50%	70%	90%
民营	组合	东部	2.39	2.46	2.57	2.83	75.81	78.20	81.96	90.71	5.11	5.26	5.51	6.08	6.57	6.77	7.09	7.82
		中部	1.99	2.05	2.15	2.37	68.13	70.33	73.81	81.90	4.42	4.56	4.78	5.28	5.65	5.83	6.10	6.75
		西部	1.38	1.42	1.48	1.63	43.71	45.08	47.26	52.30	2.94	3.03	3.18	3.50	3.79	3.91	4.09	4.51
其他	物理	东部	0.91	0.94	0.98	1.07	26.40	27.20	28.47	31.39	1.86	1.92	2.00	2.21	2.42	2.49	2.60	2.86
		中部	0.74	0.76	0.80	0.88	22.59	23.29	24.39	26.95	1.55	1.60	1.67	1.84	2.01	2.07	2.16	2.38
		西部	0.52	0.54	0.56	0.62	15.22	15.68	16.41	18.10	1.07	1.10	1.16	1.27	1.39	1.44	1.50	1.65
	化学	东部	1.72	1.77	1.85	2.04	50.58	52.12	54.56	60.19	3.55	3.65	3.82	4.21	4.60	4.74	4.96	5.46
		中部	1.41	1.45	1.51	1.67	43.54	44.89	47.03	52.00	2.97	3.06	3.20	3.53	3.83	3.95	4.13	4.56
		西部	0.99	1.02	1.07	1.17	29.16	30.05	31.45	34.70	2.04	2.11	2.20	2.42	2.65	2.73	2.86	3.15
	生物	东部	2.87	2.96	3.09	3.41	93.70	96.67	101.38	112.31	6.22	6.41	6.72	7.42	7.99	8.23	8.62	9.52
		中部	2.41	2.49	2.60	2.87	85.39	88.18	92.60	102.87	5.45	5.62	5.89	6.53	6.94	7.16	7.50	8.30
		西部	1.66	1.71	1.78	1.96	54.02	55.74	58.45	64.75	3.59	3.70	3.87	4.28	4.61	4.75	4.97	5.49
	物化	东部	2.64	2.72	2.84	3.12	75.73	78.02	81.62	89.96	5.37	5.53	5.78	6.36	6.99	7.20	7.52	8.27
		中部	2.14	2.20	2.30	2.53	64.33	66.31	69.43	76.67	4.46	4.59	4.80	5.29	5.77	5.94	6.22	6.85
		西部	1.52	1.57	1.64	1.80	43.65	44.97	47.05	51.86	3.10	3.19	3.33	3.67	4.03	4.15	4.34	4.77
	组合	东部	2.87	2.96	3.09	3.41	93.70	96.67	101.38	112.31	6.22	6.41	6.72	7.42	7.99	8.23	8.62	9.52
		中部	2.41	2.49	2.60	2.87	85.39	88.18	92.60	102.87	5.45	5.62	5.89	6.53	6.94	7.16	7.50	8.30
		西部	1.66	1.71	1.78	1.96	54.02	55.74	58.45	64.75	3.59	3.70	3.87	4.28	4.61	4.75	4.97	5.49

注：设计处理能力与处理量为该行业的中位数，石油加工及炼焦业设计处理能力的中位数为 500 t/d，处理量的中位数为 3.7 万 t/a。

表 1-49　处理能力为 1/4 分位数时石油加工及炼焦业单位废水治理费用（不含固定资产折旧费）　单位：元/t

企业性质	处理方法	地区	活性炭制造				核燃料加工				炼焦				精炼石油产品制造			
			30%	50%	70%	90%	30%	50%	70%	90%	30%	50%	70%	90%	30%	50%	70%	90%
国有	物理	东部	2.07	2.13	2.22	2.44	53.13	54.66	57.05	62.57	4.01	4.12	4.30	4.72	5.27	5.42	5.66	6.20
		中部	1.63	1.68	1.75	1.92	41.92	43.12	45.02	49.37	3.16	3.25	3.39	3.72	4.16	4.28	4.46	4.90
		西部	1.19	1.23	1.28	1.40	30.63	31.50	32.88	36.06	2.31	2.38	2.48	2.72	3.04	3.12	3.26	3.58
	化学	东部	3.90	4.01	4.19	4.59	100.17	103.04	107.56	117.95	7.55	7.77	8.11	8.89	9.93	10.22	10.67	11.70
		中部	3.08	3.16	3.30	3.62	79.03	81.30	84.86	93.06	5.96	6.13	6.40	7.02	7.84	8.06	8.41	9.23
		西部	2.25	2.31	2.41	2.65	57.73	59.39	61.99	67.99	4.35	4.48	4.67	5.13	5.72	5.89	6.15	6.74
	生物	东部	6.05	6.22	6.49	7.12	155.37	159.83	166.83	182.96	11.71	12.05	12.58	13.79	15.41	15.85	16.54	18.14
		中部	4.77	4.91	5.12	5.62	122.59	126.10	131.63	144.36	9.24	9.51	9.92	10.88	12.16	12.50	13.05	14.31
		西部	3.49	3.59	3.74	4.11	89.55	92.12	96.16	105.46	6.75	6.95	7.25	7.95	8.88	9.13	9.54	10.46
	物化	东部	6.05	6.22	6.49	7.12	155.37	159.83	166.83	182.96	11.71	12.05	12.58	13.79	15.41	15.85	16.54	18.14
		中部	4.77	4.91	5.12	5.62	122.59	126.10	131.63	144.36	9.24	9.51	9.92	10.88	12.16	12.50	13.05	14.31
		西部	3.49	3.59	3.74	4.11	89.55	92.12	96.16	105.46	6.75	6.95	7.25	7.95	8.88	9.13	9.54	10.46
	组合	东部	6.05	6.22	6.49	7.12	155.37	159.83	166.83	182.96	11.71	12.05	12.58	13.79	15.41	15.85	16.54	18.14
		中部	4.77	4.91	5.12	5.62	122.59	126.10	131.63	144.36	9.24	9.51	9.92	10.88	12.16	12.50	13.05	14.31
		西部	3.49	3.59	3.74	4.11	89.55	92.12	96.16	105.46	6.75	6.95	7.25	7.95	8.88	9.13	9.54	10.46
外资	物理	东部	1.92	1.98	2.06	2.26	49.34	50.76	52.98	58.11	3.72	3.83	3.99	4.38	4.89	5.03	5.25	5.76
		中部	1.52	1.56	1.63	1.78	38.93	40.05	41.80	45.85	2.94	3.02	3.15	3.46	3.86	3.97	4.15	4.55
		西部	1.11	1.14	1.19	1.30	28.44	29.26	30.54	33.49	2.14	2.21	2.30	2.53	2.82	2.90	3.03	3.32
	化学	东部	3.62	3.73	3.89	4.26	93.02	95.69	99.88	109.54	7.01	7.21	7.53	8.26	9.22	9.49	9.90	10.86
		中部	2.86	2.94	3.07	3.36	73.39	75.50	78.81	86.43	5.53	5.69	5.94	6.52	7.28	7.49	7.81	8.57
		西部	2.09	2.15	2.24	2.46	53.62	55.15	57.57	63.14	4.04	4.16	4.34	4.76	5.32	5.47	5.71	6.26

企业性质	处理方法	地区	活性炭制造				核燃料加工				炼焦				精炼石油产品制造			
			30%	50%	70%	90%	30%	50%	70%	90%	30%	50%	70%	90%	30%	50%	70%	90%
外资	生物	东部	5.62	5.78	6.03	6.61	144.29	148.43	154.93	169.91	10.88	11.19	11.68	12.81	14.31	14.72	15.36	16.85
		中部	4.43	4.56	4.76	5.22	113.84	117.11	122.24	134.06	8.58	8.83	9.22	10.11	11.29	11.61	12.12	13.29
		西部	3.24	3.33	3.48	3.81	83.17	85.55	89.30	97.93	6.27	6.45	6.73	7.38	8.25	8.48	8.86	9.71
	物化	东部	5.62	5.78	6.03	6.61	144.29	148.43	154.93	169.91	10.88	11.19	11.68	12.81	14.31	14.72	15.36	16.85
		中部	4.43	4.56	4.76	5.22	113.84	117.11	122.24	134.06	8.58	8.83	9.22	10.11	11.29	11.61	12.12	13.29
		西部	3.24	3.33	3.48	3.81	83.17	85.55	89.30	97.93	6.27	6.45	6.73	7.38	8.25	8.48	8.86	9.71
	组合	东部	5.62	5.78	6.03	6.61	144.29	148.43	154.93	169.91	10.88	11.19	11.68	12.81	14.31	14.72	15.36	16.85
		中部	4.43	4.56	4.76	5.22	113.84	117.11	122.24	134.06	8.58	8.83	9.22	10.11	11.29	11.61	12.12	13.29
		西部	3.24	3.33	3.48	3.81	83.17	85.55	89.30	97.93	6.27	6.45	6.73	7.38	8.25	8.48	8.86	9.71
民营	物理	东部	1.13	1.16	1.21	1.32	28.90	29.73	31.03	34.03	2.18	2.24	2.34	2.57	2.87	2.95	3.08	3.37
		中部	0.89	0.91	0.95	1.05	22.80	23.46	24.48	26.85	1.72	1.77	1.85	2.02	2.26	2.33	2.43	2.66
		西部	0.65	0.67	0.70	0.76	16.66	17.13	17.89	19.61	1.26	1.29	1.35	1.48	1.65	1.70	1.77	1.95
	化学	东部	2.12	2.18	2.28	2.50	54.48	56.04	58.50	64.15	4.11	4.23	4.41	4.84	5.40	5.56	5.80	6.36
		中部	1.67	1.72	1.80	1.97	42.98	44.22	46.15	50.62	3.24	3.33	3.48	3.82	4.26	4.38	4.58	5.02
		西部	1.22	1.26	1.31	1.44	31.40	32.30	33.72	36.98	2.37	2.44	2.54	2.79	3.11	3.20	3.34	3.67
	生物	东部	3.29	3.38	3.53	3.87	84.51	86.93	90.74	99.51	6.37	6.55	6.84	7.50	8.38	8.62	9.00	9.87
		中部	2.60	2.67	2.79	3.06	66.68	68.59	71.59	78.51	5.03	5.17	5.40	5.92	6.61	6.80	7.10	7.79
		西部	1.90	1.95	2.04	2.23	48.71	50.10	52.30	57.36	3.67	3.78	3.94	4.32	4.83	4.97	5.19	5.69
	物化	东部	3.29	3.38	3.53	3.87	84.51	86.93	90.74	99.51	6.37	6.55	6.84	7.50	8.38	8.62	9.00	9.87
		中部	2.60	2.67	2.79	3.06	66.68	68.59	71.59	78.51	5.03	5.17	5.40	5.92	6.61	6.80	7.10	7.79
		西部	1.90	1.95	2.04	2.23	48.71	50.10	52.30	57.36	3.67	3.78	3.94	4.32	4.83	4.97	5.19	5.69

企业性质	处理方法	地区	活性炭制造				核燃料加工				炼焦				精炼石油产品制造			
			30%	50%	70%	90%	30%	50%	70%	90%	30%	50%	70%	90%	30%	50%	70%	90%
民营	组合	东部	3.29	3.38	3.53	3.87	84.51	86.93	90.74	99.51	6.37	6.55	6.84	7.50	8.38	8.62	9.00	9.87
		中部	2.60	2.67	2.79	3.06	66.68	68.59	71.59	78.51	5.03	5.17	5.40	5.92	6.61	6.80	7.10	7.79
		西部	1.90	1.95	2.04	2.23	48.71	50.10	52.30	57.36	3.67	3.78	3.94	4.32	4.83	4.97	5.19	5.69
其他	物理	东部	1.33	1.36	1.42	1.56	34.05	35.03	36.56	40.10	2.57	2.64	2.76	3.02	3.38	3.47	3.63	3.98
		中部	1.05	1.08	1.12	1.23	26.87	27.64	28.85	31.64	2.03	2.08	2.17	2.39	2.66	2.74	2.86	3.14
		西部	0.76	0.79	0.82	0.90	19.63	20.19	21.07	23.11	1.48	1.52	1.59	1.74	1.95	2.00	2.09	2.29
	化学	东部	2.50	2.57	2.68	2.94	64.19	66.03	68.92	75.59	4.84	4.98	5.20	5.70	6.37	6.55	6.83	7.50
		中部	1.97	2.03	2.12	2.32	50.64	52.10	54.38	59.64	3.82	3.93	4.10	4.50	5.02	5.17	5.39	5.91
		西部	1.44	1.48	1.55	1.70	37.00	38.06	39.73	43.57	2.79	2.87	3.00	3.28	3.67	3.77	3.94	4.32
	生物	东部	3.88	3.99	4.16	4.56	99.57	102.42	106.91	117.25	7.51	7.72	8.06	8.84	9.87	10.16	10.60	11.63
		中部	3.06	3.15	3.28	3.60	78.56	80.81	84.35	92.51	5.92	6.09	6.36	6.97	7.79	8.01	8.36	9.17
		西部	2.23	2.30	2.40	2.63	57.39	59.03	61.62	67.58	4.33	4.45	4.65	5.10	5.69	5.85	6.11	6.70
	物化	东部	3.88	3.99	4.16	4.56	99.57	102.42	106.91	117.25	7.51	7.72	8.06	8.84	9.87	10.16	10.60	11.63
		中部	3.06	3.15	3.28	3.60	78.56	80.81	84.35	92.51	5.92	6.09	6.36	6.97	7.79	8.01	8.36	9.17
		西部	2.23	2.30	2.40	2.63	57.39	59.03	61.62	67.58	4.33	4.45	4.65	5.10	5.69	5.85	6.11	6.70
	组合	东部	3.88	3.99	4.16	4.56	99.57	102.42	106.91	117.25	7.51	7.72	8.06	8.84	9.87	10.16	10.60	11.63
		中部	3.06	3.15	3.28	3.60	78.56	80.81	84.35	92.51	5.92	6.09	6.36	6.97	7.79	8.01	8.36	9.17
		西部	2.23	2.30	2.40	2.63	57.39	59.03	61.62	67.58	4.33	4.45	4.65	5.10	5.69	5.85	6.11	6.70

注：设计处理能力与处理量为该行业的 1/4 分位数，石油加工及炼焦业设计处理能力的 1/4 分位数为 100 t/d，处理量的 1/4 分位数为 7 950 t/a。

表 1-50 处理能力为 1/4 分位数时石油加工及炼焦业单位废水治理费用（含固定资产折旧费）

单位：元/t

企业性质	处理方法	地区	活性炭制造				核燃料加工				炼焦				精炼石油产品制造			
			30%	50%	70%	90%	30%	50%	70%	90%	30%	50%	70%	90%	30%	50%	70%	90%
国有	物理	东部	2.27	2.33	2.44	2.68	68.30	70.40	73.72	81.42	4.72	4.86	5.09	5.61	6.11	6.30	6.59	7.25
		中部	1.86	1.92	2.01	2.21	59.70	61.58	64.56	71.47	4.00	4.12	4.32	4.77	5.15	5.30	5.55	6.12
		西部	1.31	1.34	1.41	1.55	39.37	40.59	42.50	46.94	2.72	2.80	2.93	3.23	3.52	3.63	3.80	4.18
	化学	东部	4.31	4.43	4.63	5.10	131.44	135.51	141.94	156.84	9.03	9.30	9.73	10.73	11.67	12.02	12.58	13.86
		中部	3.55	3.66	3.83	4.22	115.69	119.36	125.17	138.65	7.69	7.93	8.30	9.17	9.88	10.18	10.66	11.76
		西部	2.48	2.56	2.67	2.94	75.78	78.12	81.83	90.42	5.20	5.36	5.61	6.19	6.73	6.93	7.25	7.99
	生物	东部	7.33	7.56	7.91	8.72	254.23	262.48	275.54	305.90	16.38	16.90	17.71	19.60	20.91	21.56	22.59	24.98
		中部	6.28	6.47	6.78	7.49	238.49	246.45	259.07	288.48	14.72	15.19	15.94	17.69	18.60	19.20	20.14	22.33
		西部	4.23	4.36	4.56	5.03	146.59	151.35	158.87	176.38	9.45	9.74	10.21	11.30	12.05	12.43	13.02	14.40
	物化	东部	6.56	6.75	7.06	7.76	194.85	200.82	210.24	232.05	13.58	13.99	14.63	16.11	17.60	18.13	18.96	20.87
		中部	5.37	5.53	5.79	6.37	168.87	174.16	182.52	201.91	11.43	11.78	12.33	13.60	14.73	15.18	15.88	17.52
		西部	3.78	3.89	4.07	4.47	112.33	115.77	121.20	133.78	7.83	8.06	8.43	9.29	10.15	10.45	10.93	12.03
	组合	东部	7.33	7.56	7.91	8.72	254.23	262.48	275.54	305.90	16.38	16.90	17.71	19.60	20.91	21.56	22.59	24.98
		中部	6.28	6.47	6.78	7.49	238.49	246.45	259.07	288.48	14.72	15.19	15.94	17.69	18.60	19.20	20.14	22.33
		西部	4.23	4.36	4.56	5.03	146.59	151.35	158.87	176.38	9.45	9.74	10.21	11.30	12.05	12.43	13.02	14.40
外资	物理	东部	2.11	2.17	2.27	2.50	63.97	65.95	69.07	76.29	4.41	4.54	4.75	5.24	5.71	5.88	6.15	6.77
		中部	1.74	1.79	1.87	2.06	56.08	57.85	60.66	67.17	3.74	3.86	4.04	4.46	4.81	4.96	5.19	5.73
		西部	1.22	1.25	1.31	1.44	36.88	38.02	39.82	43.98	2.54	2.62	2.74	3.02	3.29	3.39	3.54	3.90
	化学	东部	4.01	4.13	4.32	4.75	123.19	127.01	133.05	147.05	8.44	8.69	9.10	10.03	10.90	11.23	11.75	12.95
		中部	3.32	3.42	3.57	3.94	108.76	112.22	117.69	130.40	7.20	7.43	7.78	8.59	9.25	9.53	9.98	11.02
		西部	2.31	2.38	2.49	2.74	71.02	73.22	76.71	84.78	4.86	5.01	5.24	5.78	6.28	6.47	6.77	7.46

企业性质	处理方法	地区	活性炭制造				核燃料加工				炼焦				精炼石油产品制造			
			30%	50%	70%	90%	30%	50%	70%	90%	30%	50%	70%	90%	30%	50%	70%	90%
外资	生物	东部	6.86	7.07	7.39	8.16	239.66	247.45	259.79	288.50	15.38	15.87	16.63	18.41	19.61	20.23	21.20	23.45
		中部	5.89	6.07	6.36	7.03	225.64	233.20	245.17	273.08	13.86	14.31	15.02	16.67	17.51	18.07	18.96	21.03
		西部	3.95	4.07	4.26	4.70	138.19	142.68	149.80	166.35	8.87	9.15	9.59	10.61	11.31	11.66	12.22	13.52
	物化	东部	6.11	6.29	6.58	7.23	182.37	187.97	196.81	217.27	12.68	13.06	13.66	15.05	16.43	16.92	17.69	19.48
		中部	5.01	5.16	5.40	5.94	158.49	163.47	171.33	189.57	10.69	11.02	11.53	12.73	13.77	14.19	14.85	16.38
		西部	3.52	3.63	3.79	4.17	105.14	108.36	113.46	125.25	7.31	7.53	7.87	8.67	9.47	9.75	10.20	11.23
	组合	东部	6.86	7.07	7.39	8.16	239.66	247.45	259.79	288.50	15.38	15.87	16.63	18.41	19.61	20.23	21.20	23.45
		中部	5.89	6.07	6.36	7.03	225.64	233.20	245.17	273.08	13.86	14.31	15.02	16.67	17.51	18.07	18.96	21.03
		西部	3.95	4.07	4.26	4.70	138.19	142.68	149.80	166.35	8.87	9.15	9.59	10.61	11.31	11.66	12.22	13.52
民营	物理	东部	1.21	1.24	1.30	1.43	35.11	36.17	37.86	41.75	2.47	2.55	2.66	2.93	3.21	3.31	3.46	3.80
		中部	0.98	1.01	1.06	1.16	30.08	31.01	32.48	35.90	2.06	2.13	2.22	2.45	2.67	2.75	2.87	3.17
		西部	0.69	0.72	0.75	0.82	20.24	20.85	21.82	24.07	1.42	1.47	1.53	1.69	1.85	1.91	1.99	2.19
	化学	东部	2.29	2.35	2.46	2.70	67.28	69.34	72.58	80.08	4.71	4.85	5.08	5.59	6.11	6.30	6.58	7.25
		中部	1.87	1.92	2.01	2.21	57.99	59.80	62.66	69.28	3.95	4.07	4.26	4.70	5.10	5.25	5.49	6.06
		西部	1.32	1.36	1.42	1.56	38.79	39.97	41.84	46.16	2.72	2.80	2.93	3.22	3.52	3.63	3.80	4.18
	生物	东部	3.82	3.93	4.11	4.53	124.98	128.96	135.25	149.85	8.28	8.54	8.94	9.88	10.63	10.96	11.47	12.67
		中部	3.21	3.31	3.47	3.82	114.13	117.86	123.77	137.52	7.27	7.50	7.86	8.71	9.25	9.54	10.00	11.07
		西部	2.20	2.27	2.37	2.61	72.06	74.35	77.98	86.40	4.77	4.92	5.16	5.70	6.13	6.32	6.61	7.30
	物化	东部	3.50	3.60	3.76	4.14	100.67	103.71	108.51	119.61	7.13	7.35	7.68	8.45	9.28	9.55	9.99	10.99
		中部	2.84	2.93	3.06	3.36	85.62	88.26	92.43	102.08	5.92	6.10	6.38	7.03	7.67	7.90	8.26	9.10
		西部	2.02	2.08	2.17	2.38	58.03	59.79	62.55	68.95	4.11	4.23	4.43	4.87	5.35	5.51	5.76	6.33

企业性质	处理方法	地区	活性炭制造				核燃料加工				炼焦				精炼石油产品制造			
			30%	50%	70%	90%	30%	50%	70%	90%	30%	50%	70%	90%	30%	50%	70%	90%
民营	组合	东部	3.82	3.93	4.11	4.53	124.98	128.96	135.25	149.85	8.28	8.54	8.94	9.88	10.63	10.96	11.47	12.67
		中部	3.21	3.31	3.47	3.82	114.13	117.86	123.77	137.52	7.27	7.50	7.86	8.71	9.25	9.54	10.00	11.07
		西部	2.20	2.27	2.37	2.61	72.06	74.35	77.98	86.40	4.77	4.92	5.16	5.70	6.13	6.32	6.61	7.30
其他	物理	东部	1.44	1.48	1.55	1.70	42.62	43.92	45.98	50.75	2.97	3.06	3.20	3.53	3.85	3.97	4.15	4.57
		中部	1.18	1.21	1.27	1.39	36.91	38.06	39.89	44.12	2.50	2.58	2.70	2.97	3.22	3.32	3.47	3.83
		西部	0.83	0.85	0.89	0.98	24.57	25.32	26.51	29.26	1.71	1.76	1.85	2.03	2.22	2.29	2.39	2.63
	化学	东部	2.73	2.81	2.94	3.23	81.86	84.37	88.35	97.56	5.67	5.84	6.11	6.74	7.35	7.57	7.92	8.72
		中部	2.24	2.31	2.41	2.66	71.36	73.60	77.15	85.39	4.80	4.94	5.18	5.71	6.17	6.36	6.66	7.35
		西部	1.57	1.62	1.69	1.86	47.19	48.64	50.93	56.24	3.27	3.37	3.52	3.88	4.24	4.36	4.56	5.03
	生物	东部	4.60	4.74	4.96	5.47	155.42	160.42	168.32	186.70	10.14	10.46	10.96	12.12	12.98	13.38	14.02	15.49
		中部	3.91	4.03	4.22	4.66	144.04	148.80	156.35	173.93	9.01	9.30	9.76	10.82	11.43	11.80	12.37	13.70
		西部	2.65	2.73	2.86	3.15	89.61	92.49	97.05	107.65	5.85	6.03	6.32	6.99	7.48	7.72	8.08	8.93
	物化	东部	4.17	4.29	4.48	4.92	121.87	125.58	131.43	144.98	8.56	8.82	9.22	10.15	11.11	11.44	11.97	13.17
		中部	3.40	3.50	3.66	4.02	104.70	107.96	113.10	125.02	7.16	7.37	7.72	8.51	9.24	9.52	9.96	10.98
		西部	2.40	2.47	2.58	2.84	70.26	72.39	75.77	83.58	4.93	5.08	5.31	5.85	6.41	6.60	6.90	7.59
	组合	东部	4.60	4.74	4.96	5.47	155.42	160.42	168.32	186.70	10.14	10.46	10.96	12.12	12.98	13.38	14.02	15.49
		中部	3.91	4.03	4.22	4.66	144.04	148.80	156.35	173.93	9.01	9.30	9.76	10.82	11.43	11.80	12.37	13.70
		西部	2.65	2.73	2.86	3.15	89.61	92.49	97.05	107.65	5.85	6.03	6.32	6.99	7.48	7.72	8.08	8.93

注：设计处理能力与处理量为该行业的 1/4 分位数，石油加工及炼焦业设计处理能力的 1/4 分位数为 100 t/d，处理量的 1/4 分位数为 7 950 t/a。

表 1-51　处理能力为 3/4 分位数时石油加工及炼焦业单位废水治理费用（不含固定资产折旧费）　　单位：元/t

企业性质	处理方法	地区	活性炭制造				核燃料加工				炼焦				其他			
			30%	50%	70%	90%	30%	50%	70%	90%	30%	50%	70%	90%	30%	50%	70%	90%
国有	物理	东部	0.86	0.89	0.93	1.02	22.15	22.79	23.79	26.09	1.67	1.72	1.79	1.97	2.20	2.26	2.36	2.59
		中部	0.68	0.70	0.73	0.80	17.48	17.98	18.77	20.58	1.32	1.36	1.41	1.55	1.73	1.78	1.86	2.04
		西部	0.50	0.51	0.53	0.59	12.77	13.13	13.71	15.04	0.96	0.99	1.03	1.13	1.27	1.30	1.36	1.49
	化学	东部	1.63	1.67	1.75	1.91	41.76	42.96	44.84	49.18	3.15	3.24	3.38	3.71	4.14	4.26	4.45	4.88
		中部	1.28	1.32	1.38	1.51	32.95	33.89	35.38	38.80	2.48	2.56	2.67	2.93	3.27	3.36	3.51	3.85
		西部	0.94	0.96	1.01	1.10	24.07	24.76	25.84	28.34	1.81	1.87	1.95	2.14	2.39	2.46	2.56	2.81
	生物	东部	2.52	2.59	2.71	2.97	64.78	66.63	69.55	76.28	4.88	5.02	5.24	5.75	6.42	6.61	6.90	7.56
		中部	1.99	2.05	2.14	2.34	51.11	52.57	54.88	60.18	3.85	3.96	4.14	4.54	5.07	5.21	5.44	5.97
		西部	1.45	1.50	1.56	1.71	37.34	38.41	40.09	43.96	2.81	2.90	3.02	3.31	3.70	3.81	3.98	4.36
	物化	东部	2.52	2.59	2.71	2.97	64.78	66.63	69.55	76.28	4.88	5.02	5.24	5.75	6.42	6.61	6.90	7.56
		中部	1.99	2.05	2.14	2.34	51.11	52.57	54.88	60.18	3.85	3.96	4.14	4.54	5.07	5.21	5.44	5.97
		西部	1.45	1.50	1.56	1.71	37.34	38.41	40.09	43.96	2.81	2.90	3.02	3.31	3.70	3.81	3.98	4.36
	组合	东部	2.52	2.59	2.71	2.97	64.78	66.63	69.55	76.28	4.88	5.02	5.24	5.75	6.42	6.61	6.90	7.56
		中部	1.99	2.05	2.14	2.34	51.11	52.57	54.88	60.18	3.85	3.96	4.14	4.54	5.07	5.21	5.44	5.97
		西部	1.45	1.50	1.56	1.71	37.34	38.41	40.09	43.96	2.81	2.90	3.02	3.31	3.70	3.81	3.98	4.36
外资	物理	东部	0.80	0.82	0.86	0.94	20.57	21.16	22.09	24.23	1.55	1.60	1.67	1.83	2.04	2.10	2.19	2.40
		中部	0.63	0.65	0.68	0.74	16.23	16.70	17.43	19.11	1.22	1.26	1.31	1.44	1.61	1.66	1.73	1.90
		西部	0.46	0.47	0.50	0.54	11.86	12.20	12.73	13.96	0.89	0.92	0.96	1.05	1.18	1.21	1.26	1.38
	化学	东部	1.51	1.55	1.62	1.78	38.78	39.89	41.64	45.67	2.92	3.01	3.14	3.44	3.85	3.96	4.13	4.53
		中部	1.19	1.23	1.28	1.40	30.60	31.48	32.86	36.03	2.31	2.37	2.48	2.72	3.03	3.12	3.26	3.57
		西部	0.87	0.90	0.93	1.02	22.35	22.99	24.00	26.32	1.69	1.73	1.81	1.98	2.22	2.28	2.38	2.61

企业性质	处理方法	地区	活性炭制造				核燃料加工				炼焦				其他			
			30%	50%	70%	90%	30%	50%	70%	90%	30%	50%	70%	90%	30%	50%	70%	90%
外资	生物	东部	2.34	2.41	2.51	2.76	60.16	61.88	64.59	70.84	4.54	4.67	4.87	5.34	5.97	6.14	6.41	7.02
		中部	1.85	1.90	1.98	2.18	47.46	48.82	50.96	55.89	3.58	3.68	3.84	4.21	4.71	4.84	5.05	5.54
		西部	1.35	1.39	1.45	1.59	34.67	35.67	37.23	40.83	2.61	2.69	2.81	3.08	3.44	3.54	3.69	4.05
	物化	东部	2.34	2.41	2.51	2.76	60.16	61.88	64.59	70.84	4.54	4.67	4.87	5.34	5.97	6.14	6.41	7.02
		中部	1.85	1.90	1.98	2.18	47.46	48.82	50.96	55.89	3.58	3.68	3.84	4.21	4.71	4.84	5.05	5.54
		西部	1.35	1.39	1.45	1.59	34.67	35.67	37.23	40.83	2.61	2.69	2.81	3.08	3.44	3.54	3.69	4.05
	组合	东部	2.34	2.41	2.51	2.76	60.16	61.88	64.59	70.84	4.54	4.67	4.87	5.34	5.97	6.14	6.41	7.02
		中部	1.85	1.90	1.98	2.18	47.46	48.82	50.96	55.89	3.58	3.68	3.84	4.21	4.71	4.84	5.05	5.54
		西部	1.35	1.39	1.45	1.59	34.67	35.67	37.23	40.83	2.61	2.69	2.81	3.08	3.44	3.54	3.69	4.05
民营	物理	东部	0.47	0.48	0.50	0.55	12.05	12.39	12.94	14.19	0.91	0.93	0.98	1.07	1.19	1.23	1.28	1.41
		中部	0.37	0.38	0.40	0.44	9.51	9.78	10.21	11.19	0.72	0.74	0.77	0.84	0.94	0.97	1.01	1.11
		西部	0.27	0.28	0.29	0.32	6.94	7.14	7.46	8.18	0.52	0.54	0.56	0.62	0.69	0.71	0.74	0.81
	化学	东部	0.88	0.91	0.95	1.04	22.71	23.36	24.39	26.75	1.71	1.76	1.84	2.02	2.25	2.32	2.42	2.65
		中部	0.70	0.72	0.75	0.82	17.92	18.43	19.24	21.10	1.35	1.39	1.45	1.59	1.78	1.83	1.91	2.09
		西部	0.51	0.52	0.55	0.60	13.09	13.47	14.06	15.42	0.99	1.02	1.06	1.16	1.30	1.34	1.39	1.53
	生物	东部	1.37	1.41	1.47	1.62	35.23	36.24	37.83	41.49	2.66	2.73	2.85	3.13	3.49	3.59	3.75	4.11
		中部	1.08	1.11	1.16	1.27	27.80	28.59	29.85	32.73	2.10	2.16	2.25	2.47	2.76	2.84	2.96	3.25
		西部	0.79	0.81	0.85	0.93	20.31	20.89	21.80	23.91	1.53	1.57	1.64	1.80	2.01	2.07	2.16	2.37
	物化	东部	1.37	1.41	1.47	1.62	35.23	36.24	37.83	41.49	2.66	2.73	2.85	3.13	3.49	3.59	3.75	4.11
		中部	1.08	1.11	1.16	1.27	27.80	28.59	29.85	32.73	2.10	2.16	2.25	2.47	2.76	2.84	2.96	3.25
		西部	0.79	0.81	0.85	0.93	20.31	20.89	21.80	23.91	1.53	1.57	1.64	1.80	2.01	2.07	2.16	2.37

企业性质	处理方法	地区	活性炭制造				核燃料加工				炼焦				其他			
			30%	50%	70%	90%	30%	50%	70%	90%	30%	50%	70%	90%	30%	50%	70%	90%
民营	组合	东部	1.37	1.41	1.47	1.62	35.23	36.24	37.83	41.49	2.66	2.73	2.85	3.13	3.49	3.59	3.75	4.11
		中部	1.08	1.11	1.16	1.27	27.80	28.59	29.85	32.73	2.10	2.16	2.25	2.47	2.76	2.84	2.96	3.25
		西部	0.79	0.81	0.85	0.93	20.31	20.89	21.80	23.91	1.53	1.57	1.64	1.80	2.01	2.07	2.16	2.37
其他	物理	东部	0.55	0.57	0.59	0.65	14.20	14.60	15.24	16.72	1.07	1.10	1.15	1.26	1.41	1.45	1.51	1.66
		中部	0.44	0.45	0.47	0.51	11.20	11.52	12.03	13.19	0.84	0.87	0.91	0.99	1.11	1.14	1.19	1.31
		西部	0.32	0.33	0.34	0.38	8.18	8.42	8.79	9.63	0.62	0.63	0.66	0.73	0.81	0.83	0.87	0.96
	化学	东部	1.04	1.07	1.12	1.23	26.76	27.53	28.73	31.51	2.02	2.08	2.17	2.38	2.65	2.73	2.85	3.12
		中部	0.82	0.85	0.88	0.97	21.11	21.72	22.67	24.86	1.59	1.64	1.71	1.87	2.09	2.15	2.25	2.47
		西部	0.60	0.62	0.64	0.71	15.42	15.87	16.56	18.16	1.16	1.20	1.25	1.37	1.53	1.57	1.64	1.80
	生物	东部	1.62	1.66	1.74	1.90	41.51	42.70	44.57	48.88	3.13	3.22	3.36	3.69	4.12	4.23	4.42	4.85
		中部	1.27	1.31	1.37	1.50	32.75	33.69	35.17	38.57	2.47	2.54	2.65	2.91	3.25	3.34	3.49	3.82
		西部	0.93	0.96	1.00	1.10	23.93	24.61	25.69	28.17	1.80	1.86	1.94	2.12	2.37	2.44	2.55	2.79
	物化	东部	1.62	1.66	1.74	1.90	41.51	42.70	44.57	48.88	3.13	3.22	3.36	3.69	4.12	4.23	4.42	4.85
		中部	1.27	1.31	1.37	1.50	32.75	33.69	35.17	38.57	2.47	2.54	2.65	2.91	3.25	3.34	3.49	3.82
		西部	0.93	0.96	1.00	1.10	23.93	24.61	25.69	28.17	1.80	1.86	1.94	2.12	2.37	2.44	2.55	2.79
	组合	东部	1.62	1.66	1.74	1.90	41.51	42.70	44.57	48.88	3.13	3.22	3.36	3.69	4.12	4.23	4.42	4.85
		中部	1.27	1.31	1.37	1.50	32.75	33.69	35.17	38.57	2.47	2.54	2.65	2.91	3.25	3.34	3.49	3.82
		西部	0.93	0.96	1.00	1.10	23.93	24.61	25.69	28.17	1.80	1.86	1.94	2.12	2.37	2.44	2.55	2.79

注：设计处理能力与处理量为该行业的 3/4 分位数，石油加工及炼焦业设计处理能力的 3/4 分位数为 1 860 t/d，处理量的 3/4 分位数为 162 400 t/a。

表 1-52 处理能力为 3/4 分位数时石油加工及炼焦业单位废水治理费用（含固定资产折旧费）

单位：元/t

企业性质	处理方法	地区	活性炭制造				核燃料加工				炼焦				其他			
			30%	50%	70%	90%	30%	50%	70%	90%	30%	50%	70%	90%	30%	50%	70%	90%
国有	物理	东部	0.93	0.95	1.00	1.09	27.03	27.85	29.15	32.15	1.90	1.96	2.05	2.25	2.47	2.54	2.66	2.92
		中部	0.75	0.78	0.81	0.89	23.20	23.92	25.05	27.69	1.59	1.64	1.71	1.89	2.05	2.11	2.21	2.44
		西部	0.53	0.55	0.57	0.63	15.58	16.06	16.80	18.53	1.10	1.13	1.18	1.30	1.42	1.46	1.53	1.69
	化学	东部	1.76	1.81	1.89	2.08	51.82	53.40	55.90	61.68	3.62	3.73	3.90	4.30	4.70	4.84	5.06	5.57
		中部	1.44	1.48	1.55	1.70	44.74	46.14	48.35	53.46	3.04	3.13	3.28	3.62	3.92	4.04	4.23	4.66
		西部	1.01	1.04	1.09	1.20	29.87	30.79	32.23	35.56	2.09	2.15	2.25	2.48	2.71	2.79	2.92	3.21
	生物	东部	2.94	3.02	3.16	3.48	96.58	99.66	104.52	115.82	6.39	6.58	6.90	7.62	8.19	8.44	8.84	9.76
		中部	2.47	2.55	2.67	2.95	88.39	91.29	95.87	106.54	5.61	5.79	6.07	6.73	7.14	7.37	7.72	8.55
		西部	1.69	1.74	1.82	2.01	55.68	57.46	60.26	66.78	3.68	3.80	3.98	4.39	4.72	4.87	5.10	5.63
	物化	东部	2.69	2.77	2.89	3.17	77.47	79.82	83.52	92.07	5.48	5.65	5.90	6.50	7.13	7.34	7.67	8.44
		中部	2.18	2.25	2.35	2.58	66.00	68.03	71.25	78.70	4.56	4.69	4.91	5.41	5.90	6.07	6.35	7.00
		西部	1.55	1.59	1.67	1.83	44.66	46.01	48.15	53.08	3.16	3.25	3.40	3.74	4.11	4.23	4.42	4.87
	组合	东部	2.94	3.02	3.16	3.48	96.58	99.66	104.52	115.82	6.39	6.58	6.90	7.62	8.19	8.44	8.84	9.76
		中部	2.47	2.55	2.67	2.95	88.39	91.29	95.87	106.54	5.61	5.79	6.07	6.73	7.14	7.37	7.72	8.55
		西部	1.69	1.74	1.82	2.01	55.68	57.46	60.26	66.78	3.68	3.80	3.98	4.39	4.72	4.87	5.10	5.63
外资	物理	东部	0.86	0.89	0.93	1.02	25.28	26.05	27.26	30.08	1.77	1.83	1.91	2.10	2.30	2.37	2.48	2.73
		中部	0.70	0.72	0.76	0.83	21.75	22.42	23.49	25.97	1.48	1.53	1.60	1.76	1.92	1.97	2.07	2.28
		西部	0.50	0.51	0.53	0.59	14.57	15.02	15.72	17.34	1.02	1.05	1.10	1.21	1.33	1.37	1.43	1.57
	化学	东部	1.64	1.68	1.76	1.93	48.48	49.97	52.31	57.73	3.38	3.48	3.64	4.01	4.39	4.52	4.72	5.20
		中部	1.34	1.38	1.44	1.59	41.97	43.29	45.36	50.18	2.84	2.93	3.07	3.38	3.67	3.78	3.95	4.36
		西部	0.94	0.97	1.01	1.12	27.95	28.81	30.16	33.28	1.95	2.01	2.10	2.31	2.53	2.60	2.72	3.00

企业性质	处理方法	地区	活性炭制造				核燃料加工				炼焦				其他			
			30%	50%	70%	90%	30%	50%	70%	90%	30%	50%	70%	90%	30%	50%	70%	90%
外资	生物	东部	2.74	2.82	2.95	3.25	90.83	93.74	98.32	108.99	5.98	6.17	6.46	7.14	7.67	7.91	8.28	9.15
		中部	2.32	2.39	2.50	2.76	83.43	86.17	90.51	100.61	5.28	5.44	5.71	6.33	6.71	6.92	7.25	8.03
		西部	1.58	1.63	1.70	1.88	52.37	54.04	56.69	62.84	3.45	3.56	3.73	4.12	4.42	4.56	4.77	5.27
	物化	东部	2.50	2.57	2.69	2.96	72.41	74.60	78.06	86.07	5.11	5.27	5.51	6.06	6.65	6.84	7.15	7.87
		中部	2.03	2.09	2.19	2.41	61.82	63.74	66.75	73.75	4.26	4.39	4.59	5.06	5.51	5.67	5.93	6.54
		西部	1.44	1.48	1.55	1.70	41.74	43.01	45.00	49.62	2.95	3.04	3.17	3.49	3.83	3.94	4.12	4.54
	组合	东部	2.74	2.82	2.95	3.25	90.83	93.74	98.32	108.99	5.98	6.17	6.46	7.14	7.67	7.91	8.28	9.15
		中部	2.32	2.39	2.50	2.76	83.43	86.17	90.51	100.61	5.28	5.44	5.71	6.33	6.71	6.92	7.25	8.03
		西部	1.58	1.63	1.70	1.88	52.37	54.04	56.69	62.84	3.45	3.56	3.73	4.12	4.42	4.56	4.77	5.27
民营	物理	东部	0.49	0.51	0.53	0.58	14.05	14.47	15.13	16.67	1.00	1.03	1.08	1.19	1.31	1.34	1.41	1.55
		中部	0.40	0.41	0.43	0.47	11.85	12.21	12.78	14.11	0.83	0.85	0.89	0.98	1.07	1.10	1.16	1.27
		西部	0.29	0.29	0.31	0.34	8.10	8.34	8.72	9.61	0.58	0.60	0.62	0.68	0.75	0.77	0.81	0.89
	化学	东部	0.94	0.97	1.01	1.11	26.83	27.64	28.92	31.87	1.91	1.96	2.05	2.26	2.48	2.55	2.67	2.94
		中部	0.76	0.78	0.82	0.90	22.75	23.45	24.55	27.11	1.58	1.63	1.70	1.87	2.05	2.11	2.20	2.43
		西部	0.54	0.56	0.58	0.64	15.47	15.93	16.67	18.37	1.10	1.13	1.18	1.30	1.43	1.47	1.54	1.69
	生物	东部	1.54	1.59	1.66	1.83	48.25	49.76	52.15	57.68	3.27	3.37	3.53	3.89	4.22	4.35	4.55	5.01
		中部	1.28	1.32	1.38	1.52	43.06	44.44	46.63	51.71	2.82	2.90	3.04	3.36	3.61	3.72	3.89	4.30
		西部	0.89	0.91	0.96	1.05	27.82	28.69	30.06	33.25	1.89	1.94	2.03	2.24	2.43	2.51	2.62	2.89
	物化	东部	1.44	1.48	1.55	1.70	40.43	41.64	43.55	47.95	2.90	2.99	3.12	3.43	3.78	3.89	4.07	4.47
		中部	1.16	1.20	1.25	1.37	33.89	34.92	36.55	40.31	2.38	2.45	2.57	2.83	3.10	3.19	3.33	3.67
		西部	0.83	0.85	0.89	0.98	23.31	24.00	25.10	27.64	1.67	1.72	1.80	1.98	2.18	2.24	2.35	2.58

企业性质	处理方法	地区	活性炭制造				核燃料加工				炼焦				其他			
			30%	50%	70%	90%	30%	50%	70%	90%	30%	50%	70%	90%	30%	50%	70%	90%
民营	组合	东部	1.54	1.59	1.66	1.83	48.25	49.76	52.15	57.68	3.27	3.37	3.53	3.89	4.22	4.35	4.55	5.01
		中部	1.28	1.32	1.38	1.52	43.06	44.44	46.63	51.71	2.82	2.90	3.04	3.36	3.61	3.72	3.89	4.30
		西部	0.89	0.91	0.96	1.05	27.82	28.69	30.06	33.25	1.89	1.94	2.03	2.24	2.43	2.51	2.62	2.89
其他	物理	东部	0.59	0.61	0.63	0.70	16.95	17.46	18.27	20.14	1.20	1.24	1.29	1.42	1.56	1.61	1.68	1.85
		中部	0.48	0.49	0.51	0.57	14.43	14.88	15.58	17.21	1.00	1.03	1.07	1.18	1.29	1.33	1.39	1.53
		西部	0.34	0.35	0.36	0.40	9.77	10.07	10.53	11.61	0.69	0.71	0.74	0.82	0.90	0.93	0.97	1.07
	化学	东部	1.12	1.15	1.20	1.32	32.44	33.43	34.98	38.58	2.29	2.35	2.46	2.71	2.97	3.06	3.20	3.52
		中部	0.91	0.94	0.98	1.08	27.78	28.64	30.00	33.15	1.91	1.96	2.06	2.27	2.46	2.54	2.66	2.93
		西部	0.64	0.66	0.69	0.76	18.70	19.27	20.17	22.24	1.32	1.36	1.42	1.56	1.71	1.76	1.84	2.03
	生物	东部	1.85	1.90	1.99	2.19	59.48	61.36	64.33	71.22	3.98	4.10	4.29	4.74	5.12	5.27	5.52	6.09
		中部	1.55	1.60	1.67	1.84	53.81	55.56	58.33	64.76	3.46	3.57	3.74	4.14	4.42	4.56	4.78	5.28
		西部	1.07	1.10	1.15	1.26	34.29	35.38	37.09	41.06	2.29	2.36	2.48	2.73	2.95	3.04	3.18	3.51
	物化	东部	1.71	1.76	1.84	2.02	48.68	50.15	52.46	57.80	3.47	3.57	3.73	4.11	4.52	4.65	4.86	5.34
		中部	1.38	1.43	1.49	1.64	41.16	42.42	44.42	49.03	2.87	2.95	3.09	3.40	3.72	3.83	4.00	4.41
		西部	0.99	1.01	1.06	1.16	28.06	28.91	30.24	33.32	2.00	2.06	2.15	2.37	2.60	2.68	2.80	3.08
	组合	东部	1.85	1.90	1.99	2.19	59.48	61.36	64.33	71.22	3.98	4.10	4.29	4.74	5.12	5.27	5.52	6.09
		中部	1.55	1.60	1.67	1.84	53.81	55.56	58.33	64.76	3.46	3.57	3.74	4.14	4.42	4.56	4.78	5.28
		西部	1.07	1.10	1.15	1.26	34.29	35.38	37.09	41.06	2.29	2.36	2.48	2.73	2.95	3.04	3.18	3.51

注：设计处理能力与处理量为该行业的 3/4 分位数，石油加工及炼焦业设计处理能力的 3/4 分位数为 1 860 t/d，处理量的 3/4 分位数为 162 400 t/a。

（10）化工行业

表 1-53 处理能力为中位数时化工行业单位废水治理费用（不含固定资产折旧费） 单位：元/t

企业性质	处理方法	地区	日用化学品制造				专用化学品制造				基础化学原料制造				农药制造				涂料、油墨、颜料及类似产品制造				其他			
			30%	50%	70%	90%	30%	50%	70%	90%	30%	50%	70%	90%	30%	50%	70%	90%	30%	50%	70%	90%	30%	50%	70%	90%
国有	物理	东部	2.08	2.14	2.24	2.45	2.97	3.06	3.19	3.50	3.76	3.87	4.04	4.43	5.21	5.36	5.60	6.14	4.21	4.33	4.52	4.96	4.21	4.33	4.52	4.96
		中部	1.73	1.77	1.85	2.03	2.46	2.53	2.64	2.90	3.11	3.20	3.34	3.66	4.32	4.44	4.63	5.08	3.49	3.59	3.75	4.11	3.49	3.59	3.75	4.11
		西部	1.17	1.21	1.26	1.38	1.67	1.72	1.79	1.97	2.11	2.17	2.27	2.49	2.93	3.02	3.15	3.45	2.37	2.44	2.54	2.79	2.37	2.44	2.54	2.79
	化学	东部	3.90	4.01	4.19	4.59	5.56	5.72	5.97	6.55	7.03	7.23	7.55	8.28	9.75	10.03	10.47	11.48	7.88	8.11	8.46	9.28	7.88	8.11	8.46	9.28
		中部	3.23	3.32	3.46	3.80	4.60	4.73	4.94	5.42	5.82	5.99	6.25	6.85	8.07	8.30	8.67	9.51	6.52	6.71	7.00	7.68	6.52	6.71	7.00	7.68
		西部	2.19	2.25	2.35	2.58	3.12	3.21	3.36	3.68	3.95	4.07	4.24	4.65	5.48	5.64	5.89	6.45	4.43	4.56	4.76	5.22	4.43	4.56	4.76	5.22
	生物	东部	4.26	4.39	4.58	5.02	6.08	6.26	6.53	7.16	7.69	7.91	8.26	9.06	10.67	10.98	11.46	12.56	8.62	8.87	9.26	10.15	8.62	8.87	9.26	10.15
		中部	3.53	3.63	3.79	4.16	5.03	5.18	5.41	5.93	6.37	6.55	6.84	7.50	8.83	9.09	9.48	10.40	7.14	7.34	7.66	8.40	7.14	7.34	7.66	8.40
		西部	2.40	2.47	2.57	2.82	3.42	3.52	3.67	4.03	4.32	4.45	4.64	5.09	6.00	6.17	6.44	7.06	4.85	4.99	5.20	5.71	4.85	4.99	5.20	5.71
	物化	东部	4.80	4.94	5.16	5.66	6.85	7.05	7.36	8.07	8.67	8.91	9.30	10.20	12.02	12.36	12.90	14.15	9.71	9.99	10.43	11.44	9.71	9.99	10.43	11.44
		中部	3.98	4.09	4.27	4.68	5.67	5.83	6.09	6.68	7.17	7.38	7.70	8.45	9.95	10.23	10.68	11.71	8.04	8.27	8.63	9.47	8.04	8.27	8.63	9.47
		西部	2.70	2.78	2.90	3.18	3.85	3.96	4.14	4.53	4.87	5.01	5.23	5.74	6.76	6.95	7.25	7.96	5.46	5.62	5.86	6.43	5.46	5.62	5.86	6.43
	组合	东部	4.80	4.94	5.16	5.66	6.85	7.05	7.36	8.07	8.67	8.91	9.30	10.20	12.02	12.36	12.90	14.15	9.71	9.99	10.43	11.44	9.71	9.99	10.43	11.44
		中部	3.98	4.09	4.27	4.68	5.67	5.83	6.09	6.68	7.17	7.38	7.70	8.45	9.95	10.23	10.68	11.71	8.04	8.27	8.63	9.47	8.04	8.27	8.63	9.47
		西部	2.70	2.78	2.90	3.18	3.85	3.96	4.14	4.53	4.87	5.01	5.23	5.74	6.76	6.95	7.25	7.96	5.46	5.62	5.86	6.43	5.46	5.62	5.86	6.43
外资	物理	东部	2.49	2.56	2.68	2.94	3.56	3.66	3.82	4.19	4.50	4.63	4.83	5.30	6.24	6.41	6.70	7.34	5.04	5.18	5.41	5.93	5.04	5.18	5.41	5.93
		中部	2.06	2.12	2.22	2.43	2.94	3.03	3.16	3.47	3.72	3.83	4.00	4.38	5.16	5.31	5.54	6.08	4.17	4.29	4.48	4.91	4.17	4.29	4.48	4.91
		西部	1.40	1.44	1.50	1.65	2.00	2.06	2.15	2.35	2.53	2.60	2.71	2.98	3.51	3.61	3.76	4.13	2.83	2.91	3.04	3.34	2.83	2.91	3.04	3.34
	化学	东部	4.66	4.80	5.01	5.49	6.65	6.84	7.14	7.83	8.41	8.65	9.03	9.90	11.66	12.00	12.52	13.73	9.43	9.70	10.12	11.10	9.43	9.70	10.12	11.10
		中部	3.86	3.97	4.14	4.54	5.50	5.66	5.91	6.48	6.96	7.16	7.47	8.20	9.65	9.93	10.37	11.37	7.80	8.03	8.38	9.19	7.80	8.03	8.38	9.19
		西部	2.62	2.70	2.81	3.09	3.74	3.84	4.01	4.40	4.73	4.86	5.08	5.57	6.56	6.74	7.04	7.72	5.30	5.45	5.69	6.24	5.30	5.45	5.69	6.24

企业性质	处理方法	地区	日用化学品制造				专用化学品制造				基础化学原料制造				农药制造				涂料、油墨、颜料及类似产品制造				其他			
			30%	50%	70%	90%	30%	50%	70%	90%	30%	50%	70%	90%	30%	50%	70%	90%	30%	50%	70%	90%	30%	50%	70%	90%
外资	生物	东部	5.10	5.25	5.48	6.01	7.27	7.48	7.81	8.57	9.20	9.47	9.88	10.84	12.76	13.13	13.70	15.03	10.31	10.61	11.07	12.14	10.31	10.61	11.07	12.14
		中部	4.22	4.34	4.53	4.97	6.02	6.19	6.47	7.09	7.62	7.84	8.18	8.97	10.56	10.87	11.34	12.44	8.54	8.78	9.17	10.05	8.54	8.78	9.17	10.05
		西部	2.87	2.95	3.08	3.38	4.09	4.21	4.39	4.82	5.17	5.32	5.55	6.09	7.17	7.38	7.70	8.45	5.80	5.96	6.22	6.83	5.80	5.96	6.22	6.83
	物化	东部	5.75	5.91	6.17	6.77	8.19	8.43	8.80	9.65	10.36	10.66	11.13	12.20	14.37	14.79	15.43	16.93	11.62	11.95	12.47	13.68	11.62	11.95	12.47	13.68
		中部	4.76	4.89	5.11	5.60	6.78	6.98	7.28	7.99	8.58	8.83	9.21	10.10	11.90	12.24	12.78	14.01	9.62	9.89	10.32	11.32	9.62	9.89	10.32	11.32
		西部	3.23	3.32	3.47	3.80	4.61	4.74	4.95	5.42	5.83	5.99	6.26	6.86	8.08	8.31	8.68	9.51	6.53	6.72	7.01	7.69	6.53	6.72	7.01	7.69
	组合	东部	5.75	5.91	6.17	6.77	8.19	8.43	8.80	9.65	10.36	10.66	11.13	12.20	14.37	14.79	15.43	16.93	11.62	11.95	12.47	13.68	11.62	11.95	12.47	13.68
		中部	4.76	4.89	5.11	5.60	6.78	6.98	7.28	7.99	8.58	8.83	9.21	10.10	11.90	12.24	12.78	14.01	9.62	9.89	10.32	11.32	9.62	9.89	10.32	11.32
		西部	3.23	3.32	3.47	3.80	4.61	4.74	4.95	5.42	5.83	5.99	6.26	6.86	8.08	8.31	8.68	9.51	6.53	6.72	7.01	7.69	6.53	6.72	7.01	7.69
私营	物理	东部	1.55	1.60	1.67	1.83	2.22	2.28	2.38	2.61	2.80	2.88	3.01	3.30	3.89	4.00	4.17	4.58	3.14	3.23	3.37	3.70	3.14	3.23	3.37	3.70
		中部	1.29	1.32	1.38	1.51	1.83	1.89	1.97	2.16	2.32	2.39	2.49	2.73	3.22	3.31	3.45	3.79	2.60	2.67	2.79	3.06	2.60	2.67	2.79	3.06
		西部	0.87	0.90	0.94	1.03	1.25	1.28	1.34	1.47	1.58	1.62	1.69	1.85	2.18	2.25	2.35	2.57	1.77	1.82	1.90	2.08	1.77	1.82	1.90	2.08
	化学	东部	2.90	2.99	3.12	3.42	4.14	4.26	4.45	4.88	5.24	5.39	5.63	6.17	7.27	7.48	7.80	8.56	5.87	6.04	6.31	6.92	5.87	6.04	6.31	6.92
		中部	2.40	2.47	2.58	2.83	3.43	3.53	3.68	4.04	4.34	4.46	4.66	5.11	6.02	6.19	6.46	7.08	4.86	5.00	5.22	5.72	4.86	5.00	5.22	5.72
		西部	1.63	1.68	1.75	1.92	2.33	2.40	2.50	2.74	2.95	3.03	3.16	3.47	4.09	4.20	4.39	4.81	3.30	3.40	3.55	3.89	3.30	3.40	3.55	3.89
	生物	东部	3.18	3.27	3.41	3.74	4.53	4.66	4.87	5.34	5.73	5.90	6.16	6.75	7.95	8.18	8.54	9.36	6.43	6.61	6.90	7.57	6.43	6.61	6.90	7.57
		中部	2.63	2.71	2.83	3.10	3.75	3.86	4.03	4.42	4.75	4.88	5.10	5.59	6.58	6.77	7.07	7.75	5.32	5.47	5.71	6.26	5.32	5.47	5.71	6.26
		西部	1.79	1.84	1.92	2.10	2.55	2.62	2.74	3.00	3.22	3.32	3.46	3.80	4.47	4.60	4.80	5.26	3.61	3.72	3.88	4.25	3.61	3.72	3.88	4.25
	物化	东部	3.58	3.68	3.84	4.22	5.11	5.25	5.48	6.01	6.46	6.64	6.93	7.61	8.96	9.21	9.62	10.55	7.24	7.45	7.77	8.52	7.24	7.45	7.77	8.52
		中部	2.96	3.05	3.18	3.49	4.23	4.35	4.54	4.98	5.35	5.50	5.74	6.30	7.41	7.63	7.96	8.73	5.99	6.16	6.43	7.06	5.99	6.16	6.43	7.06
		西部	2.01	2.07	2.16	2.37	2.87	2.95	3.08	3.38	3.63	3.73	3.90	4.28	5.03	5.18	5.41	5.93	4.07	4.19	4.37	4.79	4.07	4.19	4.37	4.79
	组合	东部	3.58	3.68	3.84	4.22	5.11	5.25	5.48	6.01	6.46	6.64	6.93	7.61	8.96	9.21	9.62	10.55	7.24	7.45	7.77	8.52	7.24	7.45	7.77	8.52
		中部	2.96	3.05	3.18	3.49	4.23	4.35	4.54	4.98	5.35	5.50	5.74	6.30	7.41	7.63	7.96	8.73	5.99	6.16	6.43	7.06	5.99	6.16	6.43	7.06
		西部	2.01	2.07	2.16	2.37	2.87	2.95	3.08	3.38	3.63	3.73	3.90	4.28	5.03	5.18	5.41	5.93	4.07	4.19	4.37	4.79	4.07	4.19	4.37	4.79

企业性质	处理方法	地区	日用化学品制造				专用化学品制造				基础化学原料制造				农药制造				涂料、油墨、颜料及类似产品制造				其他			
			30%	50%	70%	90%	30%	50%	70%	90%	30%	50%	70%	90%	30%	50%	70%	90%	30%	50%	70%	90%	30%	50%	70%	90%
其他	物理	东部	2.08	2.14	2.24	2.45	2.97	3.06	3.19	3.50	3.76	3.87	4.04	4.43	5.21	5.36	5.60	6.14	4.21	4.33	4.52	4.96	4.21	4.33	4.52	4.96
		中部	1.73	1.77	1.85	2.03	2.46	2.53	2.64	2.90	3.11	3.20	3.34	3.66	4.32	4.44	4.63	5.08	3.49	3.59	3.75	4.11	3.49	3.59	3.75	4.11
		西部	1.17	1.21	1.26	1.38	1.67	1.72	1.79	1.97	2.11	2.17	2.27	2.49	2.93	3.02	3.15	3.45	2.37	2.44	2.54	2.79	2.37	2.44	2.54	2.79
	化学	东部	3.90	4.01	4.19	4.59	5.56	5.72	5.97	6.55	7.03	7.23	7.55	8.28	9.75	10.03	10.47	11.48	7.88	8.11	8.46	9.28	7.88	8.11	8.46	9.28
		中部	3.23	3.32	3.46	3.80	4.60	4.73	4.94	5.42	5.82	5.99	6.25	6.85	8.07	8.30	8.67	9.51	6.52	6.71	7.00	7.68	6.52	6.71	7.00	7.68
		西部	2.19	2.25	2.35	2.58	3.12	3.21	3.36	3.68	3.95	4.07	4.24	4.65	5.48	5.64	5.89	6.45	4.43	4.56	4.76	5.22	4.43	4.56	4.76	5.22
	生物	东部	4.26	4.39	4.58	5.02	6.08	6.26	6.53	7.16	7.69	7.91	8.26	9.06	10.67	10.98	11.46	12.56	8.62	8.87	9.26	10.15	8.62	8.87	9.26	10.15
		中部	3.53	3.63	3.79	4.16	5.03	5.18	5.41	5.93	6.37	6.55	6.84	7.50	8.83	9.09	9.48	10.40	7.14	7.34	7.66	8.40	7.14	7.34	7.66	8.40
		西部	2.40	2.47	2.57	2.82	3.42	3.52	3.67	4.03	4.32	4.45	4.64	5.09	6.00	6.17	6.44	7.06	4.85	4.99	5.20	5.71	4.85	4.99	5.20	5.71
	物化	东部	4.80	4.94	5.16	5.66	6.85	7.05	7.36	8.07	8.67	8.91	9.30	10.20	12.02	12.36	12.90	14.15	9.71	9.99	10.43	11.44	9.71	9.99	10.43	11.44
		中部	3.98	4.09	4.27	4.68	5.67	5.83	6.09	6.68	7.17	7.38	7.70	8.45	9.95	10.23	10.68	11.71	8.04	8.27	8.63	9.47	8.04	8.27	8.63	9.47
		西部	2.70	2.78	2.90	3.18	3.85	3.96	4.14	4.53	4.87	5.01	5.23	5.74	6.76	6.95	7.25	7.96	5.46	5.62	5.86	6.43	5.46	5.62	5.86	6.43
	组合	东部	4.80	4.94	5.16	5.66	6.85	7.05	7.36	8.07	8.67	8.91	9.30	10.20	12.02	12.36	12.90	14.15	9.71	9.99	10.43	11.44	9.71	9.99	10.43	11.44
		中部	3.98	4.09	4.27	4.68	5.67	5.83	6.09	6.68	7.17	7.38	7.70	8.45	9.95	10.23	10.68	11.71	8.04	8.27	8.63	9.47	8.04	8.27	8.63	9.47
		西部	2.70	2.78	2.90	3.18	3.85	3.96	4.14	4.53	4.87	5.01	5.23	5.74	6.76	6.95	7.25	7.96	5.46	5.62	5.86	6.43	5.46	5.62	5.86	6.43

注：设计处理能力与处理量为该行业的中位数，化工行业设计处理能力的中位数为 100 t/d，处理量的中位数为 9 500 t/a。

表 1-54 处理能力为中位数时化工行业单位废水治理费用（含固定资产折旧费）

单位：元/t

企业性质	处理方法	地区	日用化学品制造				专用化学品制造				基础化学原料制造				农药制造				涂料、油墨、颜料及类似产品制造				其他			
			30%	50%	70%	90%	30%	50%	70%	90%	30%	50%	70%	90%	30%	50%	70%	90%	30%	50%	70%	90%	30%	50%	70%	90%
国有	物理	东部	2.58	2.67	2.81	3.13	3.49	3.60	3.78	4.20	4.43	4.57	4.80	5.33	6.23	6.44	6.76	7.52	4.84	4.99	5.24	5.81	4.92	5.10	5.43	5.59
		中部	2.10	2.17	2.29	2.55	2.85	2.94	3.09	3.43	3.62	3.74	3.92	4.35	5.09	5.26	5.52	6.13	3.96	4.09	4.29	4.75	4.02	4.17	4.44	4.59
		西部	1.52	1.57	1.65	1.85	2.03	2.10	2.20	2.45	2.58	2.66	2.80	3.12	3.64	3.76	3.96	4.41	2.80	2.89	3.04	3.38	2.86	2.97	3.17	3.23
	化学	东部	4.81	4.97	5.22	5.82	6.49	6.70	7.04	7.81	8.25	8.52	8.94	9.93	11.60	11.98	12.59	14.00	9.01	9.30	9.76	10.82	9.16	9.50	10.11	10.43
		中部	3.92	4.05	4.25	4.74	5.31	5.48	5.75	6.38	6.75	6.96	7.31	8.11	9.48	9.79	10.28	11.42	7.39	7.62	7.99	8.85	7.50	7.77	8.26	8.56
		西部	2.82	2.92	3.08	3.44	3.78	3.90	4.10	4.56	4.80	4.96	5.21	5.80	6.77	7.00	7.36	8.21	5.22	5.39	5.66	6.29	5.32	5.52	5.91	6.02
	生物	东部	6.00	6.21	6.56	7.38	7.87	8.14	8.57	9.58	10.01	10.36	10.91	12.21	14.21	14.70	15.50	17.36	10.79	11.15	11.73	13.09	11.07	11.52	12.41	12.35
		中部	4.85	5.02	5.30	5.95	6.39	6.61	6.96	7.77	8.14	8.41	8.86	9.90	11.52	11.92	12.56	14.05	8.78	9.08	9.55	10.64	9.00	9.36	10.06	10.08
		西部	3.60	3.74	3.95	4.46	4.66	4.83	5.09	5.71	5.94	6.15	6.49	7.29	8.46	8.77	9.25	10.41	6.35	6.57	6.93	7.75	6.55	6.83	7.40	7.24
	物化	东部	6.90	7.16	7.56	8.51	9.01	9.33	9.82	11.00	11.48	11.88	12.52	14.02	16.30	16.88	17.80	19.97	12.34	12.76	13.43	15.00	12.68	13.20	14.25	14.10
		中部	5.58	5.78	6.10	6.85	7.32	7.57	7.97	8.91	9.31	9.64	10.15	11.35	13.21	13.67	14.41	16.14	10.04	10.37	10.91	12.18	10.30	10.72	11.54	11.49
		西部	4.16	4.32	4.57	5.17	5.36	5.55	5.85	6.58	6.83	7.08	7.47	8.40	9.74	10.10	10.66	12.01	7.29	7.54	7.95	8.91	7.52	7.85	8.52	8.28
	组合	东部	6.42	6.65	7.01	7.86	8.52	8.80	9.26	10.33	10.84	11.20	11.78	13.15	15.33	15.85	16.68	18.64	11.74	12.12	12.74	14.18	12.00	12.47	13.38	13.49
		中部	5.21	5.39	5.68	6.36	6.94	7.17	7.54	8.40	8.83	9.12	9.59	10.69	12.47	12.89	13.56	15.13	9.58	9.89	10.39	11.56	9.78	10.16	10.88	11.03
		西部	3.83	3.97	4.19	4.71	5.01	5.19	5.46	6.11	6.38	6.60	6.96	7.79	9.06	9.38	9.88	11.08	6.87	7.10	7.47	8.34	7.05	7.34	7.91	7.86
外资	物理	东部	3.00	3.10	3.25	3.62	4.08	4.21	4.41	4.89	5.17	5.34	5.60	6.21	7.27	7.50	7.87	8.74	5.67	5.85	6.13	6.79	5.75	5.96	6.33	6.58
		中部	2.45	2.53	2.66	2.95	3.34	3.44	3.61	4.00	4.24	4.37	4.59	5.08	5.95	6.14	6.44	7.14	4.65	4.80	5.03	5.56	4.72	4.88	5.18	5.40
		西部	1.75	1.81	1.91	2.13	2.36	2.44	2.56	2.84	3.00	3.10	3.25	3.62	4.22	4.36	4.58	5.10	3.27	3.38	3.54	3.93	3.33	3.45	3.68	3.78
	化学	东部	5.58	5.77	6.06	6.74	7.60	7.84	8.22	9.12	9.64	9.95	10.44	11.58	13.54	13.98	14.67	16.28	10.58	10.91	11.43	12.66	10.73	11.10	11.80	12.27
		中部	4.56	4.71	4.94	5.50	6.22	6.42	6.73	7.46	7.90	8.15	8.55	9.47	11.08	11.44	12.00	13.31	8.68	8.95	9.38	10.38	8.79	9.10	9.65	10.08
		西部	3.26	3.37	3.55	3.96	4.40	4.54	4.77	5.30	5.59	5.77	6.06	6.73	7.86	8.12	8.53	9.50	6.10	6.29	6.60	7.33	6.20	6.43	6.86	7.05

企业性质	处理方法	地区	日用化学品制造				专用化学品制造				基础化学原料制造				农药制造				涂料、油墨、颜料及类似产品制造				其他			
			30%	50%	70%	90%	30%	50%	70%	90%	30%	50%	70%	90%	30%	50%	70%	90%	30%	50%	70%	90%	30%	50%	70%	90%
外资	生物	东部	6.86	7.10	7.49	8.39	9.08	9.39	9.88	11.02	11.56	11.95	12.57	14.03	16.35	16.91	17.80	19.89	12.51	12.92	13.58	15.12	12.79	13.30	14.27	14.37
		中部	5.56	5.75	6.06	6.79	7.40	7.64	8.04	8.96	9.41	9.72	10.23	11.40	13.29	13.74	14.46	16.14	10.21	10.54	11.07	12.32	10.43	10.83	11.60	11.75
		西部	4.09	4.24	4.48	5.04	5.35	5.53	5.83	6.52	6.81	7.05	7.43	8.32	9.67	10.01	10.56	11.84	7.33	7.57	7.97	8.90	7.53	7.84	8.45	8.38
	物化	东部	7.00	7.23	7.60	8.47	9.48	9.79	10.27	11.40	12.04	12.43	13.04	14.48	16.93	17.48	18.35	20.39	13.18	13.60	14.26	15.80	13.38	13.86	14.75	15.26
		中部	5.71	5.90	6.20	6.89	7.76	8.01	8.40	9.32	9.86	10.17	10.67	11.84	13.84	14.29	15.00	16.65	10.81	11.15	11.68	12.94	10.96	11.35	12.06	12.53
		西部	4.10	4.24	4.46	4.99	5.50	5.68	5.97	6.64	6.99	7.22	7.59	8.45	9.86	10.19	10.71	11.93	7.62	7.86	8.26	9.17	7.76	8.05	8.60	8.79
	组合	东部	7.39	7.64	8.05	9.00	9.88	10.21	10.73	11.94	12.57	12.98	13.64	15.19	17.73	18.32	19.26	21.48	13.67	14.11	14.82	16.46	13.94	14.46	15.46	15.76
		中部	6.01	6.21	6.54	7.30	8.07	8.33	8.75	9.73	10.26	10.59	11.13	12.38	14.45	14.93	15.69	17.48	11.18	11.54	12.11	13.44	11.38	11.81	12.60	12.91
		西部	4.37	4.53	4.78	5.36	5.78	5.98	6.29	7.02	7.36	7.61	8.01	8.94	10.42	10.77	11.34	12.68	7.96	8.22	8.64	9.63	8.15	8.47	9.09	9.14
私营	物理	东部	1.79	1.85	1.94	2.16	2.46	2.54	2.66	2.94	3.12	3.22	3.38	3.74	4.38	4.51	4.73	5.24	3.44	3.55	3.72	4.11	3.48	3.60	3.81	4.00
		中部	1.47	1.52	1.59	1.76	2.02	2.08	2.18	2.41	2.56	2.64	2.77	3.06	3.59	3.70	3.88	4.29	2.83	2.92	3.05	3.37	2.86	2.95	3.12	3.29
		西部	1.04	1.07	1.13	1.26	1.42	1.46	1.53	1.70	1.80	1.86	1.95	2.16	2.53	2.61	2.74	3.04	1.97	2.04	2.13	2.36	2.00	2.07	2.20	2.29
	化学	东部	3.34	3.45	3.62	4.02	4.59	4.74	4.96	5.49	5.83	6.01	6.30	6.97	8.16	8.42	8.82	9.77	6.42	6.62	6.93	7.66	6.49	6.71	7.10	7.47
		中部	2.74	2.83	2.96	3.28	3.77	3.89	4.07	4.50	4.78	4.93	5.17	5.71	6.70	6.91	7.24	8.01	5.28	5.44	5.70	6.29	5.33	5.51	5.83	6.15
		西部	1.94	2.00	2.10	2.34	2.64	2.73	2.86	3.17	3.35	3.46	3.63	4.02	4.71	4.86	5.10	5.66	3.68	3.80	3.98	4.40	3.73	3.86	4.10	4.27
	生物	东部	4.01	4.15	4.37	4.88	5.39	5.57	5.85	6.51	6.85	7.08	7.44	8.27	9.66	9.98	10.49	11.68	7.47	7.71	8.09	8.98	7.61	7.89	8.42	8.63
		中部	3.27	3.38	3.55	3.96	4.41	4.55	4.78	5.31	5.60	5.78	6.07	6.75	7.88	8.14	8.55	9.51	6.11	6.31	6.62	7.34	6.22	6.45	6.87	7.07
		西部	2.37	2.45	2.58	2.89	3.15	3.25	3.42	3.81	4.00	4.14	4.35	4.85	5.66	5.85	6.16	6.88	4.34	4.48	4.71	5.24	4.43	4.61	4.94	4.99
	物化	东部	4.18	4.31	4.52	5.02	5.72	5.90	6.18	6.84	7.26	7.48	7.85	8.69	10.17	10.49	11.01	12.20	7.98	8.23	8.62	9.53	8.08	8.36	8.86	9.28
		中部	3.42	3.53	3.70	4.11	4.69	4.84	5.07	5.61	5.95	6.14	6.43	7.12	8.34	8.60	9.02	9.99	6.56	6.76	7.08	7.82	6.63	6.86	7.26	7.63
		西部	2.43	2.51	2.63	2.93	3.30	3.40	3.57	3.96	4.19	4.32	4.53	5.03	5.88	6.07	6.37	7.08	4.59	4.73	4.96	5.49	4.65	4.82	5.12	5.32

企业性质	处理方法	地区	日用化学品制造				专用化学品制造				基础化学原料制造				农药制造				涂料、油墨、颜料及类似产品制造				其他			
			30%	50%	70%	90%	30%	50%	70%	90%	30%	50%	70%	90%	30%	50%	70%	90%	30%	50%	70%	90%	30%	50%	70%	90%
私营	组合	东部	4.36	4.51	4.74	5.28	5.91	6.10	6.40	7.10	7.51	7.75	8.13	9.03	10.55	10.90	11.44	12.71	8.21	8.48	8.89	9.85	8.34	8.64	9.19	9.51
		中部	3.56	3.68	3.86	4.30	4.84	4.99	5.24	5.81	6.14	6.34	6.65	7.38	8.63	8.91	9.35	10.38	6.73	6.95	7.28	8.06	6.83	7.07	7.52	7.81
		西部	2.56	2.64	2.78	3.11	3.43	3.54	3.72	4.14	4.36	4.50	4.73	5.26	6.15	6.35	6.68	7.44	4.75	4.90	5.15	5.71	4.84	5.02	5.36	5.48
其他	物理	东部	2.44	2.52	2.65	2.94	3.34	3.45	3.61	4.00	4.24	4.38	4.59	5.08	5.95	6.14	6.44	7.14	4.66	4.81	5.04	5.57	4.72	4.89	5.18	5.42
		中部	2.00	2.06	2.17	2.40	2.74	2.83	2.96	3.28	3.48	3.59	3.76	4.16	4.88	5.03	5.27	5.84	3.83	3.95	4.14	4.57	3.88	4.01	4.24	4.45
		西部	1.42	1.47	1.54	1.72	1.93	1.99	2.09	2.32	2.45	2.53	2.65	2.94	3.44	3.55	3.73	4.15	2.68	2.77	2.90	3.21	2.72	2.82	3.00	3.11
	化学	东部	4.55	4.70	4.94	5.48	6.23	6.43	6.74	7.46	7.91	8.16	8.55	9.47	11.09	11.44	12.00	13.30	8.70	8.97	9.40	10.39	8.81	9.11	9.65	10.11
		中部	3.73	3.85	4.04	4.48	5.12	5.28	5.53	6.12	6.49	6.69	7.01	7.76	9.09	9.38	9.83	10.89	7.15	7.37	7.72	8.53	7.23	7.47	7.91	8.31
		西部	2.65	2.74	2.87	3.20	3.59	3.71	3.89	4.32	4.56	4.71	4.94	5.49	6.41	6.62	6.95	7.72	5.00	5.16	5.41	5.99	5.08	5.26	5.59	5.80
	生物	东部	5.52	5.71	6.01	6.72	7.37	7.61	8.00	8.91	9.37	9.68	10.18	11.34	13.22	13.67	14.38	16.03	10.19	10.52	11.04	12.28	10.39	10.79	11.54	11.74
		中部	4.48	4.64	4.88	5.45	6.02	6.21	6.53	7.26	7.65	7.90	8.30	9.23	10.78	11.14	11.70	13.04	8.33	8.60	9.02	10.02	8.48	8.80	9.40	9.61
		西部	3.27	3.39	3.57	4.01	4.32	4.46	4.70	5.24	5.49	5.68	5.98	6.68	7.78	8.05	8.47	9.48	5.94	6.13	6.45	7.19	6.08	6.32	6.79	6.81
	物化	东部	5.70	5.88	6.18	6.87	7.77	8.01	8.40	9.31	9.86	10.17	10.67	11.83	13.84	14.28	14.98	16.62	10.83	11.17	11.70	12.95	10.97	11.36	12.05	12.57
		中部	4.66	4.81	5.05	5.60	6.37	6.57	6.89	7.63	8.08	8.34	8.74	9.68	11.33	11.69	12.26	13.60	8.89	9.16	9.60	10.62	9.00	9.31	9.87	10.33
		西部	3.32	3.43	3.61	4.02	4.49	4.64	4.87	5.40	5.70	5.89	6.18	6.87	8.02	8.29	8.70	9.68	6.24	6.43	6.75	7.48	6.34	6.57	6.99	7.22
	组合	东部	5.98	6.18	6.50	7.25	8.06	8.32	8.73	9.70	10.23	10.57	11.10	12.33	14.41	14.88	15.63	17.40	11.17	11.53	12.10	13.42	11.37	11.78	12.56	12.92
		中部	4.87	5.03	5.29	5.89	6.59	6.80	7.14	7.92	8.37	8.64	9.07	10.07	11.77	12.15	12.76	14.18	9.15	9.44	9.90	10.98	9.30	9.63	10.25	10.60
		西部	3.52	3.64	3.83	4.29	4.69	4.85	5.09	5.67	5.96	6.16	6.48	7.22	8.42	8.70	9.15	10.21	6.48	6.69	7.03	7.81	6.61	6.86	7.34	7.46

注：设计处理能力与处理量为该行业的中位数，化工行业设计处理能力的中位数为 100 t/d，处理量的中位数为 9 500 t/a。

表 1-55 处理能力为 1/4 分位数时化工行业单位废水治理费用（不含固定资产折旧费） 单位：元/t

企业性质	处理方法	地区	日用化学品制造				专用化学品制造				基础化学原料制造				农药制造				涂料、油墨、颜料及类似产品制造				其他			
			30%	50%	70%	90%	30%	50%	70%	90%	30%	50%	70%	90%	30%	50%	70%	90%	30%	50%	70%	90%	30%	50%	70%	90%
国有	物理	东部	4.94	5.08	5.30	5.82	7.04	7.25	7.56	8.29	8.91	9.16	9.57	10.49	12.36	12.71	13.27	14.55	9.98	10.27	10.72	11.76	9.98	10.27	10.72	11.76
		中部	4.09	4.21	4.39	4.81	5.83	6.00	6.26	6.87	7.37	7.59	7.92	8.68	10.23	10.52	10.98	12.04	8.27	8.50	8.87	9.73	8.27	8.50	8.87	9.73
		西部	2.78	2.86	2.98	3.27	3.96	4.07	4.25	4.66	5.01	5.15	5.38	5.90	6.95	7.14	7.46	8.18	5.61	5.77	6.03	6.61	5.61	5.77	6.03	6.61
	化学	东部	9.24	9.50	9.92	10.88	13.17	13.55	14.14	15.51	16.66	17.14	17.89	19.62	23.11	23.77	24.81	27.21	18.67	19.21	20.05	21.99	18.67	19.21	20.05	21.99
		中部	7.65	7.86	8.21	9.00	10.90	11.22	11.71	12.84	13.79	14.19	14.81	16.24	19.13	19.67	20.54	22.52	15.46	15.90	16.60	18.20	15.46	15.90	16.60	18.20
		西部	5.19	5.34	5.57	6.11	7.40	7.62	7.95	8.72	9.37	9.63	10.06	11.03	12.99	13.36	13.95	15.29	10.50	10.80	11.27	12.36	10.50	10.80	11.27	12.36
	生物	东部	10.11	10.39	10.85	11.90	14.41	14.83	15.48	16.97	18.23	18.75	19.57	21.47	25.28	26.01	27.15	29.77	20.43	21.02	21.94	24.06	20.43	21.02	21.94	24.06
		中部	8.37	8.60	8.98	9.85	11.93	12.27	12.81	14.05	15.09	15.52	16.20	17.77	20.93	21.53	22.47	24.64	16.91	17.40	18.16	19.92	16.91	17.40	18.16	19.92
		西部	5.68	5.84	6.10	6.69	8.10	8.33	8.70	9.54	10.25	10.54	11.00	12.07	14.21	14.62	15.26	16.74	11.49	11.81	12.33	13.52	11.49	11.81	12.33	13.52
	物化	东部	11.38	11.71	12.22	13.40	16.23	16.70	17.43	19.12	20.53	21.12	22.05	24.18	28.48	29.29	30.58	33.53	23.01	23.67	24.71	27.10	23.01	23.67	24.71	27.10
		中部	9.42	9.69	10.12	11.10	13.44	13.82	14.43	15.82	17.00	17.48	18.25	20.02	23.57	24.25	25.31	27.76	19.05	19.60	20.46	22.43	19.05	19.60	20.46	22.43
		西部	6.40	6.58	6.87	7.53	9.13	9.39	9.80	10.75	11.54	11.87	12.39	13.59	16.01	16.47	17.19	18.85	12.94	13.31	13.89	15.23	12.94	13.31	13.89	15.23
	组合	东部	11.38	11.71	12.22	13.40	16.23	16.70	17.43	19.12	20.53	21.12	22.05	24.18	28.48	29.29	30.58	33.53	23.01	23.67	24.71	27.10	23.01	23.67	24.71	27.10
		中部	9.42	9.69	10.12	11.10	13.44	13.82	14.43	15.82	17.00	17.48	18.25	20.02	23.57	24.25	25.31	27.76	19.05	19.60	20.46	22.43	19.05	19.60	20.46	22.43
		西部	6.40	6.58	6.87	7.53	9.13	9.39	9.80	10.75	11.54	11.87	12.39	13.59	16.01	16.47	17.19	18.85	12.94	13.31	13.89	15.23	12.94	13.31	13.89	15.23
外资	物理	东部	5.91	6.08	6.34	6.96	8.42	8.67	9.05	9.92	10.66	10.96	11.44	12.55	14.78	15.20	15.87	17.40	11.94	12.28	12.82	14.06	11.94	12.28	12.82	14.06
		中部	4.89	5.03	5.25	5.76	6.97	7.17	7.49	8.21	8.82	9.07	9.47	10.39	12.23	12.58	13.13	14.40	9.89	10.17	10.61	11.64	9.89	10.17	10.61	11.64
		西部	3.32	3.42	3.57	3.91	4.74	4.87	5.08	5.58	5.99	6.16	6.43	7.05	8.31	8.54	8.92	9.78	6.71	6.91	7.21	7.91	6.71	6.91	7.21	7.91
	化学	东部	11.05	11.36	11.86	13.01	15.75	16.21	16.92	18.55	19.93	20.50	21.40	23.47	27.63	28.43	29.67	32.54	22.33	22.97	23.98	26.30	22.33	22.97	23.98	26.30
		中部	9.14	9.41	9.82	10.77	13.04	13.41	14.00	15.36	16.50	16.97	17.71	19.42	22.88	23.53	24.56	26.94	18.49	19.02	19.85	21.77	18.49	19.02	19.85	21.77
		西部	6.21	6.39	6.67	7.31	8.86	9.11	9.51	10.43	11.20	11.52	12.03	13.19	15.53	15.98	16.68	18.29	12.55	12.91	13.48	14.78	12.55	12.91	13.48	14.78

企业性质	处理方法	地区	日用化学品制造				专用化学品制造				基础化学原料制造				农药制造				涂料、油墨、颜料及类似产品制造				其他			
			30%	50%	70%	90%	30%	50%	70%	90%	30%	50%	70%	90%	30%	50%	70%	90%	30%	50%	70%	90%	30%	50%	70%	90%
外资	生物	东部	12.09	12.43	12.98	14.23	17.24	17.73	18.51	20.30	21.80	22.43	23.41	25.67	30.24	31.10	32.47	35.61	24.44	25.14	26.24	28.78	24.44	25.14	26.24	28.78
		中部	10.00	10.29	10.74	11.78	14.27	14.68	15.32	16.80	18.05	18.57	19.38	21.25	25.03	25.75	26.88	29.47	20.23	20.81	21.72	23.82	20.23	20.81	21.72	23.82
		西部	6.79	6.99	7.30	8.00	9.69	9.97	10.40	11.41	12.26	12.61	13.16	14.43	17.00	17.48	18.25	20.02	13.74	14.13	14.75	16.18	13.74	14.13	14.75	16.18
	物化	东部	13.61	14.00	14.62	16.03	19.42	19.97	20.85	22.86	24.56	25.26	26.37	28.92	34.06	35.03	36.57	40.11	27.52	28.31	29.55	32.41	27.52	28.31	29.55	32.41
		中部	11.27	11.59	12.10	13.27	16.07	16.53	17.26	18.93	20.33	20.91	21.83	23.94	28.19	29.00	30.27	33.20	22.78	23.44	24.46	26.83	22.78	23.44	24.46	26.83
		西部	7.65	7.87	8.22	9.01	10.91	11.23	11.72	12.85	13.81	14.20	14.82	16.26	19.15	19.69	20.56	22.55	15.47	15.92	16.61	18.22	15.47	15.92	16.61	18.22
	组合	东部	13.61	14.00	14.62	16.03	19.42	19.97	20.85	22.86	24.56	25.26	26.37	28.92	34.06	35.03	36.57	40.11	27.52	28.31	29.55	32.41	27.52	28.31	29.55	32.41
		中部	11.27	11.59	12.10	13.27	16.07	16.53	17.26	18.93	20.33	20.91	21.83	23.94	28.19	29.00	30.27	33.20	22.78	23.44	24.46	26.83	22.78	23.44	24.46	26.83
		西部	7.65	7.87	8.22	9.01	10.91	11.23	11.72	12.85	13.81	14.20	14.82	16.26	19.15	19.69	20.56	22.55	15.47	15.92	16.61	18.22	15.47	15.92	16.61	18.22
私营	物理	东部	3.68	3.79	3.95	4.33	5.25	5.40	5.64	6.18	6.64	6.83	7.13	7.82	9.21	9.47	9.89	10.84	7.44	7.65	7.99	8.76	7.44	7.65	7.99	8.76
		中部	3.05	3.13	3.27	3.59	4.35	4.47	4.67	5.12	5.50	5.65	5.90	6.47	7.62	7.84	8.18	8.98	6.16	6.34	6.61	7.25	6.16	6.34	6.61	7.25
		西部	2.07	2.13	2.22	2.44	2.95	3.04	3.17	3.47	3.73	3.84	4.01	4.40	5.18	5.32	5.56	6.10	4.18	4.30	4.49	4.93	4.18	4.30	4.49	4.93
	化学	东部	6.88	7.08	7.39	8.11	9.82	10.10	10.54	11.56	12.42	12.77	13.33	14.62	17.22	17.71	18.49	20.28	13.92	14.32	14.94	16.39	13.92	14.32	14.94	16.39
		中部	5.70	5.86	6.12	6.71	8.13	8.36	8.73	9.57	10.28	10.57	11.04	12.10	14.25	14.66	15.31	16.79	11.52	11.85	12.37	13.57	11.52	11.85	12.37	13.57
		西部	3.87	3.98	4.15	4.56	5.52	5.68	5.93	6.50	6.98	7.18	7.49	8.22	9.68	9.96	10.39	11.40	7.82	8.05	8.40	9.21	7.82	8.05	8.40	9.21
	生物	东部	7.53	7.75	8.09	8.87	10.74	11.05	11.53	12.65	13.59	13.98	14.59	16.00	18.84	19.38	20.23	22.19	15.23	15.66	16.35	17.93	15.23	15.66	16.35	17.93
		中部	6.23	6.41	6.69	7.34	8.89	9.15	9.55	10.47	11.25	11.57	12.08	13.24	15.60	16.04	16.75	18.37	12.60	12.97	13.53	14.84	12.60	12.97	13.53	14.84
		西部	4.23	4.36	4.55	4.99	6.04	6.21	6.48	7.11	7.64	7.86	8.20	8.99	10.59	10.90	11.37	12.47	8.56	8.81	9.19	10.08	8.56	8.81	9.19	10.08
	物化	东部	8.48	8.73	9.11	9.99	12.10	12.45	12.99	14.25	15.30	15.74	16.43	18.02	21.22	21.83	22.79	24.99	17.15	17.64	18.42	20.20	17.15	17.64	18.42	20.20
		中部	7.02	7.22	7.54	8.27	10.01	10.30	10.75	11.79	12.67	13.03	13.60	14.92	17.57	18.07	18.86	20.69	14.20	14.60	15.24	16.72	14.20	14.60	15.24	16.72
		西部	4.77	4.91	5.12	5.62	6.80	7.00	7.30	8.01	8.60	8.85	9.24	10.13	11.93	12.27	12.81	14.05	9.64	9.92	10.35	11.35	9.64	9.92	10.35	11.35

企业性质	处理方法	地区	日用化学品制造				专用化学品制造				基础化学原料制造				农药制造				涂料、油墨、颜料及类似产品制造				其他			
			30%	50%	70%	90%	30%	50%	70%	90%	30%	50%	70%	90%	30%	50%	70%	90%	30%	50%	70%	90%	30%	50%	70%	90%
私营	组合	东部	8.48	8.73	9.11	9.99	12.10	12.45	12.99	14.25	15.30	15.74	16.43	18.02	21.22	21.83	22.79	24.99	17.15	17.64	18.42	20.20	17.15	17.64	18.42	20.20
		中部	7.02	7.22	7.54	8.27	10.01	10.30	10.75	11.79	12.67	13.03	13.60	14.92	17.57	18.07	18.86	20.69	14.20	14.60	15.24	16.72	14.20	14.60	15.24	16.72
		西部	4.77	4.91	5.12	5.62	6.80	7.00	7.30	8.01	8.60	8.85	9.24	10.13	11.93	12.27	12.81	14.05	9.64	9.92	10.35	11.35	9.64	9.92	10.35	11.35
其他	物理	东部	4.94	5.08	5.30	5.82	7.04	7.25	7.56	8.29	8.91	9.16	9.57	10.49	12.36	12.71	13.27	14.55	9.98	10.27	10.72	11.76	9.98	10.27	10.72	11.76
		中部	4.09	4.21	4.39	4.81	5.83	6.00	6.26	6.87	7.37	7.59	7.92	8.68	10.23	10.52	10.98	12.04	8.27	8.50	8.87	9.73	8.27	8.50	8.87	9.73
		西部	2.78	2.86	2.98	3.27	3.96	4.07	4.25	4.66	5.01	5.15	5.38	5.90	6.95	7.14	7.46	8.18	5.61	5.77	6.03	6.61	5.61	5.77	6.03	6.61
	化学	东部	9.24	9.50	9.92	10.88	13.17	13.55	14.14	15.51	16.66	17.14	17.89	19.62	23.11	23.77	24.81	27.21	18.67	19.21	20.05	21.99	18.67	19.21	20.05	21.99
		中部	7.65	7.86	8.21	9.00	10.90	11.22	11.71	12.84	13.79	14.19	14.81	16.24	19.13	19.67	20.54	22.52	15.46	15.90	16.60	18.20	15.46	15.90	16.60	18.20
		西部	5.19	5.34	5.57	6.11	7.40	7.62	7.95	8.72	9.37	9.63	10.06	11.03	12.99	13.36	13.95	15.29	10.50	10.80	11.27	12.36	10.50	10.80	11.27	12.36
	生物	东部	10.11	10.39	10.85	11.90	14.41	14.83	15.48	16.97	18.23	18.75	19.57	21.47	25.28	26.01	27.15	29.77	20.43	21.02	21.94	24.06	20.43	21.02	21.94	24.06
		中部	8.37	8.60	8.98	9.85	11.93	12.27	12.81	14.05	15.09	15.52	16.20	17.77	20.93	21.53	22.47	24.64	16.91	17.40	18.16	19.92	16.91	17.40	18.16	19.92
		西部	5.68	5.84	6.10	6.69	8.10	8.33	8.70	9.54	10.25	10.54	11.00	12.07	14.21	14.62	15.26	16.74	11.49	11.81	12.33	13.52	11.49	11.81	12.33	13.52
	物化	东部	11.38	11.71	12.22	13.40	16.23	16.70	17.43	19.12	20.53	21.12	22.05	24.18	28.48	29.29	30.58	33.53	23.01	23.67	24.71	27.10	23.01	23.67	24.71	27.10
		中部	9.42	9.69	10.12	11.10	13.44	13.82	14.43	15.82	17.00	17.48	18.25	20.02	23.57	24.25	25.31	27.76	19.05	19.60	20.46	22.43	19.05	19.60	20.46	22.43
		西部	6.40	6.58	6.87	7.53	9.13	9.39	9.80	10.75	11.54	11.87	12.39	13.59	16.01	16.47	17.19	18.85	12.94	13.31	13.89	15.23	12.94	13.31	13.89	15.23
	组合	东部	11.38	11.71	12.22	13.40	16.23	16.70	17.43	19.12	20.53	21.12	22.05	24.18	28.48	29.29	30.58	33.53	23.01	23.67	24.71	27.10	23.01	23.67	24.71	27.10
		中部	9.42	9.69	10.12	11.10	13.44	13.82	14.43	15.82	17.00	17.48	18.25	20.02	23.57	24.25	25.31	27.76	19.05	19.60	20.46	22.43	19.05	19.60	20.46	22.43
		西部	6.40	6.58	6.87	7.53	9.13	9.39	9.80	10.75	11.54	11.87	12.39	13.59	16.01	16.47	17.19	18.85	12.94	13.31	13.89	15.23	12.94	13.31	13.89	15.23

注：设计处理能力与处理量为该行业的 1/4 分位数，化工行业设计处理能力的 1/4 分位数为 20 t/d，处理量的 1/4 分位数为 1 373 t/a。

表 1-56　处理能力为 1/4 分位数时化工行业单位废水治理费用（含固定资产折旧费）

单位：元/t

企业性质	处理方法	地区	日用化学品制造				专用化学品制造				基础化学原料制造				农药制造				涂料、油墨、颜料及类似产品制造				其他			
			30%	50%	70%	90%	30%	50%	70%	90%	30%	50%	70%	90%	30%	50%	70%	90%	30%	50%	70%	90%	30%	50%	70%	90%
国有	物理	东部	6.0	6.2	6.6	7.3	8.2	8.4	8.9	9.8	10.4	10.7	11.3	12.5	14.6	15.1	15.8	17.6	11.4	11.7	12.3	13.6	11.5	12.0	12.7	13.2
		中部	4.9	5.1	5.3	6.0	6.7	6.9	7.2	8.0	8.5	8.8	9.2	10.2	11.9	12.3	12.9	14.4	9.3	9.6	10.1	11.2	9.4	9.8	10.4	10.8
		西部	3.5	3.7	3.9	4.3	4.7	4.9	5.2	5.7	6.0	6.2	6.6	7.3	8.5	8.8	9.2	10.3	6.6	6.8	7.1	7.9	6.7	6.9	7.4	7.6
	化学	东部	11.2	11.6	12.2	13.6	15.2	15.7	16.5	18.3	19.4	20.0	21.0	23.3	27.2	28.1	29.5	32.8	21.2	21.9	22.9	25.4	21.5	22.3	23.7	24.5
		中部	9.2	9.5	10.0	11.1	12.5	12.9	13.5	15.0	15.8	16.3	17.1	19.0	22.2	23.0	24.1	26.8	17.4	17.9	18.8	20.8	17.6	18.2	19.4	20.1
		西部	6.6	6.8	7.2	8.0	8.8	9.1	9.6	10.7	11.2	11.6	12.2	13.6	15.8	16.4	17.2	19.2	12.2	12.6	13.3	14.7	12.5	12.9	13.8	14.1
	生物	东部	13.9	14.4	15.2	17.1	18.4	19.0	20.0	22.3	23.4	24.2	25.4	28.4	33.1	34.2	36.1	40.4	25.2	26.1	27.4	30.6	25.8	26.9	28.9	28.9
		中部	11.3	11.7	12.3	13.8	14.9	15.4	16.2	18.1	19.0	19.6	20.7	23.1	26.9	27.8	29.3	32.7	20.6	21.2	22.3	24.9	21.0	21.9	23.5	23.6
		西部	8.3	8.7	9.1	10.3	10.8	11.2	11.8	13.3	13.8	14.3	15.1	16.9	19.7	20.4	21.5	24.1	14.8	15.3	16.1	18.0	15.3	15.9	17.2	16.9
	物化	东部	16.0	16.6	17.5	19.7	21.0	21.7	22.9	25.6	26.8	27.7	29.2	32.6	38.0	39.3	41.4	46.4	28.8	29.8	31.3	35.0	29.6	30.8	33.2	33.0
		中部	13.0	13.4	14.2	15.9	17.1	17.7	18.6	20.8	21.7	22.5	23.7	26.4	30.8	31.9	33.6	37.5	23.5	24.3	25.5	28.4	24.0	25.0	26.9	26.9
		西部	9.6	10.0	10.6	11.9	12.5	12.9	13.6	15.3	15.9	16.4	17.3	19.5	22.6	23.4	24.7	27.8	17.0	17.6	18.5	20.7	17.5	18.3	19.8	19.3
	组合	东部	15.0	15.5	16.3	18.3	19.9	20.6	21.6	24.1	25.3	26.2	27.5	30.7	35.8	37.0	38.9	43.5	27.5	28.4	29.8	33.2	28.1	29.2	31.2	31.6
		中部	12.2	12.6	13.2	14.8	16.2	16.8	17.6	19.6	20.7	21.3	22.4	25.0	29.1	30.1	31.7	35.3	22.5	23.2	24.3	27.1	22.9	23.8	25.4	25.9
		西部	8.9	9.2	9.7	10.9	11.7	12.1	12.7	14.2	14.9	15.4	16.2	18.1	21.1	21.8	23.0	25.8	16.1	16.6	17.5	19.5	16.5	17.1	18.4	18.4
外资	物理	东部	7.0	7.3	7.6	8.5	9.6	9.9	10.4	11.5	12.2	12.5	13.2	14.6	17.1	17.6	18.5	20.5	13.3	13.8	14.4	16.0	13.5	14.0	14.9	15.5
		中部	5.7	5.9	6.2	6.9	7.8	8.1	8.5	9.4	10.0	10.3	10.8	11.9	14.0	14.4	15.1	16.8	10.9	11.3	11.8	13.1	11.1	11.5	12.2	12.7
		西部	4.1	4.2	4.5	5.0	5.5	5.7	6.0	6.7	7.0	7.3	7.6	8.5	9.9	10.2	10.7	11.9	7.7	7.9	8.3	9.2	7.8	8.1	8.6	8.9
	化学	东部	13.1	13.5	14.2	15.8	17.8	18.4	19.3	21.4	22.7	23.4	24.5	27.2	31.8	32.8	34.4	38.2	24.9	25.7	26.9	29.8	25.2	26.1	27.7	28.9
		中部	10.7	11.0	11.6	12.9	14.6	15.1	15.8	17.5	18.6	19.2	20.1	22.2	26.0	26.9	28.2	31.2	20.4	21.1	22.1	24.4	20.7	21.4	22.7	23.7
		西部	7.6	7.9	8.3	9.2	10.3	10.6	11.2	12.4	13.1	13.5	14.2	15.8	18.4	19.0	20.0	22.2	14.3	14.8	15.5	17.2	14.6	15.1	16.1	16.6

企业性质	处理方法	地区	日用化学品制造				专用化学品制造				基础化学原料制造				农药制造				涂料、油墨、颜料及类似产品制造				其他			
			30%	50%	70%	90%	30%	50%	70%	90%	30%	50%	70%	90%	30%	50%	70%	90%	30%	50%	70%	90%	30%	50%	70%	90%
外资	生物	东部	16.0	16.5	17.4	19.5	21.2	21.9	23.1	25.7	27.0	27.9	29.4	32.7	38.2	39.5	41.5	46.4	29.3	30.3	31.8	35.4	29.9	31.1	33.3	33.7
		中部	13.0	13.4	14.1	15.8	17.3	17.9	18.8	20.9	22.0	22.7	23.9	26.6	31.1	32.1	33.8	37.7	23.9	24.7	25.9	28.8	24.4	25.3	27.1	27.6
		西部	9.5	9.8	10.4	11.7	12.5	12.9	13.6	15.2	15.9	16.4	17.3	19.4	22.5	23.3	24.6	27.5	17.1	17.7	18.6	20.8	17.6	18.3	19.7	19.6
	物化	东部	16.4	16.9	17.8	19.8	22.3	23.0	24.1	26.7	28.3	29.2	30.6	34.0	39.7	41.0	43.0	47.8	31.0	32.0	33.5	37.1	31.4	32.5	34.6	35.9
		中部	13.4	13.8	14.5	16.1	18.2	18.8	19.7	21.9	23.2	23.9	25.1	27.8	32.5	33.5	35.2	39.0	25.4	26.2	27.5	30.4	25.8	26.7	28.3	29.5
		西部	9.6	9.9	10.4	11.6	12.9	13.3	14.0	15.5	16.4	16.9	17.8	19.8	23.1	23.8	25.1	27.9	17.9	18.5	19.4	21.5	18.2	18.9	20.1	20.7
	组合	东部	17.2	17.8	18.8	21.0	23.2	23.9	25.1	27.9	29.4	30.4	31.9	35.5	41.5	42.9	45.0	50.2	32.1	33.1	34.7	38.6	32.7	33.9	36.2	37.0
		中部	14.0	14.5	15.3	17.0	18.9	19.5	20.5	22.8	24.0	24.8	26.1	29.0	33.8	35.0	36.7	40.9	26.2	27.1	28.4	31.5	26.7	27.7	29.5	30.3
		西部	10.2	10.5	11.1	12.4	13.5	14.0	14.7	16.4	17.2	17.8	18.7	20.9	24.3	25.1	26.5	29.6	18.6	19.2	20.2	22.5	19.0	19.8	21.2	21.4
私营	物理	东部	4.2	4.3	4.6	5.1	5.8	6.0	6.3	6.9	7.4	7.6	7.9	8.8	10.3	10.6	11.1	12.3	8.1	8.4	8.7	9.7	8.2	8.5	9.0	9.4
		中部	3.5	3.6	3.7	4.1	4.8	4.9	5.1	5.7	6.0	6.2	6.5	7.2	8.4	8.7	9.1	10.1	6.7	6.9	7.2	7.9	6.7	7.0	7.4	7.8
		西部	2.4	2.5	2.6	2.9	3.3	3.4	3.6	4.0	4.2	4.4	4.6	5.1	5.9	6.1	6.4	7.1	4.6	4.8	5.0	5.6	4.7	4.9	5.2	5.4
	化学	东部	7.9	8.1	8.5	9.4	10.8	11.1	11.7	12.9	13.7	14.1	14.8	16.4	19.2	19.8	20.7	23.0	15.1	15.6	16.3	18.0	15.3	15.8	16.7	17.6
		中部	6.4	6.6	7.0	7.7	8.9	9.2	9.6	10.6	11.3	11.6	12.2	13.4	15.8	16.2	17.0	18.8	12.4	12.8	13.4	14.8	12.6	13.0	13.7	14.5
		西部	4.5	4.7	4.9	5.5	6.2	6.4	6.7	7.4	7.9	8.1	8.5	9.4	11.1	11.4	12.0	13.3	8.7	8.9	9.4	10.4	8.8	9.1	9.6	10.1
	生物	东部	9.4	9.7	10.2	11.4	12.6	13.1	13.7	15.2	16.1	16.6	17.4	19.4	22.6	23.4	24.5	27.3	17.5	18.1	19.0	21.1	17.8	18.5	19.7	20.3
		中部	7.6	7.9	8.3	9.3	10.3	10.7	11.2	12.4	13.1	13.6	14.2	15.8	18.5	19.1	20.0	22.3	14.4	14.8	15.5	17.2	14.6	15.1	16.1	16.6
		西部	5.5	5.7	6.0	6.7	7.4	7.6	8.0	8.9	9.4	9.7	10.2	11.3	13.2	13.7	14.4	16.0	10.2	10.5	11.0	12.3	10.4	10.8	11.5	11.7
	物化	东部	9.8	10.1	10.6	11.8	13.5	13.9	14.5	16.1	17.1	17.6	18.4	20.4	23.9	24.7	25.9	28.6	18.8	19.4	20.3	22.4	19.0	19.7	20.8	21.9
		中部	8.0	8.3	8.7	9.6	11.0	11.4	11.9	13.2	14.0	14.4	15.1	16.7	19.6	20.2	21.2	23.5	15.4	15.9	16.7	18.4	15.6	16.1	17.1	18.0
		西部	5.7	5.9	6.2	6.9	7.7	8.0	8.4	9.3	9.8	10.1	10.6	11.8	13.8	14.2	14.9	16.6	10.8	11.1	11.7	12.9	10.9	11.3	12.0	12.5

企业性质	处理方法	地区	日用化学品制造				专用化学品制造				基础化学原料制造				农药制造				涂料、油墨、颜料及类似产品制造				其他			
			30%	50%	70%	90%	30%	50%	70%	90%	30%	50%	70%	90%	30%	50%	70%	90%	30%	50%	70%	90%	30%	50%	70%	90%
私营	组合	东部	10.2	10.5	11.1	12.3	13.9	14.3	15.0	16.7	17.6	18.2	19.1	21.2	24.8	25.6	26.8	29.8	19.3	19.9	20.9	23.1	19.6	20.3	21.6	22.4
		中部	8.3	8.6	9.0	10.1	11.4	11.7	12.3	13.6	14.4	14.9	15.6	17.3	20.3	20.9	21.9	24.3	15.8	16.3	17.1	18.9	16.1	16.6	17.6	18.4
		西部	6.0	6.2	6.5	7.2	8.0	8.3	8.7	9.7	10.2	10.5	11.1	12.3	14.4	14.9	15.6	17.4	11.1	11.5	12.1	13.4	11.3	11.8	12.5	12.9
其他	物理	东部	5.7	5.9	6.2	6.9	7.9	8.1	8.5	9.4	10.0	10.3	10.8	11.9	14.0	14.4	15.1	16.8	11.0	11.3	11.9	13.1	11.1	11.5	12.2	12.8
		中部	4.7	4.8	5.1	5.6	6.5	6.7	7.0	7.7	8.2	8.4	8.8	9.8	11.5	11.8	12.4	13.7	9.0	9.3	9.7	10.8	9.1	9.4	10.0	10.5
		西部	3.3	3.4	3.6	4.0	4.5	4.7	4.9	5.4	5.8	5.9	6.2	6.9	8.1	8.3	8.8	9.7	6.3	6.5	6.8	7.5	6.4	6.6	7.0	7.3
	化学	东部	10.7	11.0	11.6	12.8	14.7	15.1	15.8	17.5	18.6	19.2	20.1	22.3	26.1	26.9	28.2	31.2	20.5	21.1	22.1	24.4	20.7	21.4	22.7	23.8
		中部	8.7	9.0	9.5	10.5	12.0	12.4	13.0	14.4	15.3	15.7	16.5	18.2	21.4	22.1	23.1	25.6	16.8	17.4	18.2	20.1	17.0	17.6	18.6	19.6
		西部	6.2	6.4	6.7	7.5	8.4	8.7	9.1	10.1	10.7	11.1	11.6	12.9	15.1	15.5	16.3	18.1	11.8	12.1	12.7	14.1	11.9	12.3	13.1	13.6
	生物	东部	12.9	13.3	14.0	15.7	17.3	17.8	18.7	20.8	21.9	22.7	23.8	26.5	30.9	32.0	33.6	37.4	23.9	24.7	25.9	28.8	24.3	25.3	27.0	27.6
		中部	10.5	10.8	11.4	12.7	14.1	14.6	15.3	17.0	17.9	18.5	19.4	21.6	25.2	26.1	27.4	30.5	19.5	20.2	21.2	23.5	19.9	20.6	22.0	22.6
		西部	7.6	7.9	8.3	9.3	10.1	10.4	11.0	12.2	12.8	13.3	14.0	15.6	18.1	18.8	19.8	22.1	13.9	14.4	15.1	16.8	14.2	14.8	15.8	16.0
	物化	东部	13.4	13.8	14.5	16.1	18.3	18.8	19.7	21.9	23.2	23.9	25.1	27.8	32.5	33.5	35.2	39.0	25.5	26.3	27.5	30.4	25.8	26.7	28.3	29.6
		中部	10.9	11.3	11.8	13.1	15.0	15.5	16.2	17.9	19.0	19.6	20.5	22.7	26.6	27.5	28.8	31.9	20.9	21.6	22.6	25.0	21.2	21.9	23.2	24.3
		西部	7.8	8.0	8.4	9.4	10.5	10.9	11.4	12.7	13.4	13.8	14.5	16.1	18.8	19.4	20.4	22.7	14.7	15.1	15.9	17.6	14.9	15.4	16.4	17.0
	组合	东部	14.0	14.4	15.2	16.9	18.9	19.5	20.5	22.7	24.0	24.8	26.0	28.9	33.8	34.9	36.6	40.7	26.2	27.1	28.4	31.5	26.7	27.6	29.4	30.4
		中部	11.4	11.8	12.4	13.8	15.5	16.0	16.7	18.6	19.6	20.3	21.3	23.6	27.6	28.5	29.9	33.2	21.5	22.2	23.3	25.8	21.8	22.6	24.0	24.9
		西部	8.2	8.5	8.9	10.0	11.0	11.3	11.9	13.3	14.0	14.4	15.2	16.9	19.7	20.3	21.4	23.8	15.2	15.7	16.5	18.3	15.5	16.1	17.2	17.5

注：设计处理能力与处理量为该行业的 1/4 分位数，化工行业设计处理能力的 1/4 分位数为 20 t/d，处理量的 1/4 分位数为 1 373 t/a。

表 1-57　处理能力为 3/4 分位数时化工行业单位废水治理费用（不含固定资产折旧费）　　单位：元/t

企业性质	处理方法	地区	日用化学品制造				专用化学品制造				基础化学原料制造				农药制造				涂料、油墨、颜料及类似产品制造				其他			
			30%	50%	70%	90%	30%	50%	70%	90%	30%	50%	70%	90%	30%	50%	70%	90%	30%	50%	70%	90%	30%	50%	70%	90%
国有	物理	东部	0.83	0.85	0.89	0.98	1.18	1.22	1.27	1.39	1.49	1.54	1.60	1.76	2.07	2.13	2.22	2.44	1.67	1.72	1.80	1.97	1.67	1.72	1.80	1.97
		中部	0.69	0.71	0.74	0.81	0.98	1.01	1.05	1.15	1.24	1.27	1.33	1.46	1.72	1.76	1.84	2.02	1.39	1.43	1.49	1.63	1.39	1.43	1.49	1.63
		西部	0.47	0.48	0.50	0.55	0.66	0.68	0.71	0.78	0.84	0.86	0.90	0.99	1.16	1.20	1.25	1.37	0.94	0.97	1.01	1.11	0.94	0.97	1.01	1.11
	化学	东部	1.55	1.59	1.66	1.82	2.21	2.27	2.37	2.60	2.79	2.87	3.00	3.29	3.88	3.99	4.16	4.56	3.13	3.22	3.36	3.69	3.13	3.22	3.36	3.69
		中部	1.28	1.32	1.38	1.51	1.83	1.88	1.96	2.15	2.31	2.38	2.48	2.72	3.21	3.30	3.44	3.78	2.59	2.67	2.78	3.05	2.59	2.67	2.78	3.05
		西部	0.87	0.90	0.93	1.03	1.24	1.28	1.33	1.46	1.57	1.62	1.69	1.85	2.18	2.24	2.34	2.57	1.76	1.81	1.89	2.07	1.76	1.81	1.89	2.07
	生物	东部	1.69	1.74	1.82	2.00	2.42	2.49	2.60	2.85	3.06	3.15	3.28	3.60	4.24	4.36	4.55	4.99	3.43	3.52	3.68	4.04	3.43	3.52	3.68	4.04
		中部	1.40	1.44	1.51	1.65	2.00	2.06	2.15	2.36	2.53	2.60	2.72	2.98	3.51	3.61	3.77	4.13	2.84	2.92	3.05	3.34	2.84	2.92	3.05	3.34
		西部	0.95	0.98	1.02	1.12	1.36	1.40	1.46	1.60	1.72	1.77	1.85	2.02	2.38	2.45	2.56	2.81	1.93	1.98	2.07	2.27	1.93	1.98	2.07	2.27
	物化	东部	1.91	1.96	2.05	2.25	2.72	2.80	2.92	3.21	3.44	3.54	3.70	4.06	4.78	4.91	5.13	5.62	3.86	3.97	4.14	4.54	3.86	3.97	4.14	4.54
		中部	1.58	1.63	1.70	1.86	2.25	2.32	2.42	2.65	2.85	2.93	3.06	3.36	3.95	4.07	4.24	4.66	3.19	3.29	3.43	3.76	3.19	3.29	3.43	3.76
		西部	1.07	1.10	1.15	1.26	1.53	1.57	1.64	1.80	1.94	1.99	2.08	2.28	2.68	2.76	2.88	3.16	2.17	2.23	2.33	2.55	2.17	2.23	2.33	2.55
	组合	东部	1.91	1.96	2.05	2.25	2.72	2.80	2.92	3.21	3.44	3.54	3.70	4.06	4.78	4.91	5.13	5.62	3.86	3.97	4.14	4.54	3.86	3.97	4.14	4.54
		中部	1.58	1.63	1.70	1.86	2.25	2.32	2.42	2.65	2.85	2.93	3.06	3.36	3.95	4.07	4.24	4.66	3.19	3.29	3.43	3.76	3.19	3.29	3.43	3.76
		西部	1.07	1.10	1.15	1.26	1.53	1.57	1.64	1.80	1.94	1.99	2.08	2.28	2.68	2.76	2.88	3.16	2.17	2.23	2.33	2.55	2.17	2.23	2.33	2.55
外资	物理	东部	0.99	1.02	1.06	1.17	1.41	1.45	1.52	1.66	1.79	1.84	1.92	2.10	2.48	2.55	2.66	2.92	2.00	2.06	2.15	2.36	2.00	2.06	2.15	2.36
		中部	0.82	0.84	0.88	0.97	1.17	1.20	1.26	1.38	1.48	1.52	1.59	1.74	2.05	2.11	2.20	2.42	1.66	1.71	1.78	1.95	1.66	1.71	1.78	1.95
		西部	0.56	0.57	0.60	0.66	0.79	0.82	0.85	0.94	1.00	1.03	1.08	1.18	1.39	1.43	1.50	1.64	1.13	1.16	1.21	1.33	1.13	1.16	1.21	1.33
	化学	东部	1.85	1.91	1.99	2.18	2.64	2.72	2.84	3.11	3.34	3.44	3.59	3.94	4.63	4.77	4.98	5.46	3.75	3.85	4.02	4.41	3.75	3.85	4.02	4.41
		中部	1.53	1.58	1.65	1.81	2.19	2.25	2.35	2.58	2.77	2.85	2.97	3.26	3.84	3.95	4.12	4.52	3.10	3.19	3.33	3.65	3.10	3.19	3.33	3.65
		西部	1.04	1.07	1.12	1.23	1.49	1.53	1.59	1.75	1.88	1.93	2.02	2.21	2.61	2.68	2.80	3.07	2.11	2.17	2.26	2.48	2.11	2.17	2.26	2.48

企业性质	处理方法	地区	日用化学品制造				专用化学品制造				基础化学原料制造				农药制造				涂料、油墨、颜料及类似产品制造				其他			
			30%	50%	70%	90%	30%	50%	70%	90%	30%	50%	70%	90%	30%	50%	70%	90%	30%	50%	70%	90%	30%	50%	70%	90%
外资	生物	东部	2.03	2.09	2.18	2.39	2.89	2.97	3.10	3.40	3.66	3.76	3.93	4.31	5.07	5.22	5.45	5.97	4.10	4.22	4.40	4.83	4.10	4.22	4.40	4.83
		中部	1.68	1.73	1.80	1.98	2.39	2.46	2.57	2.82	3.03	3.11	3.25	3.56	4.20	4.32	4.51	4.94	3.39	3.49	3.64	3.99	3.39	3.49	3.64	3.99
		西部	1.14	1.17	1.22	1.34	1.63	1.67	1.74	1.91	2.06	2.11	2.21	2.42	2.85	2.93	3.06	3.36	2.30	2.37	2.47	2.71	2.30	2.37	2.47	2.71
	物化	东部	2.28	2.35	2.45	2.69	3.26	3.35	3.50	3.83	4.12	4.24	4.42	4.85	5.71	5.88	6.13	6.73	4.62	4.75	4.96	5.44	4.62	4.75	4.96	5.44
		中部	1.89	1.94	2.03	2.23	2.70	2.77	2.89	3.17	3.41	3.51	3.66	4.01	4.73	4.86	5.08	5.57	3.82	3.93	4.10	4.50	3.82	3.93	4.10	4.50
		西部	1.28	1.32	1.38	1.51	1.83	1.88	1.97	2.16	2.32	2.38	2.49	2.73	3.21	3.30	3.45	3.78	2.59	2.67	2.79	3.06	2.59	2.67	2.79	3.06
	组合	东部	2.28	2.35	2.45	2.69	3.26	3.35	3.50	3.83	4.12	4.24	4.42	4.85	5.71	5.88	6.13	6.73	4.62	4.75	4.96	5.44	4.62	4.75	4.96	5.44
		中部	1.89	1.94	2.03	2.23	2.70	2.77	2.89	3.17	3.41	3.51	3.66	4.01	4.73	4.86	5.08	5.57	3.82	3.93	4.10	4.50	3.82	3.93	4.10	4.50
		西部	1.28	1.32	1.38	1.51	1.83	1.88	1.97	2.16	2.32	2.38	2.49	2.73	3.21	3.30	3.45	3.78	2.59	2.67	2.79	3.06	2.59	2.67	2.79	3.06
私营	物理	东部	0.62	0.63	0.66	0.73	0.88	0.91	0.95	1.04	1.11	1.15	1.20	1.31	1.54	1.59	1.66	1.82	1.25	1.28	1.34	1.47	1.25	1.28	1.34	1.47
		中部	0.51	0.53	0.55	0.60	0.73	0.75	0.78	0.86	0.92	0.95	0.99	1.09	1.28	1.31	1.37	1.51	1.03	1.06	1.11	1.22	1.03	1.06	1.11	1.22
		西部	0.35	0.36	0.37	0.41	0.49	0.51	0.53	0.58	0.63	0.64	0.67	0.74	0.87	0.89	0.93	1.02	0.70	0.72	0.75	0.83	0.70	0.72	0.75	0.83
	化学	东部	1.15	1.19	1.24	1.36	1.65	1.69	1.77	1.94	2.08	2.14	2.24	2.45	2.89	2.97	3.10	3.40	2.33	2.40	2.51	2.75	2.33	2.40	2.51	2.75
		中部	0.96	0.98	1.03	1.13	1.36	1.40	1.46	1.60	1.72	1.77	1.85	2.03	2.39	2.46	2.57	2.82	1.93	1.99	2.07	2.28	1.93	1.99	2.07	2.28
		西部	0.65	0.67	0.70	0.76	0.93	0.95	0.99	1.09	1.17	1.20	1.26	1.38	1.62	1.67	1.74	1.91	1.31	1.35	1.41	1.54	1.31	1.35	1.41	1.54
	生物	东部	1.26	1.30	1.36	1.49	1.80	1.85	1.93	2.12	2.28	2.34	2.45	2.68	3.16	3.25	3.39	3.72	2.55	2.63	2.74	3.01	2.55	2.63	2.74	3.01
		中部	1.05	1.08	1.12	1.23	1.49	1.53	1.60	1.76	1.89	1.94	2.03	2.22	2.62	2.69	2.81	3.08	2.11	2.17	2.27	2.49	2.11	2.17	2.27	2.49
		西部	0.71	0.73	0.76	0.84	1.01	1.04	1.09	1.19	1.28	1.32	1.38	1.51	1.78	1.83	1.91	2.09	1.44	1.48	1.54	1.69	1.44	1.48	1.54	1.69
	物化	东部	1.42	1.46	1.53	1.68	2.03	2.09	2.18	2.39	2.57	2.64	2.76	3.02	3.56	3.66	3.82	4.19	2.88	2.96	3.09	3.39	2.88	2.96	3.09	3.39
		中部	1.18	1.21	1.26	1.39	1.68	1.73	1.80	1.98	2.12	2.19	2.28	2.50	2.95	3.03	3.16	3.47	2.38	2.45	2.56	2.80	2.38	2.45	2.56	2.80
		西部	0.80	0.82	0.86	0.94	1.14	1.17	1.22	1.34	1.44	1.48	1.55	1.70	2.00	2.06	2.15	2.36	1.62	1.66	1.74	1.90	1.62	1.66	1.74	1.90

企业性质	处理方法	地区	日用化学品制造				专用化学品制造				基础化学原料制造				农药制造				涂料、油墨、颜料及类似产品制造				其他			
			30%	50%	70%	90%	30%	50%	70%	90%	30%	50%	70%	90%	30%	50%	70%	90%	30%	50%	70%	90%	30%	50%	70%	90%
私营	组合	东部	1.42	1.46	1.53	1.68	2.03	2.09	2.18	2.39	2.57	2.64	2.76	3.02	3.56	3.66	3.82	4.19	2.88	2.96	3.09	3.39	2.88	2.96	3.09	3.39
		中部	1.18	1.21	1.26	1.39	1.68	1.73	1.80	1.98	2.12	2.19	2.28	2.50	2.95	3.03	3.16	3.47	2.38	2.45	2.56	2.80	2.38	2.45	2.56	2.80
		西部	0.80	0.82	0.86	0.94	1.14	1.17	1.22	1.34	1.44	1.48	1.55	1.70	2.00	2.06	2.15	2.36	1.62	1.66	1.74	1.90	1.62	1.66	1.74	1.90
其他	物理	东部	0.83	0.85	0.89	0.98	1.18	1.22	1.27	1.39	1.49	1.54	1.60	1.76	2.07	2.13	2.22	2.44	1.67	1.72	1.80	1.97	1.67	1.72	1.80	1.97
		中部	0.69	0.71	0.74	0.81	0.98	1.01	1.05	1.15	1.24	1.27	1.33	1.46	1.72	1.76	1.84	2.02	1.39	1.43	1.49	1.63	1.39	1.43	1.49	1.63
		西部	0.47	0.48	0.50	0.55	0.66	0.68	0.71	0.78	0.84	0.86	0.90	0.99	1.16	1.20	1.25	1.37	0.94	0.97	1.01	1.11	0.94	0.97	1.01	1.11
	化学	东部	1.55	1.59	1.66	1.82	2.21	2.27	2.37	2.60	2.79	2.87	3.00	3.29	3.88	3.99	4.16	4.56	3.13	3.22	3.36	3.69	3.13	3.22	3.36	3.69
		中部	1.28	1.32	1.38	1.51	1.83	1.88	1.96	2.15	2.31	2.38	2.48	2.72	3.21	3.30	3.44	3.78	2.59	2.67	2.78	3.05	2.59	2.67	2.78	3.05
		西部	0.87	0.90	0.93	1.03	1.24	1.28	1.33	1.46	1.57	1.62	1.69	1.85	2.18	2.24	2.34	2.57	1.76	1.81	1.89	2.07	1.76	1.81	1.89	2.07
	生物	东部	1.69	1.74	1.82	2.00	2.42	2.49	2.60	2.85	3.06	3.15	3.28	3.60	4.24	4.36	4.55	4.99	3.43	3.52	3.68	4.04	3.43	3.52	3.68	4.04
		中部	1.40	1.44	1.51	1.65	2.00	2.06	2.15	2.36	2.53	2.60	2.72	2.98	3.51	3.61	3.77	4.13	2.84	2.92	3.05	3.34	2.84	2.92	3.05	3.34
		西部	0.95	0.98	1.02	1.12	1.36	1.40	1.46	1.60	1.72	1.77	1.85	2.02	2.38	2.45	2.56	2.81	1.93	1.98	2.07	2.27	1.93	1.98	2.07	2.27
	物化	东部	1.91	1.96	2.05	2.25	2.72	2.80	2.92	3.21	3.44	3.54	3.70	4.06	4.78	4.91	5.13	5.62	3.86	3.97	4.14	4.54	3.86	3.97	4.14	4.54
		中部	1.58	1.63	1.70	1.86	2.25	2.32	2.42	2.65	2.85	2.93	3.06	3.36	3.95	4.07	4.24	4.66	3.19	3.29	3.43	3.76	3.19	3.29	3.43	3.76
		西部	1.07	1.10	1.15	1.26	1.53	1.57	1.64	1.80	1.94	1.99	2.08	2.28	2.68	2.76	2.88	3.16	2.17	2.23	2.33	2.55	2.17	2.23	2.33	2.55
	组合	东部	1.91	1.96	2.05	2.25	2.72	2.80	2.92	3.21	3.44	3.54	3.70	4.06	4.78	4.91	5.13	5.62	3.86	3.97	4.14	4.54	3.86	3.97	4.14	4.54
		中部	1.58	1.63	1.70	1.86	2.25	2.32	2.42	2.65	2.85	2.93	3.06	3.36	3.95	4.07	4.24	4.66	3.19	3.29	3.43	3.76	3.19	3.29	3.43	3.76
		西部	1.07	1.10	1.15	1.26	1.53	1.57	1.64	1.80	1.94	1.99	2.08	2.28	2.68	2.76	2.88	3.16	2.17	2.23	2.33	2.55	2.17	2.23	2.33	2.55

注：设计处理能力与处理量为该行业的 3/4 分位数，化工行业设计处理能力的 3/4 分位数为 580 t/d，处理量的 3/4 分位数为 75 215 t/a。

表 1-58　处理能力为 3/4 分位数时化工行业单位废水治理费用（含固定资产折旧费）

单位：元/t

企业性质	处理方法	地区	日用化学品制造				专用化学品制造				基础化学原料制造				农药制造				涂料、油墨、颜料及类似产品制造				其他			
			30%	50%	70%	90%	30%	50%	70%	90%	30%	50%	70%	90%	30%	50%	70%	90%	30%	50%	70%	90%	30%	50%	70%	90%
国有	物理	东部	1.0	1.1	1.1	1.3	1.4	1.4	1.5	1.7	1.8	1.8	1.9	2.1	2.5	2.6	2.7	3.0	1.9	2.0	2.1	2.3	2.0	2.0	2.2	2.2
		中部	0.8	0.9	0.9	1.0	1.1	1.2	1.2	1.4	1.5	1.5	1.6	1.7	2.0	2.1	2.2	2.5	1.6	1.6	1.7	1.9	1.6	1.7	1.8	1.8
		西部	0.6	0.6	0.7	0.7	0.8	0.8	0.9	1.0	1.0	1.1	1.1	1.3	1.5	1.5	1.6	1.8	1.1	1.2	1.2	1.4	1.1	1.2	1.3	1.3
	化学	东部	1.9	2.0	2.1	2.3	2.6	2.7	2.8	3.1	3.3	3.4	3.6	4.0	4.7	4.8	5.1	5.6	3.6	3.7	3.9	4.3	3.7	3.8	4.1	4.2
		中部	1.6	1.6	1.7	1.9	2.1	2.2	2.3	2.6	2.7	2.8	2.9	3.3	3.8	3.9	4.1	4.6	3.0	3.0	3.2	3.5	3.0	3.1	3.3	3.4
		西部	1.1	1.2	1.2	1.4	1.5	1.6	1.6	1.8	1.9	2.0	2.1	2.3	2.7	2.8	3.0	3.3	2.1	2.2	2.3	2.5	2.1	2.2	2.4	2.4
	生物	东部	2.4	2.5	2.7	3.0	3.2	3.3	3.5	3.9	4.0	4.2	4.4	4.9	5.7	5.9	6.3	7.0	4.3	4.5	4.7	5.3	4.5	4.6	5.0	5.0
		中部	2.0	2.0	2.1	2.4	2.6	2.7	2.8	3.1	3.3	3.4	3.6	4.0	4.6	4.8	5.1	5.7	3.5	3.6	3.8	4.3	3.6	3.8	4.1	4.0
		西部	1.5	1.5	1.6	1.8	1.9	1.9	2.1	2.3	2.4	2.5	2.6	2.9	3.4	3.5	3.7	4.2	2.6	2.6	2.8	3.1	2.6	2.8	3.0	2.9
	物化	东部	2.8	2.9	3.1	3.4	3.6	3.8	4.0	4.4	4.6	4.8	5.0	5.7	6.6	6.8	7.2	8.1	5.0	5.1	5.4	6.0	5.1	5.3	5.7	5.7
		中部	2.3	2.3	2.5	2.8	2.9	3.0	3.2	3.6	3.8	3.9	4.1	4.6	5.3	5.5	5.8	6.5	4.0	4.2	4.4	4.9	4.1	4.3	4.7	4.6
		西部	1.7	1.8	1.9	2.1	2.2	2.2	2.4	2.7	2.8	2.9	3.0	3.4	3.9	4.1	4.3	4.9	2.9	3.0	3.2	3.6	3.0	3.2	3.4	3.3
	组合	东部	2.6	2.7	2.8	3.2	3.4	3.5	3.7	4.2	4.4	4.5	4.7	5.3	6.2	6.4	6.7	7.5	4.7	4.9	5.1	5.7	4.8	5.0	5.4	5.4
		中部	2.1	2.2	2.3	2.6	2.8	2.9	3.0	3.4	3.5	3.7	3.9	4.3	5.0	5.2	5.5	6.1	3.8	4.0	4.2	4.6	3.9	4.1	4.4	4.4
		西部	1.5	1.6	1.7	1.9	2.0	2.1	2.2	2.5	2.6	2.7	2.8	3.1	3.7	3.8	4.0	4.5	2.8	2.9	3.0	3.4	2.8	3.0	3.2	3.2
外资	物理	东部	1.2	1.2	1.3	1.5	1.6	1.7	1.8	2.0	2.1	2.1	2.2	2.5	2.9	3.0	3.2	3.5	2.3	2.3	2.5	2.7	2.3	2.4	2.5	2.6
		中部	1.0	1.0	1.1	1.2	1.3	1.4	1.4	1.6	1.7	1.8	1.8	2.0	2.4	2.5	2.6	2.9	1.9	1.9	2.0	2.2	1.9	2.0	2.1	2.2
		西部	0.7	0.7	0.8	0.9	0.9	1.0	1.0	1.1	1.2	1.2	1.3	1.5	1.7	1.8	1.8	2.1	1.3	1.4	1.4	1.6	1.3	1.4	1.5	1.5
	化学	东部	2.2	2.3	2.4	2.7	3.0	3.1	3.3	3.7	3.9	4.0	4.2	4.6	5.4	5.6	5.9	6.5	4.2	4.4	4.6	5.1	4.3	4.4	4.7	4.9
		中部	1.8	1.9	2.0	2.2	2.5	2.6	2.7	3.0	3.2	3.3	3.4	3.8	4.4	4.6	4.8	5.3	3.5	3.6	3.7	4.2	3.5	3.6	3.9	4.0
		西部	1.3	1.4	1.4	1.6	1.8	1.8	1.9	2.1	2.2	2.3	2.4	2.7	3.2	3.3	3.4	3.8	2.4	2.5	2.6	2.9	2.5	2.6	2.8	2.8

企业性质	处理方法	地区	日用化学品制造				专用化学品制造				基础化学原料制造				农药制造				涂料、油墨、颜料及类似产品制造				其他			
			30%	50%	70%	90%	30%	50%	70%	90%	30%	50%	70%	90%	30%	50%	70%	90%	30%	50%	70%	90%	30%	50%	70%	90%
外资	生物	东部	2.8	2.9	3.0	3.4	3.7	3.8	4.0	4.4	4.6	4.8	5.1	5.6	6.6	6.8	7.2	8.0	5.0	5.2	5.5	6.1	5.1	5.3	5.7	5.8
		中部	2.2	2.3	2.4	2.7	3.0	3.1	3.2	3.6	3.8	3.9	4.1	4.6	5.3	5.5	5.8	6.5	4.1	4.2	4.4	4.9	4.2	4.4	4.7	4.7
		西部	1.7	1.7	1.8	2.0	2.2	2.2	2.3	2.6	2.7	2.8	3.0	3.4	3.9	4.0	4.3	4.8	2.9	3.0	3.2	3.6	3.0	3.2	3.4	3.4
	物化	东部	2.8	2.9	3.1	3.4	3.8	3.9	4.1	4.6	4.8	5.0	5.2	5.8	6.8	7.0	7.4	8.2	5.3	5.4	5.7	6.3	5.4	5.6	5.9	6.1
		中部	2.3	2.4	2.5	2.8	3.1	3.2	3.4	3.7	3.9	4.1	4.3	4.7	5.5	5.7	6.0	6.7	4.3	4.5	4.7	5.2	4.4	4.5	4.8	5.0
		西部	1.7	1.7	1.8	2.0	2.2	2.3	2.4	2.7	2.8	2.9	3.0	3.4	4.0	4.1	4.3	4.8	3.1	3.2	3.3	3.7	3.1	3.2	3.5	3.5
	组合	东部	3.0	3.1	3.2	3.6	4.0	4.1	4.3	4.8	5.0	5.2	5.5	6.1	7.1	7.4	7.7	8.6	5.5	5.7	5.9	6.6	5.6	5.8	6.2	6.3
		中部	2.4	2.5	2.6	2.9	3.2	3.3	3.5	3.9	4.1	4.2	4.5	5.0	5.8	6.0	6.3	7.0	4.5	4.6	4.9	5.4	4.6	4.7	5.1	5.2
		西部	1.8	1.8	1.9	2.2	2.3	2.4	2.5	2.8	3.0	3.1	3.2	3.6	4.2	4.3	4.6	5.1	3.2	3.3	3.5	3.9	3.3	3.4	3.7	3.7
私营	物理	东部	0.7	0.7	0.8	0.9	1.0	1.0	1.1	1.2	1.2	1.3	1.4	1.5	1.8	1.8	1.9	2.1	1.4	1.4	1.5	1.6	1.4	1.4	1.5	1.6
		中部	0.6	0.6	0.6	0.7	0.8	0.8	0.9	1.0	1.0	1.1	1.1	1.2	1.4	1.5	1.6	1.7	1.1	1.2	1.2	1.3	1.1	1.2	1.2	1.3
		西部	0.4	0.4	0.5	0.5	0.6	0.6	0.6	0.7	0.7	0.7	0.8	0.9	1.0	1.0	1.1	1.2	0.8	0.8	0.9	0.9	0.8	0.8	0.9	0.9
	化学	东部	1.3	1.4	1.5	1.6	1.8	1.9	2.0	2.2	2.3	2.4	2.5	2.8	3.3	3.4	3.5	3.9	2.6	2.6	2.8	3.1	2.6	2.7	2.8	3.0
		中部	1.1	1.1	1.2	1.3	1.5	1.6	1.6	1.8	1.9	2.0	2.1	2.3	2.7	2.8	2.9	3.2	2.1	2.2	2.3	2.5	2.1	2.2	2.3	2.5
		西部	0.8	0.8	0.8	0.9	1.1	1.1	1.1	1.3	1.3	1.4	1.5	1.6	1.9	1.9	2.0	2.3	1.5	1.5	1.6	1.8	1.5	1.5	1.6	1.7
	生物	东部	1.6	1.7	1.8	2.0	2.2	2.2	2.3	2.6	2.7	2.8	3.0	3.3	3.9	4.0	4.2	4.7	3.0	3.1	3.2	3.6	3.1	3.2	3.4	3.5
		中部	1.3	1.4	1.4	1.6	1.8	1.8	1.9	2.1	2.2	2.3	2.4	2.7	3.2	3.3	3.4	3.8	2.4	2.5	2.7	2.9	2.5	2.6	2.8	2.8
		西部	1.0	1.0	1.0	1.2	1.3	1.3	1.4	1.5	1.6	1.7	1.7	2.0	2.3	2.4	2.5	2.8	1.7	1.8	1.9	2.1	1.8	1.9	2.0	2.0
	物化	东部	1.7	1.7	1.8	2.0	2.3	2.4	2.5	2.7	2.9	3.0	3.1	3.5	4.1	4.2	4.4	4.9	3.2	3.3	3.4	3.8	3.2	3.3	3.5	3.7
		中部	1.4	1.4	1.5	1.6	1.9	1.9	2.0	2.2	2.4	2.5	2.6	2.8	3.3	3.4	3.6	4.0	2.6	2.7	2.8	3.1	2.7	2.7	2.9	3.0
		西部	1.0	1.0	1.1	1.2	1.3	1.4	1.4	1.6	1.7	1.7	1.8	2.0	2.4	2.4	2.6	2.8	1.8	1.9	2.0	2.2	1.9	1.9	2.1	2.1

企业性质	处理方法	地区	日用化学品制造				专用化学品制造				基础化学原料制造				农药制造				涂料、油墨、颜料及类似产品制造				其他			
			30%	50%	70%	90%	30%	50%	70%	90%	30%	50%	70%	90%	30%	50%	70%	90%	30%	50%	70%	90%	30%	50%	70%	90%
私营	组合	东部	1.8	1.8	1.9	2.1	2.4	2.4	2.6	2.8	3.0	3.1	3.3	3.6	4.2	4.4	4.6	5.1	3.3	3.4	3.6	3.9	3.3	3.5	3.7	3.8
		中部	1.4	1.5	1.6	1.7	1.9	2.0	2.1	2.3	2.5	2.5	2.7	3.0	3.5	3.6	3.7	4.2	2.7	2.8	2.9	3.2	2.7	2.8	3.0	3.1
		西部	1.0	1.1	1.1	1.3	1.4	1.4	1.5	1.7	1.7	1.8	1.9	2.1	2.5	2.6	2.7	3.0	1.9	2.0	2.1	2.3	1.9	2.0	2.2	2.2
其他	物理	东部	1.0	1.0	1.1	1.2	1.3	1.4	1.4	1.6	1.7	1.8	1.8	2.0	2.4	2.5	2.6	2.9	1.9	1.9	2.0	2.2	1.9	2.0	2.1	2.2
		中部	0.8	0.8	0.9	1.0	1.1	1.1	1.2	1.3	1.4	1.4	1.5	1.7	2.0	2.0	2.1	2.3	1.5	1.6	1.7	1.8	1.5	1.6	1.7	1.8
		西部	0.6	0.6	0.6	0.7	0.8	0.8	0.8	0.9	1.0	1.0	1.1	1.2	1.4	1.4	1.5	1.7	1.1	1.1	1.2	1.3	1.1	1.1	1.2	1.2
	化学	东部	1.8	1.9	2.0	2.2	2.5	2.6	2.7	3.0	3.2	3.3	3.4	3.8	4.4	4.6	4.8	5.3	3.5	3.6	3.8	4.2	3.5	3.6	3.9	4.0
		中部	1.5	1.5	1.6	1.8	2.0	2.1	2.2	2.4	2.6	2.7	2.8	3.1	3.6	3.8	3.9	4.4	2.9	2.9	3.1	3.4	2.9	3.0	3.2	3.3
		西部	1.1	1.1	1.2	1.3	1.4	1.5	1.6	1.7	1.8	1.9	2.0	2.2	2.6	2.7	2.8	3.1	2.0	2.1	2.2	2.4	2.0	2.1	2.2	2.3
	生物	东部	2.2	2.3	2.4	2.7	3.0	3.1	3.2	3.6	3.8	3.9	4.1	4.6	5.3	5.5	5.8	6.5	4.1	4.2	4.4	4.9	4.2	4.3	4.6	4.7
		中部	1.8	1.9	2.0	2.2	2.4	2.5	2.6	2.9	3.1	3.2	3.3	3.7	4.3	4.5	4.7	5.2	3.3	3.4	3.6	4.0	3.4	3.5	3.8	3.8
		西部	1.3	1.4	1.4	1.6	1.7	1.8	1.9	2.1	2.2	2.3	2.4	2.7	3.1	3.2	3.4	3.8	2.4	2.5	2.6	2.9	2.4	2.5	2.7	2.7
	物化	东部	2.3	2.4	2.5	2.8	3.1	3.2	3.4	3.7	3.9	4.1	4.3	4.7	5.5	5.7	6.0	6.7	4.3	4.5	4.7	5.2	4.4	4.5	4.8	5.0
		中部	1.9	1.9	2.0	2.2	2.5	2.6	2.8	3.1	3.2	3.3	3.5	3.9	4.5	4.7	4.9	5.4	3.6	3.7	3.8	4.2	3.6	3.7	3.9	4.1
		西部	1.3	1.4	1.5	1.6	1.8	1.9	2.0	2.2	2.3	2.4	2.5	2.8	3.2	3.3	3.5	3.9	2.5	2.6	2.7	3.0	2.5	2.6	2.8	2.9
	组合	东部	2.4	2.5	2.6	2.9	3.2	3.3	3.5	3.9	4.1	4.2	4.5	5.0	5.8	6.0	6.3	7.0	4.5	4.6	4.8	5.4	4.6	4.7	5.0	5.2
		中部	2.0	2.0	2.1	2.4	2.6	2.7	2.9	3.2	3.4	3.5	3.6	4.0	4.7	4.9	5.1	5.7	3.7	3.8	4.0	4.4	3.7	3.9	4.1	4.2
		西部	1.4	1.5	1.5	1.7	1.9	1.9	2.0	2.3	2.4	2.5	2.6	2.9	3.4	3.5	3.7	4.1	2.6	2.7	2.8	3.1	2.7	2.8	3.0	3.0

注：设计处理能力与处理量为该行业的 3/4 分位数，化工行业设计处理能力的 3/4 分位数为 580 t/d，处理量的 3/4 分位数为 75 215 t/a。

（11）设备制造业

表 1-59　处理能力为中位数时设备制造业单位废水治理费用（不含固定资产折旧）　单位：元/t

企业性质	处理方法	地区	通用设备制造业				专用设备制造业				交通运输设备制造业				电气机械及器材制造业				通信设备、计算机及其他电子设备制造业				仪器仪表及文化、办公用机械制造业			
			30%	50%	70%	90%	30%	50%	70%	90%	30%	50%	70%	90%	30%	50%	70%	90%	30%	50%	70%	90%	30%	50%	70%	90%
外资	物理	东部	4.3	4.5	4.8	5.6	4.7	5.0	5.3	6.2	3.8	4.0	4.3	5.0	4.7	5.0	5.3	6.2	5.7	6.0	6.4	7.5	4.7	5.0	5.3	6.2
		中部	4.3	4.5	4.8	5.6	4.7	5.0	5.3	6.2	3.8	4.0	4.3	5.0	4.7	5.0	5.3	6.2	5.7	6.0	6.4	7.5	4.7	5.0	5.3	6.2
		西部	4.3	4.5	4.8	5.6	4.7	5.0	5.3	6.2	3.8	4.0	4.3	5.0	4.7	5.0	5.3	6.2	5.7	6.0	6.4	7.5	4.7	5.0	5.3	6.2
	化学	东部	11.2	11.7	12.6	14.6	12.4	13.0	13.9	16.2	10.0	10.5	11.2	13.1	12.4	13.0	13.9	16.2	15.0	15.7	16.8	19.6	12.4	13.0	13.9	16.2
		中部	11.2	11.7	12.6	14.6	12.4	13.0	13.9	16.2	10.0	10.5	11.2	13.1	12.4	13.0	13.9	16.2	15.0	15.7	16.8	19.6	12.4	13.0	13.9	16.2
		西部	11.2	11.7	12.6	14.6	12.4	13.0	13.9	16.2	10.0	10.5	11.2	13.1	12.4	13.0	13.9	16.2	15.0	15.7	16.8	19.6	12.4	13.0	13.9	16.2
	生物	东部	6.0	6.3	6.7	7.8	6.6	7.0	7.5	8.7	5.3	5.6	6.0	7.0	6.6	7.0	7.5	8.7	8.0	8.4	9.0	10.5	6.6	7.0	7.5	8.7
		中部	6.0	6.3	6.7	7.8	6.6	7.0	7.5	8.7	5.3	5.6	6.0	7.0	6.6	7.0	7.5	8.7	8.0	8.4	9.0	10.5	6.6	7.0	7.5	8.7
		西部	6.0	6.3	6.7	7.8	6.6	7.0	7.5	8.7	5.3	5.6	6.0	7.0	6.6	7.0	7.5	8.7	8.0	8.4	9.0	10.5	6.6	7.0	7.5	8.7
	物化	东部	9.7	10.1	10.9	12.6	10.7	11.2	12.0	14.0	8.6	9.0	9.7	11.3	10.7	11.2	12.0	14.0	12.9	13.6	14.6	16.9	10.7	11.2	12.0	14.0
		中部	9.7	10.1	10.9	12.6	10.7	11.2	12.0	14.0	8.6	9.0	9.7	11.3	10.7	11.2	12.0	14.0	12.9	13.6	14.6	16.9	10.7	11.2	12.0	14.0
		西部	9.7	10.1	10.9	12.6	10.7	11.2	12.0	14.0	8.6	9.0	9.7	11.3	10.7	11.2	12.0	14.0	12.9	13.6	14.6	16.9	10.7	11.2	12.0	14.0
	组合	东部	9.7	10.1	10.9	12.6	10.7	11.2	12.0	14.0	8.6	9.0	9.7	11.3	10.7	11.2	12.0	14.0	12.9	13.6	14.6	16.9	10.7	11.2	12.0	14.0
		中部	9.7	10.1	10.9	12.6	10.7	11.2	12.0	14.0	8.6	9.0	9.7	11.3	10.7	11.2	12.0	14.0	12.9	13.6	14.6	16.9	10.7	11.2	12.0	14.0
		西部	9.7	10.1	10.9	12.6	10.7	11.2	12.0	14.0	8.6	9.0	9.7	11.3	10.7	11.2	12.0	14.0	12.9	13.6	14.6	16.9	10.7	11.2	12.0	14.0
私营	物理	东部	2.0	2.1	2.3	2.6	2.2	2.4	2.5	2.9	1.8	1.9	2.0	2.4	2.2	2.4	2.5	2.9	2.7	2.8	3.1	3.6	2.2	2.4	2.5	2.9
		中部	2.0	2.1	2.3	2.6	2.2	2.4	2.5	2.9	1.8	1.9	2.0	2.4	2.2	2.4	2.5	2.9	2.7	2.8	3.1	3.6	2.2	2.4	2.5	2.9
		西部	2.0	2.1	2.3	2.6	2.2	2.4	2.5	2.9	1.8	1.9	2.0	2.4	2.2	2.4	2.5	2.9	2.7	2.8	3.1	3.6	2.2	2.4	2.5	2.9
	化学	东部	5.3	5.6	6.0	6.9	5.9	6.2	6.6	7.7	4.7	5.0	5.3	6.2	5.9	6.2	6.6	7.7	7.1	7.4	8.0	9.3	5.9	6.2	6.6	7.7
		中部	5.3	5.6	6.0	6.9	5.9	6.2	6.6	7.7	4.7	5.0	5.3	6.2	5.9	6.2	6.6	7.7	7.1	7.4	8.0	9.3	5.9	6.2	6.6	7.7
		西部	5.3	5.6	6.0	6.9	5.9	6.2	6.6	7.7	4.7	5.0	5.3	6.2	5.9	6.2	6.6	7.7	7.1	7.4	8.0	9.3	5.9	6.2	6.6	7.7

企业性质	处理方法	地区	通用设备制造业				专用设备制造业				交通运输设备制造业				电气机械及器材制造业				通信设备、计算机及其他电子设备制造业				仪器仪表及文化、办公用机械制造业			
			30%	50%	70%	90%	30%	50%	70%	90%	30%	50%	70%	90%	30%	50%	70%	90%	30%	50%	70%	90%	30%	50%	70%	90%
私营	生物	东部	2.8	3.0	3.2	3.7	3.1	3.3	3.5	4.1	2.5	2.7	2.9	3.3	3.1	3.3	3.5	4.1	3.8	4.0	4.3	5.0	3.1	3.3	3.5	4.1
		中部	2.8	3.0	3.2	3.7	3.1	3.3	3.5	4.1	2.5	2.7	2.9	3.3	3.1	3.3	3.5	4.1	3.8	4.0	4.3	5.0	3.1	3.3	3.5	4.1
		西部	2.8	3.0	3.2	3.7	3.1	3.3	3.5	4.1	2.5	2.7	2.9	3.3	3.1	3.3	3.5	4.1	3.8	4.0	4.3	5.0	3.1	3.3	3.5	4.1
	物化	东部	4.6	4.8	5.1	6.0	5.1	5.3	5.7	6.6	4.1	4.3	4.6	5.4	5.1	5.3	5.7	6.6	6.1	6.4	6.9	8.0	5.1	5.3	5.7	6.6
		中部	4.6	4.8	5.1	6.0	5.1	5.3	5.7	6.6	4.1	4.3	4.6	5.4	5.1	5.3	5.7	6.6	6.1	6.4	6.9	8.0	5.1	5.3	5.7	6.6
		西部	4.6	4.8	5.1	6.0	5.1	5.3	5.7	6.6	4.1	4.3	4.6	5.4	5.1	5.3	5.7	6.6	6.1	6.4	6.9	8.0	5.1	5.3	5.7	6.6
	组合	东部	4.6	4.8	5.1	6.0	5.1	5.3	5.7	6.6	4.1	4.3	4.6	5.4	5.1	5.3	5.7	6.6	6.1	6.4	6.9	8.0	5.1	5.3	5.7	6.6
		中部	4.6	4.8	5.1	6.0	5.1	5.3	5.7	6.6	4.1	4.3	4.6	5.4	5.1	5.3	5.7	6.6	6.1	6.4	6.9	8.0	5.1	5.3	5.7	6.6
		西部	4.6	4.8	5.1	6.0	5.1	5.3	5.7	6.6	4.1	4.3	4.6	5.4	5.1	5.3	5.7	6.6	6.1	6.4	6.9	8.0	5.1	5.3	5.7	6.6
其他	物理	东部	2.6	2.7	2.9	3.4	2.9	3.0	3.3	3.8	2.3	2.4	2.6	3.1	2.9	3.0	3.3	3.8	3.5	3.7	3.9	4.6	2.9	3.0	3.3	3.8
		中部	2.6	2.7	2.9	3.4	2.9	3.0	3.3	3.8	2.3	2.4	2.6	3.1	2.9	3.0	3.3	3.8	3.5	3.7	3.9	4.6	2.9	3.0	3.3	3.8
		西部	2.6	2.7	2.9	3.4	2.9	3.0	3.3	3.8	2.3	2.4	2.6	3.1	2.9	3.0	3.3	3.8	3.5	3.7	3.9	4.6	2.9	3.0	3.3	3.8
	化学	东部	6.8	7.2	7.7	8.9	7.6	8.0	8.5	9.9	6.1	6.4	6.9	8.0	7.6	8.0	8.5	9.9	9.2	9.6	10.3	12.0	7.6	8.0	8.5	9.9
		中部	6.8	7.2	7.7	8.9	7.6	8.0	8.5	9.9	6.1	6.4	6.9	8.0	7.6	8.0	8.5	9.9	9.2	9.6	10.3	12.0	7.6	8.0	8.5	9.9
		西部	6.8	7.2	7.7	8.9	7.6	8.0	8.5	9.9	6.1	6.4	6.9	8.0	7.6	8.0	8.5	9.9	9.2	9.6	10.3	12.0	7.6	8.0	8.5	9.9
	生物	东部	3.7	3.8	4.1	4.8	4.1	4.3	4.6	5.3	3.3	3.4	3.7	4.3	4.1	4.3	4.6	5.3	4.9	5.1	5.5	6.4	4.1	4.3	4.6	5.3
		中部	3.7	3.8	4.1	4.8	4.1	4.3	4.6	5.3	3.3	3.4	3.7	4.3	4.1	4.3	4.6	5.3	4.9	5.1	5.5	6.4	4.1	4.3	4.6	5.3
		西部	3.7	3.8	4.1	4.8	4.1	4.3	4.6	5.3	3.3	3.4	3.7	4.3	4.1	4.3	4.6	5.3	4.9	5.1	5.5	6.4	4.1	4.3	4.6	5.3
	物化	东部	5.9	6.2	6.6	7.7	6.6	6.9	7.4	8.6	5.3	5.5	5.9	6.9	6.6	6.9	7.4	8.6	7.9	8.3	8.9	10.4	6.6	6.9	7.4	8.6
		中部	5.9	6.2	6.6	7.7	6.6	6.9	7.4	8.6	5.3	5.5	5.9	6.9	6.6	6.9	7.4	8.6	7.9	8.3	8.9	10.4	6.6	6.9	7.4	8.6
		西部	5.9	6.2	6.6	7.7	6.6	6.9	7.4	8.6	5.3	5.5	5.9	6.9	6.6	6.9	7.4	8.6	7.9	8.3	8.9	10.4	6.6	6.9	7.4	8.6
	组合	东部	5.9	6.2	6.6	7.7	6.6	6.9	7.4	8.6	5.3	5.5	5.9	6.9	6.6	6.9	7.4	8.6	7.9	8.3	8.9	10.4	6.6	6.9	7.4	8.6
		中部	5.9	6.2	6.6	7.7	6.6	6.9	7.4	8.6	5.3	5.5	5.9	6.9	6.6	6.9	7.4	8.6	7.9	8.3	8.9	10.4	6.6	6.9	7.4	8.6
		西部	5.9	6.2	6.6	7.7	6.6	6.9	7.4	8.6	5.3	5.5	5.9	6.9	6.6	6.9	7.4	8.6	7.9	8.3	8.9	10.4	6.6	6.9	7.4	8.6

注：设计处理能力与处理量为该行业的中位数，设备制造业设计处理能力的中位数为 50 t/d，处理量的中位数为 4 800 t/a。

表 1-60 处理能力为中位数时设备制造业单位废水治理费用（含固定资产折旧） 单位：元/t

企业性质	处理方法	地区	通用设备制造业				专用设备制造业				交通运输设备制造业				电气机械及器材制造业				通信设备、计算机及其他电子设备制造业				仪器仪表及文化、办公用机械制造业			
			30%	50%	70%	90%	30%	50%	70%	90%	30%	50%	70%	90%	30%	50%	70%	90%	30%	50%	70%	90%	30%	50%	70%	90%
外资	物理	东部	4.92	5.15	5.52	6.41	5.52	5.78	6.19	7.19	4.66	4.88	5.23	6.07	5.46	5.72	6.13	7.11	6.57	6.88	7.37	8.56	5.59	5.85	6.27	7.27
		中部	4.84	5.06	5.43	6.30	5.42	5.68	6.08	7.07	4.56	4.77	5.11	5.93	5.37	5.62	6.03	7.00	6.46	6.77	7.25	8.43	5.48	5.73	6.15	7.14
		西部	4.68	4.90	5.26	6.11	5.24	5.48	5.88	6.83	4.36	4.56	4.89	5.68	5.20	5.44	5.84	6.78	6.26	6.56	7.03	8.17	5.28	5.53	5.93	6.88
	化学	东部	12.90	13.51	14.48	16.81	14.49	15.17	16.25	18.87	12.25	12.82	13.74	15.93	14.33	15.00	16.08	18.67	17.24	18.05	19.34	22.46	14.66	15.34	16.44	19.09
		中部	12.69	13.28	14.24	16.53	14.23	14.89	15.96	18.53	11.97	12.52	13.42	15.57	14.09	14.75	15.81	18.36	16.96	17.75	19.03	22.10	14.38	15.05	16.13	18.72
		西部	12.28	12.86	13.78	16.02	13.73	14.38	15.42	17.91	11.43	11.97	12.83	14.90	13.63	14.27	15.30	17.78	16.42	17.19	18.44	21.42	13.84	14.49	15.54	18.05
	生物	东部	7.52	7.87	8.43	9.78	8.50	8.89	9.52	11.04	7.36	7.70	8.24	9.55	8.36	8.74	9.37	10.86	10.03	10.50	11.25	13.04	8.65	9.05	9.69	11.24
		中部	7.33	7.67	8.22	9.53	8.26	8.65	9.26	10.74	7.11	7.44	7.96	9.23	8.14	8.52	9.13	10.59	9.78	10.23	10.96	12.72	8.40	8.79	9.41	10.91
		西部	6.96	7.29	7.81	9.07	7.82	8.19	8.78	10.19	6.63	6.94	7.44	8.62	7.73	8.09	8.68	10.07	9.30	9.74	10.44	12.12	7.92	8.29	8.89	10.31
	物化	东部	11.48	12.01	12.87	14.94	12.91	13.51	14.48	16.80	11.01	11.52	12.34	14.31	12.74	13.34	14.29	16.59	15.32	16.04	17.19	19.95	13.09	13.70	14.68	17.03
		中部	11.25	11.77	12.62	14.65	12.64	13.23	14.17	16.45	10.71	11.21	12.01	13.93	12.49	13.07	14.01	16.26	15.02	15.73	16.86	19.57	12.79	13.39	14.35	16.65
		西部	10.82	11.33	12.14	14.10	12.12	12.69	13.60	15.79	10.15	10.62	11.39	13.22	12.01	12.57	13.48	15.66	14.46	15.14	16.23	18.86	12.23	12.81	13.73	15.94
	组合	东部	11.48	12.01	12.87	14.94	12.91	13.51	14.48	16.80	11.01	11.52	12.34	14.31	12.74	13.34	14.29	16.59	15.32	16.04	17.19	19.95	13.09	13.70	14.68	17.03
		中部	11.25	11.77	12.62	14.65	12.64	13.23	14.17	16.45	10.71	11.21	12.01	13.93	12.49	13.07	14.01	16.26	15.02	15.73	16.86	19.57	12.79	13.39	14.35	16.65
		西部	10.82	11.33	12.14	14.10	12.12	12.69	13.60	15.79	10.15	10.62	11.39	13.22	12.01	12.57	13.48	15.66	14.46	15.14	16.23	18.86	12.23	12.81	13.73	15.94
私营	物理	东部	2.29	2.40	2.57	2.99	2.57	2.69	2.88	3.35	2.16	2.26	2.42	2.81	2.54	2.66	2.86	3.32	3.06	3.21	3.44	3.99	2.60	2.72	2.91	3.38
		中部	2.26	2.36	2.53	2.94	2.53	2.65	2.84	3.30	2.12	2.21	2.37	2.75	2.51	2.62	2.81	3.27	3.02	3.16	3.39	3.94	2.55	2.67	2.86	3.33
		西部	2.20	2.30	2.47	2.86	2.45	2.57	2.75	3.20	2.03	2.13	2.28	2.65	2.44	2.55	2.74	3.18	2.94	3.08	3.30	3.83	2.47	2.59	2.77	3.22
	化学	东部	6.01	6.29	6.75	7.84	6.74	7.06	7.56	8.78	5.67	5.93	6.36	7.38	6.67	6.99	7.49	8.70	8.03	8.41	9.02	10.47	6.81	7.13	7.64	8.87
		中部	5.92	6.20	6.65	7.72	6.63	6.94	7.44	8.64	5.55	5.81	6.23	7.23	6.57	6.88	7.38	8.57	7.92	8.29	8.89	10.32	6.69	7.01	7.51	8.72
		西部	5.75	6.02	6.46	7.51	6.43	6.73	7.22	8.39	5.33	5.58	5.98	6.95	6.39	6.69	7.17	8.33	7.70	8.06	8.64	10.05	6.47	6.78	7.27	8.44
	生物	东部	3.47	3.63	3.89	4.51	3.91	4.10	4.39	5.09	3.37	3.52	3.77	4.37	3.85	4.03	4.32	5.01	4.63	4.85	5.19	6.03	3.98	4.16	4.46	5.17
		中部	3.39	3.55	3.80	4.41	3.82	3.99	4.28	4.97	3.26	3.41	3.65	4.24	3.77	3.94	4.22	4.90	4.53	4.74	5.08	5.89	3.87	4.05	4.34	5.04
		西部	3.24	3.39	3.64	4.22	3.64	3.81	4.08	4.74	3.06	3.21	3.44	3.99	3.60	3.77	4.04	4.69	4.33	4.53	4.86	5.64	3.68	3.85	4.12	4.79

企业性质	处理方法	地区	通用设备制造业				专用设备制造业				交通运输设备制造业				电气机械及器材制造业				通信设备、计算机及其他电子设备制造业				仪器仪表及文化、办公用机械制造业			
			30%	50%	70%	90%	30%	50%	70%	90%	30%	50%	70%	90%	30%	50%	70%	90%	30%	50%	70%	90%	30%	50%	70%	90%
私营	物化	东部	5.33	5.58	5.98	6.94	5.99	6.27	6.72	7.79	5.07	5.31	5.69	6.60	5.92	6.19	6.64	7.71	7.12	7.45	7.99	9.27	6.06	6.34	6.80	7.89
		中部	5.23	5.48	5.87	6.82	5.87	6.15	6.59	7.65	4.95	5.18	5.55	6.44	5.81	6.08	6.52	7.57	6.99	7.32	7.85	9.12	5.94	6.21	6.66	7.73
		西部	5.06	5.30	5.68	6.60	5.66	5.92	6.35	7.38	4.72	4.94	5.29	6.15	5.61	5.88	6.30	7.32	6.76	7.08	7.59	8.82	5.71	5.97	6.40	7.44
	组合	东部	5.33	5.58	5.98	6.94	5.99	6.27	6.72	7.79	5.07	5.31	5.69	6.60	5.92	6.19	6.64	7.71	7.12	7.45	7.99	9.27	6.06	6.34	6.80	7.89
		中部	5.23	5.48	5.87	6.82	5.87	6.15	6.59	7.65	4.95	5.18	5.55	6.44	5.81	6.08	6.52	7.57	6.99	7.32	7.85	9.12	5.94	6.21	6.66	7.73
		西部	5.06	5.30	5.68	6.60	5.66	5.92	6.35	7.38	4.72	4.94	5.29	6.15	5.61	5.88	6.30	7.32	6.76	7.08	7.59	8.82	5.71	5.97	6.40	7.44
其他	物理	东部	3.02	3.16	3.38	3.93	3.39	3.54	3.80	4.41	2.86	3.00	3.21	3.72	3.35	3.50	3.76	4.36	4.03	4.22	4.52	5.25	3.43	3.59	3.84	4.46
		中部	2.96	3.10	3.33	3.86	3.32	3.48	3.73	4.33	2.80	2.93	3.14	3.64	3.29	3.45	3.69	4.29	3.96	4.15	4.45	5.16	3.36	3.52	3.77	4.38
		西部	2.87	3.00	3.22	3.74	3.21	3.36	3.60	4.19	2.67	2.80	3.00	3.48	3.19	3.34	3.58	4.16	3.84	4.02	4.31	5.01	3.24	3.39	3.63	4.22
	化学	东部	7.91	8.28	8.88	10.31	8.89	9.30	9.97	11.57	7.52	7.87	8.43	9.78	8.79	9.20	9.86	11.44	10.57	11.07	11.86	13.77	8.99	9.41	10.09	11.71
		中部	7.78	8.14	8.73	10.14	8.72	9.13	9.79	11.36	7.34	7.68	8.23	9.55	8.63	9.04	9.69	11.25	10.39	10.88	11.66	13.55	8.81	9.23	9.89	11.48
		西部	7.52	7.88	8.45	9.81	8.42	8.81	9.45	10.98	7.01	7.34	7.87	9.13	8.35	8.75	9.38	10.90	10.06	10.54	11.30	13.13	8.48	8.88	9.52	11.06
	生物	东部	4.62	4.83	5.18	6.00	5.22	5.46	5.85	6.78	4.52	4.73	5.07	5.87	5.13	5.37	5.75	6.67	6.16	6.44	6.90	8.00	5.31	5.56	5.95	6.90
		中部	4.50	4.71	5.04	5.85	5.07	5.31	5.69	6.59	4.37	4.57	4.89	5.67	4.99	5.23	5.60	6.49	6.00	6.28	6.73	7.80	5.15	5.39	5.78	6.70
		西部	4.27	4.47	4.79	5.56	4.80	5.02	5.38	6.25	4.07	4.26	4.56	5.29	4.74	4.96	5.32	6.18	5.70	5.97	6.40	7.43	4.86	5.09	5.45	6.32
	物化	东部	7.04	7.37	7.90	9.16	7.92	8.29	8.88	10.31	6.76	7.07	7.58	8.78	7.82	8.18	8.77	10.18	9.40	9.84	10.54	12.23	8.03	8.41	9.01	10.45
		中部	6.90	7.22	7.74	8.98	7.75	8.11	8.69	10.09	6.57	6.88	7.37	8.55	7.66	8.02	8.59	9.97	9.21	9.64	10.34	12.00	7.85	8.21	8.80	10.21
		西部	6.63	6.94	7.44	8.64	7.43	7.78	8.34	9.68	6.23	6.52	6.98	8.11	7.36	7.71	8.26	9.60	8.86	9.28	9.95	11.56	7.50	7.85	8.42	9.77
	组合	东部	7.04	7.37	7.90	9.16	7.92	8.29	8.88	10.31	6.76	7.07	7.58	8.78	7.82	8.18	8.77	10.18	9.40	9.84	10.54	12.23	8.03	8.41	9.01	10.45
		中部	6.90	7.22	7.74	8.98	7.75	8.11	8.69	10.09	6.57	6.88	7.37	8.55	7.66	8.02	8.59	9.97	9.21	9.64	10.34	12.00	7.85	8.21	8.80	10.21
		西部	6.63	6.94	7.44	8.64	7.43	7.78	8.34	9.68	6.23	6.52	6.98	8.11	7.36	7.71	8.26	9.60	8.86	9.28	9.95	11.56	7.50	7.85	8.42	9.77

注：设计处理能力与处理量为该行业的中位数，设备制造业设计处理能力的中位数为 50 t/d，处理量的中位数为 4 800 t/a。

表 1-61　处理能力为 1/4 分位数时设备制造业单位废水治理费用（不含固定资产折旧）　单位：元/t

企业性质	处理方法	地区	通用设备制造业				专用设备制造业				交通运输设备制造业				电气机械及器材制造业				通信设备、计算机及其他电子设备制造业				仪器仪表及文化、办公用机械制造业			
			30%	50%	70%	90%	30%	50%	70%	90%	30%	50%	70%	90%	30%	50%	70%	90%	30%	50%	70%	90%	30%	50%	70%	90%
外资	物理	东部	9.2	9.7	10.4	12.1	10.2	10.7	11.5	13.4	8.2	8.6	9.3	10.8	10.2	10.7	11.5	13.4	12.4	13.0	13.9	16.2	10.2	10.7	11.5	13.4
		中部	9.2	9.7	10.4	12.1	10.2	10.7	11.5	13.4	8.2	8.6	9.3	10.8	10.2	10.7	11.5	13.4	12.4	13.0	13.9	16.2	10.2	10.7	11.5	13.4
		西部	9.2	9.7	10.4	12.1	10.2	10.7	11.5	13.4	8.2	8.6	9.3	10.8	10.2	10.7	11.5	13.4	12.4	13.0	13.9	16.2	10.2	10.7	11.5	13.4
	化学	东部	24.1	25.3	27.1	31.6	26.8	28.1	30.1	35.0	21.6	22.6	24.3	28.2	26.8	28.1	30.1	35.0	32.4	33.9	36.4	42.3	26.8	28.1	30.1	35.0
		中部	24.1	25.3	27.1	31.6	26.8	28.1	30.1	35.0	21.6	22.6	24.3	28.2	26.8	28.1	30.1	35.0	32.4	33.9	36.4	42.3	26.8	28.1	30.1	35.0
		西部	24.1	25.3	27.1	31.6	26.8	28.1	30.1	35.0	21.6	22.6	24.3	28.2	26.8	28.1	30.1	35.0	32.4	33.9	36.4	42.3	26.8	28.1	30.1	35.0
	生物	东部	12.9	13.5	14.5	16.9	14.3	15.0	16.1	18.8	11.5	12.1	13.0	15.1	14.3	15.0	16.1	18.8	17.3	18.1	19.5	22.7	14.3	15.0	16.1	18.8
		中部	12.9	13.5	14.5	16.9	14.3	15.0	16.1	18.8	11.5	12.1	13.0	15.1	14.3	15.0	16.1	18.8	17.3	18.1	19.5	22.7	14.3	15.0	16.1	18.8
		西部	12.9	13.5	14.5	16.9	14.3	15.0	16.1	18.8	11.5	12.1	13.0	15.1	14.3	15.0	16.1	18.8	17.3	18.1	19.5	22.7	14.3	15.0	16.1	18.8
	物化	东部	20.9	21.8	23.4	27.3	23.1	24.2	26.0	30.3	18.6	19.5	21.0	24.4	23.1	24.2	26.0	30.3	28.0	29.3	31.4	36.6	23.1	24.2	26.0	30.3
		中部	20.9	21.8	23.4	27.3	23.1	24.2	26.0	30.3	18.6	19.5	21.0	24.4	23.1	24.2	26.0	30.3	28.0	29.3	31.4	36.6	23.1	24.2	26.0	30.3
		西部	20.9	21.8	23.4	27.3	23.1	24.2	26.0	30.3	18.6	19.5	21.0	24.4	23.1	24.2	26.0	30.3	28.0	29.3	31.4	36.6	23.1	24.2	26.0	30.3
	组合	东部	20.9	21.8	23.4	27.3	23.1	24.2	26.0	30.3	18.6	19.5	21.0	24.4	23.1	24.2	26.0	30.3	28.0	29.3	31.4	36.6	23.1	24.2	26.0	30.3
		中部	20.9	21.8	23.4	27.3	23.1	24.2	26.0	30.3	18.6	19.5	21.0	24.4	23.1	24.2	26.0	30.3	28.0	29.3	31.4	36.6	23.1	24.2	26.0	30.3
		西部	20.9	21.8	23.4	27.3	23.1	24.2	26.0	30.3	18.6	19.5	21.0	24.4	23.1	24.2	26.0	30.3	28.0	29.3	31.4	36.6	23.1	24.2	26.0	30.3
私营	物理	东部	4.4	4.6	4.9	5.7	4.9	5.1	5.5	6.3	3.9	4.1	4.4	5.1	4.9	5.1	5.5	6.3	5.9	6.1	6.6	7.7	4.9	5.1	5.5	6.3
		中部	4.4	4.6	4.9	5.7	4.9	5.1	5.5	6.3	3.9	4.1	4.4	5.1	4.9	5.1	5.5	6.3	5.9	6.1	6.6	7.7	4.9	5.1	5.5	6.3
		西部	4.4	4.6	4.9	5.7	4.9	5.1	5.5	6.3	3.9	4.1	4.4	5.1	4.9	5.1	5.5	6.3	5.9	6.1	6.6	7.7	4.9	5.1	5.5	6.3
	化学	东部	11.4	12.0	12.9	15.0	12.7	13.3	14.3	16.6	10.2	10.7	11.5	13.4	12.7	13.3	14.3	16.6	15.3	16.1	17.2	20.1	12.7	13.3	14.3	16.6
		中部	11.4	12.0	12.9	15.0	12.7	13.3	14.3	16.6	10.2	10.7	11.5	13.4	12.7	13.3	14.3	16.6	15.3	16.1	17.2	20.1	12.7	13.3	14.3	16.6
		西部	11.4	12.0	12.9	15.0	12.7	13.3	14.3	16.6	10.2	10.7	11.5	13.4	12.7	13.3	14.3	16.6	15.3	16.1	17.2	20.1	12.7	13.3	14.3	16.6
	生物	东部	6.1	6.4	6.9	8.0	6.8	7.1	7.6	8.9	5.5	5.7	6.2	7.2	6.8	7.1	7.6	8.9	8.2	8.6	9.2	10.7	6.8	7.1	7.6	8.9
		中部	6.1	6.4	6.9	8.0	6.8	7.1	7.6	8.9	5.5	5.7	6.2	7.2	6.8	7.1	7.6	8.9	8.2	8.6	9.2	10.7	6.8	7.1	7.6	8.9
		西部	6.1	6.4	6.9	8.0	6.8	7.1	7.6	8.9	5.5	5.7	6.2	7.2	6.8	7.1	7.6	8.9	8.2	8.6	9.2	10.7	6.8	7.1	7.6	8.9

企业性质	处理方法	地区	通用设备制造业				专用设备制造业				交通运输设备制造业				电气机械及器材制造业				通信设备、计算机及其他电子设备制造业				仪器仪表及文化、办公用机械制造业			
			30%	50%	70%	90%	30%	50%	70%	90%	30%	50%	70%	90%	30%	50%	70%	90%	30%	50%	70%	90%	30%	50%	70%	90%
私营	物化	东部	9.9	10.4	11.1	12.9	11.0	11.5	12.3	14.4	8.8	9.3	9.9	11.6	11.0	11.5	12.3	14.4	13.3	13.9	14.9	17.3	11.0	11.5	12.3	14.4
		中部	9.9	10.4	11.1	12.9	11.0	11.5	12.3	14.4	8.8	9.3	9.9	11.6	11.0	11.5	12.3	14.4	13.3	13.9	14.9	17.3	11.0	11.5	12.3	14.4
		西部	9.9	10.4	11.1	12.9	11.0	11.5	12.3	14.4	8.8	9.3	9.9	11.6	11.0	11.5	12.3	14.4	13.3	13.9	14.9	17.3	11.0	11.5	12.3	14.4
	组合	东部	9.9	10.4	11.1	12.9	11.0	11.5	12.3	14.4	8.8	9.3	9.9	11.6	11.0	11.5	12.3	14.4	13.3	13.9	14.9	17.3	11.0	11.5	12.3	14.4
		中部	9.9	10.4	11.1	12.9	11.0	11.5	12.3	14.4	8.8	9.3	9.9	11.6	11.0	11.5	12.3	14.4	13.3	13.9	14.9	17.3	11.0	11.5	12.3	14.4
		西部	9.9	10.4	11.1	12.9	11.0	11.5	12.3	14.4	8.8	9.3	9.9	11.6	11.0	11.5	12.3	14.4	13.3	13.9	14.9	17.3	11.0	11.5	12.3	14.4
其他	物理	东部	5.6	5.9	6.3	7.4	6.3	6.6	7.0	8.2	5.0	5.3	5.7	6.6	6.3	6.6	7.0	8.2	7.6	7.9	8.5	9.9	6.3	6.6	7.0	8.2
		中部	5.6	5.9	6.3	7.4	6.3	6.6	7.0	8.2	5.0	5.3	5.7	6.6	6.3	6.6	7.0	8.2	7.6	7.9	8.5	9.9	6.3	6.6	7.0	8.2
		西部	5.6	5.9	6.3	7.4	6.3	6.6	7.0	8.2	5.0	5.3	5.7	6.6	6.3	6.6	7.0	8.2	7.6	7.9	8.5	9.9	6.3	6.6	7.0	8.2
	化学	东部	14.8	15.5	16.6	19.3	16.4	17.2	18.4	21.4	13.2	13.8	14.8	17.3	16.4	17.2	18.4	21.4	19.8	20.7	22.3	25.9	16.4	17.2	18.4	21.4
		中部	14.8	15.5	16.6	19.3	16.4	17.2	18.4	21.4	13.2	13.8	14.8	17.3	16.4	17.2	18.4	21.4	19.8	20.7	22.3	25.9	16.4	17.2	18.4	21.4
		西部	14.8	15.5	16.6	19.3	16.4	17.2	18.4	21.4	13.2	13.8	14.8	17.3	16.4	17.2	18.4	21.4	19.8	20.7	22.3	25.9	16.4	17.2	18.4	21.4
	生物	东部	7.9	8.3	8.9	10.3	8.8	9.2	9.9	11.5	7.1	7.4	7.9	9.2	8.8	9.2	9.9	11.5	10.6	11.1	11.9	13.9	8.8	9.2	9.9	11.5
		中部	7.9	8.3	8.9	10.3	8.8	9.2	9.9	11.5	7.1	7.4	7.9	9.2	8.8	9.2	9.9	11.5	10.6	11.1	11.9	13.9	8.8	9.2	9.9	11.5
		西部	7.9	8.3	8.9	10.3	8.8	9.2	9.9	11.5	7.1	7.4	7.9	9.2	8.8	9.2	9.9	11.5	10.6	11.1	11.9	13.9	8.8	9.2	9.9	11.5
	物化	东部	12.8	13.4	14.3	16.7	14.2	14.8	15.9	18.5	11.4	12.0	12.8	14.9	14.2	14.8	15.9	18.5	17.1	17.9	19.2	22.4	14.2	14.8	15.9	18.5
		中部	12.8	13.4	14.3	16.7	14.2	14.8	15.9	18.5	11.4	12.0	12.8	14.9	14.2	14.8	15.9	18.5	17.1	17.9	19.2	22.4	14.2	14.8	15.9	18.5
		西部	12.8	13.4	14.3	16.7	14.2	14.8	15.9	18.5	11.4	12.0	12.8	14.9	14.2	14.8	15.9	18.5	17.1	17.9	19.2	22.4	14.2	14.8	15.9	18.5
	组合	东部	12.8	13.4	14.3	16.7	14.2	14.8	15.9	18.5	11.4	12.0	12.8	14.9	14.2	14.8	15.9	18.5	17.1	17.9	19.2	22.4	14.2	14.8	15.9	18.5
		中部	12.8	13.4	14.3	16.7	14.2	14.8	15.9	18.5	11.4	12.0	12.8	14.9	14.2	14.8	15.9	18.5	17.1	17.9	19.2	22.4	14.2	14.8	15.9	18.5
		西部	12.8	13.4	14.3	16.7	14.2	14.8	15.9	18.5	11.4	12.0	12.8	14.9	14.2	14.8	15.9	18.5	17.1	17.9	19.2	22.4	14.2	14.8	15.9	18.5

注：设计处理能力与处理量为该行业的 1/4 分位数，设备制造业设计处理能力的 1/4 分位数为 12 t/d，处理量的 1/4 分位数为 959 t/a。

表 1-62　处理能力为 1/4 分位数时设备制造业单位废水治理费用（含固定资产折旧）

单位：元/t

企业性质	处理方法	地区	通用设备制造业				专用设备制造业				交通运输设备制造业				电气机械及器材制造业				通信设备、计算机及其他电子设备制造业				仪器仪表及文化、办公用机械制造业			
			30%	50%	70%	90%	30%	50%	70%	90%	30%	50%	70%	90%	30%	50%	70%	90%	30%	50%	70%	90%	30%	50%	70%	90%
外资	物理	东部	10.5	11.0	11.8	13.7	11.8	12.3	13.2	15.3	9.9	10.4	11.1	12.9	11.6	12.2	13.1	15.2	14.0	14.7	15.7	18.3	11.9	12.4	13.3	15.5
		中部	10.3	10.8	11.6	13.5	11.6	12.1	13.0	15.1	9.7	10.1	10.9	12.6	11.5	12.0	12.9	14.9	13.8	14.5	15.5	18.0	11.7	12.2	13.1	15.2
		西部	10.0	10.5	11.3	13.1	11.2	11.7	12.6	14.6	9.3	9.7	10.4	12.1	11.1	11.7	12.5	14.5	13.4	14.0	15.1	17.5	11.3	11.8	12.7	14.7
	化学	东部	27.5	28.8	30.9	35.8	30.9	32.3	34.6	40.2	26.0	27.2	29.1	33.8	30.5	32.0	34.3	39.8	36.8	38.5	41.2	47.9	31.2	32.6	35.0	40.6
		中部	27.1	28.3	30.4	35.3	30.3	31.8	34.0	39.5	25.4	26.6	28.5	33.1	30.1	31.5	33.7	39.2	36.2	37.9	40.6	47.2	30.6	32.1	34.4	39.9
		西部	26.3	27.5	29.5	34.3	29.4	30.8	33.0	38.3	24.4	25.5	27.4	31.8	29.2	30.5	32.8	38.1	35.2	36.8	39.5	45.9	29.6	31.0	33.2	38.6
	生物	东部	15.9	16.7	17.9	20.7	18.0	18.8	20.1	23.3	15.5	16.2	17.3	20.1	17.7	18.5	19.8	23.0	21.2	22.2	23.8	27.6	18.3	19.1	20.5	23.7
		中部	15.5	16.3	17.4	20.2	17.5	18.3	19.6	22.8	15.0	15.7	16.8	19.5	17.3	18.1	19.4	22.5	20.7	21.7	23.3	27.0	17.8	18.6	19.9	23.1
		西部	14.8	15.5	16.6	19.3	16.6	17.4	18.7	21.7	14.1	14.7	15.8	18.3	16.5	17.2	18.5	21.5	19.8	20.7	22.2	25.8	16.8	17.6	18.9	21.9
	物化	东部	24.4	25.5	27.4	31.8	27.4	28.7	30.8	35.7	23.3	24.4	26.1	30.3	27.1	28.4	30.4	35.3	32.6	34.1	36.6	42.4	27.8	29.1	31.2	36.1
		中部	24.0	25.1	26.9	31.2	26.9	28.1	30.2	35.0	22.7	23.8	25.5	29.5	26.6	27.8	29.8	34.7	32.0	33.5	35.9	41.7	27.2	28.5	30.5	35.4
		西部	23.1	24.2	26.0	30.1	25.9	27.1	29.0	33.7	21.6	22.6	24.2	28.1	25.7	26.9	28.8	33.5	30.9	32.4	34.7	40.3	26.1	27.3	29.3	34.0
	组合	东部	24.4	25.5	27.4	31.8	27.4	28.7	30.8	35.7	23.3	24.4	26.1	30.3	27.1	28.4	30.4	35.3	32.6	34.1	36.6	42.4	27.8	29.1	31.2	36.1
		中部	24.0	25.1	26.9	31.2	26.9	28.1	30.2	35.0	22.7	23.8	25.5	29.5	26.6	27.8	29.8	34.7	32.0	33.5	35.9	41.7	27.2	28.5	30.5	35.4
		西部	23.1	24.2	26.0	30.1	25.9	27.1	29.0	33.7	21.6	22.6	24.2	28.1	25.7	26.9	28.8	33.5	30.9	32.4	34.7	40.3	26.1	27.3	29.3	34.0
私营	物理	东部	4.9	5.1	5.5	6.4	5.5	5.7	6.2	7.1	4.6	4.8	5.1	6.0	5.4	5.7	6.1	7.1	6.5	6.8	7.3	8.5	5.5	5.8	6.2	7.2
		中部	4.8	5.1	5.4	6.3	5.4	5.7	6.1	7.0	4.5	4.7	5.1	5.9	5.4	5.6	6.0	7.0	6.5	6.8	7.2	8.4	5.4	5.7	6.1	7.1
		西部	4.7	4.9	5.3	6.1	5.3	5.5	5.9	6.9	4.3	4.5	4.9	5.7	5.2	5.5	5.9	6.8	6.3	6.6	7.1	8.2	5.3	5.5	5.9	6.9
	化学	东部	12.8	13.4	14.4	16.7	14.4	15.0	16.1	18.7	12.0	12.6	13.5	15.7	14.2	14.9	16.0	18.6	17.2	18.0	19.3	22.4	14.5	15.2	16.3	18.9
		中部	12.7	13.3	14.2	16.5	14.2	14.8	15.9	18.5	11.8	12.4	13.3	15.4	14.1	14.7	15.8	18.3	16.9	17.7	19.0	22.1	14.3	15.0	16.0	18.6
		西部	12.3	12.9	13.8	16.1	13.8	14.4	15.5	18.0	11.4	11.9	12.8	14.9	13.7	14.3	15.4	17.9	16.5	17.3	18.5	21.5	13.9	14.5	15.6	18.1
	生物	东部	7.4	7.7	8.3	9.6	8.3	8.7	9.3	10.8	7.1	7.4	7.9	9.2	8.2	8.6	9.2	10.6	9.8	10.3	11.0	12.8	8.4	8.8	9.4	10.9
		中部	7.2	7.5	8.1	9.4	8.1	8.5	9.1	10.5	6.9	7.2	7.7	9.0	8.0	8.4	9.0	10.4	9.6	10.1	10.8	12.5	8.2	8.6	9.2	10.7
		西部	6.9	7.2	7.8	9.0	7.8	8.1	8.7	10.1	6.5	6.8	7.3	8.5	7.7	8.0	8.6	10.0	9.2	9.7	10.4	12.0	7.8	8.2	8.8	10.2

企业性质	处理方法	地区	通用设备制造业				专用设备制造业				交通运输设备制造业				电气机械及器材制造业				通信设备、计算机及其他电子设备制造业				仪器仪表及文化、办公用机械制造业			
			30%	50%	70%	90%	30%	50%	70%	90%	30%	50%	70%	90%	30%	50%	70%	90%	30%	50%	70%	90%	30%	50%	70%	90%
私营	物化	东部	11.4	11.9	12.7	14.8	12.7	13.3	14.3	16.6	10.8	11.3	12.1	14.0	12.6	13.2	14.1	16.4	15.2	15.9	17.0	19.8	12.9	13.5	14.5	16.8
		中部	11.2	11.7	12.5	14.6	12.5	13.1	14.0	16.3	10.5	11.0	11.8	13.7	12.4	13.0	13.9	16.2	14.9	15.6	16.8	19.5	12.6	13.2	14.2	16.5
		西部	10.8	11.3	12.1	14.1	12.1	12.7	13.6	15.8	10.1	10.5	11.3	13.1	12.0	12.6	13.5	15.7	14.5	15.2	16.3	18.9	12.2	12.8	13.7	15.9
	组合	东部	11.4	11.9	12.7	14.8	12.7	13.3	14.3	16.6	10.8	11.3	12.1	14.0	12.6	13.2	14.1	16.4	15.2	15.9	17.0	19.8	12.9	13.5	14.5	16.8
		中部	11.2	11.7	12.5	14.6	12.5	13.1	14.0	16.3	10.5	11.0	11.8	13.7	12.4	13.0	13.9	16.2	14.9	15.6	16.8	19.5	12.6	13.2	14.2	16.5
		西部	10.8	11.3	12.1	14.1	12.1	12.7	13.6	15.8	10.1	10.5	11.3	13.1	12.0	12.6	13.5	15.7	14.5	15.2	16.3	18.9	12.2	12.8	13.7	15.9
其他	物理	东部	6.4	6.7	7.2	8.4	7.2	7.5	8.1	9.4	6.1	6.4	6.8	7.9	7.1	7.5	8.0	9.3	8.6	9.0	9.6	11.2	7.3	7.6	8.2	9.5
		中部	6.3	6.6	7.1	8.3	7.1	7.4	8.0	9.2	5.9	6.2	6.7	7.7	7.0	7.4	7.9	9.2	8.5	8.9	9.5	11.0	7.2	7.5	8.0	9.3
		西部	6.1	6.4	6.9	8.0	6.9	7.2	7.7	9.0	5.7	6.0	6.4	7.4	6.8	7.1	7.7	8.9	8.2	8.6	9.2	10.7	6.9	7.2	7.8	9.0
	化学	东部	16.9	17.7	18.9	22.0	18.9	19.8	21.2	24.6	15.9	16.7	17.9	20.7	18.7	19.6	21.0	24.4	22.5	23.6	25.3	29.4	19.1	20.0	21.5	24.9
		中部	16.6	17.4	18.6	21.6	18.6	19.5	20.9	24.2	15.6	16.3	17.5	20.3	18.4	19.3	20.7	24.0	22.2	23.2	24.9	28.9	18.8	19.7	21.1	24.5
		西部	16.1	16.9	18.1	21.0	18.0	18.8	20.2	23.5	14.9	15.6	16.8	19.5	17.9	18.7	20.1	23.3	21.5	22.6	24.2	28.1	18.1	19.0	20.4	23.6
	生物	东部	9.8	10.2	11.0	12.7	11.0	11.5	12.4	14.3	9.5	9.9	10.6	12.3	10.9	11.4	12.2	14.1	13.0	13.6	14.6	17.0	11.2	11.7	12.6	14.6
		中部	9.5	10.0	10.7	12.4	10.7	11.2	12.0	14.0	9.2	9.6	10.3	11.9	10.6	11.1	11.9	13.8	12.7	13.3	14.3	16.6	10.9	11.4	12.2	14.2
		西部	9.1	9.5	10.2	11.8	10.2	10.7	11.5	13.3	8.6	9.0	9.7	11.2	10.1	10.6	11.3	13.2	12.2	12.7	13.6	15.8	10.3	10.8	11.6	13.4
	物化	东部	15.0	15.7	16.8	19.5	16.8	17.6	18.9	21.9	14.3	15.0	16.0	18.6	16.6	17.4	18.6	21.6	20.0	20.9	22.4	26.0	17.0	17.8	19.1	22.2
		中部	14.7	15.4	16.5	19.1	16.5	17.3	18.5	21.5	13.9	14.6	15.6	18.1	16.3	17.1	18.3	21.2	19.6	20.5	22.0	25.6	16.7	17.5	18.7	21.7
		西部	14.2	14.8	15.9	18.5	15.9	16.6	17.8	20.7	13.2	13.9	14.9	17.3	15.7	16.5	17.7	20.5	18.9	19.8	21.3	24.7	16.0	16.7	18.0	20.9
	组合	东部	15.0	15.7	16.8	19.5	16.8	17.6	18.9	21.9	14.3	15.0	16.0	18.6	16.6	17.4	18.6	21.6	20.0	20.9	22.4	26.0	17.0	17.8	19.1	22.2
		中部	14.7	15.4	16.5	19.1	16.5	17.3	18.5	21.5	13.9	14.6	15.6	18.1	16.3	17.1	18.3	21.2	19.6	20.5	22.0	25.6	16.7	17.5	18.7	21.7
		西部	14.2	14.8	15.9	18.5	15.9	16.6	17.8	20.7	13.2	13.9	14.9	17.3	15.7	16.5	17.7	20.5	18.9	19.8	21.3	24.7	16.0	16.7	18.0	20.9

注：设计处理能力与处理量为该行业的 1/4 分位数，设备制造业设计处理能力的 1/4 分位数为 12 t/d，处理量的 1/4 分位数为 959 t/a。

表 1-63 处理能力为 3/4 分位数时设备制造业单位废水治理费用（不含固定资产折旧） 单位：元/t

企业性质	处理方法	地区	通用设备制造业				专用设备制造业				交通运输设备制造业				电气机械及器材制造业				通信设备、计算机及其他电子设备制造业				仪器仪表及文化、办公用机械制造业			
			30%	50%	70%	90%	30%	50%	70%	90%	30%	50%	70%	90%	30%	50%	70%	90%	30%	50%	70%	90%	30%	50%	70%	90%
外资	物理	东部	0.66	0.69	0.74	0.86	0.73	0.77	0.82	0.96	0.59	0.62	0.66	0.77	0.73	0.77	0.82	0.96	0.88	0.92	0.99	1.15	0.73	0.77	0.82	0.96
		中部	0.66	0.69	0.74	0.86	0.73	0.77	0.82	0.96	0.59	0.62	0.66	0.77	0.73	0.77	0.82	0.96	0.88	0.92	0.99	1.15	0.73	0.77	0.82	0.96
		西部	0.66	0.69	0.74	0.86	0.73	0.77	0.82	0.96	0.59	0.62	0.66	0.77	0.73	0.77	0.82	0.96	0.88	0.92	0.99	1.15	0.73	0.77	0.82	0.96
	化学	东部	1.72	1.80	1.94	2.25	1.91	2.00	2.15	2.50	1.54	1.61	1.73	2.01	1.91	2.00	2.15	2.50	2.31	2.42	2.60	3.02	1.91	2.00	2.15	2.50
		中部	1.72	1.80	1.94	2.25	1.91	2.00	2.15	2.50	1.54	1.61	1.73	2.01	1.91	2.00	2.15	2.50	2.31	2.42	2.60	3.02	1.91	2.00	2.15	2.50
		西部	1.72	1.80	1.94	2.25	1.91	2.00	2.15	2.50	1.54	1.61	1.73	2.01	1.91	2.00	2.15	2.50	2.31	2.42	2.60	3.02	1.91	2.00	2.15	2.50
	生物	东部	0.92	0.97	1.04	1.21	1.02	1.07	1.15	1.34	0.82	0.86	0.93	1.08	1.02	1.07	1.15	1.34	1.24	1.29	1.39	1.62	1.02	1.07	1.15	1.34
		中部	0.92	0.97	1.04	1.21	1.02	1.07	1.15	1.34	0.82	0.86	0.93	1.08	1.02	1.07	1.15	1.34	1.24	1.29	1.39	1.62	1.02	1.07	1.15	1.34
		西部	0.92	0.97	1.04	1.21	1.02	1.07	1.15	1.34	0.82	0.86	0.93	1.08	1.02	1.07	1.15	1.34	1.24	1.29	1.39	1.62	1.02	1.07	1.15	1.34
	物化	东部	1.49	1.56	1.67	1.95	1.65	1.73	1.86	2.16	1.33	1.39	1.50	1.74	1.65	1.73	1.86	2.16	2.00	2.09	2.24	2.61	1.65	1.73	1.86	2.16
		中部	1.49	1.56	1.67	1.95	1.65	1.73	1.86	2.16	1.33	1.39	1.50	1.74	1.65	1.73	1.86	2.16	2.00	2.09	2.24	2.61	1.65	1.73	1.86	2.16
		西部	1.49	1.56	1.67	1.95	1.65	1.73	1.86	2.16	1.33	1.39	1.50	1.74	1.65	1.73	1.86	2.16	2.00	2.09	2.24	2.61	1.65	1.73	1.86	2.16
	组合	东部	1.49	1.56	1.67	1.95	1.65	1.73	1.86	2.16	1.33	1.39	1.50	1.74	1.65	1.73	1.86	2.16	2.00	2.09	2.24	2.61	1.65	1.73	1.86	2.16
		中部	1.49	1.56	1.67	1.95	1.65	1.73	1.86	2.16	1.33	1.39	1.50	1.74	1.65	1.73	1.86	2.16	2.00	2.09	2.24	2.61	1.65	1.73	1.86	2.16
		西部	1.49	1.56	1.67	1.95	1.65	1.73	1.86	2.16	1.33	1.39	1.50	1.74	1.65	1.73	1.86	2.16	2.00	2.09	2.24	2.61	1.65	1.73	1.86	2.16
私营	物理	东部	0.31	0.33	0.35	0.41	0.35	0.36	0.39	0.45	0.28	0.29	0.31	0.37	0.35	0.36	0.39	0.45	0.42	0.44	0.47	0.55	0.35	0.36	0.39	0.45
		中部	0.31	0.33	0.35	0.41	0.35	0.36	0.39	0.45	0.28	0.29	0.31	0.37	0.35	0.36	0.39	0.45	0.42	0.44	0.47	0.55	0.35	0.36	0.39	0.45
		西部	0.31	0.33	0.35	0.41	0.35	0.36	0.39	0.45	0.28	0.29	0.31	0.37	0.35	0.36	0.39	0.45	0.42	0.44	0.47	0.55	0.35	0.36	0.39	0.45
	化学	东部	0.82	0.86	0.92	1.07	0.91	0.95	1.02	1.19	0.73	0.77	0.82	0.96	0.91	0.95	1.02	1.19	1.10	1.15	1.23	1.43	0.91	0.95	1.02	1.19
		中部	0.82	0.86	0.92	1.07	0.91	0.95	1.02	1.19	0.73	0.77	0.82	0.96	0.91	0.95	1.02	1.19	1.10	1.15	1.23	1.43	0.91	0.95	1.02	1.19
		西部	0.82	0.86	0.92	1.07	0.91	0.95	1.02	1.19	0.73	0.77	0.82	0.96	0.91	0.95	1.02	1.19	1.10	1.15	1.23	1.43	0.91	0.95	1.02	1.19
	生物	东部	0.44	0.46	0.49	0.57	0.49	0.51	0.55	0.63	0.39	0.41	0.44	0.51	0.49	0.51	0.55	0.63	0.59	0.61	0.66	0.77	0.49	0.51	0.55	0.63
		中部	0.44	0.46	0.49	0.57	0.49	0.51	0.55	0.63	0.39	0.41	0.44	0.51	0.49	0.51	0.55	0.63	0.59	0.61	0.66	0.77	0.49	0.51	0.55	0.63
		西部	0.44	0.46	0.49	0.57	0.49	0.51	0.55	0.63	0.39	0.41	0.44	0.51	0.49	0.51	0.55	0.63	0.59	0.61	0.66	0.77	0.49	0.51	0.55	0.63

企业性质	处理方法	地区	通用设备制造业				专用设备制造业				交通运输设备制造业				电气机械及器材制造业				通信设备、计算机及其他电子设备制造业				仪器仪表及文化、办公用机械制造业			
			30%	50%	70%	90%	30%	50%	70%	90%	30%	50%	70%	90%	30%	50%	70%	90%	30%	50%	70%	90%	30%	50%	70%	90%
私营	物化	东部	0.71	0.74	0.79	0.92	0.78	0.82	0.88	1.02	0.63	0.66	0.71	0.83	0.78	0.82	0.88	1.02	0.95	0.99	1.06	1.24	0.78	0.82	0.88	1.02
		中部	0.71	0.74	0.79	0.92	0.78	0.82	0.88	1.02	0.63	0.66	0.71	0.83	0.78	0.82	0.88	1.02	0.95	0.99	1.06	1.24	0.78	0.82	0.88	1.02
		西部	0.71	0.74	0.79	0.92	0.78	0.82	0.88	1.02	0.63	0.66	0.71	0.83	0.78	0.82	0.88	1.02	0.95	0.99	1.06	1.24	0.78	0.82	0.88	1.02
	组合	东部	0.71	0.74	0.79	0.92	0.78	0.82	0.88	1.02	0.63	0.66	0.71	0.83	0.78	0.82	0.88	1.02	0.95	0.99	1.06	1.24	0.78	0.82	0.88	1.02
		中部	0.71	0.74	0.79	0.92	0.78	0.82	0.88	1.02	0.63	0.66	0.71	0.83	0.78	0.82	0.88	1.02	0.95	0.99	1.06	1.24	0.78	0.82	0.88	1.02
		西部	0.71	0.74	0.79	0.92	0.78	0.82	0.88	1.02	0.63	0.66	0.71	0.83	0.78	0.82	0.88	1.02	0.95	0.99	1.06	1.24	0.78	0.82	0.88	1.02
其他	物理	东部	0.40	0.42	0.45	0.53	0.45	0.47	0.50	0.58	0.36	0.38	0.40	0.47	0.45	0.47	0.50	0.58	0.54	0.57	0.61	0.71	0.45	0.47	0.50	0.58
		中部	0.40	0.42	0.45	0.53	0.45	0.47	0.50	0.58	0.36	0.38	0.40	0.47	0.45	0.47	0.50	0.58	0.54	0.57	0.61	0.71	0.45	0.47	0.50	0.58
		西部	0.40	0.42	0.45	0.53	0.45	0.47	0.50	0.58	0.36	0.38	0.40	0.47	0.45	0.47	0.50	0.58	0.54	0.57	0.61	0.71	0.45	0.47	0.50	0.58
	化学	东部	1.05	1.10	1.19	1.38	1.17	1.23	1.31	1.53	0.94	0.99	1.06	1.23	1.17	1.23	1.31	1.53	1.41	1.48	1.59	1.85	1.17	1.23	1.31	1.53
		中部	1.05	1.10	1.19	1.38	1.17	1.23	1.31	1.53	0.94	0.99	1.06	1.23	1.17	1.23	1.31	1.53	1.41	1.48	1.59	1.85	1.17	1.23	1.31	1.53
		西部	1.05	1.10	1.19	1.38	1.17	1.23	1.31	1.53	0.94	0.99	1.06	1.23	1.17	1.23	1.31	1.53	1.41	1.48	1.59	1.85	1.17	1.23	1.31	1.53
	生物	东部	0.56	0.59	0.63	0.74	0.63	0.66	0.70	0.82	0.50	0.53	0.57	0.66	0.63	0.66	0.70	0.82	0.76	0.79	0.85	0.99	0.63	0.66	0.70	0.82
		中部	0.56	0.59	0.63	0.74	0.63	0.66	0.70	0.82	0.50	0.53	0.57	0.66	0.63	0.66	0.70	0.82	0.76	0.79	0.85	0.99	0.63	0.66	0.70	0.82
		西部	0.56	0.59	0.63	0.74	0.63	0.66	0.70	0.82	0.50	0.53	0.57	0.66	0.63	0.66	0.70	0.82	0.76	0.79	0.85	0.99	0.63	0.66	0.70	0.82
	物化	东部	0.91	0.95	1.02	1.19	1.01	1.06	1.14	1.32	0.81	0.85	0.92	1.07	1.01	1.06	1.14	1.32	1.22	1.28	1.37	1.60	1.01	1.06	1.14	1.32
		中部	0.91	0.95	1.02	1.19	1.01	1.06	1.14	1.32	0.81	0.85	0.92	1.07	1.01	1.06	1.14	1.32	1.22	1.28	1.37	1.60	1.01	1.06	1.14	1.32
		西部	0.91	0.95	1.02	1.19	1.01	1.06	1.14	1.32	0.81	0.85	0.92	1.07	1.01	1.06	1.14	1.32	1.22	1.28	1.37	1.60	1.01	1.06	1.14	1.32
	组合	东部	0.91	0.95	1.02	1.19	1.01	1.06	1.14	1.32	0.81	0.85	0.92	1.07	1.01	1.06	1.14	1.32	1.22	1.28	1.37	1.60	1.01	1.06	1.14	1.32
		中部	0.91	0.95	1.02	1.19	1.01	1.06	1.14	1.32	0.81	0.85	0.92	1.07	1.01	1.06	1.14	1.32	1.22	1.28	1.37	1.60	1.01	1.06	1.14	1.32
		西部	0.91	0.95	1.02	1.19	1.01	1.06	1.14	1.32	0.81	0.85	0.92	1.07	1.01	1.06	1.14	1.32	1.22	1.28	1.37	1.60	1.01	1.06	1.14	1.32

注：设计处理能力与处理量为该行业的 3/4 分位数，设备制造业设计处理能力的 3/4 分位数为 200 t/d，处理量的 3/4 分位数为 2.4 万 t/a。

表 1-64 处理能力为 3/4 分位数时设备制造业单位废水治理费用（含固定资产折旧）

单位：元/t

企业性质	处理方法	地区	通用设备制造业				专用设备制造业				交通运输设备制造业				电气机械及器材制造业				通信设备、计算机及其他电子设备制造业				仪器仪表及文化、办公用机械制造业			
			30%	50%	70%	90%	30%	50%	70%	90%	30%	50%	70%	90%	30%	50%	70%	90%	30%	50%	70%	90%	30%	50%	70%	90%
外资	物理	东部	1.00	1.04	1.12	1.29	1.14	1.19	1.27	1.47	1.03	1.08	1.15	1.33	1.11	1.16	1.24	1.43	1.32	1.39	1.48	1.71	1.17	1.23	1.31	1.52
		中部	0.95	1.00	1.07	1.24	1.09	1.14	1.22	1.41	0.97	1.02	1.09	1.26	1.06	1.11	1.19	1.37	1.27	1.33	1.42	1.64	1.12	1.17	1.25	1.45
		西部	0.87	0.91	0.98	1.13	0.99	1.04	1.11	1.29	0.87	0.91	0.97	1.13	0.97	1.02	1.09	1.26	1.16	1.22	1.30	1.51	1.01	1.06	1.13	1.31
	化学	东部	2.63	2.75	2.94	3.40	3.00	3.14	3.36	3.88	2.72	2.84	3.04	3.51	2.92	3.05	3.27	3.78	3.49	3.65	3.90	4.52	3.09	3.23	3.46	4.00
		中部	2.51	2.63	2.81	3.25	2.86	3.00	3.21	3.71	2.57	2.69	2.87	3.32	2.79	2.92	3.12	3.62	3.34	3.49	3.74	4.33	2.94	3.08	3.29	3.81
		西部	2.30	2.40	2.57	2.98	2.61	2.73	2.92	3.38	2.29	2.40	2.57	2.97	2.55	2.67	2.86	3.31	3.06	3.20	3.43	3.97	2.66	2.79	2.98	3.45
	生物	东部	1.73	1.80	1.93	2.23	2.00	2.08	2.23	2.57	1.88	1.96	2.09	2.41	1.92	2.01	2.15	2.48	2.29	2.39	2.56	2.95	2.08	2.17	2.32	2.67
		中部	1.63	1.70	1.82	2.10	1.87	1.96	2.09	2.42	1.74	1.82	1.95	2.24	1.81	1.89	2.02	2.33	2.16	2.25	2.41	2.78	1.94	2.03	2.17	2.50
		西部	1.44	1.50	1.61	1.86	1.64	1.72	1.84	2.12	1.50	1.56	1.67	1.93	1.60	1.67	1.78	2.06	1.91	1.99	2.13	2.47	1.69	1.77	1.89	2.19
	物化	东部	2.44	2.55	2.73	3.15	2.80	2.93	3.13	3.62	2.57	2.69	2.87	3.32	2.71	2.83	3.03	3.50	3.24	3.38	3.62	4.19	2.89	3.02	3.23	3.74
		中部	2.32	2.42	2.59	3.00	2.65	2.78	2.97	3.43	2.42	2.53	2.70	3.12	2.58	2.70	2.88	3.33	3.08	3.22	3.45	3.99	2.74	2.86	3.06	3.54
		西部	2.09	2.19	2.35	2.72	2.38	2.49	2.67	3.09	2.12	2.22	2.37	2.75	2.33	2.43	2.61	3.02	2.79	2.92	3.12	3.61	2.44	2.56	2.74	3.17
	组合	东部	2.44	2.55	2.73	3.15	2.80	2.93	3.13	3.62	2.57	2.69	2.87	3.32	2.71	2.83	3.03	3.50	3.24	3.38	3.62	4.19	2.89	3.02	3.23	3.74
		中部	2.32	2.42	2.59	3.00	2.65	2.78	2.97	3.43	2.42	2.53	2.70	3.12	2.58	2.70	2.88	3.33	3.08	3.22	3.45	3.99	2.74	2.86	3.06	3.54
		西部	2.09	2.19	2.35	2.72	2.38	2.49	2.67	3.09	2.12	2.22	2.37	2.75	2.33	2.43	2.61	3.02	2.79	2.92	3.12	3.61	2.44	2.56	2.74	3.17
私营	物理	东部	0.45	0.47	0.51	0.58	0.51	0.54	0.58	0.67	0.46	0.48	0.52	0.60	0.50	0.52	0.56	0.65	0.60	0.63	0.67	0.78	0.53	0.55	0.59	0.68
		中部	0.43	0.45	0.49	0.56	0.49	0.52	0.55	0.64	0.44	0.46	0.49	0.57	0.48	0.50	0.54	0.63	0.58	0.60	0.65	0.75	0.51	0.53	0.57	0.65
		西部	0.40	0.42	0.45	0.52	0.45	0.47	0.51	0.59	0.40	0.41	0.44	0.51	0.45	0.47	0.50	0.58	0.53	0.56	0.60	0.69	0.46	0.48	0.52	0.60
	化学	东部	1.19	1.24	1.33	1.54	1.36	1.42	1.52	1.75	1.22	1.27	1.36	1.57	1.32	1.38	1.48	1.71	1.58	1.65	1.77	2.05	1.39	1.46	1.56	1.80
		中部	1.14	1.19	1.28	1.48	1.30	1.36	1.45	1.68	1.15	1.21	1.29	1.49	1.27	1.33	1.42	1.64	1.52	1.59	1.70	1.97	1.33	1.39	1.49	1.72
		西部	1.05	1.10	1.18	1.37	1.19	1.25	1.34	1.55	1.04	1.09	1.16	1.35	1.17	1.22	1.31	1.52	1.40	1.47	1.57	1.83	1.22	1.27	1.36	1.58
	生物	东部	0.77	0.80	0.86	0.99	0.89	0.93	0.99	1.14	0.82	0.86	0.92	1.06	0.85	0.89	0.95	1.10	1.02	1.07	1.14	1.32	0.92	0.96	1.03	1.18
		中部	0.73	0.76	0.81	0.94	0.83	0.87	0.93	1.08	0.77	0.80	0.86	0.99	0.81	0.84	0.90	1.04	0.96	1.01	1.08	1.25	0.86	0.90	0.96	1.11
		西部	0.65	0.68	0.73	0.84	0.74	0.77	0.83	0.96	0.67	0.70	0.75	0.86	0.72	0.75	0.81	0.93	0.86	0.90	0.97	1.12	0.76	0.80	0.85	0.98

企业性质	处理方法	地区	通用设备制造业				专用设备制造业				交通运输设备制造业				电气机械及器材制造业				通信设备、计算机及其他电子设备制造业				仪器仪表及文化、办公用机械制造业			
			30%	50%	70%	90%	30%	50%	70%	90%	30%	50%	70%	90%	30%	50%	70%	90%	30%	50%	70%	90%	30%	50%	70%	90%
私营	物化	东部	1.10	1.15	1.23	1.42	1.26	1.31	1.40	1.62	1.14	1.19	1.28	1.47	1.22	1.27	1.36	1.58	1.46	1.52	1.63	1.89	1.29	1.35	1.45	1.67
		中部	1.05	1.10	1.17	1.36	1.20	1.25	1.34	1.55	1.08	1.13	1.20	1.39	1.16	1.22	1.30	1.51	1.39	1.46	1.56	1.80	1.23	1.29	1.38	1.59
		西部	0.96	1.00	1.07	1.24	1.08	1.13	1.21	1.41	0.96	1.00	1.07	1.24	1.06	1.11	1.19	1.38	1.27	1.33	1.43	1.65	1.11	1.16	1.24	1.44
	组合	东部	1.10	1.15	1.23	1.42	1.26	1.31	1.40	1.62	1.14	1.19	1.28	1.47	1.22	1.27	1.36	1.58	1.46	1.52	1.63	1.89	1.29	1.35	1.45	1.67
		中部	1.05	1.10	1.17	1.36	1.20	1.25	1.34	1.55	1.08	1.13	1.20	1.39	1.16	1.22	1.30	1.51	1.39	1.46	1.56	1.80	1.23	1.29	1.38	1.59
		西部	0.96	1.00	1.07	1.24	1.08	1.13	1.21	1.41	0.96	1.00	1.07	1.24	1.06	1.11	1.19	1.38	1.27	1.33	1.43	1.65	1.11	1.16	1.24	1.44
其他	物理	东部	0.61	0.64	0.69	0.79	0.70	0.73	0.78	0.91	0.63	0.66	0.71	0.82	0.68	0.71	0.76	0.88	0.81	0.85	0.91	1.05	0.72	0.75	0.81	0.93
		中部	0.59	0.61	0.66	0.76	0.67	0.70	0.75	0.87	0.60	0.63	0.67	0.78	0.65	0.68	0.73	0.84	0.78	0.82	0.87	1.01	0.69	0.72	0.77	0.89
		西部	0.54	0.56	0.60	0.70	0.61	0.64	0.68	0.79	0.54	0.56	0.60	0.69	0.60	0.62	0.67	0.77	0.72	0.75	0.80	0.93	0.62	0.65	0.70	0.81
	化学	东部	1.61	1.69	1.81	2.09	1.85	1.93	2.07	2.39	1.68	1.75	1.87	2.16	1.79	1.88	2.01	2.32	2.15	2.24	2.40	2.78	1.90	1.99	2.13	2.46
		中部	1.54	1.61	1.73	2.00	1.76	1.84	1.97	2.28	1.58	1.65	1.77	2.04	1.72	1.79	1.92	2.22	2.05	2.15	2.30	2.66	1.81	1.89	2.02	2.34
		西部	1.41	1.48	1.58	1.83	1.60	1.68	1.79	2.08	1.41	1.47	1.58	1.83	1.57	1.64	1.76	2.04	1.88	1.97	2.11	2.44	1.64	1.71	1.83	2.12
	生物	东部	1.06	1.11	1.19	1.37	1.23	1.28	1.37	1.58	1.16	1.21	1.29	1.49	1.18	1.24	1.32	1.53	1.41	1.47	1.57	1.82	1.28	1.34	1.43	1.65
		中部	1.00	1.05	1.12	1.29	1.15	1.21	1.29	1.49	1.08	1.12	1.20	1.38	1.11	1.16	1.24	1.44	1.33	1.39	1.48	1.71	1.20	1.25	1.34	1.54
		西部	0.88	0.92	0.99	1.14	1.01	1.06	1.13	1.31	0.92	0.96	1.03	1.19	0.98	1.03	1.10	1.27	1.17	1.23	1.31	1.52	1.04	1.09	1.17	1.35
	物化	东部	1.50	1.57	1.68	1.94	1.72	1.80	1.93	2.23	1.59	1.66	1.77	2.04	1.67	1.74	1.87	2.16	1.99	2.08	2.23	2.58	1.78	1.86	1.99	2.30
		中部	1.43	1.49	1.60	1.85	1.63	1.71	1.83	2.11	1.49	1.56	1.66	1.92	1.59	1.66	1.77	2.05	1.89	1.98	2.12	2.45	1.68	1.76	1.88	2.18
		西部	1.29	1.35	1.44	1.67	1.47	1.53	1.64	1.90	1.31	1.37	1.46	1.69	1.43	1.50	1.60	1.85	1.71	1.79	1.92	2.22	1.50	1.57	1.68	1.95
	组合	东部	1.50	1.57	1.68	1.94	1.72	1.80	1.93	2.23	1.59	1.66	1.77	2.04	1.67	1.74	1.87	2.16	1.99	2.08	2.23	2.58	1.78	1.86	1.99	2.30
		中部	1.43	1.49	1.60	1.85	1.63	1.71	1.83	2.11	1.49	1.56	1.66	1.92	1.59	1.66	1.77	2.05	1.89	1.98	2.12	2.45	1.68	1.76	1.88	2.18
		西部	1.29	1.35	1.44	1.67	1.47	1.53	1.64	1.90	1.31	1.37	1.46	1.69	1.43	1.50	1.60	1.85	1.71	1.79	1.92	2.22	1.50	1.57	1.68	1.95

注：设计处理能力与处理量为该行业的 3/4 分位数，设备制造业设计处理能力的 3/4 分位数为 200 t/d，处理量的 3/4 分位数为 2.4 万 t/a。

（12）其他22个行业

表1-65 处理能力为中位数时其他22个行业单位废水治理费用（不含固定资产折旧）/污染物去除效率为70%　　单位：元/t

企业性质	处理方法	地区	电力	纺织服装	非金属矿选	工艺品	黑金矿采选	家具	金属制品业	煤炭开采	木材加工	燃气	水	石油天然气开采	塑料	橡胶	医药	烟草	有色矿采洗	化纤	文教	印刷	废弃资源回收	非金属矿物制品
国有	物理	东部	8.8	4.8	4.5	4.6	5.8	4.7	6.4	4.6	3.6	9.2	3.8	22.1	4.4	3.5	5.5	5.3	6.7	8.8	4.7	3.4	2.9	2.9
		中部	7.1	3.8	3.6	3.7	4.7	3.8	5.2	3.7	2.9	7.4	3.1	17.8	3.5	2.9	4.4	4.3	5.4	7.1	3.8	2.7	3.3	2.4
		西部	6.2	3.4	3.2	3.3	4.1	3.3	4.6	3.3	2.5	6.6	2.7	15.7	3.1	2.5	3.9	3.8	4.8	6.2	3.3	2.4	2.9	2.1
	化学	东部	16.8	9.1	8.6	8.9	11.2	9.0	12.3	8.8	6.9	17.7	7.3	42.3	8.4	6.8	10.4	10.1	12.9	16.8	9.0	6.5	7.9	5.6
		中部	13.5	7.4	6.9	7.2	9.0	7.2	9.9	7.1	5.5	14.3	5.9	34.2	6.8	5.5	8.4	8.2	10.4	13.6	7.3	5.3	6.4	4.5
		西部	11.9	6.5	6.1	6.3	7.9	6.4	8.8	6.3	4.9	12.6	5.2	30.1	6.0	4.8	7.4	7.2	9.2	12.0	6.4	4.6	5.6	4.0
	生物	东部	15.8	8.6	8.1	8.4	10.5	8.4	11.6	8.3	6.5	16.6	6.9	39.8	7.9	6.4	9.8	9.5	12.2	15.8	8.5	6.1	7.4	5.3
		中部	12.7	6.9	6.5	6.8	8.5	6.8	9.3	6.7	5.2	13.4	5.6	32.1	6.4	5.2	7.9	7.7	9.8	12.8	6.8	5.0	6.0	4.3
		西部	11.2	6.1	5.8	6.0	7.5	6.0	8.2	5.9	4.6	11.8	4.9	28.4	5.6	4.6	7.0	6.8	8.7	11.3	6.0	4.4	5.3	3.8
	物化	东部	15.8	8.6	8.1	8.4	10.5	8.4	11.6	8.3	6.5	16.6	6.9	39.8	7.9	6.4	9.8	9.5	12.2	15.8	8.5	6.1	7.4	5.3
		中部	12.7	6.9	6.5	6.8	8.5	6.8	9.3	6.7	5.2	13.4	5.6	32.1	6.4	5.2	7.9	7.7	9.8	12.8	6.8	5.0	6.0	4.3
		西部	11.2	6.1	5.8	6.0	7.5	6.0	8.2	5.9	4.6	11.8	4.9	28.4	5.6	4.6	7.0	6.8	8.7	11.3	6.0	4.4	5.3	3.8
	组合	东部	19.1	10.4	9.8	10.1	12.7	10.2	14.0	10.0	7.8	20.1	8.3	48.2	9.6	7.7	11.9	11.6	14.7	19.1	10.3	7.4	9.0	6.4
		中部	15.4	8.4	7.9	8.2	10.2	8.2	11.3	8.1	6.3	16.2	6.7	38.9	7.7	6.2	9.6	9.3	11.9	15.4	8.3	6.0	7.2	5.2
		西部	13.6	7.4	7.0	7.2	9.0	7.3	10.0	7.1	5.6	14.3	5.9	34.3	6.8	5.5	8.5	8.2	10.5	13.6	7.3	5.3	6.4	4.5
外资	物理	东部	9.2	5.0	4.7	4.9	6.1	4.9	6.8	4.8	3.8	9.7	4.0	23.2	4.6	3.7	5.7	5.6	7.1	9.2	4.9	3.6	4.3	3.1
		中部	7.4	4.0	3.8	3.9	4.9	4.0	5.5	3.9	3.0	7.8	3.2	18.7	3.7	3.0	4.6	4.5	5.7	7.4	4.0	2.9	3.5	2.5
		西部	6.6	3.6	3.4	3.5	4.4	3.5	4.8	3.4	2.7	6.9	2.9	16.5	3.3	2.7	4.1	4.0	5.0	6.6	3.5	2.5	3.1	2.2

企业性质	处理方法	地区	电力	纺织服装	非金属矿选	工艺品	黑金矿采选	家具	金属制品业	煤炭开采	木材加工	燃气	水	石油天然气开采	塑料	橡胶	医药	烟草	有色矿采洗	化纤	文教	印刷	废弃资源回收	非金属矿物制品
外资	化学	东部	17.6	9.6	9.0	9.4	11.7	9.4	12.9	9.3	7.2	18.6	7.7	44.5	8.8	7.1	11.0	10.7	13.6	17.7	9.5	6.9	8.3	5.9
		中部	14.2	7.7	7.3	7.5	9.5	7.6	10.4	7.5	5.8	15.0	6.2	35.9	7.1	5.8	8.9	8.6	11.0	14.3	7.6	5.5	6.7	4.8
		西部	12.5	6.8	6.4	6.7	8.3	6.7	9.2	6.6	5.1	13.2	5.5	31.7	6.3	5.1	7.8	7.6	9.7	12.6	6.7	4.9	5.9	4.2
	生物	东部	16.6	9.0	8.5	8.8	11.0	8.9	12.2	8.7	6.8	17.5	7.2	41.9	8.3	6.7	10.3	10.0	12.8	16.6	8.9	6.5	7.8	5.6
		中部	13.4	7.3	6.9	7.1	8.9	7.1	9.8	7.0	5.5	14.1	5.8	33.8	6.7	5.4	8.3	8.1	10.3	13.4	7.2	5.2	6.3	4.5
		西部	11.8	6.4	6.1	6.3	7.9	6.3	8.7	6.2	4.8	12.5	5.2	29.8	5.9	4.8	7.4	7.1	9.1	11.8	6.3	4.6	5.6	4.0
	物化	东部	16.6	9.0	8.5	8.8	11.0	8.9	12.2	8.7	6.8	17.5	7.2	41.9	8.3	6.7	10.3	10.0	12.8	16.6	8.9	6.5	7.8	5.6
		中部	13.4	7.3	6.9	7.1	8.9	7.1	9.8	7.0	5.5	14.1	5.8	33.8	6.7	5.4	8.3	8.1	10.3	13.4	7.2	5.2	6.3	4.5
		西部	11.8	6.4	6.1	6.3	7.9	6.3	8.7	6.2	4.8	12.5	5.2	29.8	5.9	4.8	7.4	7.1	9.1	11.8	6.3	4.6	5.6	4.0
	组合	东部	20.1	10.9	10.3	10.7	13.4	10.7	14.7	10.5	8.2	21.2	8.8	50.7	10.0	8.1	12.5	12.1	15.5	20.1	10.8	7.8	9.4	6.7
		中部	16.2	8.8	8.3	8.6	10.8	8.7	11.9	8.5	6.6	17.1	7.1	40.9	8.1	6.6	10.1	9.8	12.5	16.2	8.7	6.3	7.6	5.4
		西部	14.3	7.8	7.3	7.6	9.5	7.6	10.5	7.5	5.8	15.1	6.2	36.1	7.1	5.8	8.9	8.6	11.0	14.3	7.7	5.6	6.7	4.8
私营	物理	东部	4.5	2.4	2.3	2.4	3.0	2.4	3.3	2.4	1.8	4.7	2.0	11.3	2.2	1.8	2.8	2.7	3.5	4.5	2.4	1.7	2.1	1.5
		中部	3.6	2.0	1.9	1.9	2.4	1.9	2.7	1.9	1.5	3.8	1.6	9.1	1.8	1.5	2.2	2.2	2.8	3.6	1.9	1.4	1.7	1.2
		西部	3.2	1.7	1.6	1.7	2.1	1.7	2.3	1.7	1.3	3.4	1.4	8.1	1.6	1.3	2.0	1.9	2.5	3.2	1.7	1.2	1.5	1.1
	化学	东部	8.6	4.7	4.4	4.6	5.7	4.6	6.3	4.5	3.5	9.1	3.7	21.7	4.3	3.5	5.3	5.2	6.6	8.6	4.6	3.3	4.0	2.9
		中部	6.9	3.8	3.5	3.7	4.6	3.7	5.1	3.6	2.8	7.3	3.0	17.5	3.5	2.8	4.3	4.2	5.3	6.9	3.7	2.7	3.3	2.3
		西部	6.1	3.3	3.1	3.2	4.1	3.3	4.5	3.2	2.5	6.4	2.7	15.4	3.1	2.5	3.8	3.7	4.7	6.1	3.3	2.4	2.9	2.0
	生物	东部	8.1	4.4	4.1	4.3	5.4	4.3	5.9	4.2	3.3	8.5	3.5	20.4	4.0	3.3	5.0	4.9	6.2	8.1	4.3	3.1	3.8	2.7
		中部	6.5	3.5	3.3	3.5	4.3	3.5	4.8	3.4	2.7	6.9	2.8	16.4	3.3	2.6	4.1	3.9	5.0	6.5	3.5	2.5	3.1	2.2
		西部	5.7	3.1	2.9	3.0	3.8	3.1	4.2	3.0	2.4	6.1	2.5	14.5	2.9	2.3	3.6	3.5	4.4	5.8	3.1	2.2	2.7	1.9

企业性质	处理方法	地区	电力	纺织服装	非金属矿选	工艺品	黑金矿采选	家具	金属制品业	煤炭开采	木材加工	燃气	水	石油天然气开采	塑料	橡胶	医药	烟草	有色矿采洗	化纤	文教	印刷	废弃资源回收	非金属矿物制品
私营	物化	东部	8.1	4.4	4.1	4.3	5.4	4.3	5.9	4.2	3.3	8.5	3.5	20.4	4.0	3.3	5.0	4.9	6.2	8.1	4.3	3.1	3.8	2.7
		中部	6.5	3.5	3.3	3.5	4.3	3.5	4.8	3.4	2.7	6.9	2.8	16.4	3.3	2.6	4.1	3.9	5.0	6.5	3.5	2.5	3.1	2.2
		西部	5.7	3.1	2.9	3.0	3.8	3.1	4.2	3.0	2.4	6.1	2.5	14.5	2.9	2.3	3.6	3.5	4.4	5.8	3.1	2.2	2.7	1.9
	组合	东部	9.8	5.3	5.0	5.2	6.5	5.2	7.2	5.1	4.0	10.3	4.3	24.7	4.9	4.0	6.1	5.9	7.5	9.8	5.3	3.8	4.6	3.3
		中部	7.9	4.3	4.0	4.2	5.2	4.2	5.8	4.1	3.2	8.3	3.4	19.9	3.9	3.2	4.9	4.8	6.1	7.9	4.2	3.1	3.7	2.6
		西部	7.0	3.8	3.6	3.7	4.6	3.7	5.1	3.7	2.8	7.3	3.0	17.6	3.5	2.8	4.3	4.2	5.4	7.0	3.7	2.7	3.3	2.3
其他	物理	东部	7.2	3.9	3.7	3.8	4.8	3.8	5.3	3.8	2.9	7.6	3.1	18.2	3.6	2.9	4.5	4.3	5.5	7.2	3.9	2.8	3.4	2.4
		中部	5.8	3.2	3.0	3.1	3.9	3.1	4.3	3.0	2.4	6.1	2.5	14.6	2.9	2.4	3.6	3.5	4.5	5.8	3.1	2.3	2.7	1.9
		西部	5.1	2.8	2.6	2.7	3.4	2.7	3.8	2.7	2.1	5.4	2.2	12.9	2.6	2.1	3.2	3.1	3.9	5.1	2.8	2.0	2.4	1.7
	化学	东部	13.8	7.5	7.1	7.3	9.2	7.4	10.1	7.2	5.6	14.5	6.0	34.8	6.9	5.6	8.6	8.3	10.6	13.8	7.4	5.4	6.5	4.6
		中部	11.1	6.0	5.7	5.9	7.4	5.9	8.2	5.8	4.5	11.7	4.8	28.0	5.6	4.5	6.9	6.7	8.6	11.1	6.0	4.3	5.2	3.7
		西部	9.8	5.3	5.0	5.2	6.5	5.2	7.2	5.1	4.0	10.3	4.3	24.7	4.9	4.0	6.1	5.9	7.6	9.8	5.3	3.8	4.6	3.3
	生物	东部	13.0	7.0	6.6	6.9	8.6	6.9	9.5	6.8	5.3	13.7	5.7	32.7	6.5	5.3	8.1	7.8	10.0	13.0	7.0	5.0	6.1	4.3
		中部	10.5	5.7	5.4	5.5	7.0	5.6	7.7	5.5	4.3	11.0	4.6	26.4	5.2	4.2	6.5	6.3	8.1	10.5	5.6	4.1	4.9	3.5
		西部	9.2	5.0	4.7	4.9	6.1	4.9	6.8	4.8	3.8	9.7	4.0	23.3	4.6	3.7	5.7	5.6	7.1	9.2	5.0	3.6	4.3	3.1
	物化	东部	13.0	7.0	6.6	6.9	8.6	6.9	9.5	6.8	5.3	13.7	5.7	32.7	6.5	5.3	8.1	7.8	10.0	13.0	7.0	5.0	6.1	4.3
		中部	10.5	5.7	5.4	5.5	7.0	5.6	7.7	5.5	4.3	11.0	4.6	26.4	5.2	4.2	6.5	6.3	8.1	10.5	5.6	4.1	4.9	3.5
		西部	9.2	5.0	4.7	4.9	6.1	4.9	6.8	4.8	3.8	9.7	4.0	23.3	4.6	3.7	5.7	5.6	7.1	9.2	5.0	3.6	4.3	3.1
	组合	东部	15.7	8.5	8.0	8.3	10.4	8.4	11.5	8.2	6.4	16.5	6.8	39.6	7.8	6.4	9.8	9.5	12.1	15.7	8.4	6.1	7.4	5.2
		中部	12.7	6.9	6.5	6.7	8.4	6.8	9.3	6.6	5.2	13.3	5.5	31.9	6.3	5.1	7.9	7.7	9.7	12.7	6.8	4.9	5.9	4.2
		西部	11.2	6.1	5.7	5.9	7.4	6.0	8.2	5.9	4.6	11.8	4.9	28.2	5.6	4.5	7.0	6.8	8.6	11.2	6.0	4.3	5.2	3.7

注：设计处理能力与处理量为 22 个行业的中位数，这 22 个行业设计处理能力的中位数为 50 t/d，处理量的中位数为 4 800 t/a。

表 1-66 处理能力为中位数时其他 22 个行业单位废水治理费用（含固定资产折旧）/污染物去除效率为 70%

单位：元/t

企业性质	处理方法	地区	电力	纺织服装	非金属矿选	工艺品	黑金矿采选	家具	金属制品业	煤炭开采	木材加工	燃气	水	石油天然气开采	塑料	橡胶	医药	烟草	有色矿采洗	化纤	文教	印刷	废弃资源回收	非金属矿物制品
国有	物理	东部	9.8	5.4	4.9	5.1	6.4	5.3	7.2	5.1	4.0	10.4	4.5	25.4	4.9	4.0	6.4	6.2	7.7	9.9	5.3	3.9	3.2	3.2
		中部	8.2	4.5	4.0	4.2	5.3	4.4	6.0	4.2	3.3	8.7	3.8	21.2	4.1	3.3	5.3	5.2	6.4	8.2	4.4	3.3	3.6	2.7
		西部	7.2	4.0	3.6	3.7	4.7	3.9	5.3	3.7	2.9	7.7	3.3	18.7	3.6	2.9	4.7	4.6	5.6	7.2	3.9	2.9	3.2	2.4
	化学	东部	19.1	10.6	9.5	10.0	12.5	10.4	14.0	9.9	7.8	20.3	8.8	49.6	9.6	7.7	12.5	12.2	14.9	19.2	10.4	7.7	8.5	6.2
		中部	15.9	8.8	7.9	8.3	10.4	8.7	11.6	8.2	6.5	16.9	7.4	41.5	7.9	6.4	10.5	10.3	12.5	16.0	8.7	6.5	7.0	5.2
		西部	14.1	7.8	7.0	7.3	9.2	7.7	10.3	7.3	5.7	15.0	6.6	36.8	7.0	5.7	9.3	9.1	11.0	14.2	7.7	5.7	6.2	4.6
	生物	东部	18.1	10.0	9.0	9.4	11.8	9.8	13.2	9.4	7.4	19.2	8.4	47.1	9.0	7.3	11.9	11.6	14.2	18.2	9.9	7.3	8.0	5.9
		中部	15.1	8.4	7.5	7.8	9.8	8.2	11.0	7.8	6.1	16.1	7.1	39.5	7.5	6.1	10.0	9.8	11.8	15.2	8.2	6.2	6.6	4.9
		西部	13.4	7.4	6.6	6.9	8.7	7.3	9.8	6.9	5.4	14.2	6.3	35.0	6.7	5.4	8.9	8.7	10.5	13.4	7.3	5.5	5.8	4.3
	物化	东部	18.1	10.0	9.0	9.4	11.8	9.8	13.2	9.4	7.4	19.2	8.4	47.1	9.0	7.3	11.9	11.6	14.2	18.2	9.9	7.3	8.0	5.9
		中部	15.1	8.4	7.5	7.8	9.8	8.2	11.0	7.8	6.1	16.1	7.1	39.5	7.5	6.1	10.0	9.8	11.8	15.2	8.2	6.2	6.6	4.9
		西部	13.4	7.4	6.6	6.9	8.7	7.3	9.8	6.9	5.4	14.2	6.3	35.0	6.7	5.4	8.9	8.7	10.5	13.4	7.3	5.5	5.8	4.3
	组合	东部	21.9	12.1	10.9	11.4	14.3	11.9	16.0	11.3	8.9	23.3	10.1	56.9	10.9	8.8	14.3	14.0	17.1	22.0	11.9	8.9	9.7	7.2
		中部	18.3	10.1	9.0	9.5	11.9	9.9	13.3	9.4	7.4	19.4	8.5	47.7	9.1	7.4	12.1	11.8	14.3	18.3	10.0	7.4	8.0	5.9
		西部	16.2	9.0	8.0	8.4	10.5	8.8	11.8	8.3	6.6	17.2	7.6	42.3	8.1	6.5	10.7	10.5	12.7	16.3	8.8	6.6	7.0	5.2
外资	物理	东部	10.1	5.5	5.1	5.3	6.6	5.4	7.4	5.2	4.1	10.7	4.6	26.0	5.0	4.1	6.5	6.3	7.8	10.1	5.5	4.0	4.5	3.3
		中部	8.3	4.6	4.2	4.3	5.4	4.5	6.1	4.3	3.4	8.8	3.8	21.5	4.2	3.4	5.4	5.3	6.5	8.4	4.5	3.3	3.7	2.7
		西部	7.4	4.1	3.7	3.8	4.8	4.0	5.4	3.8	3.0	7.8	3.4	19.0	3.7	3.0	4.8	4.7	5.7	7.4	4.0	3.0	3.3	2.4
	化学	东部	19.6	10.8	9.8	10.2	12.8	10.6	14.3	10.2	8.0	20.8	8.9	50.5	9.8	7.9	12.7	12.4	15.3	19.7	10.6	7.8	8.8	6.4
		中部	16.2	8.9	8.1	8.4	10.6	8.8	11.9	8.4	6.6	17.2	7.5	42.0	8.1	6.5	10.6	10.3	12.7	16.3	8.8	6.5	7.2	5.3
		西部	14.4	7.9	7.1	7.5	9.4	7.8	10.5	7.4	5.8	15.2	6.6	37.2	7.2	5.8	9.4	9.2	11.2	14.4	7.8	5.8	6.4	4.7

企业性质	处理方法	地区	电力	纺织服装	非金属矿选	工艺品	黑金矿采选	家具	金属制品业	煤炭开采	木材加工	燃气	水	石油天然气开采	塑料	橡胶	医药	烟草	有色矿采洗	化纤	文教	印刷	废弃资源回收	非金属矿物制品
外资	生物	东部	18.5	10.2	9.3	9.7	12.1	10.0	13.6	9.6	7.5	19.7	8.5	47.9	9.3	7.5	12.0	11.7	14.4	18.6	10.1	7.4	8.3	6.1
		中部	15.4	8.5	7.6	8.0	10.0	8.3	11.2	7.9	6.2	16.3	7.1	39.9	7.7	6.2	10.1	9.8	12.0	15.4	8.4	6.2	6.8	5.0
		西部	13.6	7.5	6.8	7.1	8.9	7.4	9.9	7.0	5.5	14.4	6.3	35.3	6.8	5.5	8.9	8.7	10.6	13.6	7.4	5.5	6.0	4.4
	物化	东部	18.5	10.2	9.3	9.7	12.1	10.0	13.6	9.6	7.5	19.7	8.5	47.9	9.3	7.5	12.0	11.7	14.4	18.6	10.1	7.4	8.3	6.1
		中部	15.4	8.5	7.6	8.0	10.0	8.3	11.2	7.9	6.2	16.3	7.1	39.9	7.7	6.2	10.1	9.8	12.0	15.4	8.4	6.2	6.8	5.0
		西部	13.6	7.5	6.8	7.1	8.9	7.4	9.9	7.0	5.5	14.4	6.3	35.3	6.8	5.5	8.9	8.7	10.6	13.6	7.4	5.5	6.0	4.4
	组合	东部	22.4	12.3	11.2	11.7	14.7	12.1	16.4	11.6	9.1	23.8	10.2	57.9	11.2	9.1	14.5	14.2	17.5	22.5	12.2	9.0	10.0	7.4
		中部	18.6	10.3	9.2	9.7	12.1	10.1	13.6	9.6	7.5	19.7	8.6	48.2	9.3	7.5	12.2	11.9	14.5	18.6	10.1	7.5	8.2	6.1
		西部	16.5	9.1	8.2	8.6	10.7	8.9	12.0	8.5	6.7	17.5	7.6	42.7	8.2	6.6	10.8	10.5	12.8	16.5	8.9	6.6	7.3	5.4
私营	物理	东部	5.0	2.7	2.5	2.6	3.3	2.7	3.6	2.6	2.0	5.3	2.3	12.8	2.5	2.0	3.2	3.1	3.9	5.0	2.7	2.0	2.2	1.6
		中部	4.1	2.3	2.0	2.1	2.7	2.2	3.0	2.1	1.7	4.4	1.9	10.6	2.0	1.7	2.7	2.6	3.2	4.1	2.2	1.7	1.8	1.3
		西部	3.6	2.0	1.8	1.9	2.4	2.0	2.7	1.9	1.5	3.9	1.7	9.4	1.8	1.5	2.4	2.3	2.8	3.6	2.0	1.5	1.6	1.2
	化学	东部	9.7	5.3	4.8	5.0	6.3	5.2	7.1	5.0	3.9	10.2	4.4	24.9	4.8	3.9	6.3	6.1	7.5	9.7	5.2	3.9	4.3	3.2
		中部	8.0	4.4	4.0	4.2	5.2	4.3	5.9	4.1	3.3	8.5	3.7	20.8	4.0	3.2	5.3	5.1	6.3	8.0	4.4	3.2	3.5	2.6
		西部	7.1	3.9	3.5	3.7	4.6	3.8	5.2	3.7	2.9	7.5	3.3	18.4	3.5	2.9	4.7	4.6	5.5	7.1	3.9	2.9	3.1	2.3
	生物	东部	9.1	5.0	4.6	4.8	6.0	4.9	6.7	4.7	3.7	9.7	4.2	23.6	4.6	3.7	6.0	5.8	7.1	9.2	5.0	3.7	4.1	3.0
		中部	7.6	4.2	3.8	3.9	4.9	4.1	5.5	3.9	3.1	8.1	3.5	19.8	3.8	3.1	5.0	4.9	5.9	7.6	4.1	3.1	3.3	2.5
		西部	6.7	3.7	3.3	3.5	4.4	3.7	4.9	3.5	2.7	7.1	3.1	17.5	3.4	2.7	4.4	4.3	5.3	6.7	3.7	2.7	2.9	2.2
	物化	东部	9.1	5.0	4.6	4.8	6.0	4.9	6.7	4.7	3.7	9.7	4.2	23.6	4.6	3.7	6.0	5.8	7.1	9.2	5.0	3.7	4.1	3.0
		中部	7.6	4.2	3.8	3.9	4.9	4.1	5.5	3.9	3.1	8.1	3.5	19.8	3.8	3.1	5.0	4.9	5.9	7.6	4.1	3.1	3.3	2.5
		西部	6.7	3.7	3.3	3.5	4.4	3.7	4.9	3.5	2.7	7.1	3.1	17.5	3.4	2.7	4.4	4.3	5.3	6.7	3.7	2.7	2.9	2.2

企业性质	处理方法	地区	电力	纺织服装	非金属矿选	工艺品	黑金矿采选	家具	金属制品业	煤炭开采	木材加工	燃气	水	石油天然气开采	塑料	橡胶	医药	烟草	有色矿采洗	化纤	文教	印刷	废弃资源回收	非金属矿物制品
私营	组合	东部	11.1	6.1	5.5	5.8	7.2	6.0	8.1	5.7	4.5	11.7	5.1	28.6	5.5	4.5	7.2	7.0	8.6	11.1	6.0	4.4	4.9	3.6
		中部	9.2	5.1	4.5	4.8	6.0	5.0	6.7	4.7	3.7	9.7	4.3	23.9	4.6	3.7	6.0	5.9	7.2	9.2	5.0	3.7	4.0	3.0
		西部	8.1	4.5	4.0	4.2	5.3	4.4	5.9	4.2	3.3	8.6	3.8	21.2	4.1	3.3	5.4	5.2	6.4	8.2	4.4	3.3	3.6	2.6
其他	物理	东部	8.1	4.4	4.0	4.2	5.3	4.4	5.9	4.2	3.3	8.6	3.7	20.9	4.0	3.3	5.2	5.1	6.3	8.1	4.4	3.2	3.6	2.6
		中部	6.7	3.7	3.3	3.5	4.4	3.6	4.9	3.5	2.7	7.1	3.1	17.4	3.3	2.7	4.4	4.3	5.2	6.7	3.6	2.7	3.0	2.2
		西部	5.9	3.3	2.9	3.1	3.9	3.2	4.3	3.1	2.4	6.3	2.7	15.4	3.0	2.4	3.9	3.8	4.6	6.0	3.2	2.4	2.6	1.9
	化学	东部	15.7	8.7	7.8	8.2	10.3	8.5	11.5	8.1	6.4	16.7	7.2	40.8	7.9	6.3	10.3	10.0	12.3	15.8	8.6	6.3	7.0	5.1
		中部	13.1	7.3	6.5	6.8	8.5	7.1	9.6	6.8	5.3	13.9	6.1	34.2	6.5	5.3	8.7	8.5	10.3	13.2	7.1	5.3	5.7	4.3
		西部	11.6	6.4	5.7	6.0	7.5	6.3	8.5	6.0	4.7	12.3	5.4	30.3	5.8	4.7	7.7	7.5	9.1	11.6	6.3	4.7	5.1	3.8
	生物	东部	14.9	8.2	7.4	7.8	9.7	8.1	10.9	7.7	6.1	15.8	6.9	38.7	7.4	6.0	9.8	9.5	11.6	15.0	8.1	6.0	6.6	4.9
		中部	12.4	6.9	6.1	6.4	8.1	6.8	9.1	6.4	5.0	13.2	5.8	32.5	6.2	5.0	8.2	8.1	9.7	12.5	6.8	5.1	5.4	4.0
		西部	11.0	6.1	5.4	5.7	7.1	6.0	8.0	5.7	4.5	11.7	5.2	28.8	5.5	4.4	7.3	7.1	8.6	11.1	6.0	4.5	4.8	3.6
	物化	东部	14.9	8.2	7.4	7.8	9.7	8.1	10.9	7.7	6.1	15.8	6.9	38.7	7.4	6.0	9.8	9.5	11.6	15.0	8.1	6.0	6.6	4.9
		中部	12.4	6.9	6.1	6.4	8.1	6.8	9.1	6.4	5.0	13.2	5.8	32.5	6.2	5.0	8.2	8.1	9.7	12.5	6.8	5.1	5.4	4.0
		西部	11.0	6.1	5.4	5.7	7.1	6.0	8.0	5.7	4.5	11.7	5.2	28.8	5.5	4.4	7.3	7.1	8.6	11.1	6.0	4.5	4.8	3.6
	组合	东部	18.0	10.0	9.0	9.4	11.7	9.8	13.2	9.3	7.3	19.1	8.3	46.8	9.0	7.3	11.8	11.5	14.1	18.1	9.8	7.3	8.0	5.9
		中部	15.0	8.3	7.4	7.8	9.8	8.2	11.0	7.7	6.1	16.0	7.0	39.3	7.5	6.1	9.9	9.7	11.8	15.1	8.2	6.1	6.5	4.9
		西部	13.3	7.4	6.6	6.9	8.6	7.2	9.7	6.9	5.4	14.2	6.2	34.8	6.6	5.4	8.8	8.6	10.4	13.4	7.3	5.4	5.8	4.3

注：设计处理能力与处理量为 22 个行业的中位数，这 22 个行业设计处理能力的中位数为 50 t/d，处理量的中位数为 4 800 t/a。

表 1-67 处理能力为 3/4 分位数时其他 22 个行业单位废水治理费用（不含固定资产折旧）/污染物去除效率为 70% 单位：元/t

企业性质	处理方法	地区	电力	纺织服装	非金属矿选	工艺品	黑金矿采选	家具	金属制品业	煤炭开采	木材加工	燃气	水	石油天然气开采	塑料	橡胶	医药	烟草	有色矿采洗	化纤	文教	印刷	废弃资源回收	非金属矿物制品
国有	物理	东部	3.6	2.0	1.9	1.9	2.4	1.9	2.7	1.9	1.5	3.8	1.6	9.1	1.8	1.5	2.3	2.2	2.8	3.6	1.9	1.4	1.17	1.23
		中部	2.9	1.6	1.5	1.5	1.9	1.6	2.1	1.5	1.2	3.1	1.3	7.4	1.5	1.2	1.8	1.8	2.2	2.9	1.6	1.1	1.12	1.17
		西部	2.6	1.4	1.3	1.4	1.7	1.4	1.9	1.4	1.1	2.7	1.1	6.5	1.3	1.0	1.6	1.6	2.0	2.6	1.4	1.0	1.01	1.06
	化学	东部	6.9	3.8	3.6	3.7	4.6	3.7	5.1	3.6	2.8	7.3	3.0	17.5	3.5	2.8	4.3	4.2	5.3	6.9	3.7	2.7	3.09	3.23
		中部	5.6	3.0	2.9	3.0	3.7	3.0	4.1	2.9	2.3	5.9	2.4	14.1	2.8	2.3	3.5	3.4	4.3	5.6	3.0	2.2	2.94	3.08
		西部	4.9	2.7	2.5	2.6	3.3	2.6	3.6	2.6	2.0	5.2	2.2	12.5	2.5	2.0	3.1	3.0	3.8	4.9	2.7	1.9	2.66	2.79
	生物	东部	6.5	3.5	3.3	3.5	4.3	3.5	4.8	3.4	2.7	6.9	2.8	16.5	3.3	2.6	4.1	3.9	5.0	6.5	3.5	2.5	2.08	2.17
		中部	5.3	2.9	2.7	2.8	3.5	2.8	3.9	2.8	2.2	5.5	2.3	13.3	2.6	2.1	3.3	3.2	4.1	5.3	2.8	2.0	1.94	2.03
		西部	4.6	2.5	2.4	2.5	3.1	2.5	3.4	2.4	1.9	4.9	2.0	11.7	2.3	1.9	2.9	2.8	3.6	4.7	2.5	1.8	1.69	1.77
	物化	东部	6.5	3.5	3.3	3.5	4.3	3.5	4.8	3.4	2.7	6.9	2.8	16.5	3.3	2.6	4.1	3.9	5.0	6.5	3.5	2.5	2.89	3.02
		中部	5.3	2.9	2.7	2.8	3.5	2.8	3.9	2.8	2.2	5.5	2.3	13.3	2.6	2.1	3.3	3.2	4.1	5.3	2.8	2.0	2.74	2.86
		西部	4.6	2.5	2.4	2.5	3.1	2.5	3.4	2.4	1.9	4.9	2.0	11.7	2.3	1.9	2.9	2.8	3.6	4.7	2.5	1.8	2.44	2.56
	组合	东部	7.9	4.3	4.0	4.2	5.3	4.2	5.8	4.1	3.2	8.3	3.4	19.9	3.9	3.2	4.9	4.8	6.1	7.9	4.2	3.1	2.89	3.02
		中部	6.4	3.5	3.3	3.4	4.2	3.4	4.7	3.3	2.6	6.7	2.8	16.1	3.2	2.6	4.0	3.9	4.9	6.4	3.4	2.5	2.74	2.86
		西部	5.6	3.1	2.9	3.0	3.7	3.0	4.1	2.9	2.3	5.9	2.5	14.2	2.8	2.3	3.5	3.4	4.3	5.6	3.0	2.2	2.44	2.56
外资	物理	东部	3.8	2.1	2.0	2.0	2.5	2.0	2.8	2.0	1.6	4.0	1.7	9.6	1.9	1.5	2.4	2.3	2.9	3.8	2.0	1.5	0.53	0.55
		中部	3.1	1.7	1.6	1.6	2.0	1.6	2.3	1.6	1.3	3.2	1.3	7.7	1.5	1.2	1.9	1.9	2.4	3.1	1.6	1.2	0.51	0.53
		西部	2.7	1.5	1.4	1.4	1.8	1.4	2.0	1.4	1.1	2.9	1.2	6.8	1.4	1.1	1.7	1.6	2.1	2.7	1.5	1.1	0.46	0.48

企业性质	处理方法	地区	电力	纺织服装	非金属矿选	工艺品	黑金矿采选	家具	金属制品业	煤炭开采	木材加工	燃气	水	石油天然气开采	塑料	橡胶	医药	烟草	有色矿采洗	化纤	文教	印刷	废弃资源回收	非金属矿物制品
外资	化学	东部	7.3	4.0	3.7	3.9	4.8	3.9	5.4	3.8	3.0	7.7	3.2	18.4	3.6	3.0	4.5	4.4	5.6	7.3	3.9	2.8	1.39	1.46
		中部	5.9	3.2	3.0	3.1	3.9	3.1	4.3	3.1	2.4	6.2	2.6	14.8	2.9	2.4	3.7	3.6	4.5	5.9	3.2	2.3	1.33	1.39
		西部	5.2	2.8	2.7	2.8	3.4	2.8	3.8	2.7	2.1	5.5	2.3	13.1	2.6	2.1	3.2	3.1	4.0	5.2	2.8	2.0	1.22	1.27
	生物	东部	6.9	3.7	3.5	3.6	4.6	3.7	5.0	3.6	2.8	7.2	3.0	17.3	3.4	2.8	4.3	4.1	5.3	6.9	3.7	2.7	0.92	0.96
		中部	5.5	3.0	2.8	2.9	3.7	3.0	4.1	2.9	2.3	5.8	2.4	14.0	2.8	2.2	3.4	3.3	4.3	5.5	3.0	2.2	0.86	0.90
		西部	4.9	2.7	2.5	2.6	3.2	2.6	3.6	2.6	2.0	5.1	2.1	12.3	2.4	2.0	3.0	3.0	3.8	4.9	2.6	1.9	0.76	0.80
	物化	东部	6.9	3.7	3.5	3.6	4.6	3.7	5.0	3.6	2.8	7.2	3.0	17.3	3.4	2.8	4.3	4.1	5.3	6.9	3.7	2.7	1.29	1.35
		中部	5.5	3.0	2.8	2.9	3.7	3.0	4.1	2.9	2.3	5.8	2.4	14.0	2.8	2.2	3.4	3.3	4.3	5.5	3.0	2.2	1.23	1.29
		西部	4.9	2.7	2.5	2.6	3.2	2.6	3.6	2.6	2.0	5.1	2.1	12.3	2.4	2.0	3.0	3.0	3.8	4.9	2.6	1.9	1.11	1.16
	组合	东部	8.3	4.5	4.3	4.4	5.5	4.4	6.1	4.4	3.4	8.8	3.6	21.0	4.2	3.4	5.2	5.0	6.4	8.3	4.5	3.2	1.29	1.35
		中部	6.7	3.6	3.4	3.6	4.5	3.6	4.9	3.5	2.7	7.1	2.9	16.9	3.3	2.7	4.2	4.0	5.2	6.7	3.6	2.6	1.23	1.29
		西部	5.9	3.2	3.0	3.1	3.9	3.2	4.3	3.1	2.4	6.2	2.6	14.9	3.0	2.4	3.7	3.6	4.6	5.9	3.2	2.3	1.11	1.16
私营	物理	东部	1.9	1.0	0.9	1.0	1.2	1.0	1.4	1.0	0.8	2.0	0.8	4.7	0.9	0.8	1.2	1.1	1.4	1.9	1.0	0.7	0.72	0.75
		中部	1.5	0.8	0.8	0.8	1.0	0.8	1.1	0.8	0.6	1.6	0.7	3.8	0.7	0.6	0.9	0.9	1.2	1.5	0.8	0.6	0.69	0.72
		西部	1.3	0.7	0.7	0.7	0.9	0.7	1.0	0.7	0.5	1.4	0.6	3.3	0.7	0.5	0.8	0.8	1.0	1.3	0.7	0.5	0.62	0.65
	化学	东部	3.5	1.9	1.8	1.9	2.4	1.9	2.6	1.9	1.5	3.7	1.5	9.0	1.8	1.4	2.2	2.1	2.7	3.6	1.9	1.4	1.90	1.99
		中部	2.9	1.6	1.5	1.5	1.9	1.5	2.1	1.5	1.2	3.0	1.2	7.2	1.4	1.2	1.8	1.7	2.2	2.9	1.5	1.1	1.81	1.89
		西部	2.5	1.4	1.3	1.3	1.7	1.3	1.9	1.3	1.0	2.7	1.1	6.4	1.3	1.0	1.6	1.5	1.9	2.5	1.4	1.0	1.64	1.71
	生物	东部	3.3	1.8	1.7	1.8	2.2	1.8	2.5	1.8	1.4	3.5	1.5	8.4	1.7	1.4	2.1	2.0	2.6	3.3	1.8	1.3	1.28	1.34
		中部	2.7	1.5	1.4	1.4	1.8	1.4	2.0	1.4	1.1	2.8	1.2	6.8	1.3	1.1	1.7	1.6	2.1	2.7	1.4	1.0	1.20	1.25
		西部	2.4	1.3	1.2	1.3	1.6	1.3	1.7	1.2	1.0	2.5	1.0	6.0	1.2	1.0	1.5	1.4	1.8	2.4	1.3	0.9	1.04	1.09

企业性质	处理方法	地区	电力	纺织服装	非金属矿选	工艺品	黑金矿采选	家具	金属制品业	煤炭开采	木材加工	燃气	水	石油天然气开采	塑料	橡胶	医药	烟草	有色矿采洗	化纤	文教	印刷	废弃资源回收	非金属矿物制品
私营	物化	东部	3.3	1.8	1.7	1.8	2.2	1.8	2.5	1.8	1.4	3.5	1.5	8.4	1.7	1.4	2.1	2.0	2.6	3.3	1.8	1.3	1.78	1.86
		中部	2.7	1.5	1.4	1.4	1.8	1.4	2.0	1.4	1.1	2.8	1.2	6.8	1.3	1.1	1.7	1.6	2.1	2.7	1.4	1.0	1.68	1.76
		西部	2.4	1.3	1.2	1.3	1.6	1.3	1.7	1.2	1.0	2.5	1.0	6.0	1.2	1.0	1.5	1.4	1.8	2.4	1.3	0.9	1.50	1.57
	组合	东部	4.0	2.2	2.1	2.1	2.7	2.2	3.0	2.1	1.7	4.3	1.8	10.2	2.0	1.6	2.5	2.4	3.1	4.0	2.2	1.6	1.78	1.86
		中部	3.3	1.8	1.7	1.7	2.2	1.7	2.4	1.7	1.3	3.4	1.4	8.2	1.6	1.3	2.0	2.0	2.5	3.3	1.8	1.3	1.68	1.76
		西部	2.9	1.6	1.5	1.5	1.9	1.5	2.1	1.5	1.2	3.0	1.3	7.3	1.4	1.2	1.8	1.7	2.2	2.9	1.5	1.1	1.50	1.57
其他	物理	东部	3.0	1.6	1.5	1.6	2.0	1.6	2.2	1.6	1.2	3.1	1.3	7.5	1.5	1.2	1.9	1.8	2.3	3.0	1.6	1.2	0.72	0.75
		中部	2.4	1.3	1.2	1.3	1.6	1.3	1.8	1.3	1.0	2.5	1.0	6.1	1.2	1.0	1.5	1.4	1.8	2.4	1.3	0.9	0.69	0.72
		西部	2.1	1.2	1.1	1.1	1.4	1.1	1.6	1.1	0.9	2.2	0.9	5.3	1.1	0.9	1.3	1.3	1.6	2.1	1.1	0.8	0.62	0.65
	化学	东部	5.7	3.1	2.9	3.0	3.8	3.0	4.2	3.0	2.3	6.0	2.5	14.4	2.8	2.3	3.5	3.4	4.4	5.7	3.1	2.2	1.90	1.99
		中部	4.6	2.5	2.4	2.4	3.1	2.5	3.4	2.4	1.9	4.8	2.0	11.6	2.3	1.9	2.9	2.8	3.5	4.6	2.5	1.8	1.81	1.89
		西部	4.1	2.2	2.1	2.1	2.7	2.2	3.0	2.1	1.7	4.3	1.8	10.2	2.0	1.6	2.5	2.5	3.1	4.1	2.2	1.6	1.64	1.71
	生物	东部	5.4	2.9	2.7	2.8	3.6	2.9	3.9	2.8	2.2	5.6	2.3	13.5	2.7	2.2	3.3	3.2	4.1	5.4	2.9	2.1	1.28	1.34
		中部	4.3	2.3	2.2	2.3	2.9	2.3	3.2	2.3	1.8	4.6	1.9	10.9	2.2	1.8	2.7	2.6	3.3	4.3	2.3	1.7	1.20	1.25
		西部	3.8	2.1	2.0	2.0	2.5	2.0	2.8	2.0	1.6	4.0	1.7	9.6	1.9	1.5	2.4	2.3	2.9	3.8	2.0	1.5	1.04	1.09
	物化	东部	5.4	2.9	2.7	2.8	3.6	2.9	3.9	2.8	2.2	5.6	2.3	13.5	2.7	2.2	3.3	3.2	4.1	5.4	2.9	2.1	1.78	1.86
		中部	4.3	2.3	2.2	2.3	2.9	2.3	3.2	2.3	1.8	4.6	1.9	10.9	2.2	1.8	2.7	2.6	3.3	4.3	2.3	1.7	1.68	1.76
		西部	3.8	2.1	2.0	2.0	2.5	2.0	2.8	2.0	1.6	4.0	1.7	9.6	1.9	1.5	2.4	2.3	2.9	3.8	2.0	1.5	1.50	1.57
	组合	东部	6.5	3.5	3.3	3.4	4.3	3.5	4.8	3.4	2.7	6.8	2.8	16.4	3.2	2.6	4.0	3.9	5.0	6.5	3.5	2.5	1.78	1.86
		中部	5.2	2.8	2.7	2.8	3.5	2.8	3.8	2.7	2.1	5.5	2.3	13.2	2.6	2.1	3.3	3.2	4.0	5.2	2.8	2.0	1.68	1.76
		西部	4.6	2.5	2.4	2.4	3.1	2.5	3.4	2.4	1.9	4.9	2.0	11.6	2.3	1.9	2.9	2.8	3.6	4.6	2.5	1.8	1.50	1.57

注：设计处理能力与处理量为22个行业的3/4分位数，这22个行业设计处理能力的3/4分位数为200 t/d，处理量的3/4分位数为2.4万t/a。

表 1-68 处理能力为 3/4 分位数时其他 22 个行业单位废水治理费用（含固定资产折旧）/污染物去除效率为 70%

单位：元/t

企业性质	处理方法	地区	电力	纺织服装	非金属矿选	工艺品	黑金矿采选	家具	金属制品业	煤炭开采	木材加工	燃气	水	石油天然气开采	塑料	橡胶	医药	烟草	有色矿采洗	化纤	文教	印刷	废弃资源回收	非金属矿物制品
国有	物理	东部	4.1	2.3	2.1	2.2	2.7	2.2	3.0	2.1	1.7	4.4	1.9	10.7	2.1	1.7	2.7	2.6	3.2	4.2	2.3	1.7	1.3	1.4
		中部	3.5	1.9	1.7	1.8	2.2	1.9	2.5	1.8	1.4	3.7	1.6	9.0	1.7	1.4	2.3	2.2	2.7	3.5	1.9	1.4	1.5	1.1
		西部	3.1	1.7	1.5	1.6	2.0	1.7	2.2	1.6	1.2	3.2	1.4	8.0	1.5	1.2	2.0	2.0	2.4	3.1	1.7	1.2	1.3	1.0
	化学	东部	8.1	4.5	4.0	4.2	5.3	4.4	5.9	4.2	3.3	8.6	3.8	21.1	4.0	3.3	5.3	5.2	6.3	8.1	4.4	3.3	3.5	2.6
		中部	6.8	3.8	3.3	3.5	4.4	3.7	4.9	3.5	2.7	7.2	3.2	17.7	3.4	2.7	4.5	4.4	5.3	6.8	3.7	2.8	2.9	2.2
		西部	6.0	3.3	2.9	3.1	3.9	3.3	4.4	3.1	2.4	6.4	2.8	15.7	3.0	2.4	4.0	3.9	4.7	6.0	3.3	2.5	2.6	1.9
	生物	东部	7.7	4.2	3.8	4.0	5.0	4.2	5.6	4.0	3.1	8.2	3.6	20.0	3.8	3.1	5.1	4.9	6.0	7.7	4.2	3.1	3.4	2.5
		中部	6.4	3.6	3.2	3.3	4.2	3.5	4.7	3.3	2.6	6.8	3.0	16.9	3.2	2.6	4.3	4.2	5.0	6.5	3.5	2.6	2.8	2.1
		西部	5.7	3.2	2.8	2.9	3.7	3.1	4.2	2.9	2.3	6.1	2.7	15.0	2.8	2.3	3.8	3.7	4.5	5.7	3.1	2.3	2.4	1.8
	物化	东部	7.7	4.2	3.8	4.0	5.0	4.2	5.6	4.0	3.1	8.2	3.6	20.0	3.8	3.1	5.1	4.9	6.0	7.7	4.2	3.1	3.4	2.5
		中部	6.4	3.6	3.2	3.3	4.2	3.5	4.7	3.3	2.6	6.8	3.0	16.9	3.2	2.6	4.3	4.2	5.0	6.5	3.5	2.6	2.8	2.1
		西部	5.7	3.2	2.8	2.9	3.7	3.1	4.2	2.9	2.3	6.1	2.7	15.0	2.8	2.3	3.8	3.7	4.5	5.7	3.1	2.3	2.4	1.8
	组合	东部	9.3	5.1	4.6	4.8	6.0	5.0	6.8	4.8	3.8	9.9	4.3	24.2	4.6	3.7	6.1	6.0	7.3	9.3	5.1	3.8	4.1	3.0
		中部	7.8	4.3	3.8	4.0	5.0	4.2	5.7	4.0	3.1	8.3	3.7	20.4	3.9	3.1	5.2	5.1	6.1	7.8	4.2	3.2	3.3	2.5
		西部	6.9	3.8	3.4	3.6	4.5	3.8	5.0	3.5	2.8	7.3	3.2	18.1	3.4	2.8	4.6	4.5	5.4	6.9	3.8	2.8	3.0	2.2
外资	物理	东部	4.2	2.3	2.1	2.2	2.8	2.3	3.1	2.2	1.7	4.5	1.9	10.9	2.1	1.7	2.7	2.7	3.3	4.3	2.3	1.7	1.9	1.4
		中部	3.5	1.9	1.7	1.8	2.3	1.9	2.6	1.8	1.4	3.7	1.6	9.1	1.8	1.4	2.3	2.2	2.7	3.5	1.9	1.4	1.6	1.1
		西部	3.1	1.7	1.5	1.6	2.0	1.7	2.3	1.6	1.3	3.3	1.4	8.1	1.6	1.3	2.0	2.0	2.4	3.1	1.7	1.3	1.4	1.0
	化学	东部	8.3	4.5	4.1	4.3	5.4	4.5	6.0	4.3	3.4	8.7	3.8	21.3	4.1	3.3	5.4	5.2	6.4	8.3	4.5	3.3	3.7	2.7
		中部	6.9	3.8	3.4	3.6	4.5	3.7	5.0	3.5	2.8	7.3	3.2	17.8	3.4	2.8	4.5	4.4	5.4	6.9	3.7	2.8	3.0	2.2
		西部	6.1	3.4	3.0	3.1	3.9	3.3	4.4	3.1	2.5	6.4	2.8	15.8	3.0	2.4	4.0	3.9	4.7	6.1	3.3	2.5	2.7	2.0

企业性质	处理方法	地区	电力	纺织服装	非金属矿选	工艺品	黑金矿采选	家具	金属制品业	煤炭开采	木材加工	燃气	水	石油天然气开采	塑料	橡胶	医药	烟草	有色矿采洗	化纤	文教	印刷	废弃资源回收	非金属矿物制品
外资	生物	东部	7.8	4.3	3.9	4.1	5.1	4.2	5.7	4.0	3.2	8.3	3.6	20.2	3.9	3.2	5.1	5.0	6.1	7.8	4.2	3.1	3.5	2.6
		中部	6.5	3.6	3.2	3.4	4.2	3.5	4.7	3.4	2.6	6.9	3.0	16.9	3.2	2.6	4.3	4.2	5.1	6.5	3.5	2.6	2.8	2.1
		西部	5.8	3.2	2.8	3.0	3.7	3.1	4.2	3.0	2.3	6.1	2.7	15.0	2.9	2.3	3.8	3.7	4.5	5.8	3.1	2.3	2.5	1.9
	物化	东部	7.8	4.3	3.9	4.1	5.1	4.2	5.7	4.0	3.2	8.3	3.6	20.2	3.9	3.2	5.1	5.0	6.1	7.8	4.2	3.1	3.5	2.6
		中部	6.5	3.6	3.2	3.4	4.2	3.5	4.7	3.4	2.6	6.9	3.0	16.9	3.2	2.6	4.3	4.2	5.1	6.5	3.5	2.6	2.8	2.1
		西部	5.8	3.2	2.8	3.0	3.7	3.1	4.2	3.0	2.3	6.1	2.7	15.0	2.9	2.3	3.8	3.7	4.5	5.8	3.1	2.3	2.5	1.9
	组合	东部	9.4	5.2	4.7	4.9	6.2	5.1	6.9	4.9	3.8	10.0	4.3	24.5	4.7	3.8	6.2	6.0	7.4	9.5	5.1	3.8	4.2	3.1
		中部	7.9	4.3	3.9	4.1	5.1	4.3	5.7	4.1	3.2	8.3	3.7	20.5	3.9	3.2	5.2	5.1	6.1	7.9	4.3	3.2	3.4	2.6
		西部	7.0	3.9	3.4	3.6	4.5	3.8	5.1	3.6	2.8	7.4	3.2	18.1	3.5	2.8	4.6	4.5	5.4	7.0	3.8	2.8	3.0	2.3
私营	物理	东部	2.1	1.2	1.0	1.1	1.4	1.1	1.5	1.1	0.8	2.2	1.0	5.4	1.0	0.8	1.4	1.3	1.6	2.1	1.1	0.8	0.9	0.7
		中部	1.7	1.0	0.9	0.9	1.1	0.9	1.3	0.9	0.7	1.8	0.8	4.5	0.9	0.7	1.1	1.1	1.4	1.7	0.9	0.7	0.8	0.6
		西部	1.5	0.8	0.8	0.8	1.0	0.8	1.1	0.8	0.6	1.6	0.7	4.0	0.8	0.6	1.0	1.0	1.2	1.5	0.8	0.6	0.7	0.5
	化学	东部	4.1	2.2	2.0	2.1	2.7	2.2	3.0	2.1	1.7	4.3	1.9	10.6	2.0	1.6	2.7	2.6	3.2	4.1	2.2	1.6	1.8	1.3
		中部	3.4	1.9	1.7	1.8	2.2	1.8	2.5	1.7	1.4	3.6	1.6	8.9	1.7	1.4	2.2	2.2	2.7	3.4	1.9	1.4	1.5	1.1
		西部	3.0	1.7	1.5	1.6	1.9	1.6	2.2	1.5	1.2	3.2	1.4	7.8	1.5	1.2	2.0	1.9	2.4	3.0	1.6	1.2	1.3	1.0
	生物	东部	3.9	2.1	1.9	2.0	2.5	2.1	2.8	2.0	1.6	4.1	1.8	10.0	1.9	1.6	2.5	2.5	3.0	3.9	2.1	1.6	1.7	1.3
		中部	3.2	1.8	1.6	1.7	2.1	1.8	2.3	1.7	1.3	3.4	1.5	8.4	1.6	1.3	2.1	2.1	2.5	3.2	1.8	1.3	1.4	1.0
		西部	2.9	1.6	1.4	1.5	1.8	1.6	2.1	1.5	1.2	3.0	1.3	7.5	1.4	1.1	1.9	1.9	2.2	2.9	1.6	1.2	1.2	0.9
	物化	东部	3.9	2.1	1.9	2.0	2.5	2.1	2.8	2.0	1.6	4.1	1.8	10.0	1.9	1.6	2.5	2.5	3.0	3.9	2.1	1.6	1.7	1.3
		中部	3.2	1.8	1.6	1.7	2.1	1.8	2.3	1.7	1.3	3.4	1.5	8.4	1.6	1.3	2.1	2.1	2.5	3.2	1.8	1.3	1.4	1.0
		西部	2.9	1.6	1.4	1.5	1.8	1.6	2.1	1.5	1.2	3.0	1.3	7.5	1.4	1.1	1.9	1.9	2.2	2.9	1.6	1.2	1.2	0.9

企业性质	处理方法	地区	电力	纺织服装	非金属矿选	工艺品	黑金矿采选	家具	金属制品业	煤炭开采	木材加工	燃气	水	石油天然气开采	塑料	橡胶	医药	烟草	有色矿采洗	化纤	文教	印刷	废弃资源回收	非金属矿物制品
私营	组合	东部	4.7	2.6	2.3	2.4	3.0	2.5	3.4	2.4	1.9	4.9	2.2	12.1	2.3	1.9	3.1	3.0	3.6	4.7	2.5	1.9	2.1	1.5
		中部	3.9	2.2	1.9	2.0	2.5	2.1	2.8	2.0	1.6	4.1	1.8	10.2	1.9	1.6	2.6	2.5	3.1	3.9	2.1	1.6	1.7	1.3
		西部	3.5	1.9	1.7	1.8	2.2	1.9	2.5	1.8	1.4	3.7	1.6	9.0	1.7	1.4	2.3	2.2	2.7	3.5	1.9	1.4	1.5	1.1
其他	物理	东部	3.4	1.9	1.7	1.8	2.2	1.8	2.5	1.8	1.4	3.6	1.6	8.8	1.7	1.4	2.2	2.2	2.7	3.4	1.9	1.4	1.5	1.1
		中部	2.8	1.6	1.4	1.5	1.8	1.5	2.1	1.5	1.2	3.0	1.3	7.4	1.4	1.1	1.9	1.8	2.2	2.8	1.5	1.2	1.2	0.9
		西部	2.5	1.4	1.2	1.3	1.6	1.4	1.8	1.3	1.0	2.7	1.2	6.6	1.3	1.0	1.7	1.6	2.0	2.5	1.4	1.0	1.1	0.8
	化学	东部	6.7	3.7	3.3	3.5	4.3	3.6	4.9	3.4	2.7	7.1	3.1	17.3	3.3	2.7	4.4	4.3	5.2	6.7	3.6	2.7	2.9	2.2
		中部	5.6	3.1	2.7	2.9	3.6	3.0	4.1	2.9	2.3	5.9	2.6	14.6	2.8	2.2	3.7	3.6	4.4	5.6	3.0	2.3	2.4	1.8
		西部	4.9	2.7	2.4	2.5	3.2	2.7	3.6	2.5	2.0	5.2	2.3	12.9	2.5	2.0	3.3	3.2	3.9	5.0	2.7	2.0	2.1	1.6
	生物	东部	6.3	3.5	3.1	3.3	4.1	3.4	4.6	3.3	2.6	6.7	2.9	16.5	3.1	2.5	4.2	4.1	4.9	6.3	3.4	2.6	2.8	2.0
		中部	5.3	2.9	2.6	2.7	3.4	2.9	3.9	2.7	2.1	5.6	2.5	13.9	2.6	2.1	3.5	3.5	4.2	5.3	2.9	2.2	2.3	1.7
		西部	4.7	2.6	2.3	2.4	3.0	2.6	3.4	2.4	1.9	5.0	2.2	12.3	2.3	1.9	3.1	3.1	3.7	4.7	2.6	1.9	2.0	1.5
	物化	东部	6.3	3.5	3.1	3.3	4.1	3.4	4.6	3.3	2.6	6.7	2.9	16.5	3.1	2.5	4.2	4.1	4.9	6.3	3.4	2.6	2.8	2.0
		中部	5.3	2.9	2.6	2.7	3.4	2.9	3.9	2.7	2.1	5.6	2.5	13.9	2.6	2.1	3.5	3.5	4.2	5.3	2.9	2.2	2.3	1.7
		西部	4.7	2.6	2.3	2.4	3.0	2.6	3.4	2.4	1.9	5.0	2.2	12.3	2.3	1.9	3.1	3.1	3.7	4.7	2.6	1.9	2.0	1.5
	组合	东部	7.6	4.2	3.8	4.0	5.0	4.1	5.6	3.9	3.1	8.1	3.5	19.9	3.8	3.1	5.0	4.9	6.0	7.7	4.2	3.1	3.3	2.5
		中部	6.4	3.6	3.1	3.3	4.1	3.5	4.7	3.3	2.6	6.8	3.0	16.8	3.2	2.6	4.3	4.2	5.0	6.4	3.5	2.6	2.7	2.1
		西部	5.7	3.1	2.8	2.9	3.7	3.1	4.1	2.9	2.3	6.0	2.7	14.9	2.8	2.3	3.8	3.7	4.5	5.7	3.1	2.3	2.4	1.8

注：设计处理能力与处理量为 22 个行业的 3/4 分位数，这 22 个行业设计处理能力的 3/4 分位数为 200 t/d，处理量的 3/4 分位数为 2.4 万 t/a。

表 1-69　处理能力为 1/4 分位数时其他 22 个行业单位废水治理费用（不含固定资产折旧）/污染物去除效率为 70%　单位：元/t

企业性质	处理方法	地区	电力	纺织服装	非金属矿选	工艺品	黑金矿采选	家具	金属制品业	煤炭开采	木材加工	燃气	水	石油天然气开采	塑料	橡胶	医药	烟草	有色矿采洗	化纤	文教	印刷	废弃资源回收	非金属矿物制品
国有	物理	东部	21.2	11.5	10.9	11.2	14.1	11.3	15.6	11.1	8.7	22.4	9.3	53.5	10.6	8.6	13.2	12.8	16.3	21.2	11.4	8.2	7.1	7.1
		中部	17.1	9.3	8.8	9.1	11.4	9.1	12.6	9.0	7.0	18.0	7.5	43.2	8.6	6.9	10.6	10.3	13.2	17.1	9.2	6.7	8.0	5.7
		西部	15.1	8.2	7.7	8.0	10.0	8.1	11.1	7.9	6.2	15.9	6.6	38.1	7.5	6.1	9.4	9.1	11.6	15.1	8.1	5.9	7.1	5.0
	化学	东部	40.6	22.1	20.8	21.5	27.0	21.7	29.8	21.3	16.6	42.8	17.7	102.5	20.3	16.5	25.3	24.6	31.3	40.7	21.8	15.8	19.1	13.6
		中部	32.7	17.8	16.8	17.4	21.8	17.5	24.0	17.2	13.4	34.5	14.3	82.7	16.4	13.3	20.4	19.8	25.2	32.8	17.6	12.7	15.4	11.0
		西部	28.9	15.7	14.8	15.3	19.2	15.4	21.2	15.2	11.8	30.5	12.6	73.0	14.5	11.7	18.0	17.5	22.3	29.0	15.5	11.2	13.6	9.7
	生物	东部	38.2	20.8	19.6	20.3	25.4	20.4	28.0	20.0	15.6	40.3	16.7	96.4	19.1	15.5	23.8	23.1	29.4	38.3	20.5	14.9	18.0	12.8
		中部	30.8	16.8	15.8	16.3	20.5	16.5	22.6	16.2	12.6	32.5	13.4	77.8	15.4	12.5	19.2	18.6	23.7	30.9	16.6	12.0	14.5	10.3
		西部	27.2	14.8	13.9	14.4	18.1	14.5	20.0	14.3	11.1	28.7	11.9	68.6	13.6	11.0	16.9	16.4	20.9	27.2	14.6	10.6	12.8	9.1
	物化	东部	38.2	20.8	19.6	20.3	25.4	20.4	28.0	20.0	15.6	40.3	16.7	96.4	19.1	15.5	23.8	23.1	29.4	38.3	20.5	14.9	18.0	12.8
		中部	30.8	16.8	15.8	16.3	20.5	16.5	22.6	16.2	12.6	32.5	13.4	77.8	15.4	12.5	19.2	18.6	23.7	30.9	16.6	12.0	14.5	10.3
		西部	27.2	14.8	13.9	14.4	18.1	14.5	20.0	14.3	11.1	28.7	11.9	68.6	13.6	11.0	16.9	16.4	20.9	27.2	14.6	10.6	12.8	9.1
	组合	东部	46.2	25.2	23.7	24.5	30.8	24.7	34.0	24.3	18.9	48.8	20.2	116.7	23.1	18.7	28.8	28.0	35.6	46.3	24.9	18.0	21.7	15.5
		中部	37.3	20.3	19.1	19.8	24.8	19.9	27.4	19.6	15.3	39.3	16.3	94.2	18.7	15.1	23.2	22.6	28.7	37.4	20.0	14.5	17.5	12.5
		西部	32.9	17.9	16.9	17.5	21.9	17.6	24.2	17.3	13.5	34.7	14.4	83.1	16.5	13.3	20.5	19.9	25.4	33.0	17.7	12.8	15.5	11.0
外资	物理	东部	22.3	12.1	11.4	11.8	14.8	11.9	16.4	11.7	9.1	23.5	9.7	56.3	11.1	9.0	13.9	13.5	17.2	22.3	12.0	8.7	10.5	7.5
		中部	18.0	9.8	9.2	9.5	12.0	9.6	13.2	9.4	7.4	19.0	7.8	45.4	9.0	7.3	11.2	10.9	13.8	18.0	9.7	7.0	8.4	6.0
		西部	15.9	8.6	8.1	8.4	10.5	8.5	11.6	8.3	6.5	16.7	6.9	40.0	7.9	6.4	9.9	9.6	12.2	15.9	8.5	6.2	7.5	5.3
	化学	东部	42.7	23.2	21.9	22.6	28.4	22.8	31.3	22.4	17.5	45.0	18.6	107.8	21.3	17.3	26.6	25.8	32.9	42.8	22.9	16.6	20.1	14.3
		中部	34.4	18.7	17.7	18.3	22.9	18.4	25.3	18.1	14.1	36.3	15.0	86.9	17.2	14.0	21.4	20.8	26.5	34.5	18.5	13.4	16.2	11.5
		西部	30.4	16.5	15.6	16.1	20.2	16.2	22.3	15.9	12.4	32.0	13.3	76.7	15.2	12.3	18.9	18.4	23.4	30.4	16.3	11.8	14.3	10.2

企业性质	处理方法	地区	电力	纺织服装	非金属矿选	工艺品	黑金矿采选	家具	金属制品业	煤炭开采	木材加工	燃气	水	石油天然气开采	塑料	橡胶	医药	烟草	有色矿采洗	化纤	文教	印刷	废弃资源回收	非金属矿物制品
外资	生物	东部	40.2	21.8	20.6	21.3	26.7	21.5	29.5	21.1	16.4	42.3	17.5	101.4	20.1	16.3	25.0	24.3	30.9	40.2	21.6	15.6	18.9	13.4
		中部	32.4	17.6	16.6	17.2	21.5	17.3	23.8	17.0	13.2	34.2	14.1	81.8	16.2	13.1	20.2	19.6	25.0	32.5	17.4	12.6	15.2	10.8
		西部	28.6	15.5	14.7	15.2	19.0	15.3	21.0	15.0	11.7	30.1	12.5	72.2	14.3	11.6	17.8	17.3	22.0	28.6	15.4	11.1	13.4	9.6
	物化	东部	40.2	21.8	20.6	21.3	26.7	21.5	29.5	21.1	16.4	42.3	17.5	101.4	20.1	16.3	25.0	24.3	30.9	40.2	21.6	15.6	18.9	13.4
		中部	32.4	17.6	16.6	17.2	21.5	17.3	23.8	17.0	13.2	34.2	14.1	81.8	16.2	13.1	20.2	19.6	25.0	32.5	17.4	12.6	15.2	10.8
		西部	28.6	15.5	14.7	15.2	19.0	15.3	21.0	15.0	11.7	30.1	12.5	72.2	14.3	11.6	17.8	17.3	22.0	28.6	15.4	11.1	13.4	9.6
	组合	东部	48.6	26.4	24.9	25.8	32.3	26.0	35.7	25.5	19.9	51.3	21.2	122.7	24.3	19.7	30.3	29.4	37.4	48.7	26.1	18.9	22.9	16.3
		中部	39.2	21.3	20.1	20.8	26.1	20.9	28.8	20.6	16.0	41.3	17.1	99.0	19.6	15.9	24.4	23.7	30.2	39.3	21.1	15.3	18.4	13.1
		西部	34.6	18.8	17.7	18.4	23.0	18.5	25.4	18.2	14.2	36.5	15.1	87.4	17.3	14.0	21.5	20.9	26.7	34.7	18.6	13.5	16.3	11.6
私营	物理	东部	10.8	5.9	5.6	5.8	7.2	5.8	8.0	5.7	4.4	11.4	4.7	27.4	5.4	4.4	6.8	6.6	8.4	10.9	5.8	4.2	5.1	3.6
		中部	8.7	4.8	4.5	4.6	5.8	4.7	6.4	4.6	3.6	9.2	3.8	22.1	4.4	3.5	5.4	5.3	6.7	8.8	4.7	3.4	4.1	2.9
		西部	7.7	4.2	4.0	4.1	5.1	4.1	5.7	4.1	3.2	8.1	3.4	19.5	3.9	3.1	4.8	4.7	5.9	7.7	4.1	3.0	3.6	2.6
	化学	东部	20.8	11.3	10.7	11.0	13.8	11.1	15.3	10.9	8.5	21.9	9.1	52.5	10.4	8.4	12.9	12.6	16.0	20.8	11.2	8.1	9.8	7.0
		中部	16.8	9.1	8.6	8.9	11.1	9.0	12.3	8.8	6.9	17.7	7.3	42.3	8.4	6.8	10.4	10.1	12.9	16.8	9.0	6.5	7.9	5.6
		西部	14.8	8.0	7.6	7.8	9.8	7.9	10.9	7.8	6.0	15.6	6.5	37.3	7.4	6.0	9.2	8.9	11.4	14.8	7.9	5.8	7.0	4.9
	生物	东部	19.5	10.6	10.0	10.4	13.0	10.4	14.4	10.3	8.0	20.6	8.5	49.4	9.8	7.9	12.2	11.8	15.1	19.6	10.5	7.6	9.2	6.5
		中部	15.8	8.6	8.1	8.4	10.5	8.4	11.6	8.3	6.4	16.6	6.9	39.8	7.9	6.4	9.8	9.5	12.1	15.8	8.5	6.1	7.4	5.3
		西部	13.9	7.6	7.1	7.4	9.3	7.4	10.2	7.3	5.7	14.7	6.1	35.1	7.0	5.6	8.7	8.4	10.7	13.9	7.5	5.4	6.5	4.7
	物化	东部	19.5	10.6	10.0	10.4	13.0	10.4	14.4	10.3	8.0	20.6	8.5	49.4	9.8	7.9	12.2	11.8	15.1	19.6	10.5	7.6	9.2	6.5
		中部	15.8	8.6	8.1	8.4	10.5	8.4	11.6	8.3	6.4	16.6	6.9	39.8	7.9	6.4	9.8	9.5	12.1	15.8	8.5	6.1	7.4	5.3
		西部	13.9	7.6	7.1	7.4	9.3	7.4	10.2	7.3	5.7	14.7	6.1	35.1	7.0	5.6	8.7	8.4	10.7	13.9	7.5	5.4	6.5	4.7

企业性质	处理方法	地区	电力	纺织服装	非金属矿选	工艺品	黑金矿采选	家具	金属制品业	煤炭开采	木材加工	燃气	水	石油天然气开采	塑料	橡胶	医药	烟草	有色矿采洗	化纤	文教	印刷	废弃资源回收	非金属矿物制品
私营	组合	东部	23.7	12.9	12.1	12.6	15.7	12.6	17.4	12.4	9.7	25.0	10.3	59.7	11.8	9.6	14.7	14.3	18.2	23.7	12.7	9.2	11.1	7.9
		中部	19.1	10.4	9.8	10.1	12.7	10.2	14.0	10.0	7.8	20.1	8.3	48.2	9.5	7.7	11.9	11.5	14.7	19.1	10.3	7.4	9.0	6.4
		西部	16.8	9.2	8.6	8.9	11.2	9.0	12.4	8.8	6.9	17.8	7.4	42.5	8.4	6.8	10.5	10.2	13.0	16.9	9.1	6.6	7.9	5.6
其他	物理	东部	17.4	9.5	8.9	9.2	11.6	9.3	12.8	9.1	7.1	18.4	7.6	43.9	8.7	7.1	10.8	10.5	13.4	17.4	9.4	6.8	8.2	5.8
		中部	14.0	7.6	7.2	7.4	9.3	7.5	10.3	7.4	5.7	14.8	6.1	35.4	7.0	5.7	8.7	8.5	10.8	14.1	7.5	5.5	6.6	4.7
		西部	12.4	6.7	6.4	6.6	8.2	6.6	9.1	6.5	5.1	13.1	5.4	31.3	6.2	5.0	7.7	7.5	9.5	12.4	6.7	4.8	5.8	4.1
	化学	东部	33.3	18.1	17.1	17.7	22.2	17.8	24.5	17.5	13.6	35.2	14.6	84.2	16.7	13.5	20.8	20.2	25.7	33.4	17.9	13.0	15.7	11.2
		中部	26.9	14.6	13.8	14.3	17.9	14.4	19.7	14.1	11.0	28.4	11.7	67.9	13.4	10.9	16.7	16.3	20.7	26.9	14.5	10.5	12.6	9.0
		西部	23.7	12.9	12.2	12.6	15.8	12.7	17.4	12.5	9.7	25.0	10.4	59.9	11.9	9.6	14.8	14.4	18.3	23.8	12.8	9.2	11.2	7.9
	生物	东部	31.4	17.1	16.1	16.6	20.9	16.8	23.0	16.5	12.8	33.1	13.7	79.2	15.7	12.7	19.5	19.0	24.2	31.4	16.9	12.2	14.7	10.5
		中部	25.3	13.8	13.0	13.4	16.8	13.5	18.6	13.3	10.3	26.7	11.0	63.9	12.7	10.3	15.8	15.3	19.5	25.4	13.6	9.8	11.9	8.5
		西部	22.3	12.1	11.4	11.8	14.8	11.9	16.4	11.7	9.1	23.5	9.7	56.4	11.2	9.1	13.9	13.5	17.2	22.4	12.0	8.7	10.5	7.5
	物化	东部	31.4	17.1	16.1	16.6	20.9	16.8	23.0	16.5	12.8	33.1	13.7	79.2	15.7	12.7	19.5	19.0	24.2	31.4	16.9	12.2	14.7	10.5
		中部	25.3	13.8	13.0	13.4	16.8	13.5	18.6	13.3	10.3	26.7	11.0	63.9	12.7	10.3	15.8	15.3	19.5	25.4	13.6	9.8	11.9	8.5
		西部	22.3	12.1	11.4	11.8	14.8	11.9	16.4	11.7	9.1	23.5	9.7	56.4	11.2	9.1	13.9	13.5	17.2	22.4	12.0	8.7	10.5	7.5
	组合	东部	38.0	20.7	19.5	20.1	25.3	20.3	27.9	19.9	15.5	40.0	16.6	95.9	19.0	15.4	23.6	23.0	29.3	38.1	20.4	14.8	17.8	12.7
		中部	30.6	16.7	15.7	16.2	20.4	16.4	22.5	16.1	12.5	32.3	13.4	77.3	15.3	12.4	19.1	18.5	23.6	30.7	16.5	11.9	14.4	10.2
		西部	27.0	14.7	13.9	14.3	18.0	14.4	19.8	14.2	11.1	28.5	11.8	68.2	13.5	11.0	16.8	16.3	20.8	27.1	14.5	10.5	12.7	9.0

注：设计处理能力与处理量为22个行业的1/4分位数，这22个行业设计处理能力的1/4分位数为12 t/d，处理量的1/4分位数为959 t/a。

表 1-70 处理能力为 1/4 分位数时其他 22 个行业单位废水治理费用（含固定资产折旧）/污染物去除效率为 70%　　单位：元/t

企业性质	处理方法	地区	电力	纺织服装	非金属矿选	工艺品	黑金矿采选	家具	金属制品业	煤炭开采	木材加工	燃气	水	石油天然气开采	塑料	橡胶	医药	烟草	有色矿采洗	化纤	文教	印刷	废弃资源回收	非金属矿物制品
国有	物理	东部	23.4	12.9	11.7	12.3	15.4	12.7	17.1	12.2	9.5	24.8	10.7	60.4	11.7	9.5	15.1	14.8	18.2	23.5	12.7	9.4	7.7	7.7
		中部	19.4	10.7	9.7	10.1	12.6	10.5	14.2	10.0	7.9	20.5	8.9	50.1	9.7	7.8	12.6	12.3	15.1	19.4	10.5	7.8	8.6	6.3
		西部	17.1	9.5	8.5	8.9	11.2	9.3	12.5	8.9	7.0	18.2	7.9	44.4	8.6	6.9	11.2	10.9	13.4	17.2	9.3	6.9	7.6	5.6
	化学	东部	45.6	25.1	22.7	23.8	29.8	24.6	33.3	23.6	18.5	48.3	20.8	117.7	22.7	18.4	29.6	28.9	35.5	45.7	24.7	18.3	20.3	14.9
		中部	37.8	20.9	18.7	19.6	24.6	20.5	27.6	19.5	15.3	40.1	17.4	98.1	18.9	15.2	24.8	24.2	29.5	37.9	20.6	15.3	16.7	12.3
		西部	33.5	18.5	16.6	17.4	21.8	18.1	24.4	17.3	13.6	35.5	15.5	86.9	16.7	13.5	21.9	21.4	26.1	33.6	18.2	13.5	14.7	10.9
	生物	东部	43.1	23.8	21.5	22.5	28.2	23.3	31.5	22.3	17.5	45.7	19.8	111.5	21.5	17.4	28.1	27.4	33.6	43.3	23.4	17.3	19.2	14.1
		中部	35.8	19.8	17.7	18.6	23.3	19.4	26.2	18.5	14.5	38.0	16.6	93.2	17.9	14.4	23.5	23.0	28.0	35.9	19.5	14.5	15.7	11.7
		西部	31.7	17.5	15.7	16.5	20.6	17.2	23.2	16.4	12.9	33.7	14.7	82.5	15.8	12.8	20.9	20.4	24.8	31.8	17.3	12.9	13.9	10.3
	物化	东部	43.1	23.8	21.5	22.5	28.2	23.3	31.5	22.3	17.5	45.7	19.8	111.5	21.5	17.4	28.1	27.4	33.6	43.3	23.4	17.3	19.2	14.1
		中部	35.8	19.8	17.7	18.6	23.3	19.4	26.2	18.5	14.5	38.0	16.6	93.2	17.9	14.4	23.5	23.0	28.0	35.9	19.5	14.5	15.7	11.7
		西部	31.7	17.5	15.7	16.5	20.6	17.2	23.2	16.4	12.9	33.7	14.7	82.5	15.8	12.8	20.9	20.4	24.8	31.8	17.3	12.9	13.9	10.3
	组合	东部	52.2	28.7	26.0	27.2	34.1	28.2	38.1	27.0	21.2	55.3	23.9	134.8	26.0	21.0	33.9	33.1	40.6	52.3	28.3	21.0	23.2	17.1
		中部	43.3	23.9	21.5	22.5	28.2	23.5	31.6	22.3	17.6	46.0	20.0	112.6	21.6	17.5	28.4	27.8	33.8	43.4	23.6	17.5	19.0	14.1
		西部	38.4	21.2	19.0	19.9	24.9	20.8	28.0	19.8	15.6	40.7	17.8	99.7	19.1	15.4	25.2	24.6	30.0	38.5	20.9	15.5	16.8	12.5
外资	物理	东部	24.1	13.2	12.1	12.7	15.9	13.0	17.7	12.5	9.8	25.5	10.9	61.9	12.1	9.8	15.5	15.1	18.7	24.2	13.1	9.6	10.9	8.0
		中部	19.9	10.9	9.9	10.4	13.0	10.7	14.5	10.3	8.1	21.0	9.0	51.2	9.9	8.0	12.8	12.5	15.4	19.9	10.8	7.9	8.9	6.5
		西部	17.6	9.7	8.8	9.2	11.5	9.5	12.8	9.1	7.1	18.6	8.0	45.3	8.8	7.1	11.4	11.1	13.7	17.6	9.5	7.0	7.9	5.8
	化学	东部	46.8	25.7	23.5	24.5	30.7	25.2	34.2	24.3	19.0	49.5	21.2	120.3	23.4	18.9	30.1	29.4	36.4	46.9	25.3	18.7	21.1	15.4
		中部	38.6	21.3	19.3	20.1	25.2	20.9	28.2	20.0	15.7	40.9	17.6	99.7	19.3	15.6	25.1	24.5	30.1	38.7	21.0	15.5	17.2	12.6
		西部	34.2	18.8	17.0	17.8	22.3	18.5	25.0	17.7	13.9	36.2	15.6	88.3	17.0	13.8	22.2	21.7	26.6	34.3	18.5	13.7	15.2	11.2

企业性质	处理方法	地区	电力	纺织服装	非金属矿选	工艺品	黑金矿采选	家具	金属制品业	煤炭开采	木材加工	燃气	水	石油天然气开采	塑料	橡胶	医药	烟草	有色矿采洗	化纤	文教	印刷	废弃资源回收	非金属矿物制品
外资	生物	东部	44.3	24.3	22.2	23.1	29.0	23.9	32.4	23.0	18.0	46.9	20.1	113.9	22.1	17.9	28.5	27.8	34.4	44.4	24.0	17.7	19.9	14.5
		中部	36.6	20.1	18.2	19.1	23.9	19.8	26.7	18.9	14.9	38.7	16.7	94.5	18.2	14.7	23.8	23.2	28.5	36.7	19.8	14.7	16.3	12.0
		西部	32.3	17.8	16.1	16.9	21.1	17.5	23.6	16.7	13.1	34.3	14.8	83.7	16.1	13.0	21.1	20.6	25.2	32.4	17.6	13.0	14.4	10.6
	物化	东部	44.3	24.3	22.2	23.1	29.0	23.9	32.4	23.0	18.0	46.9	20.1	113.9	22.1	17.9	28.5	27.8	34.4	44.4	24.0	17.7	19.9	14.5
		中部	36.6	20.1	18.2	19.1	23.9	19.8	26.7	18.9	14.9	38.7	16.7	94.5	18.2	14.7	23.8	23.2	28.5	36.7	19.8	14.7	16.3	12.0
		西部	32.3	17.8	16.1	16.9	21.1	17.5	23.6	16.7	13.1	34.3	14.8	83.7	16.1	13.0	21.1	20.6	25.2	32.4	17.6	13.0	14.4	10.6
	组合	东部	53.5	29.4	26.8	28.0	35.1	28.9	39.1	27.8	21.8	56.7	24.3	137.7	26.7	21.6	34.5	33.7	41.6	53.7	29.0	21.4	24.1	17.6
		中部	44.2	24.3	22.0	23.0	28.9	23.9	32.3	22.9	18.0	46.9	20.2	114.3	22.1	17.8	28.7	28.1	34.4	44.3	24.0	17.8	19.7	14.5
		西部	39.1	21.5	19.5	20.4	25.5	21.2	28.6	20.2	15.9	41.5	17.9	101.2	19.5	15.8	25.5	24.9	30.5	39.2	21.2	15.7	17.4	12.8
私营	物理	东部	11.9	6.5	6.0	6.2	7.8	6.4	8.7	6.2	4.8	12.6	5.4	30.5	5.9	4.8	7.6	7.4	9.2	11.9	6.4	4.7	5.4	3.9
		中部	9.8	5.4	4.9	5.1	6.4	5.3	7.1	5.1	4.0	10.4	4.5	25.2	4.9	3.9	6.3	6.2	7.6	9.8	5.3	3.9	4.4	3.2
		西部	8.7	4.8	4.3	4.5	5.7	4.7	6.3	4.5	3.5	9.2	4.0	22.3	4.3	3.5	5.6	5.5	6.7	8.7	4.7	3.5	3.9	2.8
	化学	东部	23.0	12.7	11.5	12.0	15.1	12.4	16.8	11.9	9.4	24.4	10.5	59.3	11.5	9.3	14.9	14.5	17.9	23.1	12.5	9.2	10.3	7.6
		中部	19.0	10.5	9.5	9.9	12.4	10.3	13.9	9.8	7.7	20.2	8.7	49.3	9.5	7.7	12.4	12.1	14.8	19.1	10.3	7.7	8.4	6.2
		西部	16.8	9.3	8.4	8.8	11.0	9.1	12.3	8.7	6.8	17.9	7.7	43.6	8.4	6.8	11.0	10.7	13.1	16.9	9.2	6.8	7.5	5.5
	生物	东部	21.8	12.0	10.9	11.4	14.2	11.8	15.9	11.3	8.9	23.1	9.9	56.2	10.9	8.8	14.1	13.8	16.9	21.8	11.8	8.7	9.7	7.1
		中部	18.0	9.9	9.0	9.4	11.8	9.8	13.2	9.3	7.3	19.1	8.3	46.7	9.0	7.3	11.8	11.5	14.1	18.1	9.8	7.3	8.0	5.9
		西部	16.0	8.8	7.9	8.3	10.4	8.6	11.7	8.2	6.5	16.9	7.4	41.4	8.0	6.4	10.4	10.2	12.5	16.0	8.7	6.4	7.1	5.2
	物化	东部	21.8	12.0	10.9	11.4	14.2	11.8	15.9	11.3	8.9	23.1	9.9	56.2	10.9	8.8	14.1	13.8	16.9	21.8	11.8	8.7	9.7	7.1
		中部	18.0	9.9	9.0	9.4	11.8	9.8	13.2	9.3	7.3	19.1	8.3	46.7	9.0	7.3	11.8	11.5	14.1	18.1	9.8	7.3	8.0	5.9
		西部	16.0	8.8	7.9	8.3	10.4	8.6	11.7	8.2	6.5	16.9	7.4	41.4	8.0	6.4	10.4	10.2	12.5	16.0	8.7	6.4	7.1	5.2

企业性质	处理方法	地区	电力	纺织服装	非金属矿选	工艺品	黑金矿采选	家具	金属制品业	煤炭开采	木材加工	燃气	水	石油天然气开采	塑料	橡胶	医药	烟草	有色矿采洗	化纤	文教	印刷	废弃资源回收	非金属矿物制品
私营	组合	东部	26.3	14.5	13.2	13.8	17.2	14.2	19.3	13.6	10.7	27.9	12.0	67.9	13.1	10.6	17.0	16.6	20.5	26.4	14.3	10.5	11.8	8.6
		中部	21.8	12.0	10.8	11.3	14.2	11.8	15.9	11.3	8.9	23.1	10.0	56.5	10.9	8.8	14.2	13.9	17.0	21.9	11.8	8.8	9.7	7.1
		西部	19.3	10.6	9.6	10.0	12.6	10.5	14.1	10.0	7.8	20.5	8.9	50.0	9.6	7.8	12.6	12.3	15.1	19.4	10.5	7.8	8.5	6.3
其他	物理	东部	19.3	10.6	9.6	10.1	12.6	10.4	14.1	10.0	7.8	20.4	8.8	49.6	9.6	7.8	12.4	12.1	15.0	19.3	10.4	7.7	8.6	6.3
		中部	15.9	8.8	7.9	8.3	10.4	8.6	11.6	8.2	6.5	16.9	7.3	41.2	7.9	6.4	10.4	10.1	12.4	16.0	8.7	6.4	7.1	5.2
		西部	14.1	7.8	7.0	7.3	9.2	7.6	10.3	7.3	5.7	14.9	6.5	36.5	7.0	5.7	9.2	9.0	11.0	14.1	7.7	5.7	6.3	4.6
	化学	东部	37.5	20.6	18.7	19.5	24.5	20.3	27.4	19.4	15.2	39.7	17.1	96.8	18.7	15.1	24.3	23.7	29.2	37.6	20.3	15.0	16.7	12.3
		中部	31.1	17.2	15.4	16.1	20.2	16.9	22.7	16.0	12.6	33.0	14.4	80.7	15.5	12.5	20.4	19.9	24.3	31.2	16.9	12.6	13.7	10.1
		西部	27.5	15.2	13.6	14.3	17.9	14.9	20.1	14.2	11.2	29.2	12.7	71.5	13.7	11.1	18.1	17.6	21.5	27.6	15.0	11.1	12.1	9.0
	生物	东部	35.5	19.5	17.7	18.5	23.2	19.2	25.9	18.3	14.4	37.6	16.2	91.7	17.7	14.3	23.1	22.5	27.6	35.6	19.3	14.3	15.8	11.6
		中部	29.5	16.3	14.6	15.3	19.2	16.0	21.5	15.2	12.0	31.3	13.6	76.6	14.7	11.9	19.4	18.9	23.0	29.6	16.0	11.9	12.9	9.6
		西部	26.1	14.4	12.9	13.5	17.0	14.2	19.0	13.5	10.6	27.7	12.1	67.9	13.0	10.5	17.2	16.8	20.4	26.2	14.2	10.6	11.4	8.5
	物化	东部	35.5	19.5	17.7	18.5	23.2	19.2	25.9	18.3	14.4	37.6	16.2	91.7	17.7	14.3	23.1	22.5	27.6	35.6	19.3	14.3	15.8	11.6
		中部	29.5	16.3	14.6	15.3	19.2	16.0	21.5	15.2	12.0	31.3	13.6	76.6	14.7	11.9	19.4	18.9	23.0	29.6	16.0	11.9	12.9	9.6
		西部	26.1	14.4	12.9	13.5	17.0	14.2	19.0	13.5	10.6	27.7	12.1	67.9	13.0	10.5	17.2	16.8	20.4	26.2	14.2	10.6	11.4	8.5
	组合	东部	42.9	23.6	21.4	22.3	28.0	23.2	31.3	22.2	17.4	45.5	19.6	110.9	21.4	17.3	27.9	27.2	33.4	43.0	23.3	17.2	19.1	14.0
		中部	35.6	19.7	17.6	18.5	23.2	19.3	26.0	18.4	14.4	37.8	16.5	92.6	17.8	14.4	23.4	22.9	27.8	35.7	19.4	14.4	15.6	11.6
		西部	31.5	17.4	15.6	16.4	20.5	17.1	23.0	16.3	12.8	33.5	14.6	82.0	15.7	12.7	20.7	20.3	24.6	31.6	17.2	12.8	13.8	10.3

注：设计处理能力与处理量为 22 个行业的 1/4 分位数，这 22 个行业设计处理能力的 1/4 分位数为 12 t/d，处理量的 1/4 分位数为 959 t/a。

1.4 边际废水和污染物治理费用

1.4.1 综合废水和污染物边际治理费用

参照各行业的废水排放标准以及废水综合排放标准，设定了以下 9 个行业的 COD 出水浓度限值，采用各自行业废水处理量的中位数，计算了这 9 个重点行业在各自设定的污染物出口浓度下的单位废水以及污染物边际治理费用（表 1-71）。有些行业排放标准针对不同的子行业以及不同的工艺规定了不同的排放标准，本指南选取各个行业最严格以及最宽松的排放标准来计算其单位废水以及污染物边际治理费用与排放标准。

应用范围：用于了解和掌握工业各行业目前的排放标准的严格程度以及企业的污染治理负担状况，以满足宏观环境管理的需要。

表 1-71　不同排放标准下各行业单位废水及污染物的边际治理费用　　单位：元/t

行业	污染物 COD 的出口浓度限值/（mg/L）	污染物边际治理费用/（元/t）	废水边际治理费用/（元/t）
较严格的出口浓度限值			
纺织业	100	3 412.1	3.4
食品制造业	50	9 655.3	9.7
饮料制造业	50	8 000.5	8.0
造纸及纸制品业	80	2 461.6	2.5
农副食品加工业	50	4 868.2	4.9
皮革、毛皮、羽毛（绒）及其制品业	50	7 136.8	7.1
黑色金属冶炼及压延加工业	30	10 793.2	10.8
石油加工及炼焦业	40	7 165.1	7.2
化工行业	50	8 260.7	8.3
较宽松的出口浓度限值			
纺织业	500	682.4	0.7
食品制造业	150	3 218.4	3.2
饮料制造业	150	2 666.8	2.7
造纸及纸制品业	200	984.7	1.0
农副食品加工业	500	486.8	0.5
皮革、毛皮、羽毛（绒）及其制品业	100	3 568.4	3.6
黑色金属冶炼及压延加工业	60	5 396.6	5.4
石油加工及炼焦业	100	2 866.1	2.9
化工行业	150	2 753.6	2.8

1.4.2 不同治理水平的废水和污染物的边际单位治理费用

表 1-72～表 1-97 计算了各行业在不同废水处理工艺、不同企业性质、不同污染物去除效率以及不同排放标准下，废水处理规模为各行业中位数时废水和污染物的边际处理费用。本指南列举了造纸业、农副食品加工业、饮料制造业、食品制造业、纺织业以及皮革制造业这 6 家行业的废水和污染物的边际处理费用，计算了钢铁、有色冶炼、化工、石油加工及炼焦 4 个行业，以及设备制造和其他行业的废水边际处理费用。

适用对象和范围：可用于污染排放税政策的研究和设计，为政策研究者与决策者提供依据，也可作为企业制定污染治理决策的依据。

（1）纺织业

表 1-72　纺织业废水边际的治理费用

单位：元/t

企业性质	处理方法	地区	棉化纤纺织及印染精加工				毛纺织和染整精加工				麻纺织				丝绢纺织及精加工				纺织制成品制造				针织品、编织品及制品制造			
			30%	50%	70%	90%	30%	50%	70%	90%	30%	50%	70%	90%	30%	50%	70%	90%	30%	50%	70%	90%	30%	50%	70%	90%
民营	物理	东部	0.93	0.96	1.02	1.16	0.89	0.92	0.98	1.12	1.30	1.35	1.43	1.63	0.56	0.58	0.62	0.70	0.98	1.02	1.08	1.23	0.80	0.83	0.89	1.01
		中部	0.56	0.58	0.62	0.70	0.54	0.56	0.59	0.67	0.78	0.82	0.87	0.98	0.34	0.35	0.37	0.42	0.59	0.62	0.65	0.74	0.48	0.50	0.53	0.61
		西部	0.56	0.58	0.62	0.70	0.54	0.56	0.59	0.67	0.78	0.82	0.87	0.98	0.34	0.35	0.37	0.42	0.59	0.62	0.65	0.74	0.48	0.50	0.53	0.61
	化学	东部	1.25	1.30	1.38	1.57	1.20	1.25	1.33	1.51	1.76	1.83	1.94	2.21	0.76	0.79	0.83	0.95	1.33	1.38	1.47	1.67	1.09	1.13	1.20	1.36
		中部	0.76	0.79	0.83	0.95	0.73	0.76	0.80	0.91	1.06	1.10	1.17	1.33	0.46	0.47	0.50	0.57	0.80	0.83	0.89	1.01	0.66	0.68	0.72	0.82
		西部	0.76	0.79	0.83	0.95	0.73	0.76	0.80	0.91	1.06	1.10	1.17	1.33	0.46	0.47	0.50	0.57	0.80	0.83	0.89	1.01	0.66	0.68	0.72	0.82
	生物	东部	1.61	1.68	1.78	2.03	1.55	1.61	1.71	1.95	2.27	2.36	2.50	2.85	0.97	1.01	1.07	1.22	1.71	1.78	1.89	2.15	1.40	1.46	1.55	1.76
		中部	0.97	1.01	1.08	1.22	0.94	0.97	1.03	1.18	1.37	1.42	1.51	1.72	0.59	0.61	0.65	0.74	1.03	1.08	1.14	1.30	0.85	0.88	0.93	1.06
		西部	0.97	1.01	1.08	1.22	0.94	0.97	1.03	1.18	1.37	1.42	1.51	1.72	0.59	0.61	0.65	0.74	1.03	1.08	1.14	1.30	0.85	0.88	0.93	1.06
	物化	东部	0.88	0.92	0.97	1.11	0.85	0.88	0.94	1.06	1.24	1.29	1.37	1.55	0.53	0.55	0.59	0.67	0.94	0.97	1.03	1.17	0.76	0.80	0.84	0.96
		中部	0.53	0.55	0.59	0.67	0.51	0.53	0.56	0.64	0.75	0.78	0.82	0.94	0.32	0.33	0.35	0.40	0.56	0.59	0.62	0.71	0.46	0.48	0.51	0.58
		西部	0.53	0.55	0.59	0.67	0.51	0.53	0.56	0.64	0.75	0.78	0.82	0.94	0.32	0.33	0.35	0.40	0.56	0.59	0.62	0.71	0.46	0.48	0.51	0.58
	组合	东部	1.61	1.68	1.78	2.03	1.55	1.61	1.71	1.95	2.27	2.36	2.50	2.85	0.97	1.01	1.07	1.22	1.71	1.78	1.89	2.15	1.40	1.46	1.55	1.76
		中部	0.97	1.01	1.08	1.22	0.94	0.97	1.03	1.18	1.37	1.42	1.51	1.72	0.59	0.61	0.65	0.74	1.03	1.08	1.14	1.30	0.85	0.88	0.93	1.06
		西部	0.97	1.01	1.08	1.22	0.94	0.97	1.03	1.18	1.37	1.42	1.51	1.72	0.59	0.61	0.65	0.74	1.03	1.08	1.14	1.30	0.85	0.88	0.93	1.06
其他	物理	东部	1.03	1.08	1.14	1.30	0.99	1.03	1.10	1.25	1.45	1.51	1.60	1.82	0.62	0.65	0.69	0.78	1.10	1.14	1.21	1.38	0.90	0.93	0.99	1.13
		中部	0.62	0.65	0.69	0.78	0.60	0.62	0.66	0.75	0.88	0.91	0.97	1.10	0.38	0.39	0.42	0.47	0.66	0.69	0.73	0.83	0.54	0.56	0.60	0.68
		西部	0.62	0.65	0.69	0.78	0.60	0.62	0.66	0.75	0.88	0.91	0.97	1.10	0.38	0.39	0.42	0.47	0.66	0.69	0.73	0.83	0.54	0.56	0.60	0.68
	化学	东部	1.40	1.46	1.55	1.76	1.35	1.40	1.49	1.69	1.97	2.05	2.17	2.47	0.84	0.88	0.93	1.06	1.49	1.55	1.64	1.87	1.22	1.26	1.34	1.53
		中部	0.85	0.88	0.93	1.06	0.81	0.84	0.90	1.02	1.19	1.23	1.31	1.49	0.51	0.53	0.56	0.64	0.90	0.93	0.99	1.13	0.73	0.76	0.81	0.92
		西部	0.85	0.88	0.93	1.06	0.81	0.84	0.90	1.02	1.19	1.23	1.31	1.49	0.51	0.53	0.56	0.64	0.90	0.93	0.99	1.13	0.73	0.76	0.81	0.92

企业性质	处理方法	地区	棉化纤纺织及印染精加工				毛纺织和染整精加工				麻纺织				丝绢纺织及精加工				纺织制成品制造				针织品、编织品及制品制造			
			30%	50%	70%	90%	30%	50%	70%	90%	30%	50%	70%	90%	30%	50%	70%	90%	30%	50%	70%	90%	30%	50%	70%	90%
其他	生物	东部	1.81	1.88	1.99	2.27	1.74	1.80	1.92	2.18	2.53	2.64	2.80	3.18	1.09	1.13	1.20	1.37	1.92	1.99	2.12	2.41	1.57	1.63	1.73	1.97
		中部	1.09	1.13	1.20	1.37	1.05	1.09	1.16	1.31	1.53	1.59	1.69	1.92	0.66	0.68	0.73	0.83	1.16	1.20	1.28	1.45	0.95	0.98	1.04	1.19
		西部	1.09	1.13	1.20	1.37	1.05	1.09	1.16	1.31	1.53	1.59	1.69	1.92	0.66	0.68	0.73	0.83	1.16	1.20	1.28	1.45	0.95	0.98	1.04	1.19
	物化	东部	0.99	1.03	1.09	1.24	0.95	0.99	1.05	1.19	1.38	1.44	1.53	1.74	0.59	0.62	0.66	0.75	1.05	1.09	1.16	1.31	0.86	0.89	0.94	1.07
		中部	0.60	0.62	0.66	0.75	0.57	0.59	0.63	0.72	0.84	0.87	0.92	1.05	0.36	0.37	0.40	0.45	0.63	0.66	0.70	0.79	0.52	0.54	0.57	0.65
		西部	0.60	0.62	0.66	0.75	0.57	0.59	0.63	0.72	0.84	0.87	0.92	1.05	0.36	0.37	0.40	0.45	0.63	0.66	0.70	0.79	0.52	0.54	0.57	0.65
	组合	东部	1.81	1.88	1.99	2.27	1.74	1.80	1.92	2.18	2.53	2.64	2.80	3.18	1.09	1.13	1.20	1.37	1.92	1.99	2.12	2.41	1.57	1.63	1.73	1.97
		中部	1.09	1.13	1.20	1.37	1.05	1.09	1.16	1.31	1.53	1.59	1.69	1.92	0.66	0.68	0.73	0.83	1.16	1.20	1.28	1.45	0.95	0.98	1.04	1.19
		西部	1.09	1.13	1.20	1.37	1.05	1.09	1.16	1.31	1.53	1.59	1.69	1.92	0.66	0.68	0.73	0.83	1.16	1.20	1.28	1.45	0.95	0.98	1.04	1.19
外资	物理	东部	1.17	1.21	1.29	1.46	1.12	1.16	1.24	1.41	1.64	1.70	1.81	2.05	0.70	0.73	0.78	0.88	1.24	1.29	1.37	1.55	1.01	1.05	1.12	1.27
		中部	0.70	0.73	0.78	0.88	0.68	0.70	0.75	0.85	0.99	1.03	1.09	1.24	0.42	0.44	0.47	0.53	0.75	0.78	0.82	0.94	0.61	0.63	0.67	0.77
		西部	0.70	0.73	0.78	0.88	0.68	0.70	0.75	0.85	0.99	1.03	1.09	1.24	0.42	0.44	0.47	0.53	0.75	0.78	0.82	0.94	0.61	0.63	0.67	0.77
	化学	东部	1.58	1.64	1.74	1.98	1.52	1.58	1.67	1.90	2.21	2.30	2.45	2.78	0.95	0.99	1.05	1.19	1.67	1.74	1.85	2.10	1.37	1.42	1.51	1.72
		中部	0.95	0.99	1.05	1.20	0.91	0.95	1.01	1.15	1.34	1.39	1.48	1.68	0.57	0.60	0.63	0.72	1.01	1.05	1.12	1.27	0.83	0.86	0.91	1.04
		西部	0.95	0.99	1.05	1.20	0.91	0.95	1.01	1.15	1.34	1.39	1.48	1.68	0.57	0.60	0.63	0.72	1.01	1.05	1.12	1.27	0.83	0.86	0.91	1.04
	生物	东部	2.03	2.12	2.25	2.55	1.95	2.03	2.16	2.45	2.86	2.97	3.15	3.59	1.23	1.28	1.35	1.54	2.16	2.24	2.38	2.71	1.76	1.84	1.95	2.22
		中部	1.23	1.28	1.36	1.54	1.18	1.23	1.30	1.48	1.72	1.79	1.90	2.16	0.74	0.77	0.82	0.93	1.30	1.35	1.44	1.64	1.07	1.11	1.18	1.34
		西部	1.23	1.28	1.36	1.54	1.18	1.23	1.30	1.48	1.72	1.79	1.90	2.16	0.74	0.77	0.82	0.93	1.30	1.35	1.44	1.64	1.07	1.11	1.18	1.34
	物化	东部	1.11	1.16	1.23	1.39	1.07	1.11	1.18	1.34	1.56	1.62	1.72	1.96	0.67	0.70	0.74	0.84	1.18	1.23	1.30	1.48	0.96	1.00	1.06	1.21
		中部	0.67	0.70	0.74	0.84	0.64	0.67	0.71	0.81	0.94	0.98	1.04	1.18	0.40	0.42	0.45	0.51	0.71	0.74	0.79	0.89	0.58	0.60	0.64	0.73
		西部	0.67	0.70	0.74	0.84	0.64	0.67	0.71	0.81	0.94	0.98	1.04	1.18	0.40	0.42	0.45	0.51	0.71	0.74	0.79	0.89	0.58	0.60	0.64	0.73
	组合	东部	2.03	2.12	2.25	2.55	1.95	2.03	2.16	2.45	2.86	2.97	3.15	3.59	1.23	1.28	1.35	1.54	2.16	2.24	2.38	2.71	1.76	1.84	1.95	2.22
		中部	1.23	1.28	1.36	1.54	1.18	1.23	1.30	1.48	1.72	1.79	1.90	2.16	0.74	0.77	0.82	0.93	1.30	1.35	1.44	1.64	1.07	1.11	1.18	1.34
		西部	1.23	1.28	1.36	1.54	1.18	1.23	1.30	1.48	1.72	1.79	1.90	2.16	0.74	0.77	0.82	0.93	1.30	1.35	1.44	1.64	1.07	1.11	1.18	1.34

注：设计处理能力与处理量为该行业的中位数，纺织业设计处理能力的中位数为 393.7 t/d，处理量的中位数为 4.5 万 t/a。

表 1-73 纺织业污染物 COD 的边际治理费用（一级排放标准）

单位：元/t

企业性质	处理方法	地区	棉化纤纺织及印染精加工				毛纺织和染整精加工				麻纺织				丝绢纺织及精加工				纺织制成品制造				针织品、编织品及制品制造			
			30%	50%	70%	90%	30%	50%	70%	90%	30%	50%	70%	90%	30%	50%	70%	90%	30%	50%	70%	90%	30%	50%	70%	90%
民营	物理	东部	1 723	1 793	1 903	2 164	1 656	1 722	1 828	2 079	2 419	2 516	2 671	3 037	1 039	1 081	1 147	1 305	1 828	1 902	2 019	2 296	1 495	1 555	1 651	1 878
		中部	1 040	1 082	1 148	1 306	999	1 039	1 103	1 255	1 460	1 518	1 612	1 833	627	652	692	787	1 103	1 148	1 218	1 385	902	939	996	1 133
		西部	1 040	1 082	1 148	1 306	999	1 039	1 103	1 255	1 460	1 518	1 612	1 833	627	652	692	787	1 103	1 148	1 218	1 385	902	939	996	1 133
	化学	东部	2 333	2 427	2 577	2 930	2 242	2 332	2 476	2 815	3 275	3 406	3 616	4 112	1 407	1 463	1 553	1 766	2 475	2 575	2 733	3 108	2 024	2 106	2 235	2 542
		中部	1 408	1 465	1 555	1 768	1 353	1 407	1 494	1 699	1 976	2 056	2 182	2 482	849	883	937	1 066	1 494	1 554	1 649	1 876	1 222	1 271	1 349	1 534
		西部	1 408	1 465	1 555	1 768	1 353	1 407	1 494	1 699	1 976	2 056	2 182	2 482	849	883	937	1 066	1 494	1 554	1 649	1 876	1 222	1 271	1 349	1 534
	生物	东部	3 008	3 129	3 322	3 777	2 890	3 006	3 191	3 629	4 222	4 392	4 662	5 301	1 814	1 886	2 003	2 277	3 191	3 319	3 523	4 007	2 610	2 715	2 882	3 277
		中部	1 815	1 888	2 005	2 280	1 744	1 814	1 926	2 190	2 548	2 650	2 814	3 199	1 095	1 138	1 209	1 374	1 926	2 003	2 126	2 418	1 575	1 638	1 739	1 978
		西部	1 815	1 888	2 005	2 280	1 744	1 814	1 926	2 190	2 548	2 650	2 814	3 199	1 095	1 138	1 209	1 374	1 926	2 003	2 126	2 418	1 575	1 638	1 739	1 978
	物化	东部	1 643	1 709	1 814	2 063	1 578	1 642	1 743	1 982	2 306	2 398	2 546	2 895	990	1 030	1 094	1 244	1 742	1 812	1 924	2 188	1 425	1 482	1 574	1 790
		中部	991	1 031	1 095	1 245	952	991	1 052	1 196	1 391	1 447	1 536	1 747	598	622	660	750	1 052	1 094	1 161	1 320	860	895	950	1 080
		西部	991	1 031	1 095	1 245	952	991	1 052	1 196	1 391	1 447	1 536	1 747	598	622	660	750	1 052	1 094	1 161	1 320	860	895	950	1 080
	组合	东部	3 008	3 129	3 322	3 777	2 890	3 006	3 191	3 629	4 222	4 392	4 662	5 301	1 814	1 886	2 003	2 277	3 191	3 319	3 523	4 007	2 610	2 715	2 882	3 277
		中部	1 815	1 888	2 005	2 280	1 744	1 814	1 926	2 190	2 548	2 650	2 814	3 199	1 095	1 138	1 209	1 374	1 926	2 003	2 126	2 418	1 575	1 638	1 739	1 978
		西部	1 815	1 888	2 005	2 280	1 744	1 814	1 926	2 190	2 548	2 650	2 814	3 199	1 095	1 138	1 209	1 374	1 926	2 003	2 126	2 418	1 575	1 638	1 739	1 978
其他	物理	东部	1 928	2 005	2 129	2 421	1 852	1 926	2 045	2 326	2 706	2 814	2 988	3 397	1 162	1 209	1 283	1 459	2 045	2 127	2 258	2 568	1 672	1 740	1 847	2 100
		中部	1 163	1 210	1 285	1 461	1 118	1 163	1 234	1 404	1 633	1 698	1 803	2 050	701	730	774	881	1 234	1 284	1 363	1 550	1 009	1 050	1 115	1 267
		西部	1 163	1 210	1 285	1 461	1 118	1 163	1 234	1 404	1 633	1 698	1 803	2 050	701	730	774	881	1 234	1 284	1 363	1 550	1 009	1 050	1 115	1 267
	化学	东部	2 610	2 715	2 882	3 277	2 508	2 608	2 769	3 149	3 663	3 810	4 045	4 600	1 574	1 637	1 737	1 976	2 769	2 880	3 057	3 476	2 264	2 355	2 500	2 843
		中部	1 575	1 638	1 739	1 978	1 513	1 574	1 671	1 900	2 211	2 299	2 441	2 776	950	988	1 049	1 192	1 671	1 738	1 845	2 098	1 367	1 421	1 509	1 716
		西部	1 575	1 638	1 739	1 978	1 513	1 574	1 671	1 900	2 211	2 299	2 441	2 776	950	988	1 049	1 192	1 671	1 738	1 845	2 098	1 367	1 421	1 509	1 716
	生物	东部	3 365	3 500	3 715	4 225	3 233	3 362	3 570	4 059	4 722	4 912	5 215	5 930	2 029	2 110	2 240	2 547	3 569	3 712	3 941	4 482	2 919	3 036	3 223	3 666
		中部	2 031	2 112	2 242	2 550	1 951	2 029	2 154	2 450	2 850	2 964	3 147	3 579	1 224	1 273	1 352	1 537	2 154	2 240	2 378	2 705	1 762	1 832	1 945	2 212
		西部	2 031	2 112	2 242	2 550	1 951	2 029	2 154	2 450	2 850	2 964	3 147	3 579	1 224	1 273	1 352	1 537	2 154	2 240	2 378	2 705	1 762	1 832	1 945	2 212

企业性质	处理方法	地区	棉化纤纺织及印染精加工				毛纺织和染整精加工				麻纺织				丝绢纺织及精加工				纺织制成品制造				针织品、编织品及制品制造			
			30%	50%	70%	90%	30%	50%	70%	90%	30%	50%	70%	90%	30%	50%	70%	90%	30%	50%	70%	90%	30%	50%	70%	90%
其他	物化	东部	1 837	1 911	2 029	2 307	1 765	1 836	1 949	2 217	2 579	2 682	2 848	3 238	1 108	1 152	1 223	1 391	1 949	2 027	2 152	2 447	1 594	1 658	1 760	2 002
		中部	1 109	1 153	1 224	1 392	1 065	1 108	1 176	1 338	1 556	1 619	1 718	1 954	669	695	738	839	1 176	1 223	1 299	1 477	962	1 001	1 062	1 208
		西部	1 109	1 153	1 224	1 392	1 065	1 108	1 176	1 338	1 556	1 619	1 718	1 954	669	695	738	839	1 176	1 223	1 299	1 477	962	1 001	1 062	1 208
	组合	东部	3 365	3 500	3 715	4 225	3 233	3 362	3 570	4 059	4 722	4 912	5 215	5 930	2 029	2 110	2 240	2 547	3 569	3 712	3 941	4 482	2 919	3 036	3 223	3 666
		中部	2 031	2 112	2 242	2 550	1 951	2 029	2 154	2 450	2 850	2 964	3 147	3 579	1 224	1 273	1 352	1 537	2 154	2 240	2 378	2 705	1 762	1 832	1 945	2 212
		西部	2 031	2 112	2 242	2 550	1 951	2 029	2 154	2 450	2 850	2 964	3 147	3 579	1 224	1 273	1 352	1 537	2 154	2 240	2 378	2 705	1 762	1 832	1 945	2 212
外资	物理	东部	2 171	2 258	2 398	2 726	2 086	2 170	2 304	2 619	3 047	3 170	3 365	3 827	1 309	1 362	1 445	1 644	2 303	2 396	2 543	2 892	1 884	1 959	2 080	2 365
		中部	1 310	1 363	1 447	1 645	1 259	1 310	1 390	1 581	1 839	1 913	2 031	2 309	790	822	872	992	1 390	1 446	1 535	1 745	1 137	1 183	1 255	1 428
		西部	1 310	1 363	1 447	1 645	1 259	1 310	1 390	1 581	1 839	1 913	2 031	2 309	790	822	872	992	1 390	1 446	1 535	1 745	1 137	1 183	1 255	1 428
	化学	东部	2 940	3 058	3 246	3 691	2 824	2 938	3 119	3 547	4 126	4 292	4 556	5 181	1 772	1 844	1 957	2 226	3 118	3 244	3 443	3 916	2 551	2 653	2 816	3 203
		中部	1 774	1 845	1 959	2 228	1 705	1 773	1 882	2 140	2 490	2 590	2 750	3 127	1 070	1 113	1 181	1 343	1 882	1 958	2 078	2 363	1 539	1 601	1 700	1 933
		西部	1 774	1 845	1 959	2 228	1 705	1 773	1 882	2 140	2 490	2 590	2 750	3 127	1 070	1 113	1 181	1 343	1 882	1 958	2 078	2 363	1 539	1 601	1 700	1 933
	生物	东部	3 790	3 942	4 185	4 759	3 641	3 787	4 021	4 572	5 319	5 533	5 873	6 679	2 285	2 377	2 523	2 869	4 020	4 182	4 439	5 048	3 288	3 420	3 631	4 129
		中部	2 287	2 379	2 526	2 872	2 197	2 286	2 426	2 759	3 210	3 339	3 545	4 031	1 379	1 434	1 523	1 731	2 426	2 524	2 679	3 046	1 984	2 064	2 191	2 492
		西部	2 287	2 379	2 526	2 872	2 197	2 286	2 426	2 759	3 210	3 339	3 545	4 031	1 379	1 434	1 523	1 731	2 426	2 524	2 679	3 046	1 984	2 064	2 191	2 492
	物化	东部	2 070	2 153	2 285	2 599	1 988	2 068	2 196	2 497	2 905	3 021	3 207	3 647	1 248	1 298	1 378	1 567	2 195	2 283	2 424	2 757	1 796	1 868	1 983	2 255
		中部	1 249	1 299	1 379	1 568	1 200	1 248	1 325	1 507	1 753	1 823	1 936	2 201	753	783	831	946	1 325	1 378	1 463	1 664	1 084	1 127	1 197	1 361
		西部	1 249	1 299	1 379	1 568	1 200	1 248	1 325	1 507	1 753	1 823	1 936	2 201	753	783	831	946	1 325	1 378	1 463	1 664	1 084	1 127	1 197	1 361
	组合	东部	3 790	3 942	4 185	4 759	3 641	3 787	4 021	4 572	5 319	5 533	5 873	6 679	2 285	2 377	2 523	2 869	4 020	4 182	4 439	5 048	3 288	3 420	3 631	4 129
		中部	2 287	2 379	2 526	2 872	2 197	2 286	2 426	2 759	3 210	3 339	3 545	4 031	1 379	1 434	1 523	1 731	2 426	2 524	2 679	3 046	1 984	2 064	2 191	2 492
		西部	2 287	2 379	2 526	2 872	2 197	2 286	2 426	2 759	3 210	3 339	3 545	4 031	1 379	1 434	1 523	1 731	2 426	2 524	2 679	3 046	1 984	2 064	2 191	2 492

注：设计处理能力与处理量为该行业的中位数，纺织业设计处理能力的中位数为 393.7 t/d，处理量的中位数为 4.5 万 t/a。

表 1-74　纺织业污染物 COD 的边际治理费用（二级排放标准）

单位：元/t

企业性质	处理方法	地区	棉化纤纺织及印染精加工				毛纺织和染整精加工				麻纺织				丝绢纺织及精加工				纺织制成品制造				针织品、编织品及制品制造			
			30%	50%	70%	90%	30%	50%	70%	90%	30%	50%	70%	90%	30%	50%	70%	90%	30%	50%	70%	90%	30%	50%	70%	90%
民营	物理	东部	957	996	1 057	1 202	920	957	1 016	1 155	1 344	1 398	1 484	1 687	577	600	637	725	1 016	1 056	1 121	1 275	831	864	917	1 043
		中部	578	601	638	726	555	577	613	697	811	844	896	1 018	348	362	385	437	613	638	677	770	501	521	554	630
		西部	578	601	638	726	555	577	613	697	811	844	896	1 018	348	362	385	437	613	638	677	770	501	521	554	630
	化学	东部	1 296	1 348	1 431	1 628	1 245	1 295	1 375	1 564	1 819	1 892	2 009	2 285	782	813	863	981	1 375	1 430	1 518	1 727	1 125	1 170	1 242	1 412
		中部	782	814	864	982	752	782	830	944	1 098	1 142	1 212	1 379	472	491	521	592	830	863	916	1 042	679	706	750	852
		西部	782	814	864	982	752	782	830	944	1 098	1 142	1 212	1 379	472	491	521	592	830	863	916	1 042	679	706	750	852
	生物	东部	1 671	1 738	1 845	2 098	1 606	1 670	1 773	2 016	2 346	2 440	2 590	2 945	1 008	1 048	1 113	1 265	1 773	1 844	1 957	2 226	1 450	1 508	1 601	1 821
		中部	1 009	1 049	1 114	1 266	969	1 008	1 070	1 217	1 416	1 472	1 563	1 777	608	632	671	764	1 070	1 113	1 181	1 343	875	910	966	1 099
		西部	1 009	1 049	1 114	1 266	969	1 008	1 070	1 217	1 416	1 472	1 563	1 777	608	632	671	764	1 070	1 113	1 181	1 343	875	910	966	1 099
	物化	东部	913	949	1 008	1 146	877	912	968	1 101	1 281	1 332	1 414	1 608	550	572	608	691	968	1 007	1 069	1 216	792	824	874	994
		中部	551	573	608	692	529	550	584	664	773	804	854	971	332	345	367	417	584	608	645	734	478	497	528	600
		西部	551	573	608	692	529	550	584	664	773	804	854	971	332	345	367	417	584	608	645	734	478	497	528	600
	组合	东部	1 671	1 738	1 845	2 098	1 606	1 670	1 773	2 016	2 346	2 440	2 590	2 945	1 008	1 048	1 113	1 265	1 773	1 844	1 957	2 226	1 450	1 508	1 601	1 821
		中部	1 009	1 049	1 114	1 266	969	1 008	1 070	1 217	1 416	1 472	1 563	1 777	608	632	671	764	1 070	1 113	1 181	1 343	875	910	966	1 099
		西部	1 009	1 049	1 114	1 266	969	1 008	1 070	1 217	1 416	1 472	1 563	1 777	608	632	671	764	1 070	1 113	1 181	1 343	875	910	966	1 099
其他	物理	东部	1 071	1 114	1 183	1 345	1 029	1 070	1 136	1 292	1 503	1 563	1 660	1 887	646	672	713	811	1 136	1 182	1 254	1 426	929	966	1 026	1 167
		中部	646	672	714	812	621	646	686	780	907	944	1 002	1 139	390	405	430	489	686	713	757	861	561	583	619	704
		西部	646	672	714	812	621	646	686	780	907	944	1 002	1 139	390	405	430	489	686	713	757	861	561	583	619	704
	化学	东部	1 450	1 508	1 601	1 821	1 393	1 449	1 538	1 749	2 035	2 117	2 247	2 555	874	909	965	1 098	1 538	1 600	1 698	1 931	1 258	1 309	1 389	1 580
		中部	875	910	966	1 099	841	874	928	1 056	1 228	1 277	1 356	1 542	528	549	583	662	928	966	1 025	1 166	759	790	838	953
		西部	875	910	966	1 099	841	874	928	1 056	1 228	1 277	1 356	1 542	528	549	583	662	928	966	1 025	1 166	759	790	838	953
	生物	东部	1 869	1 944	2 064	2 347	1 796	1 868	1 983	2 255	2 624	2 729	2 897	3 294	1 127	1 172	1 244	1 415	1 983	2 062	2 189	2 490	1 622	1 687	1 791	2 036
		中部	1 128	1 173	1 246	1 417	1 084	1 127	1 197	1 361	1 583	1 647	1 748	1 988	680	707	751	854	1 197	1 245	1 321	1 503	979	1 018	1 081	1 229
		西部	1 128	1 173	1 246	1 417	1 084	1 127	1 197	1 361	1 583	1 647	1 748	1 988	680	707	751	854	1 197	1 245	1 321	1 503	979	1 018	1 081	1 229

企业性质	处理方法	地区	棉化纤纺织及印染精加工				毛纺织和染整精加工				麻纺织				丝绢纺织及精加工				纺织制成品制造				针织品、编织品及制品制造			
			30%	50%	70%	90%	30%	50%	70%	90%	30%	50%	70%	90%	30%	50%	70%	90%	30%	50%	70%	90%	30%	50%	70%	90%
其他	物化	东部	1 021	1 062	1 127	1 282	981	1 020	1 083	1 231	1 433	1 490	1 582	1 799	615	640	680	773	1 083	1 126	1 196	1 360	886	921	978	1 112
		中部	616	641	680	774	592	616	654	743	865	899	955	1 086	371	386	410	466	653	680	722	821	534	556	590	671
		西部	616	641	680	774	592	616	654	743	865	899	955	1 086	371	386	410	466	653	680	722	821	534	556	590	671
	组合	东部	1 869	1 944	2 064	2 347	1 796	1 868	1 983	2 255	2 624	2 729	2 897	3 294	1 127	1 172	1 244	1 415	1 983	2 062	2 189	2 490	1 622	1 687	1 791	2 036
		中部	1 128	1 173	1 246	1 417	1 084	1 127	1 197	1 361	1 583	1 647	1 748	1 988	680	707	751	854	1 197	1 245	1 321	1 503	979	1 018	1 081	1 229
		西部	1 128	1 173	1 246	1 417	1 084	1 127	1 197	1 361	1 583	1 647	1 748	1 988	680	707	751	854	1 197	1 245	1 321	1 503	979	1 018	1 081	1 229
外资	物理	东部	1 206	1 255	1 332	1 515	1 159	1 205	1 280	1 455	1 693	1 761	1 869	2 126	727	756	803	913	1 280	1 331	1 413	1 607	1 047	1 089	1 156	1 314
		中部	728	757	804	914	699	728	772	878	1 022	1 063	1 128	1 283	439	457	485	551	772	803	853	970	632	657	697	793
		西部	728	757	804	914	699	728	772	878	1 022	1 063	1 128	1 283	439	457	485	551	772	803	853	970	632	657	697	793
	化学	东部	1 633	1 699	1 803	2 051	1 569	1 632	1 733	1 970	2 292	2 384	2 531	2 878	985	1 024	1 087	1 236	1 732	1 802	1 913	2 175	1 417	1 474	1 565	1 779
		中部	986	1 025	1 088	1 238	947	985	1 046	1 189	1 383	1 439	1 528	1 737	594	618	656	746	1 046	1 088	1 154	1 313	855	889	944	1 074
		西部	986	1 025	1 088	1 238	947	985	1 046	1 189	1 383	1 439	1 528	1 737	594	618	656	746	1 046	1 088	1 154	1 313	855	889	944	1 074
	生物	东部	2 105	2 190	2 325	2 644	2 023	2 104	2 234	2 540	2 955	3 074	3 263	3 711	1 269	1 320	1 402	1 594	2 233	2 323	2 466	2 804	1 827	1 900	2 017	2 294
		中部	1 271	1 322	1 403	1 596	1 221	1 270	1 348	1 533	1 783	1 855	1 969	2 239	766	797	846	962	1 348	1 402	1 488	1 692	1 102	1 147	1 217	1 384
		西部	1 271	1 322	1 403	1 596	1 221	1 270	1 348	1 533	1 783	1 855	1 969	2 239	766	797	846	962	1 348	1 402	1 488	1 692	1 102	1 147	1 217	1 384
	物化	东部	1 150	1 196	1 270	1 444	1 105	1 149	1 220	1 387	1 614	1 678	1 782	2 026	693	721	765	870	1 220	1 269	1 347	1 531	998	1 038	1 101	1 253
		中部	694	722	766	871	667	693	736	837	974	1 013	1 075	1 223	418	435	462	525	736	766	813	924	602	626	665	756
		西部	694	722	766	871	667	693	736	837	974	1 013	1 075	1 223	418	435	462	525	736	766	813	924	602	626	665	756
	组合	东部	2 105	2 190	2 325	2 644	2 023	2 104	2 234	2 540	2 955	3 074	3 263	3 711	1 269	1 320	1 402	1 594	2 233	2 323	2 466	2 804	1 827	1 900	2 017	2 294
		中部	1 271	1 322	1 403	1 596	1 221	1 270	1 348	1 533	1 783	1 855	1 969	2 239	766	797	846	962	1 348	1 402	1 488	1 692	1 102	1 147	1 217	1 384
		西部	1 271	1 322	1 403	1 596	1 221	1 270	1 348	1 533	1 783	1 855	1 969	2 239	766	797	846	962	1 348	1 402	1 488	1 692	1 102	1 147	1 217	1 384

注：设计处理能力与处理量为该行业的中位数，纺织业设计处理能力的中位数为 393.7 t/d，处理量的中位数为 4.5 万 t/a。

表 1-75　纺织业污染物 COD 的边际治理费用（三级排放标准）

单位：元/t

企业性质	处理方法	地区	棉化纤纺织及印染精加工				毛纺织和染整精加工				麻纺织				丝绢纺织及精加工				纺织制成品制造				针织品、编织品及制品制造			
			30%	50%	70%	90%	30%	50%	70%	90%	30%	50%	70%	90%	30%	50%	70%	90%	30%	50%	70%	90%	30%	50%	70%	90%
民营	物理	东部	345	359	381	433	331	344	366	416	484	503	534	607	208	216	229	261	366	380	404	459	299	311	330	376
		中部	208	216	230	261	200	208	221	251	292	304	322	367	125	130	138	157	221	230	244	277	180	188	199	227
		西部	208	216	230	261	200	208	221	251	292	304	322	367	125	130	138	157	221	230	244	277	180	188	199	227
	化学	东部	467	485	515	586	448	466	495	563	655	681	723	822	281	293	311	353	495	515	547	622	405	421	447	508
		中部	282	293	311	354	271	281	299	340	395	411	436	496	170	177	187	213	299	311	330	375	244	254	270	307
		西部	282	293	311	354	271	281	299	340	395	411	436	496	170	177	187	213	299	311	330	375	244	254	270	307
	生物	东部	602	626	664	755	578	601	638	726	844	878	932	1 060	363	377	401	455	638	664	705	801	522	543	576	655
		中部	363	378	401	456	349	363	385	438	510	530	563	640	219	228	242	275	385	401	425	484	315	328	348	396
		西部	363	378	401	456	349	363	385	438	510	530	563	640	219	228	242	275	385	401	425	484	315	328	348	396
	物化	东部	329	342	363	413	316	328	349	396	461	480	509	579	198	206	219	249	348	362	385	438	285	296	315	358
		中部	198	206	219	249	190	198	210	239	278	289	307	349	120	124	132	150	210	219	232	264	172	179	190	216
		西部	198	206	219	249	190	198	210	239	278	289	307	349	120	124	132	150	210	219	232	264	172	179	190	216
	组合	东部	602	626	664	755	578	601	638	726	844	878	932	1 060	363	377	401	455	638	664	705	801	522	543	576	655
		中部	363	378	401	456	349	363	385	438	510	530	563	640	219	228	242	275	385	401	425	484	315	328	348	396
		西部	363	378	401	456	349	363	385	438	510	530	563	640	219	228	242	275	385	401	425	484	315	328	348	396
其他	物理	东部	386	401	426	484	370	385	409	465	541	563	598	679	232	242	257	292	409	425	452	514	334	348	369	420
		中部	233	242	257	292	224	233	247	281	327	340	361	410	140	146	155	176	247	257	273	310	202	210	223	253
		西部	233	242	257	292	224	233	247	281	327	340	361	410	140	146	155	176	247	257	273	310	202	210	223	253
	化学	东部	522	543	576	655	502	522	554	630	733	762	809	920	315	327	347	395	554	576	611	695	453	471	500	569
		中部	315	328	348	396	303	315	334	380	442	460	488	555	190	198	210	238	334	348	369	420	273	284	302	343
		西部	315	328	348	396	303	315	334	380	442	460	488	555	190	198	210	238	334	348	369	420	273	284	302	343
	生物	东部	673	700	743	845	647	672	714	812	944	982	1 043	1 186	406	422	448	509	714	742	788	896	584	607	645	733
		中部	406	422	448	510	390	406	431	490	570	593	629	716	245	255	270	307	431	448	476	541	352	366	389	442
		西部	406	422	448	510	390	406	431	490	570	593	629	716	245	255	270	307	431	448	476	541	352	366	389	442

企业性质	处理方法	地区	棉化纤纺织及印染精加工				毛纺织和染整精加工				麻纺织				丝绢纺织及精加工				纺织制成品制造				针织品、编织品及制品制造			
			30%	50%	70%	90%	30%	50%	70%	90%	30%	50%	70%	90%	30%	50%	70%	90%	30%	50%	70%	90%	30%	50%	70%	90%
其他	物化	东部	367	382	406	461	353	367	390	443	516	536	570	648	222	230	245	278	390	405	430	489	319	332	352	400
		中部	222	231	245	278	213	222	235	268	311	324	344	391	134	139	148	168	235	245	260	295	192	200	212	242
		西部	222	231	245	278	213	222	235	268	311	324	344	391	134	139	148	168	235	245	260	295	192	200	212	242
	组合	东部	673	700	743	845	647	672	714	812	944	982	1 043	1 186	406	422	448	509	714	742	788	896	584	607	645	733
		中部	406	422	448	510	390	406	431	490	570	593	629	716	245	255	270	307	431	448	476	541	352	366	389	442
		西部	406	422	448	510	390	406	431	490	570	593	629	716	245	255	270	307	431	448	476	541	352	366	389	442
外资	物理	东部	434	452	480	545	417	434	461	524	609	634	673	765	262	272	289	329	461	479	509	578	377	392	416	473
		中部	262	273	289	329	252	262	278	316	368	383	406	462	158	164	174	198	278	289	307	349	227	237	251	286
		西部	262	273	289	329	252	262	278	316	368	383	406	462	158	164	174	198	278	289	307	349	227	237	251	286
	化学	东部	588	612	649	738	565	588	624	709	825	858	911	1 036	354	369	391	445	624	649	689	783	510	531	563	641
		中部	355	369	392	446	341	355	376	428	498	518	550	625	214	223	236	269	376	392	416	473	308	320	340	387
		西部	355	369	392	446	341	355	376	428	498	518	550	625	214	223	236	269	376	392	416	473	308	320	340	387
	生物	东部	758	788	837	952	728	757	804	914	1 064	1 107	1 175	1 336	457	475	505	574	804	836	888	1 010	658	684	726	826
		中部	457	476	505	574	439	457	485	552	642	668	709	806	276	287	305	346	485	505	536	609	397	413	438	498
		西部	457	476	505	574	439	457	485	552	642	668	709	806	276	287	305	346	485	505	536	609	397	413	438	498
	物化	东部	414	431	457	520	398	414	439	499	581	604	641	729	250	260	276	313	439	457	485	551	359	374	397	451
		中部	250	260	276	314	240	250	265	301	351	365	387	440	151	157	166	189	265	276	293	333	217	225	239	272
		西部	250	260	276	314	240	250	265	301	351	365	387	440	151	157	166	189	265	276	293	333	217	225	239	272
	组合	东部	758	788	837	952	728	757	804	914	1 064	1 107	1 175	1 336	457	475	505	574	804	836	888	1 010	658	684	726	826
		中部	457	476	505	574	439	457	485	552	642	668	709	806	276	287	305	346	485	505	536	609	397	413	438	498
		西部	457	476	505	574	439	457	485	552	642	668	709	806	276	287	305	346	485	505	536	609	397	413	438	498

注：设计处理能力与处理量为该行业的中位数，纺织业设计处理能力的中位数为 393.7 t/d，处理量的中位数为 4.5 万 t/a。

（2）食品制造业

表 1-76 食品制造业废水的边际治理费用

单位：元/t

企业性质	处理方法	地区	焙烤食品制造				方便食品制造				罐头制造				糖果巧克力及蜜饯制造				乳制品制造				其他食品制造			
			30%	50%	70%	90%	30%	50%	70%	90%	30%	50%	70%	90%	30%	50%	70%	90%	30%	50%	70%	90%	30%	50%	70%	90%
民营	物理	东部	0.43	0.44	0.47	0.54	0.45	0.46	0.49	0.56	0.32	0.34	0.36	0.41	0.54	0.57	0.60	0.69	0.38	0.40	0.42	0.48	0.54	0.57	0.60	0.69
		中部	0.32	0.34	0.36	0.41	0.34	0.35	0.37	0.43	0.25	0.26	0.27	0.31	0.41	0.43	0.45	0.52	0.29	0.30	0.32	0.37	0.41	0.43	0.45	0.52
		西部	0.24	0.25	0.27	0.31	0.26	0.27	0.28	0.32	0.19	0.19	0.21	0.24	0.31	0.32	0.35	0.39	0.22	0.23	0.24	0.28	0.31	0.32	0.35	0.39
	化学	东部	0.82	0.85	0.90	1.03	0.85	0.89	0.94	1.08	0.62	0.65	0.69	0.78	1.04	1.08	1.15	1.31	0.73	0.76	0.81	0.93	1.04	1.08	1.15	1.31
		中部	0.62	0.64	0.68	0.78	0.64	0.67	0.71	0.81	0.47	0.49	0.52	0.59	0.79	0.82	0.87	0.99	0.56	0.58	0.61	0.70	0.79	0.82	0.87	0.99
		西部	0.47	0.49	0.52	0.59	0.49	0.51	0.54	0.62	0.36	0.37	0.39	0.45	0.60	0.62	0.66	0.75	0.42	0.44	0.47	0.53	0.60	0.62	0.66	0.75
	生物	东部	0.89	0.93	0.99	1.13	0.93	0.97	1.03	1.18	0.68	0.71	0.75	0.86	1.14	1.18	1.26	1.43	0.80	0.84	0.89	1.01	1.14	1.18	1.26	1.43
		中部	0.67	0.70	0.75	0.85	0.70	0.73	0.78	0.89	0.51	0.53	0.57	0.65	0.86	0.89	0.95	1.08	0.61	0.63	0.67	0.77	0.86	0.89	0.95	1.08
		西部	0.51	0.53	0.57	0.65	0.54	0.56	0.59	0.68	0.39	0.41	0.43	0.49	0.65	0.68	0.72	0.82	0.46	0.48	0.51	0.58	0.65	0.68	0.72	0.82
	物化	东部	0.61	0.63	0.67	0.77	0.64	0.66	0.70	0.80	0.46	0.48	0.51	0.58	0.77	0.81	0.86	0.98	0.55	0.57	0.61	0.69	0.77	0.81	0.86	0.98
		中部	0.46	0.48	0.51	0.58	0.48	0.50	0.53	0.61	0.35	0.36	0.39	0.44	0.58	0.61	0.65	0.74	0.41	0.43	0.46	0.52	0.58	0.61	0.65	0.74
		西部	0.35	0.36	0.39	0.44	0.36	0.38	0.40	0.46	0.27	0.28	0.29	0.34	0.44	0.46	0.49	0.56	0.31	0.33	0.35	0.40	0.44	0.46	0.49	0.56
	组合	东部	1.00	1.04	1.11	1.27	1.05	1.09	1.16	1.32	0.76	0.80	0.85	0.96	1.28	1.33	1.41	1.61	0.90	0.94	1.00	1.14	1.28	1.33	1.41	1.61
		中部	0.76	0.79	0.84	0.96	0.79	0.83	0.88	1.00	0.58	0.60	0.64	0.73	0.96	1.00	1.07	1.22	0.68	0.71	0.76	0.86	0.96	1.00	1.07	1.22
		西部	0.58	0.60	0.64	0.73	0.60	0.63	0.67	0.76	0.44	0.46	0.49	0.55	0.73	0.76	0.81	0.93	0.52	0.54	0.57	0.65	0.73	0.76	0.81	0.93

企业性质	处理方法	地区	焙烤食品制造				方便食品制造				罐头制造				糖果巧克力及蜜饯制造				乳制品制造				其他食品制造			
			30%	50%	70%	90%	30%	50%	70%	90%	30%	50%	70%	90%	30%	50%	70%	90%	30%	50%	70%	90%	30%	50%	70%	90%
其他	物理	东部	0.60	0.63	0.67	0.76	0.63	0.66	0.70	0.80	0.46	0.48	0.51	0.58	0.77	0.80	0.85	0.97	0.54	0.56	0.60	0.69	0.77	0.80	0.85	0.97
		中部	0.46	0.47	0.50	0.58	0.48	0.50	0.53	0.60	0.35	0.36	0.38	0.44	0.58	0.60	0.64	0.73	0.41	0.43	0.45	0.52	0.58	0.60	0.64	0.73
		西部	0.35	0.36	0.38	0.44	0.36	0.38	0.40	0.46	0.26	0.27	0.29	0.33	0.44	0.46	0.49	0.56	0.31	0.32	0.34	0.39	0.44	0.46	0.49	0.56
	化学	东部	1.15	1.20	1.28	1.46	1.21	1.26	1.34	1.52	0.88	0.91	0.97	1.11	1.47	1.53	1.63	1.85	1.04	1.08	1.15	1.31	1.47	1.53	1.63	1.85
		中部	0.87	0.91	0.96	1.10	0.91	0.95	1.01	1.15	0.66	0.69	0.73	0.84	1.11	1.16	1.23	1.40	0.78	0.82	0.87	0.99	1.11	1.16	1.23	1.40
		西部	0.66	0.69	0.73	0.84	0.69	0.72	0.77	0.87	0.50	0.53	0.56	0.64	0.84	0.88	0.93	1.06	0.60	0.62	0.66	0.75	0.84	0.88	0.93	1.06
	生物	东部	1.26	1.31	1.40	1.59	1.32	1.37	1.46	1.67	0.96	1.00	1.06	1.21	1.61	1.67	1.78	2.03	1.13	1.18	1.26	1.43	1.61	1.67	1.78	2.03
		中部	0.95	0.99	1.05	1.20	1.00	1.04	1.10	1.26	0.73	0.76	0.80	0.92	1.21	1.26	1.34	1.53	0.86	0.89	0.95	1.08	1.21	1.26	1.34	1.53
		西部	0.72	0.75	0.80	0.91	0.76	0.79	0.84	0.96	0.55	0.57	0.61	0.70	0.92	0.96	1.02	1.16	0.65	0.68	0.72	0.82	0.92	0.96	1.02	1.16
	物化	东部	0.86	0.89	0.95	1.08	0.90	0.93	0.99	1.13	0.65	0.68	0.72	0.83	1.09	1.14	1.21	1.38	0.77	0.80	0.86	0.98	1.09	1.14	1.21	1.38
		中部	0.65	0.68	0.72	0.82	0.68	0.71	0.75	0.86	0.49	0.51	0.55	0.62	0.83	0.86	0.91	1.04	0.58	0.61	0.65	0.74	0.83	0.86	0.91	1.04
		西部	0.49	0.51	0.55	0.62	0.52	0.54	0.57	0.65	0.38	0.39	0.42	0.47	0.63	0.65	0.69	0.79	0.44	0.46	0.49	0.56	0.63	0.65	0.69	0.79
	组合	东部	1.42	1.48	1.57	1.79	1.48	1.54	1.64	1.87	1.08	1.12	1.19	1.36	1.80	1.88	2.00	2.28	1.28	1.33	1.41	1.61	1.80	1.88	2.00	2.28
		中部	1.07	1.11	1.19	1.35	1.12	1.17	1.24	1.41	0.82	0.85	0.90	1.03	1.36	1.42	1.51	1.72	0.96	1.00	1.07	1.22	1.36	1.42	1.51	1.72
		西部	0.81	0.85	0.90	1.03	0.85	0.89	0.94	1.07	0.62	0.65	0.69	0.78	1.04	1.08	1.15	1.31	0.73	0.76	0.81	0.92	1.04	1.08	1.15	1.31

注：设计处理能力与处理量为该行业的中位数，食品制造业设计处理能力的中位数为 120 t/d，处理量的中位数为 8 843 t/a。

表 1-77　食品制造业污染物 COD 的边际治理费用（一级排放标准）

单位：元/t

企业性质	处理方法	地区	焙烤食品制造				方便食品制造				罐头制造				糖果巧克力及蜜饯制造				乳制品制造				其他食品制造			
			30%	50%	70%	90%	30%	50%	70%	90%	30%	50%	70%	90%	30%	50%	70%	90%	30%	50%	70%	90%	30%	50%	70%	90%
民营	物理	东部	874	910	968	1 104	915	952	1 013	1 155	666	694	737	841	1 114	1 160	1 233	1 407	787	820	872	994	1 114	1 160	1 233	1 407
		中部	661	688	732	835	691	720	765	873	503	524	557	636	842	876	932	1 063	595	620	659	751	842	876	932	1 063
		西部	502	523	556	634	525	547	581	663	382	398	423	483	639	666	708	808	452	471	500	571	639	666	708	808
	化学	东部	1 673	1 742	1 852	2 113	1 750	1 822	1 938	2 211	1 275	1 327	1 411	1 610	2 131	2 219	2 360	2 692	1 507	1 569	1 668	1 903	2 131	2 219	2 360	2 692
		中部	1 265	1 317	1 400	1 597	1 323	1 377	1 464	1 671	963	1 003	1 067	1 217	1 611	1 677	1 783	2 035	1 139	1 186	1 260	1 438	1 611	1 677	1 783	2 035
		西部	961	1 000	1 063	1 213	1 005	1 046	1 112	1 269	732	762	810	924	1 224	1 274	1 355	1 545	865	900	957	1 092	1 224	1 274	1 355	1 545
	生物	东部	1 829	1 904	2 025	2 310	1 913	1 992	2 118	2 416	1 393	1 451	1 543	1 760	2 330	2 426	2 579	2 943	1 647	1 715	1 823	2 080	2 330	2 426	2 579	2 943
		中部	1 382	1 439	1 530	1 746	1 446	1 506	1 601	1 826	1 053	1 097	1 166	1 330	1 761	1 833	1 949	2 224	1 245	1 296	1 378	1 572	1 761	1 833	1 949	2 224
		西部	1 050	1 093	1 162	1 326	1 098	1 144	1 216	1 387	800	833	886	1 010	1 337	1 393	1 481	1 689	945	984	1 047	1 194	1 337	1 393	1 481	1 689
	物化	东部	1 246	1 297	1 379	1 574	1 303	1 357	1 443	1 646	949	988	1 051	1 199	1 587	1 652	1 757	2 004	1 122	1 168	1 242	1 417	1 587	1 652	1 757	2 004
		中部	942	980	1 042	1 189	985	1 025	1 090	1 244	717	747	794	906	1 199	1 249	1 328	1 515	848	883	938	1 071	1 199	1 249	1 328	1 515
		西部	715	745	792	903	748	779	828	945	545	567	603	688	911	949	1 009	1 151	644	670	713	813	911	949	1 009	1 151
	组合	东部	2 056	2 141	2 276	2 597	2 151	2 239	2 381	2 716	1 566	1 631	1 734	1 978	2 619	2 727	2 899	3 308	1 851	1 927	2 049	2 338	2 619	2 727	2 899	3 308
		中部	1 554	1 618	1 720	1 963	1 625	1 692	1 799	2 053	1 184	1 233	1 311	1 495	1 979	2 061	2 191	2 500	1 399	1 457	1 549	1 767	1 979	2 061	2 191	2 500
		西部	1 180	1 229	1 307	1 491	1 235	1 286	1 367	1 559	899	936	995	1 136	1 504	1 565	1 664	1 899	1 063	1 106	1 176	1 342	1 504	1 565	1 664	1 899

企业性质	处理方法	地区	焙烤食品制造				方便食品制造				罐头制造				糖果巧克力及蜜饯制造				乳制品制造				其他食品制造			
			30%	50%	70%	90%	30%	50%	70%	90%	30%	50%	70%	90%	30%	50%	70%	90%	30%	50%	70%	90%	30%	50%	70%	90%
其他	物理	东部	1 236	1 287	1 368	1 561	1 293	1 346	1 431	1 633	942	980	1 042	1 189	1 574	1 639	1 743	1 988	1 113	1 159	1 232	1 405	1 574	1 639	1 743	1 988
		中部	934	973	1 034	1 180	977	1 017	1 082	1 234	712	741	788	899	1 190	1 239	1 317	1 503	841	876	931	1 062	1 190	1 239	1 317	1 503
		西部	709	739	785	896	742	773	822	937	541	563	598	683	904	941	1 000	1 141	639	665	707	807	904	941	1 000	1 141
	化学	东部	2 365	2 462	2 618	2 987	2 474	2 576	2 739	3 125	1 802	1 876	1 995	2 276	3 013	3 137	3 335	3 805	2 129	2 217	2 357	2 689	3 013	3 137	3 335	3 805
		中部	1 787	1 861	1 979	2 258	1 870	1 947	2 070	2 362	1 362	1 418	1 508	1 720	2 277	2 371	2 521	2 876	1 609	1 676	1 782	2 033	2 277	2 371	2 521	2 876
		西部	1 358	1 414	1 503	1 715	1 420	1 479	1 572	1 794	1 034	1 077	1 145	1 306	1 729	1 801	1 915	2 184	1 222	1 273	1 353	1 544	1 729	1 801	1 915	2 184
	生物	东部	2 585	2 692	2 862	3 265	2 704	2 816	2 994	3 415	1 970	2 051	2 180	2 488	3 293	3 429	3 645	4 159	2 328	2 423	2 577	2 940	3 293	3 429	3 645	4 159
		中部	1 954	2 034	2 163	2 468	2 044	2 128	2 263	2 581	1 489	1 550	1 648	1 880	2 489	2 591	2 755	3 143	1 759	1 832	1 947	2 222	2 489	2 591	2 755	3 143
		西部	1 484	1 545	1 643	1 874	1 552	1 616	1 719	1 961	1 131	1 177	1 252	1 428	1 890	1 968	2 093	2 388	1 336	1 391	1 479	1 688	1 890	1 968	2 093	2 388
	物化	东部	1 761	1 833	1 949	2 224	1 842	1 918	2 039	2 326	1 342	1 397	1 485	1 694	2 243	2 335	2 483	2 833	1 585	1 651	1 755	2 002	2 243	1 652	1 757	2 004
		中部	1 331	1 386	1 473	1 681	1 392	1 449	1 541	1 758	1 014	1 056	1 122	1 281	1 695	1 765	1 877	2 141	1 198	1 248	1 326	1 513	1 695	1 249	1 328	1 515
		西部	1 011	1 053	1 119	1 277	1 057	1 101	1 171	1 336	770	802	853	973	1 288	1 341	1 425	1 626	910	948	1 008	1 149	1 288	949	1 009	1 151
	组合	东部	2 906	3 026	3 217	3 670	3 040	3 165	3 365	3 839	2 214	2 305	2 451	2 796	3 702	3 854	4 098	4 675	2 616	2 724	2 896	3 305	3 702	2 727	2 899	3 308
		中部	2 196	2 287	2 431	2 774	2 297	2 392	2 543	2 902	1 673	1 742	1 852	2 113	2 798	2 913	3 097	3 534	1 977	2 059	2 189	2 498	2 798	2 061	2 191	2 500
		西部	1 668	1 737	1 847	2 107	1 745	1 817	1 932	2 204	1 271	1 323	1 407	1 605	2 125	2 213	2 352	2 684	1 502	1 564	1 663	1 897	2 125	1 565	1 664	1 899

注：设计处理能力与处理量为该行业的中位数，食品制造业设计处理能力的中位数为 120 t/d，处理量的中位数为 8 843 t/a。

表 1-78 食品制造业污染物 COD 的边际治理费用（二级排放标准）

单位：元/t

企业性质	处理方法	地区	焙烤食品制造				方便食品制造				罐头制造				糖果巧克力及蜜饯制造				乳制品制造				其他食品制造			
			30%	50%	70%	90%	30%	50%	70%	90%	30%	50%	70%	90%	30%	50%	70%	90%	30%	50%	70%	90%	30%	50%	70%	90%
民营	物理	东部	583	607	645	736	610	635	675	770	444	462	492	561	743	773	822	938	525	546	581	663	743	773	822	938
		中部	441	459	488	556	461	480	510	582	336	349	372	424	561	584	621	709	397	413	439	501	561	584	621	709
		西部	335	348	370	423	350	364	388	442	255	265	282	322	426	444	472	538	301	314	334	381	426	444	472	538
	化学	东部	1 116	1 161	1 235	1 409	1 167	1 215	1 292	1 474	850	885	941	1 073	1 421	1 480	1 573	1 795	1 004	1 046	1 112	1 269	1 421	1 480	1 573	1 795
		中部	843	878	933	1 065	882	918	976	1 114	642	669	711	811	1 074	1 118	1 189	1 356	759	790	840	959	1 074	1 118	1 189	1 356
		西部	640	667	709	809	670	697	742	846	488	508	540	616	816	849	903	1 030	577	600	638	728	816	849	903	1 030
	生物	东部	1 219	1 270	1 350	1 540	1 275	1 328	1 412	1 611	929	967	1 028	1 173	1 553	1 617	1 719	1 962	1 098	1 143	1 215	1 387	1 553	1 617	1 719	1 962
		中部	922	960	1 020	1 164	964	1 004	1 067	1 218	702	731	777	887	1 174	1 222	1 300	1 483	830	864	919	1 048	1 174	1 222	1 300	1 483
		西部	700	729	775	884	732	762	811	925	533	555	590	674	892	928	987	1 126	630	656	698	796	892	928	987	1 126
	物化	东部	831	865	919	1 049	869	905	962	1 097	633	659	700	799	1 058	1 102	1 171	1 336	748	779	828	944	1 058	1 102	1 171	1 336
		中部	628	654	695	793	657	684	727	829	478	498	529	604	800	833	885	1 010	565	588	626	714	800	833	885	1 010
		西部	477	496	528	602	499	519	552	630	363	378	402	459	607	632	672	767	429	447	475	542	607	632	672	767
	组合	东部	1 371	1 427	1 517	1 731	1 434	1 493	1 587	1 811	1 044	1 087	1 156	1 319	1 746	1 818	1 933	2 205	1 234	1 285	1 366	1 559	1 746	1 818	1 933	2 205
		中部	1 036	1 079	1 147	1 308	1 084	1 128	1 200	1 369	789	822	874	997	1 320	1 374	1 461	1 667	933	971	1 033	1 178	1 320	1 374	1 461	1 667
		西部	787	819	871	994	823	857	911	1 040	599	624	664	757	1 002	1 044	1 110	1 266	708	738	784	895	1 002	1 044	1 110	1 266

企业性质	处理方法	地区	焙烤食品制造				方便食品制造				罐头制造				糖果巧克力及蜜饯制造				乳制品制造				其他食品制造			
			30%	50%	70%	90%	30%	50%	70%	90%	30%	50%	70%	90%	30%	50%	70%	90%	30%	50%	70%	90%	30%	50%	70%	90%
其他	物理	东部	824	858	912	1 041	862	897	954	1 089	628	654	695	793	1 050	1 093	1 162	1 326	742	772	821	937	1 050	1 093	1 162	1 326
		中部	623	648	689	787	651	678	721	823	474	494	525	599	793	826	878	1 002	561	584	621	708	793	826	878	1 002
		西部	473	492	524	597	495	515	548	625	360	375	399	455	603	627	667	761	426	443	471	538	603	627	667	761
	化学	东部	1 577	1 642	1 745	1 991	1 649	1 717	1 826	2 083	1 201	1 251	1 330	1 517	2 008	2 091	2 223	2 537	1 420	1 478	1 571	1 793	2 008	2 091	2 223	2 537
		中部	1 192	1 241	1 319	1 505	1 246	1 298	1 380	1 574	908	945	1 005	1 147	1 518	1 580	1 680	1 917	1 073	1 117	1 188	1 355	1 518	1 580	1 680	1 917
		西部	905	942	1 002	1 143	947	986	1 048	1 196	690	718	763	871	1 153	1 200	1 276	1 456	815	848	902	1 029	1 153	1 200	1 276	1 456
	生物	东部	1 723	1 794	1 908	2 177	1 803	1 877	1 996	2 277	1 313	1 367	1 454	1 658	2 195	2 286	2 430	2 773	1 552	1 616	1 718	1 960	2 195	2 286	2 430	2 773
		中部	1 303	1 356	1 442	1 645	1 363	1 419	1 508	1 721	992	1 033	1 099	1 253	1 659	1 728	1 837	2 096	1 173	1 221	1 298	1 481	1 659	1 728	1 837	2 096
		西部	989	1 030	1 095	1 250	1 035	1 078	1 146	1 307	754	785	834	952	1 260	1 312	1 395	1 592	891	927	986	1 125	1 260	1 312	1 395	1 592
	物化	东部	1 174	1 222	1 300	1 483	1 228	1 279	1 359	1 551	894	931	990	1 130	1 495	1 557	1 655	1 889	1 057	1 100	1 170	1 335	1 495	1 557	1 655	1 889
		中部	887	924	982	1 121	928	966	1 027	1 172	676	704	748	854	1 130	1 177	1 251	1 427	799	832	884	1 009	1 130	1 177	1 251	1 427
		西部	674	702	746	851	705	734	780	890	513	535	568	648	858	894	950	1 084	607	632	672	766	858	894	950	1 084
	组合	东部	1 937	2 017	2 145	2 447	2 027	2 110	2 243	2 560	1 476	1 537	1 634	1 864	2 468	2 569	2 732	3 117	1 744	1 816	1 931	2 203	2 468	2 569	2 732	3 117
		中部	1 464	1 525	1 621	1 849	1 532	1 595	1 696	1 934	1 116	1 161	1 235	1 409	1 865	1 942	2 065	2 356	1 318	1 373	1 459	1 665	1 865	1 942	2 065	2 356
		西部	1 112	1 158	1 231	1 405	1 163	1 211	1 288	1 469	847	882	938	1 070	1 417	1 475	1 568	1 789	1 001	1 043	1 109	1 265	1 417	1 475	1 568	1 789

注：设计处理能力与处理量为该行业的中位数，食品制造业设计处理能力的中位数为 120 t/d，处理量的中位数为 8 843 t/a。

表 1-79 食品制造业污染物 COD 的边际治理费用（三级排放标准）

单位：元/t

企业性质	处理方法	地区	焙烤食品制造				方便食品制造				罐头制造				糖果巧克力及蜜饯制造				乳制品制造				其他食品制造			
			30%	50%	70%	90%	30%	50%	70%	90%	30%	50%	70%	90%	30%	50%	70%	90%	30%	50%	70%	90%	30%	50%	70%	90%
民营	物理	东部	175	182	194	221	183	190	203	231	133	139	147	168	223	232	247	281	157	164	174	199	223	232	247	281
		中部	132	138	146	167	138	144	153	175	101	105	111	127	168	175	186	213	119	124	132	150	168	175	186	213
		西部	100	105	111	127	105	109	116	133	76	80	85	97	128	133	142	162	90	94	100	114	128	133	142	162
	化学	东部	335	348	370	423	350	364	388	442	255	265	282	322	426	444	472	538	301	314	334	381	426	444	472	538
		中部	253	263	280	319	265	275	293	334	193	201	213	243	322	335	357	407	228	237	252	288	322	335	357	407
		西部	192	200	213	243	201	209	222	254	146	152	162	185	245	255	271	309	173	180	191	218	245	255	271	309
	生物	东部	366	381	405	462	383	398	424	483	279	290	309	352	466	485	516	589	329	343	365	416	466	485	516	589
		中部	276	288	306	349	289	301	320	365	211	219	233	266	352	367	390	445	249	259	276	314	352	367	390	445
		西部	210	219	232	265	220	229	243	277	160	167	177	202	267	279	296	338	189	197	209	239	267	279	296	338
	物化	东部	249	259	276	315	261	271	289	329	190	198	210	240	317	330	351	401	224	234	248	283	317	330	351	401
		中部	188	196	208	238	197	205	218	249	143	149	159	181	240	250	266	303	170	177	188	214	240	250	266	303
		西部	143	149	158	181	150	156	166	189	109	113	121	138	182	190	202	230	129	134	143	163	182	190	202	230
	组合	东部	411	428	455	519	430	448	476	543	313	326	347	396	524	545	580	662	370	385	410	468	524	545	580	662
		中部	311	324	344	393	325	338	360	411	237	247	262	299	396	412	438	500	280	291	310	353	396	412	438	500
		西部	236	246	261	298	247	257	273	312	180	187	199	227	301	313	333	380	213	221	235	268	301	313	333	380

企业性质	处理方法	地区	焙烤食品制造				方便食品制造				罐头制造				糖果巧克力及蜜饯制造				乳制品制造				其他食品制造			
			30%	50%	70%	90%	30%	50%	70%	90%	30%	50%	70%	90%	30%	50%	70%	90%	30%	50%	70%	90%	30%	50%	70%	90%
其他	物理	东部	247	257	274	312	259	269	286	327	188	196	208	238	315	328	349	398	223	232	246	281	315	328	349	398
		中部	187	195	207	236	195	203	216	247	142	148	158	180	238	248	263	301	168	175	186	212	238	248	263	301
		西部	142	148	157	179	148	155	164	187	108	113	120	137	181	188	200	228	128	133	141	161	181	188	200	228
	化学	东部	473	492	524	597	495	515	548	625	360	375	399	455	603	627	667	761	426	443	471	538	603	627	667	761
		中部	357	372	396	452	374	389	414	472	272	284	302	344	455	474	504	575	322	335	356	407	455	474	504	575
		西部	272	283	301	343	284	296	314	359	207	215	229	261	346	360	383	437	244	255	271	309	346	360	383	437
	生物	东部	517	538	572	653	541	563	599	683	394	410	436	498	659	686	729	832	466	485	515	588	659	686	729	832
		中部	391	407	433	494	409	426	453	516	298	310	330	376	498	518	551	629	352	366	389	444	498	518	551	629
		西部	297	309	329	375	310	323	344	392	226	235	250	286	378	394	419	478	267	278	296	338	378	394	419	478
	物化	东部	352	367	390	445	368	384	408	465	268	279	297	339	449	467	497	567	317	330	351	400	449	467	497	567
		中部	266	277	295	336	278	290	308	352	203	211	224	256	339	353	375	428	240	250	265	303	339	353	375	428
		西部	202	211	224	255	211	220	234	267	154	160	171	195	258	268	285	325	182	190	202	230	258	268	285	325
	组合	东部	581	605	643	734	608	633	673	768	443	461	490	559	740	771	820	935	523	545	579	661	740	771	820	935
		中部	439	457	486	555	459	478	509	580	335	348	370	423	560	583	619	707	395	412	438	500	560	583	619	707
		西部	334	347	369	421	349	363	386	441	254	265	281	321	425	443	470	537	300	313	333	379	425	443	470	537

注：设计处理能力与处理量为该行业的中位数，食品制造业设计处理能力的中位数为 120 t/d，处理量的中位数为 8 843 t/a。

（3）饮料制造业

表 1-80　饮料制造业废水的边际治理费用

单位：元/t

处理方法	地区	精制茶加工				其他			
		30%	50%	70%	90%	30%	50%	70%	90%
物理	东部	0.51	0.54	0.59	0.70	0.88	0.92	1.01	1.20
	中部	0.44	0.46	0.50	0.60	0.75	0.80	0.87	1.04
	西部	0.32	0.34	0.37	0.44	0.55	0.58	0.63	0.75
化学	东部	0.57	0.60	0.65	0.78	0.97	1.03	1.11	1.33
	中部	0.49	0.51	0.56	0.67	0.84	0.88	0.96	1.15
	西部	0.35	0.37	0.41	0.49	0.61	0.64	0.70	0.83
生物	东部	0.75	0.79	0.86	1.03	1.28	1.35	1.47	1.76
	中部	0.64	0.68	0.74	0.88	1.10	1.16	1.27	1.52
	西部	0.47	0.49	0.53	0.64	0.80	0.84	0.92	1.10
物化	东部	0.86	0.91	0.99	1.19	1.48	1.56	1.70	2.04
	中部	0.74	0.79	0.85	1.02	1.28	1.35	1.47	1.76
	西部	0.54	0.57	0.62	0.74	0.92	0.98	1.06	1.27
组合	东部	0.86	0.91	0.99	1.19	1.48	1.56	1.70	2.04
	中部	0.74	0.79	0.85	1.02	1.28	1.35	1.47	1.76
	西部	0.54	0.57	0.62	0.74	0.92	0.98	1.06	1.27

注：饮料制造业废水处理设施设计处理能力的中位数为 400 t/d，处理量的中位数为 4 万 t/a。

表 1-81　饮料制造业污染物 COD 的边际治理费用

单位：元/t

处理方法	地区	一级排放标准								二级排放标准								三级排放标准							
		精制茶加工				其他				精制茶加工				其他				精制茶加工				其他			
		30%	50%	70%	90%	30%	50%	70%	90%	30%	50%	70%	90%	30%	50%	70%	90%	30%	50%	70%	90%	30%	50%	70%	90%
物理	东部	1 295	1 368	1 488	1 781	2 222	2 348	2 553	3 057	863	912	992	1 188	1 481	1 565	1 702	2 038	259	274	298	356	444	470	511	611
	中部	1 116	1 179	1 282	1 535	1 914	2 023	2 200	2 634	744	786	855	1 023	1 276	1 349	1 466	1 756	223	236	256	307	383	405	440	527
	西部	808	854	929	1 112	1 387	1 466	1 594	1 909	539	570	619	742	925	977	1 063	1 273	162	171	186	222	277	293	319	382
化学	东部	1 435	1 517	1 649	1 975	2 463	2 603	2 830	3 389	957	1 011	1 099	1 317	1 642	1 735	1 887	2 259	287	303	330	395	493	521	566	678
	中部	1 237	1 307	1 421	1 701	2 122	2 242	2 438	2 920	824	871	947	1 134	1 415	1 495	1 625	1 946	247	261	284	340	424	448	488	584
	西部	896	947	1 030	1 233	1 538	1 625	1 767	2 116	597	631	686	822	1 025	1 083	1 178	1 411	179	189	206	247	308	325	353	423
生物	东部	1 891	1 999	2 173	2 602	3 246	3 430	3 730	4 466	1 261	1 332	1 449	1 735	2 164	2 287	2 486	2 977	378	400	435	520	649	686	746	893
	中部	1 630	1 722	1 873	2 242	2 796	2 955	3 213	3 848	1 086	1 148	1 248	1 495	1 864	1 970	2 142	2 565	326	344	375	448	559	591	643	770
	西部	1 181	1 248	1 357	1 625	2 027	2 141	2 329	2 788	787	832	905	1 083	1 351	1 428	1 552	1 859	236	250	271	325	405	428	466	558
物化	东部	2 191	2 315	2 518	3 015	3 760	3 973	4 320	5 173	1 461	1 543	1 678	2 010	2 506	2 649	2 880	3 449	438	463	504	603	752	795	864	1 035
	中部	1 888	1 995	2 169	2 597	3 239	3 423	3 722	4 457	1 258	1 330	1 446	1 731	2 159	2 282	2 481	2 971	378	399	434	519	648	685	744	891
	西部	1 368	1 446	1 572	1 882	2 347	2 481	2 697	3 230	912	964	1 048	1 255	1 565	1 654	1 798	2 153	274	289	314	376	469	496	539	646
组合	东部	2 191	2 315	2 518	3 015	3 760	3 973	4 320	5 173	1 461	1 543	1 678	2 010	2 506	2 649	2 880	3 449	438	463	504	603	752	795	864	1 035
	中部	1 888	1 995	2 169	2 597	3 239	3 423	3 722	4 457	1 258	1 330	1 446	1 731	2 159	2 282	2 481	2 971	378	399	434	519	648	685	744	891
	西部	1 368	1 446	1 572	1 882	2 347	2 481	2 697	3 230	912	964	1 048	1 255	1 565	1 654	1 798	2 153	274	289	314	376	469	496	539	646

注：饮料制造业废水处理设施设计处理能力的中位数为 400 t/d，处理量的中位数为 4 万 t/a。

（4）造纸及纸制品业

表 1-82　造纸及纸制品业废水的边际治理费用

单位：元/t

企业性质	处理方法	地区	纸浆制造				其他			
			30%	50%	70%	90%	30%	50%	70%	90%
民营	物理	东部	0.41	0.42	0.45	0.51	0.25	0.26	0.27	0.31
		中部	0.28	0.29	0.31	0.35	0.17	0.18	0.19	0.22
		西部	0.28	0.29	0.31	0.35	0.17	0.18	0.19	0.22
	化学	东部	0.60	0.62	0.66	0.75	0.36	0.38	0.40	0.46
		中部	0.41	0.43	0.45	0.52	0.25	0.26	0.28	0.32
		西部	0.41	0.43	0.45	0.52	0.25	0.26	0.28	0.32
	生物	东部	0.99	1.03	1.09	1.24	0.60	0.63	0.67	0.76
		中部	0.68	0.71	0.75	0.86	0.42	0.43	0.46	0.52
		西部	0.68	0.71	0.75	0.86	0.42	0.43	0.46	0.52
	物化	东部	0.99	1.03	1.09	1.24	0.60	0.63	0.67	0.76
		中部	0.68	0.71	0.75	0.86	0.42	0.43	0.46	0.52
		西部	0.68	0.71	0.75	0.86	0.42	0.43	0.46	0.52
	组合	东部	1.11	1.16	1.23	1.40	0.68	0.71	0.75	0.86
		中部	0.77	0.80	0.85	0.97	0.47	0.49	0.52	0.59
		西部	0.77	0.80	0.85	0.97	0.47	0.49	0.52	0.59
其他	物理	东部	0.60	0.62	0.66	0.75	0.36	0.38	0.40	0.46
		中部	0.41	0.43	0.45	0.52	0.25	0.26	0.28	0.32
		西部	0.41	0.43	0.45	0.52	0.25	0.26	0.28	0.32
	化学	东部	0.87	0.91	0.96	1.10	0.53	0.55	0.59	0.67
		中部	0.60	0.63	0.66	0.76	0.37	0.38	0.41	0.46
		西部	0.60	0.63	0.66	0.76	0.37	0.38	0.41	0.46

企业性质	处理方法	地区	纸浆制造				其他			
			30%	50%	70%	90%	30%	50%	70%	90%
其他	生物	东部	1.44	1.50	1.60	1.82	0.88	0.92	0.97	1.11
		中部	1.00	1.04	1.10	1.25	0.61	0.63	0.67	0.77
		西部	1.00	1.04	1.10	1.25	0.61	0.63	0.67	0.77
	物化	东部	1.44	1.50	1.60	1.82	0.88	0.92	0.97	1.11
		中部	1.00	1.04	1.10	1.25	0.61	0.63	0.67	0.77
		西部	1.00	1.04	1.10	1.25	0.61	0.63	0.67	0.77
	组合	东部	1.63	1.69	1.80	2.05	0.99	1.03	1.10	1.25
		中部	1.12	1.17	1.24	1.41	0.69	0.71	0.76	0.86
		西部	1.12	1.17	1.24	1.41	0.69	0.71	0.76	0.86
外资	物理	东部	0.60	0.62	0.66	0.75	0.36	0.38	0.40	0.46
		中部	0.41	0.43	0.45	0.52	0.25	0.26	0.28	0.32
		西部	0.41	0.43	0.45	0.52	0.25	0.26	0.28	0.32
	化学	东部	0.87	0.91	0.96	1.10	0.53	0.55	0.59	0.67
		中部	0.60	0.63	0.66	0.76	0.37	0.38	0.41	0.46
		西部	0.60	0.63	0.66	0.76	0.37	0.38	0.41	0.46
	生物	东部	1.44	1.50	1.60	1.82	0.88	0.92	0.97	1.11
		中部	1.00	1.04	1.10	1.25	0.61	0.63	0.67	0.77
		西部	1.00	1.04	1.10	1.25	0.61	0.63	0.67	0.77
	物化	东部	1.44	1.50	1.60	1.82	0.88	0.92	0.97	1.11
		中部	1.00	1.04	1.10	1.25	0.61	0.63	0.67	0.77
		西部	1.00	1.04	1.10	1.25	0.61	0.63	0.67	0.77
	组合	东部	1.63	1.69	1.80	2.05	0.99	1.03	1.10	1.25
		中部	1.12	1.17	1.24	1.41	0.69	0.71	0.76	0.86
		西部	1.12	1.17	1.24	1.41	0.69	0.71	0.76	0.86

注：造纸及纸制品业设计处理能力的中位数为 1 200 t/d，处理量的中位数为 15 万 t/a。

表 1-83 造纸及纸制品业污染物 COD 的边际治理费用

单位：元/t

企业性质	处理方法	地区	2011 年 6 月 30 日以前的企业水污染排放限值								2011 年 6 月 30 日后新建企业水污染排放限值							
			纸浆制造/（200 mg/L）				纸与纸制品制造/（100 mg/L）				纸浆制造/（100 mg/L）				纸与纸制品制造/（80 mg/L）			
			30%	50%	70%	90%	30%	50%	70%	90%	30%	50%	70%	90%	30%	50%	70%	90%
民营	物理	东部	433	451	479	546	529	550	585	667	866	901	957	1 091	661	688	731	833
		中部	299	311	330	376	365	380	404	460	597	622	661	753	456	475	504	575
		西部	299	311	330	376	365	380	404	460	597	622	661	753	456	475	504	575
	化学	东部	634	659	701	799	774	806	856	976	1 267	1 319	1 402	1 597	967	1 007	1 070	1 219
		中部	437	455	484	551	534	556	591	673	874	910	967	1 102	668	695	738	842
		西部	437	455	484	551	534	556	591	673	874	910	967	1 102	668	695	738	842
	生物	东部	1 049	1 092	1 160	1 322	1 281	1 333	1 417	1 615	2 097	2 183	2 320	2 644	1 601	1 667	1 771	2 019
		中部	724	753	800	912	884	920	978	1 114	1 447	1 506	1 601	1 824	1 105	1 150	1 222	1 393
		西部	724	753	800	912	884	920	978	1 114	1 447	1 506	1 601	1 824	1 105	1 150	1 222	1 393
	物化	东部	1 049	1 092	1 160	1 322	1 281	1 333	1 417	1 615	2 097	2 183	2 320	2 644	1 601	1 667	1 771	2 019
		中部	724	753	800	912	884	920	978	1 114	1 447	1 506	1 601	1 824	1 105	1 150	1 222	1 393
		西部	724	753	800	912	884	920	978	1 114	1 447	1 506	1 601	1 824	1 105	1 150	1 222	1 393
	组合	东部	1 182	1 231	1 308	1 491	1 444	1 503	1 598	1 821	2 365	2 461	2 616	2 981	1 806	1 879	1 997	2 276
		中部	816	849	902	1 029	997	1 037	1 102	1 256	1 632	1 699	1 805	2 057	1 246	1 297	1 378	1 571
		西部	816	849	902	1 029	997	1 037	1 102	1 256	1 632	1 699	1 805	2 057	1 246	1 297	1 378	1 571
其他	物理	东部	634	659	701	799	774	806	856	976	1 267	1 319	1 402	1 597	967	1 007	1 070	1 219
		中部	437	455	484	551	534	556	591	673	874	910	967	1 102	668	695	738	842
		西部	437	455	484	551	534	556	591	673	874	910	967	1 102	668	695	738	842
	化学	东部	927	965	1 026	1 169	1 133	1 179	1 253	1 428	1 855	1 930	2 051	2 338	1 416	1 474	1 566	1 785
		中部	640	666	708	807	782	814	865	985	1 280	1 332	1 416	1 613	977	1 017	1 081	1 232
		西部	640	666	708	807	782	814	865	985	1 280	1 332	1 416	1 613	977	1 017	1 081	1 232
	生物	东部	1 535	1 598	1 698	1 935	1 875	1 952	2 074	2 364	3 070	3 196	3 396	3 870	2 344	2 440	2 593	2 955
		中部	1 059	1 103	1 172	1 335	1 294	1 347	1 431	1 631	2 119	2 205	2 343	2 671	1 617	1 684	1 789	2 039
		西部	1 059	1 103	1 172	1 335	1 294	1 347	1 431	1 631	2 119	2 205	2 343	2 671	1 617	1 684	1 789	2 039

企业性质	处理方法	地区	2011年6月30日以前的企业水污染排放限值								2011年6月30日后新建企业水污染排放限值							
			纸浆制造/（200 mg/L）				纸与纸制品制造/（100 mg/L）				纸浆制造/（100 mg/L）				纸与纸制品制造/（80 mg/L）			
			30%	50%	70%	90%	30%	50%	70%	90%	30%	50%	70%	90%	30%	50%	70%	90%
其他	物化	东部	1 535	1 598	1 698	1 935	1 875	1 952	2 074	2 364	3 070	3 196	3 396	3 870	2 344	2 440	2 593	2 955
		中部	1 059	1 103	1 172	1 335	1 294	1 347	1 431	1 631	2 119	2 205	2 343	2 671	1 617	1 684	1 789	2 039
		西部	1 059	1 103	1 172	1 335	1 294	1 347	1 431	1 631	2 119	2 205	2 343	2 671	1 617	1 684	1 789	2 039
	组合	东部	1 731	1 802	1 914	2 182	2 114	2 201	2 339	2 665	3 462	3 603	3 829	4 364	2 643	2 751	2 923	3 332
		中部	1 194	1 243	1 321	1 506	1 459	1 519	1 614	1 839	2 389	2 486	2 642	3 011	1 824	1 898	2 017	2 299
		西部	1 194	1 243	1 321	1 506	1 459	1 519	1 614	1 839	2 389	2 486	2 642	3 011	1 824	1 898	2 017	2 299
外资	物理	东部	634	659	701	799	774	806	856	976	1 267	1 319	1 402	1 597	967	1 007	1 070	1 219
		中部	437	455	484	551	534	556	591	673	874	910	967	1 102	668	695	738	842
		西部	437	455	484	551	534	556	591	673	874	910	967	1 102	668	695	738	842
	化学	东部	927	965	1 026	1 169	1 133	1 179	1 253	1 428	1 855	1 930	2 051	2 338	1 416	1 474	1 566	1 785
		中部	640	666	708	807	782	814	865	985	1 280	1 332	1 416	1 613	977	1 017	1 081	1 232
		西部	640	666	708	807	782	814	865	985	1 280	1 332	1 416	1 613	977	1 017	1 081	1 232
	生物	东部	1 535	1 598	1 698	1 935	1 875	1 952	2 074	2 364	3 070	3 196	3 396	3 870	2 344	2 440	2 593	2 955
		中部	1 059	1 103	1 172	1 335	1 294	1 347	1 431	1 631	2 119	2 205	2 343	2 671	1 617	1 684	1 789	2 039
		西部	1 059	1 103	1 172	1 335	1 294	1 347	1 431	1 631	2 119	2 205	2 343	2 671	1 617	1 684	1 789	2 039
	物化	东部	1 535	1 598	1 698	1 935	1 875	1 952	2 074	2 364	3 070	3 196	3 396	3 870	2 344	2 440	2 593	2 955
		中部	1 059	1 103	1 172	1 335	1 294	1 347	1 431	1 631	2 119	2 205	2 343	2 671	1 617	1 684	1 789	2 039
		西部	1 059	1 103	1 172	1 335	1 294	1 347	1 431	1 631	2 119	2 205	2 343	2 671	1 617	1 684	1 789	2 039
	组合	东部	1 731	1 802	1 914	2 182	2 114	2 201	2 339	2 665	3 462	3 603	3 829	4 364	2 643	2 751	2 923	3 332
		中部	1 194	1 243	1 321	1 506	1 459	1 519	1 614	1 839	2 389	2 486	2 642	3 011	1 824	1 898	2 017	2 299
		西部	1 194	1 243	1 321	1 506	1 459	1 519	1 614	1 839	2 389	2 486	2 642	3 011	1 824	1 898	2 017	2 299

注：造纸及纸制品业设计处理能力的中位数为 1 200 t/d，处理量的中位数为 15 万 t/a。

（5）农副食品加工业

表 1-84　农副食品加工业废水的边际治理费用

单位：元/t

企业性质	处理方法	地区	水产品加工				制糖				植物油				屠宰及肉类加工				其他			
			30%	50%	70%	90%	30%	50%	70%	90%	30%	50%	70%	90%	30%	50%	70%	90%	30%	50%	70%	90%
民营	物理	东部	0.73	0.75	0.79	0.87	0.88	0.91	0.95	1.05	1.22	1.25	1.31	1.45	0.63	0.65	0.68	0.75	0.73	0.75	0.79	0.87
		中部	0.69	0.71	0.75	0.83	0.84	0.86	0.91	1.00	1.16	1.19	1.25	1.38	0.60	0.62	0.65	0.72	0.69	0.71	0.75	0.83
		西部	0.50	0.52	0.54	0.60	0.61	0.63	0.66	0.73	0.84	0.87	0.91	1.01	0.44	0.45	0.47	0.52	0.50	0.52	0.54	0.60
	化学	东部	1.87	1.93	2.02	2.23	2.26	2.33	2.45	2.70	3.13	3.23	3.38	3.74	1.62	1.67	1.75	1.94	1.87	1.93	2.02	2.23
		中部	1.78	1.84	1.92	2.13	2.16	2.22	2.33	2.57	2.98	3.07	3.22	3.56	1.54	1.59	1.67	1.84	1.78	1.84	1.92	2.13
		西部	1.30	1.34	1.40	1.55	1.57	1.62	1.70	1.87	2.17	2.24	2.34	2.59	1.12	1.16	1.21	1.34	1.30	1.34	1.40	1.55
	生物	东部	1.66	1.71	1.79	1.98	2.00	2.07	2.16	2.39	2.77	2.86	2.99	3.31	1.43	1.48	1.55	1.71	1.66	1.71	1.79	1.98
		中部	1.58	1.63	1.70	1.88	1.91	1.97	2.06	2.28	2.64	2.72	2.85	3.15	1.37	1.41	1.48	1.63	1.58	1.63	1.70	1.88
		西部	1.15	1.18	1.24	1.37	1.39	1.43	1.50	1.66	1.92	1.98	2.08	2.29	1.00	1.03	1.07	1.19	1.15	1.18	1.24	1.37
	物化	东部	1.87	1.93	2.02	2.23	2.26	2.33	2.45	2.70	3.13	3.23	3.38	3.74	1.62	1.67	1.75	1.94	1.87	1.93	2.02	2.23
		中部	1.78	1.84	1.92	2.13	2.16	2.22	2.33	2.57	2.98	3.07	3.22	3.56	1.54	1.59	1.67	1.84	1.78	1.84	1.92	2.13
		西部	1.30	1.34	1.40	1.55	1.57	1.62	1.70	1.87	2.17	2.24	2.34	2.59	1.12	1.16	1.21	1.34	1.30	1.34	1.40	1.55
	组合	东部	1.87	1.93	2.02	2.23	2.26	2.33	2.45	2.70	3.13	3.23	3.38	3.74	1.62	1.67	1.75	1.94	1.87	1.93	2.02	2.23
		中部	1.78	1.84	1.92	2.13	2.16	2.22	2.33	2.57	2.98	3.07	3.22	3.56	1.54	1.59	1.67	1.84	1.78	1.84	1.92	2.13
		西部	1.30	1.34	1.40	1.55	1.57	1.62	1.70	1.87	2.17	2.24	2.34	2.59	1.12	1.16	1.21	1.34	1.30	1.34	1.40	1.55
其他	物理	东部	0.89	0.92	0.96	1.06	1.08	1.11	1.17	1.29	1.49	1.54	1.61	1.78	0.77	0.80	0.83	0.92	0.89	0.92	0.96	1.06
		中部	0.85	0.88	0.92	1.01	1.03	1.06	1.11	1.23	1.42	1.46	1.53	1.70	0.74	0.76	0.79	0.88	0.85	0.88	0.92	1.01
		西部	0.62	0.64	0.67	0.74	0.75	0.77	0.81	0.89	1.03	1.07	1.12	1.24	0.54	0.55	0.58	0.64	0.62	0.64	0.67	0.74
	化学	东部	2.29	2.36	2.48	2.74	2.78	2.86	3.00	3.31	3.84	3.96	4.15	4.58	1.99	2.05	2.15	2.37	2.29	2.36	2.48	2.74
		中部	2.18	2.25	2.36	2.61	2.64	2.73	2.86	3.16	3.65	3.77	3.95	4.36	1.89	1.95	2.04	2.26	2.18	2.25	2.36	2.61
		西部	1.59	1.64	1.72	1.90	1.93	1.99	2.08	2.30	2.66	2.74	2.88	3.18	1.38	1.42	1.49	1.65	1.59	1.64	1.72	1.90

企业性质	处理方法	地区	水产品加工				制糖				植物油				屠宰及肉类加工				其他			
			30%	50%	70%	90%	30%	50%	70%	90%	30%	50%	70%	90%	30%	50%	70%	90%	30%	50%	70%	90%
其他	生物	东部	2.03	2.09	2.19	2.42	2.46	2.53	2.65	2.93	3.40	3.50	3.67	4.06	1.76	1.81	1.90	2.10	2.03	2.09	2.19	2.42
		中部	1.93	1.99	2.09	2.31	2.34	2.41	2.53	2.79	3.24	3.34	3.49	3.86	1.68	1.73	1.81	2.00	1.93	1.99	2.09	2.31
		西部	1.41	1.45	1.52	1.68	1.70	1.76	1.84	2.03	2.36	2.43	2.55	2.81	1.22	1.26	1.32	1.46	1.41	1.45	1.52	1.68
	物化	东部	2.29	2.36	2.48	2.74	2.78	2.86	3.00	3.31	3.84	3.96	4.15	4.58	1.99	2.05	2.15	2.37	2.29	2.36	2.48	2.74
		中部	2.18	2.25	2.36	2.61	2.64	2.73	2.86	3.16	3.65	3.77	3.95	4.36	1.89	1.95	2.04	2.26	2.18	2.25	2.36	2.61
		西部	1.59	1.64	1.72	1.90	1.93	1.99	2.08	2.30	2.66	2.74	2.88	3.18	1.38	1.42	1.49	1.65	1.59	1.64	1.72	1.90
	组合	东部	2.29	2.36	2.48	2.74	2.78	2.86	3.00	3.31	3.84	3.96	4.15	4.58	1.99	2.05	2.15	2.37	2.29	2.36	2.48	2.74
		中部	2.18	2.25	2.36	2.61	2.64	2.73	2.86	3.16	3.65	3.77	3.95	4.36	1.89	1.95	2.04	2.26	2.18	2.25	2.36	2.61
		西部	1.59	1.64	1.72	1.90	1.93	1.99	2.08	2.30	2.66	2.74	2.88	3.18	1.38	1.42	1.49	1.65	1.59	1.64	1.72	1.90
外资	物理	东部	1.14	1.18	1.23	1.36	1.38	1.42	1.49	1.65	1.91	1.97	2.06	2.28	0.99	1.02	1.07	1.18	1.14	1.18	1.23	1.36
		中部	1.09	1.12	1.17	1.30	1.32	1.36	1.42	1.57	1.82	1.88	1.96	2.17	0.94	0.97	1.02	1.12	1.09	1.12	1.17	1.30
		西部	0.79	0.82	0.85	0.94	0.96	0.99	1.03	1.14	1.32	1.37	1.43	1.58	0.69	0.71	0.74	0.82	0.79	0.82	0.85	0.94
	化学	东部	2.94	3.03	3.17	3.50	3.55	3.66	3.84	4.24	4.91	5.07	5.31	5.87	2.54	2.62	2.75	3.04	2.94	3.03	3.17	3.50
		中部	2.80	2.88	3.02	3.34	3.38	3.49	3.66	4.04	4.68	4.82	5.05	5.59	2.42	2.50	2.62	2.89	2.80	2.88	3.02	3.34
		西部	2.04	2.10	2.20	2.43	2.46	2.54	2.66	2.94	3.41	3.51	3.68	4.07	1.76	1.82	1.91	2.11	2.04	2.10	2.20	2.43
	生物	东部	2.60	2.68	2.81	3.10	3.15	3.24	3.40	3.76	4.35	4.48	4.70	5.19	2.25	2.32	2.43	2.69	2.60	2.68	2.81	3.10
		中部	2.47	2.55	2.67	2.95	3.00	3.09	3.24	3.58	4.14	4.27	4.47	4.94	2.14	2.21	2.32	2.56	2.47	2.55	2.67	2.95
		西部	1.80	1.86	1.95	2.15	2.18	2.25	2.36	2.60	3.02	3.11	3.26	3.60	1.56	1.61	1.69	1.86	1.80	1.86	1.95	2.15
	物化	东部	2.94	3.03	3.17	3.50	3.55	3.66	3.84	4.24	4.91	5.07	5.31	5.87	2.54	2.62	2.75	3.04	2.94	3.03	3.17	3.50
		中部	2.80	2.88	3.02	3.34	3.38	3.49	3.66	4.04	4.68	4.82	5.05	5.59	2.42	2.50	2.62	2.89	2.80	2.88	3.02	3.34
		西部	2.04	2.10	2.20	2.43	2.46	2.54	2.66	2.94	3.41	3.51	3.68	4.07	1.76	1.82	1.91	2.11	2.04	2.10	2.20	2.43
	组合	东部	2.94	3.03	3.17	3.50	3.55	3.66	3.84	4.24	4.91	5.07	5.31	5.87	2.54	2.62	2.75	3.04	2.94	3.03	3.17	3.50
		中部	2.80	2.88	3.02	3.34	3.38	3.49	3.66	4.04	4.68	4.82	5.05	5.59	2.42	2.50	2.62	2.89	2.80	2.88	3.02	3.34
		西部	2.04	2.10	2.20	2.43	2.46	2.54	2.66	2.94	3.41	3.51	3.68	4.07	1.76	1.82	1.91	2.11	2.04	2.10	2.20	2.43

注：农副食品加工业设计处理能力的中位数为 100 t/d，处理量的中位数为 7 870 t/a。

表 1-85　农副食品加工业污染物 COD 的边际治理费用（一级排放标准）

单位：元/t

企业性质	处理方法	地区	水产品加工				制糖				植物油				屠宰及肉类加工				其他			
			30%	50%	70%	90%	30%	50%	70%	90%	30%	50%	70%	90%	30%	50%	70%	90%	30%	50%	70%	90%
民营	物理	东部	7 269	7 495	7 852	8 678	8 799	9 073	9 505	10 504	12 166	12 544	13 141	14 523	6 301	6 497	6 806	7 521	7 269	7 495	7 852	8 678
		中部	6 922	7 137	7 477	8 263	8 378	8 639	9 050	10 002	11 584	11 945	12 513	13 829	5 999	6 186	6 480	7 162	6 922	7 137	7 477	8 263
		西部	5 041	5 198	5 445	6 018	6 102	6 292	6 591	7 284	8 437	8 700	9 114	10 072	4 370	4 505	4 720	5 216	5 041	5 198	5 445	6 018
	化学	东部	18 703	19 284	20 202	22 326	22 639	23 343	24 453	27 024	31 301	32 275	33 810	37 365	16 211	16 715	17 510	19 351	18 703	19 284	20 202	22 326
		中部	17 808	18 362	19 236	21 258	21 556	22 226	23 284	25 732	29 805	30 731	32 194	35 578	15 435	15 915	16 673	18 426	17 808	18 362	19 236	21 258
		西部	12 970	13 374	14 010	15 483	15 700	16 188	16 958	18 741	21 708	22 383	23 448	25 913	11 242	11 592	12 143	13 420	12 970	13 374	14 010	15 483
	生物	东部	16 555	17 069	17 881	19 762	20 039	20 662	21 645	23 921	27 706	28 568	29 927	33 074	14 349	14 795	15 499	17 128	16 555	17 069	17 881	19 762
		中部	15 763	16 253	17 026	18 817	19 080	19 674	20 610	22 777	26 381	27 202	28 496	31 492	13 663	14 087	14 758	16 309	15 763	16 253	17 026	18 817
		西部	11 481	11 838	12 401	13 705	13 897	14 329	15 011	16 589	19 214	19 812	20 755	22 937	9 951	10 260	10 748	11 879	11 481	11 838	12 401	13 705
	物化	东部	18 703	19 284	20 202	22 326	22 639	23 343	24 453	27 024	31 301	32 275	33 810	37 365	16 211	16 715	17 510	19 351	18 703	19 284	20 202	22 326
		中部	17 808	18 362	19 236	21 258	21 556	22 226	23 284	25 732	29 805	30 731	32 194	35 578	15 435	15 915	16 673	18 426	17 808	18 362	19 236	21 258
		西部	12 970	13 374	14 010	15 483	15 700	16 188	16 958	18 741	21 708	22 383	23 448	25 913	11 242	11 592	12 143	13 420	12 970	13 374	14 010	15 483
	组合	东部	18 703	19 284	20 202	22 326	22 639	23 343	24 453	27 024	31 301	32 275	33 810	37 365	16 211	16 715	17 510	19 351	18 703	19 284	20 202	22 326
		中部	17 808	18 362	19 236	21 258	21 556	22 226	23 284	25 732	29 805	30 731	32 194	35 578	15 435	15 915	16 673	18 426	17 808	18 362	19 236	21 258
		西部	12 970	13 374	14 010	15 483	15 700	16 188	16 958	18 741	21 708	22 383	23 448	25 913	11 242	11 592	12 143	13 420	12 970	13 374	14 010	15 483
其他	物理	东部	8 914	9 192	9 629	10 641	10 790	11 126	11 655	12 881	14 919	15 383	16 115	17 810	7 727	7 967	8 346	9 223	8 914	9 192	9 629	10 641
		中部	8 488	8 752	9 168	10 132	10 274	10 594	11 098	12 265	14 206	14 648	15 345	16 958	7 357	7 586	7 947	8 782	8 488	8 752	9 168	10 132
		西部	6 182	6 374	6 678	7 380	7 483	7 716	8 083	8 933	10 347	10 668	11 176	12 351	5 358	5 525	5 788	6 396	6 182	6 374	6 678	7 380
	化学	东部	22 935	23 648	24 773	27 378	27 762	28 625	29 987	33 140	38 385	39 578	41 462	45 821	19 879	20 497	21 472	23 730	22 935	23 648	24 773	27 378
		中部	21 838	22 517	23 589	26 069	26 434	27 256	28 553	31 555	36 549	37 686	39 479	43 630	18 928	19 517	20 446	22 595	21 838	22 517	23 589	26 069
		西部	15 905	16 400	17 180	18 987	19 253	19 852	20 796	22 983	26 620	27 448	28 754	31 777	13 786	14 215	14 891	16 457	15 905	16 400	17 180	18 987
	生物	东部	20 301	20 932	21 928	24 234	24 573	25 337	26 543	29 334	33 976	35 033	36 700	40 558	17 596	18 143	19 006	21 005	20 301	20 932	21 928	24 234
		中部	19 330	19 931	20 879	23 075	23 398	24 126	25 274	27 931	32 352	33 357	34 945	38 619	16 754	17 275	18 097	20 000	19 330	19 931	20 879	23 075
		西部	14 079	14 516	15 207	16 806	17 042	17 572	18 408	20 343	23 563	24 295	25 451	28 127	12 203	12 582	13 181	14 567	14 079	14 516	15 207	16 806

企业性质	处理方法	地区	水产品加工				制糖				植物油				屠宰及肉类加工				其他			
			30%	50%	70%	90%	30%	50%	70%	90%	30%	50%	70%	90%	30%	50%	70%	90%	30%	50%	70%	90%
其他	物化	东部	22 935	23 648	24 773	27 378	27 762	28 625	29 987	33 140	38 385	39 578	41 462	45 821	19 879	20 497	21 472	23 730	22 935	23 648	24 773	27 378
		中部	21 838	22 517	23 589	26 069	26 434	27 256	28 553	31 555	36 549	37 686	39 479	43 630	18 928	19 517	20 446	22 595	21 838	22 517	23 589	26 069
		西部	15 905	16 400	17 180	18 987	19 253	19 852	20 796	22 983	26 620	27 448	28 754	31 777	13 786	14 215	14 891	16 457	15 905	16 400	17 180	18 987
	组合	东部	22 935	23 648	24 773	27 378	27 762	28 625	29 987	33 140	38 385	39 578	41 462	45 821	19 879	20 497	21 472	23 730	22 935	23 648	24 773	27 378
		中部	21 838	22 517	23 589	26 069	26 434	27 256	28 553	31 555	36 549	37 686	39 479	43 630	18 928	19 517	20 446	22 595	21 838	22 517	23 589	26 069
		西部	15 905	16 400	17 180	18 987	19 253	19 852	20 796	22 983	26 620	27 448	28 754	31 777	13 786	14 215	14 891	16 457	15 905	16 400	17 180	18 987
外资	物理	东部	11 412	11 767	12 327	13 623	13 814	14 243	14 921	16 490	19 099	19 693	20 630	22 800	9 891	10 199	10 684	11 808	11 412	11 767	12 327	13 623
		中部	10 866	11 204	11 737	12 971	13 153	13 562	14 207	15 701	18 186	18 752	19 644	21 709	9 418	9 711	10 173	11 243	10 866	11 204	11 737	12 971
		西部	7 914	8 160	8 549	9 447	9 580	9 878	10 348	11 436	13 246	13 657	14 307	15 812	6 860	7 073	7 410	8 189	7 914	8 160	8 549	9 447
	化学	东部	29 361	30 274	31 714	35 049	35 540	36 645	38 389	42 425	49 139	50 667	53 078	58 659	25 449	26 240	27 488	30 379	29 361	30 274	31 714	35 049
		中部	27 957	28 826	30 198	33 373	33 841	34 893	36 553	40 396	46 790	48 244	50 540	55 854	24 232	24 985	26 174	28 926	27 957	28 826	30 198	33 373
		西部	20 362	20 995	21 994	24 306	24 647	25 414	26 623	29 422	34 078	35 138	36 810	40 680	17 649	18 197	19 063	21 068	20 362	20 995	21 994	24 306
	生物	东部	25 989	26 797	28 072	31 023	31 458	32 436	33 980	37 552	43 496	44 848	46 982	51 922	22 526	23 226	24 331	26 890	25 989	26 797	28 072	31 023
		中部	24 746	25 515	26 729	29 540	29 954	30 885	32 355	35 757	41 416	42 703	44 735	49 439	21 449	22 116	23 168	25 604	24 746	25 515	26 729	29 540
		西部	18 023	18 584	19 468	21 515	21 816	22 495	23 565	26 043	30 164	31 102	32 582	36 008	15 622	16 107	16 874	18 648	18 023	18 584	19 468	21 515
	物化	东部	29 361	30 274	31 714	35 049	35 540	36 645	38 389	42 425	49 139	50 667	53 078	58 659	25 449	26 240	27 488	30 379	29 361	30 274	31 714	35 049
		中部	27 957	28 826	30 198	33 373	33 841	34 893	36 553	40 396	46 790	48 244	50 540	55 854	24 232	24 985	26 174	28 926	27 957	28 826	30 198	33 373
		西部	20 362	20 995	21 994	24 306	24 647	25 414	26 623	29 422	34 078	35 138	36 810	40 680	17 649	18 197	19 063	21 068	20 362	20 995	21 994	24 306
	组合	东部	29 361	30 274	31 714	35 049	35 540	36 645	38 389	42 425	49 139	50 667	53 078	58 659	25 449	26 240	27 488	30 379	29 361	30 274	31 714	35 049
		中部	27 957	28 826	30 198	33 373	33 841	34 893	36 553	40 396	46 790	48 244	50 540	55 854	24 232	24 985	26 174	28 926	27 957	28 826	30 198	33 373
		西部	20 362	20 995	21 994	24 306	24 647	25 414	26 623	29 422	34 078	35 138	36 810	40 680	17 649	18 197	19 063	21 068	20 362	20 995	21 994	24 306

注：农副食品加工业设计处理能力的中位数为 100 t/d，处理量的中位数为 7 870 t/a。

表 1-86　农副食品加工业污染物 COD 的边际治理费用（二级排放标准）

单位：元/t

企业性质	处理方法	地区	水产品加工				制糖				植物油				屠宰及肉类加工				其他			
			30%	50%	70%	90%	30%	50%	70%	90%	30%	50%	70%	90%	30%	50%	70%	90%	30%	50%	70%	90%
民营	物理	东部	4 846	4 997	5 235	5 785	5 866	6 049	6 336	7 003	8 111	8 363	8 761	9 682	4 200	4 331	4 537	5 014	4 846	4 997	5 235	5 785
		中部	4 614	4 758	4 984	5 508	5 586	5 759	6 033	6 668	7 723	7 963	8 342	9 219	4 000	4 124	4 320	4 774	4 614	4 758	4 984	5 508
		西部	3 361	3 465	3 630	4 012	4 068	4 195	4 394	4 856	5 625	5 800	6 076	6 715	2 913	3 004	3 147	3 477	3 361	3 465	3 630	4 012
	化学	东部	12 468	12 856	13 468	14 884	15 092	15 562	16 302	18 016	20 868	21 516	22 540	24 910	10 807	11 143	11 673	12 901	12 468	12 856	13 468	14 884
		中部	11 872	12 241	12 824	14 172	14 371	14 818	15 523	17 155	19 870	20 488	21 462	23 719	10 290	10 610	11 115	12 284	11 872	12 241	12 824	14 172
		西部	8 647	8 916	9 340	10 322	10 467	10 792	11 306	12 494	14 472	14 922	15 632	17 275	7 495	7 728	8 095	8 947	8 647	8 916	9 340	10 322
	生物	东部	11 036	11 380	11 921	13 174	13 359	13 774	14 430	15 947	18 471	19 045	19 951	22 049	9 566	9 863	10 333	11 419	11 036	11 380	11 921	13 174
		中部	10 509	10 835	11 351	12 544	12 720	13 116	13 740	15 184	17 588	18 134	18 997	20 995	9 108	9 392	9 838	10 873	10 509	10 835	11 351	12 544
		西部	7 654	7 892	8 267	9 136	9 265	9 553	10 007	11 059	12 810	13 208	13 836	15 291	6 634	6 840	7 166	7 919	7 654	7 892	8 267	9 136
	物化	东部	12 468	12 856	13 468	14 884	15 092	15 562	16 302	18 016	20 868	21 516	22 540	24 910	10 807	11 143	11 673	12 901	12 468	12 856	13 468	14 884
		中部	11 872	12 241	12 824	14 172	14 371	14 818	15 523	17 155	19 870	20 488	21 462	23 719	10 290	10 610	11 115	12 284	11 872	12 241	12 824	14 172
		西部	8 647	8 916	9 340	10 322	10 467	10 792	11 306	12 494	14 472	14 922	15 632	17 275	7 495	7 728	8 095	8 947	8 647	8 916	9 340	10 322
	组合	东部	12 468	12 856	13 468	14 884	15 092	15 562	16 302	18 016	20 868	21 516	22 540	24 910	10 807	11 143	11 673	12 901	12 468	12 856	13 468	14 884
		中部	11 872	12 241	12 824	14 172	14 371	14 818	15 523	17 155	19 870	20 488	21 462	23 719	10 290	10 610	11 115	12 284	11 872	12 241	12 824	14 172
		西部	8 647	8 916	9 340	10 322	10 467	10 792	11 306	12 494	14 472	14 922	15 632	17 275	7 495	7 728	8 095	8 947	8 647	8 916	9 340	10 322
其他	物理	东部	5 943	6 128	6 419	7 094	7 194	7 417	7 770	8 587	9 946	10 256	10 743	11 873	5 151	5 311	5 564	6 149	5 943	6 128	6 419	7 094
		中部	5 659	5 835	6 112	6 755	6 850	7 063	7 399	8 177	9 471	9 765	10 230	11 305	4 905	5 057	5 298	5 855	5 659	5 835	6 112	6 755
		西部	4 121	4 250	4 452	4 920	4 989	5 144	5 389	5 955	6 898	7 112	7 451	8 234	3 572	3 683	3 859	4 264	4 121	4 250	4 452	4 920
	化学	东部	15 290	15 765	16 516	18 252	18 508	19 083	19 991	22 093	25 590	26 386	27 641	30 547	13 253	13 665	14 315	15 820	15 290	15 765	16 516	18 252
		中部	14 559	15 011	15 726	17 379	17 623	18 171	19 035	21 037	24 366	25 124	26 319	29 087	12 619	13 011	13 630	15 063	14 559	15 011	15 726	17 379
		西部	10 604	10 933	11 454	12 658	12 835	13 234	13 864	15 322	17 747	18 298	19 169	21 185	9 191	9 477	9 927	10 971	10 604	10 933	11 454	12 658
	生物	东部	13 534	13 955	14 619	16 156	16 382	16 892	17 695	19 556	22 651	23 355	24 466	27 039	11 731	12 095	12 671	14 003	13 534	13 955	14 619	16 156
		中部	12 887	13 287	13 920	15 383	15 599	16 084	16 849	18 621	21 568	22 238	23 296	25 746	11 170	11 517	12 065	13 333	12 887	13 287	13 920	15 383
		西部	9 386	9 678	10 138	11 204	11 361	11 714	12 272	13 562	15 708	16 197	16 968	18 752	8 135	8 388	8 787	9 711	9 386	9 678	10 138	11 204

企业性质	处理方法	地区	水产品加工				制糖				植物油				屠宰及肉类加工				其他			
			30%	50%	70%	90%	30%	50%	70%	90%	30%	50%	70%	90%	30%	50%	70%	90%	30%	50%	70%	90%
其他	物化	东部	15 290	15 765	16 516	18 252	18 508	19 083	19 991	22 093	25 590	26 386	27 641	30 547	13 253	13 665	14 315	15 820	15 290	15 765	16 516	18 252
		中部	14 559	15 011	15 726	17 379	17 623	18 171	19 035	21 037	24 366	25 124	26 319	29 087	12 619	13 011	13 630	15 063	14 559	15 011	15 726	17 379
		西部	10 604	10 933	11 454	12 658	12 835	13 234	13 864	15 322	17 747	18 298	19 169	21 185	9 191	9 477	9 927	10 971	10 604	10 933	11 454	12 658
	组合	东部	15 290	15 765	16 516	18 252	18 508	19 083	19 991	22 093	25 590	26 386	27 641	30 547	13 253	13 665	14 315	15 820	15 290	15 765	16 516	18 252
		中部	14 559	15 011	15 726	17 379	17 623	18 171	19 035	21 037	24 366	25 124	26 319	29 087	12 619	13 011	13 630	15 063	14 559	15 011	15 726	17 379
		西部	10 604	10 933	11 454	12 658	12 835	13 234	13 864	15 322	17 747	18 298	19 169	21 185	9 191	9 477	9 927	10 971	10 604	10 933	11 454	12 658
外资	物理	东部	7 608	7 845	8 218	9 082	9 209	9 495	9 947	10 993	12 733	13 129	13 754	15 200	6 594	6 799	7 123	7 872	7 608	7 845	8 218	9 082
		中部	7 244	7 469	7 825	8 648	8 769	9 041	9 472	10 467	12 124	12 501	13 096	14 473	6 279	6 474	6 782	7 495	7 244	7 469	7 825	8 648
		西部	5 276	5 440	5 699	6 298	6 387	6 585	6 898	7 624	8 830	9 105	9 538	10 541	4 573	4 715	4 940	5 459	5 276	5 440	5 699	6 298
	化学	东部	19 574	20 182	21 143	23 366	23 693	24 430	25 593	28 283	32 760	33 778	35 385	39 106	16 966	17 493	18 326	20 252	19 574	20 182	21 143	23 366
		中部	18 638	19 217	20 132	22 248	22 560	23 262	24 369	26 931	31 193	32 163	33 693	37 236	16 154	16 657	17 449	19 284	18 638	19 217	20 132	22 248
		西部	13 575	13 997	14 663	16 204	16 431	16 942	17 748	19 615	22 719	23 425	24 540	27 120	11 766	12 132	12 709	14 045	13 575	13 997	14 663	16 204
	生物	东部	17 326	17 865	18 715	20 682	20 972	21 624	22 653	25 035	28 997	29 899	31 321	34 615	15 017	15 484	16 221	17 926	17 326	17 865	18 715	20 682
		中部	16 497	17 010	17 820	19 693	19 969	20 590	21 570	23 838	27 611	28 469	29 824	32 959	14 299	14 744	15 445	17 069	16 497	17 010	17 820	19 693
		西部	12 015	12 389	12 979	14 343	14 544	14 996	15 710	17 362	20 110	20 735	21 721	24 005	10 414	10 738	11 249	12 432	12 015	12 389	12 979	14 343
	物化	东部	19 574	20 182	21 143	23 366	23 693	24 430	25 593	28 283	32 760	33 778	35 385	39 106	16 966	17 493	18 326	20 252	19 574	20 182	21 143	23 366
		中部	18 638	19 217	20 132	22 248	22 560	23 262	24 369	26 931	31 193	32 163	33 693	37 236	16 154	16 657	17 449	19 284	18 638	19 217	20 132	22 248
		西部	13 575	13 997	14 663	16 204	16 431	16 942	17 748	19 615	22 719	23 425	24 540	27 120	11 766	12 132	12 709	14 045	13 575	13 997	14 663	16 204
	组合	东部	19 574	20 182	21 143	23 366	23 693	24 430	25 593	28 283	32 760	33 778	35 385	39 106	16 966	17 493	18 326	20 252	19 574	20 182	21 143	23 366
		中部	18 638	19 217	20 132	22 248	22 560	23 262	24 369	26 931	31 193	32 163	33 693	37 236	16 154	16 657	17 449	19 284	18 638	19 217	20 132	22 248
		西部	13 575	13 997	14 663	16 204	16 431	16 942	17 748	19 615	22 719	23 425	24 540	27 120	11 766	12 132	12 709	14 045	13 575	13 997	14 663	16 204

注：农副食品加工业设计处理能力的中位数为 100 t/d，处理量的中位数为 7 870 t/a。

表 1-87　农副食品加工业污染物 COD 的边际治理费用（三级排放标准）

单位：元/t

企业性质	处理方法	地区	水产品加工				制糖				植物油				屠宰及肉类加工				其他			
			30%	50%	70%	90%	30%	50%	70%	90%	30%	50%	70%	90%	30%	50%	70%	90%	30%	50%	70%	90%
民营	物理	东部	1 454	1 499	1 570	1 736	1 760	1 815	1 901	2 101	2 433	2 509	2 628	2 905	1 260	1 299	1 361	1 504	1 454	1 499	1 570	1 736
		中部	1 384	1 427	1 495	1 653	1 676	1 728	1 810	2 000	2 317	2 389	2 503	2 766	1 200	1 237	1 296	1 432	1 384	1 427	1 495	1 653
		西部	1 008	1 040	1 089	1 204	1 220	1 258	1 318	1 457	1 687	1 740	1 823	2 014	874	901	944	1 043	1 008	1 040	1 089	1 204
	化学	东部	3 741	3 857	4 040	4 465	4 528	4 669	4 891	5 405	6 260	6 455	6 762	7 473	3 242	3 343	3 502	3 870	3 741	3 857	4 040	4 465
		中部	3 562	3 672	3 847	4 252	4 311	4 445	4 657	5 146	5 961	6 146	6 439	7 116	3 087	3 183	3 335	3 685	3 562	3 672	3 847	4 252
		西部	2 594	2 675	2 802	3 097	3 140	3 238	3 392	3 748	4 342	4 477	4 690	5 183	2 248	2 318	2 429	2 684	2 594	2 675	2 802	3 097
	生物	东部	3 311	3 414	3 576	3 952	4 008	4 132	4 329	4 784	5 541	5 714	5 985	6 615	2 870	2 959	3 100	3 426	3 311	3 414	3 576	3 952
		中部	3 153	3 251	3 405	3 763	3 816	3 935	4 122	4 555	5 276	5 440	5 699	6 298	2 733	2 817	2 952	3 262	3 153	3 251	3 405	3 763
		西部	2 296	2 368	2 480	2 741	2 779	2 866	3 002	3 318	3 843	3 962	4 151	4 587	1 990	2 052	2 150	2 376	2 296	2 368	2 480	2 741
	物化	东部	3 741	3 857	4 040	4 465	4 528	4 669	4 891	5 405	6 260	6 455	6 762	7 473	3 242	3 343	3 502	3 870	3 741	3 857	4 040	4 465
		中部	3 562	3 672	3 847	4 252	4 311	4 445	4 657	5 146	5 961	6 146	6 439	7 116	3 087	3 183	3 335	3 685	3 562	3 672	3 847	4 252
		西部	2 594	2 675	2 802	3 097	3 140	3 238	3 392	3 748	4 342	4 477	4 690	5 183	2 248	2 318	2 429	2 684	2 594	2 675	2 802	3 097
	组合	东部	3 741	3 857	4 040	4 465	4 528	4 669	4 891	5 405	6 260	6 455	6 762	7 473	3 242	3 343	3 502	3 870	3 741	3 857	4 040	4 465
		中部	3 562	3 672	3 847	4 252	4 311	4 445	4 657	5 146	5 961	6 146	6 439	7 116	3 087	3 183	3 335	3 685	3 562	3 672	3 847	4 252
		西部	2 594	2 675	2 802	3 097	3 140	3 238	3 392	3 748	4 342	4 477	4 690	5 183	2 248	2 318	2 429	2 684	2 594	2 675	2 802	3 097
其他	物理	东部	1 783	1 838	1 926	2 128	2 158	2 225	2 331	2 576	2 984	3 077	3 223	3 562	1 545	1 593	1 669	1 845	1 783	1 838	1 926	2 128
		中部	1 698	1 750	1 834	2 026	2 055	2 119	2 220	2 453	2 841	2 930	3 069	3 392	1 471	1 517	1 589	1 756	1 698	1 750	1 834	2 026
		西部	1 236	1 275	1 336	1 476	1 497	1 543	1 617	1 787	2 069	2 134	2 235	2 470	1 072	1 105	1 158	1 279	1 236	1 275	1 336	1 476
	化学	东部	4 587	4 730	4 955	5 476	5 552	5 725	5 997	6 628	7 677	7 916	8 292	9 164	3 976	4 099	4 294	4 746	4 587	4 730	4 955	5 476
		中部	4 368	4 503	4 718	5 214	5 287	5 451	5 711	6 311	7 310	7 537	7 896	8 726	3 786	3 903	4 089	4 519	4 368	4 503	4 718	5 214
		西部	3 181	3 280	3 436	3 797	3 851	3 970	4 159	4 597	5 324	5 490	5 751	6 355	2 757	2 843	2 978	3 291	3 181	3 280	3 436	3 797
	生物	东部	4 060	4 186	4 386	4 847	4 915	5 067	5 309	5 867	6 795	7 007	7 340	8 112	3 519	3 629	3 801	4 201	4 060	4 186	4 386	4 847
		中部	3 866	3 986	4 176	4 615	4 680	4 825	5 055	5 586	6 470	6 671	6 989	7 724	3 351	3 455	3 619	4 000	3 866	3 986	4 176	4 615
		西部	2 816	2 903	3 041	3 361	3 408	3 514	3 682	4 069	4 713	4 859	5 090	5 625	2 441	2 516	2 636	2 913	2 816	2 903	3 041	3 361

企业性质	处理方法	地区	水产品加工				制糖				植物油				屠宰及肉类加工				其他			
			30%	50%	70%	90%	30%	50%	70%	90%	30%	50%	70%	90%	30%	50%	70%	90%	30%	50%	70%	90%
其他	物化	东部	4 587	4 730	4 955	5 476	5 552	5 725	5 997	6 628	7 677	7 916	8 292	9 164	3 976	4 099	4 294	4 746	4 587	4 730	4 955	5 476
		中部	4 368	4 503	4 718	5 214	5 287	5 451	5 711	6 311	7 310	7 537	7 896	8 726	3 786	3 903	4 089	4 519	4 368	4 503	4 718	5 214
		西部	3 181	3 280	3 436	3 797	3 851	3 970	4 159	4 597	5 324	5 490	5 751	6 355	2 757	2 843	2 978	3 291	3 181	3 280	3 436	3 797
	组合	东部	4 587	4 730	4 955	5 476	5 552	5 725	5 997	6 628	7 677	7 916	8 292	9 164	3 976	4 099	4 294	4 746	4 587	4 730	4 955	5 476
		中部	4 368	4 503	4 718	5 214	5 287	5 451	5 711	6 311	7 310	7 537	7 896	8 726	3 786	3 903	4 089	4 519	4 368	4 503	4 718	5 214
		西部	3 181	3 280	3 436	3 797	3 851	3 970	4 159	4 597	5 324	5 490	5 751	6 355	2 757	2 843	2 978	3 291	3 181	3 280	3 436	3 797
外资	物理	东部	2 282	2 353	2 465	2 725	2 763	2 849	2 984	3 298	3 820	3 939	4 126	4 560	1 978	2 040	2 137	2 362	2 282	2 353	2 465	2 725
		中部	2 173	2 241	2 347	2 594	2 631	2 712	2 841	3 140	3 637	3 750	3 929	4 342	1 884	1 942	2 035	2 249	2 173	2 241	2 347	2 594
		西部	1 583	1 632	1 710	1 889	1 916	1 976	2 070	2 287	2 649	2 731	2 861	3 162	1 372	1 415	1 482	1 638	1 583	1 632	1 710	1 889
	化学	东部	5 872	6 055	6 343	7 010	7 108	7 329	7 678	8 485	9 828	10 133	10 616	11 732	5 090	5 248	5 498	6 076	5 872	6 055	6 343	7 010
		中部	5 591	5 765	6 040	6 675	6 768	6 979	7 311	8 079	9 358	9 649	10 108	11 171	4 846	4 997	5 235	5 785	5 591	5 765	6 040	6 675
		西部	4 072	4 199	4 399	4 861	4 929	5 083	5 325	5 884	6 816	7 028	7 362	8 136	3 530	3 639	3 813	4 214	4 072	4 199	4 399	4 861
	生物	东部	5 198	5 359	5 614	6 205	6 292	6 487	6 796	7 510	8 699	8 970	9 396	10 384	4 505	4 645	4 866	5 378	5 198	5 359	5 614	6 205
		中部	4 949	5 103	5 346	5 908	5 991	6 177	6 471	7 151	8 283	8 541	8 947	9 888	4 290	4 423	4 634	5 121	4 949	5 103	5 346	5 908
		西部	3 605	3 717	3 894	4 303	4 363	4 499	4 713	5 209	6 033	6 220	6 516	7 202	3 124	3 221	3 375	3 730	3 605	3 717	3 894	4 303
	物化	东部	5 872	6 055	6 343	7 010	7 108	7 329	7 678	8 485	9 828	10 133	10 616	11 732	5 090	5 248	5 498	6 076	5 872	6 055	6 343	7 010
		中部	5 591	5 765	6 040	6 675	6 768	6 979	7 311	8 079	9 358	9 649	10 108	11 171	4 846	4 997	5 235	5 785	5 591	5 765	6 040	6 675
		西部	4 072	4 199	4 399	4 861	4 929	5 083	5 325	5 884	6 816	7 028	7 362	8 136	3 530	3 639	3 813	4 214	4 072	4 199	4 399	4 861
	组合	东部	5 872	6 055	6 343	7 010	7 108	7 329	7 678	8 485	9 828	10 133	10 616	11 732	5 090	5 248	5 498	6 076	5 872	6 055	6 343	7 010
		中部	5 591	5 765	6 040	6 675	6 768	6 979	7 311	8 079	9 358	9 649	10 108	11 171	4 846	4 997	5 235	5 785	5 591	5 765	6 040	6 675
		西部	4 072	4 199	4 399	4 861	4 929	5 083	5 325	5 884	6 816	7 028	7 362	8 136	3 530	3 639	3 813	4 214	4 072	4 199	4 399	4 861

注：农副食品加工业设计处理能力的中位数为 100 t/d，处理量的中位数为 7 870 t/a。

(6) 皮革、毛皮、羽毛（绒）及其制品业

表 1-88 皮革、毛皮、羽毛（绒）及其制品业废水的边际治理费用

单位：元/t

企业性质	处理方法	地区	皮革鞣质加工				毛皮鞣质及制品加工				皮革制品制造				羽毛（绒）加工及制品制造			
			30%	50%	70%	90%	30%	50%	70%	90%	30%	50%	70%	90%	30%	50%	70%	90%
民营	物理	东部	1.89	1.97	2.09	2.39	1.76	1.83	1.95	2.23	1.95	2.03	2.16	2.47	1.12	1.17	1.24	1.42
		中部	1.50	1.56	1.66	1.90	1.39	1.45	1.54	1.77	1.55	1.61	1.71	1.96	0.89	0.92	0.98	1.13
		西部	0.86	0.90	0.95	1.09	0.80	0.83	0.89	1.01	0.89	0.92	0.98	1.13	0.51	0.53	0.56	0.65
	化学	东部	0.86	0.90	0.95	1.09	0.80	0.83	0.89	1.01	0.89	0.92	0.98	1.13	0.51	0.53	0.56	0.65
		中部	1.81	1.89	2.01	2.30	1.69	1.76	1.87	2.14	1.87	1.95	2.07	2.37	1.07	1.12	1.19	1.36
		西部	1.04	1.08	1.15	1.32	0.97	1.01	1.07	1.23	1.07	1.12	1.19	1.36	0.62	0.64	0.68	0.78
	生物	东部	1.04	1.08	1.15	1.32	0.97	1.01	1.07	1.23	1.07	1.12	1.19	1.36	0.62	0.64	0.68	0.78
		中部	2.00	2.09	2.22	2.54	1.86	1.94	2.07	2.36	2.07	2.15	2.29	2.62	1.19	1.24	1.32	1.51
		西部	1.15	1.20	1.27	1.46	1.07	1.11	1.19	1.36	1.19	1.24	1.32	1.51	0.68	0.71	0.76	0.86
	物化	东部	1.15	1.20	1.27	1.46	1.07	1.11	1.19	1.36	1.19	1.24	1.32	1.51	0.68	0.71	0.76	0.86
		中部	1.50	1.56	1.66	1.90	1.39	1.45	1.54	1.77	1.55	1.61	1.71	1.96	0.89	0.92	0.98	1.13
		西部	0.86	0.90	0.95	1.09	0.80	0.83	0.89	1.01	0.89	0.92	0.98	1.13	0.51	0.53	0.56	0.65
	组合	东部	0.86	0.90	0.95	1.09	0.80	0.83	0.89	1.01	0.89	0.92	0.98	1.13	0.51	0.53	0.56	0.65
		中部	1.50	1.56	1.66	1.90	1.39	1.45	1.54	1.77	1.55	1.61	1.71	1.96	0.89	0.92	0.98	1.13
		西部	0.86	0.90	0.95	1.09	0.80	0.83	0.89	1.01	0.89	0.92	0.98	1.13	0.51	0.53	0.56	0.65
其他	物理	东部	0.86	0.90	0.95	1.09	0.80	0.83	0.89	1.01	0.89	0.92	0.98	1.13	0.51	0.53	0.56	0.65
		中部	1.89	1.97	2.09	2.39	1.76	1.83	1.95	2.23	1.95	2.03	2.16	2.47	1.12	1.17	1.24	1.42
		西部	1.08	1.13	1.20	1.37	1.01	1.05	1.12	1.28	1.12	1.17	1.24	1.42	0.64	0.67	0.71	0.81
	化学	东部	1.08	1.13	1.20	1.37	1.01	1.05	1.12	1.28	1.12	1.17	1.24	1.42	0.64	0.67	0.71	0.81
		中部	2.29	2.38	2.53	2.90	2.13	2.22	2.36	2.70	2.36	2.46	2.62	2.99	1.35	1.41	1.50	1.72
		西部	1.31	1.37	1.45	1.66	1.22	1.27	1.35	1.55	1.35	1.41	1.50	1.72	0.78	0.81	0.86	0.99

企业性质	处理方法	地区	皮革鞣质加工				毛皮鞣质及制品加工				皮革制品制造				羽毛（绒）加工及制品制造			
			30%	50%	70%	90%	30%	50%	70%	90%	30%	50%	70%	90%	30%	50%	70%	90%
其他	生物	东部	1.31	1.37	1.45	1.66	1.22	1.27	1.35	1.55	1.35	1.41	1.50	1.72	0.78	0.81	0.86	0.99
		中部	2.53	2.63	2.80	3.20	2.35	2.45	2.61	2.98	2.61	2.72	2.89	3.31	1.50	1.56	1.66	1.90
		西部	1.45	1.51	1.61	1.84	1.35	1.41	1.50	1.71	1.50	1.56	1.66	1.90	0.86	0.90	0.95	1.09
	物化	东部	1.45	1.51	1.61	1.84	1.35	1.41	1.50	1.71	1.50	1.56	1.66	1.90	0.86	0.90	0.95	1.09
		中部	1.89	1.97	2.09	2.39	1.76	1.83	1.95	2.23	1.95	2.03	2.16	2.47	1.12	1.17	1.24	1.42
		西部	1.08	1.13	1.20	1.37	1.01	1.05	1.12	1.28	1.12	1.17	1.24	1.42	0.64	0.67	0.71	0.81
	组合	东部	1.08	1.13	1.20	1.37	1.01	1.05	1.12	1.28	1.12	1.17	1.24	1.42	0.64	0.67	0.71	0.81
		中部	1.89	1.97	2.09	2.39	1.76	1.83	1.95	2.23	1.95	2.03	2.16	2.47	1.12	1.17	1.24	1.42
		西部	1.08	1.13	1.20	1.37	1.01	1.05	1.12	1.28	1.12	1.17	1.24	1.42	0.64	0.67	0.71	0.81
外资	物理	东部	1.08	1.13	1.20	1.37	1.01	1.05	1.12	1.28	1.12	1.17	1.24	1.42	0.64	0.67	0.71	0.81
		中部	2.52	2.63	2.80	3.20	2.35	2.44	2.60	2.97	2.60	2.71	2.89	3.30	1.49	1.56	1.66	1.89
		西部	1.45	1.51	1.60	1.83	1.35	1.40	1.49	1.71	1.49	1.56	1.66	1.89	0.86	0.89	0.95	1.09
	化学	东部	1.45	1.51	1.60	1.83	1.35	1.40	1.49	1.71	1.49	1.56	1.66	1.89	0.86	0.89	0.95	1.09
		中部	3.05	3.18	3.38	3.87	2.84	2.96	3.15	3.60	3.15	3.28	3.49	3.99	1.81	1.88	2.01	2.29
		西部	1.75	1.82	1.94	2.22	1.63	1.70	1.81	2.07	1.81	1.88	2.01	2.29	1.04	1.08	1.15	1.32
	生物	东部	1.75	1.82	1.94	2.22	1.63	1.70	1.81	2.07	1.81	1.88	2.01	2.29	1.04	1.08	1.15	1.32
		中部	3.37	3.51	3.74	4.28	3.14	3.27	3.48	3.98	3.48	3.63	3.86	4.41	2.00	2.08	2.22	2.53
		西部	1.94	2.02	2.15	2.45	1.80	1.88	2.00	2.28	2.00	2.08	2.22	2.53	1.15	1.20	1.27	1.45
	物化	东部	1.94	2.02	2.15	2.45	1.80	1.88	2.00	2.28	2.00	2.08	2.22	2.53	1.15	1.20	1.27	1.45
		中部	2.52	2.63	2.80	3.20	2.35	2.44	2.60	2.97	2.60	2.71	2.89	3.30	1.49	1.56	1.66	1.89
		西部	1.45	1.51	1.60	1.83	1.35	1.40	1.49	1.71	1.49	1.56	1.66	1.89	0.86	0.89	0.95	1.09
	组合	东部	1.45	1.51	1.60	1.83	1.35	1.40	1.49	1.71	1.49	1.56	1.66	1.89	0.86	0.89	0.95	1.09
		中部	2.52	2.63	2.80	3.20	2.35	2.44	2.60	2.97	2.60	2.71	2.89	3.30	1.49	1.56	1.66	1.89
		西部	1.45	1.51	1.60	1.83	1.35	1.40	1.49	1.71	1.49	1.56	1.66	1.89	0.86	0.89	0.95	1.09

注：皮革、毛皮、羽毛（绒）及其制品业设计处理能力的中位数为 240 t/d，处理量的中位数为 2.7 万 t/a。

表 1-89　皮革、毛皮、羽毛（绒）及其制品业污染物 COD 的边际治理费用（一级排放标准）　单位：元/t

企业性质	处理方法	地区	皮革鞣质加工				毛皮鞣质及制品加工				皮革制品制造				羽毛（绒）加工及制品制造			
			30%	50%	70%	90%	30%	50%	70%	90%	30%	50%	70%	90%	30%	50%	70%	90%
民营	物理	东部	2 788	2 905	3 092	3 536	2 595	2 703	2 877	3 290	2 879	3 000	3 193	3 651	1 653	1 722	1 833	2 096
		中部	1 601	1 668	1 775	2 030	1 490	1 552	1 652	1 889	1 653	1 722	1 833	2 096	949	989	1 052	1 203
		西部	1 601	1 668	1 775	2 030	1 490	1 552	1 652	1 889	1 653	1 722	1 833	2 096	949	989	1 052	1 203
	化学	东部	3 375	3 517	3 743	4 280	3 141	3 272	3 483	3 982	3 485	3 631	3 865	4 419	2 001	2 084	2 219	2 537
		中部	1 938	2 019	2 149	2 457	1 803	1 879	1 999	2 286	2 001	2 084	2 219	2 537	1 149	1 197	1 274	1 456
		西部	1 938	2 019	2 149	2 457	1 803	1 879	1 999	2 286	2 001	2 084	2 219	2 537	1 149	1 197	1 274	1 456
	生物	东部	3 730	3 887	4 136	4 730	3 471	3 617	3 849	4 401	3 852	4 013	4 271	4 884	2 211	2 304	2 452	2 803
		中部	2 141	2 231	2 375	2 715	1 993	2 076	2 210	2 527	2 211	2 304	2 452	2 803	1 269	1 322	1 408	1 609
		西部	2 141	2 231	2 375	2 715	1 993	2 076	2 210	2 527	2 211	2 304	2 452	2 803	1 269	1 322	1 408	1 609
	物化	东部	2 788	2 905	3 092	3 536	2 595	2 703	2 877	3 290	2 879	3 000	3 193	3 651	1 653	1 722	1 833	2 096
		中部	1 601	1 668	1 775	2 030	1 490	1 552	1 652	1 889	1 653	1 722	1 833	2 096	949	989	1 052	1 203
		西部	1 601	1 668	1 775	2 030	1 490	1 552	1 652	1 889	1 653	1 722	1 833	2 096	949	989	1 052	1 203
	组合	东部	2 788	2 905	3 092	3 536	2 595	2 703	2 877	3 290	2 879	3 000	3 193	3 651	1 653	1 722	1 833	2 096
		中部	1 601	1 668	1 775	2 030	1 490	1 552	1 652	1 889	1 653	1 722	1 833	2 096	949	989	1 052	1 203
		西部	1 601	1 668	1 775	2 030	1 490	1 552	1 652	1 889	1 653	1 722	1 833	2 096	949	989	1 052	1 203
其他	物理	东部	3 517	3 664	3 899	4 459	3 272	3 409	3 629	4 149	3 631	3 783	4 026	4 604	2 084	2 172	2 311	2 643
		中部	2 019	2 103	2 239	2 560	1 878	1 957	2 083	2 382	2 084	2 172	2 311	2 643	1 197	1 247	1 327	1 517
		西部	2 019	2 103	2 239	2 560	1 878	1 957	2 083	2 382	2 084	2 172	2 311	2 643	1 197	1 247	1 327	1 517
	化学	东部	4 257	4 435	4 720	5 397	3 961	4 127	4 392	5 022	4 395	4 579	4 874	5 573	2 523	2 629	2 798	3 199
		中部	2 444	2 546	2 710	3 098	2 274	2 369	2 521	2 883	2 523	2 629	2 798	3 199	1 448	1 509	1 606	1 837
		西部	2 444	2 546	2 710	3 098	2 274	2 369	2 521	2 883	2 523	2 629	2 798	3 199	1 448	1 509	1 606	1 837
	生物	东部	4 704	4 901	5 217	5 965	4 377	4 561	4 854	5 550	4 857	5 061	5 386	6 159	2 788	2 905	3 092	3 536
		中部	2 701	2 814	2 995	3 424	2 513	2 618	2 787	3 186	2 788	2 905	3 092	3 536	1 601	1 668	1 775	2 030
		西部	2 701	2 814	2 995	3 424	2 513	2 618	2 787	3 186	2 788	2 905	3 092	3 536	1 601	1 668	1 775	2 030

企业性质	处理方法	地区	皮革鞣质加工				毛皮鞣质及制品加工				皮革制品制造				羽毛（绒）加工及制品制造			
			30%	50%	70%	90%	30%	50%	70%	90%	30%	50%	70%	90%	30%	50%	70%	90%
其他	物化	东部	3 517	3 664	3 899	4 459	3 272	3 409	3 629	4 149	3 631	3 783	4 026	4 604	2 084	2 172	2 311	2 643
		中部	2 019	2 103	2 239	2 560	1 878	1 957	2 083	2 382	2 084	2 172	2 311	2 643	1 197	1 247	1 327	1 517
		西部	2 019	2 103	2 239	2 560	1 878	1 957	2 083	2 382	2 084	2 172	2 311	2 643	1 197	1 247	1 327	1 517
	组合	东部	3 517	3 664	3 899	4 459	3 272	3 409	3 629	4 149	3 631	3 783	4 026	4 604	2 084	2 172	2 311	2 643
		中部	2 019	2 103	2 239	2 560	1 878	1 957	2 083	2 382	2 084	2 172	2 311	2 643	1 197	1 247	1 327	1 517
		西部	2 019	2 103	2 239	2 560	1 878	1 957	2 083	2 382	2 084	2 172	2 311	2 643	1 197	1 247	1 327	1 517
外资	物理	东部	4 695	4 892	5 206	5 953	4 369	4 552	4 844	5 539	4 848	5 051	5 375	6 146	2 783	2 899	3 086	3 528
		中部	2 695	2 808	2 989	3 417	2 508	2 613	2 781	3 180	2 783	2 899	3 086	3 528	1 598	1 664	1 772	2 026
		西部	2 695	2 808	2 989	3 417	2 508	2 613	2 781	3 180	2 783	2 899	3 086	3 528	1 598	1 664	1 772	2 026
	化学	东部	5 683	5 921	6 302	7 206	5 288	5 510	5 864	6 705	5 868	6 114	6 507	7 440	3 368	3 510	3 735	4 271
		中部	3 262	3 399	3 618	4 137	3 036	3 163	3 366	3 849	3 368	3 510	3 735	4 271	1 934	2 015	2 144	2 452
		西部	3 262	3 399	3 618	4 137	3 036	3 163	3 366	3 849	3 368	3 510	3 735	4 271	1 934	2 015	2 144	2 452
	生物	东部	6 281	6 544	6 965	7 963	5 844	6 089	6 481	7 410	6 485	6 757	7 191	8 222	3 723	3 879	4 128	4 720
		中部	3 606	3 757	3 998	4 572	3 355	3 496	3 720	4 254	3 723	3 879	4 128	4 720	2 137	2 227	2 370	2 710
		西部	3 606	3 757	3 998	4 572	3 355	3 496	3 720	4 254	3 723	3 879	4 128	4 720	2 137	2 227	2 370	2 710
	物化	东部	4 695	4 892	5 206	5 953	4 369	4 552	4 844	5 539	4 848	5 051	5 375	6 146	2 783	2 899	3 086	3 528
		中部	2 695	2 808	2 989	3 417	2 508	2 613	2 781	3 180	2 783	2 899	3 086	3 528	1 598	1 664	1 772	2 026
		西部	2 695	2 808	2 989	3 417	2 508	2 613	2 781	3 180	2 783	2 899	3 086	3 528	1 598	1 664	1 772	2 026
	组合	东部	4 695	4 892	5 206	5 953	4 369	4 552	4 844	5 539	4 848	5 051	5 375	6 146	2 783	2 899	3 086	3 528
		中部	2 695	2 808	2 989	3 417	2 508	2 613	2 781	3 180	2 783	2 899	3 086	3 528	1 598	1 664	1 772	2 026
		西部	2 695	2 808	2 989	3 417	2 508	2 613	2 781	3 180	2 783	2 899	3 086	3 528	1 598	1 664	1 772	2 026

注：皮革、毛皮、羽毛（绒）及其制品业设计处理能力的中位数为 240 t/d，处理量的中位数为 2.7 万 t/a。

表 1-90　皮革、毛皮、羽毛（绒）及其制品业污染物 COD 的边际治理费用（二级排放标准）　　单位：元/t

企业性质	处理方法	地区	皮革鞣质加工				毛皮鞣质及制品加工				皮革制品制造				羽毛（绒）加工及制品制造			
			30%	50%	70%	90%	30%	50%	70%	90%	30%	50%	70%	90%	30%	50%	70%	90%
民营	物理	东部	1 859	1 937	2 061	2 357	1 730	1 802	1 918	2 193	1 919	2 000	2 128	2 434	1 102	1 148	1 222	1 397
		中部	1 067	1 112	1 183	1 353	993	1 035	1 101	1 259	1 102	1 148	1 222	1 397	633	659	701	802
		西部	1 067	1 112	1 183	1 353	993	1 035	1 101	1 259	1 102	1 148	1 222	1 397	633	659	701	802
	化学	东部	2 250	2 344	2 495	2 853	2 094	2 182	2 322	2 655	2 323	2 421	2 576	2 946	1 334	1 390	1 479	1 691
		中部	1 292	1 346	1 432	1 638	1 202	1 252	1 333	1 524	1 334	1 390	1 479	1 691	766	798	849	971
		西部	1 292	1 346	1 432	1 638	1 202	1 252	1 333	1 524	1 334	1 390	1 479	1 691	766	798	849	971
	生物	东部	2 487	2 591	2 758	3 153	2 314	2 411	2 566	2 934	2 568	2 675	2 847	3 256	1 474	1 536	1 635	1 869
		中部	1 428	1 487	1 583	1 810	1 328	1 384	1 473	1 684	1 474	1 536	1 635	1 869	846	882	938	1 073
		西部	1 428	1 487	1 583	1 810	1 328	1 384	1 473	1 684	1 474	1 536	1 635	1 869	846	882	938	1 073
	物化	东部	1 859	1 937	2 061	2 357	1 730	1 802	1 918	2 193	1 919	2 000	2 128	2 434	1 102	1 148	1 222	1 397
		中部	1 067	1 112	1 183	1 353	993	1 035	1 101	1 259	1 102	1 148	1 222	1 397	633	659	701	802
		西部	1 067	1 112	1 183	1 353	993	1 035	1 101	1 259	1 102	1 148	1 222	1 397	633	659	701	802
	组合	东部	1 859	1 937	2 061	2 357	1 730	1 802	1 918	2 193	1 919	2 000	2 128	2 434	1 102	1 148	1 222	1 397
		中部	1 067	1 112	1 183	1 353	993	1 035	1 101	1 259	1 102	1 148	1 222	1 397	633	659	701	802
		西部	1 067	1 112	1 183	1 353	993	1 035	1 101	1 259	1 102	1 148	1 222	1 397	633	659	701	802
其他	物理	东部	2 344	2 443	2 600	2 972	2 181	2 273	2 419	2 766	2 421	2 522	2 684	3 069	1 390	1 448	1 541	1 762
		中部	1 346	1 402	1 492	1 706	1 252	1 305	1 389	1 588	1 390	1 448	1 541	1 762	798	831	885	1 011
		西部	1 346	1 402	1 492	1 706	1 252	1 305	1 389	1 588	1 390	1 448	1 541	1 762	798	831	885	1 011
	化学	东部	2 838	2 957	3 147	3 598	2 641	2 751	2 928	3 348	2 930	3 053	3 249	3 715	1 682	1 753	1 865	2 133
		中部	1 629	1 697	1 806	2 066	1 516	1 579	1 681	1 922	1 682	1 753	1 865	2 133	966	1 006	1 071	1 224
		西部	1 629	1 697	1 806	2 066	1 516	1 579	1 681	1 922	1 682	1 753	1 865	2 133	966	1 006	1 071	1 224
	生物	东部	3 136	3 268	3 478	3 977	2 918	3 041	3 236	3 700	3 238	3 374	3 591	4 106	1 859	1 937	2 061	2 357
		中部	1 800	1 876	1 996	2 283	1 675	1 746	1 858	2 124	1 859	1 937	2 061	2 357	1 067	1 112	1 183	1 353
		西部	1 800	1 876	1 996	2 283	1 675	1 746	1 858	2 124	1 859	1 937	2 061	2 357	1 067	1 112	1 183	1 353

企业性质	处理方法	地区	皮革鞣质加工				毛皮鞣质及制品加工				皮革制品制造				羽毛（绒）加工及制品制造			
			30%	50%	70%	90%	30%	50%	70%	90%	30%	50%	70%	90%	30%	50%	70%	90%
其他	物化	东部	2 344	2 443	2 600	2 972	2 181	2 273	2 419	2 766	2 421	2 522	2 684	3 069	1 390	1 448	1 541	1 762
		中部	1 346	1 402	1 492	1 706	1 252	1 305	1 389	1 588	1 390	1 448	1 541	1 762	798	831	885	1 011
		西部	1 346	1 402	1 492	1 706	1 252	1 305	1 389	1 588	1 390	1 448	1 541	1 762	798	831	885	1 011
	组合	东部	2 344	2 443	2 600	2 972	2 181	2 273	2 419	2 766	2 421	2 522	2 684	3 069	1 390	1 448	1 541	1 762
		中部	1 346	1 402	1 492	1 706	1 252	1 305	1 389	1 588	1 390	1 448	1 541	1 762	798	831	885	1 011
		西部	1 346	1 402	1 492	1 706	1 252	1 305	1 389	1 588	1 390	1 448	1 541	1 762	798	831	885	1 011
外资	物理	东部	3 130	3 261	3 471	3 969	2 912	3 035	3 230	3 693	3 232	3 367	3 584	4 098	1 855	1 933	2 057	2 352
		中部	1 797	1 872	1 992	2 278	1 672	1 742	1 854	2 120	1 855	1 933	2 057	2 352	1 065	1 110	1 181	1 350
		西部	1 797	1 872	1 992	2 278	1 672	1 742	1 854	2 120	1 855	1 933	2 057	2 352	1 065	1 110	1 181	1 350
	化学	东部	3 789	3 947	4 201	4 804	3 525	3 673	3 909	4 470	3 912	4 076	4 338	4 960	2 246	2 340	2 490	2 847
		中部	2 175	2 266	2 412	2 758	2 024	2 109	2 244	2 566	2 246	2 340	2 490	2 847	1 289	1 343	1 430	1 635
		西部	2 175	2 266	2 412	2 758	2 024	2 109	2 244	2 566	2 246	2 340	2 490	2 847	1 289	1 343	1 430	1 635
	生物	东部	4 187	4 363	4 643	5 309	3 896	4 059	4 321	4 940	4 323	4 504	4 794	5 482	2 482	2 586	2 752	3 147
		中部	2 404	2 504	2 665	3 048	2 237	2 330	2 480	2 836	2 482	2 586	2 752	3 147	1 425	1 484	1 580	1 807
		西部	2 404	2 504	2 665	3 048	2 237	2 330	2 480	2 836	2 482	2 586	2 752	3 147	1 425	1 484	1 580	1 807
	物化	东部	3 130	3 261	3 471	3 969	2 912	3 035	3 230	3 693	3 232	3 367	3 584	4 098	1 855	1 933	2 057	2 352
		中部	1 797	1 872	1 992	2 278	1 672	1 742	1 854	2 120	1 855	1 933	2 057	2 352	1 065	1 110	1 181	1 350
		西部	1 797	1 872	1 992	2 278	1 672	1 742	1 854	2 120	1 855	1 933	2 057	2 352	1 065	1 110	1 181	1 350
	组合	东部	3 130	3 261	3 471	3 969	2 912	3 035	3 230	3 693	3 232	3 367	3 584	4 098	1 855	1 933	2 057	2 352
		中部	1 797	1 872	1 992	2 278	1 672	1 742	1 854	2 120	1 855	1 933	2 057	2 352	1 065	1 110	1 181	1 350
		西部	1 797	1 872	1 992	2 278	1 672	1 742	1 854	2 120	1 855	1 933	2 057	2 352	1 065	1 110	1 181	1 350

注：皮革、毛皮、羽毛（绒）及其制品业设计处理能力的中位数为 240 t/d，处理量的中位数为 2.7 万 t/a。

表 1-91　皮革、毛皮、羽毛（绒）及其制品业污染物 COD 的边际治理费用（三级排放标准）

单位：元/t

企业性质	处理方法	地区	皮革鞣质加工				毛皮鞣质及制品加工				皮革制品制造				羽毛（绒）加工及制品制造			
			30%	50%	70%	90%	30%	50%	70%	90%	30%	50%	70%	90%	30%	50%	70%	90%
民营	物理	东部	558	581	618	707	519	541	575	658	576	600	639	730	331	344	367	419
		中部	320	334	355	406	298	310	330	378	331	344	367	419	190	198	210	241
		西部	320	334	355	406	298	310	330	378	331	344	367	419	190	198	210	241
	化学	东部	675	703	749	856	628	654	697	796	697	726	773	884	400	417	444	507
		中部	388	404	430	491	361	376	400	457	400	417	444	507	230	239	255	291
		西部	388	404	430	491	361	376	400	457	400	417	444	507	230	239	255	291
	生物	东部	746	777	827	946	694	723	770	880	770	803	854	977	442	461	490	561
		中部	428	446	475	543	399	415	442	505	442	461	490	561	254	264	282	322
		西部	428	446	475	543	399	415	442	505	442	461	490	561	254	264	282	322
	物化	东部	558	581	618	707	519	541	575	658	576	600	639	730	331	344	367	419
		中部	320	334	355	406	298	310	330	378	331	344	367	419	190	198	210	241
		西部	320	334	355	406	298	310	330	378	331	344	367	419	190	198	210	241
	组合	东部	558	581	618	707	519	541	575	658	576	600	639	730	331	344	367	419
		中部	320	334	355	406	298	310	330	378	331	344	367	419	190	198	210	241
		西部	320	334	355	406	298	310	330	378	331	344	367	419	190	198	210	241
其他	物理	东部	703	733	780	892	654	682	726	830	726	757	805	921	417	434	462	529
		中部	404	421	448	512	376	391	417	476	417	434	462	529	239	249	265	303
		西部	404	421	448	512	376	391	417	476	417	434	462	529	239	249	265	303
	化学	东部	851	887	944	1 079	792	825	878	1 004	879	916	975	1 115	505	526	560	640
		中部	489	509	542	620	455	474	504	577	505	526	560	640	290	302	321	367
		西部	489	509	542	620	455	474	504	577	505	526	560	640	290	302	321	367
	生物	东部	941	980	1 043	1 193	875	912	971	1 110	971	1 012	1 077	1 232	558	581	618	707
		中部	540	563	599	685	503	524	557	637	558	581	618	707	320	334	355	406
		西部	540	563	599	685	503	524	557	637	558	581	618	707	320	334	355	406

企业性质	处理方法	地区	皮革鞣质加工				毛皮鞣质及制品加工				皮革制品制造				羽毛（绒）加工及制品制造			
			30%	50%	70%	90%	30%	50%	70%	90%	30%	50%	70%	90%	30%	50%	70%	90%
其他	物化	东部	703	733	780	892	654	682	726	830	726	757	805	921	417	434	462	529
		中部	404	421	448	512	376	391	417	476	417	434	462	529	239	249	265	303
		西部	404	421	448	512	376	391	417	476	417	434	462	529	239	249	265	303
	组合	东部	703	733	780	892	654	682	726	830	726	757	805	921	417	434	462	529
		中部	404	421	448	512	376	391	417	476	417	434	462	529	239	249	265	303
		西部	404	421	448	512	376	391	417	476	417	434	462	529	239	249	265	303
外资	物理	东部	939	978	1 041	1 191	874	910	969	1 108	970	1 010	1 075	1 229	557	580	617	706
		中部	539	562	598	683	502	523	556	636	557	580	617	706	320	333	354	405
		西部	539	562	598	683	502	523	556	636	557	580	617	706	320	333	354	405
	化学	东部	1 137	1 184	1 260	1 441	1 058	1 102	1 173	1 341	1 174	1 223	1 301	1 488	674	702	747	854
		中部	652	680	724	827	607	633	673	770	674	702	747	854	387	403	429	490
		西部	652	680	724	827	607	633	673	770	674	702	747	854	387	403	429	490
	生物	东部	1 256	1 309	1 393	1 593	1 169	1 218	1 296	1 482	1 297	1 351	1 438	1 644	745	776	826	944
		中部	721	751	800	914	671	699	744	851	745	776	826	944	427	445	474	542
		西部	721	751	800	914	671	699	744	851	745	776	826	944	427	445	474	542
	物化	东部	939	978	1 041	1 191	874	910	969	1 108	970	1 010	1 075	1 229	557	580	617	706
		中部	539	562	598	683	502	523	556	636	557	580	617	706	320	333	354	405
		西部	539	562	598	683	502	523	556	636	557	580	617	706	320	333	354	405
	组合	东部	939	978	1 041	1 191	874	910	969	1 108	970	1 010	1 075	1 229	557	580	617	706
		中部	539	562	598	683	502	523	556	636	557	580	617	706	320	333	354	405
		西部	539	562	598	683	502	523	556	636	557	580	617	706	320	333	354	405

注：皮革、毛皮、羽毛（绒）及其制品业设计处理能力的中位数为 240 t/d，处理量的中位数为 2.7 万 t/a。

（7）黑色金属冶炼及压延加工业

表 1-92　黑色金属冶炼及压延加工业废水的边际治理费用

单位：元/t

企业性质	处理方法	地区	锰冶炼				铁合金冶炼				钢压延加工				炼钢				炼铁			
			30%	50%	70%	90%	30%	50%	70%	90%	30%	50%	70%	90%	30%	50%	70%	90%	30%	50%	70%	90%
国有	物理	东部	3.28	3.41	3.62	4.12	0.90	0.93	0.99	1.13	1.85	1.93	2.05	2.33	2.98	3.11	3.30	3.75	1.19	1.24	1.31	1.49
		中部	1.66	1.73	1.83	2.09	0.45	0.47	0.50	0.57	0.94	0.98	1.04	1.18	1.51	1.57	1.67	1.90	0.60	0.63	0.67	0.76
		西部	1.66	1.73	1.83	2.09	0.45	0.47	0.50	0.57	0.94	0.98	1.04	1.18	1.51	1.57	1.67	1.90	0.60	0.63	0.67	0.76
	化学	东部	19.13	19.91	21.15	24.07	5.24	5.45	5.79	6.59	10.83	11.27	11.97	13.63	17.43	18.14	19.27	21.93	6.94	7.22	7.67	8.73
		中部	9.69	10.09	10.71	12.20	2.65	2.76	2.93	3.34	5.49	5.71	6.06	6.90	8.83	9.19	9.76	11.11	3.52	3.66	3.89	4.42
		西部	9.69	10.09	10.71	12.20	2.65	2.76	2.93	3.34	5.49	5.71	6.06	6.90	8.83	9.19	9.76	11.11	3.52	3.66	3.89	4.42
	生物	东部	4.43	4.61	4.90	5.57	1.21	1.26	1.34	1.53	2.51	2.61	2.77	3.16	4.04	4.20	4.46	5.08	1.61	1.67	1.78	2.02
		中部	2.24	2.34	2.48	2.82	0.61	0.64	0.68	0.77	1.27	1.32	1.40	1.60	2.05	2.13	2.26	2.57	0.81	0.85	0.90	1.02
		西部	2.24	2.34	2.48	2.82	0.61	0.64	0.68	0.77	1.27	1.32	1.40	1.60	2.05	2.13	2.26	2.57	0.81	0.85	0.90	1.02
	物化	东部	3.50	3.64	3.87	4.40	0.96	1.00	1.06	1.20	1.98	2.06	2.19	2.49	3.19	3.32	3.52	4.01	1.27	1.32	1.40	1.60
		中部	1.77	1.84	1.96	2.23	0.49	0.50	0.54	0.61	1.00	1.04	1.11	1.26	1.62	1.68	1.78	2.03	0.64	0.67	0.71	0.81
		西部	1.77	1.84	1.96	2.23	0.49	0.50	0.54	0.61	1.00	1.04	1.11	1.26	1.62	1.68	1.78	2.03	0.64	0.67	0.71	0.81
	组合	东部	8.17	8.50	9.03	10.28	2.24	2.33	2.47	2.81	4.62	4.81	5.11	5.82	7.44	7.75	8.23	9.37	2.96	3.08	3.28	3.73
		中部	4.14	4.31	4.57	5.21	1.13	1.18	1.25	1.42	2.34	2.44	2.59	2.95	3.77	3.92	4.17	4.74	1.50	1.56	1.66	1.89
		西部	4.14	4.31	4.57	5.21	1.13	1.18	1.25	1.42	2.34	2.44	2.59	2.95	3.77	3.92	4.17	4.74	1.50	1.56	1.66	1.89
其他	物理	东部	1.62	1.69	1.79	2.04	0.44	0.46	0.49	0.56	0.92	0.95	1.01	1.15	1.48	1.54	1.63	1.86	0.59	0.61	0.65	0.74
		中部	0.82	0.85	0.91	1.03	0.22	0.23	0.25	0.28	0.46	0.48	0.51	0.58	0.75	0.78	0.83	0.94	0.30	0.31	0.33	0.37
		西部	0.82	0.85	0.91	1.03	0.22	0.23	0.25	0.28	0.46	0.48	0.51	0.58	0.75	0.78	0.83	0.94	0.30	0.31	0.33	0.37
	化学	东部	9.46	9.85	10.46	11.91	2.59	2.69	2.86	3.26	5.36	5.57	5.92	6.74	8.62	8.97	9.53	10.85	3.43	3.57	3.79	4.32
		中部	4.79	4.99	5.30	6.03	1.31	1.36	1.45	1.65	2.71	2.82	3.00	3.41	4.37	4.55	4.83	5.50	1.74	1.81	1.92	2.19
		西部	4.79	4.99	5.30	6.03	1.31	1.36	1.45	1.65	2.71	2.82	3.00	3.41	4.37	4.55	4.83	5.50	1.74	1.81	1.92	2.19

企业性质	处理方法	地区	锰冶炼				铁合金冶炼				钢压延加工				炼钢				炼铁			
			30%	50%	70%	90%	30%	50%	70%	90%	30%	50%	70%	90%	30%	50%	70%	90%	30%	50%	70%	90%
其他	生物	东部	2.19	2.28	2.42	2.76	0.60	0.62	0.66	0.75	1.24	1.29	1.37	1.56	2.00	2.08	2.21	2.51	0.79	0.83	0.88	1.00
		中部	1.11	1.16	1.23	1.40	0.30	0.32	0.34	0.38	0.63	0.65	0.69	0.79	1.01	1.05	1.12	1.27	0.40	0.42	0.45	0.51
		西部	1.11	1.16	1.23	1.40	0.30	0.32	0.34	0.38	0.63	0.65	0.69	0.79	1.01	1.05	1.12	1.27	0.40	0.42	0.45	0.51
	物化	东部	1.73	1.80	1.91	2.18	0.47	0.49	0.52	0.60	0.98	1.02	1.08	1.23	1.58	1.64	1.74	1.98	0.63	0.65	0.69	0.79
		中部	0.88	0.91	0.97	1.10	0.24	0.25	0.27	0.30	0.50	0.52	0.55	0.62	0.80	0.83	0.88	1.01	0.32	0.33	0.35	0.40
		西部	0.88	0.91	0.97	1.10	0.24	0.25	0.27	0.30	0.50	0.52	0.55	0.62	0.80	0.83	0.88	1.01	0.32	0.33	0.35	0.40
	组合	东部	4.04	4.20	4.47	5.08	1.11	1.15	1.22	1.39	2.29	2.38	2.53	2.88	3.68	3.83	4.07	4.63	1.47	1.53	1.62	1.84
		中部	2.05	2.13	2.26	2.58	0.56	0.58	0.62	0.70	1.16	1.21	1.28	1.46	1.87	1.94	2.06	2.35	0.74	0.77	0.82	0.93
		西部	2.05	2.13	2.26	2.58	0.56	0.58	0.62	0.70	1.16	1.21	1.28	1.46	1.87	1.94	2.06	2.35	0.74	0.77	0.82	0.93
私营	物理	东部	1.13	1.17	1.24	1.42	0.31	0.32	0.34	0.39	0.64	0.66	0.70	0.80	1.03	1.07	1.13	1.29	0.41	0.42	0.45	0.51
		中部	0.57	0.59	0.63	0.72	0.16	0.16	0.17	0.20	0.32	0.34	0.36	0.41	0.52	0.54	0.57	0.65	0.21	0.22	0.23	0.26
		西部	0.57	0.59	0.63	0.72	0.16	0.16	0.17	0.20	0.32	0.34	0.36	0.41	0.52	0.54	0.57	0.65	0.21	0.22	0.23	0.26
	化学	东部	6.58	6.84	7.27	8.27	1.80	1.87	1.99	2.26	3.72	3.87	4.11	4.68	5.99	6.23	6.62	7.54	2.39	2.48	2.64	3.00
		中部	3.33	3.47	3.68	4.19	0.91	0.95	1.01	1.15	1.89	1.96	2.08	2.37	3.04	3.16	3.35	3.82	1.21	1.26	1.34	1.52
		西部	3.33	3.47	3.68	4.19	0.91	0.95	1.01	1.15	1.89	1.96	2.08	2.37	3.04	3.16	3.35	3.82	1.21	1.26	1.34	1.52
	生物	东部	1.52	1.58	1.68	1.92	0.42	0.43	0.46	0.52	0.86	0.90	0.95	1.08	1.39	1.44	1.53	1.75	0.55	0.57	0.61	0.69
		中部	0.77	0.80	0.85	0.97	0.21	0.22	0.23	0.27	0.44	0.45	0.48	0.55	0.70	0.73	0.78	0.88	0.28	0.29	0.31	0.35
		西部	0.77	0.80	0.85	0.97	0.21	0.22	0.23	0.27	0.44	0.45	0.48	0.55	0.70	0.73	0.78	0.88	0.28	0.29	0.31	0.35
	物化	东部	1.20	1.25	1.33	1.51	0.33	0.34	0.36	0.41	0.68	0.71	0.75	0.86	1.10	1.14	1.21	1.38	0.44	0.45	0.48	0.55
		中部	0.61	0.63	0.67	0.77	0.17	0.17	0.18	0.21	0.34	0.36	0.38	0.43	0.56	0.58	0.61	0.70	0.22	0.23	0.24	0.28
		西部	0.61	0.63	0.67	0.77	0.17	0.17	0.18	0.21	0.34	0.36	0.38	0.43	0.56	0.58	0.61	0.70	0.22	0.23	0.24	0.28
	组合	东部	2.81	2.92	3.10	3.53	0.77	0.80	0.85	0.97	1.59	1.65	1.76	2.00	2.56	2.66	2.83	3.22	1.02	1.06	1.13	1.28
		中部	1.42	1.48	1.57	1.79	0.39	0.41	0.43	0.49	0.81	0.84	0.89	1.01	1.30	1.35	1.43	1.63	0.52	0.54	0.57	0.65
		西部	1.42	1.48	1.57	1.79	0.39	0.41	0.43	0.49	0.81	0.84	0.89	1.01	1.30	1.35	1.43	1.63	0.52	0.54	0.57	0.65

企业性质	处理方法	地区	锰冶炼				铁合金冶炼				钢压延加工				炼钢				炼铁			
			30%	50%	70%	90%	30%	50%	70%	90%	30%	50%	70%	90%	30%	50%	70%	90%	30%	50%	70%	90%
外资	物理	东部	1.62	1.69	1.79	2.04	0.44	0.46	0.49	0.56	0.92	0.95	1.01	1.15	1.48	1.54	1.63	1.86	0.59	0.61	0.65	0.74
		中部	0.82	0.85	0.91	1.03	0.22	0.23	0.25	0.28	0.46	0.48	0.51	0.58	0.75	0.78	0.83	0.94	0.30	0.31	0.33	0.37
		西部	0.82	0.85	0.91	1.03	0.22	0.23	0.25	0.28	0.46	0.48	0.51	0.58	0.75	0.78	0.83	0.94	0.30	0.31	0.33	0.37
	化学	东部	9.46	9.85	10.46	11.91	2.59	2.69	2.86	3.26	5.36	5.57	5.92	6.74	8.62	8.97	9.53	10.85	3.43	3.57	3.79	4.32
		中部	4.79	4.99	5.30	6.03	1.31	1.36	1.45	1.65	2.71	2.82	3.00	3.41	4.37	4.55	4.83	5.50	1.74	1.81	1.92	2.19
		西部	4.79	4.99	5.30	6.03	1.31	1.36	1.45	1.65	2.71	2.82	3.00	3.41	4.37	4.55	4.83	5.50	1.74	1.81	1.92	2.19
	生物	东部	2.19	2.28	2.42	2.76	0.60	0.62	0.66	0.75	1.24	1.29	1.37	1.56	2.00	2.08	2.21	2.51	0.79	0.83	0.88	1.00
		中部	1.11	1.16	1.23	1.40	0.30	0.32	0.34	0.38	0.63	0.65	0.69	0.79	1.01	1.05	1.12	1.27	0.40	0.42	0.45	0.51
		西部	1.11	1.16	1.23	1.40	0.30	0.32	0.34	0.38	0.63	0.65	0.69	0.79	1.01	1.05	1.12	1.27	0.40	0.42	0.45	0.51
	物化	东部	1.73	1.80	1.91	2.18	0.47	0.49	0.52	0.60	0.98	1.02	1.08	1.23	1.58	1.64	1.74	1.98	0.63	0.65	0.69	0.79
		中部	0.88	0.91	0.97	1.10	0.24	0.25	0.27	0.30	0.50	0.52	0.55	0.62	0.80	0.83	0.88	1.01	0.32	0.33	0.35	0.40
		西部	0.88	0.91	0.97	1.10	0.24	0.25	0.27	0.30	0.50	0.52	0.55	0.62	0.80	0.83	0.88	1.01	0.32	0.33	0.35	0.40
	组合	东部	4.04	4.20	4.47	5.08	1.11	1.15	1.22	1.39	2.29	2.38	2.53	2.88	3.68	3.83	4.07	4.63	1.47	1.53	1.62	1.84
		中部	2.05	2.13	2.26	2.58	0.56	0.58	0.62	0.70	1.16	1.21	1.28	1.46	1.87	1.94	2.06	2.35	0.74	0.77	0.82	0.93
		西部	2.05	2.13	2.26	2.58	0.56	0.58	0.62	0.70	1.16	1.21	1.28	1.46	1.87	1.94	2.06	2.35	0.74	0.77	0.82	0.93

注：黑色金属冶炼及压延加工业设计处理能力的中位数为 300 t/d，处理量的中位数为 3.6 万 t/a。

（8）有色金属冶炼及压延加工业

表 1-93 有色金属冶炼及压延加工业废水的边际治理费用

单位：元/t

企业性质	处理方法	地区	有色金属压延加工	有色金属合金制造	稀有稀土金属冶炼	贵金属冶炼	常用有色金属冶炼
国有	物理	东部	2.22	2.72	4.64	4.36	2.72
		中部	1.32	1.61	2.75	2.59	1.61
		西部	1.32	1.61	2.75	2.59	1.61
	化学	东部	4.11	5.03	8.58	8.06	5.03
		中部	2.44	2.98	5.09	4.78	2.98
		西部	2.44	2.98	5.09	4.78	2.98
	生物	东部	4.70	5.76	9.82	9.23	5.76
		中部	2.79	3.41	5.82	5.47	3.41
		西部	2.79	3.41	5.82	5.47	3.41
	物化	东部	4.70	5.76	9.82	9.23	5.76
		中部	2.79	3.41	5.82	5.47	3.41
		西部	2.79	3.41	5.82	5.47	3.41
	组合	东部	4.70	5.76	9.82	9.23	5.76
		中部	2.79	3.41	5.82	5.47	3.41
		西部	2.79	3.41	5.82	5.47	3.41
私营	物理	东部	1.27	1.55	2.65	2.49	1.55
		中部	0.75	0.92	1.57	1.47	0.92
		西部	0.75	0.92	1.57	1.47	0.92
	化学	东部	2.34	2.87	4.89	4.60	2.87
		中部	1.39	1.70	2.90	2.72	1.70
		西部	1.39	1.70	2.90	2.72	1.70

企业性质	处理方法	地区	有色金属压延加工	有色金属合金制造	稀有稀土金属冶炼	贵金属冶炼	常用有色金属冶炼
私营	生物	东部	2.68	3.28	5.60	5.26	3.28
		中部	1.59	1.95	3.32	3.12	1.95
		西部	1.59	1.95	3.32	3.12	1.95
	物化	东部	2.68	3.28	5.60	5.26	3.28
		中部	1.59	1.95	3.32	3.12	1.95
		西部	1.59	1.95	3.32	3.12	1.95
	组合	东部	2.68	3.28	5.60	5.26	3.28
		中部	1.59	1.95	3.32	3.12	1.95
		西部	1.59	1.95	3.32	3.12	1.95
其他	物理	东部	1.69	2.07	3.52	3.31	2.07
		中部	1.00	1.22	2.09	1.96	1.22
		西部	1.00	1.22	2.09	1.96	1.22
	化学	东部	3.12	3.82	6.51	6.12	3.82
		中部	1.85	2.26	3.86	3.63	2.26
		西部	1.85	2.26	3.86	3.63	2.26
	生物	东部	3.57	4.37	7.45	7.00	4.37
		中部	2.12	2.59	4.42	4.15	2.59
		西部	2.12	2.59	4.42	4.15	2.59
	物化	东部	3.57	4.37	7.45	7.00	4.37
		中部	2.12	2.59	4.42	4.15	2.59
		西部	2.12	2.59	4.42	4.15	2.59
	组合	东部	3.57	4.37	7.45	7.00	4.37
		中部	2.12	2.59	4.42	4.15	2.59
		西部	2.12	2.59	4.42	4.15	2.59

注：有色金属冶炼及压延加工业设计处理能力的中位数为 150 t/d，处理量的中位数为 1.12 万 t/a。

（9）石油加工及炼焦业

表 1-94 石油加工及炼焦业废水的边际治理费用

单位：元/t

企业性质	处理方法	地区	活性炭制造				核燃料加工				炼焦				精炼石油产品制造			
			30%	50%	70%	90%	30%	50%	70%	90%	30%	50%	70%	90%	30%	50%	70%	90%
国有	物理	东部	0.94	0.97	1.01	1.11	24.15	24.85	25.93	28.44	1.82	1.87	1.96	2.14	2.40	2.46	2.57	2.82
		中部	0.74	0.76	0.80	0.87	19.06	19.60	20.46	22.44	1.44	1.48	1.54	1.69	1.89	1.94	2.03	2.23
		西部	0.54	0.56	0.58	0.64	13.92	14.32	14.95	16.39	1.05	1.08	1.13	1.24	1.38	1.42	1.48	1.63
	化学	东部	1.77	1.82	1.90	2.09	45.53	46.84	48.89	53.62	3.43	3.53	3.69	4.04	4.51	4.64	4.85	5.32
		中部	1.40	1.44	1.50	1.65	35.92	36.95	38.57	42.30	2.71	2.79	2.91	3.19	3.56	3.66	3.83	4.19
		西部	1.02	1.05	1.10	1.20	26.24	27.00	28.18	30.90	1.98	2.04	2.12	2.33	2.60	2.68	2.79	3.06
	生物	东部	2.75	2.83	2.95	3.24	70.63	72.65	75.84	83.17	5.32	5.48	5.72	6.27	7.00	7.20	7.52	8.25
		中部	2.17	2.23	2.33	2.55	55.72	57.32	59.83	65.62	4.20	4.32	4.51	4.95	5.53	5.68	5.93	6.51
		西部	1.58	1.63	1.70	1.87	40.71	41.87	43.71	47.94	3.07	3.16	3.30	3.61	4.04	4.15	4.33	4.75
	物化	东部	2.75	2.83	2.95	3.24	70.63	72.65	75.84	83.17	5.32	5.48	5.72	6.27	7.00	7.20	7.52	8.25
		中部	2.17	2.23	2.33	2.55	55.72	57.32	59.83	65.62	4.20	4.32	4.51	4.95	5.53	5.68	5.93	6.51
		西部	1.58	1.63	1.70	1.87	40.71	41.87	43.71	47.94	3.07	3.16	3.30	3.61	4.04	4.15	4.33	4.75
	组合	东部	2.75	2.83	2.95	3.24	70.63	72.65	75.84	83.17	5.32	5.48	5.72	6.27	7.00	7.20	7.52	8.25
		中部	2.17	2.23	2.33	2.55	55.72	57.32	59.83	65.62	4.20	4.32	4.51	4.95	5.53	5.68	5.93	6.51
		西部	1.58	1.63	1.70	1.87	40.71	41.87	43.71	47.94	3.07	3.16	3.30	3.61	4.04	4.15	4.33	4.75
外资	物理	东部	0.87	0.90	0.94	1.03	22.43	23.07	24.08	26.41	1.69	1.74	1.82	1.99	2.22	2.29	2.39	2.62
		中部	0.69	0.71	0.74	0.81	17.70	18.20	19.00	20.84	1.33	1.37	1.43	1.57	1.75	1.81	1.88	2.07
		西部	0.50	0.52	0.54	0.59	12.93	13.30	13.88	15.22	0.97	1.00	1.05	1.15	1.28	1.32	1.38	1.51
	化学	东部	1.65	1.69	1.77	1.94	42.28	43.50	45.40	49.79	3.19	3.28	3.42	3.75	4.19	4.31	4.50	4.94
		中部	1.30	1.34	1.39	1.53	33.36	34.32	35.82	39.29	2.52	2.59	2.70	2.96	3.31	3.40	3.55	3.90
		西部	0.95	0.98	1.02	1.12	24.37	25.07	26.17	28.70	1.84	1.89	1.97	2.16	2.42	2.49	2.59	2.85

企业性质	处理方法	地区	活性炭制造				核燃料加工				炼焦				精炼石油产品制造			
			30%	50%	70%	90%	30%	50%	70%	90%	30%	50%	70%	90%	30%	50%	70%	90%
外资	生物	东部	2.55	2.63	2.74	3.01	65.59	67.47	70.43	77.23	4.95	5.09	5.31	5.82	6.50	6.69	6.98	7.66
		中部	2.01	2.07	2.16	2.37	51.75	53.23	55.57	60.94	3.90	4.01	4.19	4.59	5.13	5.28	5.51	6.04
		西部	1.47	1.51	1.58	1.73	37.80	38.89	40.59	44.52	2.85	2.93	3.06	3.36	3.75	3.86	4.03	4.41
	物化	东部	2.55	2.63	2.74	3.01	65.59	67.47	70.43	77.23	4.95	5.09	5.31	5.82	6.50	6.69	6.98	7.66
		中部	2.01	2.07	2.16	2.37	51.75	53.23	55.57	60.94	3.90	4.01	4.19	4.59	5.13	5.28	5.51	6.04
		西部	1.47	1.51	1.58	1.73	37.80	38.89	40.59	44.52	2.85	2.93	3.06	3.36	3.75	3.86	4.03	4.41
	组合	东部	2.55	2.63	2.74	3.01	65.59	67.47	70.43	77.23	4.95	5.09	5.31	5.82	6.50	6.69	6.98	7.66
		中部	2.01	2.07	2.16	2.37	51.75	53.23	55.57	60.94	3.90	4.01	4.19	4.59	5.13	5.28	5.51	6.04
		西部	1.47	1.51	1.58	1.73	37.80	38.89	40.59	44.52	2.85	2.93	3.06	3.36	3.75	3.86	4.03	4.41
民营	物理	东部	0.51	0.53	0.55	0.60	13.14	13.51	14.11	15.47	0.99	1.02	1.06	1.17	1.30	1.34	1.40	1.53
		中部	0.40	0.42	0.43	0.48	10.36	10.66	11.13	12.21	0.78	0.80	0.84	0.92	1.03	1.06	1.10	1.21
		西部	0.29	0.30	0.32	0.35	7.57	7.79	8.13	8.92	0.57	0.59	0.61	0.67	0.75	0.77	0.81	0.88
	化学	东部	0.96	0.99	1.04	1.14	24.76	25.47	26.59	29.16	1.87	1.92	2.00	2.20	2.46	2.53	2.64	2.89
		中部	0.76	0.78	0.82	0.90	19.54	20.10	20.98	23.01	1.47	1.52	1.58	1.73	1.94	1.99	2.08	2.28
		西部	0.56	0.57	0.60	0.65	14.27	14.68	15.33	16.81	1.08	1.11	1.16	1.27	1.42	1.46	1.52	1.67
	生物	东部	1.50	1.54	1.61	1.76	38.41	39.51	41.25	45.23	2.90	2.98	3.11	3.41	3.81	3.92	4.09	4.49
		中部	1.18	1.21	1.27	1.39	30.31	31.18	32.54	35.69	2.29	2.35	2.45	2.69	3.01	3.09	3.23	3.54
		西部	0.86	0.89	0.93	1.01	22.14	22.77	23.77	26.07	1.67	1.72	1.79	1.97	2.20	2.26	2.36	2.59
	物化	东部	1.50	1.54	1.61	1.76	38.41	39.51	41.25	45.23	2.90	2.98	3.11	3.41	3.81	3.92	4.09	4.49
		中部	1.18	1.21	1.27	1.39	30.31	31.18	32.54	35.69	2.29	2.35	2.45	2.69	3.01	3.09	3.23	3.54
		西部	0.86	0.89	0.93	1.01	22.14	22.77	23.77	26.07	1.67	1.72	1.79	1.97	2.20	2.26	2.36	2.59
	组合	东部	1.50	1.54	1.61	1.76	38.41	39.51	41.25	45.23	2.90	2.98	3.11	3.41	3.81	3.92	4.09	4.49
		中部	1.18	1.21	1.27	1.39	30.31	31.18	32.54	35.69	2.29	2.35	2.45	2.69	3.01	3.09	3.23	3.54
		西部	0.86	0.89	0.93	1.01	22.14	22.77	23.77	26.07	1.67	1.72	1.79	1.97	2.20	2.26	2.36	2.59

企业性质	处理方法	地区	活性炭制造				核燃料加工				炼焦				精炼石油产品制造			
			30%	50%	70%	90%	30%	50%	70%	90%	30%	50%	70%	90%	30%	50%	70%	90%
其他	物理	东部	0.60	0.62	0.65	0.71	15.48	15.92	16.62	18.23	1.17	1.20	1.25	1.37	1.53	1.58	1.65	1.81
		中部	0.48	0.49	0.51	0.56	12.21	12.56	13.11	14.38	0.92	0.95	0.99	1.08	1.21	1.25	1.30	1.43
		西部	0.35	0.36	0.37	0.41	8.92	9.18	9.58	10.51	0.67	0.69	0.72	0.79	0.88	0.91	0.95	1.04
	化学	东部	1.14	1.17	1.22	1.34	29.18	30.01	31.33	34.36	2.20	2.26	2.36	2.59	2.89	2.98	3.11	3.41
		中部	0.90	0.92	0.96	1.06	23.02	23.68	24.72	27.11	1.74	1.79	1.86	2.04	2.28	2.35	2.45	2.69
		西部	0.65	0.67	0.70	0.77	16.82	17.30	18.06	19.80	1.27	1.30	1.36	1.49	1.67	1.72	1.79	1.96
	生物	东部	1.76	1.81	1.89	2.07	45.26	46.56	48.60	53.30	3.41	3.51	3.66	4.02	4.49	4.62	4.82	5.28
		中部	1.39	1.43	1.49	1.64	35.71	36.73	38.34	42.05	2.69	2.77	2.89	3.17	3.54	3.64	3.80	4.17
		西部	1.02	1.04	1.09	1.20	26.09	26.83	28.01	30.72	1.97	2.02	2.11	2.32	2.59	2.66	2.78	3.05
	物化	东部	1.76	1.81	1.89	2.07	45.26	46.56	48.60	53.30	3.41	3.51	3.66	4.02	4.49	4.62	4.82	5.28
		中部	1.39	1.43	1.49	1.64	35.71	36.73	38.34	42.05	2.69	2.77	2.89	3.17	3.54	3.64	3.80	4.17
		西部	1.02	1.04	1.09	1.20	26.09	26.83	28.01	30.72	1.97	2.02	2.11	2.32	2.59	2.66	2.78	3.05
	组合	东部	1.76	1.81	1.89	2.07	45.26	46.56	48.60	53.30	3.41	3.51	3.66	4.02	4.49	4.62	4.82	5.28
		中部	1.39	1.43	1.49	1.64	35.71	36.73	38.34	42.05	2.69	2.77	2.89	3.17	3.54	3.64	3.80	4.17
		西部	1.02	1.04	1.09	1.20	26.09	26.83	28.01	30.72	1.97	2.02	2.11	2.32	2.59	2.66	2.78	3.05

注：石油加工及炼焦业设计处理能力的中位数为 500 t/d，处理量的中位数为 3.7 万 t/a。

（10）**化工业**

表 1-95　化工业废水的边际治理费用

单位：元/t

企业性质	处理方法	地区	日用化学品制造				专用化学品制造				基础化学原料制造				农药制造				涂料、油墨、颜料及类似产品制造				其他			
			30%	50%	70%	90%	30%	50%	70%	90%	30%	50%	70%	90%	30%	50%	70%	90%	30%	50%	70%	90%	30%	50%	70%	90%
国有	物理	东部	1.15	1.19	1.24	1.36	1.65	1.69	1.77	1.94	2.08	2.14	2.24	2.45	2.89	2.97	3.10	3.40	2.33	2.40	2.51	2.75	2.33	2.40	2.51	2.75
		中部	0.96	0.98	1.03	1.13	1.36	1.40	1.46	1.61	1.72	1.77	1.85	2.03	2.39	2.46	2.57	2.82	1.93	1.99	2.07	2.28	1.93	1.99	2.07	2.28
		西部	0.65	0.67	0.70	0.76	0.93	0.95	0.99	1.09	1.17	1.20	1.26	1.38	1.62	1.67	1.74	1.91	1.31	1.35	1.41	1.55	1.31	1.35	1.41	1.55
	化学	东部	2.16	2.22	2.32	2.54	3.08	3.17	3.31	3.63	3.90	4.01	4.18	4.59	5.40	5.56	5.80	6.36	4.37	4.49	4.69	5.14	4.37	4.49	4.69	5.14
		中部	1.79	1.84	1.92	2.10	2.55	2.62	2.74	3.00	3.22	3.32	3.46	3.80	4.47	4.60	4.80	5.27	3.61	3.72	3.88	4.26	3.61	3.72	3.88	4.26
		西部	1.21	1.25	1.30	1.43	1.73	1.78	1.86	2.04	2.19	2.25	2.35	2.58	3.04	3.12	3.26	3.58	2.45	2.52	2.64	2.89	2.45	2.52	2.64	2.89
	生物	东部	2.36	2.43	2.54	2.78	3.37	3.47	3.62	3.97	4.26	4.38	4.58	5.02	5.91	6.08	6.35	6.96	4.78	4.91	5.13	5.63	4.78	4.91	5.13	5.63
		中部	1.96	2.01	2.10	2.30	2.79	2.87	3.00	3.28	3.53	3.63	3.79	4.15	4.89	5.03	5.25	5.76	3.95	4.07	4.25	4.66	3.95	4.07	4.25	4.66
		西部	1.33	1.37	1.43	1.56	1.89	1.95	2.03	2.23	2.40	2.46	2.57	2.82	3.32	3.42	3.57	3.91	2.69	2.76	2.88	3.16	2.69	2.76	2.88	3.16
	物化	东部	2.66	2.74	2.86	3.13	3.80	3.90	4.08	4.47	4.80	4.94	5.15	5.65	6.66	6.85	7.15	7.84	5.38	5.53	5.78	6.34	5.38	5.53	5.78	6.34
		中部	2.20	2.27	2.37	2.59	3.14	3.23	3.37	3.70	3.97	4.09	4.27	4.68	5.51	5.67	5.92	6.49	4.45	4.58	4.78	5.24	4.45	4.58	4.78	5.24
		西部	1.50	1.54	1.61	1.76	2.13	2.19	2.29	2.51	2.70	2.78	2.90	3.18	3.74	3.85	4.02	4.41	3.02	3.11	3.25	3.56	3.02	3.11	3.25	3.56
	组合	东部	2.66	2.74	2.86	3.13	3.80	3.90	4.08	4.47	4.80	4.94	5.15	5.65	6.66	6.85	7.15	7.84	5.38	5.53	5.78	6.34	5.38	5.53	5.78	6.34
		中部	2.20	2.27	2.37	2.59	3.14	3.23	3.37	3.70	3.97	4.09	4.27	4.68	5.51	5.67	5.92	6.49	4.45	4.58	4.78	5.24	4.45	4.58	4.78	5.24
		西部	1.50	1.54	1.61	1.76	2.13	2.19	2.29	2.51	2.70	2.78	2.90	3.18	3.74	3.85	4.02	4.41	3.02	3.11	3.25	3.56	3.02	3.11	3.25	3.56
外资	物理	东部	1.38	1.42	1.48	1.63	1.97	2.03	2.11	2.32	2.49	2.56	2.67	2.93	3.45	3.55	3.71	4.07	2.79	2.87	3.00	3.29	2.79	2.87	3.00	3.29
		中部	1.14	1.18	1.23	1.35	1.63	1.68	1.75	1.92	2.06	2.12	2.21	2.43	2.86	2.94	3.07	3.37	2.31	2.38	2.48	2.72	2.31	2.38	2.48	2.72
		西部	0.78	0.80	0.83	0.91	1.11	1.14	1.19	1.30	1.40	1.44	1.50	1.65	1.94	2.00	2.09	2.29	1.57	1.61	1.69	1.85	1.57	1.61	1.69	1.85

企业性质	处理方法	地区	日用化学品制造				专用化学品制造				基础化学原料制造				农药制造				涂料、油墨、颜料及类似产品制造				其他			
			30%	50%	70%	90%	30%	50%	70%	90%	30%	50%	70%	90%	30%	50%	70%	90%	30%	50%	70%	90%	30%	50%	70%	90%
外资	化学	东部	2.58	2.66	2.77	3.04	3.68	3.79	3.95	4.34	4.66	4.79	5.00	5.49	6.46	6.65	6.94	7.61	5.22	5.37	5.61	6.15	5.22	5.37	5.61	6.15
		中部	2.14	2.20	2.30	2.52	3.05	3.14	3.27	3.59	3.86	3.97	4.14	4.54	5.35	5.50	5.74	6.30	4.32	4.45	4.64	5.09	4.32	4.45	4.64	5.09
		西部	1.45	1.49	1.56	1.71	2.07	2.13	2.22	2.44	2.62	2.69	2.81	3.08	3.63	3.74	3.90	4.28	2.94	3.02	3.15	3.46	2.94	3.02	3.15	3.46
	生物	东部	2.83	2.91	3.03	3.33	4.03	4.15	4.33	4.75	5.10	5.24	5.47	6.00	7.07	7.27	7.59	8.32	5.71	5.88	6.13	6.73	5.71	5.88	6.13	6.73
		中部	2.34	2.41	2.51	2.75	3.34	3.43	3.58	3.93	4.22	4.34	4.53	4.97	5.85	6.02	6.28	6.89	4.73	4.86	5.08	5.57	4.73	4.86	5.08	5.57
		西部	1.59	1.63	1.71	1.87	2.27	2.33	2.43	2.67	2.87	2.95	3.08	3.37	3.97	4.09	4.27	4.68	3.21	3.30	3.45	3.78	3.21	3.30	3.45	3.78
	物化	东部	3.18	3.27	3.42	3.75	4.54	4.67	4.87	5.35	5.74	5.91	6.17	6.76	7.96	8.19	8.55	9.38	6.44	6.62	6.91	7.58	6.44	6.62	6.91	7.58
		中部	2.63	2.71	2.83	3.10	3.76	3.87	4.03	4.42	4.75	4.89	5.10	5.60	6.59	6.78	7.08	7.76	5.33	5.48	5.72	6.27	5.33	5.48	5.72	6.27
		西部	1.79	1.84	1.92	2.11	2.55	2.62	2.74	3.00	3.23	3.32	3.47	3.80	4.48	4.60	4.81	5.27	3.62	3.72	3.88	4.26	3.62	3.72	3.88	4.26
	组合	东部	3.18	3.27	3.42	3.75	4.54	4.67	4.87	5.35	5.74	5.91	6.17	6.76	7.96	8.19	8.55	9.38	6.44	6.62	6.91	7.58	6.44	6.62	6.91	7.58
		中部	2.63	2.71	2.83	3.10	3.76	3.87	4.03	4.42	4.75	4.89	5.10	5.60	6.59	6.78	7.08	7.76	5.33	5.48	5.72	6.27	5.33	5.48	5.72	6.27
		西部	1.79	1.84	1.92	2.11	2.55	2.62	2.74	3.00	3.23	3.32	3.47	3.80	4.48	4.60	4.81	5.27	3.62	3.72	3.88	4.26	3.62	3.72	3.88	4.26
私营	物理	东部	0.86	0.89	0.92	1.01	1.23	1.26	1.32	1.45	1.55	1.60	1.67	1.83	2.15	2.21	2.31	2.54	1.74	1.79	1.87	2.05	1.74	1.79	1.87	2.05
		中部	0.71	0.73	0.76	0.84	1.02	1.05	1.09	1.20	1.29	1.32	1.38	1.51	1.78	1.83	1.91	2.10	1.44	1.48	1.55	1.70	1.44	1.48	1.55	1.70
		西部	0.48	0.50	0.52	0.57	0.69	0.71	0.74	0.81	0.87	0.90	0.94	1.03	1.21	1.24	1.30	1.43	0.98	1.01	1.05	1.15	0.98	1.01	1.05	1.15
	化学	东部	1.61	1.66	1.73	1.90	2.30	2.36	2.46	2.70	2.90	2.99	3.12	3.42	4.03	4.14	4.32	4.74	3.25	3.35	3.49	3.83	3.25	3.35	3.49	3.83
		中部	1.33	1.37	1.43	1.57	1.90	1.95	2.04	2.24	2.40	2.47	2.58	2.83	3.33	3.43	3.58	3.92	2.69	2.77	2.89	3.17	2.69	2.77	2.89	3.17
		西部	0.90	0.93	0.97	1.07	1.29	1.33	1.39	1.52	1.63	1.68	1.75	1.92	2.26	2.33	2.43	2.67	1.83	1.88	1.96	2.15	1.83	1.88	1.96	2.15
	生物	东部	1.76	1.81	1.89	2.07	2.51	2.58	2.70	2.96	3.18	3.27	3.41	3.74	4.41	4.53	4.73	5.19	3.56	3.66	3.82	4.19	3.56	3.66	3.82	4.19
		中部	1.46	1.50	1.57	1.72	2.08	2.14	2.23	2.45	2.63	2.70	2.82	3.10	3.65	3.75	3.92	4.29	2.95	3.03	3.16	3.47	2.95	3.03	3.16	3.47
		西部	0.99	1.02	1.06	1.17	1.41	1.45	1.52	1.66	1.79	1.84	1.92	2.10	2.48	2.55	2.66	2.92	2.00	2.06	2.15	2.36	2.00	2.06	2.15	2.36
	物化	东部	1.98	2.04	2.13	2.34	2.83	2.91	3.04	3.33	3.58	3.68	3.84	4.21	4.96	5.10	5.33	5.84	4.01	4.12	4.31	4.72	4.01	4.12	4.31	4.72
		中部	1.64	1.69	1.76	1.93	2.34	2.41	2.51	2.76	2.96	3.05	3.18	3.49	4.11	4.23	4.41	4.84	3.32	3.41	3.56	3.91	3.32	3.41	3.56	3.91
		西部	1.11	1.15	1.20	1.31	1.59	1.64	1.71	1.87	2.01	2.07	2.16	2.37	2.79	2.87	3.00	3.28	2.25	2.32	2.42	2.65	2.25	2.32	2.42	2.65

企业性质	处理方法	地区	日用化学品制造				专用化学品制造				基础化学原料制造				农药制造				涂料、油墨、颜料及类似产品制造				其他			
			30%	50%	70%	90%	30%	50%	70%	90%	30%	50%	70%	90%	30%	50%	70%	90%	30%	50%	70%	90%	30%	50%	70%	90%
私营	组合	东部	1.98	2.04	2.13	2.34	2.83	2.91	3.04	3.33	3.58	3.68	3.84	4.21	4.96	5.10	5.33	5.84	4.01	4.12	4.31	4.72	4.01	4.12	4.31	4.72
		中部	1.64	1.69	1.76	1.93	2.34	2.41	2.51	2.76	2.96	3.05	3.18	3.49	4.11	4.23	4.41	4.84	3.32	3.41	3.56	3.91	3.32	3.41	3.56	3.91
		西部	1.11	1.15	1.20	1.31	1.59	1.64	1.71	1.87	2.01	2.07	2.16	2.37	2.79	2.87	3.00	3.28	2.25	2.32	2.42	2.65	2.25	2.32	2.42	2.65
其他	物理	东部	1.15	1.19	1.24	1.36	1.65	1.69	1.77	1.94	2.08	2.14	2.24	2.45	2.89	2.97	3.10	3.40	2.33	2.40	2.51	2.75	2.33	2.40	2.51	2.75
		中部	0.96	0.98	1.03	1.13	1.36	1.40	1.46	1.61	1.72	1.77	1.85	2.03	2.39	2.46	2.57	2.82	1.93	1.99	2.07	2.28	1.93	1.99	2.07	2.28
		西部	0.65	0.67	0.70	0.76	0.93	0.95	0.99	1.09	1.17	1.20	1.26	1.38	1.62	1.67	1.74	1.91	1.31	1.35	1.41	1.55	1.31	1.35	1.41	1.55
	化学	东部	2.16	2.22	2.32	2.54	3.08	3.17	3.31	3.63	3.90	4.01	4.18	4.59	5.40	5.56	5.80	6.36	4.37	4.49	4.69	5.14	4.37	4.49	4.69	5.14
		中部	1.79	1.84	1.92	2.10	2.55	2.62	2.74	3.00	3.22	3.32	3.46	3.80	4.47	4.60	4.80	5.27	3.61	3.72	3.88	4.26	3.61	3.72	3.88	4.26
		西部	1.21	1.25	1.30	1.43	1.73	1.78	1.86	2.04	2.19	2.25	2.35	2.58	3.04	3.12	3.26	3.58	2.45	2.52	2.64	2.89	2.45	2.52	2.64	2.89
	生物	东部	2.36	2.43	2.54	2.78	3.37	3.47	3.62	3.97	4.26	4.38	4.58	5.02	5.91	6.08	6.35	6.96	4.78	4.91	5.13	5.63	4.78	4.91	5.13	5.63
		中部	1.96	2.01	2.10	2.30	2.79	2.87	3.00	3.28	3.53	3.63	3.79	4.15	4.89	5.03	5.25	5.76	3.95	4.07	4.25	4.66	3.95	4.07	4.25	4.66
		西部	1.33	1.37	1.43	1.56	1.89	1.95	2.03	2.23	2.40	2.46	2.57	2.82	3.32	3.42	3.57	3.91	2.69	2.76	2.88	3.16	2.69	2.76	2.88	3.16
	物化	东部	2.66	2.74	2.86	3.13	3.80	3.90	4.08	4.47	4.80	4.94	5.15	5.65	6.66	6.85	7.15	7.84	5.38	5.53	5.78	6.34	5.38	5.53	5.78	6.34
		中部	2.20	2.27	2.37	2.59	3.14	3.23	3.37	3.70	3.97	4.09	4.27	4.68	5.51	5.67	5.92	6.49	4.45	4.58	4.78	5.24	4.45	4.58	4.78	5.24
		西部	1.50	1.54	1.61	1.76	2.13	2.19	2.29	2.51	2.70	2.78	2.90	3.18	3.74	3.85	4.02	4.41	3.02	3.11	3.25	3.56	3.02	3.11	3.25	3.56
	组合	东部	2.66	2.74	2.86	3.13	3.80	3.90	4.08	4.47	4.80	4.94	5.15	5.65	6.66	6.85	7.15	7.84	5.38	5.53	5.78	6.34	5.38	5.53	5.78	6.34
		中部	2.20	2.27	2.37	2.59	3.14	3.23	3.37	3.70	3.97	4.09	4.27	4.68	5.51	5.67	5.92	6.49	4.45	4.58	4.78	5.24	4.45	4.58	4.78	5.24
		西部	1.50	1.54	1.61	1.76	2.13	2.19	2.29	2.51	2.70	2.78	2.90	3.18	3.74	3.85	4.02	4.41	3.02	3.11	3.25	3.56	3.02	3.11	3.25	3.56

注：化工业设计处理能力的中位数为 100 t/d，处理量的中位数为 9 500 t/a。

（11）设备制造业

表 1-96 设备制造业废水的边际治理费用

单位：元/t

企业性质	处理方法	通用设备制造业				专用设备制造业				交通运输设备制造业				电气机械及器材制造业				通信设备、计算机及其他电子设备制造业				仪器仪表及文化、办公用机械制造业			
		30%	50%	70%	90%	30%	50%	70%	90%	30%	50%	70%	90%	30%	50%	70%	90%	30%	50%	70%	90%	30%	50%	70%	90%
外资	物理	2.23	2.34	2.51	2.92	2.47	2.59	2.78	3.24	1.99	2.09	2.24	2.61	2.47	2.59	2.78	3.24	2.99	3.13	3.36	3.91	2.47	2.59	2.78	3.24
	化学	5.83	6.11	6.56	7.63	6.47	6.78	7.28	8.47	5.22	5.46	5.86	6.82	6.47	6.78	7.28	8.47	7.82	8.19	8.79	10.23	6.47	6.78	7.28	8.47
	生物	3.12	3.27	3.51	4.08	3.47	3.63	3.90	4.53	2.79	2.92	3.14	3.65	3.47	3.63	3.90	4.53	4.19	4.39	4.71	5.48	3.47	3.63	3.90	4.53
	物化	5.04	5.28	5.67	6.59	5.59	5.86	6.29	7.32	4.51	4.72	5.07	5.90	5.59	5.86	6.29	7.32	6.76	7.08	7.60	8.84	5.59	5.86	6.29	7.32
	组合	5.04	5.28	5.67	6.59	5.59	5.86	6.29	7.32	4.51	4.72	5.07	5.90	5.59	5.86	6.29	7.32	6.76	7.08	7.60	8.84	5.59	5.86	6.29	7.32
私营	物理	1.06	1.11	1.19	1.38	1.17	1.23	1.32	1.53	0.95	0.99	1.06	1.24	1.17	1.23	1.32	1.53	1.42	1.48	1.59	1.85	1.17	1.23	1.32	1.53
	化学	2.77	2.90	3.11	3.62	3.07	3.22	3.45	4.02	2.47	2.59	2.78	3.24	3.07	3.22	3.45	4.02	3.71	3.89	4.17	4.85	3.07	3.22	3.45	4.02
	生物	1.48	1.55	1.66	1.94	1.64	1.72	1.85	2.15	1.32	1.39	1.49	1.73	1.64	1.72	1.85	2.15	1.99	2.08	2.23	2.60	1.64	1.72	1.85	2.15
	物化	2.39	2.50	2.69	3.13	2.65	2.78	2.98	3.47	2.14	2.24	2.40	2.80	2.65	2.78	2.98	3.47	3.21	3.36	3.60	4.19	2.65	2.78	2.98	3.47
	组合	2.39	2.50	2.69	3.13	2.65	2.78	2.98	3.47	2.14	2.24	2.40	2.80	2.65	2.78	2.98	3.47	3.21	3.36	3.60	4.19	2.65	2.78	2.98	3.47
其他	物理	1.36	1.43	1.53	1.78	1.51	1.59	1.70	1.98	1.22	1.28	1.37	1.60	1.51	1.59	1.70	1.98	1.83	1.92	2.06	2.39	1.51	1.59	1.70	1.98
	化学	3.57	3.74	4.01	4.67	3.96	4.15	4.45	5.18	3.19	3.34	3.59	4.18	3.96	4.15	4.45	5.18	4.79	5.01	5.38	6.26	3.96	4.15	4.45	5.18
	生物	1.91	2.00	2.15	2.50	2.12	2.22	2.38	2.77	1.71	1.79	1.92	2.24	2.12	2.22	2.38	2.77	2.56	2.68	2.88	3.35	2.12	2.22	2.38	2.77
	物化	3.09	3.23	3.47	4.04	3.42	3.59	3.85	4.48	2.76	2.89	3.10	3.61	3.42	3.59	3.85	4.48	4.14	4.33	4.65	5.41	3.42	3.59	3.85	4.48
	组合	3.09	3.23	3.47	4.04	3.42	3.59	3.85	4.48	2.76	2.89	3.10	3.61	3.42	3.59	3.85	4.48	4.14	4.33	4.65	5.41	3.42	3.59	3.85	4.48

注：设备制造业设计处理能力的中位数为 50 t/d，处理量的中位数为 4 800 t/a。

（12）其他 22 个行业

表 1-97　其他 22 个行业废水的边际治理费用（不含固定资产折旧）/去除效率为 70%

单位：元/t

企业性质	处理方法	地区	电力	纺织服装	非金属矿选	工艺品	黑金矿采选	家具	金属制品业	煤炭开采	木材加工	燃气	水	石油天然气开采	塑料	橡胶	医药	烟草	有色矿采洗	化纤	文教	印刷	废弃资源回收	非金属矿物制品
国有	物理	东部	8.8	4.8	4.5	4.6	5.8	4.7	6.4	4.6	3.6	9.2	3.8	22.1	4.4	3.5	5.5	5.3	6.7	8.8	4.7	3.4	2.9	2.9
		中部	7.1	3.8	3.6	3.7	4.7	3.8	5.2	3.7	2.9	7.4	3.1	17.8	3.5	2.9	4.4	4.3	5.4	7.1	3.8	2.7	3.3	2.4
		西部	6.2	3.4	3.2	3.3	4.1	3.3	4.6	3.3	2.5	6.6	2.7	15.7	3.1	2.5	3.9	3.8	4.8	6.2	3.3	2.4	2.9	2.1
	化学	东部	16.8	9.1	8.6	8.9	11.2	9.0	12.3	8.8	6.9	17.7	7.3	42.3	8.4	6.8	10.4	10.1	12.9	16.8	9.0	6.5	7.9	5.6
		中部	13.5	7.4	6.9	7.2	9.0	7.2	9.9	7.1	5.5	14.3	5.9	34.2	6.8	5.5	8.4	8.2	10.4	13.6	7.3	5.3	6.4	4.5
		西部	11.9	6.5	6.1	6.3	7.9	6.4	8.8	6.3	4.9	12.6	5.2	30.1	6.0	4.8	7.4	7.2	9.2	12.0	6.4	4.6	5.6	4.0
	生物	东部	15.8	8.6	8.1	8.4	10.5	8.4	11.6	8.3	6.5	16.6	6.9	39.8	7.9	6.4	9.8	9.5	12.2	15.8	8.5	6.1	7.4	5.3
		中部	12.7	6.9	6.5	6.8	8.5	6.8	9.3	6.7	5.2	13.4	5.6	32.1	6.4	5.2	7.9	7.7	9.8	12.8	6.8	5.0	6.0	4.3
		西部	11.2	6.1	5.8	6.0	7.5	6.0	8.2	5.9	4.6	11.8	4.9	28.4	5.6	4.6	7.0	6.8	8.7	11.3	6.0	4.4	5.3	3.8
	物化	东部	15.8	8.6	8.1	8.4	10.5	8.4	11.6	8.3	6.5	16.6	6.9	39.8	7.9	6.4	9.8	9.5	12.2	15.8	8.5	6.1	7.4	5.3
		中部	12.7	6.9	6.5	6.8	8.5	6.8	9.3	6.7	5.2	13.4	5.6	32.1	6.4	5.2	7.9	7.7	9.8	12.8	6.8	5.0	6.0	4.3
		西部	11.2	6.1	5.8	6.0	7.5	6.0	8.2	5.9	4.6	11.8	4.9	28.4	5.6	4.6	7.0	6.8	8.7	11.3	6.0	4.4	5.3	3.8
	组合	东部	19.1	10.4	9.8	10.1	12.7	10.2	14.0	10.0	7.8	20.1	8.3	48.2	9.6	7.7	11.9	11.6	14.7	19.1	10.3	7.4	9.0	6.4
		中部	15.4	8.4	7.9	8.2	10.2	8.2	11.3	8.1	6.3	16.2	6.7	38.9	7.7	6.2	9.6	9.3	11.9	15.4	8.3	6.0	7.2	5.2
		西部	13.6	7.4	7.0	7.2	9.0	7.3	10.0	7.1	5.6	14.3	5.9	34.3	6.8	5.5	8.5	8.2	10.5	13.6	7.3	5.3	6.4	4.5
外资	物理	东部	9.2	5.0	4.7	4.9	6.1	4.9	6.8	4.8	3.8	9.7	4.0	23.2	4.6	3.7	5.7	5.6	7.1	9.2	4.9	3.6	4.3	3.1
		中部	7.4	4.0	3.8	3.9	4.9	4.0	5.5	3.9	3.0	7.8	3.2	18.7	3.7	3.0	4.6	4.5	5.7	7.4	4.0	2.9	3.5	2.5
		西部	6.6	3.6	3.4	3.5	4.4	3.5	4.8	3.4	2.7	6.9	2.9	16.5	3.3	2.7	4.1	4.0	5.0	6.6	3.5	2.5	3.1	2.2
	化学	东部	17.6	9.6	9.0	9.4	11.7	9.4	12.9	9.3	7.2	18.6	7.7	44.5	8.8	7.1	11.0	10.7	13.6	17.7	9.5	6.9	8.3	5.9
		中部	14.2	7.7	7.3	7.5	9.5	7.6	10.4	7.5	5.8	15.0	6.2	35.9	7.1	5.8	8.9	8.6	11.0	14.3	7.6	5.5	6.7	4.8
		西部	12.5	6.8	6.4	6.7	8.3	6.7	9.2	6.6	5.1	13.2	5.5	31.7	6.3	5.1	7.8	7.6	9.7	12.6	6.7	4.9	5.9	4.2

企业性质	处理方法	地区	电力	纺织服装	非金属矿选	工艺品	黑金矿采选	家具	金属制品业	煤炭开采	木材加工	燃气	水	石油天然气开采	塑料	橡胶	医药	烟草	有色矿采洗	化纤	文教	印刷	废弃资源回收	非金属矿物制品
外资	生物	东部	16.6	9.0	8.5	8.8	11.0	8.9	12.2	8.7	6.8	17.5	7.2	41.9	8.3	6.7	10.3	10.0	12.8	16.6	8.9	6.5	7.8	5.6
		中部	13.4	7.3	6.9	7.1	8.9	7.1	9.8	7.0	5.5	14.1	5.8	33.8	6.7	5.4	8.3	8.1	10.3	13.4	7.2	5.2	6.3	4.5
		西部	11.8	6.4	6.1	6.3	7.9	6.3	8.7	6.2	4.8	12.5	5.2	29.8	5.9	4.8	7.4	7.1	9.1	11.8	6.3	4.6	5.6	4.0
	物化	东部	16.6	9.0	8.5	8.8	11.0	8.9	12.2	8.7	6.8	17.5	7.2	41.9	8.3	6.7	10.3	10.0	12.8	16.6	8.9	6.5	7.8	5.6
		中部	13.4	7.3	6.9	7.1	8.9	7.1	9.8	7.0	5.5	14.1	5.8	33.8	6.7	5.4	8.3	8.1	10.3	13.4	7.2	5.2	6.3	4.5
		西部	11.8	6.4	6.1	6.3	7.9	6.3	8.7	6.2	4.8	12.5	5.2	29.8	5.9	4.8	7.4	7.1	9.1	11.8	6.3	4.6	5.6	4.0
	组合	东部	20.1	10.9	10.3	10.7	13.4	10.7	14.7	10.5	8.2	21.2	8.8	50.7	10.0	8.1	12.5	12.1	15.5	20.1	10.8	7.8	9.4	6.7
		中部	16.2	8.8	8.3	8.6	10.8	8.7	11.9	8.5	6.6	17.1	7.1	40.9	8.1	6.6	10.1	9.8	12.5	16.2	8.7	6.3	7.6	5.4
		西部	14.3	7.8	7.3	7.6	9.5	7.6	10.5	7.5	5.8	15.1	6.2	36.1	7.1	5.8	8.9	8.6	11.0	14.3	7.7	5.6	6.7	4.8
私营	物理	东部	4.5	2.4	2.3	2.4	3.0	2.4	3.3	2.4	1.8	4.7	2.0	11.3	2.2	1.8	2.8	2.7	3.5	4.5	2.4	1.7	2.1	1.5
		中部	3.6	2.0	1.9	1.9	2.4	1.9	2.7	1.9	1.5	3.8	1.6	9.1	1.8	1.5	2.2	2.2	2.8	3.6	1.9	1.4	1.7	1.2
		西部	3.2	1.7	1.6	1.7	2.1	1.7	2.3	1.7	1.3	3.4	1.4	8.1	1.6	1.3	2.0	1.9	2.5	3.2	1.7	1.2	1.5	1.1
	化学	东部	8.6	4.7	4.4	4.6	5.7	4.6	6.3	4.5	3.5	9.1	3.7	21.7	4.3	3.5	5.3	5.2	6.6	8.6	4.6	3.3	4.0	2.9
		中部	6.9	3.8	3.5	3.7	4.6	3.7	5.1	3.6	2.8	7.3	3.0	17.5	3.5	2.8	4.3	4.2	5.3	6.9	3.7	2.7	3.3	2.3
		西部	6.1	3.3	3.1	3.2	4.1	3.3	4.5	3.2	2.5	6.4	2.7	15.4	3.1	2.5	3.8	3.7	4.7	6.1	3.3	2.4	2.9	2.0
	生物	东部	8.1	4.4	4.1	4.3	5.4	4.3	5.9	4.2	3.3	8.5	3.5	20.4	4.0	3.3	5.0	4.9	6.2	8.1	4.3	3.1	3.8	2.7
		中部	6.5	3.5	3.3	3.5	4.3	3.5	4.8	3.4	2.7	6.9	2.8	16.4	3.3	2.6	4.1	3.9	5.0	6.5	3.5	2.5	3.1	2.2
		西部	5.7	3.1	2.9	3.0	3.8	3.1	4.2	3.0	2.4	6.1	2.5	14.5	2.9	2.3	3.6	3.5	4.4	5.8	3.1	2.2	2.7	1.9
	物化	东部	8.1	4.4	4.1	4.3	5.4	4.3	5.9	4.2	3.3	8.5	3.5	20.4	4.0	3.3	5.0	4.9	6.2	8.1	4.3	3.1	3.8	2.7
		中部	6.5	3.5	3.3	3.5	4.3	3.5	4.8	3.4	2.7	6.9	2.8	16.4	3.3	2.6	4.1	3.9	5.0	6.5	3.5	2.5	3.1	2.2
		西部	5.7	3.1	2.9	3.0	3.8	3.1	4.2	3.0	2.4	6.1	2.5	14.5	2.9	2.3	3.6	3.5	4.4	5.8	3.1	2.2	2.7	1.9
	组合	东部	9.8	5.3	5.0	5.2	6.5	5.2	7.2	5.1	4.0	10.3	4.3	24.7	4.9	4.0	6.1	5.9	7.5	9.8	5.3	3.8	4.6	3.3
		中部	7.9	4.3	4.0	4.2	5.2	4.2	5.8	4.1	3.2	8.3	3.4	19.9	3.9	3.2	4.9	4.8	6.1	7.9	4.2	3.1	3.7	2.6
		西部	7.0	3.8	3.6	3.7	4.6	3.7	5.1	3.7	2.8	7.3	3.0	17.6	3.5	2.8	4.3	4.2	5.4	7.0	3.7	2.7	3.3	2.3

企业性质	处理方法	地区	电力	纺织服装	非金属矿选	工艺品	黑金矿采选	家具	金属制品业	煤炭开采	木材加工	燃气	水	石油天然气开采	塑料	橡胶	医药	烟草	有色矿采洗	化纤	文教	印刷	废弃资源回收	非金属矿物制品
其他	物理	东部	7.2	3.9	3.7	3.8	4.8	3.8	5.3	3.8	2.9	7.6	3.1	18.2	3.6	2.9	4.5	4.3	5.5	7.2	3.9	2.8	3.4	2.4
		中部	5.8	3.2	3.0	3.1	3.9	3.1	4.3	3.0	2.4	6.1	2.5	14.6	2.9	2.4	3.6	3.5	4.5	5.8	3.1	2.3	2.7	1.9
		西部	5.1	2.8	2.6	2.7	3.4	2.7	3.8	2.7	2.1	5.4	2.2	12.9	2.6	2.1	3.2	3.1	3.9	5.1	2.8	2.0	2.4	1.7
	化学	东部	13.8	7.5	7.1	7.3	9.2	7.4	10.1	7.2	5.6	14.5	6.0	34.8	6.9	5.6	8.6	8.3	10.6	13.8	7.4	5.4	6.5	4.6
		中部	11.1	6.0	5.7	5.9	7.4	5.9	8.2	5.8	4.5	11.7	4.8	28.0	5.6	4.5	6.9	6.7	8.6	11.1	6.0	4.3	5.2	3.7
		西部	9.8	5.3	5.0	5.2	6.5	5.2	7.2	5.1	4.0	10.3	4.3	24.7	4.9	4.0	6.1	5.9	7.6	9.8	5.3	3.8	4.6	3.3
	生物	东部	13.0	7.0	6.6	6.9	8.6	6.9	9.5	6.8	5.3	13.7	5.7	32.7	6.5	5.3	8.1	7.8	10.0	13.0	7.0	5.0	6.1	4.3
		中部	10.5	5.7	5.4	5.5	7.0	5.6	7.7	5.5	4.3	11.0	4.6	26.4	5.2	4.2	6.5	6.3	8.1	10.5	5.6	4.1	4.9	3.5
		西部	9.2	5.0	4.7	4.9	6.1	4.9	6.8	4.8	3.8	9.7	4.0	23.3	4.6	3.7	5.7	5.6	7.1	9.2	5.0	3.6	4.3	3.1
	物化	东部	13.0	7.0	6.6	6.9	8.6	6.9	9.5	6.8	5.3	13.7	5.7	32.7	6.5	5.3	8.1	7.8	10.0	13.0	7.0	5.0	6.1	4.3
		中部	10.5	5.7	5.4	5.5	7.0	5.6	7.7	5.5	4.3	11.0	4.6	26.4	5.2	4.2	6.5	6.3	8.1	10.5	5.6	4.1	4.9	3.5
		西部	9.2	5.0	4.7	4.9	6.1	4.9	6.8	4.8	3.8	9.7	4.0	23.3	4.6	3.7	5.7	5.6	7.1	9.2	5.0	3.6	4.3	3.1
	组合	东部	15.7	8.5	8.0	8.3	10.4	8.4	11.5	8.2	6.4	16.5	6.8	39.6	7.8	6.4	9.8	9.5	12.1	15.7	8.4	6.1	7.4	5.2
		中部	12.7	6.9	6.5	6.7	8.4	6.8	9.3	6.6	5.2	13.3	5.5	31.9	6.3	5.1	7.9	7.7	9.7	12.7	6.8	4.9	5.9	4.2
		西部	11.2	6.1	5.7	5.9	7.4	6.0	8.2	5.9	4.6	11.8	4.9	28.2	5.6	4.5	7.0	6.8	8.6	11.2	6.0	4.3	5.2	3.7

注：其他 22 个行业设计处理能力的中位数为 50 t/d，处理量的中位数为 4 800 t/a。

1.5 各行业单位废水治理投资费用

表 1-98 综合了处理工艺、地区差异、企业性质以及子行业类别等因素，列出了 38 个行业在相同的处理规模（设计处理能力均为 200 t/d），以及在各自行业的废水处理规模的 1/4 分位数、中位数以及 3/4 分位数下，污染物去除效率达到 90%的污染处理标准时的单位废水平均投资费用系数。系数结果如下：

适用的范围和对象：可用于计算工业各行业的废水处理设施的固定资产投资费用测算，也可以用于企业进行废水处理设施投资概算。

表 1-98 各行业废水治理设施单位废水治理投资费用 单位：元/t

行 业	不含固定资产折旧			
	200 t/d	1/4 分位数	中位数	3/4 分位数
纺织业	5 611.2	7 404.1	4 279.6	2 684.8
食品制造业	4 543.8	10 067.7	5 537.0	3 194.0
饮料制造业	9 409.5	14 254.7	7 408.1	4 251.7
造纸及纸制品业（纸浆制造）	4 254.1	3 839.1	1 865.8	1 037.3
农副食品加工业	2 529.3	6 120.9	3 395.8	1 883.9
皮革	5 794.0	7 655.9	5 384.6	3 318.6
黑色金属冶炼及压延加工业	2 400.7	4 861.6	1 953.0	559.3
有色金属冶炼及压延加工业	2 012.2	4 624.3	2 334.9	1 279.7
石油加工及炼焦业	4 297.6	5 623.7	3 011.8	1 809.1
化学原料及化学制品制造业	4 283.0	13 327.6	6 027.8	2 533.9
通用设备制造业	3 368.8	14 380.5	8 185.9	4 659.7
专用设备制造业	4 069.7	16 536.4	7 936.3	4 656.2
交通运输设备制造业	4 404.2	14 802.6	8 426.2	4 125.4
电气机械及器材制造业	3 756.8	15 265.0	7 978.7	4 298.2
通信设备、计算机及其他电子设备制造业	4 404.2	10 701.8	5 038.9	2 868.3
仪器仪表及文化办公用机械制造业	4 404.2	14 802.6	8 426.2	4 889.0
电力	2 278.3	2 073.8	1 014.1	512.7
纺织服装、鞋帽制造业	1 495.5	2 783.5	1 332.8	772.2
非金属矿采洗选业	959.3	1 961.6	959.3	485.0
非金属矿物制品业	665.3	2 182.7	1 295.1	799.7
废弃资源回收加工业	617.8	4 145.0	2 351.4	1 263.4
工艺品及其他制造业	1 111.2	7 455.2	2 957.6	1 589.0
黑色金属矿采洗选业	1 386.0	969.3	620.3	422.4
家具制造业	1 468.8	8 606.6	4 819.1	2 733.8
金属制品业	1 741.0	6 626.2	3 560.1	2 019.6
煤炭开采与洗选业	1 141.6	1 461.0	855.3	497.6

行　业	不含固定资产折旧			
	200 t/d	1/4 分位数	中位数	3/4 分位数
木材加工业	950.7	5 004.8	2 530.4	1 359.5
燃气生产与供应业	2 727.7	7 259.9	1 736.2	937.4
水的生产与供应业	1 545.7	1 545.7	564.6	293.6
石油和天然气开采洗选业	7 571.9	7 045.1	3 300.2	1 005.9
塑料制品业	1 212.2	5 687.4	3 226.4	1 577.8
橡胶制品业	958.3	3 144.3	1 370.4	764.4
医药制造业	2 143.5	4 918.1	2 790.0	1 738.9
烟草	2 152.1	1 600.6	1 077.0	681.0
有色金属矿采洗选业	2 099.0	5 586.6	3 001.5	1 467.8
化学纤维	2 495.4	2 673.4	1 547.3	582.8
文教	1 448.4	6 795.4	3 855.0	1 885.2
印刷	1 242.9	8 338.7	5 831.3	2 595.7

第2章 城镇污水污染控制投资与运行费用函数实用指南

2.1 基本概念和适用范围

2.1.1 基本概况

“城镇水污染控制投资与运行费用函数实用指南”［以下简称指南（2）］是水专项战略与政策主题下项目一课题二所属子课题五“城镇污水污染控制投资和运行费用函数研究”（编号 2009ZX07631-002-05）的成果之一。

指南（2）系统地给出我国南方和北方地区城镇污水处理厂采用不同污水处理工艺时，在不同污水设计处理能力下的投资相关费用，在不同污水实际处理量下的运行相关费用。具体内容包括：

（1）不同地区、不同污水实际处理量和不同污染物去除效率下，城镇污水处理厂的年运行费用（万元/a）、吨水处理费用（元/t）、吨水边际处理费用（元/t）；

（2）不同地区和不同污水设计处理能力下，城镇污水处理厂的总投资（万元）、吨水处理能力投资费用[万元/（t • d）]、吨水处理能力边际投资费用[万元/（t • d）]。

上述内容主要以表格形式呈现，以便在实践应用中进行快速查询与分析。

具体指标解释参照 1.1.1 节。

2.1.2 适用对象和范围

2.1.2.1 适用对象

指南（2）适用于全国范围内不同地区的城镇污水处理厂，用于估算不同污水处理工艺、不同污水处理规模对应的投资和运行费用，并以此作为选择城镇污水处理工艺、污水处理厂建设规模、污水处理收费标准等方面的决策依据。

其中，投资费用分析中的北方地区城镇污水物化+生物处理工艺、化学+物化+生物处理工艺、物理+物化+生物处理工艺，以及南方地区城镇污水化学+物化+生物处理工艺、物理+物化+生物处理工艺对应的可用样本量合计为 9；运行费用分析中的北方地区城镇污水化学+生物处理工艺、物化+生物处理工艺、物理+物化+生物处理工艺、物理+化学+生物处理工艺，南方地区城镇污水物理+物化+生物处理工艺、物理+化学+生物处理工艺对应的样本量均小于 15，难以满足技术经济分析的数据需求，因此，指南（2）没有将其包含在内。

2.1.2.2　地区分类

指南（2）按照南方、北方地区的分类考虑了城镇污水处理投资和费用的地区差异，其中北方地区包括北京市、天津市、内蒙古等 16 个省（市、区），南方地区包括江苏、浙江、上海等 18 个省（市、区）。具体划分见表 2-1。

表 2-1　地区划分

地区	省（市、区）
北方地区	北京、天津、内蒙古、新疆、河北、甘肃、宁夏、山西、陕西、青海、山东、河南、安徽、辽宁、吉林、黑龙江
南方地区	江苏、浙江、上海、湖北、湖南、四川、重庆、贵州、云南、广西、江西、福建、广东、海南、西藏、台湾、香港特别行政区、澳门特别行政区

2.1.2.3　污水处理工艺

指南（2）中的污水处理工艺主要包括物理处理工艺、化学处理工艺、物化处理工艺、生物处理工艺，以及上述 4 种处理工艺的组合。例如，物理处理工艺和生物处理工艺的组合表示为“物理+生物处理工艺”，又如，物理处理工艺、化学处理工艺和生物处理工艺的组合表示为“物理+化学+生物处理工艺”，其他组合情形以此类推。具体分类见表 2-2。

2.1.2.4　应用条件

指南（2）所得到的系数结果是基于 2007 年污染源普查数据，在现有的污染治理水平、环境监管水平以及相应的监测技术条件下所得到的适用于当前社会经济技术水平的函数系数。同时，城镇污水处理中的污泥处置量、污水回用量、总磷进出口浓度、总氮进出口浓度等也会对相关投资和运行费用产生不同程度的影响，而随着未来环境管理水平、监测技术以及污染治理技术等条件的不断发展，在数据质量和数量达到要求的情况下，可对上述因素进行进一步分析，相应的函数系数也应不断地更新。

表 2-2 污水处理工艺名称及代码

代码	处理工艺名称	代码	处理工艺名称	代码	处理工艺名称
1000	物理处理工艺	3000	物理化学处理工艺	4120	生物膜法
1100	过滤	3100	吸附	4121	普通生物滤池
1200	离心	3200	离子交换	4122	生物转盘
1300	沉淀分离	3300	电渗析	4123	生物接触氧化法
1400	上浮分离	3400	反渗透	4200	厌氧生物处理法
1500	其他	3500	超过滤	4210	厌氧滤器工艺
2000	化学处理工艺	3600	其他	4220	上流式厌氧污泥床工艺
2100	化学混凝法	4000	生物处理工艺	4230	厌氧折流板反应器工艺
2110	化学混凝沉淀法	4100	好氧生物处理	4300	厌氧/好氧生物组合工艺
2120	化学混凝气浮法	4110	活性污泥法	4310	两段好氧生物处理工艺
2200	中和法	4111	普通活性污泥法	4320	A/O 工艺
2300	化学沉淀法	4112	高浓度活性污泥法	4330	A^2/O 工艺
2400	氧化还原法	4113	接触稳定法	4340	A/O^2 工艺
2500	其他	4114	氧化沟	4400	其他
—	—	4115	SBR	—	—

2.2 城镇污水污染控制费用查询和计算示例

以下主要通过具体示例来说明如何通过查阅指南（2）的列表获得相关费用数据，即给出指南（2）列表的具体查询和使用方法。

2.2.1 运行费用查询示例

假设当污染物去除效率为 0.8 时，北方地区城镇污水生物处理工艺运行费用查询。

首先根据目录查找“表 2-4 北方地区城镇污水生物处理工艺运行费用（污染物去除效率为 0.8）”，该表给出了当污染物去除效率为 0.8 时，不同污水实际处理量情况下北方地区城镇污水生物处理工艺的年运行费用、吨水处理费用和吨水边际处理费用。

该表中设定的污水实际处理量的分布从 100 万 t/a 到 50 000 万 t/a，对应于每一行所给定的污水实际处理量都给出了所估算的年运行费用、吨水处理费用和吨水边际处理费用。例如，当污水处理量为 1 000 万 t/a 时对应估算的年运行费用、吨水处理费用、吨水边际处理费用分别为 585.65 万元、0.59 元/t、0.46 元/t。

数据说明，污水处理量为 1 000 万 t/a 时，北方地区城镇污水生物处理工艺对应的年运行费用为 585.65 万元，同时每处理 1 t 污水平均需要花费 0.59 元，同时在污水处理厂年污水处理量为 1 000 万 t 时，年污水处理量每增加 1 t 需要多花费 0.46 元。

从表中可以进一步看出，如果污水实际处理量介于 1 000 万 t/a 和 2 000 万 t/a，一般情况下，其污水处理年运行费用介于 585.65 万元和 1 005.64 万元，吨水处理费用介于 0.50 元/t 和 0.59 元/t，吨水边际处理费用介于 0.39 元/t 和 0.46 元/t，并且当污水实际处理量越接近表中给定的污水实际处理量时，其相关费用越接近表中估算的费用值。

2.2.2　投资费用查询示例

假设进行南方地区城镇污水生物+物理处理工艺投资费用查询。

首先根据目录查找“表 2-44　南方地区城镇污水生物+物理处理工艺投资费用”，该表给出了南方地区在不同污水设计处理能力情况下，城镇污水生物+物理处理工艺的总投资、吨水处理能力投资费用和吨水处理能力边际投资费用。

该表中设定的污水设计处理能力的分布从 100 t/d 到 1 000 000 t/d，对应于每一行所给定的污水设计处理能力都给出了所估算的总投资、吨水处理能力投资费用和吨水处理能力边际投资费用。例如，当污水设计处理能力为 10 000 t/d 时对应估算的总投资、吨水处理能力投资费用和吨水处理能力边际投资费用分别为 2 316.42 万元、0.23 万元/（t • d）、0.21 万元/（t • d）。

数据说明，污水设计处理能力为 10 000 t/d 时，南方地区城镇污水处理生物+物理工艺对应的总投资费用为 2 316.42 万元，同时每一单位的污水设计处理能力（1 t/d）平均需要投资 0.23 万元，同时在污水处理厂年污水设计处理能力为 10 000 t/d 时，污水设计处理能力每增加 1 t/d，就需要多投入 0.21 万元。

从表中可以进一步看出，如果污水设计处理能力介于 10 000 t/d 和 20 000 t/d，一般情况下，污水处理厂总投资介于 2 316.42 万元和 4 343.62 万元，吨水处理能力投资费用介于 0.22 万元/（t • d）和 0.23 万元/（t • d），吨水处理能力边际投资费用介于 0.20 万元/（t • d）和 0.21 万元/（t • d），并且当污水设计处理能力越接近表中给定的污水设计处理能力时，其相关费用越接近表中估算的费用值。

2.2.3　结合污染物排放标准和污染物进口浓度查询费用示例

假设污染物进口质量浓度为 200 mg/L，出口浓度需要达到一级 A 标准并且污水实际处理量为 1 000 万 t/a 时，北方地区城镇污水生物处理工艺运行费用查询。

首先根据“表 2-48　污染物排放标准与污染物去除效率对照表”可以确定 COD 进口质量浓度为 167 mg/L 且出口浓度达到一级 A 标准（50 mg/L）时，COD 去除效率为 0.7。此时可以根据“表 2-5　北方地区城镇污水生物处理工艺运行费用（污染物去除效率为 0.7）”得出污染物去除效率为 0.7、污水实际处理量为 1 000 万 t/a 时，年运行费用、吨水处理费用、吨水边际处理费用分别为 578.79 万元、0.58 元/t、0.45 元/t。

同时，根据“表 2-48　污染物排放标准与污染处去除效率对照表”还可以确定COD 进口质量浓度为 250 mg/L 且出口质量浓度达到一级 A 标准（50 mg/L）时，COD 去除效率为 0.8。此时可以根据“表 2-4　北方地区城镇污水生物处理工艺运行费用（污染物去除效率为 0.8）”得出污染物去除效率为 0.8、污水实际处理量为 1 000 万 t/a 时，年运行费用、吨水处理费用、吨水边际处理费用分别为 585.65 万元、0.59 元/t、0.46 元/t。

由于 COD 进口质量浓度 200 mg/L 介于 167 mg/L 和 250 mg/L，这样在 COD 出口质量浓度达到一级 A 排放标准时，进口质量浓度 200 mg/L 对应的 COD 去除效率也介于 0.7 和 0.8，在此基础上结合上述表 2-4 和表 2-5 中的数据，可以确定“COD 进口质量浓度为 200 mg/L，出口质量浓度满足一级 A 标准并且污水实际处理量为 1 000 万 t/a 时，北方地区城镇污水生物处理工艺”年运行费用所处区间大致为 578.79 万～585.65 万元，吨水处理费用所处区间为 0.58～0.59 元/t，吨水边际处理费用所处区间为 0.45～0.46 元/t。

2.3　城镇污水污染控制投资和运行费用分析表

2.3.1　北方地区城镇污水生物处理工艺运行费用分析表

表 2-3　北方地区城镇污水生物处理工艺运行费用（污染物去除效率为 0.9）

污水实际处理量/（万 t/a）	年运行费用/（万元/a）	吨水处理费用/（元/t）	吨水边际处理费用/（元/t）
100	99.17	0.99	0.77
200	170.28	0.85	0.66
300	233.63	0.78	0.61
400	292.40	0.73	0.57
500	347.99	0.70	0.54
600	401.17	0.67	0.52
700	452.42	0.65	0.50
800	502.09	0.63	0.49
900	550.40	0.61	0.48
1 000	597.54	0.60	0.47
2 000	1 026.06	0.51	0.40
3 000	1 407.74	0.47	0.37
4 000	1 761.87	0.44	0.34
5 000	2 096.84	0.42	0.33
6 000	2 417.28	0.40	0.31

污水实际处理量/（万 t/a）	年运行费用/（万元/a）	吨水处理费用/（元/t）	吨水边际处理费用/（元/t）
7 000	2 726.12	0.39	0.30
8 000	3 025.37	0.38	0.29
9 000	3 316.48	0.37	0.29
10 000	3 600.54	0.36	0.28
20 000	6 182.61	0.31	0.24
30 000	8 482.48	0.28	0.22
40 000	10 616.34	0.27	0.21
50 000	12 634.70	0.25	0.20

表 2-4　北方地区城镇污水生物处理工艺运行费用（污染物去除效率为 0.8）

污水实际处理量/（万 t/a）	年运行费用/（万元/a）	吨水处理费用/（元/t）	吨水边际处理费用/（元/t）
100	97.19	0.97	0.76
200	166.89	0.83	0.65
300	228.98	0.76	0.60
400	286.58	0.72	0.56
500	341.06	0.68	0.53
600	393.18	0.66	0.51
700	443.42	0.63	0.49
800	492.09	0.62	0.48
900	539.45	0.60	0.47
1 000	585.65	0.59	0.46
2 000	1 005.64	0.50	0.39
3 000	1 379.73	0.46	0.36
4 000	1 726.81	0.43	0.34
5 000	2 055.11	0.41	0.32
6 000	2 369.17	0.39	0.31
7 000	2 671.87	0.38	0.30
8 000	2 965.16	0.37	0.29
9 000	3 250.48	0.36	0.28
10 000	3 528.89	0.35	0.28
20 000	6 059.57	0.30	0.24
30 000	8 313.67	0.28	0.22
40 000	10 405.07	0.26	0.20
50 000	12 383.26	0.25	0.19

表 2-5 北方地区城镇污水生物处理工艺运行费用（污染物去除效率为 0.7）

污水实际处理量/（万 t/a）	年运行费用/（万元/a）	吨水处理费用/（元/t）	吨水边际处理费用/（元/t）
100	96.05	0.96	0.75
200	164.94	0.82	0.64
300	226.29	0.75	0.59
400	283.22	0.71	0.55
500	337.07	0.67	0.53
600	388.58	0.65	0.51
700	438.22	0.63	0.49
800	486.33	0.61	0.47
900	533.12	0.59	0.46
1 000	578.79	0.58	0.45
2 000	993.85	0.50	0.39
3 000	1 363.56	0.45	0.35
4 000	1 706.58	0.43	0.33
5 000	2 031.03	0.41	0.32
6 000	2 341.41	0.39	0.30
7 000	2 640.56	0.38	0.29
8 000	2 930.42	0.37	0.29
9 000	3 212.39	0.36	0.28
10 000	3 487.54	0.35	0.27
20 000	5 988.56	0.30	0.23
30 000	8 216.25	0.27	0.21
40 000	10 283.14	0.26	0.20
50 000	12 238.15	0.24	0.19

表 2-6 北方地区城镇污水生物处理工艺运行费用（污染物去除效率为 0.6）

污水实际处理量/（万 t/a）	年运行费用/（万元/a）	吨水处理费用/（元/t）	吨水边际处理费用/（元/t）
100	95.26	0.95	0.74
200	163.57	0.82	0.64
300	224.42	0.75	0.58
400	280.88	0.70	0.55
500	334.28	0.67	0.52
600	385.36	0.64	0.50
700	434.60	0.62	0.48
800	482.30	0.60	0.47
900	528.71	0.59	0.46
1 000	574.00	0.57	0.45

污水实际处理量/（万 t/a）	年运行费用/（万元/a）	吨水处理费用/（元/t）	吨水边际处理费用/（元/t）
2 000	985.63	0.49	0.38
3 000	1 352.27	0.45	0.35
4 000	1 692.45	0.42	0.33
5 000	2 014.21	0.40	0.31
6 000	2 322.02	0.39	0.30
7 000	2 618.70	0.37	0.29
8 000	2 906.15	0.36	0.28
9 000	3 185.79	0.35	0.28
10 000	3 458.66	0.35	0.27
20 000	5 938.98	0.30	0.23
30 000	8 148.23	0.27	0.21
40 000	10 198.01	0.25	0.20
50 000	12 136.82	0.24	0.19

表 2-7　北方地区城镇污水生物处理工艺运行费用（污染物去除效率为 0.5）

污水实际处理量/（万 t/a）	年运行费用/（万元/a）	吨水处理费用/（元/t）	吨水边际处理费用/（元/t）
100	94.65	0.95	0.74
200	162.52	0.81	0.63
300	222.97	0.74	0.58
400	279.06	0.70	0.54
500	332.12	0.66	0.52
600	382.87	0.64	0.50
700	431.79	0.62	0.48
800	479.19	0.60	0.47
900	525.30	0.58	0.46
1 000	570.29	0.57	0.44
2 000	979.27	0.49	0.38
3 000	1 343.55	0.45	0.35
4 000	1 681.53	0.42	0.33
5 000	2 001.22	0.40	0.31
6 000	2 307.05	0.38	0.30
7 000	2 601.80	0.37	0.29
8 000	2 887.41	0.36	0.28
9 000	3 165.24	0.35	0.27
10 000	3 436.36	0.34	0.27
20 000	5 900.67	0.30	0.23
30 000	8 095.67	0.27	0.21
40 000	10 132.23	0.25	0.20
50 000	12 058.54	0.24	0.19

表 2-8 北方地区城镇污水生物处理工艺运行费用（污染物去除效率为 0.4）

污水实际处理量/（万 t/a）	年运行费用/（万元/a）	吨水处理费用/（元/t）	吨水边际处理费用/（元/t）
100	94.15	0.94	0.73
200	161.66	0.81	0.63
300	221.80	0.74	0.58
400	277.59	0.69	0.54
500	330.37	0.66	0.52
600	380.86	0.63	0.50
700	429.52	0.61	0.48
800	476.66	0.60	0.46
900	522.53	0.58	0.45
1 000	567.29	0.57	0.44
2 000	974.10	0.49	0.38
3 000	1 336.46	0.45	0.35
4 000	1 672.66	0.42	0.33
5 000	1 990.67	0.40	0.31
6 000	2 294.88	0.38	0.30
7 000	2 588.09	0.37	0.29
8 000	2 872.18	0.36	0.28
9 000	3 148.55	0.35	0.27
10 000	3 418.24	0.34	0.27
20 000	5 869.56	0.29	0.23
30 000	8 052.98	0.27	0.21
40 000	10 078.80	0.25	0.20
50 000	11 994.96	0.24	0.19

2.3.2 南方地区城镇污水生物处理工艺运行费用分析表

表 2-9 南方地区城镇污水生物处理工艺运行费用（污染物去除效率为 0.9）

污水实际处理量/（万 t/a）	年运行费用/（万元/a）	吨水处理费用/（元/t）	吨水边际处理费用/（元/t）
100	116.58	1.17	0.93
200	202.56	1.01	0.81
300	279.84	0.93	0.74
400	351.95	0.88	0.70
500	420.45	0.84	0.67
600	486.21	0.81	0.65
700	549.77	0.79	0.63
800	611.51	0.76	0.61
900	671.69	0.75	0.59

污水实际处理量/（万 t/a）	年运行费用/（万元/a）	吨水处理费用/（元/t）	吨水边际处理费用/（元/t）
1 000	730.53	0.73	0.58
2 000	1 269.29	0.63	0.51
3 000	1 753.50	0.58	0.47
4 000	2 205.37	0.55	0.44
5 000	2 634.62	0.53	0.42
6 000	3 046.67	0.51	0.40
7 000	3 444.95	0.49	0.39
8 000	3 831.79	0.48	0.38
9 000	4 208.92	0.47	0.37
10 000	4 577.61	0.46	0.36
20 000	7 953.53	0.40	0.32
30 000	10 987.65	0.37	0.29
40 000	13 819.14	0.35	0.28
50 000	16 508.91	0.33	0.26

表 2-10　南方地区城镇污水生物处理工艺运行费用（污染物去除效率为 0.8）

污水实际处理量/（万 t/a）	年运行费用/（万元/a）	吨水处理费用/（元/t）	吨水边际处理费用/（元/t）
100	99.47	0.99	0.79
200	172.83	0.86	0.69
300	238.76	0.80	0.63
400	300.29	0.75	0.60
500	358.74	0.72	0.57
600	414.85	0.69	0.55
700	469.08	0.67	0.53
800	521.75	0.65	0.52
900	573.11	0.64	0.51
1 000	623.31	0.62	0.50
2 000	1 082.99	0.54	0.43
3 000	1 496.13	0.50	0.40
4 000	1 881.68	0.47	0.37
5 000	2 247.93	0.45	0.36
6 000	2 599.50	0.43	0.35
7 000	2 939.32	0.42	0.33
8 000	3 269.38	0.41	0.33
9 000	3 591.16	0.40	0.32
10 000	3 905.74	0.39	0.31
20 000	6 786.16	0.34	0.27
30 000	9 374.95	0.31	0.25
40 000	11 790.85	0.29	0.23
50 000	14 085.83	0.28	0.22

表 2-11　南方地区城镇污水生物处理工艺运行费用（污染物去除效率为 0.7）

污水实际处理量/（万 t/a）	年运行费用/（万元/a）	吨水处理费用/（元/t）	吨水边际处理费用/（元/t）
100	90.63	0.91	0.72
200	157.47	0.79	0.63
300	217.54	0.73	0.58
400	273.60	0.68	0.55
500	326.86	0.65	0.52
600	377.98	0.63	0.50
700	427.39	0.61	0.49
800	475.38	0.59	0.47
900	522.17	0.58	0.46
1 000	567.91	0.57	0.45
2 000	986.73	0.49	0.39
3 000	1 363.15	0.45	0.36
4 000	1 714.43	0.43	0.34
5 000	2 048.13	0.41	0.33
6 000	2 368.46	0.39	0.31
7 000	2 678.07	0.38	0.30
8 000	2 978.80	0.37	0.30
9 000	3 271.98	0.36	0.29
10 000	3 558.60	0.36	0.28
20 000	6 183.01	0.31	0.25
30 000	8 541.71	0.28	0.23
40 000	10 742.88	0.27	0.21
50 000	12 833.88	0.26	0.20

表 2-12　南方地区城镇污水生物处理工艺运行费用（污染物去除效率为 0.6）

污水实际处理量/（万 t/a）	年运行费用/（万元/a）	吨水处理费用/（元/t）	吨水边际处理费用/（元/t）
100	84.87	0.85	0.68
200	147.46	0.74	0.59
300	203.72	0.68	0.54
400	256.22	0.64	0.51
500	306.09	0.61	0.49
600	353.96	0.59	0.47
700	400.23	0.57	0.46
800	445.17	0.56	0.44
900	488.99	0.54	0.43
1 000	531.82	0.53	0.42

污水实际处理量/（万 t/a）	年运行费用/（万元/a）	吨水处理费用/（元/t）	吨水边际处理费用/（元/t）
2 000	924.03	0.46	0.37
3 000	1 276.54	0.43	0.34
4 000	1 605.50	0.40	0.32
5 000	1 917.99	0.38	0.31
6 000	2 217.96	0.37	0.29
7 000	2 507.90	0.36	0.29
8 000	2 789.52	0.35	0.28
9 000	3 064.07	0.34	0.27
10 000	3 332.48	0.33	0.27
20 000	5 790.13	0.29	0.23
30 000	7 998.95	0.27	0.21
40 000	10 060.26	0.25	0.20
50 000	12 018.40	0.24	0.19

表 2-13　南方地区城镇污水生物处理工艺运行费用（污染物去除效率为 0.5）

污水实际处理量/（万 t/a）	年运行费用/（万元/a）	吨水处理费用/（元/t）	吨水边际处理费用/（元/t）
100	80.64	0.81	0.64
200	140.12	0.70	0.56
300	193.57	0.65	0.51
400	243.45	0.61	0.49
500	290.84	0.58	0.46
600	336.33	0.56	0.45
700	380.29	0.54	0.43
800	423.00	0.53	0.42
900	464.63	0.52	0.41
1 000	505.33	0.51	0.40
2 000	878.00	0.44	0.35
3 000	1 212.94	0.40	0.32
4 000	1 525.52	0.38	0.30
5 000	1 822.44	0.36	0.29
6 000	2 107.47	0.35	0.28
7 000	2 382.97	0.34	0.27
8 000	2 650.56	0.33	0.26
9 000	2 911.43	0.32	0.26
10 000	3 166.47	0.32	0.25
20 000	5 501.69	0.28	0.22
30 000	7 600.47	0.25	0.20
40 000	9 559.10	0.24	0.19
50 000	11 419.69	0.23	0.18

表 2-14　南方地区城镇污水生物处理工艺运行费用（污染物去除效率为 0.4）

污水实际处理量/（万 t/a）	年运行费用/（万元/a）	吨水处理费用/（元/t）	吨水边际处理费用/（元/t）
100	77.35	0.77	0.62
200	134.39	0.67	0.54
300	185.66	0.62	0.49
400	233.50	0.58	0.47
500	278.95	0.56	0.44
600	322.58	0.54	0.43
700	364.74	0.52	0.42
800	405.70	0.51	0.40
900	445.63	0.50	0.39
1 000	484.67	0.48	0.39
2 000	842.10	0.42	0.34
3 000	1 163.35	0.39	0.31
4 000	1 463.14	0.37	0.29
5 000	1 747.93	0.35	0.28
6 000	2 021.30	0.34	0.27
7 000	2 285.53	0.33	0.26
8 000	2 542.19	0.32	0.25
9 000	2 792.39	0.31	0.25
10 000	3 037.00	0.30	0.24
20 000	5 276.74	0.26	0.21
30 000	7 289.71	0.24	0.19
40 000	9 168.25	0.23	0.18
50 000	10 952.76	0.22	0.17

2.3.3　北方地区城镇污水物理+生物处理工艺运行费用分析表

表 2-15　北方地区城镇污水物理+生物处理工艺运行费用（污染物去除效率为 0.9）

污水实际处理量/（万 t/a）	年运行费用/（万元/a）	吨水处理费用/（元/t）	吨水边际处理费用/（元/t）
100	131.21	1.31	0.96
200	217.33	1.09	0.79
300	291.95	0.97	0.71
400	359.97	0.90	0.66
500	423.47	0.85	0.62

污水实际处理量/（万 t/a）	年运行费用/（万元/a）	吨水处理费用/（元/t）	吨水边际处理费用/（元/t）
600	483.57	0.81	0.59
700	541.00	0.77	0.56
800	596.24	0.75	0.54
900	649.62	0.72	0.53
1 000	701.41	0.70	0.51
2 000	1 161.77	0.58	0.42
3 000	1 560.68	0.52	0.38
4 000	1 924.28	0.48	0.35
5 000	2 263.70	0.45	0.33
6 000	2 585.02	0.43	0.31
7 000	2 892.01	0.41	0.30
8 000	3 187.27	0.40	0.29
9 000	3 472.62	0.39	0.28
10 000	3 749.46	0.37	0.27
20 000	6 210.39	0.31	0.23
30 000	8 342.83	0.28	0.20
40 000	10 286.53	0.26	0.19
50 000	12 100.95	0.24	0.18

表 2-16　北方地区城镇污水物理+生物处理工艺运行费用（污染物去除效率为 0.8）

污水实际处理量/（万 t/a）	年运行费用/（万元/a）	吨水处理费用/（元/t）	吨水边际处理费用/（元/t）
100	113.52	1.14	0.83
200	188.02	0.94	0.68
300	252.58	0.84	0.61
400	311.43	0.78	0.57
500	366.36	0.73	0.53
600	418.36	0.70	0.51
700	468.04	0.67	0.49
800	515.83	0.64	0.47
900	562.01	0.62	0.45
1 000	606.81	0.61	0.44
2 000	1 005.09	0.50	0.37
3 000	1 350.20	0.45	0.33
4 000	1 664.77	0.42	0.30

污水实际处理量/（万 t/a）	年运行费用/（万元/a）	吨水处理费用/（元/t）	吨水边际处理费用/（元/t）
5 000	1 958.41	0.39	0.29
6 000	2 236.39	0.37	0.27
7 000	2 501.99	0.36	0.26
8 000	2 757.42	0.34	0.25
9 000	3 004.29	0.33	0.24
10 000	3 243.80	0.32	0.24
20 000	5 372.84	0.27	0.20
30 000	7 217.69	0.24	0.18
40 000	8 899.25	0.22	0.16
50 000	10 468.97	0.21	0.15

表 2-17 北方地区城镇污水物理+生物处理工艺运行费用（污染物去除效率为 0.7）

污水实际处理量/（万 t/a）	年运行费用/（万元/a）	吨水处理费用/（元/t）	吨水边际处理费用/（元/t）
100	104.27	1.04	0.76
200	172.71	0.86	0.63
300	232.01	0.77	0.56
400	286.06	0.72	0.52
500	336.52	0.67	0.49
600	384.29	0.64	0.47
700	429.92	0.61	0.45
800	473.82	0.59	0.43
900	516.24	0.57	0.42
1 000	557.39	0.56	0.41
2 000	923.23	0.46	0.34
3 000	1 240.24	0.41	0.30
4 000	1 529.18	0.38	0.28
5 000	1 798.91	0.36	0.26
6 000	2 054.25	0.34	0.25
7 000	2 298.22	0.33	0.24
8 000	2 532.85	0.32	0.23
9 000	2 759.62	0.31	0.22
10 000	2 979.61	0.30	0.22
20 000	4 935.26	0.25	0.18
30 000	6 629.86	0.22	0.16
40 000	8 174.47	0.20	0.15
50 000	9 616.35	0.19	0.14

表 2-18　北方地区城镇污水物理+生物处理工艺运行费用（污染物去除效率为 0.6）

污水实际处理量/（万 t/a）	年运行费用/（万元/a）	吨水处理费用/（元/t）	吨水边际处理费用/（元/t）
100	98.21	0.98	0.71
200	162.66	0.81	0.59
300	218.52	0.73	0.53
400	269.43	0.67	0.49
500	316.95	0.63	0.46
600	361.94	0.60	0.44
700	404.92	0.58	0.42
800	446.26	0.56	0.41
900	486.21	0.54	0.39
1 000	524.97	0.52	0.38
2 000	869.54	0.43	0.32
3 000	1 168.11	0.39	0.28
4 000	1 440.25	0.36	0.26
5 000	1 694.29	0.34	0.25
6 000	1 934.79	0.32	0.23
7 000	2 164.56	0.31	0.23
8 000	2 385.55	0.30	0.22
9 000	2 599.12	0.29	0.21
10 000	2 806.33	0.28	0.20
20 000	4 648.24	0.23	0.17
30 000	6 244.29	0.21	0.15
40 000	7 699.07	0.19	0.14
50 000	9 057.09	0.18	0.13

表 2-19　北方地区城镇污水物理+生物处理工艺运行费用（污染物去除效率为 0.5）

污水实际处理量/（万 t/a）	年运行费用/（万元/a）	吨水处理费用/（元/t）	吨水边际处理费用/（元/t）
100	93.73	0.94	0.68
200	155.25	0.78	0.57
300	208.56	0.70	0.51
400	257.15	0.64	0.47
500	302.51	0.61	0.44
600	345.44	0.58	0.42
700	386.47	0.55	0.40
800	425.93	0.53	0.39
900	464.06	0.52	0.38
1 000	501.05	0.50	0.36
2 000	829.92	0.41	0.30

污水实际处理量/（万 t/a）	年运行费用/（万元/a）	吨水处理费用/（元/t）	吨水边际处理费用/（元/t）
3 000	1 114.88	0.37	0.27
4 000	1 374.62	0.34	0.25
5 000	1 617.09	0.32	0.24
6 000	1 846.62	0.31	0.22
7 000	2 065.93	0.30	0.21
8 000	2 276.85	0.28	0.21
9 000	2 480.69	0.28	0.20
10 000	2 678.46	0.27	0.19
20 000	4 436.44	0.22	0.16
30 000	5 959.76	0.20	0.14
40 000	7 348.25	0.18	0.13
50 000	8 644.39	0.17	0.13

表 2-20 北方地区城镇污水物理+生物处理工艺运行费用（污染物去除效率为 0.4）

污水实际处理量/（万 t/a）	年运行费用/（万元/a）	吨水处理费用/（元/t）	吨水边际处理费用/（元/t）
100	90.23	0.90	0.66
200	149.45	0.75	0.54
300	200.76	0.67	0.49
400	247.54	0.62	0.45
500	291.20	0.58	0.42
600	332.53	0.55	0.40
700	372.02	0.53	0.39
800	410.00	0.51	0.37
900	446.71	0.50	0.36
1 000	482.32	0.48	0.35
2 000	798.89	0.40	0.29
3 000	1 073.20	0.36	0.26
4 000	1 323.24	0.33	0.24
5 000	1 556.64	0.31	0.23
6 000	1 777.59	0.30	0.22
7 000	1 988.70	0.28	0.21
8 000	2 191.73	0.27	0.20
9 000	2 387.95	0.27	0.19
10 000	2 578.32	0.26	0.19
20 000	4 270.58	0.21	0.16
30 000	5 736.96	0.19	0.14
40 000	7 073.54	0.18	0.13
50 000	8 321.23	0.17	0.12

2.3.4 南方地区城镇污水物理+生物处理工艺运行费用分析表

表 2-21 南方地区城镇污水物理+生物处理工艺运行费用（污染物去除效率为 0.9）

污水实际处理量/（万 t/a）	年运行费用/（万元/a）	吨水处理费用/（元/t）	吨水边际处理费用/（元/t）
100	109.41	1.09	0.88
200	190.62	0.95	0.76
300	263.77	0.88	0.70
400	332.12	0.83	0.67
500	397.12	0.79	0.64
600	459.56	0.77	0.61
700	519.96	0.74	0.59
800	578.66	0.72	0.58
900	635.91	0.71	0.57
1 000	691.91	0.69	0.55
2 000	1 205.52	0.60	0.48
3 000	1 668.10	0.56	0.45
4 000	2 100.38	0.53	0.42
5 000	2 511.44	0.50	0.40
6 000	2 906.34	0.48	0.39
7 000	3 288.30	0.47	0.38
8 000	3 659.51	0.46	0.37
9 000	4 021.57	0.45	0.36
10 000	4 375.70	0.44	0.35
20 000	7 623.82	0.38	0.31
30 000	10 549.26	0.35	0.28
40 000	13 283.05	0.33	0.27
50 000	15 882.64	0.32	0.25

表 2-22 南方地区城镇污水物理+生物处理工艺运行费用（污染物去除效率为 0.8）

污水实际处理量/（万 t/a）	年运行费用/（万元/a）	吨水处理费用/（元/t）	吨水边际处理费用/（元/t）
100	105.39	1.05	0.84
200	183.62	0.92	0.74
300	254.08	0.85	0.68
400	319.92	0.80	0.64
500	382.53	0.77	0.61
600	442.68	0.74	0.59
700	500.86	0.72	0.57
800	557.40	0.70	0.56

污水实际处理量/（万 t/a）	年运行费用/（万元/a）	吨水处理费用/（元/t）	吨水边际处理费用/（元/t）
900	612.55	0.68	0.55
1 000	666.49	0.67	0.53
2 000	1 161.23	0.58	0.47
3 000	1 606.82	0.54	0.43
4 000	2 023.22	0.51	0.41
5 000	2 419.17	0.48	0.39
6 000	2 799.57	0.47	0.37
7 000	3 167.49	0.45	0.36
8 000	3 525.07	0.44	0.35
9 000	3 873.83	0.43	0.34
10 000	4 214.95	0.42	0.34
20 000	7 343.74	0.37	0.29
30 000	10 161.70	0.34	0.27
40 000	12 795.06	0.32	0.26
50 000	15 299.14	0.31	0.25

表 2-23 南方地区城镇污水物理+生物处理工艺运行费用（污染物去除效率为 0.7）

污水实际处理量/（万 t/a）	年运行费用/（万元/a）	吨水处理费用/（元/t）	吨水边际处理费用/（元/t）
100	103.10	1.03	0.83
200	179.63	0.90	0.72
300	248.56	0.83	0.66
400	312.98	0.78	0.63
500	374.23	0.75	0.60
600	433.07	0.72	0.58
700	489.99	0.70	0.56
800	545.30	0.68	0.55
900	599.25	0.67	0.53
1 000	652.02	0.65	0.52
2 000	1 136.02	0.57	0.45
3 000	1 571.93	0.52	0.42
4 000	1 979.29	0.49	0.40
5 000	2 366.65	0.47	0.38
6 000	2 738.79	0.46	0.37
7 000	3 098.73	0.44	0.35
8 000	3 448.54	0.43	0.35
9 000	3 789.73	0.42	0.34
10 000	4 123.44	0.41	0.33
20 000	7 184.30	0.36	0.29
30 000	9 941.09	0.33	0.27
40 000	12 517.27	0.31	0.25
50 000	14 967.00	0.30	0.24

表 2-24　南方地区城镇污水物理+生物处理工艺运行费用（污染物去除效率为 0.6）

污水实际处理量/（万 t/a）	年运行费用/（万元/a）	吨水处理费用/（元/t）	吨水边际处理费用/（元/t）
100	101.52	1.02	0.81
200	176.87	0.88	0.71
300	244.74	0.82	0.65
400	308.17	0.77	0.62
500	368.48	0.74	0.59
600	426.42	0.71	0.57
700	482.46	0.69	0.55
800	536.92	0.67	0.54
900	590.04	0.66	0.53
1 000	642.00	0.64	0.51
2 000	1 118.57	0.56	0.45
3 000	1 547.78	0.52	0.41
4 000	1 948.89	0.49	0.39
5 000	2 330.30	0.47	0.37
6 000	2 696.72	0.45	0.36
7 000	3 051.13	0.44	0.35
8 000	3 395.56	0.42	0.34
9 000	3 731.51	0.41	0.33
10 000	4 060.10	0.41	0.33
20 000	7 073.94	0.35	0.28
30 000	9 788.38	0.33	0.26
40 000	12 324.99	0.31	0.25
50 000	14 737.08	0.29	0.24

表 2-25　南方地区城镇污水物理+生物处理工艺运行费用（污染物去除效率为 0.5）

污水实际处理量/（万 t/a）	年运行费用/（万元/a）	吨水处理费用/（元/t）	吨水边际处理费用/（元/t）
100	100.30	1.00	0.80
200	174.75	0.87	0.70
300	241.81	0.81	0.65
400	304.48	0.76	0.61
500	364.06	0.73	0.58
600	421.31	0.70	0.56
700	476.68	0.68	0.55
800	530.49	0.66	0.53
900	582.98	0.65	0.52
1 000	634.31	0.63	0.51

污水实际处理量/（万 t/a）	年运行费用/（万元/a）	吨水处理费用/（元/t）	吨水边际处理费用/（元/t）
2 000	1 105.17	0.55	0.44
3 000	1 529.25	0.51	0.41
4 000	1 925.54	0.48	0.39
5 000	2 302.39	0.46	0.37
6 000	2 664.42	0.44	0.36
7 000	3 014.58	0.43	0.34
8 000	3 354.89	0.42	0.34
9 000	3 686.82	0.41	0.33
10 000	4 011.47	0.40	0.32
20 000	6 989.21	0.35	0.28
30 000	9 671.14	0.32	0.26
40 000	12 177.37	0.30	0.24
50 000	14 560.57	0.29	0.23

表 2-26　南方地区城镇污水物理+生物处理工艺运行费用（污染物去除效率为 0.4）

污水实际处理量/（万 t/a）	年运行费用/（万元/a）	吨水处理费用/（元/t）	吨水边际处理费用/（元/t）
100	99.32	0.99	0.80
200	173.04	0.87	0.69
300	239.44	0.80	0.64
400	301.49	0.75	0.60
500	360.50	0.72	0.58
600	417.18	0.70	0.56
700	472.01	0.67	0.54
800	525.29	0.66	0.53
900	577.27	0.64	0.51
1 000	628.10	0.63	0.50
2 000	1 094.34	0.55	0.44
3 000	1 514.27	0.50	0.40
4 000	1 906.68	0.48	0.38
5 000	2 279.83	0.46	0.37
6 000	2 638.32	0.44	0.35
7 000	2 985.05	0.43	0.34
8 000	3 322.03	0.42	0.33
9 000	3 650.70	0.41	0.32
10 000	3 972.17	0.40	0.32
20 000	6 920.75	0.35	0.28
30 000	9 576.40	0.32	0.26
40 000	12 058.08	0.30	0.24
50 000	14 417.93	0.29	0.23

2.3.5　南方地区城镇污水化学+生物处理工艺运行费用分析表

表 2-27　南方地区城镇污水化学+生物处理工艺运行费用（污染物去除效率为 0.9）

污水实际处理量/（万 t/a）	年运行费用/（万元/a）	吨水处理费用/（元/t）	吨水边际处理费用/（元/t）
100	168.95	1.69	1.37
200	295.99	1.48	1.20
300	410.90	1.37	1.11
400	518.58	1.30	1.05
500	621.18	1.24	1.01
600	719.90	1.20	0.97
700	815.52	1.17	0.94
800	908.55	1.14	0.92
900	999.38	1.11	0.90
1 000	1 088.30	1.09	0.88
2 000	1 906.70	0.95	0.77
3 000	2 646.92	0.88	0.71
4 000	3 340.53	0.84	0.68
5 000	4 001.44	0.80	0.65
6 000	4 637.39	0.77	0.63
7 000	5 253.32	0.75	0.61
8 000	5 852.61	0.73	0.59
9 000	6 437.71	0.72	0.58
10 000	7 010.51	0.70	0.57
20 000	12 282.39	0.61	0.50
30 000	17 050.63	0.57	0.46
40 000	21 518.70	0.54	0.44
50 000	25 776.04	0.52	0.42

表 2-28　南方地区城镇污水化学+生物处理工艺运行费用（污染物去除效率为 0.8）

污水实际处理量/（万 t/a）	年运行费用/（万元/a）	吨水处理费用/（元/t）	吨水边际处理费用/（元/t）
100	168.95	1.69	1.37
200	295.99	1.48	1.20
300	410.90	1.37	1.11
400	518.58	1.30	1.05
500	621.18	1.24	1.01
600	719.90	1.20	0.97
700	815.52	1.17	0.94
800	908.55	1.14	0.92

污水实际处理量/（万 t/a）	年运行费用/（万元/a）	吨水处理费用/（元/t）	吨水边际处理费用/（元/t）
900	999.38	1.11	0.90
1 000	1 088.30	1.09	0.88
2 000	1 906.70	0.95	0.77
3 000	2 646.92	0.88	0.71
4 000	3 340.53	0.84	0.68
5 000	4 001.44	0.80	0.65
6 000	4 637.39	0.77	0.63
7 000	5 253.32	0.75	0.61
8 000	5 852.61	0.73	0.59
9 000	6 437.71	0.72	0.58
10 000	7 010.51	0.70	0.57
20 000	12 282.39	0.61	0.50
30 000	17 050.63	0.57	0.46
40 000	21 518.70	0.54	0.44
50 000	25 776.04	0.52	0.42

表 2-29　南方地区城镇污水化学+生物处理工艺运行费用（污染物去除效率为 0.7）

污水实际处理量/（万 t/a）	年运行费用/（万元/a）	吨水处理费用/（元/t）	吨水边际处理费用/（元/t）
100	168.95	1.69	1.37
200	295.99	1.48	1.20
300	410.90	1.37	1.11
400	518.58	1.30	1.05
500	621.18	1.24	1.01
600	719.90	1.20	0.97
700	815.52	1.17	0.94
800	908.55	1.14	0.92
900	999.38	1.11	0.90
1 000	1 088.30	1.09	0.88
2 000	1 906.70	0.95	0.77
3 000	2 646.92	0.88	0.71
4 000	3 340.53	0.84	0.68
5 000	4 001.44	0.80	0.65
6 000	4 637.39	0.77	0.63
7 000	5 253.32	0.75	0.61
8 000	5 852.61	0.73	0.59
9 000	6 437.71	0.72	0.58
10 000	7 010.51	0.70	0.57
20 000	12 282.39	0.61	0.50
30 000	17 050.63	0.57	0.46
40 000	21 518.70	0.54	0.44
50 000	25 776.04	0.52	0.42

表 2-30　南方地区城镇污水化学+生物处理工艺运行费用（污染物去除效率为 0.6）

污水实际处理量/（万 t/a）	年运行费用/（万元/a）	吨水处理费用/（元/t）	吨水边际处理费用/（元/t）
100	168.95	1.69	1.37
200	295.99	1.48	1.20
300	410.90	1.37	1.11
400	518.58	1.30	1.05
500	621.18	1.24	1.01
600	719.90	1.20	0.97
700	815.52	1.17	0.94
800	908.55	1.14	0.92
900	999.38	1.11	0.90
1 000	1 088.30	1.09	0.88
2 000	1 906.70	0.95	0.77
3 000	2 646.92	0.88	0.71
4 000	3 340.53	0.84	0.68
5 000	4 001.44	0.80	0.65
6 000	4 637.39	0.77	0.63
7 000	5 253.32	0.75	0.61
8 000	5 852.61	0.73	0.59
9 000	6 437.71	0.72	0.58
10 000	7 010.51	0.70	0.57
20 000	12 282.39	0.61	0.50
30 000	17 050.63	0.57	0.46
40 000	21 518.70	0.54	0.44
50 000	25 776.04	0.52	0.42

表 2-31　南方地区城镇污水化学+生物处理工艺运行费用（污染物去除效率为 0.5）

污水实际处理量/（万 t/a）	年运行费用/（万元/a）	吨水处理费用/（元/t）	吨水边际处理费用/（元/t）
100	168.95	1.69	1.37
200	295.99	1.48	1.20
300	410.90	1.37	1.11
400	518.58	1.30	1.05
500	621.18	1.24	1.01
600	719.90	1.20	0.97
700	815.52	1.17	0.94
800	908.55	1.14	0.92
900	999.38	1.11	0.90
1 000	1 088.30	1.09	0.88

污水实际处理量/（万 t/a）	年运行费用/（万元/a）	吨水处理费用/（元/t）	吨水边际处理费用/（元/t）
2 000	1 906.70	0.95	0.77
3 000	2 646.92	0.88	0.71
4 000	3 340.53	0.84	0.68
5 000	4 001.44	0.80	0.65
6 000	4 637.39	0.77	0.63
7 000	5 253.32	0.75	0.61
8 000	5 852.61	0.73	0.59
9 000	6 437.71	0.72	0.58
10 000	7 010.51	0.70	0.57
20 000	12 282.39	0.61	0.50
30 000	17 050.63	0.57	0.46
40 000	21 518.70	0.54	0.44
50 000	25 776.04	0.52	0.42

表 2-32　南方地区城镇污水化学+生物处理工艺运行费用（污染物去除效率为 0.4）

污水实际处理量/（万 t/a）	年运行费用/（万元/a）	吨水处理费用/（元/t）	吨水边际处理费用/（元/t）
100	168.95	1.69	1.37
200	295.99	1.48	1.20
300	410.90	1.37	1.11
400	518.58	1.30	1.05
500	621.18	1.24	1.01
600	719.90	1.20	0.97
700	815.52	1.17	0.94
800	908.55	1.14	0.92
900	999.38	1.11	0.90
1 000	1 088.30	1.09	0.88
2 000	1 906.70	0.95	0.77
3 000	2 646.92	0.88	0.71
4 000	3 340.53	0.84	0.68
5 000	4 001.44	0.80	0.65
6 000	4 637.39	0.77	0.63
7 000	5 253.32	0.75	0.61
8 000	5 852.61	0.73	0.59
9 000	6 437.71	0.72	0.58
10 000	7 010.51	0.70	0.57
20 000	12 282.39	0.61	0.50
30 000	17 050.63	0.57	0.46
40 000	21 518.70	0.54	0.44
50 000	25 776.04	0.52	0.42

2.3.6 南方地区城镇污水物化+生物处理工艺运行费用分析表

表 2-33　南方地区城镇污水物化+生物处理工艺运行费用（污染物去除效率为 0.9）

污水实际处理量/（万 t/a）	年运行费用/（万元/a）	吨水处理费用/（元/t）	吨水边际处理费用/（元/t）
100	120.10	1.20	1.15
200	232.82	1.16	1.11
300	342.92	1.14	1.09
400	451.35	1.13	1.08
500	558.54	1.12	1.07
600	664.78	1.11	1.06
700	770.21	1.10	1.05
800	874.97	1.09	1.04
900	979.14	1.09	1.04
1 000	1 082.78	1.08	1.03
2 000	2 099.06	1.05	1.00
3 000	3 091.67	1.03	0.98
4 000	4 069.20	1.02	0.97
5 000	5 035.68	1.01	0.96
6 000	5 993.44	1.00	0.95
7 000	6 944.01	0.99	0.95
8 000	7 888.47	0.99	0.94
9 000	8 827.61	0.98	0.94
10 000	9 762.07	0.98	0.93
20 000	18 924.54	0.95	0.90
30 000	27 873.56	0.93	0.89
40 000	36 686.73	0.92	0.88
50 000	45 400.23	0.91	0.87

表 2-34　南方地区城镇污水物化+生物处理工艺运行费用（污染物去除效率为 0.8）

污水实际处理量/（万 t/a）	年运行费用/（万元/a）	吨水处理费用/（元/t）	吨水边际处理费用/（元/t）
100	102.69	1.03	0.98
200	199.06	1.00	0.95
300	293.20	0.98	0.93
400	385.90	0.96	0.92
500	477.56	0.96	0.91
600	568.39	0.95	0.90
700	658.53	0.94	0.90
800	748.10	0.94	0.89

污水实际处理量/（万 t/a）	年运行费用/（万元/a）	吨水处理费用/（元/t）	吨水边际处理费用/（元/t）
900	837.16	0.93	0.89
1 000	925.78	0.93	0.88
2 000	1 794.70	0.90	0.86
3 000	2 643.38	0.88	0.84
4 000	3 479.17	0.87	0.83
5 000	4 305.52	0.86	0.82
6 000	5 124.40	0.85	0.82
7 000	5 937.14	0.85	0.81
8 000	6 744.66	0.84	0.81
9 000	7 547.63	0.84	0.80
10 000	8 346.59	0.83	0.80
20 000	16 180.52	0.81	0.77
30 000	23 831.96	0.79	0.76
40 000	31 367.23	0.78	0.75
50 000	38 817.30	0.78	0.74

表 2-35　南方地区城镇污水物化+生物处理工艺运行费用（污染物去除效率为 0.7）

污水实际处理量/（万 t/a）	年运行费用/（万元/a）	吨水处理费用/（元/t）	吨水边际处理费用/（元/t）
100	93.67	0.94	0.89
200	181.59	0.91	0.87
300	267.46	0.89	0.85
400	352.03	0.88	0.84
500	435.64	0.87	0.83
600	518.50	0.86	0.83
700	600.73	0.86	0.82
800	682.44	0.85	0.81
900	763.69	0.85	0.81
1 000	844.53	0.84	0.81
2 000	1 637.19	0.82	0.78
3 000	2 411.38	0.80	0.77
4 000	3 173.81	0.79	0.76
5 000	3 927.63	0.79	0.75
6 000	4 674.64	0.78	0.74
7 000	5 416.05	0.77	0.74
8 000	6 152.69	0.77	0.73
9 000	6 885.19	0.77	0.73
10 000	7 614.02	0.76	0.73
20 000	14 760.39	0.74	0.70
30 000	21 740.27	0.72	0.69
40 000	28 614.19	0.72	0.68
50 000	35 410.37	0.71	0.68

表 2-36　南方地区城镇污水物化+生物处理工艺运行费用（污染物去除效率为 0.6）

污水实际处理量/（万 t/a）	年运行费用/（万元/a）	吨水处理费用/（元/t）	吨水边际处理费用/（元/t）
100	87.80	0.88	0.84
200	170.20	0.85	0.81
300	250.68	0.84	0.80
400	329.95	0.82	0.79
500	408.31	0.82	0.78
600	485.97	0.81	0.77
700	563.05	0.80	0.77
800	639.63	0.80	0.76
900	715.78	0.80	0.76
1 000	791.55	0.79	0.76
2 000	1 534.47	0.77	0.73
3 000	2 260.10	0.75	0.72
4 000	2 974.70	0.74	0.71
5 000	3 681.23	0.74	0.70
6 000	4 381.38	0.73	0.70
7 000	5 076.27	0.73	0.69
8 000	5 766.70	0.72	0.69
9 000	6 453.24	0.72	0.68
10 000	7 136.35	0.71	0.68
20 000	13 834.38	0.69	0.66
30 000	20 376.38	0.68	0.65
40 000	26 819.05	0.67	0.64
50 000	33 188.87	0.66	0.63

表 2-37　南方地区城镇污水物化+生物处理工艺运行费用（污染物去除效率为 0.5）

污水实际处理量/（万 t/a）	年运行费用/（万元/a）	吨水处理费用/（元/t）	吨水边际处理费用/（元/t）
100	83.48	0.83	0.80
200	161.83	0.81	0.77
300	238.36	0.79	0.76
400	313.72	0.78	0.75
500	388.23	0.78	0.74
600	462.07	0.77	0.74
700	535.36	0.76	0.73
800	608.17	0.76	0.73
900	680.58	0.76	0.72
1 000	752.62	0.75	0.72

污水实际处理量/（万 t/a）	年运行费用/（万元/a）	吨水处理费用/（元/t）	吨水边际处理费用/（元/t）
2 000	1 459.01	0.73	0.70
3 000	2 148.94	0.72	0.68
4 000	2 828.41	0.71	0.68
5 000	3 500.18	0.70	0.67
6 000	4 165.90	0.69	0.66
7 000	4 826.62	0.69	0.66
8 000	5 483.09	0.69	0.65
9 000	6 135.87	0.68	0.65
10 000	6 785.39	0.68	0.65
20 000	13 154.01	0.66	0.63
30 000	19 374.27	0.65	0.62
40 000	25 500.09	0.64	0.61
50 000	31 556.65	0.63	0.60

表 2-38　南方地区城镇污水物化+生物处理工艺运行费用（污染物去除效率为 0.4）

污水实际处理量/（万 t/a）	年运行费用/（万元/a）	吨水处理费用/（元/t）	吨水边际处理费用/（元/t）
100	80.11	0.80	0.77
200	155.30	0.78	0.74
300	228.73	0.76	0.73
400	301.06	0.75	0.72
500	372.56	0.75	0.71
600	443.42	0.74	0.71
700	513.75	0.73	0.70
800	583.62	0.73	0.70
900	653.11	0.73	0.69
1 000	722.24	0.72	0.69
2 000	1 400.12	0.70	0.67
3 000	2 062.21	0.69	0.66
4 000	2 714.24	0.68	0.65
5 000	3 358.91	0.67	0.64
6 000	3 997.75	0.67	0.64
7 000	4 631.80	0.66	0.63
8 000	5 261.78	0.66	0.63
9 000	5 888.21	0.65	0.62
10 000	6 511.51	0.65	0.62
20 000	12 623.07	0.63	0.60
30 000	18 592.26	0.62	0.59
40 000	24 470.84	0.61	0.58
50 000	30 282.93	0.61	0.58

2.3.7　北方地区城镇污水生物处理工艺投资费用分析表

表 2-39　北方地区城镇污水生物处理工艺投资费用

设计处理能力/（t/d）	总投资/万元	吨水处理能力投资费用/[万元/（t•d）]	吨水处理能力边际投资费用/[万元/（t•d）]
100	82.99	0.83	0.60
200	137.18	0.69	0.50
300	184.06	0.61	0.44
400	226.74	0.57	0.41
500	266.56	0.53	0.39
600	304.23	0.51	0.37
700	340.20	0.49	0.35
800	374.78	0.47	0.34
900	408.19	0.45	0.33
1 000	440.59	0.44	0.32
2 000	728.26	0.36	0.26
3 000	977.13	0.33	0.24
4 000	1 203.74	0.30	0.22
5 000	1 415.11	0.28	0.21
6 000	1 615.09	0.27	0.20
7 000	1 806.07	0.26	0.19
8 000	1 989.66	0.25	0.18
9 000	2 167.02	0.24	0.17
10 000	2 339.04	0.23	0.17
20 000	3 866.20	0.19	0.14
30 000	5 187.41	0.17	0.13
40 000	6 390.45	0.16	0.12
50 000	7 512.62	0.15	0.11
60 000	8 574.28	0.14	0.10
70 000	9 588.13	0.14	0.10
80 000	10 562.78	0.13	0.10
90 000	11 504.40	0.13	0.09
100 000	12 417.61	0.12	0.09
200 000	20 525.08	0.10	0.07
300 000	27 539.18	0.09	0.07
400 000	33 925.91	0.08	0.06
500 000	39 883.32	0.08	0.06
600 000	45 519.52	0.08	0.06
700 000	50 901.91	0.07	0.05
800 000	56 076.16	0.07	0.05
900 000	61 075.05	0.07	0.05
1 000 000	65 923.16	0.07	0.05

表 2-40　北方地区城镇污水生物+物理处理工艺投资费用

设计处理能力/（t/d）	总投资/万元	吨水处理能力投资费用/[万元/（t·d）]	吨水处理能力边际投资费用/[万元/（t·d）]
100	30.41	0.30	0.27
200	56.54	0.28	0.25
300	81.28	0.27	0.24
400	105.15	0.26	0.24
500	128.39	0.26	0.23
600	151.15	0.25	0.23
700	173.51	0.25	0.22
800	195.53	0.24	0.22
900	217.27	0.24	0.22
1 000	238.76	0.24	0.21
2 000	443.99	0.22	0.20
3 000	638.23	0.21	0.19
4 000	825.65	0.21	0.18
5 000	1 008.17	0.20	0.18
6 000	1 186.86	0.20	0.18
7 000	1 362.44	0.19	0.17
8 000	1 535.39	0.19	0.17
9 000	1 706.09	0.19	0.17
10 000	1 874.80	0.19	0.17
20 000	3 486.39	0.17	0.16
30 000	5 011.61	0.17	0.15
40 000	6 483.32	0.16	0.15
50 000	7 916.48	0.16	0.14
60 000	9 319.64	0.16	0.14
70 000	10 698.34	0.15	0.14
80 000	12 056.45	0.15	0.13
90 000	13 396.79	0.15	0.13
100 000	14 721.56	0.15	0.13
200 000	27 376.36	0.14	0.12
300 000	39 352.95	0.13	0.12
400 000	50 909.34	0.13	0.11
500 000	62 163.00	0.12	0.11
600 000	73 181.14	0.12	0.11
700 000	84 007.21	0.12	0.11
800 000	94 671.52	0.12	0.11
900 000	105 196.39	0.12	0.10
1 000 000	115 598.93	0.12	0.10

表 2-41　北方地区城镇污水生物+化学处理工艺投资费用

设计处理能力/（t/d）	总投资/万元	吨水处理能力投资费用/[万元/（t·d）]	吨水处理能力边际投资费用/[万元/（t·d）]
100	69.61	0.70	0.53
200	118.30	0.59	0.45
300	161.32	0.54	0.41
400	201.03	0.50	0.38
500	238.45	0.48	0.36
600	274.14	0.46	0.35
700	308.46	0.44	0.34
800	341.63	0.43	0.33
900	373.84	0.42	0.32
1 000	405.22	0.41	0.31
2 000	688.62	0.34	0.26
3 000	939.05	0.31	0.24
4 000	1 170.22	0.29	0.22
5 000	1 388.05	0.28	0.21
6 000	1 595.80	0.27	0.20
7 000	1 795.53	0.26	0.20
8 000	1 988.64	0.25	0.19
9 000	2 176.14	0.24	0.18
10 000	2 358.80	0.24	0.18
20 000	4 008.48	0.20	0.15
30 000	5 466.25	0.18	0.14
40 000	6 811.89	0.17	0.13
50 000	8 079.86	0.16	0.12
60 000	9 289.19	0.15	0.12
70 000	10 451.82	0.15	0.11
80 000	11 575.93	0.14	0.11
90 000	12 667.40	0.14	0.11
100 000	13 730.68	0.14	0.11
200 000	23 333.50	0.12	0.09
300 000	31 819.24	0.11	0.08
400 000	39 652.26	0.10	0.08
500 000	47 033.15	0.09	0.07
600 000	54 072.66	0.09	0.07
700 000	60 840.40	0.09	0.07
800 000	67 383.86	0.08	0.06
900 000	73 737.35	0.08	0.06
1 000 000	79 926.73	0.08	0.06

表 2-42　北方地区城镇污水生物+物理+化学处理工艺投资费用

设计处理能力/（t/d）	总投资/万元	吨水处理能力投资费用/[万元/（t·d）]	吨水处理能力边际投资费用/[万元/（t·d）]
100	96.37	0.96	1.00
200	197.21	0.99	1.02
300	299.80	1.00	1.03
400	403.54	1.01	1.04
500	508.16	1.02	1.05
600	613.47	1.02	1.06
700	719.36	1.03	1.06
800	825.76	1.03	1.07
900	932.60	1.04	1.07
1 000	1 039.83	1.04	1.07
2 000	2 127.78	1.06	1.10
3 000	3 234.66	1.08	1.11
4 000	4 354.01	1.09	1.12
5 000	5 482.74	1.10	1.13
6 000	6 618.99	1.10	1.14
7 000	7 761.54	1.11	1.15
8 000	8 909.51	1.11	1.15
9 000	10 062.23	1.12	1.15
10 000	11 219.20	1.12	1.16
20 000	22 957.56	1.15	1.19
30 000	34 900.21	1.16	1.20
40 000	46 977.48	1.17	1.21
50 000	59 155.86	1.18	1.22
60 000	71 415.42	1.19	1.23
70 000	83 742.91	1.20	1.24
80 000	96 128.85	1.20	1.24
90 000	108 566.11	1.21	1.25
100 000	121 049.16	1.21	1.25
200 000	247 699.86	1.24	1.28
300 000	376 554.66	1.26	1.30
400 000	506 862.01	1.27	1.31
500 000	638 260.23	1.28	1.32
600 000	770 534.37	1.28	1.33
700 000	903 541.38	1.29	1.33
800 000	1 037 179.03	1.30	1.34
900 000	1 171 370.51	1.30	1.34
1 000 000	1 306 055.92	1.31	1.35

2.3.8　南方地区城镇污水生物处理工艺投资费用分析表

表 2-43　南方地区城镇污水生物处理工艺投资费用

设计处理能力/（t/d）	总投资/万元	吨水处理能力投资费用/[万元/（t·d）]	吨水处理能力边际投资费用/[万元/（t·d）]
100	65.22	0.65	0.52
200	112.84	0.56	0.45
300	155.51	0.52	0.41
400	195.24	0.49	0.39
500	232.93	0.47	0.37
600	269.07	0.45	0.35
700	303.96	0.43	0.34
800	337.82	0.42	0.33
900	370.81	0.41	0.33
1 000	403.04	0.40	0.32
2 000	697.37	0.35	0.28
3 000	961.06	0.32	0.25
4 000	1 206.64	0.30	0.24
5 000	1 439.57	0.29	0.23
6 000	1 662.90	0.28	0.22
7 000	1 878.54	0.27	0.21
8 000	2 087.81	0.26	0.21
9 000	2 291.68	0.25	0.20
10 000	2 490.85	0.25	0.20
20 000	4 309.85	0.22	0.17
30 000	5 939.51	0.20	0.16
40 000	7 457.22	0.19	0.15
50 000	8 896.78	0.18	0.14
60 000	10 276.97	0.17	0.14
70 000	11 609.68	0.17	0.13
80 000	12 903.03	0.16	0.13
90 000	14 162.94	0.16	0.12
100 000	15 393.86	0.15	0.12
200 000	26 635.59	0.13	0.11
300 000	36 707.13	0.12	0.10
400 000	46 086.85	0.12	0.09
500 000	54 983.56	0.11	0.09
600 000	63 513.37	0.11	0.08
700 000	71 749.70	0.10	0.08
800 000	79 742.85	0.10	0.08
900 000	87 529.28	0.10	0.08
1 000 000	95 136.58	0.10	0.08

表 2-44 南方地区城镇污水生物+物理处理工艺投资费用

设计处理能力/（t/d）	总投资/万元	吨水处理能力投资费用/[万元/（t·d）]	吨水处理能力边际投资费用/[万元/（t·d）]
100	35.55	0.36	0.32
200	66.66	0.33	0.30
300	96.29	0.32	0.29
400	124.99	0.31	0.28
500	153.03	0.31	0.28
600	180.55	0.30	0.27
700	207.64	0.30	0.27
800	234.38	0.29	0.27
900	260.80	0.29	0.26
1 000	286.96	0.29	0.26
2 000	538.09	0.27	0.24
3 000	777.26	0.26	0.23
4 000	1 008.99	0.25	0.23
5 000	1 235.33	0.25	0.22
6 000	1 457.47	0.24	0.22
7 000	1 676.18	0.24	0.22
8 000	1 892.00	0.24	0.21
9 000	2 105.31	0.23	0.21
10 000	2 316.42	0.23	0.21
20 000	4 343.62	0.22	0.20
30 000	6 274.32	0.21	0.19
40 000	8 144.90	0.20	0.18
50 000	9 972.02	0.20	0.18
60 000	11 765.24	0.20	0.18
70 000	13 530.74	0.19	0.18
80 000	15 272.85	0.19	0.17
90 000	16 994.78	0.19	0.17
100 000	18 698.96	0.19	0.17
200 000	35 063.22	0.18	0.16
300 000	50 648.49	0.17	0.15
400 000	65 748.52	0.16	0.15
500 000	80 497.68	0.16	0.15
600 000	94 973.12	0.16	0.14
700 000	109 224.85	0.16	0.14
800 000	123 287.82	0.15	0.14
900 000	137 187.80	0.15	0.14
1 000 000	150 944.59	0.15	0.14

表 2-45　南方地区城镇污水生物+化学处理工艺投资费用

设计处理能力/（t/d）	总投资/万元	吨水处理能力投资费用/[万元/（t•d）]	吨水处理能力边际投资费用/[万元/（t•d）]
100	31.53	0.32	0.30
200	61.34	0.31	0.29
300	90.53	0.30	0.29
400	119.32	0.30	0.29
500	147.82	0.30	0.28
600	176.10	0.29	0.28
700	204.19	0.29	0.28
800	232.11	0.29	0.28
900	259.90	0.29	0.28
1 000	287.56	0.29	0.28
2 000	559.40	0.28	0.27
3 000	825.60	0.28	0.26
4 000	1 088.21	0.27	0.26
5 000	1 348.17	0.27	0.26
6 000	1 606.05	0.27	0.26
7 000	1 862.21	0.27	0.26
8 000	2 116.90	0.26	0.25
9 000	2 370.32	0.26	0.25
10 000	2 622.61	0.26	0.25
20 000	5 101.80	0.26	0.24
30 000	7 529.58	0.25	0.24
40 000	9 924.58	0.25	0.24
50 000	12 295.48	0.25	0.24
60 000	14 647.37	0.24	0.23
70 000	16 983.55	0.24	0.23
80 000	19 306.38	0.24	0.23
90 000	21 617.58	0.24	0.23
100 000	23 918.52	0.24	0.23
200 000	46 528.94	0.23	0.22
300 000	68 670.59	0.23	0.22
400 000	90 513.21	0.23	0.22
500 000	112 136.13	0.22	0.22
600 000	133 585.57	0.22	0.21
700 000	154 891.82	0.22	0.21
800 000	176 076.23	0.22	0.21
900 000	197 154.71	0.22	0.21
1 000 000	218 139.52	0.22	0.21

表 2-46　南方地区城镇污水生物+物化处理工艺投资费用

设计处理能力/（t/d）	总投资/万元	吨水处理能力投资费用/[万元/（t·d）]	吨水处理能力边际投资费用/[万元/（t·d）]
100	42.70	0.43	0.36
200	76.32	0.38	0.32
300	107.21	0.36	0.30
400	136.43	0.34	0.29
500	164.49	0.33	0.28
600	191.64	0.32	0.27
700	218.07	0.31	0.26
800	243.89	0.30	0.26
900	269.19	0.30	0.25
1 000	294.04	0.29	0.25
2 000	525.61	0.26	0.22
3 000	738.29	0.25	0.21
4 000	939.56	0.23	0.20
5 000	1 132.75	0.23	0.19
6 000	1 319.74	0.22	0.18
7 000	1 501.73	0.21	0.18
8 000	1 679.53	0.21	0.18
9 000	1 853.76	0.21	0.17
10 000	2 024.88	0.20	0.17
20 000	3 619.61	0.18	0.15
30 000	5 084.25	0.17	0.14
40 000	6 470.31	0.16	0.14
50 000	7 800.74	0.16	0.13
60 000	9 088.45	0.15	0.13
70 000	10 341.68	0.15	0.12
80 000	11 566.14	0.14	0.12
90 000	12 765.98	0.14	0.12
100 000	13 944.38	0.14	0.12
200 000	24 926.55	0.12	0.10
300 000	35 012.79	0.12	0.10
400 000	44 557.97	0.11	0.09
500 000	53 719.99	0.11	0.09
600 000	62 587.82	0.10	0.09
700 000	71 218.24	0.10	0.09
800 000	79 650.50	0.10	0.08
900 000	87 913.24	0.10	0.08
1 000 000	96 028.26	0.10	0.08

表 2-47　南方地区城镇污水生物+物理+化学处理工艺投资费用

设计处理能力/（t/d）	总投资/万元	吨水处理能力投资费用/[万元/（t•d）]	吨水处理能力边际投资费用/[万元/（t•d）]
100	13.09	0.13	0.14
200	27.42	0.14	0.15
300	42.26	0.14	0.15
400	57.45	0.14	0.15
500	72.89	0.15	0.16
600	88.55	0.15	0.16
700	104.38	0.15	0.16
800	120.36	0.15	0.16
900	136.48	0.15	0.16
1 000	152.72	0.15	0.16
2 000	319.95	0.16	0.17
3 000	493.14	0.16	0.18
4 000	670.32	0.17	0.18
5 000	850.52	0.17	0.18
6 000	1 033.17	0.17	0.18
7 000	1 217.87	0.17	0.19
8 000	1 404.36	0.18	0.19
9 000	1 592.43	0.18	0.19
10 000	1 781.90	0.18	0.19
20 000	3 733.20	0.19	0.20
30 000	5 754.01	0.19	0.20
40 000	7 821.33	0.20	0.21
50 000	9 923.92	0.20	0.21
60 000	12 055.07	0.20	0.21
70 000	14 210.26	0.20	0.22
80 000	16 386.24	0.20	0.22
90 000	18 580.57	0.21	0.22
100 000	20 791.33	0.21	0.22
200 000	43 559.34	0.22	0.23
300 000	67 138.36	0.22	0.24
400 000	91 259.97	0.23	0.24
500 000	115 793.27	0.23	0.25
600 000	140 659.71	0.23	0.25
700 000	165 806.65	0.24	0.25
800 000	191 196.24	0.24	0.26
900 000	216 799.90	0.24	0.26
1 000 000	242 595.27	0.24	0.26

2.3.9 附表

表 2-48 污染物排放标准与污染物去除效率对照

COD 排放标准	COD 进口浓度/（mg/L）	COD 去除效率
一级 A 标准	83	0.4
	100	0.5
	125	0.6
	167	0.7
	250	0.8
	500	0.9
一级 B 标准	100	0.4
	120	0.5
	150	0.6
	200	0.7
	300	0.8
	600	0.9

第3章 农业废水治理投资与运行费用函数指南

3.1 农业废弃物处理沼气工程投资及运行费用表查询使用方法

3.1.1 处理量

根据养殖场内养殖数量（只或头）可以确定处理量。

目前，我国畜禽规模养殖场的废弃物处理能力相对较低。根据调查，在沼气设施方面，污水设计处理能力和实际处理量多集中在（0，1 000]（单位：m^3）的范围内，占比分别达到39%和49%；在粪便处理方面，设计处理能力和实际处理量集中在（0，1 000]（单位：t），占比分别达到69%和82%。

用户要按照自身的资金、土地和畜禽养殖具体情况，有针对性地确定要建设沼气设施或粪便处理设施的面积、容量、管道铺设等环节的参数标准。调查数据分析显示，在建设沼气设施时，1 000 m^3 是规模化养殖沼气投资的最低点，2 000～3 000 m^3 是设备较好运行的合理规模起点。因此，用户可以以 1 000～3 000 m^3 的处理量作为该沼气设施实际处理规模的最初选择区间（表3-1）。

表3-1 分规模研究结论

项目	边际成本	结论
沼气	投资	边际投资成本先增后减再增，左侧临界值约为1 000 m^3
	运行	边际运行成本先增后减，左侧临界值落入（2 000，3 000）区间内
有机肥	投资	边际投资成本不断减少
	运行	边际运行成本不断增加

在粪便处理时，随着处理规模的增加，初期投资费用的增长幅度会逐渐减少，年运行费用的增长幅度会不断加大。

3.1.2 南方和北方

南方对沼气设施的保温措施要求较低，相反，北方要求较高。习惯上南方是指长江以南的地区，主要包括广东、广西、海南、福建、浙江、江西、湖南、云南、贵州、四川等省份；其他区域为北方。

我国南、北方的地域条件和自然环境差异很大，若进行沼气处理，北方地区的投资和运行成本均要明显大于南方地区；若进行粪便处理，南方地区的投资和运行成本均要明显大于北方地区（表 3-2）。因此，用户在投资之前，需要首先考虑不同处理对象、不同地区的成本差异。

表 3-2 分地区研究结论

项目	边际成本	结论
沼气	投资	北方＞南方
	运行	北方＞南方
有机肥	投资	南方＞北方
	运行	南方＞北方

3.1.3 查询具体方法

农业废弃物处理投资及运行费用表只需要将存栏规模确定，然后确定养殖场处于南方省份或北方省份，就能很快查询到投资沼气所需要的投资费用和运行费用。

3.1.4 实例介绍

四川省成都市某养殖场肉鸡存栏 20 000 只，根据农业废弃物处理投资及运行费用表 3-5，20 000 只介于 12 000 只到 24 000 只。费用根据所买设备及劳动用工，投资费用为 9.5 万～19 万元，年运行费用为 0.4 万～1.2 万元。表 3-3～表 3-7 可以提供一个基本的实用投资概算。

表 3-3　生猪养殖场沼气处理费用

序号	存栏规模/头	污水处理量/m^3	南方地区/万元		北方地区/万元	
			初期投资费用	年运行费用	初期投资费用	年运行费用
1	500	1 000	19.8～22.6	1.1～1.5	20.4～23.4	1.6～2.0
2	1 000	2 000	34.5～39.4	2.3～3.0	35.7～40.8	3.3～4.2
3	3 000	6 000	82.9～94.7	7.3～9.4	86.2～98.5	10.8～13.8
4	5 000	10 000	124.7～142.5	12.3～15.9	129.9～148.5	18.7～24.0
5	8 000	16 000	181.5～207.4	20.0～25.8	189.5～216.6	31.0～39.8
6	10 000	20 000	216.9～247.8	25.2～32.4	226.7～259.1	39.4～50.7
7	11 000	22 000	234.0～267.4	27.8～35.8	244.8～279.7	43.7～56.1
8	12 000	24 000	250.8～286.7	30.5～39.2	262.5～300.0	48.0～61.7
9	13 000	26 000	267.4～305.6	33.1～42.5	279.9～319.9	52.3～67.2
10	14 000	28 000	283.7～324.2	35.7～45.9	297.1～339.5	56.6～72.8
11	15 000	30 000	299.8～342.6	38.4～49.3	314.0～358.9	61.0～78.4
12	16 000	32 000	315.6～360.7	41.0～52.7	330.7～378.0	65.4～84.1
13	17 000	34 000	331.3～378.6	43.7～56.1	347.2～396.8	69.8～89.8
14	18 000	36 000	346.8～396.3	46.3～59.5	363.5～415.5	74.3～95.5

表 3-4　蛋鸡养殖场沼气处理费用

序号	存栏规模/只	污水处理量/m^3	南方地区/万元		北方地区/万元	
			初期投资费用	年运行费用	初期投资费用	年运行费用
1	6 000	400	9.5～10.9	0.4～0.6	9.8～11.2	0.6～0.7
2	12 000	800	16.6～19.0	0.9～1.2	17.1～19.5	1.2～1.6
3	18 000	1 200	22.9～26.2	1.4～1.8	23.7～27	1.9～2.4
4	36 000	2 400	39.9～45.6	2.8～3.6	41.3～47.2	4.0～5.2
5	72 000	4 800	69.4～79.3	5.8～7.4	72.1～82.4	8.5～10.9
6	120 000	8 000	104.3～119.2	9.8～12.6	108.6～124.1	14.7～18.9
7	180 000	12 000	144.2～164.8	14.9～19.1	150.4～171.9	22.7～29.2
8	240 000	16 000	181.5～207.4	20.0～25.8	189.5～216.6	31.0～39.8
9	270 000	18 000	199.4～227.8	22.6～29.1	208.3～238.1	35.2～45.2
10	300 000	20 000	216.9～247.8	25.2～32.4	226.7～259.1	39.4～50.7
11	360 000	24 000	250.8～286.7	30.5～39.2	262.5～300.0	48.0～61.7
12	420 000	28 000	283.7～324.2	35.7～45.9	297.1～339.5	56.6～72.8
13	450 000	30 000	299.8～342.6	38.4～49.3	314.0～358.9	61.0～78.4
14	500 000	33 333	326.1～372.7	42.8～55.0	341.8～390.6	68.3～87.9

表 3-5 肉鸡养殖场沼气设施处理费用

序号	存栏规模/只	污水处理量/m^3	南方地区/万元		北方地区/万元	
			初期投资费用	年运行费用	初期投资费用	年运行费用
1	12 000	400	9.5～10.9	0.4～0.6	9.8～11.2	0.6～0.7
2	24 000	800	16.6～19.0	0.9～1.2	17.1～19.5	1.2～1.6
3	36 000	1 200	22.9～26.2	1.4～1.8	23.7～27	1.9～2.4
4	72 000	2 400	39.9～45.6	2.8～3.6	41.3～47.2	4.0～5.2
5	144 000	4 800	69.4～79.3	5.8～7.4	72.1～82.4	8.5～10.9
6	240 000	8 000	104.3～119.2	9.8～12.6	108.6～124.1	14.7～18.9
7	360 000	12 000	144.2～164.8	14.9～19.1	150.4～171.9	22.7～29.2
8	480 000	16 000	181.5～207.4	20.0～25.8	189.5～216.6	31.0～39.8
9	540 000	18 000	199.4～227.8	22.6～29.1	208.3～238.1	35.2～45.2
10	600 000	20 000	216.9～247.8	25.2～32.4	226.7～259.1	39.4～50.7
11	720 000	24 000	250.8～286.7	30.5～39.2	262.5～300.0	48.0～61.7
12	840 000	28 000	283.7～324.2	35.7～45.9	297.1～339.5	56.6～72.8
13	900 000	30 000	299.8～342.6	38.4～49.3	314.0～358.9	61.0～78.4
14	1 000 000	33 333	326.1～372.7	42.8～55.0	341.8～390.6	68.3～87.9

表 3-6 奶牛养殖场沼气处理费用

序号	存栏规模/头	污水处理量/m^3	南方地区/万元		北方地区/万元	
			初期投资费用	年运行费用	初期投资费用	年运行费用
1	100	2 000	34.5～39.4	2.3～3.0	35.7～40.8	3.3～4.2
2	300	6 000	82.9～94.7	7.3～9.4	86.2～98.5	10.8～13.8
3	500	10 000	124.7～142.5	12.3～15.9	129.9～148.5	18.7～24.0
4	700	14 000	163.1～186.4	17.5～22.4	170.3～194.6	26.8～34.5
5	900	18 000	199.4～227.8	22.6～29.1	208.3～238.1	35.2～45.2
6	1 100	22 000	234.0～267.4	27.8～35.8	244.8～279.7	43.7～56.1
7	1 200	24 000	250.8～286.7	30.5～39.2	262.5～300.0	48.0～61.7
8	1 300	26 000	267.4～305.6	33.1～42.5	279.9～319.9	52.3～67.2
9	1 400	28 000	283.7～324.2	35.7～45.9	297.1～339.5	56.6～72.8
10	1 500	30 000	299.8～342.6	38.4～49.3	314.0～358.9	61.0～78.4
11	1 600	32 000	315.6～360.7	41.0～52.7	330.7～378.0	65.4～84.1
12	1 700	34 000	331.3～378.6	43.7～56.1	347.2～396.8	69.8～89.8
13	1 800	36 000	346.8～396.3	46.3～59.5	363.5～415.5	74.3～95.5
14	1 900	38 000	362.1～413.8	49.0～63.0	379.7～433.9	78.7～101.2

表 3-7　肉牛养殖场沼气处理费用

序号	存栏规模/头	污水处理量/m^3	南方地区/万元		北方地区/万元	
			初期投资费用	年运行费用	初期投资费用	年运行费用
1	200	2 000	34.5～39.4	2.3～3.0	35.7～40.8	3.3～4.2
2	600	6 000	82.9～94.7	7.3～9.4	86.2～98.5	10.8～13.8
3	1 000	10 000	124.7～142.5	12.3～15.9	129.9～148.5	18.7～24.0
4	1 400	14 000	163.1～186.4	17.5～22.4	170.3～194.6	26.8～34.5
5	1 800	18 000	199.4～227.8	22.6～29.1	208.3～238.1	35.2～45.2
6	2 200	22 000	234.0～267.4	27.8～35.8	244.8～279.7	43.7～56.1
7	2 400	24 000	250.8～286.7	30.5～39.2	262.5～300.0	48.0～61.7
8	2 600	26 000	267.4～305.6	33.1～42.5	279.9～319.9	52.3～67.2
9	2 800	28 000	283.7～324.2	35.7～45.9	297.1～339.5	56.6～72.8
10	3 000	30 000	299.8～342.6	38.4～49.3	314.0～358.9	61.0～78.4
11	3 200	32 000	315.6～360.7	41.0～52.7	330.7～378.0	65.4～84.1
12	3 400	34 000	331.3～378.6	43.7～56.1	347.2～396.8	69.8～89.8
13	3 600	36 000	346.8～396.3	46.3～59.5	363.5～415.5	74.3～95.5
14	3 800	38 000	362.1～413.8	49.0～63.0	379.7～433.9	78.7～101.2

3.2　农业废弃物处理有机肥投资及运行费用表查询使用方法

3.2.1　有机肥费用的估算

3.2.1.1　投资部分

一般来讲，考虑到畜种粪便的形态，肉鸡和蛋鸡养殖企业具有大规模生产有机肥的天然优势。从地域差异来看，南方地区有机肥设备的平均设计处理量为 2 095.5 t，初期投资费用为 14.8 万元，单位处理成本为 70.6 元/t；北方有机肥设备的平均设计处理量为 1 517.9 t，初期投资费用为 15 万元，单位处理成本为 98.8 元/t。

3.2.1.2　运行部分

与沼气处理的运行费用指标相似，有机肥设备的日常费用包括粪便处理设施维护费用、人力支出、电力费用和运输费用 4 项。从地域差异来看，南方粪便处理设施的平均实际处理量为 1 701.3 t，年运行费用为 7.2 万元，单位处理成本为 42.3 元/t；北方粪便处理设施的平均实际处理量为 613.7 t，年运行费用为 4.4 万元，单位处理成本为 71.1 元/t。因此，从平均水平看，北方地区单位运行费用高出南方地区 68%。

3.2.1.3 不同畜种费用查询表

本部分依然采用生猪、蛋鸡、肉鸡、奶牛和肉牛的畜种划分方法，测算了南方地区和北方地区粪便处理设施的初期投资费用和年运行费用。请用户详细参考相关费用查询表（表 3-8～表 3-12）。

表 3-8 生猪养殖场有机肥处理费用

序号	存栏规模/头	粪便处理量/t	南方地区/万元		北方地区/万元	
			初期投资费用	年运行费用	初期投资费用	年运行费用
1	500	540	3.8～4.4	7.6～8.5	3.3～3.8	6.8～7.5
2	1 000	1 080	8.2～9.3	11.5～12.8	7.0～7.9	10.1～11.3
3	3 000	3 240	27.0～30.9	22.1～24.5	22.4～25.6	19.1～21.2
4	5 000	5 400	47.1～53.8	29.9～33.2	38.7～44.2	25.6～28.4
5	8 000	8 640	78.6～89.8	39.5～43.9	63.8～72.9	33.6～37.3
6	10 000	10 800	100.2～114.5	45.1～50.1	80.9～92.5	38.2～42.4
7	11 000	11 880	111.2～127.1	47.7～53.0	89.6～102.4	40.3～44.8
8	12 000	12 960	122.2～139.7	50.3～55.8	98.3～112.3	42.4～47.1
9	13 000	14 040	133.4～152.4	52.7～58.6	107.1～122.4	44.4～49.3
10	14 000	15 120	144.6～165.2	55.1～61.2	115.9～132.4	46.3～51.5
11	15 000	16 200	155.8～178.1	57.4～63.8	124.7～142.5	48.2～53.5
12	16 000	17 280	167.2～191.1	59.6～66.2	133.6～152.7	50.0～55.6
13	17 000	18 360	178.6～204.1	61.8～68.7	142.5～162.9	51.8～57.6
14	18 000	19 440	190.1～217.2	63.9～71.0	151.5～173.1	53.5～59.5

表 3-9 蛋鸡养殖场有机肥处理费用

序号	存栏规模/只	粪便处理量/t	南方地区/万元		北方地区/万元	
			初期投资费用	年运行费用	初期投资费用	年运行费用
1	6 000	216	1.4～1.6	4.4～4.9	1.3～1.4	4.0～4.5
2	12 000	432	3.0～3.4	6.7～7.4	2.6～3.0	6.0～6.6
3	18 000	648	4.7～5.3	8.5～9.4	4.0～4.6	7.5～8.4
4	36 000	1 296	10.0～11.4	12.8～14.2	8.4～9.7	11.3～12.5
5	72 000	2 592	21.2～24.2	19.3～21.5	17.7～20.2	16.8～18.6
6	120 000	4 320	36.9～42.2	26.2～29.1	30.5～34.8	22.5～25.0
7	180 000	6 480	57.5～65.7	33.3～37.0	47.0～53.7	28.4～31.6
8	240 000	8 640	78.6～89.8	39.5～43.9	63.8～72.9	33.6～37.3
9	270 000	9 720	89.4～102.1	42.4～47.1	72.3～82.7	35.9～39.9
10	300 000	10 800	100.2～114.5	45.1～50.1	80.9～92.5	38.2～42.4
11	360 000	12 960	122.2～139.7	50.3～55.8	98.3～112.3	42.4～47.1
12	420 000	15 120	144.6～165.2	55.1～61.2	115.9～132.4	46.3～51.5
13	450 000	16 200	155.8～178.1	57.4～63.8	124.7～142.5	48.2～53.5
14	500 000	18 000	174.8～199.8	61.1～67.9	139.5～159.5	51.2～56.9

表 3-10　肉鸡养殖场有机肥处理费用

序号	存栏规模/只	粪便处理量/t	南方地区/万元		北方地区/万元	
			初期投资费用	年运行费用	初期投资费用	年运行费用
1	12 000	216	1.4～1.6	4.4～4.9	1.3～1.4	4.0～4.5
2	24 000	432	3.0～3.4	6.7～7.4	2.6～3.0	6.0～6.6
3	36 000	648	4.7～5.3	8.5～9.4	4.0～4.6	7.5～8.4
4	72 000	1 296	10.0～11.4	12.8～14.2	8.4～9.7	11.3～12.5
5	144 000	2 592	21.2～24.2	19.3～21.5	17.7～20.2	16.8～18.6
6	240 000	4 320	36.9～42.2	26.2～29.1	30.5～34.8	22.5～25.0
7	360 000	6 480	57.5～65.7	33.3～37.0	47.0～53.7	28.4～31.6
8	480 000	8 640	78.6～89.8	39.5～43.9	63.8～72.9	33.6～37.3
9	540 000	9 720	89.4～102.1	42.4～47.1	72.3～82.7	35.9～39.9
10	600 000	10 800	100.2～114.5	45.1～50.1	80.9～92.5	38.2～42.4
11	720 000	12 960	122.2～139.7	50.3～55.8	98.3～112.3	42.4～47.1
12	840 000	15 120	144.6～165.2	55.1～61.2	115.9～132.4	46.3～51.5
13	900 000	16 200	155.8～178.1	57.4～63.8	124.7～142.5	48.2～53.5
14	1 000 000	18 000	174.8～199.8	61.1～67.9	139.5～159.5	51.2～56.9

表 3-11　奶牛养殖场有机肥处理费用

序号	存栏规模/头	粪便处理量/t	南方地区/万元		北方地区/万元	
			初期投资费用	年运行费用	初期投资费用	年运行费用
1	100	1 080	8.2～9.3	11.5～12.8	7.0～7.9	10.1～11.3
2	300	3 240	27.0～30.9	22.1～24.5	22.4～25.6	19.1～21.2
3	500	5 400	47.1～53.8	29.9～33.2	38.7～44.2	25.6～28.4
4	700	7 560	68.0～77.7	36.5～40.5	55.3～63.2	31.1～34.5
5	900	9 720	89.4～102.1	42.4～47.1	72.3～82.7	35.9～39.9
6	1 100	11 880	111.2～127.1	47.7～53.0	89.6～102.4	40.3～44.8
7	1 200	12 960	122.2～139.7	50.3～55.8	98.3～112.3	42.4～47.1
8	1 300	14 040	133.4～152.4	52.7～58.6	107.1～122.4	44.4～49.3
9	1 400	15 120	144.6～165.2	55.1～61.2	115.9～132.4	46.3～51.5
10	1 500	16 200	155.8～178.1	57.4～63.8	124.7～142.5	48.2～53.5
11	1 600	17 280	167.2～191.1	59.6～66.2	133.6～152.7	50.0～55.6
12	1 700	18 360	178.6～204.1	61.8～68.7	142.5～162.9	51.8～57.6
13	1 800	19 440	190.1～217.2	63.9～71.0	151.5～173.1	53.5～59.5
14	1 900	20 520	201.6～230.4	66.0～73.4	160.4～183.4	55.2～61.4

表 3-12　肉牛养殖场有机肥处理费用

序号	存栏规模/头	粪便处理量/t	南方地区/万元		北方地区/万元	
			初期投资费用	年运行费用	初期投资费用	年运行费用
1	200	1 080	8.2～9.3	11.5～12.8	7.0～7.9	10.1～11.3
2	600	3 240	27.0～30.9	22.1～24.5	22.4～25.6	19.1～21.2
3	1 000	5 400	47.1～53.8	29.9～33.2	38.7～44.2	25.6～28.4
4	1 400	7 560	68.0～77.7	36.5～40.5	55.3～63.2	31.1～34.5
5	1 800	9 720	89.4～102.1	42.4～47.1	72.3～82.7	35.9～39.9
6	2 200	11 880	111.2～127.1	47.7～53.0	89.6～102.4	40.3～44.8
7	2 400	12 960	122.2～139.7	50.3～55.8	98.3～112.3	42.4～47.1
8	2 600	14 040	133.4～152.4	52.7～58.6	107.1～122.4	44.4～49.3
9	2 800	15 120	144.6～165.2	55.1～61.2	115.9～132.4	46.3～51.5
10	3 000	16 200	155.8～178.1	57.4～63.8	124.7～142.5	48.2～53.5
11	3 200	17 280	167.2～191.1	59.6～66.2	133.6～152.7	50.0～55.6
12	3 400	18 360	178.6～204.1	61.8～68.7	142.5～162.9	51.8～57.6
13	3 600	19 440	190.1～217.2	63.9～71.0	151.5～173.1	53.5～59.5
14	3 800	20 520	201.6～230.4	66.0～73.4	160.4～183.4	55.2～61.4

3.2.2　有机肥处理案例

3.2.2.1　假设条件

位于我国北方地区的某生物肥料厂，占地 150 亩，现要建立每天可处理 50 t 鸡粪的有机肥处理设施，需预估相关投资费用和运行费用。

3.2.2.2　有机肥查询表运用

本案例的企业是专门制作有机肥的厂商，设施处理对象为规模养殖场运送的牲畜粪便。按照每天处理 50 t 计算，在每年 5 天节假日的假设前提下，一年该厂粪便处理量为 18 000 t。

根据表 3-10，肉鸡规模养殖场初期总投资费用为 139.5 万～159.5 万元；年运行费用为 51.2 万～56.9 万元。

3.3　注意事项

3.3.1　投资和运行费用的含义

本章中，初期投资费用仅表明初始设施的工程建设费用，并不包括配套设备及设施，如储气罐、水质净化装置、沉降池的相关费用。年运行费用为在整套设备正常运行情况下，设备维护、人力、电力和运输费用的总和，若要计算 x 年累积运行费用，可根据表中数据乘以 x 得出运行总费用估算值。

3.3.2　不同规模的应用

本章所列的各个畜种不同规模的估算区间，仅是该畜种生产企业建立沼气和有机肥处理设施的参考值。若企业养殖规模并没有出现在相关表格中，建议根据表中最接近规模的相关费用，以（企业养殖规模/最接近规模）为权重，计算企业废弃物处理可能花费的沼气和有机肥处理费用。

3.3.3　费用的浮动区间

本章充分考虑了不同地区地理条件，不同畜种规模养殖场的建设条件和管理水平的差异，对沼气、有机肥设施的初期投资费用和年运行费用分别划定了不同的弹性空间，所得各项费用也以区间形式表示，使用户可以得到一个简明的、可参考的资金投入预期值。表格中提供的数值为最终估算费用，用户不必进行重复演算。

3.4　应用方法

3.4.1　应用原理

3.4.1.1　估算方法

通过调研发现部分企业提供的废弃物处理量和相关费用存在低估或漏报情况，需要对沼气、有机肥处理设施的初期投资费用和年运行费用进行加权处理。其中，沼气处理设施初期投资费用为方程计算值的 1.4～1.6 倍，年运行费用为计算值的 0.7～0.9 倍；有机肥处理设施的初期投资费用为方程计算值的 1.4～1.6 倍，年运行费用为计算值的 1.8～2.0 倍。本章提供的数据均为已调整完毕的最终结果，如用户遇到其他实际问题时，可根据实际情况适当加以调整。

3.4.1.2　不同畜种废弃物的换算

为兼顾不同畜禽养殖场的要求，在说明两种处理方式的成本之前，需要建立统一的衡量标准，即猪当量。通过计算，在正常情况下，一头猪每年将产生约 2 m^3 的废弃物，其中产粪量约为 1.08 t。因此，按照 1 头猪=30 只蛋鸡；60 只肉鸡；0.1 头奶牛；0.2 头肉牛的换算，可以得出不同畜种养殖场的规模换算方法，这是不同养殖规模投资和运行费用核算的前提。

3.4.2 沼气治理设施投资和运行费用的估算

3.4.2.1 投资部分

沼气处理设施的投资费用主要基于整套设备的设计处理量。目前，我国畜禽养殖场的沼气处理具有规模效应，即设计处理规模越大，每增加一单位的处理物所花费成本越低。从参数结果来看（总费用系数为 0.802 3），处理规模每增加一倍，总费用仅增加 0.74 倍。

在地域差异上，根据对 629 个规模养殖场的实际调查，目前我国北方地区沼气设备的平均设计处理量为 9 049 m^3/a，初期投资费用为 103.62 万元/a；南方地区沼气设备的平均设计处理量为 6 043 m^3/a，初期投资费用为 75.83 万元/a。因此，若要建立同等规模的沼气处理设施，北方地区的初期投资成本将高出南方地区 3%左右。

3.4.2.2 运行部分

为维持沼气处理设备的正常运行，需要对日常相关费用进行估算，主要包括污水处理设施维护费用、人力支出、电力费用、运输费用 4 项指标。同时，与投资成本不同，年运行成本的主要影响指标为实际处理量。

在地域差异上，根据实际调查，目前我国北方地区沼气设备的平均实际处理量为 4 090 m^3/a，年运行费用为 8.99 万元；南方地区沼气设备的平均实际处理量为 3 367 m^3/a，年运行费用为 5.99 万元。因此，若保持同等运行条件，北方地区的年运行成本将高出南方地区 50%左右。

3.4.2.3 不同畜种费用查询表

按照生猪、蛋鸡、肉鸡、奶牛和肉牛的畜种划分方法，本章分别进行了南方地区和北方地区沼气处理设施初期投资费用和年运行费用的估算，请用户详细参考相关费用查询表（表 3-3～表 3-7）。

附件 1

工业废水治理投资与运行费用函数的形式与系数

工业废水投资费用函数形式如下：

$$\lg \mathrm{COST} = (c) + \mathrm{CG}\times(\mathrm{cg}) + \mathrm{CM}\times(\mathrm{cm}) + \mathrm{CW}\times(\mathrm{cw}) + M1\times(m1) + M2\times(m2) + M3\times(m3) + M4\times(m4) + \mathrm{MM}\times(\mathrm{mm}) + \mathrm{AE}\times(\mathrm{ae}) + \mathrm{AM}\times(\mathrm{am}) + \mathrm{AW}\times(\mathrm{aw}) + P1\times(p1) + P2\times(p2) + P3\times(p3) + P4\times(p4) + P5\times(p5) + P6\times(p6) + P7\times(p7) + q\lg Q + p_{\mathrm{COD}}\lg P_{\mathrm{COD}}$$

上式中大写字母为变量，带括号的小写字母为变量系数。

各变量的含义如下：

CG：如果企业性质为其他内资企业则取 1，否则取 0。

CM：如果企业性质为民营企业则取 1，否则取 0。

CW：如果企业性质为外资企业则取 1，否则取 0。

$M1$：如果处理工艺为物理处理工艺则取 1，否则取 0。

$M2$：如果处理工艺为化学处理工艺则取 1，否则取 0。

$M3$：如果处理工艺为物理化学处理工艺则取 1，否则取 0。

$M4$：如果处理工艺为生物处理工艺则取 1，否则取 0。

MM：如果处理工艺为组合工艺（即上述 $M1$、$M2$、$M3$、$M4$ 中的两种或两种以上的组合）则取 1，否则取 0。

AE：如果所在地区为东部则取 1，否则取 0。

AM：如果所在地区为中部则取 1，否则取 0。

AW：如果所在地区为西部则取 1，否则取 0。

Q：污水设计处理能力，t/d。

P_{COD}：等于 COD 进口浓度除以 COD 出口浓度，即 $P_{COD}=\frac{\text{COD进口浓度（mg/L）}}{\text{COD出口浓度（mg/L）}}$。但在实际计算过程中，由于无法获得 COD 进、出口的浓度数据，所以采用污染物去除效率进行计算，计算公式为 P_{COD}=1/（1−污染物去除效率）。

$P1$、$P2$、$P3$、$P4$、$P5$、$P6$、$P7$ 分别对应于不同子行业分类，如附表 1 所示，以食品制造业为例：对于食品制造业来说，$P1$、$P2$、$P3$、$P4$、$P5$、$P6$ 分别对应于焙烤食品制造子行业、方便食品制造子行业、罐头制造子行业、糖果巧克力及蜜饯制造子行业、液体乳及乳制品制造子行业、调味品子行业、发酵制品制造子行业、其他食品制造子行业。

附表 1　$P1$、$P2$、$P3$、$P4$、$P5$、$P6$、$P7$ 与子行业/行业分类对应表

子行业/行业	纺织业	食品制造业	饮料制造业	造纸业	农副食品加工业	皮革、毛皮、羽毛（绒）及其制造业	钢铁	有色金属冶炼及压延加工业	石油加工及炼焦业	化学原料及化学制品制造业	设备制造业	其他 22 个行业
子行业 1（$P1$）	棉、化纤纺织及印染精加工	焙烤食品制造	啤酒	纸浆制造	水产品加工	皮革鞣质加工	锰冶炼	有色金属压延加工	活性炭制造	日用化学品制造	通用设备制造业	电力
子行业 2（$P2$）	毛纺织和染整精加工	方便食品制造	果蔬	造纸	制糖	毛皮鞣质及制品加工	铁合金冶炼	有色金属合金制造	核燃料加工	专用化学品制造	专用设备制造业	纺织服装、鞋帽制造业

子行业/行业	纺织业	食品制造业	饮料制造业	造纸业	农副食品加工业	皮革、毛皮、羽毛（绒）及其制造业	钢铁	有色金属冶炼及压延加工业	石油加工及炼焦业	化学原料及化学制品制造业	设备制造业	其他22个行业
子行业3（$P3$）	麻纺织	罐头制造	软饮料	纸制品制造	植物油	皮革制品制造	钢压延加工	稀有稀土金属冶炼	炼焦	肥料制造	交通运输设备制造业	非金属矿采洗选业
子行业4（$P4$）	丝绢纺织及精加工	糖果巧克力及蜜饯制造	其他酒和酒精制造		屠宰及肉类加工	羽毛（绒）加工及制品制造	炼钢	贵金属冶炼	核燃料加工行业	农药制造	电气机械及器材制造业	非金属矿物制品业
子行业5（$P5$）	纺织制成品制造	液体乳及乳制品制造	精制茶加工		谷物磨制及饲料加工		炼铁	常用有色金属冶炼（除铝冶炼外）		涂料、油墨颜料及类似产品制造	通信设备、计算机及其他电子设备制造业	废弃资源回收加工业
子行业6（$P6$）	针织品、编织品及制品制造	调味品、发酵制品制造			蔬菜、水果和坚果加工			铝冶炼		基础化学原料制造	仪器仪表及文化办公用机械制造业	工艺品及其他制造业
子行业7（$P7$）		其他食品制造			其他农副食品加工					合成材料制造		黑色金属矿采洗选业
行业（$P8$）												家具制造业
行业（$P9$）												金属制品业
行业（$P10$）												煤炭开采与洗选业
行业（$P11$）												木材加工业
行业（$P12$）												燃气生产与供应业
行业（$P13$）												水的生产与供应业
行业（$P14$）												石油和天然气开采洗选业

子行业/行业	纺织业	食品制造业	饮料制造业	造纸业	农副食品加工业	皮革、毛皮、羽毛（绒）及其制造业	钢铁	有色金属冶炼及压延加工业	石油加工及炼焦业	化学原料及化学制品制造业	设备制造业	其他 22 个行业
行业（$P15$）												塑料制品业
行业（$P16$）												橡胶制品业
行业（$P17$）												医药制造业
行业（$P18$）												烟草
行业（$P19$）												有色金属矿采洗选业
行业（$P20$）												化学纤维
行业（$P21$）												文教
行业（$P22$）												印刷

不同工业运行费用函数中各变量系数（带括号小写字母）如附表 2 所示。

附表 2　不同工业行业污水处理投资费用函数系数

类别	系数	纺织业	食品制造业	饮料制造业	造纸及纸制品业	农副食品加工业	皮革、毛皮、羽毛（绒）及其制品业	黑色金属冶炼及压延加工业	有色金属冶炼及压延加工业	石油加工及炼焦业	化学原料及化学制品制造业	设备制造业	其他 22 个行业
	（c）	0.58	0.722	1.322	0.818	0.532	0.226	1.139	1.05	1.374	1.346	0.759	0.519
国有企业	（cg）							0.677	0.356	0.571	0.325		0.187
民营企业	（cm）	−0.165	−0.346		−0.45	−0.243	−0.478	−0.315	−0.376	−0.322	−0.404	−0.411	−0.608
外资企业	（cw）	0.159	0.302	0.28	0.515	0.229	0.181	0.48	0.411	0.535	0.339	0.477	0.333
物理工艺	（$m1$）	−0.9	−1.294	−0.772	−1.253	−1.473	−0.443	−0.351	−0.979	−1.875	−1.179	−1.033	−0.972
化学工艺	（$m2$）	−0.621	−0.724		−0.761	−0.364	−0.27	−1.187	−0.406	−1.151	−0.579	−0.051	−0.177
物化工艺	（$m3$）	−0.737	−0.2		−0.268			−1.273		−0.918	−0.272		−0.182

类别	系数	纺织业	食品制造业	饮料制造业	造纸及纸制品业	农副食品加工业	皮革、毛皮、羽毛（绒）及其制品业	黑色金属冶炼及压延加工业	有色金属冶炼及压延加工业	石油加工及炼焦业	化学原料及化学制品制造业	设备制造业	其他 22 个行业
生物工艺	（$m4$）	0.103	0.009				0.306	−1.134			0.067	−0.166	0.052
组合工艺	（mm）												
东部地区	（ae）		0.166		0.074	0.272		0.382	0.246	0.55	0.362	0.45	0.084
中部地区	（am）	−0.229	0.106		−0.165	0.398			−0.315	0.709	0.089	0.315	0.102
西部地区	（aw）												
污水处理量	（q）	0.6	0.613	0.61	0.54	0.575	0.598	0.492	0.483	0.612	0.507	0.532	0.484
COD 浓度比	（p_{COD}）	0.197	0.175	0.14	0.141	0.133	0.166	0.093	0.094	0.112	0.157	0.122	0.069
子行业 1	（$p1$）		−0.181	−0.49	0.605	−0.171	0.518	0.279		−1.454	−0.292	−0.268	1.231
子行业 2	（$p2$）		−0.368	−0.366			0.365	−0.702		2.889	−0.264	−0.079	0.81
子行业 3	（$p3$）		−0.871	−0.308		0.454	0.47	0.144	0.611	−0.164			0.366
子行业 4	（$p4$）	−0.91	−0.203			−0.097		0.359	0.859		0.421	−0.159	
子行业 5	（$p5$）	0.168							0.384		−0.07		−0.074
行业 6	（$p6$）												0.513
行业 7	（$p7$）												0.734
行业 8	（$p8$）												0.792
行业 9	（$p9$）												0.962
行业 10	（$p10$）												0.54
行业 11	（$p11$）												0.357
行业 12	（$p12$）												1.411
行业 13	（$p13$）												0.843

类别	系数	纺织业	食品制造业	饮料制造业	造纸及纸制品业	农副食品加工业	皮革、毛皮、羽毛（绒）及其制品业	黑色金属冶炼及压延加工业	有色金属冶炼及压延加工业	石油加工及炼焦业	化学原料及化学制品制造业	设备制造业	其他22个行业
行业14	（$p14$）												2.432
行业15	（$p15$）												0.6
行业16	（$p16$）												0.365
行业17	（$p17$）												1.17
行业18	（$p18$）												1.174
行业19	（$p19$）												1.149
行业20	（$p20$）												1.322
行业21	（$p21$）												0.778
行业22	（$p22$）												0.625

工业运行费用函数一般形式如下：

$$\lg \mathrm{COST}=(c)+\mathrm{CG}\times(\mathrm{cg})+\mathrm{CM}\times(\mathrm{cm})+\mathrm{CW}\times(\mathrm{cw})+M1\times(m1)+M2\times(m2)+M3\times(m3)+M4\times(m4)+\mathrm{MM}\times(\mathrm{mm})+\mathrm{AE}\times(\mathrm{ae})+\mathrm{AM}\times(\mathrm{am})+\mathrm{AW}\times(\mathrm{aw})+P1\times(p1)+P2\times(p2)+P3\times(p3)+P4\times(p4)+P5\times(p5)+P6\times(p6)+P7\times(p7)+q\lg Q+p_{\mathrm{COD}}\lg P_{\mathrm{COD}}$$

上式中大写字母为变量，带括号的小写字母为变量系数。

其中 Q 的含义为污水实际处理量（t/a）。

除此之外，其他各变量的含义与工业投资费用函数相同。不同工业运行费用函数中各变量系数（带括号小写字母）如附表 3 所示。

附表 3 不同工业行业污水处理运行费用函数系数

类别	系数	纺织业	食品制造业	饮料制造业	造纸及纸制品业	农副食品加工业	皮革、毛皮、羽毛（绒）及其制品业	黑色金属冶炼及压延加工业	有色金属冶炼及压延加工业	石油加工及炼焦业	化学原料及化学制品制造业	设备制造业	其他 22 个行业
	（c）	−4.857	−4.172	−5.159	−3.913	−4.284	−5.753	−3.823	−3.298	−4.623	−3.458	−3.327	−3.239
国有企业	（cg）							0.704	0.276	0.445			0.197
民营企业	（cm）	−0.112	−0.346		−0.381	−0.204	−0.232	−0.364	−0.286	−0.164	−0.294	−0.255	−0.473
外资企业	（cw）	0.119			0.427	0.247	0.289			0.371	0.179	0.491	0.247
物理工艺	（$m1$）	−0.557	−0.855	−0.526	−0.885	−0.945		−0.914	−0.749	−1.073	−0.835	−0.816	−0.78
化学工艺	（$m2$）	−0.254	−0.206	−0.423	−0.504		0.191	0.851	−0.135	−0.439	−0.209	0.146	−0.13
物化工艺	（$m3$）	−0.605	−0.501					−0.848					−0.191
生物工艺	（$m4$）		−0.117	−0.147		−0.122	0.291	−0.612			−0.119	−0.479	−0.214
组合工艺	（mm）												
东部地区	（ae）	0.505	0.555	0.471	0.371	0.366	0.555	0.68	0.523	0.551	0.576		0.34
中部地区	（am）		0.275	0.322		0.317				0.314	0.387		0.125
西部地区	（aw）												
污水处理量	（q）	0.628	0.585	0.646	0.559	0.563	0.655	0.517	0.535	0.71	0.554	0.522	0.451
COD 浓度比	（p_{COD}）	0.117	0.12	0.164	0.119	0.091	0.122	0.118		0.084	0.084	0.138	0.068
子行业 1	（$p1$）	0.142	−0.242		0.493		0.523	1.014	−0.202	−0.935	−0.704	−0.104	1.013
子行业 2	（$p2$）	0.102	−0.197			0.191	0.451	−0.282		2.311	−0.349		0.486
子行业 3	（$p3$）	0.481	−0.514			0.515	0.555	0.445	0.534	−0.274	−0.153	−0.216	0.427
子行业 4	（$p4$）	−0.364				−0.143		0.921	0.472		0.213		
子行业 5	（$p5$）	0.201		−0.54								0.189	

类别	系数	纺织业	食品制造业	饮料制造业	造纸及纸制品业	农副食品加工业	皮革、毛皮、羽毛（绒）及其制品业	黑色金属冶炼及压延加工业	有色金属冶炼及压延加工业	石油加工及炼焦业	化学原料及化学制品制造业	设备制造业	其他22个行业
子行业6	（$p6$）										−0.114		0.461
子行业7	（$p7$）												0.687
子行业8	（$p8$）												0.468
子行业9	（$p9$）												0.786
子行业10	（$p10$）												0.45
子行业11	（$p11$）												0.201
子行业12	（$p12$）												1.148
子行业13	（$p13$）												0.266
子行业14	（$p14$）												2.021
子行业15	（$p15$）												0.402
子行业16	（$p16$）												0.192
子行业17	（$p17$）												0.621
子行业18	（$p18$）												0.592
子行业19	（$p19$）												0.834
子行业20	（$p20$）												1.097
子行业21	（$p21$）												0.474
子行业22	（$p22$）												0.151

附件 2

城镇污水处理厂投资与运行费用函数的形式与系数

城镇投资费用函数一般形式如下：

$$INV = e^{a} \times QS^{b}$$

其中各变量含义如下：

e：自然对数的底，约为 2.7 183；

QS：污水设计处理能力，t/d。

不同费用函数 *a* 和 *b* 取值如附表 4 所示。

附表 4　不同城镇污水处理厂投资费用函数 *a* 和 *b* 取值

函数类别	*a*	*b*
北方（生物处理工艺）	1.080	0.725
南方（生物处理工艺）	0.535	0.791
北方（物理+生物处理工艺）	−0.707	0.895
南方（物理+生物处理工艺）	−0.606	0.907
北方（化学+生物处理工艺）	0.720	0.765
南方（化学+生物处理工艺）	−0.970	0.960
南方（物理化学+生物处理工艺）	−0.105	0.838
北方（物理+化学+生物处理工艺）	−1.889	1.033
南方（物理+化学+生物处理工艺）	−2.342	1.067
其他	3.977	0.424

城镇运行费用函数：

一般形式如下：

$$COST = e^{a} \times QW^{b} \times P_{COD}{}^{(p_{COD})} \times (P_{NH_3})^{(p_{NH_3})}$$

其中各变量含义如下：

e：自然对数的底；

QW：污水实际处理量，万 t/a；

P_{COD}：等于 COD 进口浓度除以 COD 出口浓度，即 $P_{COD}=\frac{\text{COD进口浓度（mg/L）}}{\text{COD出口浓度（mg/L）}}$；

P_{NH_3}：等于 NH_3 进口浓度除以 NH_3 出口浓度，即 $P_{NH_3}=\frac{NH_3\text{进口浓度（mg/L）}}{NH_3\text{出口浓度（mg/L）}}$。

不同费用函数 *a* 和 *b* 取值如附表 5 所示。

附表 5　不同城镇污水处理厂运行费用函数 *a* 和 *b* 的取值

函数类别	*a*	*b*	P_{COD}	P_{NH_3}
北方（生物处理工艺）	0.938	0.780	0.011	0.018
南方（生物处理工艺）	0.561	0.797	0.229	
北方（物理+生物处理工艺）	1.043	0.728	0.116	0.093
南方（物理+生物处理工艺）	0.882	0.801	0.054	
南方（化学+生物处理工艺）	1.404	0.809		
南方（物理化学+生物处理工艺）	−0.130	0.955		0.226
北方其他	3.96	0.738	0.472	
南方其他	−0.593	0.880	0.510	

附件 3

农业投资与运行费用函数的形式与系数

农业投资费用函数[需要数据为污水设计处理量(m^3)或粪便设施设计处理量(t)]的一般形式如下：

$$\mathrm{INV} = a \times Q^b$$

其中，Q 是污水设施设计处理量或粪便设施设计处理量，a 和 b 的取值如附表 6 所示。

附表 6　不同农业投资费用函数 a 和 b 的取值

函数类别	a	b
沼气投资总体函数	0.056 25	0.802 3
南方地区沼气投资函数	0.056 86	0.798 7
北方地区沼气投资函数	0.056 86	0.803 2
有机肥投资总体函数	0.002 9	1.081
南方地区有机肥投资函数	0.002 9	1.089
北方地区有机肥投资函数	0.002 9	1.066

农业运行费用函数[需要数据为污水实际处理量(m^3)或粪便设施实际处理量(t)]的一般形式如下：

$$\mathrm{COST} = a \times Q^b$$

其中，Q 是污水设施实际处理量或粪便设施实际处理量，a 和 b 的取值如附表 7 所示。

附表 7　不同农业运行费用函数 a 和 b 的取值

函数类别	a	b
沼气运行总体函数	0.001 3	1.049
南方地区沼气运行函数	0.001 3	1.033
北方地区沼气运行函数	0.001 3	1.078
有机肥运行总体函数	0.118 9	0.568
南方地区有机肥运行函数	0.100 7	0.594
北方地区有机肥运行函数	0.100 7	0.576